수학사

An Introduction to the History of Mathematics
by Howard Eves

수학사

지은이 하워드 이브스
옮긴이 이우영 · 신항균
펴낸이 조경희
펴낸곳 경문사
펴낸날 2005년 3월 25일 1판 1쇄
2023년 5월 1일 2판 1쇄
등 록 1979년 11월 9일 제1979-000023호
주 소 04057, 서울특별시 마포구 와우산로 174
전 화 (02)332-2004 팩스 (02)336-5193
이메일 kyungmoon@kyungmoon.com

값 38,000원

ISBN 979-11-6073-320-4
ISBN 89-7282-390-2 (세트)

경문 수학 산책

수학사

An Introduction to the History of **Mathematics**

하워드 이브스 지음

이우영·신항균 옮김

KM 경문사

옮긴이 머리말

수학사를 역사주의적 관점에서 보지 않더라도 수학사가 그 스스로 어떤 실재(實在)를 지니고 있다는 느낌을 떨쳐버릴 수가 없다. 그 속에는 살아서 움직이는 듯한 수학적 산물들이 즐비하며, 때로는 갑자기 시간이 되돌려진 듯한 긴장감을 주기도 하고, 때로는 오늘날의 우리들과 역사 속의 사건들이 필연적으로 얽혀 있다는 느낌마저 주기도 한다. 그것은 분명히 인간의 수학적 갈망이 역사 속으로 투사될 때 시공을 초월하여 극적으로 일어나고 있음을 보여 주고 있다. 따라서 수학사는 단순한 수학적 발견의 기록이나 미래를 예측하기 위한 수단으로서의 가치보다는 수학 그 자체의 본질을 발견하기 위한 도구로서 그 가치가 인정되고 다루어져야 할 것이다. 아무튼 감각적 지식을 일축하고 보편적 지식으로서의 수학을 실체화하고 있는 수학의 역사적 발전 과정은 실증적인 역사적 통찰력을 줄 뿐만 아니라, 수학의 총체적 특징과 본질을 파악하는 데 중요한 단서를 제공해 준다.

옮긴이는 평소 그런 의미에서 수학사가 대학 학부과정에서 공부되어야 한다고 생각하고 있던 중, 비교적 흥미롭게 수학사를 기술한 Howard Eves의 《An Introduction to the History of Mathematics》를 번역하기로 마음먹었다. 가능한 한 지은이가 뜻하고자 하는 감각을 살려서 번역을 하려고 애썼으나 부족한 것이 많으리라 생각된다. 독자 여러분의 충고와 제언에 항상 귀 기울이며 더 좋은 책으로 가꾸어 나갈 것을 약속한다.

끝으로 중국 및 인도수학사의 번역에 도움을 준 전인호 선생님과 인명 및 지명의 번역에 조언을 아끼지 않으신 선생님들께 고마움을 표시하고 이 책의 번역을 독려해 주신 경문사 대표와 편집부의 여러분께도 깊이 감사한다.

머리말

나는 학부과정에서 이용될 수 있는 수학사의 입문서로서 이 책을 썼다. 특히 단순한 역사적인 이야기에 그치지 않고 흥미를 돋울 수 있도록 그 내용을 편집하였으며, 또한 수학사의 과정이 근본적으로 수학의 과정이어야 한다는 믿음 때문에 상당히 순수한 수학적 내용도 실었다. 그 주요한 특징은 각 장의 말미에 수록한 문제연구이다. 각 문제연구는 그 장의 수학적 주제와 관련된 역사적 문제로 되어 있는데, 그것들은 그 자체로서도 중요한 것이다.

한 주제에 관한 역사를 잘 이해하기 위해서는 그 주제를 어느 정도 이해하고 있어야 하는 것이 통칙이다. 이 책에서도 상당한 수학적 내용들과 더불어 역사적인 이야기가 전개되고 있으므로 독자들은 이 책의 내용을 즐기기 위해서 산술, 대수, 기하학, 삼각법에 관한 간단한 지식을 알고 있어야 한다.

수학사는 너무나 방대하므로 각 주제에 관하여 간단한 서설 정도만을 쓸 수밖에 없다. 수학사에 보다 깊은 관심을 갖고 있는 독자는 이 책의 말미에 수록한 참고문헌을 참고하기 바란다.

Howard Eves

차례

17세기 이전

1장

수체계

원시시대의 셈법

수의 개념과 셈법은 역사가 기록되기 훨씬 이전부터 발전되어 왔기 때문에 당시의 셈법은 주로 추측에 의존할 수밖에 없다. 그럼에도 불구하고 그것이 어떻게 발생했는가를 상상하는 것은 그리 어렵지 않다. 아득한 원시시대에도 인간은 한 작은 집단에 어떤 대상을 더하거나 빼낼 때 적어도 대강 그것을 인지하는 정도의 수적 감각을 지니고 있었을 것으로 짐작되는데 여러 연구에 의하면 몇몇 동물이 실제로 그러한 감각을 지니고 있었음을 보여 주고 있다. 사회가 점차 발전되어감에 따라 간단한 셈이 반드시 필요하게 되었다. 각 부족은 자신의 구성원이 얼마나 되는지, 또 얼마나 많은 적이 있는지를 알아야 했고, 사람들은 그의 양떼가 혹시 줄지 않았는지를 알 필

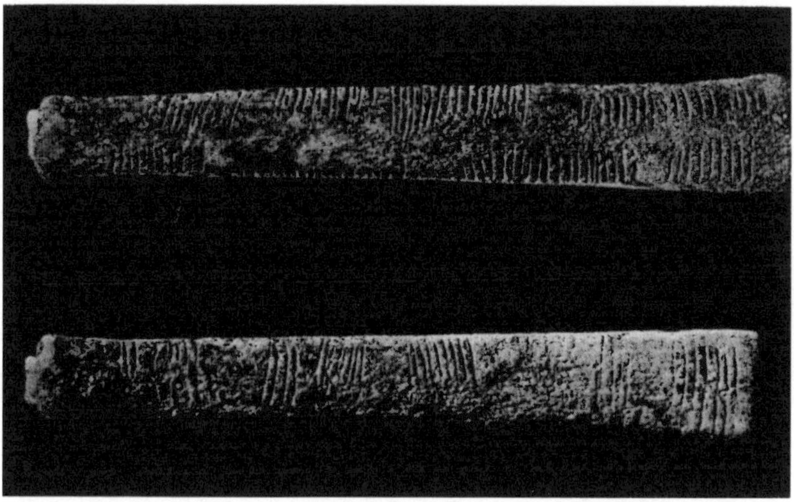

자이레(콩고)의 에드워드 호 연안에 있는 이상고(Ishango)에서 발견된 8000년 전의 두 이상고 뼈의 모습. 뼈에 새김눈을 파서 수를 나타내고 있음을 볼 수 있다.

페루의 인디언족들의 인구조사. 새끼에 매듭을 묶어 수를 표현하고 있음을 볼 수 있다. 보다 큰 매듭은 작은 매듭의 배수를 나타내고 새끼의 색으로 남자와 여자를 분류하고 있다.

요가 있게 되었다. 아마 초기의 셈은 일대일대응 원리를 이용한 간단한 부신(符信)에 의한 방법이었을 것이다. 예를 들어 양(羊)을 셀 때 손가락을 하나씩 접는다든지, 또는 조약돌이나 막대기를 모은다든지, 흙이나 돌 위에 자국을 낸다든지, 나무조각에 새김눈을 낸다든지 끈에 매듭을 묶는다든지 해서 셈을 할 수도 있었을 것이다. 그 이후에는 소리의 유별에 의한 방법으로 작은 집단의 대상을 셈하는 말이 개발되었을 것이고 그보다 훨씬 이후에는 표기법으로서 기호의 유별이 이러한 수에 대한 표상으로 고안되었을 것이다. 이러한 상상적인 발전은 인류학자들의 원시인에 관한 연구로부터 뒷받침되고 있다.

밑수(基數)

더욱 광범위한 셈을 할 필요가 있게 됨에 따라 셈법은 점차 체계화되어 갔다. 이는 수를 편리한 기본적인 군(群)으로 배열함으로써 행해졌는데 그 방법의 본질은 다음과 같다. 우선 어떤 수 b를 셈에 대한 **밑수**(基數, base)로서 선택한 다음, 수 1, 2, $\cdots$, b에 이름을 붙이고 b보다 더 큰 수에 대한 이름은 이미 선택된 수의 이름을 가지고 합성했다.

손가락이 비교적 그 방법에 잘 어울리므로 결국 10이 밑수 b로 빈번히 선택되었는다는 것은 그리 놀라운 일이 아니다. 예를 들어 현재 우리가 사용하고 있는 10을 밑수로 하는 수를 살펴보면 수 1, 2, $\cdots$, 10은 영어에서 'one, two, $\cdots$, ten'과 같은 특별한 이름을 가지고 있다. 11이 되면 'eleven'이라고 말하는데 그것은 언어학자들에 따르면 10 위의 1이라는 의미의 'ein lifon'으로부터 유래된 것으로 보인다. 마찬가지로 'twelve'는 'two lif(10 위의 2)'로부터 유래되었다. 그 뒤로는 'thirteen(3과 10)', 'fourteen(4와 10)', … 등이 나오고, 그런 다음에 'twenty(two tens), twenty-one(two tens and one)' 등이 뒤따르게 된다. 'hundred'라는 말은 본래 '열 배'의 의미로부터 유래된 것이다.

한편 2, 3, 4가 원시적 밑수였다는 증거가 있다. 예를 들어 퀸스랜드의 원주민들은 지금도 'one, two, two and one, two twos' 등으로 세고 아프리카의 피그미족은 1, 2, 3, 4, 5, 6을 셀 때 '*a*, *oa*, *ua*, *oa-oa*, *oa-oa-a*, *oa-oa-oa*'라고 한다. 티에라 델 퓨고의 어떤 종족은 처음 몇 개의 수의 이름을 3을 기본으로 하여 부르고 있고 어떤 남아메리카의 종족은 그와 비슷하게 4를 이용하고 있다.

아마도 **5진법**이 가장 널리 사용된 첫 번째 수체계였을 것이다. 오늘날까지도 몇몇 남아메리카 종족은 손으로 셈을 한다. 즉 'one, two, three, four, hand, hand and one'이라고 한다. 시베리아의 유카길인도 혼합된 방법으로 셈을 한다. 즉 'one, two, three, three and one, five, two threes'라고 한다. 독일 농부의 달력은 1800년까지도 5진법을 이용한 것이었다.

한편 역사 이전의 시대에 12가 주로 측량과 관련하여 밑수로 사용되었을 것이라는 증거가 있다. 그러한 밑수는 일 년 동안에 초승달에서 다음 초승달까지의 근사적인 횟수에 의하여 생각되었을지도 모르고, 또 12가 상당히 많고 중요한 분수부분을 이루었기 때문이었을지도 모른다. 아무튼 오늘날도 12인치가 1피트이고 12온스가 1파운드이고 12펜스가 1실링이고 12라인이 1인치이고 시계도 열두 시간으로 되어 있고 1년은 열두 달이고, 또 어떤 경우에 열두 개가 1다스이고 12다스가 1그로스로서 이용된다.

20진법도 널리 이용되어 왔으며, 이는 사람들이 주로 맨발로 생활하던 시절을 상기시킨다. 이 20진법은 미국 인디언족에 의해 이용되었으며 그것은 잘 개발된 마야(Maya) 수체계로 알려져 있다. 켈트족도 밑수 20을 사용했다는 흔적이 있다. 그린란드 사람들은 20을 'one man'이라 하고 40을 'two men'이라 하는데, 영어에서는 20을 말할 때 'score'란 단어를 자주 이용한다.

60진법은 고대 바빌로니아인들이 사용했던 것으로서 지금도 시간이나 각을 측정할 때 이용된다.

기수법(記數法)

음성수와 더불어 한때 손가락 수(finger numbers)가 널리 이용된 적이 있었다. 손가락과 손의 다양한 위치를 이용한 수의 표현은 수의 기호나 수의 이름의 사용을 유발시킨 원인이기도 하다. 이를테면 1, 2, 3, 4에 대한 초기 기수법은 뻗쳐지거나 세워진 손가락의 개수에 대응하는 적당한 수평 또는 수직의 획을 그었다. 1부터 9까지에 대한 숫자도 그와 같은 근원으로 추적될 수 있다.

손가락 수는 상거래에서 일어날 수 있는 가장 커다란 수를 표현하기 위해 확장되어 나갔는데 중세에 이르러 그것은 여러 나라에서 사용되었다. 그것이 발전한 최후의 형태를 보면 1, 2, …, 9와 10, 20, …, 90은 왼손에 의해 표현되었고 100, 200, …, 900과 1000, 2000, …, 9000은 오른손에 의해 표현되었다. 이런 식으로 10000에 이르는 수는 두 손을 이용해서 모두 표현되었다. 손가락 수에 대한 그림은 그 이후에 나온 산술책에 실려 있다. 예를 들어 왼손을 이용하여, 1은 새끼손가락을 조금 접어서 표현했고 2는 새끼손가락과 넷째 손가락을 조금 접었고 3은 새끼손가락, 넷째 손가락, 가운뎃손가락을 조금 접었고 4는 가운뎃손가락과 넷째 손가락을 접었고 5는 가운뎃손가락을 접었고 6은 넷째 손가락을 접었고 7은 새끼손가락을 완전히 접었고 8은 새끼손가락과 넷째 손가락을 완전히 접었고 9는 새끼손가락과 넷째 손가락, 가운뎃손가락을 완전히 접었다.

손가락 수는 언어의 차이를 극복할 수 있는 이점을 가지고 있었지만 음성수와 마찬가지로 항구성이 결여되어서 계산을 하는 데에는 적합하지 않았다. 수를 기록하는 초기 방법으로서 표시나 새김눈을 이용했음을 이미 얘기한 바 있다. 아마 그러한 방법이 수를 기록하는 최초의 시도였을 것이다. 어쨌든 다양한 기수법은 이러한 원시적인 노력으로부터 시작해서 항구적인 수의 기록을 위해 점진적으로 진화되어 갔다. 이제 초기 기수법을 간단히 분류해 보자.

단순 그루핑법

최초의 기수법 형태는 **단순 그루핑법**(simple grouping system)이라고 불리는 방법이었다. 이 방법에서는 어떤 수 b가 밑수로서 취해지고 $1,\ b,\ b^2\ b^3\ \cdots$ 등의 기호가 택해졌다. 그런 다음에 어떤 수든지 이 기호를 요구된 수만큼 반복적으로 되풀이하면서 '가법적으로' 이용하여 표현할 수가 있었다. 그 기본 원리를 다음 예를 통해 자세히 살펴보자.

단순 그루핑법의 아주 초기의 예는 기원전 3400년경 훨씬 이전에 사용된 것으로 보이는 이집트 상형문자일 것이다. 그것은 주로 이집트인이 돌 위에 명각(銘刻)을 새길 때 이용되었다. 비록 상형문자가 때때로 돌 이외의 다른 물질 위에 쓰여지기도 했지만 초기 이집트인은 파피루스, 나무, 도기류와 같은 곳에 상당히 빠르게 쓰기 위한 기수 형태를 개발했다. 이 형태 중 보다 일찍 개발된 것은 상형문자의 흘림꼴인 **신성문자**(神聖文字, hieratic)로서 성직자들에 의하여 주로 사용되었다. 이 신성문자가 나중에 **민용문자**(民用文字, demotic)로 발전되었으며, 이것이 일반적으로 널리 사용되었다. 그러나 신성문자와 민용문자는 모두 단순 그루핑 형태는 아니다.

이집트 상형문자 수체계는 10진법에 기초를 두고 있다. 1과 10의 몇 가지 제곱에 대한 기호는 다음과 같다.

1		수직막대기 또는 한 획
10		뒤꿈치 뼈 또는 멍에
10^2		두루마리 또는 새끼줄
10^3	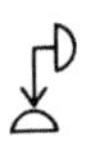	연꽃
10^4		지적하는 손가락
10^5		올챙이 또는 모캐류
10^6		놀라는 사람 또는 우주를 지배하는 신

이제 임의의 수는 모두 위의 각 기호를 요구된 수만큼 반복적으로 사용함으로써 표현할 수 있다. 이를테면 다음과 같다.

$$13015 = 1(10^4) + 3(10^3) + 1(10) + 5 =$$ 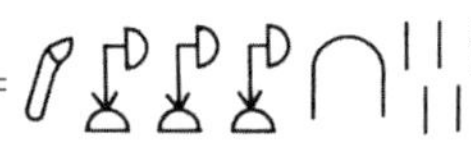

이집트인들은 관습적으로 오른쪽에서 왼쪽으로 수를 썼지만 우리는 이 수를 왼쪽에서 오른쪽으로 쓴다.

초기 바빌로니아인들은 파피루스가 부족하고 적당한 돌을 구하기가 어려워서 대개는 점토를 이용했다. 그들은 바늘을 가지고 젖은 점토판 위에 명각을 새겨넣었는데, 그 목적은 뾰족한 이등변 삼각형을 만드는 것이었다. 우선 바늘을 약간 기울여서 점토 위에 이등변 삼각형의 꼭지각이나 밑각을 눌러 **쐐기문자**(cuneiform)의 두 형태를 만들었다. 그런 다음에 기록을 영구히 보존하기 위해 그 판을 화덕 속에서 구웠다. 기원전 2000년부터 기원전 200년까지의 쐐기문자판에는 60보다 작은 수는 10을 밑수로 하는 단순 그루핑법에 의해서 표현되었는데 때때로 빼셈기호를 이용하여 표기를 간단하게 하기도 했다. 빼셈기호, 1, 10에 대한 기호는 각각 다음과 같았다.

여기서 1에 대한 기호와 빼셈 표기의 두 부분은 모두 이등변 삼각형의 꼭지각을 이용하여 만든 것이고 10에 대한 기호는 밑각의 하나를 이용하여 만든 것이다. 이 기호를 이용한 기수법의 한 예를 보자.

$25 = 2(10) + 5 =$ 

$38 = 40 - 2 =$ 

바빌로니아인들이 보다 큰 수를 표기하는 데 이용한 방법은 1장의 7번째 절에서 논의할 것이다.

그리스 숫자는 기원전 3세기 이전에 개발되었는데 그것은 수 이름에 대한 머리문자로부터 만들어졌으며 밑수가 10인 단순 그루핑법으로 이루어져 있다. 1, 10, 10^2, 10^3, 10^4에 대하여 기호 I, △, H, X, M을 사용했고 5에 대해서는 특별한 기호가 있었다. 이 특별한 기호는 Π의 고형으로서 그것은 그리스어의 ‘pente(5)’의 머리문자이고 △는 그리스어의 ‘deka(10)’의 머리문자이다. 5에 대한 기호는 홀로 사용되기도 했지만 흔히 수의 표현을 간단히 하기 위하여 다른 기호와 합성하여 사용하기도 하였다. 이 기수법의 한 예를 보자.

2857 = 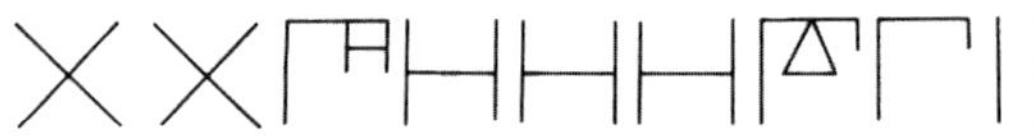

여기서 5에 대한 특별한 기호는 한 번은 홀로 사용되었고 두 번은 다른 기호와 합성하여 사용되었다.

단순 그루핑법의 마지막 예는 밑수를 10으로 하는 것인데 그것은 이미 우리에게 익숙한 로마 숫자이다. 여기서는 1, 10, 10^2, 10^3에 대한 기본적인 기호 I, X, C, M 이외에도 5, 50, 500에 대하여 V, L, D가 첨가된다. 고대와 중세에 아주 드물게 작은 단위에 대한 기호를 보다 큰 단위에 대한 기호 앞에 놓아 그 두 단위의 차를 나타내는 뺄셈 원리가 이용되기도 하였다. 이 원리가 완전하게 사용된 것은 현대에 들어와서인데 당시의 이 체계의 한 예를 보면 다음과 같다.

$$1944 = \mathrm{MDCCCCXXXXIIII}$$

또 뺄셈의 원리가 일반화된 현대에 이르러서는 다음과 같이 표현되었다.

$$1944 = \mathrm{MCMXLIV}$$

로마 숫자의 기원은 쉽게 상상할 수가 있다. 라틴 역사와 금석학에 관한 많은 저자들이 동의하고 있는 가장 그럴듯한 설명은 I, II, III, IIII는 손가락으로부터 유래된 것이고 X는 두 V를 합성했거나 또는 교차된 손이나 엄지손가락에 의해 연상될 수 있다는 것이다. 50, 100, 1000에 대한 초기의 기호가 그리스 대기음(帶氣音) Ψ, θ,

Φ였다는 근거가 있다. Ψ의 고형은

↓ ⊥ ⊥ L

등으로서 이들 모두는 초기 비문에서 50으로 사용되었다. 100에 대한 기호 θ는 아마 이와 유사한 기호 C로부터 만들어졌을 것으로 추측되며 그것은 C가 라틴어 'centum(100)'의 머리문자라는 사실에 의해 영향을 받은 듯하다. 1000에 대한 초기의 기호는 ⊂|⊃ 인데 그것은 Φ의 변형이다. 1000에 대한 기호는 나중에 M이 되었으며 이는 M이 라틴어 'mille(1000)'의 머리문자라는 사실에 의해 영향을 받은 것이다. 500은 1000의 반이므로 |⊃에 의해 표현되었고 이것이 나중에 D가 되었다. 1000과 500에 대하여 기호 ⊂|⊃, |⊃을 사용했다는 사실은 1715년에 이르러 밝혀진 것이다.

승법적 그루핑법

단순 그루핑법은 **승법적 그루핑법**(multiplicative grouping system)으로 불리는 방법으로 발전하였다. 이 방법에서는 밑수 b가 취해진 이후에 1, 2, $\cdots$, $b-1$의 기호와 또 다른 집합 b, b^2, b^3, $\cdots$ 등의 기호가 선택되었다. 그런 다음 이 두 집합의 기호를 승법적으로 이용하여 그보다 더 큰 수를 표현하였다. 처음 아홉 개의 수를 통상적인 기호로 사용하고 10, 100, 1000을 각각 a, b, c로 표시하면 승법적 그루핑법에서 다음과 같이 쓸 수 있다.

$$5625 = 5c6b2a5$$

전통적인 한문 숫자체계가 10을 밑수로 하는 승법적 그루핑법이

				예: 5625
1	一	10	十	五
2	二	10^2	百	千
3	三	10^3	千	六
4	四			百
5	五			二
6	六			十
7	七			五
8	八			
9	九			

다. 위의 한자 표기에서 왼쪽 두 줄은 두 기본군에 대한 기호이고 마지막 오른쪽 줄은 수 5625를 표현한 것이다.

암호 수체계

암호 수체계(ciphered numeral system)에서는 밑수 b가 선택된 후에 기호의 집합이 $1,\ 2,\ \cdots,\ b-1;\ b,\ 2b,\ \cdots,\ (b-1)b;\ b^2,\ 2b^2,\ \cdots,\ (b-1)b^2$ 등으로 채택되었다. 물론 이 체계에서는 많은 기호를 기억해야 하지만 수의 표현은 치밀하다. 소위 이오니아식 혹은 알파벳 그리스 수체계가 이 암호형인데 그것은 기원전 450년경까지 거슬러 올라가 추적될 수 있다. 그것은 10을 밑수로 하면서 27개의 문자를 이용하고 있고, 이 27개의 문자는 그리스 알파벳 24개에 지금은 안 쓰이는 digamma, koppa, sampi가 첨가된 것이다. 비록 처음엔 대문자가 이용되었지만 훨씬 뒤에 소문자로 대치되었으므로 여기서는 소문자로 이 체계를 살펴볼 것이다. 다음 각 대응 기호를 기억해야만 한다.

1	α	alpha	10	ι	iota	100	ρ	rho
2	β	beta	20	κ	kappa	200	σ	sigma
3	γ	gamma	30	λ	lambda	300	τ	tau
4	δ	delta	40	μ	mu	400	υ	upsilon
5	ϵ	epsilon	50	ν	nu	500	ϕ	phi
6	없어짐	digamma	60	ξ	xi	600	χ	chi
7	ζ	zeta	70	o	omicron	700	ψ	psi
8	η	eta	80	π	pi	800	ω	omega
9	θ	theta	90	없어짐	koppa	900	없어짐	sampi

다음은 이들 기호를 이용한 예이다.

$$12 = \iota\beta,\ \ 21 = \kappa\alpha,\ \ 247 = \sigma\mu\zeta$$

지금은 안 쓰이는 digamma, koppa, sampi에 대한 기호는 다음과 같다.

그 밖의 암호 수체계로는 이집트의 신성문자, 민용문자, 콥트말, 인도-브라만, 헤브루, 시리아, 초기 아라비아 등의 수체계가 있다. 이 중 마지막 세 개는 이오니아 그리스식과 같은 알파벳 암호 수체계이다.

위치 수체계

오늘날 우리가 사용하는 수체계는 10을 밑수로 하는 **위치 수체계**(positional numeral system)의 한 예이다. 이 수체계에서는 밑수 b가 선택된 후에 기본 기호들이 0, 1, 2, ⋯, $b-1$에 대하여 채택된다. 그래서 b개의 기본 기호가 생기는데 이를 흔히 이 체계의 **숫자**(數字, digit)라고 부른다. 그러면 임의의 수 N은 다음과 같은 형식으로 유일하게 표현된다.

$$N = a_n b^n + a_{n-1} b^{n-l} + \cdots + a_2 b^2 + a_1 b + a_0$$

여기서 $0 \le a_i < b$, $i = 0, 1, \cdots, n$. 그런 다음에 밑수를 b로 하는 수 N을 다음과 같이 기본 기호의 수열로 표현한다.

$$a_n a_{n-1} \cdots a_2 a_1 a_0$$

따라서 임의의 주어진 숫자에서의 기본 기호는 밑수의 어떤 제곱의 배수로 표현되는데 이때 제곱은 기본 기호가 나타나는 위치에 따라 달라진다. 예를 들어 지금 사용하고 있는 인도-아라비아 수체계에서 206의 2는 $2(10^2)$, 즉 200을 나타내고 27에서의 2는 2(10), 즉 20을 나타낸다. 한편 명확성을 기하기 위해서는 밑수의 제곱이 없는 경우를 표현하는 데 0에 대한 어떤 기호가 필요함을 주목해야 한다. 위치 수체계가 비록 역사적으로 승법적 그루핑법으로부터 유래된 것은 아니지만 승법적 그루핑법의 논리적 발전으로 볼 수 있다.

기원전 3000년과 기원전 2000년 사이의 고대 바빌로니아인들은 위치의 원리를 이용한 60진법을 개발했다. 그러나 숫자체계는 실제로는 혼합된 형태였으며, 특히 60을 넘는 수가 위치 원리에 따라서 쓰이긴 했지만 기본적인 60군 안의 수는 밑수를 10으로 하는 단순 그루핑법에 의해 쓰였다. 예를 들면 다음과 같다.

$$524,551 = 2(60^3) + 25(60^2) + 42(60) + 31 =$$ 

이 위치 수체계는 기원전 300년 후까지도 0에 대한 기호가 없어서 어려움을 겪었다.

마야 수체계는 매우 흥미롭다. 그 기원은 알 수 없지만 상당히 오래된 것으로 추정되는 이 체계는 16세기 초에 스페인 탐험대가 유카탄 반도(멕시코 동남부)에 들어갔을 때 발견한 것이다. 이 체계는 본질적으로 20진법인데, 다만 두 번째 수의 군이 $20^2 = 400$ 대신에 $(18)(20) = 360$이었다. 그보다 더 높은 군은 $(18)(20^n)$ 형태로 되어 있다. 이 표현은 마야의 달력이 360일로 되어 있다는 사실로 설명될 수 있을 것이다. 0에 대한 기호가 다음 표에 주어졌는데 이 기호의 변형이 지금까지도 이용되고 있다. 기본 20군 안에 있는 수는 단순 그룹핑 구조에 따라서 점과 대시에 의해 매우 간단히 표현되고 있다. 여기서 점은 1을 나타내고 있고 대시는 5를 나타낸다.

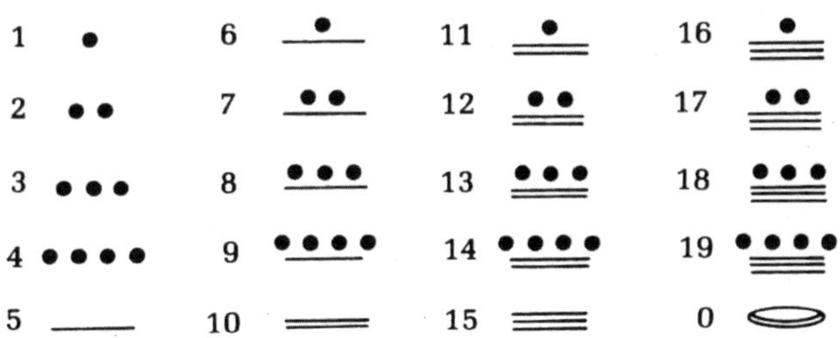

큰 수는 마야의 방식대로 세로로 쓰였는데 그 예는 다음과 같다.

$$43,487 = 6(18)(20^2) + 0(18)(20) + 14(20) + 7 =$$ 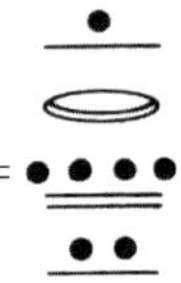

위에서 설명한 이 혼합 형태는 주로 성직자들이 사용한 것이고 평민들이 사용한 순수한 20진법은 현재 기수 형태로는 전해지지 않는다.

초기의 셈법

오늘날 초등 산수에서 사용되는 긴 곱셈이나 나눗셈과 같은 계산 규칙은 15세기 말에 이르러서야 개발된 것이다. 이렇게 계산 규칙이 더디게 발전된 이유는 그러한 연구에서 만나게 되는 정신적 어려움과 물질적 어려움 때문이었다.

이 중 첫 번째인 정신적 어려움은 다소 무시되고 있다. 고대 숫자 체계가 매우 간단한 계산에서조차도 쉽게 받아들여지지 않는다는 인상은 주로 이들 체계와 익숙하지 않은 데 근거한다. 단순 그루핑법에서 덧셈과 뺄셈이 각 종류의 수 기호를 계산하고 그것을 더 높은 단위로 바꿔놓는 능력만을 요구하고 있음이 분명하다. 수의 합성에 대한 기억이 필요하지도 않다. 암호 수체계에서는 충분한 덧셈과 곱셈표를 기억하기만 하면 우리가 오늘날 하는 것만큼의 작업을 진행할 수가 있다. 프랑스 수학자 폴 탄네리(Paul Tannery)는 그리스 이오니아 수체계에서의 곱셈에 대한 상당한 기술을 가지고 있었는데, 그는 이 체계가 오늘날 우리의 수체계보다 더 좋은 점을 지니고 있다고 주장하기까지 했다.

그러나 물질적 어려움은 매우 실제적이어서 충분한 종이 재료가 없이는 산술과정의 긴 전개가 곤란했다. 요즘의 기계로 만든 펄프 종이가 백년 전까지만 해도 그리 흔하지 않았음을 상기해야 한다. 오래된 누더기 종이는 손으로 만들어진 것이고 따라서 비싸고 귀했다. 물론 중국인들은 1000년 전에 이미 종이를 만드는 방법을 알고는 있었지만 그것조차도 12세기까지 유럽에 소개되지 않았다.

파피루스(papyrus)라고 불리는 초기의 종이 재료는 고대 이집트인들이 발명한 것인데 기원전 650년경에 이르러 그리스에 소개되었다. 그것은 파푸(papu)라 불리는 물갈대의 줄기를 길고 가느다란 조각으로 쪼개어 그것을 옆으로 붙여서 얇은 판을 만든 다음, 다른 층의 조각을 판의 위쪽에 옆으로 붙이고 그것을 물 속에 담그었다가 눌러서 햇볕에 말린 것이었다. 아마 식물에 있는 천연 고무 때문에 그 층이 서로 잘 맞물렸던 것 같다. 판이 마른 후에는 둥글고 단단한 물건을 가지고 그것을 문질러서 부드럽게 한 후 종이로 사용하였다.

또 다른 초기의 종이 재료로는 양의 가죽으로 만든 양피지가 있었는데 그것은 구하기가 어려웠다. 그보다 더 귀했던 것은 송아지 가죽으로 만든 송아지피지였다. 사실 양피지는 너무나 비싸서 중세에는 오래된 양피지 사본을 물로 지워낸 다음 재차 그것을 사용하는 관습이 있었다. 그러한 사본을 흔히 거듭 쓴 양피지의 사본이라는 뜻의 팰림프세스트(palimpsest)라 불렀다. 어떤 경우에는 몇 해가 지난 후에 팰림프세스트의 본래의 사본이 나중에 다시 쓴 사본 밑에 희미하게 나타날 때도 있었다. 몇몇 흥미로운 복원들이 이런 식으로 만들어진 적이 있다.

약 2000년 전에 로마인들은 얇은 밀랍을 입힌 작은 판을 종이 재료로 썼으며 로마 제국 당시와 그 이전에는 단순 계산과 기하학적 도형을 그리는 데 모래 쟁반이 자주 이용되었다. 물론 기록을 남기기 위해 아주 초기에는 돌과 점토가 이용되기도 했다.

이러한 정신적·물질적 어려움을 극복하기 위해 발명한 것이 수판(abacus)이었는데, 그것은 인간이 이용한 최초의 기계적인 계산기라고 할 수 있을 것이다. 그것은 고대와 중세의 한때에 여러 가지 형태로 나타났다. 이제 수판의 기본적인 형태를 설명하고 몇 개의 로마 숫자의 덧셈과 뺄셈에서 그것이 어떻게 이용되는지 알아보자. 우선 세로로 네 개의 평행선을 그린 다음 왼쪽부터 차례로 M, C, X, I로 이름을 붙이고 그 각각에 체커나 동전과 같은 계산 알을 끼운다. 한 계산 알이 I, X, C, M선상에 있는 위치에 따라 각각 1, 10, 100, 1000단위를 표현하게 된다. 이제 한 선에 계속적으로 나타내게 되는 계산 알의 개수를 줄이기 위해 그 선의 바로 왼쪽의 공간에 하나의 계산 알을 놓음으로써 그것이 다섯 개의 계산 알을 의미하는 것으로 동의하자. 그러면 10000보다 작은 어떤 수든지 각 선에 네 개의 계산 알을 놓고 각 선의 바로 왼쪽의 공간에 하나의 계산 알을 놓음으로써 표현될 수가 있다.

이제 다음 두 수를 더해보자.

MDCCLXIX, MXXXVII

우선 두 수 중 처음 수를 그림 1의 왼쪽 그림과 같이 표현한다. 그런 다음에 두 번째 수를 왼쪽에서 오른쪽으로 더해 나가자. VII을 더하기 위해서는 X와 I선 사이의 공간에 또 하나의 계산 알을 놓고 I선에 두 개의 계산 알을 더 놓아야 한다. 그러면 I선에 여섯 개의

그림 1

계산 알이 생기므로 그중 다섯 개의 계산 알을 빼고 대신에 X와 I선 사이에 또 하나의 계산 알을 놓아야 한다. 그래서 생긴 X와 I선 사이의 세 개의 계산 알 중에 두 개를 X선에 하나의 계산 알로 넘겨준다. 이제 XXX를 더하기 위해 X선에 세 개의 계산 알을 놓자. 그러면 X선에 전부 다섯 개의 계산 알이 놓이므로 그것을 C와 X선 사이에 하나의 계산 알을 놓음으로써 대치시키고 다시 거기에 나타난 두 개의 계산 알을 C선에 하나의 계산 알로 넘겨줌으로써 대치하자. 이제 마지막으로 M을 더하기 위해 M선에 또 하나의 계산 알을 놓자. 그러면 최종적인 결과는 그림 1의 오른쪽에 있는 것처럼 나타나는데 그 합은 간단히 MMDCCCVI이라고 읽을 수가 있다. 이렇듯 그래서 두 수를 합하는 데 종이라든지 덧셈표의 기억에 의존하지 않고 간단한 기계적 작동에 의해 결과를 얻을 수가 있다.

뺄셈도 이와 유사하게 행해지는데, 다만 덧셈에서는 왼쪽으로 넘겨주었지만 뺄셈에서는 왼쪽으로부터 빌려와야 한다.

인도-아라비아 위치 수체계는 수판의 각 선에 있는 계산 알의 개수를 차례대로 기록함으로써 매우 간단히 수를 표현할 수 있다. 기호 0은 수판의 각 선에 어떤 계산 알도 있지 않는 것으로 표현된다. 오늘날 사용하고 있는 덧셈, 뺄셈 방법에서 넘겨주거나 빌려오는 개념이 바로 수판의 이러한 작용에서 비롯된 것이다. 물론 인도-아라비아 수체계에서는 실제의 계산 알 대신에 기호를 가지고 덧셈, 뺄셈을 하기 때문에 간단한 수의 결합을 기억해 두거나 기본적 덧셈표가 있어야 한다.

인도-아라비아 수체계

인도-아라비아 수체계는 인도인들이 그것을 발명하고 아라비아인들이 서유럽으로 전파했다고 해서 붙여진 이름이다. 오늘날 사용하고 있는 숫자가 보존된 최초의 기록은 기원전 250년경 인도의 아소카왕 시대에 세워진 돌기둥에서 발견되었다. 인도에서 발견된 또 다른 초기의 것으로 푸나(Poona) 근교의 언덕에 있는 동굴 벽에 기원전 100년경쯤으로 기록된 삽화와 나시크(Nasik)에 있는 동굴의 200년경에 새겨진 비문 등이 있다. 이 초기의 표본에는 0이 없고 위치 표시도 이용되고 있지 않다. 그러나 페르시아 수학자 알 콰리즈미(al-Khowârizmî)가 825년에 출간한 책에서 완전한 인도 수체계를 설명하고 있는 것으로 보아 위치값과 0도 800년 이전에 이미 인도에서 사용되었음이 틀림없다.

이 새로운 수체계가 언제, 어떻게 처음으로 유럽에 전해졌는지는 확실히 알 수 없다. 그러나 모든 가능성을 유추해 볼 때 지중해 연안의 무역업자나 여행가들이 이를 전파했으리라 추측된다. 이 수체계는 10세기 스페인 사본에서도 발견되는데 이는 아마 아라비아가 711년에 이베리아 반도를 침략해서 1492년까지 그곳에 머물고 있는 동안 스페인에 소개했을 가능성이 크다. 이의 완전한 체계는 알 콰리즈미 논문의 12세기 라틴어 번역본과 그 후속적인 유럽인들의 작업에 의하여 더욱 널리 전파되었다.

그 후 400년 동안은 수판론자와 산법론자 사이의 싸움이 계속되는데 1500년에 이르면 우리의 현재의 계산규칙이 최상에 이르게 된다. 그 다음 100년 동안에 수판론자들은 자취를 감추고 18세기가 되면 서유럽에서 수판은 사라진다. 나중에 수판이 호기심으로 재등장한 것은 프랑스의 기하학자 퐁슬레(Poncelet)가 나폴레옹의 러시아

수판론자와 산법론자의 시합

출정에 따라갔다가 러시아의 포로가 된 뒤 나중에 풀려나면서 프랑스로 그것의 견본을 가지고 돌아왔을 때이다.

숫자는 인쇄술의 발전에 의해 완전히 고정되기까지 상당한 변화를 겪었다. 0이라는 뜻의 영어 'zero'는 아라비아어 'sifr'의 라틴어 형태인 'zephirum'으로부터 유래된 것으로서 그것은 '공허한' 혹은 '텅빈'이라는 의미의 인도어 'sunya'의 번역이었을 것이다. 아라비아어 ‘sifr’는 13세기에 네모라리우스(Nemorarius)에 의해 ‘cifra’로 독일에 소개되었고 그것으로부터 오늘날의 단어 ‘cipher’가 만들어졌다.

문제연구

1.1 기수(記數)

574와 475를 다음의 각 형식으로 써 보라.

(a) 이집트의 상형문자 (b) 로마 숫자

(c) 옛 그리스 숫자 (d) 바빌로니아의 쐐기문자

(e) 전통적인 중국문자 (f) 알파벳 그리스 숫자

(g) 마야 숫자

1.2 알파벳 그리스 수체계

(a) 알파벳 그리스 숫자로 1000보다 작은 수를 쓰기 위해서는 몇 개의 기호가 필요한가? 또 이집트의 상형문자와 바빌로니아의 쐐기문자에서는 어떤가?

(b) 알파벳 그리스 수체계에서 수 1000, 2000, ⋯, 9000이 종종 1, 2, ⋯, 9에 대한 기호에 프라임을 붙임으로써 표현되었다. 이를테면 1000은 α'으로 나타내었다. 수 10000은 M으로 표시되었고, 곱셈 원리가 10000의 배수에 대해서 이용되었다. 그래서 20000, 300000, 4000000은 βM, λM, υM으로 쓰였다. 이제 알파벳 그리스 숫자로 수 5780, 72803, 450082, 3257888을 써 보라.

1.3 가설(假說) 수체계

(a) 고대 바빌로니아인들은 상형문자 수기호 대신에 종종 원형(圓形) 수기호(circular numerical symbols)를 이용했다. 그 기호의

이름은 그것들이 점토판에 뾰족한 삼각형의 끝 대신에 둥근 모양의 명각을 새겨서 만들어졌기 때문에 붙여진 것이다. 여기서 1과 10에 대한 기호는 ☽과 ○이다. 이제 원형 바빌로니아 숫자를 가지고 수 5780, 72803, 450082, 3257888을 써 보라.

(b) 이집트의 상형문자로 표현된 어떤 수에 10을 곱하는 간단한 법칙을 설명하라.

(c) 한 흥미로운 수체계가 있는데 그것은 2000년 이상 전의 것으로 추정되는 중국의 막대 수체계(rod numeral system)이다. 이 체계는 본질적으로 밑수가 10인 위치 수체계이다. 그림 2는 숫자, 1, 2, 3, 4, 5, 6, 7, 8, 9가 홀수 자리(일 단위, 백 단위 등)에 나타날 때 어떻게 표현되는가를 보여주고 있고 그림 3은 그것들의 짝수자리(십 단위, 천 단위 등)에 나타날 때 표현되는 방법을 보여 준다. 이 체계에서 원 ○이 송대(宋代) 이후로 0으로 사용되었다. 이제 이 막대숫자를 가지고 수 5780, 72803, 450082, 3257888을 써 보라.

그림 2

그림 3

(d) 밑수가 5인 단순 그루핑법에서 1, 5, 5^2, 5^3을 각각 /, *,), (으로 표현할 때 이 체계에서 수 360, 252, 78, 33을 표현해 보라.

(e) 밑수가 5인 위치 수체계에서 0, 1, 2, 3, 4를 각각 #, /, *,), (으로 표현할 때 이 체계에서 수 360, 252, 78, 33을 표현해 보라.

1.4 이진법과 관련된 수수께끼

밑수가 2인 위치 수체계(이진법)는 수학의 여러 분야에서 응용되고 있고 또 많은 게임이나 수수께끼와도 연관되어 있다. 다음은 이진법과 관련된 해를 갖고 있는 수수께끼이다.

(a) 천칭저울에서 1파운드, 2파운드, 2^2파운드, 2^3파운드 등의 평형추(분동)를 이용하여 어떻게 임의의 정수 파운드의 무게 W를 달 수 있는지를 설명하라.

(b) 1부터 15까지의 수가 적혀 있는 다음의 카드를 살펴보자.

1	9
3	11
5	13
7	15

2	10
3	11
6	14
7	15

4	12
5	13
6	14
7	15

8	12
9	13
10	14
11	15

첫 번째 카드는 이진법에서 마지막 자릿수가 1인 수이고 두 번째 카드는 오른쪽에서 둘째 자릿수가 1인 수이고 세 번째 카드는 오른쪽에서 셋째 자릿수가 1인 수이고 네 번째 카드는 오른쪽에서 넷째 자릿수가 1인 수이다. 이제 어떤 사람에게 1부터 15까지 중 어떤 한 수 N을 마음속으로 생각하라고 한 다음 그 수 N이 적혀 있는 카드를 말해 보라고 하자. 그러면 그 카드의 제일 위의 왼쪽에 있는 수를 단순히 더하기만 하면 그 수 N이 무엇이었는지를 알아맞힐 수가 있다. 이와 유사한 방법으로 1부터 63까지의 어떤 수를 알아낼 수 있는 여섯 개의 카드를 만들어 보라.

2장

바빌로니아와 이집트 수학

고대 오리엔트

사회의 형태가 점차 발전되어감에 따라 초기의 수학도 실용적인 토대 위에서 발전해 갔다. 신석기 시대의 농경문화의 사회가 아프리카와 아시아의 몇몇 큰 강의 유역에서 발생하였는데, 이를 살펴보면 아프리카의 나일강 유역, 서아시아의 티그리스강·유프라테스강 유역(메소포타미아), 남 중앙아시아의 인더스강 유역, 동아시아의 황하강 유역이었다. 강은 편리한 수송로 역할을 했을 뿐만 아니라 배수, 치수, 관개 등으로 강 유역의 땅을 비옥한 농토로 바꾸는 것이 가능했다. 이러한 광대한 사업은 전에는 서로 떨어져 있던 지역을 결합시켰고 또 그러한 사업에 따르는 공사, 재정, 관리경영 등과 더불어 그들 사회가 창조된 목적이 상당한 수준의 기술적 지식과 그에 수반

되는 수학의 발전을 요구했다. 따라서 초기의 수학은 주로 고대 오리엔트의 지역에서 농업이나 토목, 건축과 같은 일에 필요한 실용적인 과학으로서 발생했다고 말할 수 있다. 그러한 일을 하기 위해서는 측량법을 개발해야 했고 또 거래의 목적이나 세금을 부과하고 징수하는 데 필요한 회계 업무의 발전이 필요했다.[1)]

방금 살펴보았듯이 초기 수학의 특징은 실용적인 산술과 측량에 있었다. 특별한 기교는 이러한 실용과학의 촉진과 응용 또는 교육을 통하여 우연히 발생한 것이다. 하지만 그러한 상황 속에서도 추상화 경향이 발전하게 되었고, 또 어느 정도로는 과학 그 자체를 위하여 연구하게 되었다. 결국 이러한 방식을 통해서 대수가 산술로부터 발전하였으며 이론 기하학의 시초가 측량으로부터 발전하였다.

그러나 고대 오리엔트의 수학에서는 오늘날 논증이라고 부르는 어떤 단순한 형태도 찾아볼 수 없음을 주목해야 한다. 거기에는 논의 대신에 단순히 과정만을 설명하고 있는데, 이를테면 '그런 식으로 해서'의 표현을 쓰고 있다. 특히 몇 가지 예외를 제외하고는 이러한 지시가 일반적인 규칙의 형태로 주어지는 것이 아니라 단순히 특별한 경우의 결과에 적용되고 있다. 따라서 2차 방정식의 해가 설명될 때 일반적인 형태로 설명된 과정을 볼 수 있는 것이 아니라 많은 특수한 2차 방정식이 그 각각의 경우에 풀리는 차례대로 말하고 있음을 보게 된다. 그와 같은 충분히 많은 예로부터 일반적인 과정이 명확해질 수 있을 것으로 기대되었다. 물론 '그런 식으로 해서'와 같

1) 수학의 기원을 종교적 의식에서 찾을 수 있다는 논문도 있다.
A. Seidenberg "The ritual origin of geometry" *Archive for History of Exact Sciences* 1(1962): pp. 488-527과 "The ritual origin of counting" *Archive for History of Exact Sciences* 2(1962): pp. 1-40. 또 수학이 인류의 세계 공통어인 예술로부터 기원된 것이라는 주장도 가능하다. 혹은 수학이 인류의 탄생 이전에 동물이나 벌레, 식물 등의 세계에서 생기지는 않았을까? 혹은 수학이 와상성운(渦狀星雲)이나 행성, 혜성의 행로, 유기물 생성 이전의 광물의 결정에서 생기지는 않았을까? 혹은 수학은 항상 존재해 왔으나 단지 발견되기만을 기다린 것은 아니었을까?

은 과정이 불만족스럽게 보일지도 모르지만 그것을 이상스럽게 생각해서는 안 된다.

왜냐하면 우리도 오늘날 중·고등학교에서 수학을 가르칠 때 흔히 그런 방식을 이용해야 하기 때문이다.

고대 오리엔트에서 이루어진 발견의 연대를 추정하는 데는 어려움이 많다. 이들 어려움의 한 가지는 당시의 사회구조가 정적인 상태에 있었고 또 어떤 지역은 오랫동안 격리되어 있었기 때문이다. 또 다른 어려움은 그 발견이 보존되는 데 필요한 종이 재료가 흔하지 않았다는 것이다. 바빌로니아인들은 영구적인 구운 점토판을 사용했고 이집트인들은 돌과 파피루스를 사용했는데, 다행히도 후자는 그 지역의 건조한 기후 덕분으로 오랫동안 보존될 수 있었다. 그러나 초기 중국인과 인도인들은 나무 껍질이나 대나무와 같은 썩기 쉬운 재료를 사용했다. 그런 이유 때문에 고대 바빌로니아와 이집트에서의 과학과 수학에 대한 상당한 양의 지식이 오늘날까지 전해지고 있는 반면에 고대 중국과 인도에서의 연구는 확실하게 전해진 것이 거의 없다. 따라서 헬레니즘 이전 시대의 수학을 주로 살펴볼 이 장은 바빌로니아와 이집트에 관심을 제한하게 될 것이다.

바빌로니아

기원

19세기의 처음 50년 이래 메소포타미아에서 활동한 고고학자들은 약 50만 개의 점토판을 체계적으로 발굴해 냈는데 그 점토판에는 글자가 새겨져 있었다. 그중 5만 개는 고대 니푸르(Nippur)의 유적지에서만 파낸 것이다. 그중에는 대단히 훌륭한 수집품도 많이 있었

는데 주로 파리, 베를린, 런던 등의 대형 박물관과 예일, 컬럼비아, 펜실베이니아 대학교의 고고학 전시관 등에 소장되어 있다. 이 점토판들은 크기도 다양해서 겨우 몇 제곱 인치밖에 안 되는 것부터 시작하여 책 크기만한 것까지 있다. 글자가 판의 한쪽 면에만 있는 경우도 있고 양쪽 면 모두에 있는 경우도 있고 때로는 판의 가장자리 둘레에 있는 경우도 있다.

50만 개의 점토판 중에서 약 300개가 수학에 관한 점토판으로 판명되었는데 수학에 관한 표와 문제가 적혀 있다. 오늘날의 고대바빌로니아인의[2] 수학에 대한 지식이 바로 이들 수학판을 학문적으로 판독하고 번역해서 얻은 것이다.

쐐기문자를 해독하려는 시도는 1800년 직전까지도 없었으나 그 무렵 유럽의 여행가들이 오늘날 이란의 북서부 지방에 있는 베히스

2) '바빌로니아인'이라는 용어는 단순히 편의를 위하여 사용한 것일 뿐 바빌로니아인 이외의 수메르인, 아카디아인, 칼데아인, 아시리아인과 그 지역에 살았던 그 밖의 원시 민족들도 모두 바빌로니아인에 포함되는 것으로 이해해야 한다.

툰(Behistun)지역 근처의 커다란 석회석 절벽에 땅으로부터 약 90m 쯤 되는 곳에 새겨 놓은 고대 양각(陽刻)의 비문을 주의 깊게 관찰하면서부터 시작되었다. 이 비문의 수수께끼는 1846년에 마침내 영국의 외교관이자 아시리아학 연구가인 롤린슨 경(Sir Henry Creswicke Rawlinson, 1810~1895)에 의해 풀렸는데 롤린슨은 독일의 고고학자이며 언어학자인 그로테펜트(Georg Friedrich Grotefend, 1775~1853)가 그 이전에 얘기한 실마리를 완성했던 셈이다.

바빌로니아 점토판이 발굴되고 그의 쐐기문자 원문을 해독할 수 있게 됨에 따라 이들 판으로부터 당시의 생활상과 관심거리를 알게 되었고, 또 바빌로니아 역사가 오랜 기간 동안 이어져 왔음을 알 수 있게 되었다. 점토판의 수학 원문을 보면 기원전 2100년경의 최후의 수메르인 시대로 연대가 추정되는 것이 있고, 그 다음 시대로는 기원전 1600년까지 이어지는 최초의 바빌로니아 왕조인 함무라비 왕 시대의 것이 대단히 많고, 그 다음에는 기원전 600년경부터 300년까지 이어지는 네브카드네자르(Nebuchadnezzar)의 신바빌로니아 제국 시대의 것이 있으며, 그 다음은 페르시아와 세레우시단(Seleucidan) 시대의 것도 이어진다. 위의 두 번째와 세 번째 시대 사이의 공백은 바빌로니아 역사에서 소용돌이의 기간과 일치한다. 이러한 수학 점토판의 내용에 대한 현재 우리의 지식은 1935년에 이르러서야 얻어진 것인데 그것은 주로 노이게바우어(Otto Neugebauer)와 단진(Dangin)의 놀랄 만한 발견의 덕택이다. 이러한 점토판을 해석하는 연구가 지금도 한창 진행 중이므로 또 새롭고 놀랄 만한 발견이 가까운 미래에 나타나리라 생각된다.

상업과 농업수학

가장 오래된 점토판조차도 상당히 높은 수준의 계산술을 보여 주고 있고 또 60진법 위치 수체계가 이미 오래전에 만들어졌음을 분명하게 해 준다. 이 초기 기간 중의 많은 판을 보면 그 원문의 내용이 농지 매매를 다루고 있고, 또 이러한 거래에 기초한 산술계산으로 이루어져 있다. 어떤 판은 고대 수메르인들이 여러 가지 종류의 계약, 화폐, 영수증, 약속어음, 회계, 이익, 저당, 판매, 보증 등에 매우 익숙해 있었음을 보여 준다. 또 상업을 하는 회사가 있었다고 기록한 판도 있고 무게나 크기의 체계를 다룬 것도 있다.

많은 산술과정이 여러 개의 판을 가지고 행해졌다. 300개의 수학판 중에 약 200개가 표가 있는 판이다. 이 표판은 곱셈표, 역수표, 제곱과 세제곱표, 지수표까지 보여 주고 있다. 지수표는 아마 복리(複利)에 관한 문제를 보간법(補間法)으로 푸는 데 이용되었을 것이고 역수표는 나눗셈을 곱셈으로 바꾸는 데 이용되었을 것이다.

바빌로니아인들이 사용한 달력은 아주 초기에 만들어졌다는 증거가 있는데 그것은 그들의 일 년이 춘분에서 시작했다는 점이고 또 첫 달이 황소자리별을 따서 이름 붙여졌다는 사실이다. 기원전 4700년경의 춘분에 태양이 황소자리별에 있었으므로 바빌로니아인들이 이미 기원전 4000~5000년경 전부터 약간의 산술에 대한 지식을 가지고 있었다고 말할 수 있다.

기하학

바빌로니아의 기하학은 거의 실제 측량과 관계된 것이다. 많은 구체적인 예로 미루어 보아 기원전 2000년부터 기원전 1600년까지의 바빌로니아인들이 직사각형의 면적, 직각 삼각형과 이등변 삼각형의 면적(아마 일반 삼각형의 면적까지 포함한 것 같음), 측변이 평행인 변과 수직인 사다리꼴의 면적, 직6면체의 부피, 더욱 일반적으로 특별한 사다리꼴 밑면을 갖는 직각기둥의 부피에 대한 일반적인 법칙을 알고 있었음에 틀림없다. 또 원주는 직경의 세 배로 했고 원의 면적은 원주의 제곱의 1/12로 했는데 이는 $\pi=3$으로 생각하면 정확한 공식이 된다. 직원기둥의 부피는 밑면과 높이의 곱으로 구했고 원뿔대나 정사각 피라미드의 절두체의 부피는 밑면들의 합의 반과 높이를 곱함으로써 구했는데 이는 부정확한 공식이다. 또한 바빌로니아인들은 닮은 두 직각 삼각형의 대응변이 비례하고 이등변 삼각형의 꼭짓점에서 밑변에 내린 수선이 밑변을 이등분하고 반원에 내접하는 각이 직각이라는 사실을 알고 있었다. 그들은 피타고라스 정리도 이미 잘 알고 있었다(2장의 6번째 절을 참조하라). 최근에 발견된 한 점토판에는 $3\frac{1}{8}$이 π에 대한 근삿값으로 이용되었음을 보여주고 있다(문제연구 2.2(b) 참조).

바빌로니아 기하학의 주요한 특징은 대수적 성질에 있다. 기하학 용어로 설명된 대단히 복잡한 문제들이 본질적으로는 까다로운 대수 문제였다(한 전형적인 예가 문제연구 2.1에 실려 있다). 또한 직각 삼각형의 한 변과 평행인 횡단선에 관한 많은 문제가 2차 방정식을 유발했고 또 어떤 경우에는 열 개의 미지수를 갖는 열 개의 방정식이 등장하기도 한다. 기원전 1600년경의 것으로 추정되는 예일대학교 소장의 한 점토판에는 피라미드의 절두체의 부피를 논의하는 과정에서 3차 방정식이 발생하는데 그것은 다음 연립 방정식으로부터 z를 소거함으로써 얻는 방정식이다.

$$z(x^2+y^2)=A, \quad z=ay+b, \quad x=c$$

오늘날 원주를 360등분 하는 것도 틀림없이 고대 바빌로니아인들의 업적인 것 같다. 바빌로니아인들이 이 수를 선택한 이유에 대해서 다양한 설명이 제안되긴 했지만 그중에서도 노이게바우어의 다음 주장이 가장 그럴듯하다. 초기 수메르인 시대에는 오늘날의 7마일쯤에 해당하는 '바빌로니아 마일'이라는 커다란 거리 단위가 있었다. 바빌로니아 마일은 보다 긴 거리를 측정할 때 사용되었기 때문에 그것이 시간의 단위(즉, 1바빌로니아 마일을 가는 데 걸리는 시간)로도 사용되는 것은 당연하다. 나중에 바빌로니아 천문학에서 천체현상에 대한 체계적인 기록이 이루어지는 기원전 1000년 동안에 종종 바빌로니아 시간-마일이 시간의 간격을 측정하는 데 이용되었다. 하루는 12시간-마일과 같았고 또 완전한 하루가 하늘이 한 바퀴 도는 것과 같았으므로 완전한 1회전이 12등분으로 나누어졌다. 그러나 편의를 위하여 다시 바빌로니아 마일이 30등분으로 나누어졌고 1회전이 $(12)(30)=360$등분 되었다.

대수(代數)

기원전 2000년까지 바빌로니아 산술은 잘 개발된 산문 형식의 대수로 발전하였는데 당시에 벌써 2차 방정식이 풀렸을 뿐만 아니라 3차 방정식과 4차 방정식까지 논의되었다. 어떤 판에는 1부터 30까지의 정수의 제곱과 세제곱에 대한 표와 그 둘의 합 (n^3+n^2)에 대한 표까지 만들어져 있다. $x^3+x^2=b$와 같은 3차 방정식을 초래하는 많은 문제가 바로 이러한 n^3+n^2표를 이용하여 풀릴 수가 있다.

기원전 1600년경의 것으로 추정되는 예일대학교의 어떤 판에는 4차 방정식을 초래하는 미해결 연립 방정식 문제가 100개나 실려 있다. 그 한 예는 다음과 같다.

$$xy=600,\ \ 150(x-y)-(x+y)^2=-1000$$

같은 판에 있는 또 하나의 예는 다음과 두 개의 방정식으로 이루어져 있다.

$$xy=a,\quad bx^2/y+cy^2/x+d=0$$

이 방정식은 x의 6차 항을 포함하는 방정식이 된다.

노이게바우어는 기원전 300년경의 루브르 판에서 두 개의 흥미로운 급수문제를 발견했다. 그 둘 중의 하나를 다음과 같이 기록해 놓고 있다.

$$1+2+2^2+\cdots+2^9=2^9+2^9-1$$

또 다른 하나는 다음과 같다.

$$1^2+2^2+3^2+\cdots+10^2=\left[1\left(\frac{1}{3}\right)+10\left(\frac{2}{3}\right)\right]55=385$$

그래서 바빌로니아인들이 아래 두 공식을 알고 있지 않았나 생각된다.

$$\sum_{i=0}^{n} r^i=\frac{r^{n+1}-1}{r-1}$$

$$\sum_{i=1}^{n} i^2=\frac{2n+1}{3}\sum_{i=1}^{n} i=\frac{n(n+1)(2n+1)}{6}$$

위의 첫 번째 식은 동시대의 그리스인들에게는 이미 알려져 있었고 아르키메데스는 실제로 두 번째 식과 동치인 식을 발견했다.

바빌로니아인들은 비제곱수에 대한 제곱근의 근삿값을 구하는 몇 가지 흥미로운 결과를 만들었는데, 이를테면 $\sqrt{2}$의 근삿값을 17/12로, 1/ $\sqrt{2}$의 근삿값을 17/24로 했다. 아마 바빌로니아인들은 다음 근사공식을 이용했던 것 같다.

$$(a^2+h)^{1/2} \approx a+h/2a$$

$\sqrt{2}$에 대한 더욱 놀라운 근삿값인

$$1+24/60+51/60^2+10/60^3=1.4142155$$

는 예일대학교에 소장된 기원전 1600년경으로 추정되는 표판 7289에서 발견된 것이다. 또 기원전 3세기경의 천문학 판은 곱셈에서의 부호에 대한 법칙을 명확하게 보여 주고 있다.

요약해 보면 고대 바빌로니아인들은 지칠 줄 모르는 표 제작자였으며 고등기술을 가진 계산가였고 분명히 기하학보다는 대수에 더 강했다고 결론 내릴 수 있다. 그들이 다룬 문제의 깊이나 다양성 앞에서 감탄을 금할 길이 없다.

플림프톤 322

지금까지 분석된 바빌로니아 수학판 중에서 가장 놀랄 만한 것은 '플림프톤 322(Plimpton 322)'로 알려진 것이다. 이 이름은 그것이 컬럼비아 대학교의 플림프톤 소장품의 목록번호 322라는 데서 붙여진 것이다. 기원전 1900년에서 기원전 1600년 사이로 연대가 추정되는 바빌로니아 고어체로 쓰여져 있는데 그것은 1945년에 처음으

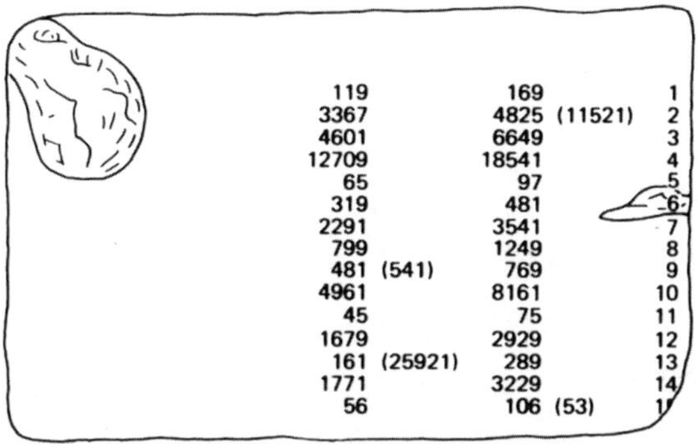

그림 4

로 노이게바우어와 사크스(Sachs)에 의해 분석되었다.3)

그림 4는 판의 모양에 대한 착상을 제공해 준다. 불행히도 판의 왼쪽 모서리가 완전히 떨어져 나가 없어졌고 오른쪽 모서리 중간쯤에 깊은 흠이 나 있고 왼쪽 모서리 상단이 벗겨져서 글씨를 알아볼 수가 없게 되었다. 그러나 조사 결과 판의 깨어진 왼쪽 모서리를 따라서 오늘날의 아교의 결정이 검출되었다. 이는 아마도 판이 처음 발굴되었을 때는 완전했으나 나중에 깨어졌고 다시 그 조각을 붙이려고 시도했으나 재차 그 조각이 떨어져 나갔음을 시사하고 있다. 따라서 이 잃어버린 판 조각이 어딘가에 존재하고 있음이 틀림없으나 그 조각을 찾아낸다는 것은 낙타가 바늘구멍에 들어가기 만큼 어려운 일이다. 만일 이 잃어버린 조각이 발견만 된다면 매우 흥미로운 것이 증명될 수 있을 것이다.

이 판은 세 줄로 숫자가 적혀 있는데 편의를 위하여 그림 4에서 오늘날의 10진법으로 다시 표현했다. 물론 깨어져 나간 왼쪽 모서리를 따라서 네 번째 줄이 있긴 하지만 이것은 불완전한 것이고 결국

3) 보다 최근에 프리베르그(Jöran Friberg)가 이 판에 대한 상세한 연구를 하였다. "Methods and traditions of Babylonian mathematics," *Historia Mathematica* 8, no. 3, (August 1981): pp. 277-318.

없어진 판 조각을 찾아야 그 줄의 분석이 가능할 것이다.

맨 오른쪽 줄은 단순히 번호 순서를 매긴 것이 분명하다. 그 다음 두 줄은 얼핏 보면 그저 수가 아무렇게나 적혀 있는 것처럼 보인다. 그러나 연구를 해보면 이 두 줄에 있는 대응수가 정수 크기의 변을 갖는 직각 삼각형의 빗변과 다른 한 변의 크기를 나타내고 있음을 알 수 있다. 여기서 유감스럽게도 네 개의 예외가 있는데 그림 4에서 올바로 고쳐 쓴 수의 옆의 괄호 속에 본래의 수를 적어 놓았다. 두 번째 줄에 있는 예외는 복잡한 설명을 요구하지만[4] 나머지 다른 세 개의 예외는 쉽게 설명될 수 있다. 아홉 번째 줄에 있는 481과 541은 60진법에서 [8, 1]과 [9, 1]로 표현되는데 8 대신 9가 된 것은 틀림없이 이 수를 쐐기문자로 표현하면서 철필을 잘못 그었기 때문임이 분명하다. 또 열셋째 줄에 있던 수는 정확한 값의 제곱이고 마지막 줄에 있던 수는 정확한 값의 반이다.

직각 삼각형의 변의 크기가 될 수 있는 {3, 4, 5}와 같은 세 개의 양의 정수의 집합을 **피타고라스 삼조**(Pythagorean triple)라고 하는데 특히 그 세 쌍이 1 이외의 어떤 공통 인수도 갖지 않으면 **원시 피타고라스 삼조**(primitive Pythagorean triple)라고 한다. 따라서 {3, 4, 5}는 원시 삼조이고 {6, 8, 10}은 원시 삼조가 아니다. 플림프톤 판의 연대 이후 천 년 동안에 가장 괄목할 만한 수학적 성취는 바로 모든 원시 피타고라스 삼조 $\{a, b, c\}$가 다음 매개변수 식으로 주어짐을 보인 것이다.

$$a = 2uv, \quad b = u^2 - v^2, \quad c = u^2 + v^2$$

여기서 u, v는 서로소이며 모두 홀수는 아니고 $u > v$이다. 따라서 $u = 2$, $v = 1$이면 원시 삼조는 $a = 4$, $b = 3$, $c = 5$가 된다.

정수 크기의 변을 갖는 직각 삼각형에서 플림프톤 판에 주어진

4) R.J. Gillings, *The Australian Journal of Science*, 16(1953): pp. 34-36, 또는 Otto Neugebauer, *The Exact Sciences in Antiquity* 2d ed., 1962.

플림프톤 322(컬럼비아 대학교)

빗변 c와 다른 한 변 b에 의해서 나머지 한 변 a가 계산될 수 있다고 가정하자. 그러면 우리는 다음 피타고라스 삼조를 얻을 수 있다.

a	b	c	u	v
120	119	169	12	5
3456	3367	4825	64	27
4800	4601	6649	75	32
13500	12709	18541	125	54
72	65	97	9	4
360	319	481	20	9
2700	2291	3541	54	25
960	799	1249	32	15
600	481	769	25	12
6480	4961	8161	81	40
60	45	75	2	1
2400	1679	2929	48	25
240	161	289	15	8
2700	1771	3229	50	27
90	56	106	9	5

열한 번째 줄과 열다섯 번째 줄에 있는 것을 제외한 모든 세 쌍이 원시 삼조임을 주목해야 할 것이다. 논의를 위하여 이러한 피타고라스 삼조를 유도하는 매개변수 u, v도 적어 놓았다. 이는 오래전의 바빌로니아인들이 이미 위에 주어진 원시 피타고라스 삼조에 대한 일반적인 매개변수 식을 알고 있었다는 좋은 증거가 된다.

플림프톤 322에 대한 분석은 바빌로니아 수학판이 대단히 주의 깊게 관찰되어야 한다는 사실을 보여 주고 있다. 이전에는 그러한 판이 단순한 상업적 목록이나 기록으로 간단히 처리되어 왔다.

이집트

기원과 연대

일반적인 세평과는 달리 고대 이집트의 수학은 결코 바빌로니아 수학의 수준에는 미치지 못했다. 그 이유는 바빌로니아의 보다 진보된 경제적 발전에 기인한 것이다. 또 바빌로니아는 지정학적으로 많은 대상(隊商)들이 다니는 길목에 위치했지만 이집트는 반고립적인 위치에 있었다. 비교적 평화로운 나일강은 흐름이 자주 바뀌는 티그리스강이나 유프라테스강과는 달리 광대한 토목공사나 관리상의 노력이 거의 필요하지 않았다.

그러나 대단히 많은 바빌로니아의 수학판이 최근까지 해독되고 있음에도 불구하고 여전히 이집트가 고대의 역사적 조사에 있어서 오랫동안 가장 풍요로운 지역이 되어 왔다. 그 이유는 이집트인이 죽음을 경외하였고 또 그 지역이 매우 건조한 기후였기 때문이다. 전자의 이유가 그들로 하여금 오랫동안 보존될 수 있는 무덤과 화려하게 조각된 벽으로 이루어진 사원들을 짓게 했고 후자의 이유가 많은 파피루스와 그 밖의 물건을 썩지 않게 보존하도록 했다.

다음은 고대 이집트의 수학과 관계가 있는 명확한 항목을 연대 순으로 열거한 것이다. 이 항목 외에도 오늘날 우리의 지식에 기여한 많은 비문과 파피루스가 있다.

1. 기원전 3100년경　옥스퍼드에 있는 한 박물관에 이 당시로 연대가 추정되는 호화스런 이집트 철퇴가 있다. 이 철퇴에는 전투의 승리를 기록한 이집트 상형문자로 쓰여진 수백만 개의 글자가 있는데 그 가운데 여러 가지 수가 나온다.

2. 기원전 2900년경　기제(Gizeh: 카이로 부근의 도시 — 옮긴이 주)에 있는 거대한 피라미드는 기원전 2900년경에 세워진 것인데 이는 틀림없이 어떤 수학적·공학적 문제가 관계되었을 것이다. 그 피라미드는 13에이커의 땅에 평균 2.5톤의 무게의 돌이 이백만 개 이상 조심스럽게 쌓여져 만들어진 것이다. 이 돌들은 나일강 유역의 사암 채석장에서 옮겨 온 것이었다. 피라미드 안에 있는 어떤 방의 천장은 54톤이나 나가는 화강암으로 이루어져 있는데 길이가 7피트이고 두께가 4피트나 되는 이 돌들은 600마일이나 떨어져 있는 채석장으로부터 운반되어 와서 지상에서 200피트가 되는 높이까지 올려진 것이다. 또 정사각형의 밑변의 상대오차가 1/14000보다 작고 직각의 상대오차가 1/27000보다 작다. 그러나 이 인상적인 통계치에 함축된 공학기술은 그 작업이 10만 명의 사람이 동원되어 30년 동안에 완성되었다는 사실을 알고 나면 상당히 감소된다.

3. 기원전 1850년경　이는 모스크바 파피루스의 근사적인 연대로서 모스크바 파피루스는 그것이 편찬된 것보다 시기적으로 더 오래된 25개의 문제가 실린 수학책이다. 모스크바 파피루스는 1893년에 이집트에서 구입하여 1930년에 편집자의 주석을 달아 인쇄되었다. 그것은 본래 가로가 3인치이고 세로가 18인치였다.

4. 기원전 1850년경　추선과 가늠대로 된 현존하는 가장 오래된

천문학 기구가 이 시대의 것으로 추정되는데 베를린 박물관에 보존되어 있다.

5. 기원전 1650년경 이는 린드(혹은 아메스) 파피루스의 근사적인 연대인데 그것은 실제의 편람 형태로 된 수학책으로서 필경가 아메스(Ahmes)가 그 이전의 작품을 신성문자로 베껴 쓴 85개의 문제가 수록되어 있다. 이 파피루스는 스코틀랜드의 이집트학 학자인 린드(A. Henry Rhind)가 1858년에 이집트에서 구입한 것인데 나중에는 대영박물관에 보존되게 되었다. 이 파피루스와 모스크바 파피루스가 고대 이집트 수학의 정보에 대한 주요한 근원이다. 린드 파피루스는 1927년에 인쇄되었다. 그것은 가로가 1피트이고 세로가 18트쯤 된다.

6. 기원전 1500년경 시브즈(Thebes: 고대 이집트의 수도에 있는 태양의 사원 앞에 세워진, 현존하는 가장 커다란 오벨리스크(방첨탑, 方尖塔 — 옮긴이 주)가 이 시대로 추정된다. 그것은 높이가 105피트이고 밑면은 한 변이 10피트인 정사각형으로 되어 있고 무게는 430톤쯤 된다.

7. 기원전 1500년경 베를린 박물관에 이 시대로 추정되는 해시계가 하나 있는데 이는 현존하는 가장 오래된 해시계이다.

8. 기원전 1350년경 현재 루브르 박물관에 보관되어 있는 기원전 1350년경의 롤린 파피루스는 당시에 이미 큰 수를 사용하였음을 보여 주는 내용을 담고 있다.

9. 기원전 1167년경 이는 해리스 파피루스의 연대인데 그것은 라메시스 4세가 왕위를 계승하면서 만든 문서로 그의 아버지인 라메시스 3세의 위대한 업적을 기리고 있다. 당시의 사원의 재산에 대한 명부 작성이 오늘날 고대 이집트로부터 우리에게 내려온 실용적인 셈의 가장 좋은 예를 제공해 주고 있다.

산술과 대수

모스크바 파피루스와 린드 파피루스에 있는 110개의 문제는 모두가 수치계산인데 대부분 매우 간단한 것이다. 비록 대부분의 문제가 실용적인 기원을 갖고 있긴 하지만 이론적 성질을 띠고 있는 경우도 몇 가지 있다.

이집트 수체계의 한 결과는 종속적 산술의 가법적(加法的) 성질이다. 즉 곱셈과 나눗셈은 항상 임의의 수가 2의 제곱의 합으로 표현될 수 있다는 사실에 기초한 계속적인 배가(倍加) 연산에 의해서 행해졌다. 곱셈의 한 예로서 26과 33을 곱해 보자. $26 = 16 + 8 + 2$이므로 33의 배수를 더하면 된다. 그것은 다음과 같이 전개된다.

1	33
*2	66
4	132
*8	264
*16	528
	858

별표를 달아서 표시한 33의 배수를 더하면 858이라는 답이 나온다. 이제 753을 26으로 나누어 보자. 우선 배가를 계속해서 피제수 753을 초과하게 되는 바로 앞까지 제수 26을 계속적으로 배가해 간다. 그 과정은 다음과 같다.

$$
\begin{array}{rr}
1 & 26 \\
2 & 52 \\
*4 & 104 \\
*8 & 208 \\
*\underline{16} & 416 \\
28 &
\end{array}
$$

한편

$$
\begin{aligned}
753 &= 416 + 337 \\
&= 416 + 208 + 129 \\
&= 416 + 208 + 104 + 25
\end{aligned}
$$

이므로 위의 열에서 별표가 붙은 항을 주시하면 몫이 16+8+4=28이고 나머지가 25임을 알 수 있다. 곱셈과 나눗셈의 이 이집트 방식은 곱셈표를 배워야 할 필요를 없애줄 뿐만 아니라 수판에서도 매우 편리했으므로 수판이 이용되는 기간에는 물론이고 그 외의 기간에서도 계속해서 이 방법이 이용되었음을 볼 수 있다.

이집트인들은 2/3를 제외한 모든 분수를 분자가 1인 단위분수의 합으로 표현함으로써 분수를 다룰 때 생기는 어려움을 피하려고 노력했다. 이러한 환산은 이집트 곱셈의 배가 성질 때문에 $2/n$형태의 분수표를 만드는 것을 가능하게 했다. 린드 파피루스의 문제들은 5부터 101까지의 모든 홀수 n에 대한 그러한 표에 의해서 진행되었다. 이를테면 2/7는 1/4+1/28로 표현되었고 2/97는 1/56+1/679+1/776로 표현되었고 2/99는 1/66+1/198로 표현되었다. 그 표가 파피루스에 있는 문제의 여러 곳에서 이용되고 있다. 단위분수는 분모 위에 타원기호를 씀으로써 이집트의 상형문자로 표시되었다. 예외적인 분수 2/3에는 특별한 기호가 이용되었고 1/2에 대해서도 종종 또 다른 기호가 이용되기도 하였다. 이들 기호는 다음과 같다.

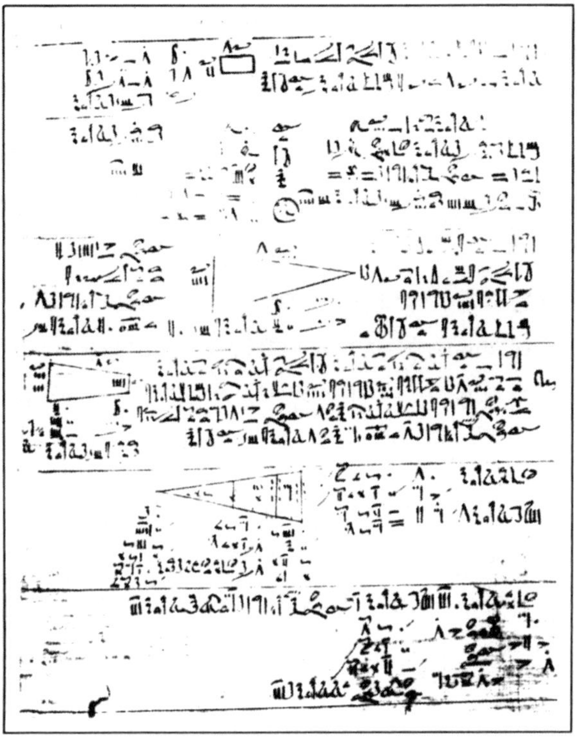

린드 파피루스의 일부(대영박물관)

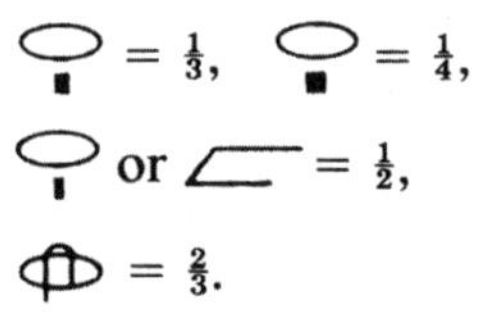

이집트인이 단위분수 분해를 어떻게 행했는가를 설명하는 흥미로운 이론이 있다(문제연구 2.3 참조).

린드 파피루스와 모스크바 파피루스에 있는 110개의 문제는 실용적인 기원을 보여 주고 있는데, 이를테면 빵과 맥주의 농도라든가 가축들의 먹이 혼합, 곡식의 저장과 같은 문제에 관한 것이었다. 이 중 많은 것이 간단한 1차 방정식에 관한 문제인데 그것은 일반적으로 나중에 유럽에서 **임시위치법**(臨時位置法, rule of false position)으로 알려진 방법에 의하여 풀렸다.

$$x + x/7 = 24$$

를 풀기 위해서 x에 임의의 편리한 값 하나를 가정한다. 예를 들어 $x = 7$이라고 하면 $x + x/7 = 8$이 되는데 8의 세 배가 24이므로 정확한 x의 값은 3(7), 즉 21이 된다.

한편 카훈(Kahun)에서 발견된 기원전 1950년경의 파피루스에는 다음과 같은 문제가 있다. "100이라는 면적을 갖는 한 표면은 변의 비가 1 : 3/4인 두 정사각형의 합으로 표현될 수 있다." 이는 $x^2 + y^2 = 100$, $x = 3y/4$로 나타내어진다. 여기서 x를 소거해서 y에 관한 순수한 2차 방정식을 만들자. 그러면 임시위치법으로 이 문제를 풀 수 있다. 이제 $y = 4$를 취해보자. 그러면 $x = 3$, $x^2 + y^2 = 25$가 되므로 우리는 초기값을 두 배 함으로써 x, y에 대한 정확한 답을 얻게 된다. 즉 $x = 6$, $y = 8$이다.

이집트 대수는 몇 가지 기호를 사용하고 있다. 린드 파피루스에서 더하기와 빼기에 대한 기호를 볼 수 있는데 더하기 기호는 왼쪽에서 오른쪽으로 걸어가는 다리 한 쌍으로 표현하고 있고 빼기 기호는 오른쪽에서 왼쪽으로 걸어가는 다리 한 쌍으로 표현하고 있다. 또한 '같다'와 '미지(未知)'라는 뜻의 기호와 표의문자도 이용된다.

기하학

모스크바 파피루스와 린드 파피루스에 있는 110개의 문제 중에 26개가 기하학에 관한 문제이다. 이 문제의 대부분이 땅의 면적과 곡물창고의 크기를 계산하는 데 필요한 측량공식으로부터 유래되었다. 원의 면적은 직경의 8/9의 제곱과 같다고 했고 직원기둥의 부피는 밑면의 면적과 높이의 곱으로 구했다. 최근의 조사에 의하면 고대 이집트인들은 임의의 삼각형의 면적은 밑변과 높이의 곱의 반이라는 것을 알았던 것처럼 보인다. 어떤 문제는 피라미드의 밑면과 정면 사이의 이면각에 대한 코탄젠트(cotangent)와 관련이 있고 또 어떤 문제는 기본적인 비례이론을 알고 있었다는 사실을 암시해 주기도 한다. 하지만 이집트인들이 피타고라스 정리의 어떤 특별한 경우라도 알고 있었음을 보여 주는 기록의 증거가 전혀 없다. 보다 이후의 이집트의 자료를 보면 네 변이 a, b, c, d인 임의의 사변형의 면적을 구하는 데 잘못된 공식 $K=(a+c)(b+d)/4$를 이용하고 있음을 볼 수 있다.

모스크바 파피루스에는 정사각 피라미드의 절두체의 부피에 대한 정확한 공식의 한 수치 예가 나오는데 이는 매우 놀라운 일이다 (문제연구 2.5(a) 참조). 고대 오리엔트의 수학에서는 이 공식에 대한 어떤 확실한 예도 찾아볼 수 없으며 몇 가지 추측으로만 그 공식이 어떻게 발명되었는가를 설명할 수 있을 뿐이다. 벨(E.T. Bell)이 이 초기의 이집트의 예를 "가장 거대한 이집트의 피라미드"라고 적절하게 표현했다.

린드 파피루스에 있는 기묘한 문제

린드 파피루스에 있는 대부분의 문제를 해독하고 해석해 내는 데 거의 어려움이 없지만 한 문제는 해석이 분명하지가 않다. 그곳에 다음과 같은 이상한 자료가 나오는데 여기서 그것을 현대적으로 고쳐 적었다.

재산	
집	7
고양이	49
쥐	343
밀이삭	2401
홉	16807
	19607

위의 다섯 개의 수가 7의 처음 다섯 개의 제곱임을 쉽게 알 수 있다. 아마 이것 때문에 처음에는 저자가 7에 대한 제곱에 대하여 기호 용어로서 집, 고양이, … 등을 소개했다고 생각했다.

그러나 보다 그럴듯하고 흥미로운 설명이 1907년에 역사학자 모리츠 칸토어(Moritz Cantor)에 의해서 주어졌다. 그는 이 문제에서 중세에 널리 알려져 있던 문제의 고대의 흔적을 보았다. 중세의 문제는 1202년에 레오나르도 피보나치(Leonardo Fibonacci)가 《산반서(算盤書, Liber abaci)》에서 제시했던 것이다. 이 책 속에 나오는 많은 문제 중에 다음과 같은 것이 있다. "로마로 가는 길에 일곱 명의 늙은 여인이 있었다. 각 여인은 일곱 마리의 노새를 데리고 있었고 각 노새는 일곱 개의 부대를 등에 지고 있었고 각 부대에는 일곱 개의 빵덩이가 있었고 각 빵덩이에는 일곱 자루의 칼이 있었고 각 칼에는 일곱 개의 칼집이 있었다. 그러면 로마로 가는 길 위에 있는 여자, 노새, 부대, 빵덩이, 칼, 칼집을 모두 합하면 얼마나 되는가?" 이와 동일한 문제에 대한, 보다 이후 시대의 다음과 같은 영국 어린이들의 오래된 시가가 있다.

내가 세인트 이브로 가고 있을 때
일곱 아내를 거느린 남자를 만났다네

각 아내는 일곱 개의 부대를 들고 있었지
각 부대에는 일곱 마리의 고양이가 놀고 있고
각 고양이들은 일곱 마리의 새끼를 데리고 있었네
아내들과 부대들과 고양이들과 그들의 새끼들, 모두
얼마나 세인트 이브로 가고 있는 것일까?

칸토어의 해석에 따르면 린드 파피루스에 있는 본래의 문제는 다음과 같이 구성될 수 있다는 것이다. "재산이 일곱 채의 집으로 이루어져 있는데 각 집에는 일곱 마리의 고양이가 있었고 각 고양이는 일곱 마리의 쥐를 먹었고 각 쥐는 일곱 개의 밀이삭을 먹었고 각 밀이삭은 7홉의 곡식을 만들 수 있다. 집, 고양이, 쥐, 밀이삭, 홉 모두를 합하면 재산이 얼마나 되는가?"

그러면 그것은 지금까지 전승되어 온 수수께끼 문제가 될 수 있다. 아메스가 그것을 옮겼을 때도 그것은 이미 그 이전의 오래된 문제였고 또 피보나치가 《산반서》에서 그의 변형을 만들었을 때는 이미 3,000년 이상이나 세월이 흐른 것이었고 그 후 750년이 지난 후까지 영국의 어린이들이 변형을 읊고 있는 것이다. 오래된 영국의 시가에 나타난 문제가 고대 이집트의 문제였다는 사실에 놀라지 않을 수가 없다.

때때로 중세의 사본에 나오는 많은 수수께끼 문제가 요즈음의 잡지에 등장할 때가 있다. 그 문제의 기원이 얼마나 더 과거로 거슬러올라가야 하는 것인지를 결정하는 것은 오늘날 거의 불가능하다.

문제연구

2.1 2차 방정식

(a) 바빌로니아 문제 중 정사각형의 면적에서 한 변의 크기를 빼낸 값이 (60진법으로) 14,30일 때 그 정사각형의 한 변을 구하라는 것이 있다. 이 문제의 해는 다음과 같이 설명된다. "1의 반을 취하면 0;30이고 0;30과 0;30을 곱하면 0;15이고 0;15와 14,30을 더하면 14,30;15인데 이는 29;30의 제곱이다. 이제 0;30과 29;30을 더하면 30이 되고 이것이 그 정사각형의 한 변이다." 이제 이 바빌로니아의 해가 다음 2차 방정식

$$x^2 - px = q$$

를 공식

$$x = \sqrt{(p/2)^2 + q} + p/2$$

에 대입하여 푸는 것과 동치임을 보여라.

(b) 또 다른 바빌로니아 책에서 다음 2차 방정식

$$11x^2 + 7x = 6;15$$

를 푸는데 먼저 주어진 방정식의 양변에 11을 곱하여 다음 방정식을 만들었다.

$$(11x)^2 + 7(11)x = 1,8;45,$$

여기서 $y = 11x$로 놓으면 그것은 다음과 같은 '표준형'

$$y^2 + py = q$$

가 되고 이는 공식

$$y = \sqrt{(p/2)^2 + q} - p/2$$

에 대입함으로써 풀린다. 결국 $x = y/11$가 된다.

이제 임의의 2차 방정식 $ax^2 + bx + c = 0$이 유사한 변환에 의하여 다음 표준형 중의 하나로 바뀔 수 있음을 보여라.

$$y^2 + py = q, \quad y^2 = py + q, \quad y^2 + q = py$$

여기서 p, q는 모두 음이 아니다. 세 항을 갖고 있는 2차 방정식의 해는 고대 이집트인들의 능력 밖에 있었던 것처럼 보인다.

2.2 수사(Susa)판

(a) 1936년에 바빌론에서 200마일쯤 떨어진 수사에서 고대 바빌로니아 점토판이 무더기로 발굴되었다. 이 점토판 중의 하나를 보면 3, 4, 5, 6, 7개의 변을 갖는 정다각형의 면적과 그의 한 변의 제곱의 비를 구하고 있다. 5각형, 6각형, 7각형에 대해서 그의 비가 각각 1;40, 2;37,30, 3;41로 주어졌다. 이 값이 정확한지 검산해 보라.

(b) (a)에서 살펴본 똑같은 점토판에서 정6각형의 둘레와 그의 외접원의 원주의 비가 0;57,36으로 주어졌다. 이것이 바로 π의 근삿값을 3;7,30 혹은 $3\frac{1}{8}$로 취한 것과 같음을 보여라.

(c) 수사판 중의 하나에 다음 문제가 나온다. "세 변이 50, 50, 60인 삼각형의 외접원의 반경을 구하라." 이 문제를 풀어라.

(d) 또 다른 수사판 중에서 x, y가 한 직사각형의 두 변이고 d가 그 직사각형의 대각선으로서

$$xy = 20,\ 0,\ x^3d = 14{,}48{,}53{,}20$$

일 때, x, y를 구하라는 문제가 나온다. 이 문제를 풀어라.

2.3 단위분수

(a) $r = (p+q)/z$일 때 $z/pq = 1/pr + 1/qr$임을 보여라. 한 분수

를 두 개의 단위분수로 분해하는 이 방법은 아마도 500년에서 800년 사이의 것으로 추정되는 그리스의 한 파피루스에 적혀 있는 것인데, 그것은 나일강 유역의 한 도시인 아크밈(Akhmim)에서 발견되었다.

(b) $z=2$, $p=1$, $q=7$을 취하면 린드 파피루스에 있는 것처럼 $2/7$의 단위 분수 분해를 얻게 되는데 그것을 구해 보라.

(c) 2/99를 세 가지 방법으로 두 개의 서로 다른 단위 분수의 합으로 표현해 보라.

(d) (a)의 관계식에서 $z=1$, $p=1$, $q=n$을 취하면 다음의 보다 특별한 관계식을 얻을 수 있음을 보여라.

$$1/n=1/(n+1)+1/n(n+1)$$

또 n이 홀수이면 이 식에 의하여 $2/n$가 두 개의 단위 분수의 합으로 표현됨을 보여라. 린드 파피루스에 있는 많은 기록을 이런식으로 얻을 수 있다.

(e) n이 3의 배수이면 $2/n$가 $1/(2n)$과 또 다른 단위 분수의 합으로 분해될 수 있음을 보여라.

(f) n이 5의 배수이면 $2/n$가 $1/(3n)$과 또 다른 단위 분수의 합으로 분해될 수 있음을 보여라.

(g) 임의의 양의 정수 n에 대하여 $2/n$가 $1/n+1/(2n)+1/(3n)+1/(6n)$의 형태로 분해될 수 있음을 보여라(린드 파피루스의 $2/n$표에서는 단지 2/101만이 이 분해로 표현되었다).

(h) 어떤 유리수가 한 가지 방법으로 단위 분수의 합으로 표현되면 그것은 무한히 많은 방법으로 단위 분수의 합으로 표현될 수 있음을 보여라.

2.4 이집트의 기하학

(a) 린드 파피루스에서 원의 면적이 직경의 8/9의 제곱의 값과 동일한 것으로 취해졌다. 이는 결국 π를 얼마로 한 것인가?

(b) 한 변이 9인 정사각형의 각 변을 삼등분한 다음 각 인접변의 분점을 연결했을 때 네 구석에서 만들어지는 삼각형을 잘라내어 8각형을 만들자. 그러면 눈으로 볼 때 그 8각형의 면적은 정사각형에 내접하는 원의 면적과 별 차이가 없을 것처럼 보인다. 이제 8각형의 면적이 63이고, 따라서 원의 면적이 한 변이 8인 정사각형의 면적과 큰 차이가 난다고 할 수 없음을 보여라. (a)에서 주어진 것과 같은 원의 면적에 대한 공식이 이런 방식으로 얻어졌을 것이라는 사실은 린드 파피루스의 문제 48에서 그 증거를 찾을 수 있다.

(c) 주어진 두 변으로 만들어지는 삼각형 중 두 변이 직각을 이룰 때 면적이 최대가 됨을 증명하라.

(d) 사변형 $ABCD$의 각 변 AB, BC, CD, DA의 길이를 각각 a, b, c, d라 하고 그 사변형의 면적을 K라 하면 $K \leq (ad+bc)/2$임을 보여라. 또 등식이 성립하기 위한 필요충분조건은 두 각 A, C가 직각일 때임을 보여라.

(e) (d)의 가정 아래서 역시 $K \leq (a+c)(b+d)/4$임을 보여라. 또 등식이 성립하기 위한 필요충분조건은 $ABCD$가 직사각형일 때임을 보여라. 따라서 2장의 9번째 절에서 인용했던 사변형의 면적에 대한 이집트의 공식은 직각이 아닌 사변형의 면적에 대해서는 너무 큰 값을 나타낸다.

(f) 린드 파피루스 이후 약 1500년이 지난 시대로 기록되어 있는 에드푸(Edfu)에서 발굴된 문서를 보면 사변형의 면적을 구하는 데 이집트의 부정확한 공식을 이용하고 있다. 그 문서의 저자는 이 공식으로부터 따름정리로서 삼각형의 면적이 두 변의 합의 반에 나머지 한 변의 반을 곱한 것이라고 주장하였다. 이 따름정리가 어떻게 추론될 수 있는지를 보여라. 또 이 따름정리는 맞는가?

2.5 가장 거대한 이집트의 피라미드

(a) 모스크바 파피루스의 문제 14에 보면 다음 수치 예가 나온다.

"밑면의 한 변이 각각 4, 2이고 높이가 6인 절단된 피라미드의 부피를 생각해 보자. 우선 4를 제곱하면 16이고 4를 두 번 곱하면 8이고 2를 제곱하면 4이다. 다시 16과 8과 4를 모두 더하면 28이 된다. 또 6의 1/3을 취하면 2가 되고 28을 두 번 곱하면 56이 된다. 바로 그의 부피가 56이다." 이것이 밑면의 한 변이 각각 a, b이고 높이가 h인 피라미드의 절두체의 부피에 대한 일반 공식

$$V = (1/3)h(a^2 + ab + b^2)$$

을 예증하고 있음을 보여라.

(b) m, n이 양의 정수이고 $m \geq n$일 때 m과 n의 **산술평균**(arithmetic mean), **헤론의 평균**(heronian mean), **기하평균**(geometric mean)을 각각 $A = (m+n)/2$, $R = (m + \sqrt{mn} + n)/3$, $G = \sqrt{mn}$으로 정의한다. 이때 $A \geq R \geq G$임을 보여라. 또 등식이 성립하기 위한 필요충분조건은 $m = n$임을 보여라.

(c) 임의의 피라미드의 부피에 대한 잘 알려진 공식(그 부피는 밑면의 넓이와 높이의 곱의 1/3이다)을 가정하고 피라미드의 절두체의 부피가 절두체의 높이와 절두체의 밑면의 헤론의 평균을 곱한 값임을 보여라.

(d) 정사각 피라미드의 절두체 T의 밑면의 한 변과 윗면의 한 변의 길이를 각각 a, b라 하고, 높이를 h라고 하자. 이제 T를 다음 세 부분으로 분해하라. (1) 윗면이 b^2이고 높이가 h인 직6면체 P (2) 그의 부피가 모두 $b(a-b)h/4$인 네 개의 직삼각기둥 A, B, C, D (3) 그의 부피가 모두 $(a-b)^2h/12$인 네 개의 정사각 피라미드 E, F, G, H. 이제 T의 부피에 대한 (a)의 공식을 유도하라.

2.6 3, 4, 5 삼각형

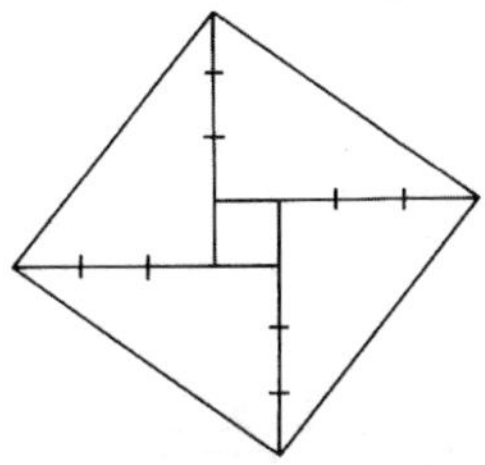

그림 5

고대 이집트 측량가들이 한 끈에 11개의 매듭을 지어 그 끈을 12등분한 다음 3, 4, 5 삼각형을 만듦으로써 직각을 설계했다는 연구 결과가 있다. 그러나 이집트인들이 피타고라스 정리의 한 특별한 경우까지 알고 있었다는 기록의 증거가 없으므로 다음과 같은 학술적인 문제가 떠오른다. 피타고라스 정리나 그 역, 또는 그 결과의 어떤 것을 이용하지 않고 3, 4, 5 삼각형이 직각 삼각형임을 보여라. 이 문제를 그림 5를 이용하여 풀어라. 그림 5는 기원전 2000년경으로 추정되는 가장 오래된 중국의 수학책인 《주비산경(周髀算經)》에 나오는 것이다.

3장

피타고라스 학파의 수학

논증수학의 싹 틈

기원전 2000년의 기간 중 마지막 세기에 많은 경제적·정치적 변화가 일어났다. 어떤 문명은 몰락하고 이집트와 바빌로니아의 세력이 쇠퇴하는 반면에 헤브루, 아시리아, 페니키아, 그리스 등의 새로운 민족국가들이 두각을 나타내기 시작했다. 철기시대가 도래하였으며 그와 더불어 전투에서나 도구를 이용하는 작업에 있어서 광범위한 변화가 일어났다. 또 알파벳이 발명되고, 화폐가 만들어지고, 무역이 점차 활발해지고, 지리상의 발견이 행해지면서 마침내 세계는 새로운 형태의 문명을 맞을 채비를 갖추었다.

새로운 문명은 소아시아 연안과 좀더 나중에는 그리스 본토, 시칠리아 섬, 이탈리아 연안에 자리잡은 무역 도시들로부터 출현하였다. 이제 고대 오리엔트의 정적(靜的)인 사고방식이 불가능하게 되고 합리주의의 분위기가 고조되면서 사람들은 '어떻게'뿐만 아니라 '왜'를 묻기 시작했다.

다른 분야에서와 마찬가지로 수학에서도 사람들은 "왜 이등변 삼각형의 두 밑각이 같은가?"라든가 "왜 원의 직경이 원을 이등분하는가?"와 같은 근본적인 질문을 던지기 시작했다. '어떻게'라는 질문만으로 충분했던 고대 오리엔트의 경험적 과정은 '왜'라는 보다 과학적인 질문에 답하기엔 미흡한 것이었다. 그래서 논증적 방법에 대한 시도가 나타나지 않을 수 없었고 현대 학자들이 수학의 근본적 특성으로 간주하는 연역적 특징이 두드러지게 되었다. 그리하여 현대적 의미의 수학이 이러한 합리주의의 분위기 속에서 싹트게 되었다. 그것은 소아시아의 서부 연안에 위치한 새로운 무역 도시 중의 하나에서 일어났는데 전통적으로 논증기하학이 기원전 6세기 초반에 활약한 고대의 '7현인' 중의 한 사람인 밀레투스(Miletus)의 탈레스(Thales)로부터 시작되었다고 일컬어진다.[1)]

탈레스는 젊은 시절에는 상인으로서 돈을 많이 벌었지만 그 이후에는 연구와 여행으로 여생을 보낸 듯하다. 한때 그는 이집트에도 머문 적이 있으며 그곳에서 그림자를 이용하여 피라미드의 높이를 계산하여 주위의 감탄을 자아냈다(문제연구 3.1 참조). 밀레투스로 돌아온 그는 다방면의 천재성에 의하여 정치가, 고문, 공학자, 실업가, 철학자, 수학자, 천문학자로서 명성을 떨치게 되었다. 탈레스는 수학적 발견과 관련되어 알려진 최초의 인물이다. 기하학에서 그는 다음과 같은 기본결과들을 밝혔다.

1) 논증수학의 기원에 대한 전통적인 진화론적 학설에 이의를 제기하는 몇몇 고대 수학사가들이 있는데 특히 노이게바우어 같은 학자는 보다 혁명적인 학설을 선호하고 있다. 그 학설에서는 이 혁명이 아마도 $\sqrt{2}$의 무리수성의 발견에 의해서 일어나지 않았을까 추정하고 있다.

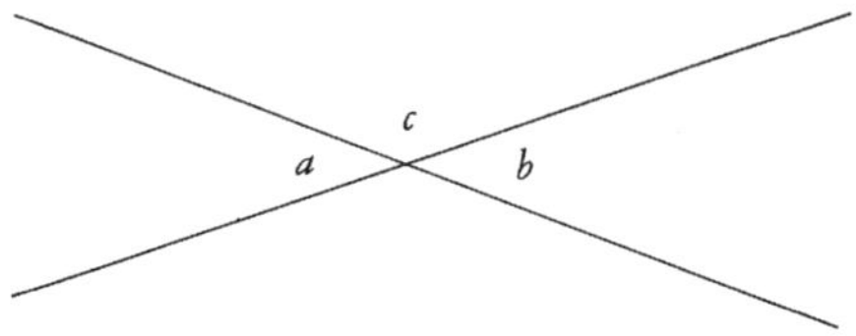

그림 6

1. 원은 임의의 직경에 의하여 이등분된다.
2. 이등변 삼각형의 두 밑각은 같다.*2)
3. 두 직선이 만나서 생긴 맞꼭지각은 같다.
4. 두 삼각형에서 각각 두 각과 한 변이 서로 같으면 그들은 서로 같다. [탈레스는 아마 해변에서 배까지의 거리를 계산하는 데 이 결과를 이용했을 것이다(문제연구 3.1 참조)].
5. 반원에 내접하는 각은 직각이다. [바빌로니아인들은 이보다 1400년 전에 이미 이 결과를 알고 있었다.]

위 결과에 대한 가치는 정리 그 자체에 있다기보다는 탈레스가 이를 직관과 실험 대신에 논리적 추론에 의해서 입증했다는 데 있다.

예를 들어 맞꼭지각에 대한 문제를 살펴보자. 그림 6에서 우리는 각 a와 각 b가 같음을 보여야 한다. 헬레니즘 시대 이전에는 이 두 각이 같다는 것이 매우 명백한 것으로 생각되었고, 만일 어떤 사람이 의심을 가졌다면 그는 교점에서 한 각을 잘라내어 다른 각에 포개어 놓아 보는 간단한 실험에 의하여 이를 확인할 수 있었을 것이다. 그러나 탈레스는 오늘날 초등기하학 교과서에서 행하는 방법과 똑같은 방법으로 논리적 추론에 의하여 두 각 a와 b가 같음을 입증하고 싶어했다. 그림 6에서 각 a와 각 c를 더하면 평각이 되고 역시

*2) 여기서 '같다'는 것은 정확히 표현하면 '합동이다'라고 해야 한다. 그러니 이 책에서 각이나 선분에 관하여 '같다'고 할 때 그것은 항상 '합동이다'라는 뜻으로 이해하도록 한다. — 옮긴이 주

각 b와 각 c를 더하면 평각이 된다. 따라서 모든 평각은 같으므로 각 a와 각 b는 같다(즉 똑같은 두 개에서 어떤 똑같은 것을 빼면 그 나머지도 서로 같다). 각 a와 각 b의 상등성이 보다 기본적인 원리로부터 출발하여 간단한 연역적 추론에 의하여 입증되었다.

탈레스에 관한 재미있는 많은 일화는 다른 위인들의 경우처럼 사실이 아닐지도 모르지만 적어도 그럴싸한 얘기들이다. 그는 얼마나 쉽게 부자가 될 수 있는가를 보여준 적이 있었다. 올리브의 대풍작을 예견한 그는 그 지역의 모든 착유기에 대한 전매권을 얻은 다음 나중에 착유기를 빌려주어 많은 돈을 벌어들였다. 또 말을 잘 안 듣는 노새에 관한 일화가 있는데 이 노새는 소금을 운반할 때 냇물에 이르면 그 냇물에 뒹굴어 소금을 물에 녹게 한 다음 보다 가볍게 운반하곤 했다. 그래서 탈레스는 이 노새에게 스펀지를 운반하게 해서 골치 아픈 노새의 습관을 없애버렸다. 또 솔론이 탈레스에게 "그대는 왜 결혼하지 않았느냐?"고 물었을 때 탈레스는 그 다음 날 솔론의 사랑하는 아들이 갑자기 사고로 죽었다는 거짓 전갈을 가지고 솔론을 찾아갔다. 그런 다음에 탈레스는 비통에 잠긴 솔론을 진정시키며 자초지종을 털어놓으면서 "나는 단순히 내가 왜 결혼하지 않았는가를 그대에게 말하고 싶었을 뿐이오."라고 말했다.

피타고라스와 피타고라스 학파

그리스 수학의 처음 300년의 역사는 유클리드(Euclid)의 《원론(Elements)》의 위대성으로 인하여 흐려졌는데 그 이유는 《원론》이 그 이전의 그리스 수학의 많은 저작을 망라한 것이어서 그 이전의 작품이 《원론》 이후로 빛을 잃은 채 잊히고 말았기 때문이다. 언젠

피타고라스

가 20세기의 출중한 수학자인 힐베르트(David Hilbert)가 말했듯이 과학적 작품의 중요성은 그것이 그 이전의 많은 저작을 불필요하게 만들었다는 것에 의하여 판정될 수 있는 것이다.

결국 고대 이집트나 바빌로니아의 수학과는 달리 초기 그리스 수학을 밝힌 주요한 뿌리를 찾기는 어렵다. 그래서 우리는 최초의 논법이 쓰여진 후 수백 년이 지난 연대로 추정되는 사본이나 이야기에 의존할 수밖에 없다. 그러나 이러한 어려움에도 불구하고 고전주의 학자들은 약간 가설적인 면이 있지만 비교적 충실하게 초기 그리스 수학에 대하여 설명하고 있고 많은 그리스 원문을 그럴듯하게 재현시켜 놓기까지 했다. 이 작업은 놀랄 만한 재주와 인내를 요구한다. 그것은 어렵게 구한 원문을 정성스럽게 비교하고 또 셀 수 없이 많은 단편적인 문헌과 그 이후의 저작자나 철학자, 주석자들에 의해 쓰인, 여기저기 흩어져 있던 비평을 모아 조사함으로써 이룩한 것이다.

초기 그리스 수학이 과연 오리엔트의 수학으로부터 영향을 받았는가를 평가하는 것은 다소 어렵고 오리엔트 수학이 그리스로 전해진 전달로도 아직까지 만족스럽게 밝히지 못한 형편이다. 그러나 바빌로니아와 이집트의 기록에 대한 최근 20세기의 연구에 따르면 그리스 수학이 고대 오리엔트로부터 지금까지 알려진 것보다 훨씬 많은 영향을 받았음이 명백해졌다. 그리스의 저작자들은 오리엔트의 지식에 대한 경의를 표현했는데 그 지식은 이집트와 바빌로니아를 방문한 누군가에 의해서 전해진 것이 틀림없다. 또한 그리스가 오리엔트와 교류가 있었다는 암시적인 증거도 있다. 초기 그리스 수학에서의 신비주의는 오리엔트의 영향과 강하게 부딪치게 되었는데 어떤 그리스 저작들은 오리엔트의 보다 산술적인 전통과 어우러진 헬레니즘 특성을 보여 주고 있다. 또한 그리스와 메소포타미아의 천문학이 서로 연관이 있다는 강력한 증거도 있다.[3)]

초기 그리스 수학에 관한 주요한 정보는 흔히 프로클로스(Proclus)의 《에우데무스 요약(Eudemian Summary)》이라고 불리는 것에 기인한다. 이 요약은 프로클로스의 《유클리드 제I권의 주해(Commentary on Euclid, Book I)》의 머리말을 이루고 있는 것으로서 내용은 그리스 초기로부터 유클리드 시대에 이르기까지 그리스 기하학의 발전에 관한 간단한 조망이다. 프로클로스는 5세기에 살았으면서도 많은 역사적인 중대한 작품을 정리했는데 그 대부분이 오늘날까지 전해 내려오지 못한 채 분실되고 말았다. 다만 그와 그 밖의 몇몇 사람의 작품의 단편이 오늘날까지 전해질 뿐이다. 이 분실된 작품 중에는 아리스토텔레스의 제자인 에우데무스(Eudemus)가 쓴 기원전 335년 이전의, 그리스 기하학을 모두 망라하는 역사에 대한 요약이 있었는데 그것은 이미 프로클로스 시대에 분실되고 말았다. 《에우데무스 요약》이라는 책 이름은 그것이 바로 이 초기의 에우데무스 작품에 근거하고 있기 때문에 붙여진 것이다. 앞 절에서 간단히 살펴본 탈레스의 수학적 업적에 대한 설명도 바로 이 《에우데무스 요약》에 나온 것이다.

3) 이는 탄누리, 헤스, 조이덴, 롬, 하이 베르크, 프랑크 등 많은 학자들의 심오하고 학술적인 조사에 의하여 밝혀졌다.

《에우데무스 요약》은 피타고라스를 탈레스 이후의 가장 뛰어난 그리스 수학자로 기술하고 있다. 그러나 피타고라스의 추종자들이 신비의 안개로 그를 감쌌기 때문에 확실하게 알려진 것이 거의 없다. 그는 기원전 572년경 에게 해의 사모스(Samos) 섬에서 태어난 것 같다. 탈레스보다 50세쯤 아래이고 또 밀레투스에 있는 탈레스의 고향 근처에서 살았던 것으로 미루어 탈레스 밑에서 공부했을 것으로 추측된다. 그 후 그는 이집트와 그 밖의 여러 곳을 여행했는데 고향으로 돌아왔을 때 이오니아(Ionia) 지방은 페르시아의 지배 아래 있었고 사모스는 폴리크라테스(Polycrates)의 압제정치 밑에 있었다. 그래서 하는 수 없이 남부 이탈리아에 위치한 그리스의 항구도시인 크로톤(Crotona)으로 이주하였다. 그곳에서 유명한 피타고라스 학교를 세웠는데 이 학교는 철학, 수학, 자연과학의 아카데미로서 비밀을 지키고 어떤 의식을 행하는 매우 단단하게 결속된 단체로 발전하게 되었다. 머지않아 이 단체의 영향과 귀족적 경향이 너무나 대단해져서 남부 이탈리아의 민주세력이 그 학교의 건물을 파괴하고 단체를 해산시키기에 이르렀다. 한 기록에 따르면 피타고라스는 메타폰툼(Metapontum)으로 피신을 했으나 아마 그곳에서 살해된 듯하다. 이때 나이가 75~80세쯤 되었다. 그리하여 피타고라스 학파는 흩어지지만 그 후 적어도 2세기 동안 계속 존속하였다.

피타고라스 학파의 철학은 정수가 만물의 근원이라는 가정 위에서 세워졌다. 이것이 수의 성질에 대한 찬미와 연구를 초래했고 기하학, 음악, 천문학과 더불어 (수론으로 생각되는) 산술이 피타고라스 학파의 연구에 있어서의 기초 학예를 이루었다. 이들 네 과목은 중세에서 4학(四學, quadrivium)으로 알려진 것인데, 거기에 3학(三學, trivium)인 문법, 논리학, 수사학이 합해져서 이들 일곱 개의 학예가 교양 있는 사람이 되기 위한 필수적인 지식으로 간주되었다.

피타고라스의 교육은 완전히 구두로 행해진 데다가 모든 발견의 업적이 숭배하는 단체의 설립자에게로 돌려졌던 관습 때문에 수학적 발견이 정말 피타고라스에 의해서 발견된 것인지 아니면 동인 중 어떤 다른 사람에 의해서 발견된 것인지 정확히 알 길이 없다.

피타고라스 학파의 산술

고대 그리스인들은 수 사이의 추상적인 관계에 대한 연구와 수계산의 실제적 기술을 분명하게 구분하였다. 그래서 전자를 **산술**(算術, arithmetic)이라 했고 후자를 **계산술**(計算術, logistic)이라 했다. 이 분류는 중세를 지나 15세기 말엽까지 계속되었는데 15세기 말엽에 '산술'이라는 제목으로 수의 이론적이고 실제적인 여러 가지 특성을 다룬 책이 나왔다. 오늘날 유럽 대륙에서의 '산술'은 여전히 전통적인 의미를 갖고 있는 반면에 영국과 미국에서의 '산술'에 대한 대중적 의미는 고대의 '계산술'의 의미와 같은 것으로 사용되고 있고 이들 두 나라에서는 전문 용어인 **수론**(數論, number theory)이 수의 추상적인 특성연구를 나타내는 데 이용되고 있다.

일반적으로, 피타고라스 학파가 수론의 발전에 첫걸음을 내딛었으며 또한 미래의 수 신비주의의 많은 기초를 쌓은 것으로 인정되고 있다. 그래서 320년경의 신플라톤학파의 철학자인 아이암블리쿠스(Iamblichus)는 **친화수**(親和數, amicable number)의 발견을 피타고라스의 업적으로 돌렸다. 두 수가 '친화적(amicable)'이라는 말은 그들이 서로의 **진약수**(眞約數, proper divisors)[4]의 합이 된다는 뜻이다. 왜냐하면 220의 진약수는 1, 2, 4, 5, 10, 11, 20, 22, 44, 55,

4) 양의 정수 N의 진약수는 N을 제외한 N의 모든 양의 정수인 약수이다. 1은 항상 N의 진약수이다.

110으로서 이들의 합은 284이며 또 284의 진약수는 1, 2, 4, 71, 142로서 이들의 합이 220이기 때문이다. 이 두 수의 쌍은 신비한 분위기를 자아냈는데 나중에 미신에서는 이 두 수를 적은 부적(符籍)을 지니고 다니는 사람들은 그들 사이에 완전한 우정이 보장된다고 주장했다. 그 후 오랫동안 새로운 친화수가 발견되지 않다가 1636년에 이르러 위대한 프랑스 수론가 페르마(Pierre de Fermat)가 또 하나의 쌍 17296과 18416을 발표했다. 그러나 최근에 밝혀진 바에 따르면 이는 하나의 재발견일 뿐이고 이미 13세기 말이나 혹은 14세기 초에 아라비아 수학자 알 바나(al-Bana, 1256~1321)에 의해서 발견된 것으로 믿어진다. 페르마의 발표가 있은 후 2년 뒤에 프랑스 수학자이며 철학자인 데카르트(René Descartes)가 세 번째 쌍을 발표했고, 스위스 수학자인 오일러(Leonhard Euler)는 친화수에 대한 체계적인 연구에 착수하여 1747년에 무려 30쌍을 한꺼번에 발표했는데 그 후에도 60쌍 이상의 친화수를 발견했다. 친화수 발견의 역사에서 호기심을 끄는 하나의 사건은 1866년에 이탈리아의 16세 소년인 파가니니(Nicolo Paganini)가 그동안 발견하지 못한 채 빠져 있었던 상당히 작은 친화수의 쌍 1184와 1210을 발견한 것이다. 현재까지 10억보다 작은 모든 친화수의 쌍이 발견되었다.

수로 점을 치는 점술에는 신비스런 연관을 갖는 또 다른 수가 있는데 그것은 **완전수**(完全數, perfect number), **부족수**(不足數, deficient number), **과잉수**(過剩數, abundant number)라고 불리는 것들로서 이들의 발견도 피타고라스 학파의 업적인 듯하다. 이 수들은 각각 진약수의 합과 같은지, 작은지, 큰지에 따라 구분된다. 그래서 신은 세상을 6일 동안에 창조했으며 $6=1+2+3$이므로 6은 완전수라는 것이다. 한편 알쿠인(Alcuin, 735~804)의 관찰에 따르면 전 인류가 노아의 방주 속의 여덟 영혼으로부터 이어져 왔는데 8이 부족수이므로 이 두 번째 창조는 불완전하다는 것이다. 1952년까지 12개의 완전수만이 발견되었으며 이들은 모두 짝수로서 그중 처음 세 개는 6, 28, 496이다. 유클리드의 《원론》(기원전 300년경)의 제Ⅸ권의 마지막 명제는 2^n-1이 소수[5)]이면 $2^{n-1}(2^n-1)$은 완전수임을 증명하고 있다. 유클리드의 이 공식에 의해 주어진 완전수는 모두 짝수인데 오일러가 모든 짝수의 완전수는 이러한 형태로 나타낼 수 있음을 보였다. 홀수의 완전수가 존재하느냐 존재하지 않느냐의 문제는 수론에서 널리 알려진 미해결 문제 중의 하나이다. 확실한 것은 백자리 수보다 작은 수 중에는 어떤 홀수의 완전수도 없다는 것이다.

1952년에 SWAC 디지털 컴퓨터를 이용하여 유클리드 공식에서 $n=521$, 607, 1279, 2203, 2281에 해당하는 다섯 개의 완전수가 더 발견되었고, 1957년에 스웨덴제 컴퓨터 BESK를 이용하여 $n=3217$에 대응하는 완전수가 발견되었으며, 1961년에 IBM 7090을 이용하여 $n=4253$, 4423에 대응하는 두 개의 완전수가 더 발견되었다. 그 외에는 $n<5000$에 대한 어떤 짝수의 완전수도 없다. 또 $n=9698$, 9941, 11213, 19937, 21701, 23209, 44497에 대응하는 수도 역시 완전수임이 밝혀짐으로써 지금까지 모두 27개의 완전수가 알려졌다.

완전수에 대한 개념은 현대수학자들로 하여금 어떤 일반화를 시도하도록 자극하였다. 만일 $\sigma(n)$을 n의 모든 약수의 합이라고 할 때 n이 완전수이기 위한 필요충분조건은 $\sigma(n)=2n$이다. 일반적으로 $\sigma(n)=kn$(k는 자연수)이면 n을 k **중(重) 완전수**(k-tuply perfect number)라고 말한다. 예를 들어 120과 672는 3중 완전수임을 보일 수 있다. 무한히 많은 k 중 완전수가 존재하는지는 알려져 있지 않고 또 어떤 홀수인 k 중 완전수가 존재하는지도 알려져 있지 않다. 한편 1944년에 **초과잉수(超過剩數)**의 개념이 정의되었다. 자연수 n이 초과잉수이기 위한 필요충분조건은 모든 $k<n$에 대하여

5) 소수(pirme number)는 1과 자기 자신 이외의 어떤 다른 양의 정수로도 나누어지지 않는 양의 정수이다.

$\sigma(n)/n > \sigma(k)/k$인 것이다. 무한히 많은 초과잉수가 있음이 알려져 있다. 최근에 소개된 완전수, 부족수, 과잉수와 관련된 또 다른 수는 실용수(實用數, practical number), 준완전수(準完全數, quasiperfect number), 반완전수(半完全數, semiperfect number), 운명수(運命數, weird number) 등이 있다. 이러한 개념을 언급하는 이유는 단순히 고대의 수 연구가 어떻게 현대에 와서 그와 관련된 연구를 불러일으켰는지를 알아보기 위해서이다.

비록 수학사가들이 친화수와 완전수가 피타고라스 학파에 의해 만들어진 개념이라는 데 모두 동의하지는 않지만 **형상수**(形象數, figulate number)가 피타고라스 학파에 의해 비롯되었다는 데에는 일반적으로 의견을 같이하는 듯하다. 이 수들은 어떤 기하학적 배열에서의 점의 개수에 의해 나타내어지며 이것이 바로 당시의 기하학과 산술과의 밀접한 관계를 보여 준다. 그림 7, 8, 9가 **삼각수**(三角數, triangular number), **사각수**(四角數, square number), **오각수** (五角數, pentagon number)에 대한 기하학적 이름을 설명하고 있다.

형상수에 관한 흥미로운 많은 정리는 완전히 기하학적으로 입증될 수 있다. 예를 들어 정리 Ⅰ(임의의 사각수는 연속하는 두 삼각수의 합이다)을 보이기 위해서 기하학적 형태에서 사각수가 그림 10처럼 나누어질 수 있음을 관찰하면 된다. 또 그림 11은 정리 Ⅱ(n번째 오각수는 n과 $(n-1)$번째 삼각수의 세 배의 합과 같다)

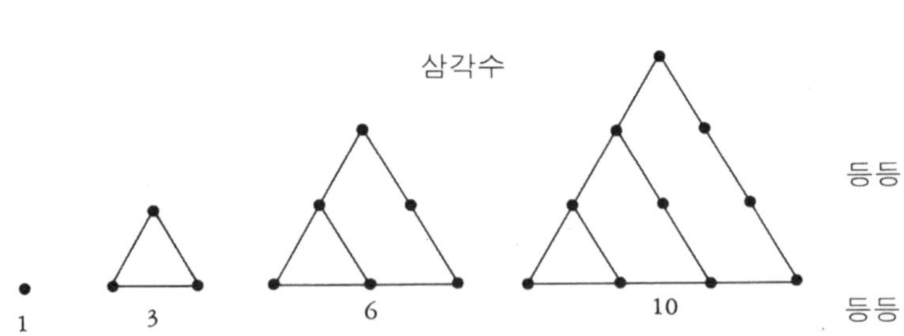

그림 7

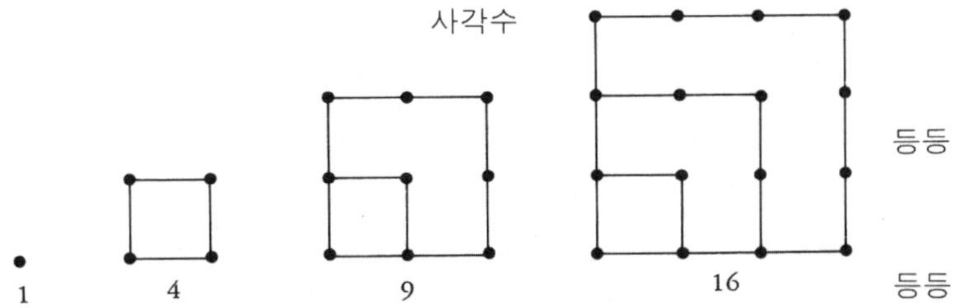

그림 8

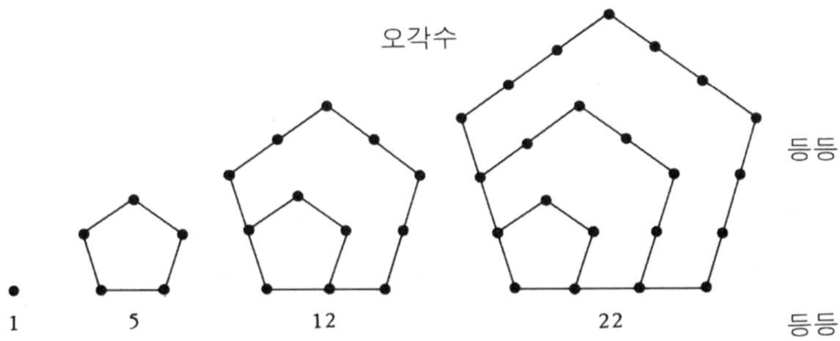

그림 9

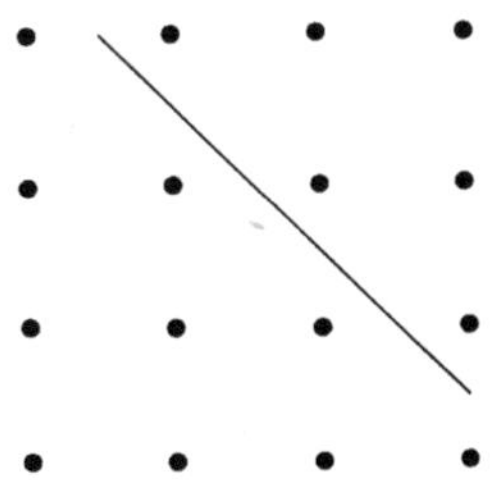

그림 10

를 예증해 주고 있다. 정리 Ⅲ(1부터 시작해서 임의의 개수의 연속하는 홀수의 합은 완전 제곱수이다)은 그림 12에서 기하학적으로 보인다.

물론 이들 정리는 삼각수, 사각수, 오각수에 대한 일반적인 대수적 표현을 구하기만 하면 대수적으로도 입증될 수 있다. n번째 삼각

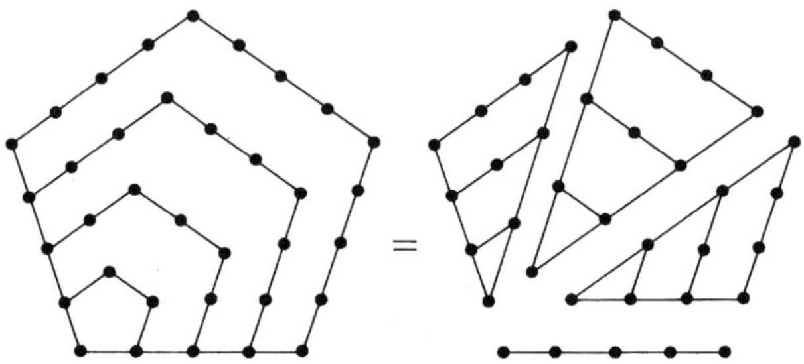

그림 11

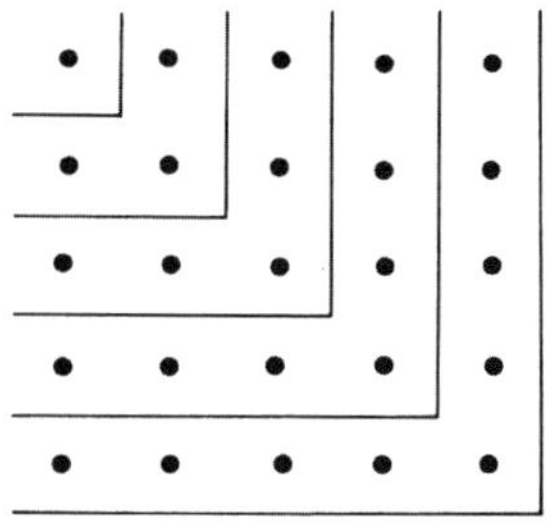

그림 12

수 T_n은 등차수열의 합[6]에 의해 다음과 같이 주어진다.

$$T_n = 1 + 2 + 3 + \cdots + n = \frac{n(n+1)}{2}$$

또 n번째 사각수 S_n이 n^2임이 명백하므로 위의 정리 I 은 다음과 같이 대수적으로 입증될 수 있다.

$$S_n = n^2 = \frac{n(n+1)}{2} + \frac{(n-1)n}{2} = T_n + T_{n-1}$$

한편 n번째 오각수 P_n도 역시 등차수열의 합으로 표현된다. 즉

6) 등차수열의 합은 항의 개수와 양 끝항의 합의 반과의 곱과 같다.

$$
\begin{aligned}
P_n &= 1+4+7+\cdots+(3n-2) \\
&= \frac{n(3n-1)}{2} = n + \frac{3n(n-1)}{2} \\
&= n + 3T_{n-1}
\end{aligned}
$$

이것으로 두 번째 정리가 증명된다. 세 번째 정리도 등차수열의 합에 의해 다음과 같이 대수적으로 입증될 수 있다.

$$1+3+5+\cdots+(2n-1) = \frac{n(2n)}{2} = n^2$$

마지막으로 피타고라스 학파에 의해 만들어진 수에 관한 매우 놀랄 만한 발견은 음정이 수의 비에 따른다는 것이다. 피타고라스 학파는 동일한 장력 아래서 현의 길이가 2 대 1일 때 8도 음정, 3 대 2일 때 5도 음정, 4 대 3일 때 4도 음정임을 발견하였다. 수리물리학 분야에서 최초로 기록된 이 결과는 피타고라스 학파가 음계에 관한 과학적인 연구를 불러일으켰음을 보여 준다.

피타고라스 정리와 피타고라스 삼조

전통적으로, 오늘날 피타고라스의 이름을 따서 붙인 직각 삼각형에 대한 정리(직각 삼각형의 빗변의 제곱은 다른 두 변의 제곱의 합과 같다)는 피타고라스가 독립적으로 발견했다는 데 대부분 동의하고 있다. 앞에서 이 정리는 1000년 이상 이전에 이미 함무라비 시대의 바빌로니아인들에게 알려져 있었다는 사실을 언급한 바 있으나 최초의 일반적인 증명은 피타고라스에 의해 주어졌다고 해도 무방할 것이다. 피타고라스가 만든 것으로 추측되는 많은 증명들이 있긴 하지

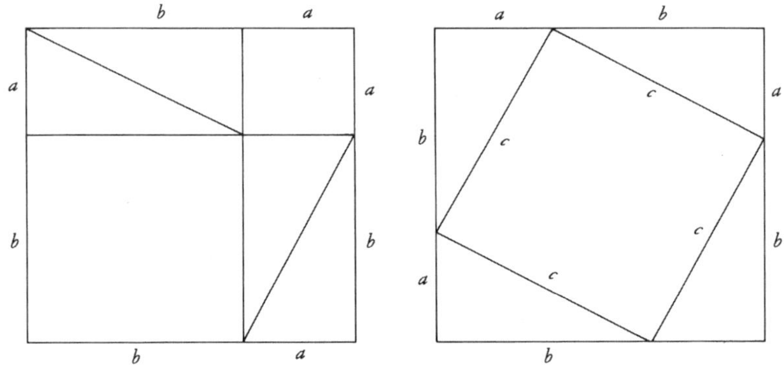

그림 13

만 일반적으로 그림 13에서 예증하고 있듯이 분할법에 의한 증명[7] 이었을 것이다. a, b, c가 주어진 직각 삼각형의 세 변(c가 빗변)일 때 한 변이 $a+b$인 두 정사각형을 살펴보자. 왼쪽의 정사각형은 여섯 부분(주어진 삼각형과 합동인 네 개의 직각 삼각형과 빗변이 아닌 두 변의 각각을 한 변으로 하는 두 개의 정사각형)으로 나누어져 있고 오른쪽의 정사각형은 다섯 부분(주어진 삼각형과 합동인 네 개의 직각 삼각형과 빗변을 한 변으로 하는 하나의 정사각형)으로 나누어져 있다. 따라서 빗변을 한 변으로 하는 정사각형은 나머지 두 변을 각각 한 변으로 하는 정사각형의 합과 같다.

두 번째 분할의 가운데 부분이 실제로 한 변이 c인 정사각형임을 증명하기 위해서는 직각 삼각형의 내각의 합이 두 직각과 같다는 사실을 이용해야 한다. 그러나 《에우데무스 요약》은 이 정리가 일반 삼각형에 대해서도 성립한다는 사실을 보인 것이 피타고라스 학파라고 쓰고 있다. 이 정리를 증명하는 데는 어떤 평행성질에 대한 지식이 필요한데 그 이론의 발전도 역시 피타고라스 학파의 업적으로 돌

7) 다음을 참조하라. Daniel Shanks, *Solved and Unsolved Problems in Number Theory*, vol. 1: pp. 124-125.

리고 있다.

피타고라스 시대 이래로 피타고라스 정리에 대한 수많은 증명이 나왔으며 루미스(E. S. Loomis)는 《피타고라스 명제》의 제2판에서 이 유명한 정리에 대한 370개의 논증을 모아서 분류한 바 있다.

피타고라스 정리와 밀접하게 결부된 문제가 하나 있는데 그것은 직각 삼각형의 세 변이 될 수 있는 정수 a, b, c의 쌍을 발견하는 것이다. 이 세 수를 **피타고라스 삼조**라고 부르며, 특히 2장의 6번째 절에서 보았듯이 플림프톤 322의 분석은 고대 바빌로니아인들이 이미 그러한 삼조를 계산하는 방법을 알고 있었을 것이라는 상당히 설득력 있는 증거를 주고 있다. 피타고라스 학파가 만든 것으로 믿어지는 다음 공식

$$m^2 + \left(\frac{m^2-1}{2}\right)^2 = \left(\frac{m^2+1}{2}\right)^2$$

에서 임의의 홀수 m에 대하여 이 항들이 피타고라스 삼조를 만들어낸다. 그와 유사한 공식

$$(2m)^2 + (m^2-1)^2 = (m^2+1)^2$$

(여기서 m은 짝수 또는 홀수)도 동일한 목적으로 고안된 것으로서 이는 플라톤(Plato, 기원전 380년경)에 의해 발견되었다. 그러나 이들의 어떤 식도 모든 피타고라스 삼조를 만들어내지는 못했다.

무리수의 발견

정수는 어떤 유한개의 대상을 세는 과정에서 일어난 추상적 개념이다. 일상생활을 영위하기 위해서 개개의 대상을 세는 것뿐만 아니라 길이, 무게, 시간과 같은 다양한 양을 측정할 필요가 있다. 이러한 간단한 측정의 필요를 충족시키기 위해서는 분수가 필요하다. 우리가 유리수(有理數, rational number)를 두 정수의 상(商) $p/q(q \neq 0)$로 정의하면 이 유리수 체계가 모든 정수와 분수를 포함하므로 실제적인 측정의 목적을 위해서라면 그것으로 충분하다.

유리수는 간단한 기하학적 해석을 갖는다. 수평선 위에 서로 다른 두 점 O와 I를 표시하자. 이때 I가 O의 오른쪽에 오도록 하고 선분 OI를 길이의 단위로 취한다. 만일 O와 I가 각각 수 0과 1을 나타내도록 하면 양의 정수와 음의 정수는 모두 이 직선 위의 한 점으로 나타낼 수가 있다. 이때 양의 정수는 O의 오른쪽에 위치하도록 나타내고 음의 정수는 O의 왼쪽에 위치하도록 나타내자. 그러면 분모가 q인 분수는 단위 구간을 q 등분할 때의 각 분점에 의해 표현된다. 그래서 각 유리수는 이 직선상의 한 점이 될 것이다. 초기 수학에서는 직선 위의 모든 점이 이런 식으로 완전히 덮일 수 있을 것으로 생각하였다. 그러므로 직선 위에 어떤 유리수에도 대응되지 않는 점이 존재함을 알았을 때 그 충격이 얼마나 큰 것이었는지는 상상하고도 남을 것이다. 특히 피타고라스 학파는 거리 OP가 단위변을 갖는 정사각형의 대각선일 때 직선 위의 점 P에 대응하는 어떤 유리수도 없음을 보였다(그림 14). 따라서 그러한 점에 대응하는 새로운 수가 발견되어야 했고 이러한 수가 유리수가 아니었으므로 그들을 **무리수**(無理數, irrational number)라고 부르게 되었다. 그리하여 무리수의 발견은 수학사에서 하나의 거대한 이정표를 세우게 되

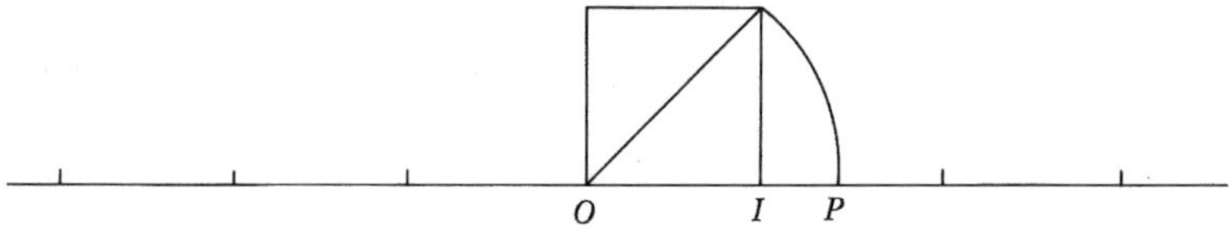

그림 14

었다.

단위변을 갖는 정사각형의 대각선이 유리수로 표현될 수 없음을 증명하기 위해서는 $\sqrt{2}$가 무리수임을 보이면 된다. 이를 위해서 우선 양의 정수 s에 대하여 s^2이 짝수이기 위한 필요충분조건은 s가 짝수임을 알아야 한다. 모순을 발견하기 위하여 $\sqrt{2}$가 유리수라고 가정하자. 즉 $\sqrt{2}=a/b$(여기서 a, b는 서로소[8]인 정수)라고 하자. 그러면

$$a=b\sqrt{2}, \quad \text{즉} \quad a^2=2b^2$$

a^2이 한 정수의 두 배이므로 a^2은 짝수이고 따라서 a도 짝수이다. $a=2c$로 놓자. 그러면

$$4c^2=2b^2, \quad 2c^2=b^2$$

그래서 b^2은 짝수이고, 따라서 b도 짝수이다. 이는 a와 b가 서로소라는 가정에 모순이다. 그러므로 $\sqrt{2}$는 무리수이다.

아무튼 무리수의 존재에 관한 발견은 피타고라스 학파를 놀라게 했고 또 혼란에 빠지게 만들었다. 무엇보다도 모든 것이 정수에 따른다는 피타고라스 학파의 철학에 치명적인 타격을 가한 것 같았다. 또 직관적으로 모든 크기가 어떤 유리수에 의해 표현될 수 있다고

8) 두 정수가 서로소(relatively prime)라는 말은 1 이외의 어떤 다른 공약수도 가지지 않는다는 뜻이다.

느꼈기 때문에 그것은 통념에 위배되는 것처럼 보이기도 했다. 기하학에서도 역시 충격은 대단했는데, 누구든지 임의의 두 선분이 주어질 때 어떤 다른 선분의 정수배로서 각각을 모두 표시할 수 있는 매우 작은 선분이 존재할 것이라는 데 의심을 갖지 않았기 때문이다. 그러나 어떤 정사각형의 한 변 s와 대각선 d를 두 선분으로 취해보자. 어떤 선분 t의 정수배로 s와 d가 표시될 수 있다면 어떤 양의 정수 a, b에 대하여 $s=bt$, $d=at$가 될 것이다. 그러나 $d=s\sqrt{2}$이고 그래서 $at=bt\sqrt{2}$이다. 즉 $a=b\sqrt{2}$이므로 $\sqrt{2}=a/b$가 유리수가 되어 모순이 된다. **따라서 같은 표준으로 잴 수 없는**(incommensurable) 선분들이 존재하게 된다.

이제 $\sqrt{2}$가 무리수임을 논증하는 기하학적 방법을 살펴보자. 이를 위해 정사각형의 한 변과 대각선이 같은 표준으로 잴 수 없음을 보이자. 모순을 얻기 위해 한 선분 AP가 존재해서 정사각형 $ABCD$의 대각선 AC와 변 AB가 모두 AP의 정수배가 된다고 가정하자. 즉 AC와 AB가 AP를 표준으로 해서 재어질 수 있다고 하자(그림 15 참조). AC 위에 $CB_1=AB$되는 B_1을 취하고 CA와 수직이 되는 B_1C_1을 그리자. 그러면 $C_1B=C_1B_1=AB_1$임을 쉽게 보일 수 있다. 그래서 $AC_1=AB-AB_1$과 AB_1은 AP를 표준으로 해서 잴 수 있다. 그러나 AC_1과 AB_1은 본래 주어진 정사각형의 반도 안 되는 정사각형의 대각선과 한 변이다. 이 과정을 반복하면

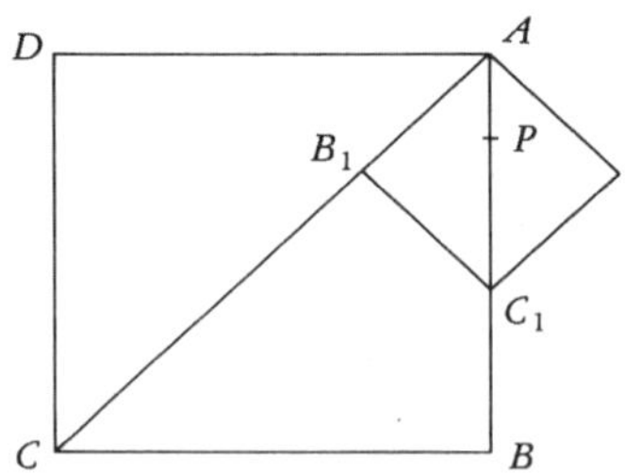

그림 15

결국 대각선 AC_n과 변 AB_n이 AP를 표준으로 재어질 수 있고 $AC_n < AP$가 되는 한 정사각형을 얻을 수가 있다. 그러나 이는 모순이다.

첫 번째 증명은 본질적으로 아리스토텔레스(Aristotle, 기원전 384~322)에 의해 주어진 전통적인 증명이다. 결국 $\sqrt{2}$의 무리수성에 대한 이 발견은 피타고라스 학파의 사람들에게 심한 놀라움을 안겨주었다. 모든 것이 정수에 따른다는 그들의 기본적인 가정을 뒤엎는 것이었을 뿐만 아니라 피타고라스의 비례에 대한 정의가 모든 엇비슷한 크기들이 같은 표준으로 재어질 수 있다는 가정의 바탕 위에 있었으므로 피타고라스의 비례론에서의 모든 명제가 같은 표준으로 잴 수 있는 크기에 제한되어야만 했고 닮은 도형에 대한 그것의 일반적인 정리가 성립하지 않게 되었다. 그것은 너무도 대단한 '논리적 스캔들'이었으므로 그들은 얼마 동안 이 문제를 비밀로 감추려고 애썼다. 전해 내려오는 이야기에 따르면 피타고라스 학파의 히파수스(Hippasus, 혹은 다른 사람)가 그 비밀을 외부인에게 누설했다는 이유로 바닷속으로 내던져졌다는 얘기도 있고, 또 다른 얘기에 따르면 피타고라스 학파로부터 추방되었으나 죽은 후에는 그를 위한 묘비가 세워졌다고 전해지기도 한다.

한동안 $\sqrt{2}$가 사람들에게 알려진 유일한 무리수였다.[9)] 그 후에 플라톤은 키레네(Cyrene) 학파의 테오도루스(Theodorus, 기원전 425년경)가 $\sqrt{3}$, $\sqrt{5}$, $\sqrt{6}$, $\sqrt{7}$, $\sqrt{8}$, $\sqrt{10}$, $\sqrt{11}$, $\sqrt{12}$, $\sqrt{13}$, $\sqrt{14}$, $\sqrt{15}$, $\sqrt{17}$이 역시 무리수임을 보였다고 전했다. 그런 후 기원전 370년경 플라톤의 제자이며 피타고라스 학파의 아르키타스(Archytas)의 제자이기도 한 출중한 인물인 에우독소스(Eudoxus)가 비례에 대한 새로운 정의를 만들어 그 '스캔들'을 해결했다. 같은 표

9) 정5각형의 변과 대각선의 비(比)인 $(\sqrt{5}-1)/2$가 처음으로 알려진 무리수일 가능성도 있다.

준으로 잴 수 없는 크기에 대한 에우독소스의 뛰어난 논법은 유클리드의 《원론》의 제Ⅴ권에 실려 있는데 그것은 본질적으로 1872년에 데데킨트(Richard Dedekind)에 의해 주어진 무리수에 대한 현대적 해설과 맞먹는 것이었다.

오늘날 고등학교 교과서에 나오는 닮은 삼각형에 대한 논법은 여전히 같은 표준으로 잴 수 없는 크기에 의해 초래되는 약간의 어려움과 미묘함이 있다.

대수적 항등식

수를 길이에 의해 표현하고자 하는 생각이 무르익고 또 어떤 적당한 대수적 표기가 필요함에 따라 초기 그리스인들은 대수적 연산을 수행하기 위한 독창적인 기하학적 과정을 고안해 냈다. 이러한 많은 기하학적 대수가 피타고라스 학파에 의해 이룩되었는데 그것은 유클리드《원론》의 처음 몇 권의 여러 곳에서 찾아볼 수 있다. 특히《원론》의 제Ⅱ권에는 실제로 기하학 용어로 표현된 대수적 항등식과 관계된 많은 명제들이 있다. 이러한 명제들은 초기 피타고라스 학파에 기인한 분할법에 의하여 만들어진 것이 틀림없다. 제Ⅱ권에 있는 몇 개의 명제를 살펴봄으로써 그 방법을 예증하여 보자. 제Ⅱ권의 명제 4는 다음 항등식을 기하학적으로 입증했는데 그 방법은 그림 16에서 볼 수 있는 것처럼 한 변이 $a+b$인 정사각형을 면적이 각각 a^2, b^2인 두 정사각형과 면적이 ab인 두 직사각형으로 분할하는 것이다.

$$(a+b)^2 = a^2 + 2ab + b^2$$

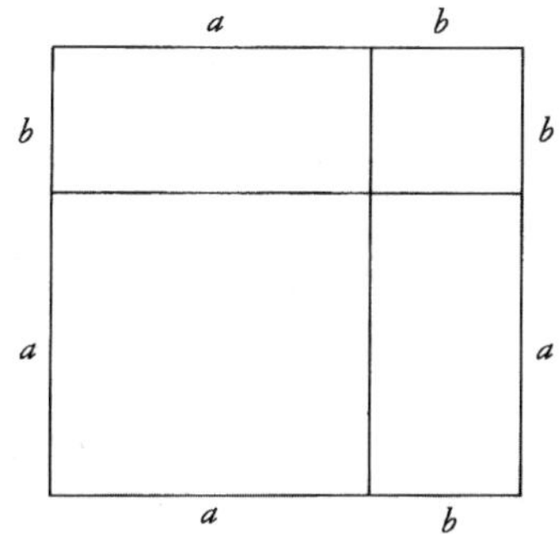

그림 16

이 명제에 대하여 유클리드는 다음과 같이 서술하고 있다. “한 선분이 두 부분으로 분할될 때 주어진 선분을 한 변으로 하는 정사각형은 각 부분을 한 변으로 하는 두 정사각형과 각 부분을 두 변으로 하는 직사각형의 두 배의 합과 같다.”

제Ⅱ권의 명제 5는 다음과 같다. “한 선분이 동등하게 분할되고 또 동등하지 않게 분할될 때 동등하지 않은 두 부분을 두 변으로 하는 직사각형과 분할점 사이의 선분을 한 변으로 하는 정사각형의 합은 주어진 선분의 반을 한 변으로 하는 정사각형과 같다.” AB가 주어진 선분이고 AB가 P에서 동등하게 분할되고 Q에서 동등하지 않게 분할된다고 하자. 그러면 위의 명제는

$$(AQ)(QB)+(PQ)^2=(PB)^2$$

임을 말해준다. 따라서 $AQ=2a$, $QB=2b$로 놓으면 다음 항등식을 얻게 된다.

$$4ab+(a-b)^2=(a+b)^2$$

또 $AB=2a$, $PQ=b$로 놓으면 다음 항등식을 얻는다.

$$(a+b)(a-b)=a^2-b^2$$

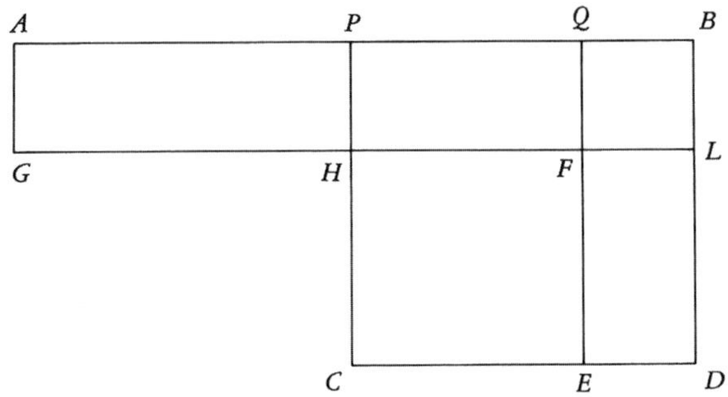

그림 17

이 정리를 입증하기 위해 《원론》에서 행한 분할은 그림 17과 같다. 이것은 명제 4에 대한 것보다 복잡하다. 그림 17에서 $PCDB$와 $QFLB$는 각각 한 변이 PB, QB인 정사각형이다. 따라서

$$\begin{aligned}(AQ)(QB)+(PQ)^2 &= AGFQ+HCEF \\ &= AGHP+PHFQ+HCEF \\ &= PHLB+PHFQ+HCEF \\ &= PHLB+FEDL+HCEF \\ &= (PB)^2\end{aligned}$$

제Ⅱ권의 명제 6은 다음과 같다. "한 선분이 이등분되고 또 어떤 점까지 연장될 때 그렇게 연장된 전 선분과 연장된 부분을 두 변으로 하는 직사각형과 등분된 한 선분을 한 변으로 하는 정사각형의 합은 등분된 한 선분과 연장된 부분으로 만들어진 선분을 한 변으로 하는 정사각형과 같다." 여기서 만일 주어진 선분이 AB이고 중점이 P이며 그것이 Q까지 연장되었다면 다음을 보여야 한다(그림 18 참조).

$$(AQ)(BQ)+(PB)^2=(PQ)^2$$

$AQ=2a$, $BQ=2b$로 놓으면 위의 등식은 다음 항등식이 된다.

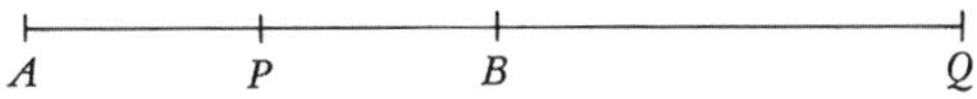

그림 18

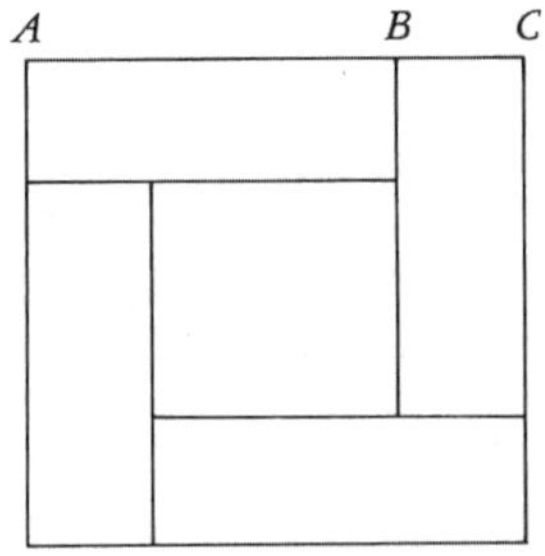

그림 19

$$4ab+(a-b)^2=(a+b)^2$$

명제 5에서 사용된 것과 유사한 분할이 이용될 수 있다.

그림 19는 $AB=a$, $BC=b$일 때 다음 항등식의 증명을 보다 쉽게 보여 주고 있다.

$$4ab+(a-b)^2=(a+b)^2$$

2차 방정식의 기하학적 해법

그리스인들은 어떤 간단한 방정식을 푸는 데 기하학적 대수에서 주요한 두 가지 방법을 이용했다. 그 하나는 비례에 의한 방법이고 또 다른 하나는 면적을 응용하는 방법이다. 이 두 방법이 모두 피타고라스 학파에 의해 창안되었다는 증거가 있다.

비례에 의한 방법은 오늘날 고등학교 교과서에서 하는 것과 똑같은 방법인데 그림 20에서와 같이 a, b, c가 주어진 선분일 때

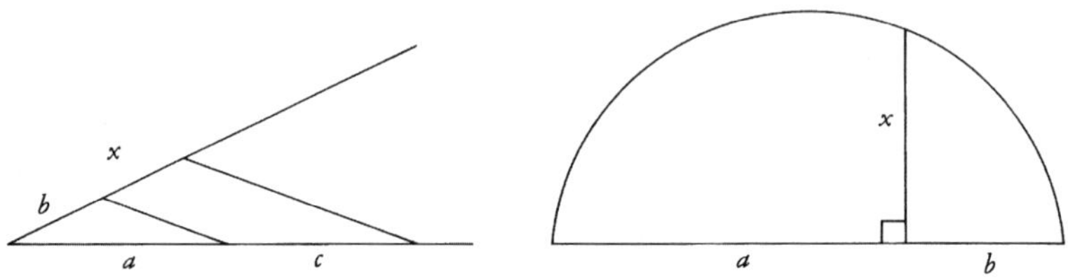

그림 20

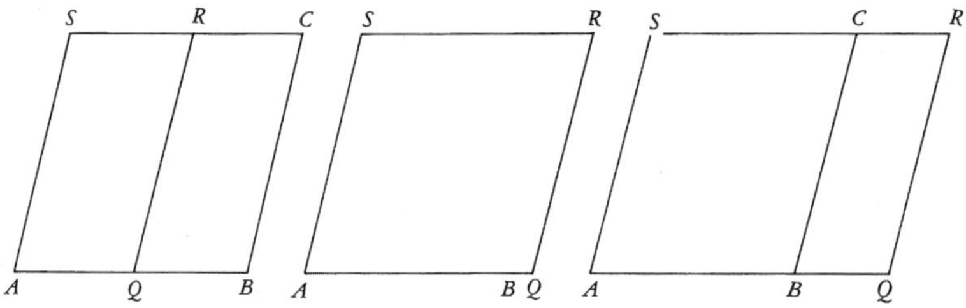

그림 21

$a : b = c : x$ 또는 $a : x = x : b$로 주어진 선분 x를 만들 수 있다. 즉 비례에 의한 방법은 다음 방정식의 기하학적 해를 제공해 준다.

$$ax = bc, \quad x^2 = ab$$

면적을 응용하는 방법을 설명하기 위해 한 선분 AB와 반직선 AB 위에 놓여 있는 AQ를 한 변으로 하는 평행사변형 $AQRS$를 살펴보자(그림 21 참조). Q가 B에 있지 않다면 $QBCR$이 평행사변형이 되도록 C를 취하자. 이때 Q가 A와 B 사이에 있으면 평행사변형 $AQRS$는 평행사변형 $QBCR$만큼 모자라도록 선분 AB에 적용되었다고 말하고, Q가 B와 일치한다면 평행사변형 $AQRS$는 그냥 선분 AB에 적용되었다고 말하고, Q가 AB의 연장선 위의 B를 지난 곳에 있으면 평행사변형 $AQRS$는 평행사변형 $QBCR$만큼 초과하도록 선분 AB에 적용되었다고 말한다.

유클리드 《원론》 제 I 권의 명제 44는 "주어진 면적과 주어진 밑각을 갖는 평행사변형을 주어진 선분 AB에 적용하는 문제"를 풀고 있다. 적용된 평행사변형이 직사각형이 되도록 주어진 밑각이 직각인 특별한 경우를 살펴보자. AB의 길이를 a라 하고 적용된 직사각형의 높이를 x라 하고 적용된 직사각형의 면적과 동일한 면적을 갖는 직사각형의 두 변을 b, c라 하자. 그러면

$$ax = bc, \quad 즉 \quad x = \frac{bc}{a}$$

《원론》의 제Ⅵ권의 명제 28은 "주어진 직선으로 둘러싸인 도형 F와 면적이 같은 평행사변형 $AQRS$를 그와 닮은 평행사변형 $QBCR$만큼 모자라도록 선분 AB에 적용하는 문제(이때 F의 면적은 AB의 반 위에 그려지면서 결손 $QBCR$과 닮은 평행사변형의 면적을 초과하지 않는다)"를 풀고 있다. 이제 주어진 평행사변형이 정사각형인 특별한 경우를 살펴보자. AB의 길이를 a로 표시하고 적용된 평행사변형(지금은 직사각형)의 밑변 AQ를 x라 하고 적용된 직사각형의 면적과 동일한 정사각형 F의 변을 b로 나타내면

$$x(a-x) = b^2 \quad 즉, \quad x^2 - ax + b^2 = 0 \tag{1}$$

제Ⅵ권 명제 29는 "주어진 직선으로 둘러싸인 도형 F와 면적이 같은 평행사변형 $AQRS$를 그와 닮은 평행사변형 $QBCR$만큼 초과하도록 선분 AB에 적용하는 문제"를 풀고 있다. 주어진 평행사변형이 정사각형인 특별한 경우를 살펴보자. AB의 길이를 a로 표시하고 적용된 평행사변형(지금은 직사각형)의 밑변 AQ를 x라 하고 적용된 직사각형의 면적과 동일한 정사각형 F의 변을 b로 나타내면

$$x(x-a) = b^2, \quad 즉 \quad x^2 - ax - b^2 = 0 \tag{2}$$

그래서 제Ⅰ권 명제 44는 방정식 $ax = bc$의 기하학적 해를 주

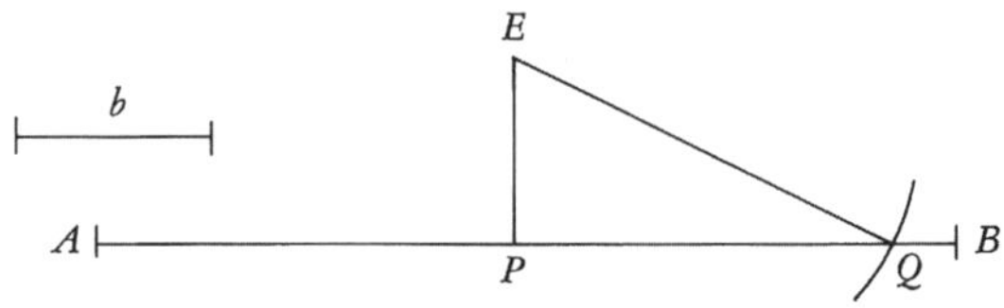

그림 22

고, 제Ⅵ권 명제 28, 29는 각각 2차 방정식 $x^2 - ax + b^2 = 0$과 $x^2 - ax - b^2 = 0$의 기하학적 해를 주고 있다. 제Ⅵ권 명제 28, 29의 특별한 경우에 대하여 손쉬운 작도가 고안될 수 있는데 그것은 《원론》에 나오는 일반적인 작도보다 상당히 간단하다.

예를 들어 제Ⅵ권 명제 28의 특별한 경우를 살펴보자. 여기서 한 정사각형만큼 모자라는 직사각형을 주어진 선분에 적용하고자 한다. (1)의 첫 번째 방정식으로부터 그 문제를 다음과 같이 재서술할 수 있다. "주어진 선분을 두 부분으로 분할할 때 각 부분을 두 변으로 하는 직사각형은 주어진 선분의 반을 한 변으로 하는 정사각형을 초과하지 않는 정사각형과 같다." 이 문제를 보다 명확히 하기 위해 AB와 b를 두 선분이라 하고 b는 AB의 반보다 크지 않다고 하자. 그래서 AB를 $(AQ)(QB) = b^2$인 점 Q에 의해 분할해야 한다. 이를 위해 그림 22에서와 같이 AB의 중점 P에서 AB와 수직이 되는 $PE = b$인 점 E를 표시하고 다시 중심이 E이고 반경이 PB인 원을 그릴 때 이 원과 PB가 만나는 점을 Q라 하자. 그러면 그 증명은 제Ⅱ권 명제 5에 의해 제공된다(이 명제는 아마도 피타고라스 학파가 여기서 사용하기 위해 고안된 것 같다). 즉

$$(AQ)(QB) = (PB)^2 - (PQ)^2 = (EQ)^2 - (PQ)^2 = (EP)^2 = b^2$$

선분 AB와 AQ의 길이를 각각 a, x로 표시하면 결국 2차 방정식 $x^2 - ax + b^2 = 0$을 푼 셈이다. 그 근은 선분 AQ와 QB에 의해

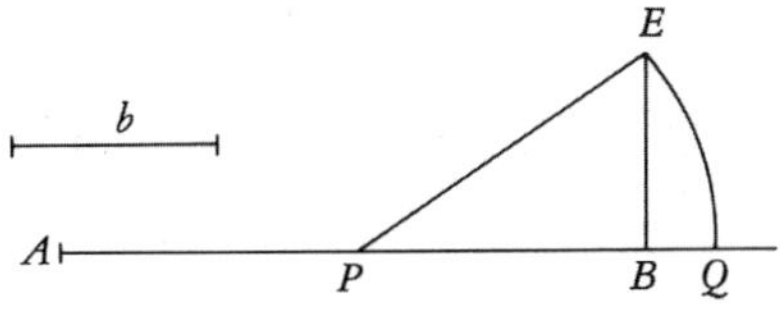

그림 23

표현된다.10) 또 2차 방정식

$$x^2 + ax + b^2 = 0$$

의 근은 선분 AQ와 QB의 길이의 음값으로 표현된다.

제Ⅵ권 명제 29의 특별한 경우에 대해서는 한 정사각형만큼 초과하는 한 직사각형을 주어진 선분에 적용하여 보자. (2)의 첫 번째 방정식에서 그 문제를 다음과 같이 재서술할 수 있다. "주어진 선분을 연장할 때 연장된 전 선분과 연장된 부분만을 두 변으로 하는 직사각형은 주어진 정사각형과 같다." 다시 AB와 b를 두 선분이라 하고 AB를 Q까지 연장하여 $(AQ)(BQ)=b^2$이 되게 해야 한다. 이를 위해 그림 23에서와 같이 B에서 AB와 수직이 되는 $BE=b$인 점 E를 표시하고 다시 중심이 AB의 중점 P이고 반경이 PE인 원을 그릴 때 이 원과 AB의 연장선과 만나는 점을 Q라 하자. 이의 증명은 제Ⅱ권 명제 6에 의해 제공된다. 즉

$$(AQ)(BQ) = (PQ)^2 - (PB)^2 = (PE)^2 - (PB)^2 = (BE)^2 = b^2$$

앞에서와 같이 AQ는 양으로 BQ는 음으로 취할 때 선분 AQ와 BQ가 다음 2차 방정식

10) 2차 방정식 $x^2 - ax + b^2 = 0$의 두 근이 r, s이면 초등대수로부터 $r+s=a$, $rs=b^2$임을 알고 있다. 그런데 합이 AB, 즉 a이고 곱이 b^2인 두 선분은 AQ와 QB이다.

$$x^2 - ax - b^2 = 0$$

의 근이 된다. 여기서 a는 AB의 길이이다. 또 2차 방정식

$$x^2 + ax - b^2 = 0$$

의 근은 $x^2 - ax - b^2 = 0$의 근의 부호를 바꾸면 얻게 된다.

아무튼 피타고라스 학파의 기하학적 대수가 절묘하긴 하지만 앞에서 살펴본 과정을 돌이켜 볼 때 오늘날 대수적 표기가 그에 비해 얼마나 간단하고 편리한 것인가를 새삼 깨닫게 된다.

면적의 변환

피타고라스 학파는 직선으로 둘러싸인 한 도형을 또 다른 직선으로 둘러싸인 도형으로 그 면적을 변환시키는 데 관심을 가졌다. 주어진 한 다각형의 면적과 동일한 면적을 갖는 정사각형을 작도하는 기본적인 문제에 대한 풀이가 유클리드의 《원론》 제 I 권 명제 42, 44, 45와 제 II 권 명제 14에 나온다. 아마 피타고라스 학파도 알고 있었을 보다 간단한 해는 다음과 같다. 이제 어떤 다각형 $ABCD\cdots$를 살펴보자(그림 24 참조). 우선 AC와 평행하면서 DC의 연장선과 R에서 만나는 BR를 그리자. 그러면 두 삼각형 ABC와 ARC가 공통의 밑변 AC를 갖고 또 이 공통밑변에 대한 같은 높이를 가지므로 이 두 삼각형의 면적은 같다. 그래서 두 다각형 $ABCD\cdots$와 $ARD\cdots$의 면적은 같다. 이때 다각형 $ARD\cdots$는 주어진 다각형 $ABCD\cdots$ 보다도 변이 하나 더 적다. 이 과정을 반복하면 주어진 다각형과 동일한 면적을 갖는 삼각형을 얻을 수 있다. 이제 b가 이 삼각형의 한 변이라 하고 h가 b 위에 내린 높이라고 하면 이와 동일한

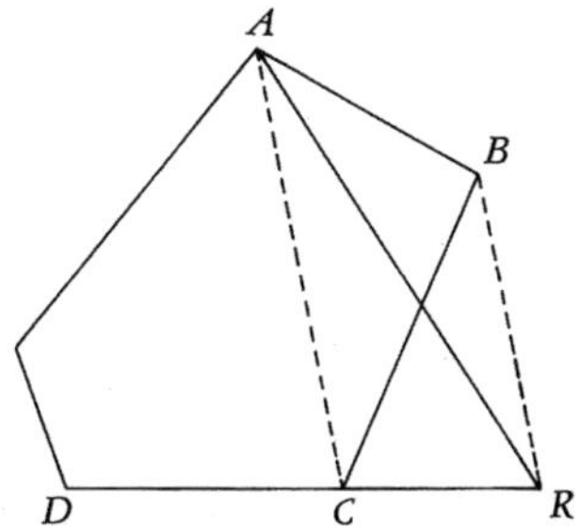

그림 24

면적을 갖는 정사각형의 한 변은 $\sqrt{(bh)/2}$ 이다. 여기서 $\sqrt{(bh)/2}$ 는 b와 $h/2$의 비례 중항이고, 이 비례 중항은 자와 컴퍼스를 가지고 쉽게 작도되므로 전 문제가 이 도구를 가지고 수행될 수 있다(문제 연구 3.3 참조).

정다면체

정다면체(polyhedron)는 면들이 합동인 정다각형이고 다면각들이 모두 합동인 다면체이다. 정다각형은 모든 위수에 대해 존재하지만 정다면체는 오직 다섯 개뿐인 것으로 알려져 있다(문제연구 3.4 참조). 정다면체는 각각 그것이 갖고 있는 면의 수에 따라 이름이 붙여진다. 즉 정4면체, 정6면체, 정8면체, 정12면체, 정20면체(그림 25 참조)라고 한다.

정다면체에 대한 초기역사는 과거의 희미함 속에서 잃어버리고 말았다. 그들에 대한 수학적 논거는 유클리드의 《원론》 제 XIII 권으로부터 시작된다. XIII 권의 첫 번째 각주는 이 XIII 권이 "잘못 붙여진 이름인 소위 플라톤 입체(사실 그중 정4면체, 정6면체, 정12면체는

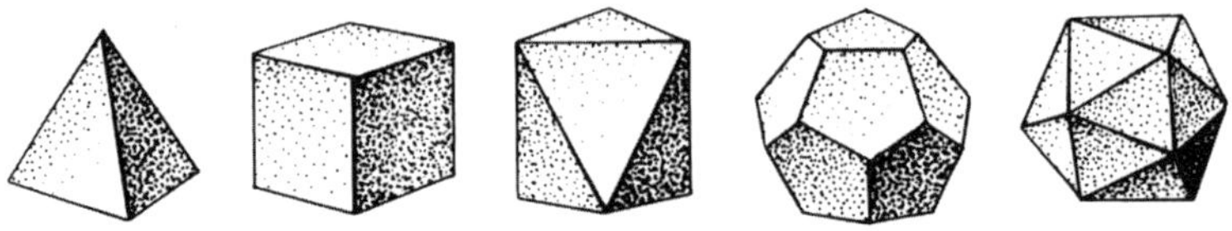

그림 25

피타고라스 학파에 의해 발견된 것이고 정8면체, 정20면체는 테아이테터스(Theaetetus)에 의해 발견된 것이다)를 다룰 것이다"라고 쓰고 있다.

아무튼 플라톤은 다섯 개의 정다면체 모두를 설명하면서 《티마에우스(Timaeus)》에서 어떻게 삼각형, 사각형, 5각형을 그의 면으로 짜맞춤으로써 그러한 입체를 만들 수 있는가를 보였다. 플라톤의 《티마에우스》는 피타고라스 학파의 티마에우스를 말하고 있는 것으로서 아마도 플라톤은 이탈리아를 방문했을 때 티마에우스를 만난 듯하다. 플라톤의 작품 속에서 티마에우스는 쉽게 만들어질 수 있는 네 개의 입체(정4면체, 정8면체, 정20면체, 정6면체)를 엠페도클레스(Empedocles)가 모든 만물의 근원으로 주장한 4원소(불, 공기, 물, 흙)와 신비스럽게 결합시켰다. 다섯 번째 입체인 정12면체를 설명하기 위한 어려움은 그것을 '에워싸인 우주'와 결합시킴으로써 처리했다.

천문학의 거장이며 수학자이기도 한 케플러(Johann Kepler, 1571~1630)는 티마에우스의 그와 같은 결합에 대하여 그럴듯한 설명을 덧붙였다. 그는 정다면체 중에서 정4면체가 면에 비해 가장 작은 부피를 가지고 있고 정20면체가 가장 큰 부피를 가지고 있다고 생각했다. 이러한 부피-면의 관계는 각각 건조함과 축축함의 질을 나타내는데 불이 4원소 중에 가장 건조하고 물이 가장 축축하므로 정4면체는 불을 표현해야 하고 정20면체는 물을 표현해야 한다. 정6면체는 한 정4각형면 위에 네 개의 정4각형면이 세워져 있으므로 가장 안정성이 있다. 따라서 정6면체는 흙과 결합된다. 또 정8면체는 그 마주 보는 꼭짓점을 집게손가락과 엄지손가락에 갖다 끼고 가볍게 잡을 수 있고 또 쉽게 회전될 수 있으므로 그것은 공기의 불안정성을 지니고 있다. 마지막으로 정12면체는 열두 개의 면을 가지고 있고 또 일주기가 12궁(宮)을 가지고 있으므로 그것은 우주와 결합된다.

정4면체, 정6면체, 정8면체는 실제로 각각 황산나트륨, 소금, 크롬명반 등의 결정에서 발견된다. 그 밖의 두 개는 결정형태로는 나타나지 않지만 레디오알리아라고 불리는 미시적인 바다 동물의 해골에서 발견되었다. 1885년에 기원전 500년경으로 추정되는 에트루리아 기원의 작은 정12면체가 파두아 근처의 몬테로파(Monte Loffa)에서 발굴되었다.

공준적 사고

기원전 600년의 탈레스 시대에서 기원전 300년의 유클리드 시대 사이에 모든 개념이, 명확하게 서술된 공준(혹은 공리, 가정)으로부터 엄밀한 추론으로서의 논리적인 과정을 통하여 완성되었다. 소위 **공준적 방법**(postulational method)이라고 불리는 이 과정은 현대수학의 핵심이 되었고 이러한 과정에 의한 기하학의 발전은 틀림없이 피타고라스 학파로부터 기인한 것으로 볼 수 있다. 초기 그리스의 가장 커다란 기여 중의 하나가 바로 이 공준적 사고법의 개발이다.

문제연구

3.1 탈레스의 실용문제

(a) 탈레스가 그림자를 이용하여 어떻게 이집트 피라미드의 높이를 재었는지에 대한 두 가지 설명이 있다. 아리스토텔레스의 제자인 히에로니무스(Hieronymus)가 제안한 그 첫 번째 설명은 탈레스가 자신의 그림자와 그 자신의 키가 똑같이 되었을 때 피라미드의 높이를 재었다는 것이다. 더 나중에 플루타르크(Plutarch)가 제안한 설명에 의하면 탈레스가 막대기를 세워서 닮은 삼각형을 이용하여 피라미드의 높이를 재었다는 것이다. 그러나 이 두 가지 경우 모두 피라미드의 그림자의 길이를 재어야 하는데 피라미드 밑면의 중심으로부터 그림자의 끝 부분까지의 거리를 어떻게 재었는지는 분명하지 않다.

위도나 측정 시기와는 관계없이 닮은 삼각형의 이론을 이용하여 '두 그림자의 관찰'로부터 피라미드의 높이를 구할 수 있는 방법을 생각해 보라.

(b) 흔히 탈레스가 두 삼각형의 서로 대응하는 두 각과 그 사이변의 크기가 서로 같으면 그 두 삼각형은 합동이라는 사실을 이용하여 배에서 해안까지의 거리를 재었다고 전해진다. 헤스(Heath)는 이를 다음과 같이 추측했다. 우선 그림 26에서 보여지는 것과 같이 A에 돌쩌귀가 있는 두 막대 AC와 AD로 된 기구를 만든다. 막대 AD가 해안의 어떤 한 점 B를 수직으로 향하도록 고정하고 막대 AC가 배 P를 향하도록 조정한다. 그런 다음 각 DAC를 유지하면서 기구를 AD를 축으로 하여 회전시킬

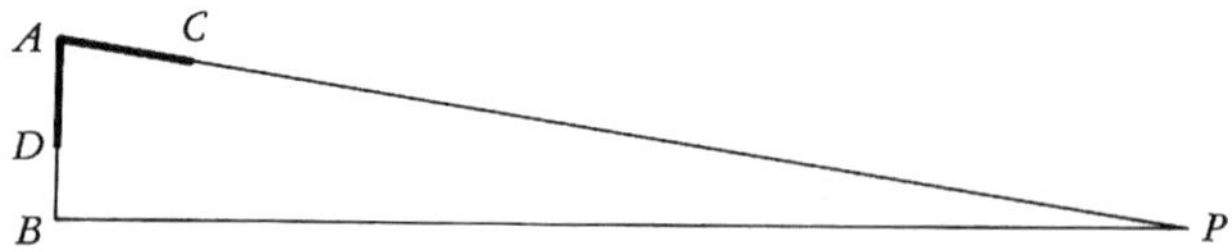

그림 26

때 AC가 가리키는 땅 위의 점 Q를 가지고 B에서 접근할 수 없는 점 P까지의 거리를 구할 수 있다. 구체적으로 어떤 거리를 재어야 하는가?

3.2 피타고라스 정리의 분할증명

(a), (b) 두 면적 혹은 두 부피 P, Q가 **더하기에 의한 합동**(congruent by addition)이라는 말은 그들이 서로 합동인 대응 조각으로 분할될 수 있다는 뜻이고 **빼기에 의한 합동**(congruent by subtraction)이라는 말은 합동인 대응조각이 P, Q에 더해질 때 그것들이 더하기에 의한 합동이 되는 두 새로운 도형이 된다는 뜻이다. 이를 이용한 피타고라스 정리의 많은 증명이 있다. 3장의 4번째 절에 있는 증명은 바로 빼기에 의한 합동증명이다. 그림 27, 28은 피타고라스 정리에 대한 두 가지 더하기에 의한 합동증명을 암시해 주고 있다. 처음 것은 1873년에 페리갈(H. Perigal)이 제안한 것이고 그 다음 것은 1917년에 듀드니(H. E. Dudenney)가 제안한 것이다. 이를 논증하라.

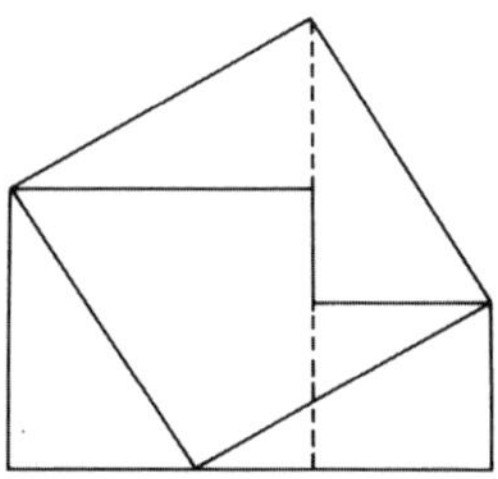

그림 27

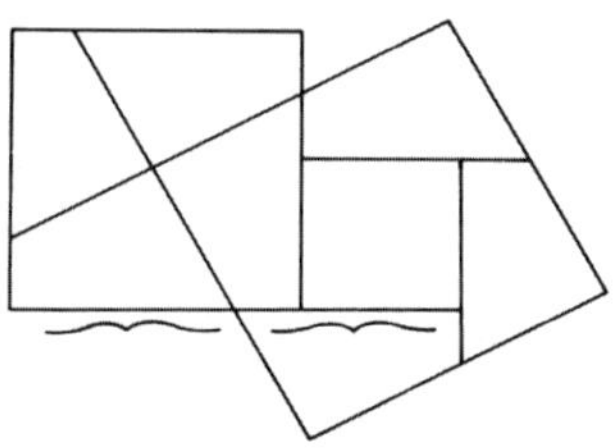

그림 28

(c) 그림 29는 레오나르도 다빈치가 고안한 그림으로서 피타고라스 정리에 대한 빼기에 의한 합동증명을 암시하고 있다. 이를 논증하라.

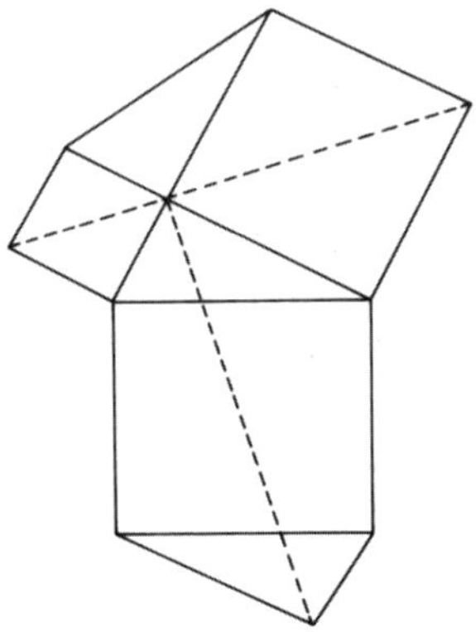

그림 29

3.3 면적의 변환

(a) 임의의 정(正)이 아닌 6각형을 그린 후 자와 컴퍼스만을 이용하여 동일한 면적을 갖는 정4각형을 작도하라.

(b) 자와 컴퍼스를 가지고 임의의 사변형 $ABCD$에서 꼭짓점 A를 지나는 두 직선을 그어 그 사변형을 삼등분하라.

(c) 임의의 사다리꼴의 (평행한 변 중) 작은 쪽 변 위의 한 점 P에서 직선을 그어 그 사다리꼴을 이등분하라.

(d) 삼각형 ABC에서 각 A는 고정해 놓고 A의 대변이 한 주어진 직선 MN과 평행하도록 그 삼각형을 변환하라.

(e) 주어진 삼각형을 주어진 꼭짓점을 갖는 이등변 삼각형으로 변환하라.

3.4 정다면체

(a) 다섯 개의 정다면체 이외에는 또 다른 정다면체가 존재하지 않음을 보여라.

(b) 한 모서리의 길이가 e인 정8면체의 부피와 표면적을 구하라.

(c) 다섯 개의 각 정다면체에 대하여 꼭짓점, 모서리, 면의 수를 각각 v, e, f라 할 때 $v-e+f$를 계산해 보라. 임의의 볼록(혹

은 보다 일반적으로 임의의 단일연결) 정다면체에 관한 가장 흥미로운 정리 중의 하나는 $v-e+f=2$라는 사실이다. 이것은 어쩌면 아르키메데스(기원전 225년경)가 알고 있었을지도 모른다. 1635년경에 데카르트가 매우 근사적으로 그 정리를 서술했으며 오일러가 1752년에 독립적으로 그것을 발표했다. 그래서 흔히 이 결과를 오일러-데카르트 공식이라고 말한다.

3.5 황금분할

한 점이 선분을 **황금분할**(golden section)로 나눈다는 말은 분할된 것 중 긴 선분이 짧은 선분과 선분의 비례 중항이 된다는 뜻이다. 이때 짧은 선분과 긴 선분의 비를 **황금비**(golden ratio)라고 한다. 피타고라스 학파는 황금분할과 황금비에 상당한 관심을 보였다.

(a) 황금비가 $(\sqrt{5}-1)/2$임을 보여라.

(b) 피타고라스 학파의 상징표시는 정5각형의 대각선으로 이루어진 **별표**(pentagram)였다. 별표의 다섯 개의 변 각각이 그것과 만나는 별표의 두 변을 모두 황금비로 분할함을 증명하라.

(c) G가 선분 AB의 황금분할점이고 AG가 더 긴 분할선분이라고 하자. AB 위에 $AH=GB$인 점 H를 취하면 H가 AG를 황금비로 분할함을 보여라.

(d) 자와 컴퍼스를 가지고 주어진 선분을 한 변으로 하는 정5각형을 작도하라.

(e) 자와 컴퍼스를 가지고 주어진 선분을 한 대각선으로 하는 정5각형을 작도하라.

(f) 자와 컴퍼스를 가지고 주어진 원에 정5각형을 내접시켜라.

3.6 한 흥미로운 관계식

다음을 기하학적으로 증명하라.

$$1^3+2^3+\cdots+n^3=(1+2+\cdots+n)^2$$

4장

3대 작도문제

탈레스에서 유클리드까지의 시대

기원전 600년경 탈레스가 처음 논증기하학을 시도한 이후로 기원전 300년경 유클리드의 놀랄 만한 《원론》에 이르러 절정에 달하는 그리스 수학의 처음 300년의 역사는 특별한 성취를 이룬 기간이다. 바로 앞의 장에서 이 성취에 대한 피타고라스의 몇 가지 기여를 살펴보았다. 탈레스가 밀레투스에 세운 이오니아 학교와 피타고라스가 크로톤에 세운 학교 이외에도 많은 수학 센터가 주로 그리스 정치사가 지배한 지역과 그 기간 동안에 세워지고 번성하였다.

기원전 1200년경에 원시 도리아(Doria)족은 그들이 살던 북부 산악 지역을 버리고 보다 좋은 영토인 그리스 반도로 내려왔다. 그 후 그들의 주종족인 스파르타인들이 스파르타 시를 건설하였고, 그리하여 그 지역에 살았던 원주민들은 그들에게 쫓겨서 소아시아와 에게 해 연안의 이오니아 지방으로 피난하였는데 곧이어 그들은 그곳에 그리스 무역자치도시를 건설하였다.

그동안에 페르시아는 거대한 군사제국이 되었고 그들의 노예경제에 의해 야기되는 어쩔 수 없는 영토확장론자들의 계획에 따라 페르시아는 기원전 546년에 이오니아 지방과 소아시아의 그리스 자치식민도시를 정복하였다. 그래서 피타고라스와 크세노파네스(Xenophanes)와 같은 많은 그리스 철학자들이 그들의 고향을 버리고 남부 이탈리아의 번성한 그리스 자치식민도시로 이주하였다. 그 후 철학과 수학의 학교들이 크로톤에서는 피타고라스에 의해 발전되었고 엘레아(Elea)에서는 크세노파네스, 제논, 파르메니데스(Parmenides)에 의해 발전되었다.

이오니아 지방에 대한 페르시아의 압제가 점차 심해지자 기원전 499년에 그곳에서 반란이 일어났는데, 이때 민주정치로 정치적 진보를 이루어 서구문명의 중심이 된 아테네가 그곳에 군대를 보내 반란을 도왔다. 비록 반란이 제압되긴 했지만 몹시 성난 페르시아의 다리우스 왕은 아테네를 응징해야겠다는 결심을 하고 기원전 492년에 육군과 해군을 조직하여 그리스 본토를 공격하기 위해 출정했다. 그러나 함대는 풍랑을 만나 풍비박산되었고 지상부대도 원정의 곤경에 시달렸다. 2년 뒤에 다시 페르시아 군대는 아티카로 침공해 들어갔지만 이번에는 마라톤 평야에서 아테네 군대에게 결정적으로 패퇴당했다. 그래서 아테네가 그리스 선두주자로 부상하게 되었다.

기원전 480년에 다리우스의 아들 크세르크세스(Xerxes)가 또다시 그리스를 침공했지만 아테네 군대가 살라미스 해전에서 페르시아 함대를 격파했다. 비록 스파르타의 지휘하에 있던 그리스 지상군은 테르모피라에서 패퇴당했지만 그 다음 해에 플라타에아에서 페르시아군을 무찌르고 그리스로부터 침략자를 내쫓아버렸다. 그래서 아테

네의 패권이 견고하게 되었고 그 후 평화의 반세기 동안에 아테네 역사의 황금기가 펼쳐졌다. 그리하여 페리클레스(Pericles)와 소크라테스(Socrates)가 있던 이 도시는 민주적이고 지적인 발전의 중심지가 되었고 수학자들이 그리스 세계의 여러 곳으로부터 이곳으로 모여들었다. 이오니아 학파의 마지막 뛰어난 인물인 아낙사고라스(Anaxagoras)가 아테네에 정착하며 흩어져 있던 피타고라스 학파의 사람들이 아테네로 들어오고 엘레아 학파의 제논과 파르메니데스가 아테네에 와서 사람들을 가르치기 시작했다. 또 이오니아의 키오스(Chios) 출신인 히포크라테스(Hippocrates)[1)]가 아테네를 방문하였는데 그곳에서 최초로 기하학과 관련된 책을 출간하여 고대의 저자로

1) 유명한 고대 그리스의 의사인 코스(Cos)의 히포크라테스와 혼돈하지 말아야 한다.

서 명성을 얻게 되었다.

그러나 기원전 431년에 아테네와 스파르타 사이의 펠로폰네소스 전쟁이 시작되면서 마침내 그리스는 평화의 막을 내리고 길고 긴 투쟁으로 빠져들었다. 처음에는 아테네가 승리하는 듯했으나 아테네에 무서운 전염병이 돌면서 아테네 인구의 1/4이 죽고 결국 기원전 404년에 아테네는 스파르타에 굴욕적인 항복을 하였다. 그래서 스파르타가 정치적 지휘권을 잡게 되지만 기원전 371년에 다시 반역적인 도시국가 동맹에게 패퇴당하고 만다. 이 투쟁의 소용돌이로 인하여 그 기간 동안에 아테네에서는 거의 기하학이 발전하지 못하고 보다 평화로운 마그나 그라에시아(Magna Graecia) 지역에서 다시 한번 발전을 이루었는데 남부 이탈리아에 있던 피타고라스 학파가 되돌아올 수 있게 되었고 타렌콤에서는 당시 대단히 칭송받던 아르키타스(Archytas)의 영향 아래서 신피타고라스 학파가 결성되었다.

펠로폰네소스 전쟁 말기에 아테네는 여전히 정치적 권력은 미약했지만 문화적 지휘권은 되찾게 되었다. 플라톤은 아테네에 무서운 전염병이 돌던 기원전 427년에 그 도시나 혹은 그 근처에서 태어난 듯하다. 그곳에서 소크라테스로부터 철학을 배운 후 지식을 터득하기 위해 광범위한 유랑을 시작했는데 아프리카 연변에 있던 키레네(Cyrene)의 테오도루스 밑에서 수학을 배우고 뛰어난 아르키타스의 절친한 친구가 되었다. 기원전 387년경에 아테네로 돌아온 그는 유명한 아카데미를 설립하고 그곳에서 철학과 과학의 체계적인 탐구에 착수하였다. 그는 여생을 아카데미에서 보낸 후 기원전 347년에 아테네에서 80세를 일기로 장엄하게 숨을 거두었다. 기원전 4세기경의 대부분의 중요한 수학적 업적은 플라톤의 친구나 제자들에 의해 성취된 것인데 플라톤은 자신의 아카데미를 초기 피타고라스 학파의 수학과 신피타고라스 학파의 수학을 연결하는 곳으로 만들었다. 수학에 대한 플라톤의 영향은 그가 만든 어떤 수학적 발견에 있다기보다는 수학에 대한 연구가 정신을 훈련하는 데 가장 좋은 방법이고 그래서 철학자나 이상국가를 통치할 사람의 소양을 위해 필수적이라는 그의 정열적인 신념에 있다고 볼 수 있다. 이는 그의 아카데미 입구에 걸어 놓은 현판의 다음 유명한 내용을 보면 알 수 있다. “기하학을 모르는 자는 이곳에 들어오지 마라.” 그래서 플라톤은 수학의 연구로 말미암아 얻는 논리적 요소와 순수한 정신의 태도 때문에 수학을 가장 중요하게 여겼으며 이러한 이유 때문에 아카데미의 교과과정에서 수학이 중요한 위치를 점유했다. 플라톤의 대화록을 보면 그가 수리철학에 관한 최초의 진지한 시도를 행했음을 알 수 있다.

아르키타스와 플라톤 밑에서 공부한 에우독소스는 북부 소아시아의 키지쿠스(Cyzicus)에 학교를 세웠고 플라톤의 동료이며 에우독소스의 제자인 메나에크무스(Menaechmus)는 원뿔곡선을 발견했다. 또 메나에크무스의 동생인 디노스트라투스(Dinostratus)는 플라톤의 제자로서 재능 있는 기하학자였다. 천부의 재능을 가진 테아이테터스는 테오도루스의 또 한 사람의 아테네 제자로서 아마 유클리드의 《원론》 제Ⅹ권과 제ⅩⅢ권이 그에 의해서 얻어진 결과일 것이다. 또 한 사람 언급하자면, 아리스토텔레스(Aristotle)가 있는데 그는 비록 전문 수학자는 아니었지만 연역논리의 체계자이며 또 유명한 《물리학(Physics)》의 저자이기도 하다. 그의 또 다른 저서 《제2분석론(第二分析論, Analytica Posteriora)》에서는 수학적 방법을 진지하게 파헤치고 있음을 볼 수 있다.

수학적 발전의 경향

그리스 수학의 처음 300년 동안의 발전을 보면 세 가지 뚜렷한 경향이 있다. 우선 첫 번째로 결국《원론》으로 통합된 자료의 발전인데 피타고라스 학파를 필두로 해서 히포크라테스, 에우독소스, 테오도루스, 테아이테터스 및 그 밖의 몇몇 사람의 작품을 훌륭하게 엮어냈다. 앞에서 이미 이 발전을 부분적으로 살펴본 바 있지만 다음 장에서 다시 이를 구체적으로 살펴볼 것이다. 두 번째로 무한소, 극한, 합의 과정 등과 관련된 개념의 발전을 들 수 있는데 이 개념은 현대의 미적분법이 발명된 이후에야 명확해진 것들이다. 또 제논의 역설, 안티폰(Antiphon)과 에우독소스의 실진법(悉盡法, method of exhaustion), 데모크리토스(Democritus)의 원자론 등이 두 번째 발전 경향에 속한다. 마지막 세 번째의 발전 경향은 고등기하학의 발전인데 이를테면 원이나 직선에 대한 것보다는 곡선에 대한 기하학이라든가, 구면이나 평면에 대한 것보다는 곡면에 대한 기하학을 말한다. 그런데 이 고등기하학은 사실 오늘날까지 유명한 3대 작도문제를 풀기 위한 끊임없는 도전으로부터 연유된 것들이다. 이제 이 3대 작도문제를 살펴보도록 하자.

3대 작도문제

유명한 3대 작도문제는 다음과 같다.

1. 정6면체의 배적(倍積): 주어진 정6면체 부피의 두 배의 부피를 갖는 정6면체의 모서리를 작도하는 문제

2. 각의 삼등분: 임의의 각을 삼등분하는 문제
3. 원적(圓積): 주어진 원과 동일한 면적을 갖는 정사각형을 작도하는 문제

이 세 가지 문제의 중요성은 비록 자와 컴퍼스가 많은 그 밖의 작도문제를 해결하긴 하지만 이들 도구를 가지고는 이 문제를 근사적으로 밖에는 해결할 수 없다는 데 있다. 이 세 가지 문제를 풀기 위한 왕성한 연구가 결국 그리스 기하학에 심대한 영향을 끼쳤고 그 밖의 원뿔곡선 3차 또는 4차곡선, 초월곡선과 같은 많은 풍부한 발견을 초래했으며 훨씬 뒤에는 유리수성의 문제, 대수적 수, 군론의 발전에 영향을 주었다. 자와 컴퍼스만으로는 이 세 가지 작도가 모두 불가능하다는 것이 2000년 동안 미해결 문제로 있다가 19세기에 이르러서야 밝혀졌다.

아무튼 고대의 이 3대 난문(難問)을 풀기 위한 끊임없는 노력 덕분에 새로운 수학의 발전과 창조가 이루어졌으며 이는 수학에서의 매혹적인 미해결 문제의 발전적 가치를 극명하게 보여 준다.

플라톤
기원전 427~347

아리스토텔레스
기원전 384~322

유클리드 도구

우선 자와 컴퍼스만으로 작도를 한다는 것이 무엇을 의미하는가를 명확하게 해 둘 필요가 있다. 자를 가지고는 임의의 두 점을 지나는 일정하지 않은 길이의 직선*2)을 그릴 수 있고 컴퍼스를 가지고는 임의의 어떤 점을 중심으로 하고 또 다른 한 점을 지나는 원을 그릴 수가 있다. 자와 컴퍼스를 가지고 작도하는 문제를 위의 두 규칙에 따라 행하는 게임으로 볼 때 그것은 지금까지 고안된 게임 중에서 가장 재미있고 매혹적인 게임 중의 하나임이 틀림없다. 이런 식으로 해결할 수 있는 것 중에는 깜짝 놀랄 만큼 복잡한 작도들이 많이 있기 때문에 4장의 3번째 절에서 얘기한 극히 단순하게 보이는 작도 문제들이 해결될 수 없다는 것은 믿기 어려운 일이다.

유클리드 《원론》의 공준이 위의 규칙을 따라서 자와 컴퍼스를 사용하도록 제한하고 있기 때문에 그것을 **유클리드 도구**(Euclidean tools)라고 불러 왔다. 자에는 눈금이 없음을 주목해야 한다. 물론 눈금 있는 자를 가지면 임의의 각을 삼등분하는 것이 가능하다. 역시 유클리드 컴퍼스도 현대의 컴퍼스와는 다른데, 현대의 컴퍼스는 임의의 점 C를 중심으로 하고 임의의 선분 AB를 반경으로 하는 원을 그릴 수 있다. 즉 컴퍼스를 양각기로 사용하여 거리 AB를 중심 C로 옮겨 놓을 수가 있다. 그러나 유클리드 컴퍼스는 일단 컴퍼스의 한 다리가 종이로부터 떨어지면 접히고 만다. 현대의 컴퍼스가 유클리드의 접는 컴퍼스보다 다소 강력한 것처럼 보일지도 모른다. 그러나 신기하게도 이 둘은 똑같은 성질의 도구이다(문제연구 4.1 참조).

*2) 더 정확히 표현하면 '선분'이라고 해야 한다. — 옮긴이 주

정6면체의 배적(倍積)

정6면체의 배적에 대한 문제는 수학교육을 전혀 받지 않은 어떤 고대 그리스 시인으로부터 비롯되었는데 신화적인 왕 미노스(Minos)가 그의 아들 글라우쿠스(Glaucus)를 위해 세운 묘비의 크기에 불만스러워했다고 표현하는 대사에서 그 문제가 출현했다는 증거가 있다. 미노스는 묘비의 크기를 두 배로 하라고 그 시인에게 명령했는데 이때 그 시인은 묘비의 각 변을 두 배로 함으로써 묘비를 두 배로 만들 수 있다고 잘못 말했다. 이 단순한 수학적 오류가 기하학자들로 하여금 모양을 그대로 유지하면서 부피를 두 배로 늘리는 것이 어떻게 가능한가 하는 문제에 빠져들게 만들었다. 그러나 이 문제는 얼마 동안 진보를 이루지 못하다가 히포크라테스가 뒤에 살펴보게 될 유명한 변형을 만들었다. 한편 이보다 훨씬 뒤에 데리안족은 어떤 병을 퇴치하기 위해서 그들의 신탁(神託)으로부터 아폴로의 정6면체 제단의 크기를 두 배로 해야만 한다는 주문을 받았다. 이것이 나중에 종종 '데리안 문제(Derian problem)'로 전해진 것이다. 그 이야기가 사실이든 아니든 이 배적 문제는 플라톤의 아카데미에서 연구되었고 에우독소스, 메나에크무스, 또 (아마 잘못 전해진 것일 테지만) 플라톤 자신까지도 시도한 고등기하학적 해들이있다.

배적 문제에서의 최초의 실질적인 진보는 틀림없이 히포크라테스(기원전 440년경)가 이 문제를 각각의 길이가 s와 $2s$인 두 선분 사이에 두 비례 중항을 작도하는 것으로 변형한 것이다. 만일 두 비례 중항을 x, y로 표시하면

$$s : x = x : y = y : 2s$$

인데 이 비례로부터 $x^2 = xy$, $y^2 = 2sx$를 얻는다. 여기서 y를 소거

하면 $x^3 = 2s^3$이고 따라서 x가 한 모서리의 길이가 s인 정6면체의 부피의 두 배의 부피를 갖는 정6면체의 한 모서리의 길이가 된다.

히포크라테스가 이 변형을 만든 이후 정6면체의 배적에 대한 문제를 풀기 위한 그 후의 시도는 결국 두 선분 사이의 두 비례 중항을 작도하는 것이 되어버렸다. 이에 대해서 가장 놀랄 만한 초기의 것 중의 하나는 아르키타스(기원전 400년경)에 의해 주어진 고등 기하학적 해였다. 그의 해는 직원기둥, 내부의 직경이 0인 원환체, 직원뿔의 교점을 구하는 데 근거하고 있다. 이 해가 바로 기하학이 일찍이 발전되었다는 흔하지 않은 증거를 주고 있다. 에우독소스(기원전 370년경)에 의한 해는 분실되었고 메나에크무스(기원전 350년경)는 이 문제에 대한 두 가지 해를 주었는데 아마도 이 해를 발견하기 위해 원뿔곡선을 고안한 듯하다. 그 이후에 에라토스테네스(Eratosthenes, 기원전 230년경)와 거의 같은 시기의 니코메데스(Nicomedes)에 의한 해가 있었고 그 뒤를 이어 아폴로니우스(Apollonius, 기원전 225년경)가 또 다른 해를 주었다. 디오클레스(Diocles, 기원전 180년경)는 이 문제를 풀기 위해 시소이드 곡선(cissoid curve: 흔히 질주선(疾走線)이라고 함 — 옮긴이 주)을 발견했으며 보다 최근에는 고등 평면곡선을 이용한 많은 해가 발견되었다.

이제 위의 많은 시도 속에 있는 기본 착상을 알아보기 위해서 에우토키우스(Eutocius)가 플라톤에 의한 것이라고 주장하는 한 방법을 재현해 보자. 그러나 이 해는 기계적 방법에 의한 것으로서 플라톤이 그러한 방법에 반대한 것으로 알려져 있으므로 이 해가 플라톤에 의한 것이라고 하는 말은 그릇된 것 같다.

우선 그림 30의 첫 번째 그림을 살펴보자. 거기서 두 직각 삼각형 CBA와 DAB는 각각 B와 A가 직각이고 한 변 AB를 공통으로 갖고 있다. 또 두 삼각형의 빗변 AC와 BD는 한 점 P에서 직교한다. 그러면 닮은 삼각형 CPB, BPA, APD로부터 다음이 유

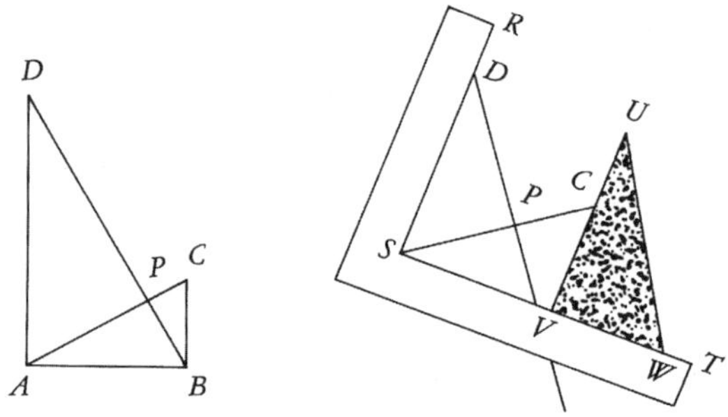

그림 30

도될 수 있다.

$$PC : PB = PB : PA = PA : PD$$

따라서 PB와 PA는 PC와 PD 사이의 두 비례 중항이다. 만약 $PD = 2(PC)$가 되는 그림을 작도할 수 있다면 문제는 해결된다. 그림 30의 두 번째 그림은 기계적 방법으로 그러한 그림을 어떻게 작도할 수 있는가를 보여주고 있다. 우선 점 P에서 만나는 두 수선을 그리고 그 위에 $PD = 2(PC)$가 되는 점 C와 D를 표시한다. 그런 다음 목수의 곱자를 이용하여 곱자의 안쪽에 있는 모서리 RST를 가지고 SR이 점 D를 지나고 곱자의 직각점 S가 직선 CP 위에 놓이도록 한다. 그런 다음 ST 위에 변 VW가 놓이는 직각 삼각형 UVW를 변 VU가 점 C를 지날 때까지 ST 위에서 미끄러뜨린다. 그리고 점 V가 DP의 연장선 위에 놓일 때까지 이 장치[3]를 조정하면 된다.

3) Richard Courant and H.E. Robbins, *What Is Mathematics?*, p. 147.

각의 삼등분

고대 그리스의 3대 작도문제 중에서 각의 삼등분은 오늘날 초보적인 수학교육조차 받지 못한 사람에게까지 가장 널리 알려진 문제이다. 확실히 이 문제는 고대의 세 가지 문제 중에 가장 이해하기가 간단하고 또 각의 이등분이 매우 쉬우므로 왜 삼등분이 그처럼 쉽지 않은가가 궁금한 것은 당연하다. 유클리드 도구를 가지고 주어진 선분을 다등분하는 것은 간단한 문제였으므로 고대 그리스인들은 각을 다등분하는 유사한 문제를 풀려고 하다가 이 문제에 부딪힌 것 같다. 아니면 이 문제는 정9각형을 작도하려다가 발생했을지도 모른다. 왜냐하면 이 작도에서 60°의 각을 삼등분해야 하기 때문이다.

그리스인은 처음에는 삼등분 문제를 다루면서 그것을 기울어짐 문제(verging problem)라고 불리는 문제로 변형한 것처럼 보인다. 임의의 예각 ABC를 한 직사각형 $BCAD$의 대각선 BA와 변 BC 사이의 각으로 취하자(그림 31 참조). 그런 다음 점 B를 지나면서 변 CA와 점 E에서 만나고 변 DA의 연장선 위의 한 점 F에서 만나면서 $EF=2(BA)$인 직선을 살펴보자. 점 G가 선분 EF의 중점이면

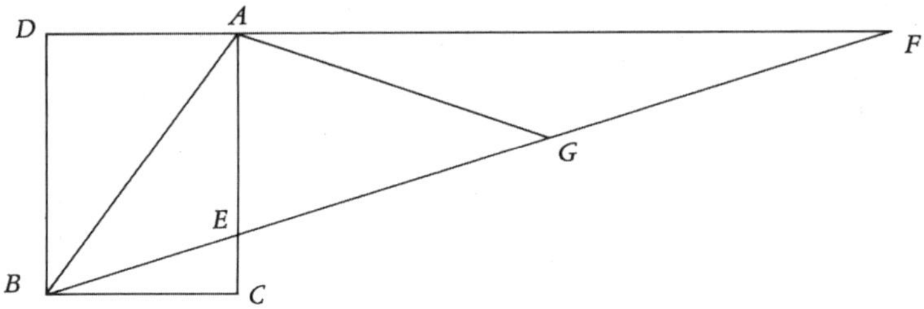

그림 31

$$EG = GF = GA = BA$$

이고 따라서

$$\angle ABG = \angle AGB = \angle GAF + \angle GFA = 2\angle GFA = 2\angle GBC$$

이고 BEF는 각 ABC를 삼등분한다. 따라서 각의 삼등분 문제는 AC와 DA의 연장선 사이에 있으면서 길이가 $2(BA)$인 선분 EF를 작도하는 문제로 바뀐다.

만일 유클리드의 가정과는 반대로 자 위에 $E'F' = 2(BA)$인 두 점 E', F'를 표시하고 이 표시된 E', F'가 AC와 DA의 연장선 위에 놓이고 B를 지나도록 자를 조정할 수 있다면 각 ABC는 삼등분될 것이다. 이를 흔히 삽입원리(insertion principle)라고 말한다.

각의 삼등분 문제로부터 변형된 기울어짐 문제를 풀기 위해 여러 가지 고차의 평면곡선들이 발견되었다. 이 중 가장 오래된 것의 하나가 니코메데스(기원전 240년경)에 의해 발명된 **콘코이드**(conchoid: 흔히 이를 나사선(螺絲線)이라고 함 — 옮긴이 주)이다. c가 한 직선이고 O가 c 위에 있지 않은 임의의 점이라고 하자. c 위의 한 점 P에 대하여 OP의 연장선 위에 일정한 길이 k를 갖는 PQ를 표시하자. 그러면 P가 c를 따라 움직일 때 Q의 자취가 극 O와 상수 k에 대한 c의 콘코이드이다. 콘코이드를 그릴 수 있는 도구를 고안해 내는 것은 그리 어렵지 않고[4] 또 그 도구를 가지고 우리는 쉽게 각을 삼등분할 수 있다. 이제 AOB를 임의의 예각이라 하자. 그림 32에서처럼 선분 OA에 수선 MN을 그릴 때 선분 OA, OB와 만나는 점을 각각 D와 L이라고 하자. 그런 다음 극 O와 상수 $2(OL)$에 대한 선분 MN의 콘코이드를 그린다. 또 점 L을 지나서 선분 OA와 평행인 직선을 그릴 때 콘코이드와 만나는 점을 C라 하자.

4) T.L. Heath, *A Manual of Greek Mathematics*, p. 150.

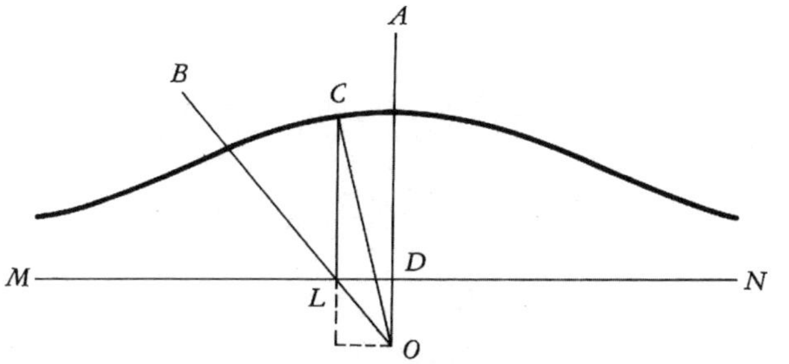

그림 32

그러면 선분 OC가 각 AOB를 삼등분한다.

임의의 일반각은 원뿔곡선을 이용하여 삼등분될 수 있다. 초기 그리스인들은 원뿔곡선을 이용하는 방법에 익숙하지 않았으며 이러한 종류의 초기의 증명은 파푸스(Pappus, 약 300년경)에 의하여 주어졌는데 그는 원뿔곡선의 초점과 준선의 성질을 이용하였다. 원뿔곡선을 이용한 두 가지 삼등분법이 문제연구 4.4에 실려 있다.

임의의 각을 삼등분하는 것뿐만 아니라 같은 크기로 다등분할 수 있는 초월(비대수)곡선이 있다. 그러한 곡선 중에는 히피아스(Hippias, 기원전 425년경)가 발명한 쿼드라트릭스(quardratrix)와 아르키메데스의 나선(螺旋, spiral)도 있다. 또한 이 두 곡선은 원적문제를 푸는 데도 이용된다.

세월이 흐르면서 각의 삼등분의 문제를 풀기 위해 여러 가지 기계장치, 결합장치, 합성 컴퍼스 등이 고안되었다.[5] 그중 가장 흥미롭고 초보적인 도구는 소위 **토마호크**(tomahawk)라고 불리는 것이다. 토마호크의 발명자는 알려져 있지 않지만 그 도구가 1835년에 어떤 책에서 설명되고 있다. 토마호크를 작도해 보기 위해서 우선 한 선분 RU를 S와 T에서 삼등분하자(그림 33 참조). 그런 다음 SU를 직경으로 하는 반원을 그리고 RU와 수직인 직선 SV를 그린다. 그

5) R.C. Yates, *The Trisection Problem.*

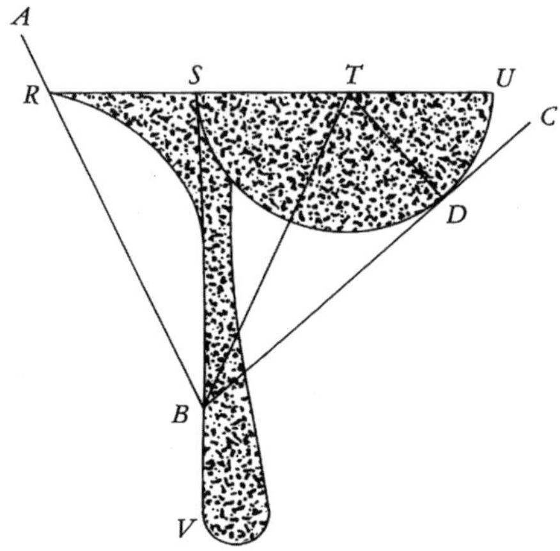

그림 33

러면 토마호크는 그림 33에서의 나머지 부수적인 그림과 더불어 완성된다. 토마호크를 가지고 각 ABC를 삼등분하기 위해서 R이 선분 BA 위에 오고, 선분 SV가 B를 지나고 선분 BC가 D에서 반원과 접하도록 도구를 갖다 놓는다. 그러면 삼각형 RSB, TSB, TDB가 모두 합동이므로 BS와 BT는 주어진 각을 삼등분한다. 토마호크는 자와 컴퍼스를 가지고 트레이싱 페이퍼(투사지) 위에 잘 그려질 수 있고 그런 다음 그것을 주어진 각 위에 잘 조정하면 된다.

비록 유클리드 도구만을 가지고 임의의 각이 정확하게 삼등분되진 않지만 이러한 도구를 가지고 대단히 놀랄 만큼 근사적인 삼등분을 수행할 수 있다. 한 훌륭한 예가 1525년에 유명한 부식동판 제작자이며 화가인 뒤러(Albrecht Dürer)가 만든 작도이다. 주어진 각 AOB를 원의 중심각으로 취하자(그림 34 참조). C가 현 AB의 삼등분점으로서 B와 가까운 쪽에 있는 점이라고 하고 C를 지나는 AB의 수선이 원과 D에서 만난다고 하자. 이제 중심이 B이고 반경이 BD인 원호를 그릴 때 이 원호가 AB와 E에서 만난다고 하자. 또 F가 EC의 삼등분점으로서 E와 가까운 쪽에 있는 점이라고 하

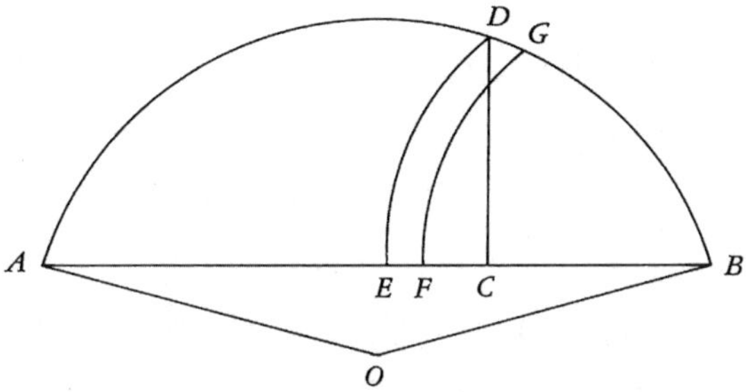

그림 34

자. 다시 중심이 B이고 반경이 BF인 원호를 그릴 때 이 원호가 원과 G에서 만난다고 하자. 그러면 OG는 각 AOB를 삼등분하는 근사적인 직선이 된다. 이때의 오차는 각 AOB의 크기에 따라 증가하는데 $AOB = 60°$에 대해서는 약 $1''$이고 각 $AOB = 90°$에 대해서는 $18''$정도에 불과하다.

원적(圓積)

아마 어떤 문제도 주어진 원의 면적과 같은 크기의 면적을 갖는 정사각형을 작도하는 문제보다 더 강렬하고 오랜 유혹을 주지는 못했을 것이다. 기원전 1800년경까지 거슬러 올라가면 당시 이집트인들은 정사각형의 한 변을 주어진 원의 직경의 8/9로 취함으로써 이 문제를 해결했다. 그 후로도 끊임없이 수천 명의 사람들이 이 문제와 씨름했으며 오늘날 유클리드 도구를 가지고는 그 작도가 불가능하다는 증명이 주어졌는 데도 불구하고[6] 한 해도 이 문제를 거론하지

6) Howard Eves, *A Survey of Geometry*, vol. 2, pp. 30-38.

않고 넘어간 적이 없다.

이 문제와 관련해서 알려진 최초의 그리스인은 아낙사고라스(Anaxagoras, 기원전 499~427)인데 그의 공헌이 무엇이었는지는 알려져 있지 않다. 아낙사고라스와 동시대인이었던 키오스의 히포크라테스는 두 원호로 에워싸인 어떤 특별한 활꼴을 정사각형으로 만드는 데 성공했는데 아마 자신의 연구가 원적문제를 푸는 실마리가 될 것으로 기대했던 것 같다. 그 후 몇 년 뒤에 엘리스(Elis)의 히피아스(기원전 425년경)가 쿼드라트릭스로 알려진 곡선을 발명했다. 이 곡선이 각의 삼등분과 원적문제를 모두 해결하게 했지만 전해 내려오는 이야기에 의하면 이 곡선을 원적문제에 처음으로 이용한 사람에 대해서는 설이 분분하다. 아마 그것을 각의 삼등분에 이용한 사람은 히피아스이고 처음으로 원적문제에 이용한 사람은 디노스트라투스(Dinostratus, 기원전 350년경)이거나 혹은 그 이후의 어떤 기하학자인 것 같다. 히포크라테스의 몇 가지 활꼴이 문제연구 4.6에 실려 있고 몇 가지 근사적인 원적은 문제연구 4.5에서 설명되고 있다.

원적문제에 대한 한 우아한 답이 아르키메데스의 나선에 의해 주어질 수 있는데 흔히 아르키메데스(기원전 225년경)가 실제로 이 목적을 위해 나선을 만들었다고 전해진다. 역학적인 용어로 나선을 정의해 보면 평면상의 원점에서 방출된 한 반직선이 일정하게 회전할 때 이 반직선을 따라서 일정하게 움직이는 점 P의 자취라고 할 수 있다. 이를 극형식으로 표현하면 나선의 극방정식은 $r=a\theta$(a는 비례상수)이다.

이제 중심이 O이고 반경이 a인 원을 그리자. 그러면 두 직선 OA와 OP 사이의 원호와 OP가 모두 $a\theta$이므로 그들의 크기는 같다(그림 35 참조). 만일 OP가 OA와 수직이 되면 OP는 이 원의 원주의 1/4의 길이를 갖는다. 원의 면적 K는 그의 반경과 원주의 곱의 반이므로

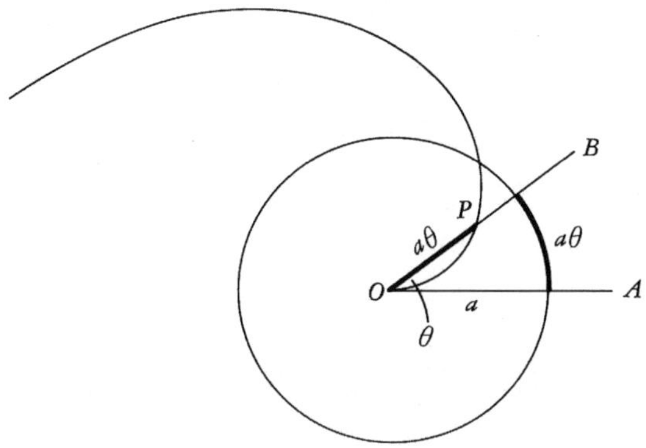

그림 35

$$K = \left(\frac{a}{2}\right)(4OP) = (2a)(OP)$$

가 된다. 따라서 원하는 정사각형의 한 변은 $2a$와 OP 혹은 원의 직 경과 OA와 수직인 나선의 반경 벡터의 길이의 비례 중항이 된다.

아르키메데스의 나선을 가지고 각 AOB를 삼등분(더욱 일반적으로 다등분)할 수 있다. OB가 나선과 P에서 만나고 선분 OP가 P_1, P_2에서 삼등분된다고 하자. 만일 중심이 O이고 반경이 각각 OP_1, OP_2인 두 원이 나선과 각각 T_1, T_2에서 만난다고 하면 OT_1과 OT_2는 각 AOB를 삼등분하게 된다.

π의 연대기[7)]

원적문제와 매우 밀접하게 관련된 문제가 원의 원주와 직경의 비인 π의 계산이다. 고대 오리엔트에서 π의 값이 빈번히 3으로 사용되었고[8)] 린드 파피루스에 있는 이집트의 원적문제에서는 $\pi=\left(\frac{4}{3}\right)^2=3.1604\cdots$였음을 알고 있다. 그러나 π를 과학적으로 계산한 최초의 인물은 아르키메데스인 것처럼 보이는데 그의 성취에 대해서는 연대기에서 설명할 것이다.

기원전 240년경 문제를 간단히 하기 위해서 단위직경을 갖는 원을 선택하자. 그러면 원주의 길이는 임의의 내접 정다각형의 둘레의 길이와 임의의 외접 정다각형의 둘레의 길이 사이에 있다. 예를 들어 내접 정6각형과 외접 정6각형의 둘레의 길이를 계산하는 것은 간단한 문제이므로 우리는 쉽게 π에 대한 상·하 한계를 얻을 수 있다. 한편 주어진 내·외접 정다각형의 둘레의 길이로부터 변의 개수가 두 배인 내·외접 정다각형의 둘레의 길이를 구할 수 있는 공식이 있다. 이 과정을 계속적으로 반복하면 처음 내·외접 정6각형으로부터 출발하여 내·외접 정12각형, 정24각형, 정48각형, 정96각형, … 등의 둘레의 길이를 계산해 낼 수 있고 이런 식으로 π에 대한 보다 날카로운 상·하 한계를 얻을 수 있다. 이것이 아르키메데스가 행한 본질적인 내용으로서 그는 최종적으로 π가 223/71과 22/7 사이에 있다는 사실을 얻었다. 이 결과의 소수 둘째 자리까지 써 보면 π는 3.14가 된다. 이 연구는 단지 세 개의 명제만이 수록된 아르키

7) 120가지의 조항을 포함하고 있는 π의 보다 충분한 연대기를 알고 싶으면 다음을 참조하라. H.C. Schepler, "The chronology of pi," *Mathematics Magazine* (January-February 1950): pp. 165-70; (March-April 1950): 216-28(May-June 1950): pp. 279-83.

8) 구약성서 열왕기 상 7장 23절, 역대기 하 4장 2절.

메데스의 논문 〈원의 측정(Meaurement of a Circle)〉에서 발견된 것이다. 우리에게 전해 내려온 이 논문은 원형은 아니고 아마 보다 큰 논문의 한 단편인 것 같다. 어쨌든 당시에 사용된 보잘것없는 수 체계의 관점에서 생각해 볼 때 한 가지 피할 수 없는 결론은 아르키메데스가 매우 뛰어난 계산가였다는 사실이다. 그의 논문 속에는 무리제곱근에 대한 몇 가지 놀랄 만한 유리근삿값도 나온다.

내·외접 정다각형을 이용하여 π를 계산하는 위의 방법을 π를 계산하는 **고전적 방법**(classical method)이라고 부른다.

약 150년경 아르키메데스 이후에 주목할 만한 최초의 π의 값은 알렉산드리아의 프톨레마이오스(Claudius Ptolemy)가 그의 명저이며 동시에 천문학에 있어서 가장 위대한 고대 그리스 저작인 《수학대계(Syntaxis mathematica)》(이는 아라비아식 제목인 《알마게스트(Almagest)》로 보다 널리 알려진 것임)에서 밝힌 것이다. 이 작품 속에서 π는 60진법으로 $3\ 8'30''$으로 주어져 있는데 이는 십진법으로 3.1416에 해당된다. 이 값은 논문 속에 나오는 현표로부터 유도된 것이 틀림없다. 그 표는 각 중심각에 대한 원의 현의 길이를 주고 있다. 만일 중심각이 1°인 현의 길이를 360배 하고 그 결과를 원의 직경의 길이로 나누면 π에 대한 위의 값이 얻어진다.

약 480년경 초기 중국의 한 역학 연구가인 조충지(祖沖之)가 흥미로운 유리근삿값 $355/113 = 3.1415929\cdots$를 만들었는데 이 값은 소수 여섯째 자리까지 정확한 값이다.

약 530년경 초기 인도 수학자인 아리아바타(Āryabhata)가 π에 대한 근삿값으로서 62832/20000을 주었다. 이 결과가 어떻게 얻어졌는지는 알려져 있지 않지만 초기 그리스의 정보에 의하면 내접 정 384각형의 둘레의 길이를 계산하여 얻은 것 같다.

약 1150년경 인도 수학자 바스카라(Bhāskara)가 π에 대한 몇 개의 근삿값을 만들었는데 그중 3927/1250은 정확한 값으로서, 22/7

은 부정확한 값으로서, $\sqrt{10}$ 은 보통의 값으로서 주었다. 첫 번째 값은 아리아바타로부터 유래된 것으로 보인다. 바스카라가 만든 또 다른 값 754/240=3.1416은 그 기원이 확실하지 않으나 그것은 프톨레마이오스가 만든 것과 같은 값이다.

1429년 페르시아의 천문학자 알 카시(al-Kashi)는 고전적 방법으로 π를 소수 16자리까지 계산했다.

1579년 프랑스 수학자 비에트(François Viète)는 $6(2^{16})=393216$변을 갖는 다각형을 이용하여 고전적 방법으로 π를 소수 90자리까지 정확하게 계산해 냈다. 그는 또한 다음과 같은 흥미로운 무한곱을 발견했다.

$$\frac{2}{\pi}=\frac{\sqrt{2}}{2}\frac{\sqrt{(2+\sqrt{2})}}{2}\frac{\sqrt{\{2+\sqrt{(2+\sqrt{2})}\}}}{2}\cdots$$

1585년 안소니준(Adriaen Anthoniszoon)은 고대 중국에서 나온 비(比) 355/113를 재발견했는데 이는 분명히 행운의 사건이었다. 왜냐하면 그가 보인 것이라곤 $377/120>\pi>333/106$뿐이었다. 그런 다음 π의 정확한 값을 구하기 위해 분모와 분자를 평균하였다. 초기 표 제작인 레티쿠스(Rhaeticus)의 제자인 오토(Valentin Otho)가 π에 대한 이 비를 1573년 전후에 서양에 소개했을 것이라는 증거가 있다.

1593년 흔히 아드리아누스 로마누스(Adrianus Romanus)로 불리는 네덜란드인 루멘(Adriaen van Roomen)은 2^{30}변을 갖는 다각형을 이용하여 고전적인 방법으로 π를 소수 15자리까지 정확하게 계산했다.

1610년 네덜란드인 쿨렌(Ludolph van Ceulen)은 2^{62}변을 갖는 다각형을 이용하여 고전적 방법으로 π를 소수 35자리까지 계산해 냈는데 일생의 대부분을 이 작업으로 보냈다. 그의 부인은 그의 업적을 대단히 비범한 것으로 평가한 나머지 라이든의 성 피터의 교회 묘지에 있는 그의 묘비에 그 수를 새겨넣었는데 오늘날엔 없어지고 말았다. 오늘날까지 그 수를 종종 '루돌프 수'라고 말한다.

1621년 굴절의 법칙의 발견으로 유명한 독일의 물리학자 스넬(Willebrord Snell)은 고전적 방법을 개선한 삼각법으로 π를 계산하여 고전적 방법에 의해 얻어진 π에 대한 상계와 하계로부터 상당히 근사적인 상계와 하계를 구했다. 자신이 만든 방법으로 2^{30}변을 갖는 다각형을 이용하여 큘렌이 구한 소수 35자리까지의 계산을 하였다. 그러나 그러한 다각형을 가지고 고전적 방법을 이용하면 단지 15자리밖에는 구할 수가 없다. 96변을 갖는 다각형에 대하여 고전적 방법은 소수 두 자리까지밖에 계산하지 못하는 반면에 스넬이 개선한 방법은 일곱 자리까지 계산할 수 있게 해준다. 스넬이 개선한 방법에 대한 정확한 증명은 독일의 수학자이며 물리학자인 호이겐스(Christiaan Huygens)에 의해 1654년에 완성되었다.

1630년 그린버거(Grienberger)는 스넬의 방법을 이용하여 소수 39자리까지 계산했다. 이것이 다각형의 둘레에 의한 방법임을 이용하여 π를 계산한 마지막 주요한 시도였다.

1650년 영국의 수학자 월리스(John Wallis)는 다음의 희한한 식을 만들어냈다.

$$\frac{\pi}{2}=\frac{2\cdot 2\cdot 4\cdot 4\cdot 6\cdot 6\cdot 8\cdots}{1\cdot 3\cdot 3\cdot 5\cdot 5\cdot 7\cdot 7\cdots}$$

왕립 학회의 초대 회장이 었던 브룬커 경(Lord Brouncker)은 월리스의 결과를 다음의 연분수로 바꾸었다.

$$\frac{4}{\pi}=1+\cfrac{1^2}{2+\cfrac{3^2}{2+\cfrac{5^2}{2+\cdots}}}$$

그러나 이들의 어떤 식도 π의 광범위한 계산에는 기여하지 못했다.

1671년 스코틀랜드 수학자 그레고리(James Gregory)는 다음 무한급수를 만들었다.

$$\arctan x = x - \frac{x^3}{3} + \frac{x^5}{5} - \frac{x^7}{7} + \cdots \ (-1 \le x \le 1)$$

그러나 그레고리 자신도 미처 알아차리지 못한 것이 바로 $x = 1$일 때 이 급수가 다음과 같이 된다는 것이다.

$$\frac{\pi}{4} = 1 - \frac{1}{3} + \frac{1}{5} - \frac{1}{7} + \cdots$$

이 느린 수렴급수는 1674년에 라이프니츠(Leibniz)에게 알려졌다. 또한 그레고리는 원적문제의 유클리드 해가 불가능하다는 증명을 시도했다.

1699년 샤프(Abraham Sharp)는 그레고리 급수에 $x = \sqrt{1/3}$을 대입하여 π를 소수 71자리까지 정확하게 계산했다.

1706년 머신(John Machin)은 그레고리 급수를 다음 식

$$\frac{\pi}{4} = 4\arctan\left(\frac{1}{5}\right) - \arctan\left(\frac{1}{239}\right)$$

과 연관시켜 소수 100자리까지 계산했다.

1719년 프랑스 수학자 드라니(De Lagny)는 그레고리 급수에 $x = \sqrt{1/3}$을 대입하여 소수 112자리까지 정확히 계산했다.

1737년 π라는 기호는 초기 영국의 수학자 오트레드(William Oughtred), 배로(Isaac Barrow), 그레고리(David Gregory) 등이 원주를 표현하기 위해 사용했다. 원주와 직경의 비에 대하여 그 기호를 처음 사용한 것은 영국의 작가 존스(William Jones)가 1706년에 출간한 책에서였다. 그러나 이 기호가 일반적으로는 그런 의미로 사

용되지 않다가 오일러(Euler)가 1737년에 π를 채택했다.

1767년 람베르트(Johann Heinrich Lambert)는 π가 무리수임을 증명했다.

1777년 드 뷔퐁(Comte de Buffon)은 π가 확률적 방법으로 근사화될 수 있다는 바늘문제(needle problem)를 고안해 냈다. 수평면 위에서 거리가 a만큼 떨어진 많은 수평선을 긋고 길이가 $l(<a)$이고 두께가 일정한 막대를 그 평면 위에 임의로 떨어뜨릴 때 막대가 평면에 그린 직선과 가로질러 떨어질 확률은

$$P=\frac{2l}{\pi a}$$

이라는 것이다. 실제로 많은 횟수를 시행한 후 성공 횟수를 조사하여 P에 대한 실험값을 얻은 다음 위의 공식을 이용하여 π의 근삿값을 계산할 수 있다. 이런 방식으로 얻어진 가장 좋은 결과는 1901년에 이탈리아인 라제리니(Lazzerini)가 제시한 값이다. 그는 3408번을 던져서 정확히 소수 여섯 자리까지 π를 구했다. 그러나 그 결과가 다른 실험자들에 의해서 얻어진 결과보다 지나치게 좋아서 의심을 받아왔다. π를 계산하는 또 다른 확률적 방법이 있는데 1904년에 샤르트르(R. Chartres)는 두 양의 정수가 임의로 쓰여질 때 그들이 서로소일 확률이 $6/\pi^2$이라는 사실을 발표했다.

1794년 르장드르(Adrien-Marie Legendre)는 π^2이 무리수임을 보였다.

1841년 영국의 러더포드(William Rutherford)는 π를 소수 208자리까지 계산했는데 나중에 그것이 소수 152자리까지 정확한 값임이 밝혀졌다. 그는 그레고리의 급수와 다음 관계식을 이용했다.

$$\frac{\pi}{4}=4\arctan\left(\frac{1}{5}\right)-\arctan\left(\frac{1}{70}\right)+\arctan\left(\frac{1}{99}\right)$$

1844년 계산이 번개같이 빠른 다제(Zacharias Dase)는 π를 소수 200자리까지 정확히 계산했는데 그는 그레고리 급수와 다음 관계식을 이용했다.

$$\frac{\pi}{4} = \arctan\left(\frac{1}{2}\right) + \arctan\left(\frac{1}{5}\right) + \arctan\left(\frac{1}{8}\right)$$

1824년에 함부르크에서 태어난 다제는 37세의 젊은 나이에 죽었다. 그는 아마도 가장 뛰어난 인간 계산기였을 것이다. 그는 두 개의 여덟 자리 수의 곱을 54초에 했고 두 개의 20자리 수의 곱을 6분에, 두 개의 40자리 수의 곱을 40분에, 두 개의 100자리 수의 곱을 8시간 45분 동안에 해냈다. 다제는 자연로그의 7자리표와 7,000,000과 10,000,000 사이의 모든 수에 대한 인수표를 작성하여 능력을 빛나게 했다.

1853년 러더포드가 다시 π를 소수 400자리까지 정확하게 계산했다.

1873년 영국의 생크스(William Shanks)가 머신의 공식을 이용하여 π를 소수 707자리까지 계산했지만 이것은 오랫동안 가장 터무니없는 계산값으로 기록되고 있다.

1882년 어떤 수가 유리계수를 갖는 다항식의 근이면 **대수적 수**(algebraic number)라고 부르고 그렇지 않으면 **초월수**(transcendental number)라고 부른다. 린데만(F. Lindemann)은 π가 초월수임을 보였다. 이 사실에서 원적문제가 유클리드 도구를 가지고는 풀 수 없음이 증명된다.

1906년 π와 관련된 이야기 중 한 가지 흥미로운 것은 π를 많은 자리까지 기억하기 위해 고안된 다양한 기억술이다. 다음은 〈Literary Digest〉에 실린 오르(A.C. Orr)의 작품이다. 여기서 단순히 각 단어를 문자의 수로 바꾸면 정확히 π의 소수 30자리까지의 값이 된다.

Now I, even I, would celebrate
In rhymes unapt, the great
Immortal Syracusan, rivaled nevermore,
Who in his wondrous lore,
Passed on before,
Left men his guidance
How to circles mensurate.

1948년 1946년에 영국의 퍼거슨(D.F. Ferguson)이 π에 대한 생크스의 값에서 소수 528자리부터 오차가 있음을 발견한 후 1947년 1월에 다시 710자리까지 정확한 값을 계산했다. 같은 달에 미국의 렌치(J.W. Wrench, Jr.)가 π의 소수 808자리까지의 값을 발표했는데 곧 퍼거슨이 723자리에서 오차가 있음을 발견했다. 1948년 1월에 퍼거슨과 렌치가 공동으로 π의 값을 소수 808자리까지 정확하게 수정하였다. 렌치는 머신의 공식을 이용한 반면에 퍼거슨은 다음 공식을 이용했다.

$$\frac{\pi}{4} = 3\arctan\left(\frac{1}{4}\right) + \arctan\left(\frac{1}{20}\right) + \arctan\left(\frac{1}{1985}\right)$$

1961년 워싱턴 D.C.에서 렌치와 생크스가 IBM 7090을 이용하여 π를 소수 100,265자리까지 계산하였다.

1981년 츠쿠바 대학교의 일본인 수학자 미요시 가즈노리와 나카야마 가즈히카가 FACOM M-200 컴퓨터를 이용하여 137.30시간에 π를 소수 2,000,038자리까지 계산했다. 그들이 사용한 공식은 다음과 같다.

$$\pi = 32\arctan\left(\frac{1}{10}\right) - 4\arctan\left(\frac{1}{239}\right) - 16\arctan\left(\frac{1}{515}\right)$$

π를 10진법으로 많은 자리까지 계산하려는 시도가 지금도 여전

히 계속되고 있다. 그 한 가지 이유는 π의 '정규성(正規性)'에 관한 통계적 결과를 얻기 위한 것이다. 실수가 십진법으로 표현될 때 모든 자리의 숫자가 똑같은 빈도로 나타나면 그 수를 **단순 정규수**(simply normal number)라 하고 동일한 길이의 자리군이 똑같은 빈도로 나타나면 **정규수**(normal number)라고 부른다. π(더구나 $\sqrt{2}$)가 정규수인지 혹은 단순 정규수인지조차도 밝혀지지 않았다. 현대에 들어와 컴퓨터를 이용한 π의 계산은 바로 이 문제에 대한 통계적 결과를 구하기 위하여 행해진 것이다. 지금까지 π의 계산을 근거로 보면 π는 아마도 정규수인 것처럼 보인다. 그러나 1873년에 생크스가 잘못 계산한 π의 값을 보면 π가 단순정규수조차 아닌 것처럼보였다.

문제연구

4.1 유클리드 컴퍼스와 현대 컴퍼스

유클리드의 《원론》을 처음 읽은 사람은 제 I 권의 처음에 나오는 명제를 보고 약간의 놀라운 경험을 하게 될 것이다. 그 처음 세 명제는 다음 작도문제이다.

1. 주어진 선분을 한 변으로 하는 정삼각형을 작도하라.
2. 한 점에서 주어진 선분과 동일한 길이를 갖는 선분을 그려라.
3. 두 주어진 선분 중 큰 선분에서 작은 선분과 동일한 길이를 갖는 부분을 잘라내라.

이 세 작도는 자와 '현대' 컴퍼스를 가지고 하면 문제될 것이 없지만 자와 '유클리드' 컴퍼스를 가지면 다소 어렵다.

(a) 유클리드 도구를 가지고 제 I 권의 명제 1을 풀어라.

(b) 유클리드 도구를 가지고 제 I 권의 명제 2를 풀어라.

(c) 제 I 권의 명제 2가 “자와 ‘유클리드’ 컴퍼스”가 “자와 ‘현대’ 컴퍼스”와 동치임을 증명해줌을 보여라.

4.2 아르키타스와 메나에크무스의 배적에 관한 해

(a) 피타고라스 학파의 철학자이며 수학자, 장군, 정치인이기도 했던 아르키타스(기원전 400년경)는 이탈리아의 타렌툼(오늘날의 타란토)에서 가장 존경받고 가장 영향력 있었던 인물 중의 한 사람이었다. 일곱 번씩이나 타렌툼 군대의 장군으로 선출되었다고 전해지며 특히 어린아이들의 교육과 안락을 위하여 보여준 관심은 주목할 만하다. 그는 타렌툼 근처에서 배를 타고 가다 난파되어 비극적인 종말을 고했다. 다음 설명은 두 선분 사이에 두 비례 중항을 끼워 넣는 문제에 관한 그의 놀랄 만한 풀이이다. a, $b(a>b)$가 주어진 두 선분이라고 하자. 한 수평면 위에 직경 $AD=a$인 원을 그리고 현 $AB=b$를 작도하자. 또 AB의 연장선과 D에서의 원의 접선이 만나는 점을 P라고 하자. 이제 반원 ABD를 밑면으로 하는 직원기둥을 수평면의 위쪽으로 세운 뒤 직선 AD에 관하여 AP를 회전시켜서 직원뿔을 만들고 A를 지나는 반원기둥의 요소에 관하여 직경이 AD인 수직원을 회전시켜서 내부 반경이 0인 원환체를 만들자. 이때 반원기둥, 원뿔, 원환체의 공유점을 K라고 하면 AK, AI가 a와 b 사이의 두 비례 중항임을 증명하라. 즉 $AD:AK=AK:AI=AI:AB$임을 보여라.

(b) 메나에크무스(기원전 350년경)는 배적문제에 대한 다음 두 가지 해를 주었다. 그 해는 모두 어떤 원뿔곡선을 이용하고 있는데 이는 배적문제를 풀기 위하여 메나에크무스가 손수 발명한 것이 틀림없다.

1. 공통 꼭짓점을 가지면서 축이 서로 수직인 두 포물선을 그리는데 그 하나의 통경(通經, latus retcurm)이 다른 하나의 두 배가 되도록 하자. 이때 두 포물선의 또 하나의 교점으로부터

보다 작은 포물선의 축 위에 내린 수선의 길이를 x로 표시하자. 그러면 x는 작은 통경을 한 모서리로 갖는 정6면체 부피의 두 배의 부피를 갖는 정6면체의 한 모서리가 된다. 현대 해석기하학을 이용하여 이 작도가 옳은 것임을 증명하라.

2. 우선 통경이 s인 포물선을 그린 후 그 축과 꼭짓점을 지나는 접선을 점근선으로 가지면서 횡단축의 길이가 $4s$인 직각 쌍곡선을 그리자. 이때 두 곡선의 교점으로부터 포물선의 축에 내린 수선의 길이를 x라고 하자. 그러면 $x^3 = 2s^3$이다. 현대 해석기하학을 이용하여 이 작도가 옳은 것임을 증명하라.

4.3 디오클레스의 시소이드 곡선

디오클레스(기원전 180년경)는 배적문제를 풀기 위하여 **시소이드 곡선**을 발명했다. 일반 시소이드 곡선은 다음과 같이 정의된다. C_1, C_2가 두 주어진 곡선이고 O가 고정점이라고 하자. 또 P_1, P_2가 O를 지나는 직선과 주어진 곡선들과의 교점이라고 하자. 이때 $OP = OP_2 - OP_l = P_1P_2$인 이 직선 위의 P의 자취를 극(極, pole) O에 대한 C_1과 C_2의 시소이드라고 부른다. C_1이 원이고 C_2가 A에서 C_1과 접하고 O가 C_1 위의 A의 대심점(對心點)인 경우에 극 O에 대한 C_1과 C_2의 시소이드가 **디오클레스의 시소이드**(cissoid of Diocles)이다.

(a) O가 원점이고 OA가 양의 x축이라 하면 디오클레스의 시소이드의 직교좌표 방정식은 $y^2 = x^3/(2a - x)$ (단, a는 C_1의 반경)이다. 그에 대응하는 극 방정식이 $r = 2a\sin\theta\tan\theta$임을 보여라.

(b) 양의 y축 위에 $OD = n(OA)$가 되는 점 D를 표시하고 DA가 시소이드와 P에서 만난다고 하자. 또 OP가 Q에서 C_2와 만난다고 하자. 이때 $(AQ)^3 = n(OA)^3$임을 보여라. $n = 2$일 때가 배적문제의 해가 된다.

(c) 뉴턴은 디오클레스의 시소이드가 어떻게 목수의 곱자로부터 만들어질 수 있는지를 보였다. 우선 곱자의 바깥 모서리를 ACB라 하고 AC가 그중 짧은 쪽이라고 하자. 한 직선 MN을 그린 후 MN으로부터 거리가 AC만큼 떨어진 점 R을 표시하자. 이제 곱자를 움직여서 AC가 항상 MN 위에 놓이고 BC가 항상 R을 지나도록 하자. 그러면 AC의 중점 P가 디오클레스의 시소이드를 그리게 됨을 보여라.

(d) 두 동심원의 공통중심에 관한 시소이드는 무엇인가? 또 두 평행직선의 그 어느 쪽 위에도 있지 않는 임의의 점에 관한 시소이드는 무엇인가?

(e) C_1, C_2가 P에서 만날 때 OP가 극 O에 대한 C_1과 C_2의 시소이드에 대한 O에서의 접선임을 보여라.

4.4 원뿔곡선을 이용한 각의 삼등분

원뿔곡선을 이용하면 일반각이 쉽게 삼등분된다. 다음은 이에 관한 작도이다.

(a) 주어진 각이 AOB라고 하자. 중심이 O이고 OA가 한 점근선인 직각쌍곡선의 한 분지(分枝)를 그리고 그것이 OB와 P에서 만난다고 하자. 또 중심이 P이고 반경이 $2(PO)$인 원을 그리고 그것이 쌍곡선과 R에서 만난다고 하자. PM이 OA와 평행이고 RM이 OA와 수직이 되는 교점 M을 작도하면 각 $AOM = 1/3$ 각 AOB이다.

(b) 각 AOB를 원의 중심각으로 취하고 OC를 각 AOB의 이등분선이라고 하자. 이제 초점이 A이고 준선이 OC이며 이심률이 2인 쌍곡선의 한 분지를 그릴 때 이것이 AB와 P에서 만난다고 하자. 그러면 각 $AOP = 1/3$ 각 AOB이다. 이 작도가 파푸스(300년경)에 의하여 인용된 것이다.

(c) 임의의 각의 삼등분을 원뿔곡선을 이용하지 않고 직원뿔 그 자체로부터 훌륭하게 해낼 수 있다. 비탈높이가 밑면의 반경의 세

배인 직원뿔(예를 들어 나무로 만들어진 것)을 생각해 보자. 우선 그 직원뿔의 밑면의 원주 위에 삼등분하고자 하는 각과 동일한 중심각 AOB의 호 AB를 표시하자. 종이로 그 원뿔을 감아서 종이 위에 두 점 A, B와 원뿔의 꼭짓점 V를 표시하자. 그런 다음 종이를 펴면 각 AVB가 각 AOB의 1/3이 된다. 이 훌륭한 방법은 1896년에 오브리(Aubry)에 의해서 설명되었다.

4.5 근사구장법(近似求長法)

주어진 원의 원주와 동일한 길이를 갖는 선분을 구하는 많은 근사적인 작도가 행해져 왔다. 그러면 원의 반경과 원주의 반의 길이를 갖는 선분 사이의 비례 중항을 한 변으로 하는 정사각형을 작도함으로써 원의 근사적인 원적이 쉽게 구해진다.

(a) 원의 직경의 세 배에 내접 정사각형 한 변의 1/5을 더한 것이 근사적으로 원주의 길이가 됨을 보여라. 또 이것이 π에 대한 어떤 근삿값을 주는가?

(b) AOB가 주어진 원의 직경일 때 B의 접선 위에 각 $COB=30°$인 점 C를 취하고 다시 그 접선 위에 CBD가 원의 반경의 세 배가 되는 점 D를 표시하자. 그러면 $2(AD)$가 근사적으로 원주의 길이가 된다. 이것이 π에 대한 어떤 근삿값을 주는가? 이 작도는 1685년에 폴란드의 코찬스키(Kochanski)가 제안한 것이다.

(c) $AB=1$이 주어진 원의 직경이라고 하자. B에서 AB에 수선을 그리고 그 위에 $BC=7/8$인 점 C를 표시하고 다시 AB의 연장선 위에 $AD=AC$인 점 D를 표시하자. 또 D에서 AD에 수선을 그리고 그 위에 $DE=1/2$인 점 E를 표시하고 D에서 AE에 내린 수선의 발을 F라고 하자. E를 지나면서 FB와 평행인 직선이 BD와 G에서 만난다고 하자. 그러면 GB가 π의 소수부분에 대한 근삿값을 준다. GB의 길이를 소수 일곱 자리까지 구하라. 이 작도는 1849년에 드 겔데(De Gelder)가 제안한

것이다.

4.6 히포크라테스의 활꼴

키오스의 히포크라테스(기원전 440년경)는 어떤 활꼴의 면적을 구하였는데 아마도 그의 연구가 원적문제를 푸는 데 어떤 빛을 던져 주리라 기대했던 것 같다. 다음은 히포크라테스의 두 가지 활꼴구적 (lune quadrature)이다.

(a) AOB가 사분원이라고 할 때 AB를 직경으로 하면서 그 사분원의 바깥 쪽에 놓이는 반원을 그리자. 이때 사분원과 반원으로 에워싸인 활꼴이 삼각형 AOB와 동일한 면적을 갖는다. 이를 보여라.

(b) $ABCD$가 직경인 AD인 원에 내접하는 정6각형의 반이라고 할 때 AB를 직경으로 하면서 그 원의 외부에 놓이는 반원을 그리면 한 활꼴이 작도된다. 이때 사다리꼴 $ABCD$의 면적이 그 활꼴의 세 배와 AB상의 반원의 면적의 합과 같음을 보여라.

5장

유클리드와 《원론》

알렉산드리아[1)]

펠로폰네소스 전쟁 이후에 그리스의 도시국가들은 정치적 불화에 빠지게 되고 이로 인해 그리스는 북쪽에 자리잡고 있던 신흥강국인 마케도니아 왕국의 손아귀에 손쉽게 들어가고 말았다. 마케도니아의 필립왕은 점차 세력을 남쪽으로 뻗쳐왔고 이에 데모스테네스(Demosthenes)는 심각하게 경고하였지만 주의를 끌지 못했다. 그리스는 이미 성공적인 방어를 위해 힘을 다시 모으기에는 너무 늦었고 결국 기원전 338년에 카에로네아(Chaeronea)에서 아테네가 패퇴당함으로써 그리스는 마케도니아제국의 일부가 되어버렸다.

1) R.E. Langer, "Alexandria-shrine of mathematics" *American Mathematcial Monthly* 48(February 1941): pp. 109-25.

그리스의 도시국가들이 몰락한 지 2년이 지난 후 대망을 품은 알렉산더 대왕이 아버지 필립 왕의 뒤를 잇게 되고 이때부터 그는 전대미문의 정복에 발을 내딛기 시작해서 당시의 방대한 문명세계를 차차 마케도니아의 영역으로 접수하기 시작했다. 자신의 승승장구하는 군대를 이끌고 가는 곳마다 잘 선택된 장소에 일련의 새로운 도시를 만들었으며 알렉산드리아(Alexandria)도 알렉산더가 이집트에 입성했던 기원전 332년에 그런 식으로 건설된 신도시였다.

알렉산드리아에 대한 장소의 선정, 기초계획도면, 이민계획 등은 알렉산더 자신이 직접 세웠고 실제 도시건설은 뛰어난 건축가인 디노크라테스(Dinocrates)에 의해 이루어졌다고 전해진다. 처음부터 알렉산드리아는 놀라운 미래를 실현시킬 충분한 조짐을 보여주었다. 이 도시가 중요한 무역로의 자연적인 교차점에 위치한 지리적인 여건도 있었겠지만 어쨌든 알렉산드리아는 믿을 수 없을 만큼 짧은 기간에 풍요로운 도시로 번창하게 되었고 세계에서 가장 장대한 세계적 중심지가 되었다. 기원전 300년경의 알렉산드리아에는 이미 50만 명의 사람들이 살았다.

기원전 323년에 알렉산더 대왕이 죽자 제국은 몇몇 부하 장군들에 의해 분할되었는데 각 제국의 통치는 분리되었다고 해도 그들은 여전히 알렉산더의 정복 이후에 탄생한 헬레니즘 문명의 틀 안에서 결합되어 있었다. 이집트는 톨레미(Ptolemy: 2세기경의 수학자와 동명이인인 것에 유의 — 옮긴이 주)의 몫이 되었다. 실제로 톨레미는 기원전 306년경까지 이집트를 통치했다. 그는 계속 알렉산드리아를 수도로 정한 후 지식인을 그곳으로 불러모으고 명성 높은 알렉산드리아 대학교의 건설에 직접 착수했다. 이것이 바로 그 종류나 연구영역, 조직 면에서 오늘날의 대학교와 거의 유사한 형태의 최초의 교육기관이었다. 세평에 의하면 그의 섬세하고 우아한 계획에는 강의실, 실험실, 정원, 박물관, 도서관 시설, 기숙사 등이 포함되어 있었다고 한다. 그러나 이 교육기관의 핵심은 거대한 도서관으로서 이것이 오랫동안 세계에서 가장 커다란 학문적 작품의 저장소가 되었다. 이 대학교가 문을 열게 된 것은 기원전 300년경쯤이며 알렉산드리아는 그 후 거의 1천 년 가까이 그리스인들의 학문의 중심지가 되었다.

톨레미는 유명한 학자들을 이 대학교의 참모로 두기 위하여 직접 아테네로 가서 저명한 파렐레우스(Demetrius Phalereus)를 거대한 도서관의 책임자로 초청했다. 그 밖에도 능력 있고 재능 있는 사람들이 다양한 연구분야를 발전시키기 위하여 뽑혔는데 아마 유클리드도 아테네 출신으로서 이 대학교의 수학과를 이끌기 위해 초빙된 것으로 보인다.

유클리드

유클리드(Euclid)의 생애와 인격에 대해서는 거의 알려진 것이 없는데, 다만 확실한 것은 알렉산드리아 대학교의 수학과 교수를 지냈으며 또 유명한 알렉산드리아 수학학교의 설립자였다는 사실이다. 유클리드의 이 알렉산드리아 수학학교는 상당히 오랫동안 존속되었다. 비록 그가 태어난 시기와 장소는 분명하지 않아도 아마도 아테네의 플라톤 학교에서 수학을 배운 것처럼 보인다. 파푸스는 유클리드와 아폴로니우스를 비교하면서 아폴로니우스를 혹평한 반면에 유클리드는 매우 겸손하다고 추켜세우며 그 밖의 여러 가지 면에서 칭찬을 아끼지 않았다. 프로클로스의 《에우데무스 요약》에는 다음과 같은 일화가 실려 있다.

한번은 톨레미가 유클리드에게 기하학을 터득하기 위한 지름길이 무엇이냐고 물었다. 그러자 유클리드는 "기하학에는 왕도가 없다."고 대답했다. 그러나 이 말은 알렉산더 대왕의 개인교수였던 메나에크무스가 했다는 설도 있다. 또 스토바에우스(Stobaeus)는 다음과 같은 이야기를 전하고 있다. 유클리드가 기하학을 배우던 한 학생으로부터 다음과 같은 질문을 받았다. "이런 것을 배워서 무엇을 얻을 수 있습니까?" 그러자 유클리드는 즉시 하인을 불러서 일렀다. "그에게 동전 한 닢을 주어라. 그는 자기가 배운 것으로부터 무엇을 얻어야 하니까!"

유클리드의 《원론》

유클리드는 열 가지 이상의 저작을 남겼는데 그중 다섯 가지는 거의 완전한 원본으로 오늘날까지 전해 내려오고 있다. 하지만 그를 유명하게 만든 것은 아무래도 그의 《원론》일 것이다. 이 경탄할 만한 저작은 그 이전의 모든 원론들을 망라하고 있다. 사실 유클리드 이전에 또 다른 역작이 있었다는 흔적은 전혀 없다. 이 책이 나오자마자 그것은 대단한 관심을 불러일으켰는데 유클리드의 후계자들로부터 오늘에 이르기까지 유클리드의 《원론》에서의 단순한 인용과 명제의 번호들이 그대로 하나의 특별한 정리나 작도로 이용될 정도였다. 성경을 빼놓고 어떤 책도 이 《원론》보다 널리 이용되고 출판되고 연구된 것은 없으며 아마 어떤 책도 과학적 사고에 이렇게 큰 영향을 끼친 것은 없을 것이다. 유클리드의 《원론》은 1482년에 초판이 인쇄되었고 그 후 지금까지 1000판이 넘을 정도로 인쇄되었으며 2000년 이상 기하학의 교과서로서 군림해왔다.

그러나 유클리드 당대의 날짜가 적혀 있는 《원론》의 어떤 사본

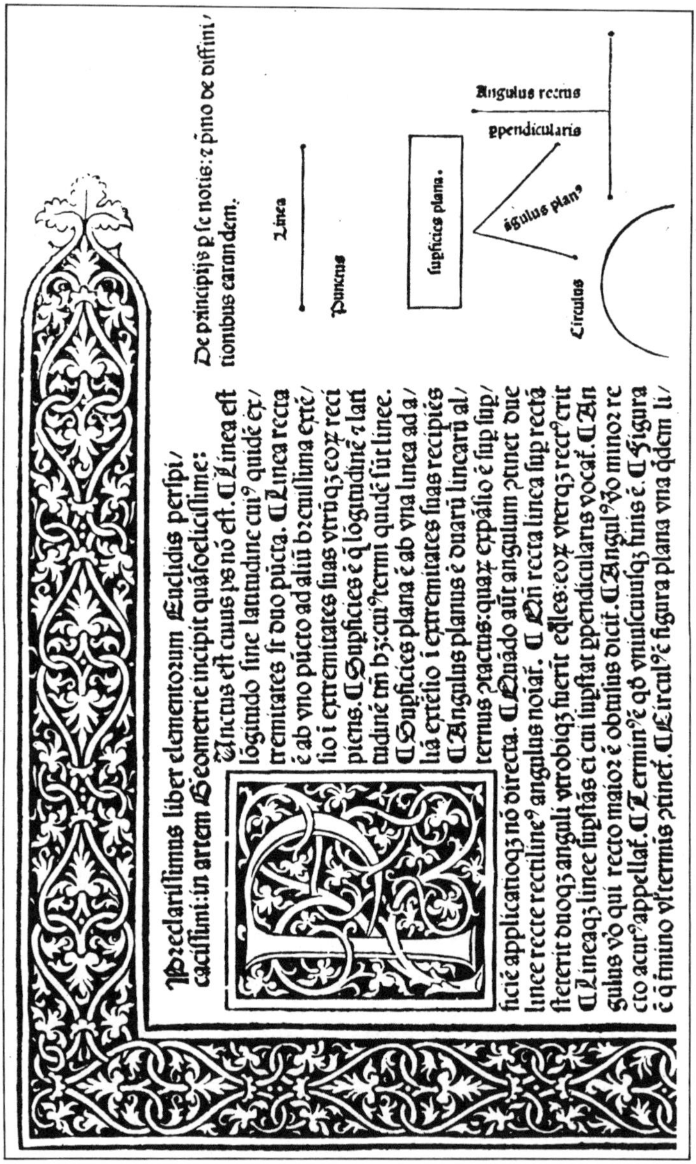

1482년에 베니스에서 만들어진 유클리드의 《원론》 최초 인쇄본의 한 면

도 발견되지 않은 것은 참으로 불행한 일이다. 이 저작의 현대판은 그리스의 주석가인 알렉산드리아의 테온(Theon)에 의해서 만들어진 교정본에 그 기초를 두고 있는데, 사실 테온은 유클리드의 시대로부터 거의 700년 뒤에 살았던 사람이다. 19세기 초까지만 해도 테온의 교정본이 《원론》에 대한 가장 오래된 판이었다. 그러나 1808년에 나폴레옹이 이탈리아의 도서관에 있는 귀중한 사본을 파리로 가져가도록 명령하였고, 그때 바티칸 도서관에서 테온의 교정본보다 먼저 나온 것으로 추정되는 유클리드의 《원론》의 어떤 판의 10세기 사본이 발견되었다. 이 새로운 사본에 대한 연구와 또 초기 주석가들이 쓴 주해를 검토한 결과 유클리드의 원본의 자료에 그 이후의 교정본에서 약간의 수정이 있기는 했으나 그곳에 실려 있는 명제나 증명은 유클리드가 쓴 원본의 것과 거의 똑같다는 사실이 판명되었다.

《원론》에 대한 최초의 완전한 라틴어 번역본은 그리스어로 만들어진 것이 아니라 아라비아어로 만들어졌다. 8세기에 그리스의 많은 비잔틴 사본이 아라비아인들에 의해 번역되었는데 1120년에 바스(Bath: 영국의 온천도시 — 옮긴이 주)의 영문학자인 아델라드(Adelard)가 이 아라비아 번역본 중의 하나로부터 《원론》의 라틴어 판을 만들었다. 또 다른 라틴어 번역본이 크레모나의 제라르(Gherardo, 1114- 1187)와 캄파누스(Johannes Campanus)에 의해서 만들어졌으며 이들도 역시 아라비아 번역본을 가지고 라틴어 판을 만들었다. 특히 캄파누스의 번역본은 아델라드의 번역본이 나온 지 150년쯤 지난 후의 것이다. 《원론》에 대한 최초의 인쇄본은 1482년에 베니스에서 만들어졌으며 그것은 마누스의 번역본의 내용을 담은 것이다. 매우 희귀한 이 책은 우아하게 제작되었고 이것이 바로 수학적 결과를 인쇄한 최초의 책이 되었다. 《원론》을 그리스어로부터 직접 라틴어로 번역한 중요한 번역본이 1572년에 코만디노(Commandino)에 의해 만들어졌는데 이 번역본은 그 후 많은 후속적인 번역본의 기초로서 이용되었다. 특히 그중에는 이후에 대단한 영향을 끼친 심슨(Robert Simson)의 번역본이 있으며 바로 이 심슨의 번역본으로부터 많은 영문 번역본이 만들어졌다.《원론》의 최초의 완전한 영문 번역본은 1570년에 나온 불후의 빌링슬리(Billingsley) 번역본이었다.[2)]

유클리드의《원론》이전에도 또 다른《원론》들이 있긴 했지만 이 사실이 결코 유클리드《원론》의 찬란함을 흐리게 하지는 못했다.《에우데무스 요약》에 따르면 키오스의 히포크라테스가 이 방면에 노력을 기울인 최초의 인물이었고 그 다음엔 레온(Leon)이 그런 시도를 했는데 레온의 나이는 아마 플라톤과 에우독소스 사이쯤이었던 것으로 추측된다. 레온의 노작은 히포크라테스의 것보다 훨씬 잘 정선된 유용하고 많은 명제를 담고 있었다. 플라톤의 아카데미의 교과서는 마그네시아(Magnesia)의 테우디우스(Theudius)에 의해 쓰였으며 그것은 원론의 감탄할 만한 모음집으로 격찬받았다. 테우디우스의 기하학은 유클리드의《원론》의 직접적인 근원으로서 특히 유클리드가 플라톤 학교에서 공부했었다면 틀림없이 그것을 소지했을 것이다. 유클리드는 또 테아이테터스와 에우독소스의 중요한 연구결과를 이미 알고 있었다. 따라서 유클리드가《원론》에서 대체로 그 이전의 저자들의 작품을 성공적으로 편집하고 체계적으로 배열하는 것이 가능했다. 유클리드가《원론》에서 많은 증명을 손수 만들어 넣고 또 많은 내용을 완성시켰다는 점은 의심할 바 없으나 이 저작의 주요한 장점은 아무래도 명제를 기술적으로 정선하고 논리적인 결과가 유도되도록 그것을 잘 배열하고, 적은 가정으로부터 많은 명제를 연역적으로 추론해 냈다는 데 있을 것이다.

2) R.C. Archibald, "The first translation of Euclid's *Elements* into English and its sources," *American Mathematical monthly* 57(August-September 1950): pp. 443-52: and W.F. Shenton. "The first English Euclid," *American Mathematical Monthly* 35(December 1928): pp. 505-12.

유클리드의 《원론》의 빌링슬리 번역본의 표지

《원론》의 내용

일반적으로 생각하는 것과는 달리 유클리드의《원론》은 기하학뿐만 아니라 수론과 약간의 (기하학적) 대수의 내용도 담고 있다.《원론》은 열세 권의 책으로 되어 있고 모두 465개의 명제가 수록되어 있다. 일반 고등학교 기하학 교과서의 내용은 주로《원론》의 제Ⅰ, Ⅲ, Ⅳ, Ⅵ, Ⅺ, Ⅻ권의 내용 중에서 발췌한 것이다.

제Ⅰ권은 예비적인 정의, 공준, 공리들로 시작하고 있는데 이것은 5장의 7번째 절에서 다시 살펴보도록 한다. 제Ⅰ권에 담겨 있는 48개의 명제는 세 부분으로 나뉜다. 처음 26개의 명제는 주로 삼각형의 성질과 세 개의 합동정리를 다루고 있다. 명제 Ⅰ 27부터 명제 Ⅰ 32까지는 평행에 관한 이론을 세우고 있고 삼각형의 내각의 합이 두 직각과 같다는 것을 증명하고 있다. 이 Ⅰ권의 나머지 명제는 평행사변형, 삼각형, 정사각형 등의 면적의 문제를 다루고 있다. 명제 Ⅰ 47은 피타고라스 정리로서 그 증명은 유클리드가 직접 만든 것으로 보인다. 마지막 명제 Ⅰ 48은 피타고라스 정리의 역이다. 이 Ⅰ권의 내용 대부분은 초기 피타고라스 학파에 의해 연구된 결과들이다.

제Ⅱ권은 14개의 명제만을 수록한 책으로 면적의 변환과 피타고라스 학파의 기하학적 대수를 다루고 있다. 3장에서 이미 이 Ⅱ권의 몇 가지 명제를 살펴본 바 있는데 여기에 대수적 항등식과 동치인 몇 가지 기하학의 명제가 나온다. 특히 명제 Ⅱ 12와 명제 Ⅱ 13은 매우 흥미로운 내용을 담고 있다. 이들 명제를 현대적 표현으로 묶어서 서술하면 다음과 같다. “둔각(예각)삼각형에서 둔각(예각)의 대변을 한 변으로 하는 정사각형의 면적은 다른 두 변에서 각각을 한 변으로 하는 정사각형의 면적의 합에다가 그 다른 두 변 중 어느 한 변과 그 변을 나머지 한 변에 사영시킨 것을 곱한 것의 두 배를 더한(뺀) 것과 같다.” 따라서 이 두 명제는 오늘날 ‘코사인 법칙’이라고 부르는 피타고라스 정리의 일반화인 셈이다.

제Ⅲ권은 39개의 명제로 이루어진 책으로 흔히 고등학교 기하학 교과서에 나오는 원, 현, 호의 측정에 관한 눈에 많이 익은 정리들을 담고 있다. 16개의 명제만으로 된 제Ⅳ권은 3, 4, 5, 6, 15변을 갖는 정다각형을 주어진 원에 자와 컴퍼스를 가지고 내접 또는 외접시키는 작도문제를 논의하고 있다. 제Ⅲ권과 제Ⅳ권에 있는 원에 관한 기하학은 몇 가지만 피타고라스 학파의 연구결과이고 대부분은 아마도 초기 소피스트들이나 4장에서 논의된 3대 작도문제의 연구자들이 만든 결과일 것이다.

제Ⅴ권은 에우독소스의 비례론에 관한 훌륭한 해설서이다. 이 이론은 같은 표준으로 잴 수 있는 크기나 그렇지 않은 크기에 모두 응용될 수 있는 것으로 이것이 바로 피타고라스 학파의 무리수의 발견으로 인하여 발생한 ‘논리적 스캔들’을 해결해 주었다. 에우독소스의 비례론은 매우 감탄할 만한 것이어서 여기서 살펴볼 만하다. “A, B, C, D가 부호가 붙지 않은 임의의 크기이고, A, B의 단위가 똑같으며(즉 둘 다 선분, 각, 면적, 부피 등), C와 D의 단위가 똑같을 때, 임의의 양의 정수 m, n에 대하여 $mC \gtreqless nD$에 따라서 $mA \gtreqless nB$, A와 B의 비는 C와 D의 비와 같다.” 이 에우독소스의 비례론은 그 이후에 데데킨트(Dedekind)와 바이어슈트라스(Weierstrass)에 의해 개발된 실수계의 기초를 제공해 주었다.

제Ⅵ권은 에우독소스의 비례론을 평면기하에 응용한 내용이다. 여기에는 닮은 삼각형에 대한 기본정리, 제3비례항, 제4비례항, 비례중항의 작도, 3장에서 살펴본 2차 방정식의 기하학적 해, 삼각형에서 한 각의 이등분선이 그 대변을 다른 두 변의 비로 나눈다는 명제, 피타고라스 정리의 일반화, 그 밖의 다른 정리들이 실려 있다. 아마도 이 책의 모든 정리가 초기 피타고라스 학파의 사람들에게도 이미 알려진 것이었겠지만 에우독소스 이전의 비례이론은 불완전한 것이었으므로 그들의 증명은 모두 결함을 지니고 있었다고 볼 수 있다.

전부 102개의 명제를 싣고 있는 제Ⅶ, Ⅷ, Ⅸ권은 초등 수론을 다루고 있다. 제Ⅶ권은 오늘날 **유클리드 호제법**(互除法)으로 불리는 두 개 이상의 정수의 최대공약수를 찾는 방법을 시작으로 해서 그 방법을 두 정수가 서로소인지 아닌지를 알아내는 데 이용하는 내용까지 담고 있다. 또한 피타고라스 학파의 비례에 관한 수치이론의 해설이 실려 있으며 수에 대한 기본적인 많은 성질이 이 책에서 세워지고 있다.

제Ⅷ권은 주로 연속비례와 그와 관련된 등비수열을 다루고 있다. 예컨대 만일 연속비례 $a:b=b:c=c:d$이면 a, b, c, d는 등비수열을 이룬다.

제Ⅸ권은 대단히 중요한 정리들이 수록되어 있는데 특히 명제 Ⅸ 14는 **정수론의 기본정리**로 불리는 것과 동치이다. 즉 “1보다 큰 정수는 꼭 한 가지 방법으로 소인수들의 곱으로 표현될 수 있다.” 명제 Ⅸ 35는 등비수열의 n항까지의 합에 대한 공식을 기하학적으로 유도하고 있고 마지막 명제 Ⅸ 36은 완전수에 대한 놀라운 공식을 세우고 있다.

명제 Ⅸ 20(소수의 개수는 무한이다)에 대한 유클리드의 증명은 흔히 수학자들이 수학적 우아함의 한 모델로 간주하고 있는 것이다. 그 증명은 귀류법(혹은 간접증명법)을 이용하고 있는데[3] 본질적으로 다음과 같다. 소수의 개수가 유한개라고 가정하고 그것을 a, b, $\cdots$, k로 표시하자. $P=ab\cdots k$로 놓으면 $P+1$은 소수이거나 합성수이다. 그러나 이 $a, b, \cdots, k$가 모든 소수이므로 a, b, $\cdots$, k들보다 큰 $P+1$은 소수일 리가 없다. 그래서 $P+1$이 합성수라고 하면 그

3) 간접증명을 피해서 직접 증명하는 방법도 그리 어렵지 않다.

것은 어떤 소수 p에 의해서 나누어질 것이다. 그러나 p가 모든 소수의 집합 $a, b, \cdots, k$의 한 원소이므로 p는 P를 나누어야 한다. 따라서 $p>1$이므로 p는 $P+1$을 나눌 수 없고 이는 소수가 유한개밖에 없다는 최초의 가정에 모순이 되므로 정리가 성립한다.

제Ⅹ권은 어떤 주어진 선분에 관하여 같은 표준으로 잴 수 없는 선분, 즉 무리수에 관한 것을 다루고 있다. 많은 학자들이 이 Ⅹ권을 《원론》에서 가장 경탄스러운 책으로 꼽고 있다. 이 책의 주요 문제의 대부분이 테아이테터스의 연구결과이긴 하지만 전반적으로 그렇듯이 비범한 완전성, 우아한 분류, 끝맺음 등은 바로 유클리드의 공헌으로 돌려야 할 것이다. 아무튼 이 책의 결과가 어떤 편리한 대수적 표기의 도움 없이 단지 추상적인 추론만으로 도달된 것이라는 사실을 간단히 믿기가 어려울 정도이다. 이 Ⅹ권의 첫 번째 명제는 나중에 제Ⅻ권에서 다시 이용된 실진법의 기초인데 실진법의 내용은 다음과 같다. "한 크기가 주어졌을 때 여기서 그의 반 이상의 부분을 빼버리고 또 그 나머지로부터 그 나머지의 반 이상의 부분을 빼버리고 이 과정을 계속해가면 마침내 어떤 정해진 크기보다 작은 크기를 얻게 될 것이다." 또한, 이 책에 고대 바빌로니아인들이 피타고라스보다 1000년 이전에 이미 알고 있었을 것으로 믿어지는 피타고라스 삼조를 만드는 공식이 실려 있다.

나머지 세 권인 Ⅺ, Ⅻ, ⅩⅢ권은 입체기하학을 다루고 있는데 구에 대한 것을 제외하고는 모두 고등학교 기하학 교과서에서 흔히 볼 수 있는 내용으로 되어 있다. 제Ⅺ권은 공간에서의 직선과 평면에 대한 정의와 정리, 평행육면체에 관한 정리를 다루고 있고 제Ⅻ권은 실진법을 이용하여 부피의 문제를 다루고 있으며 제ⅩⅢ권은 하나의 구에 다섯 개의 정다면체를 내접시키는 작도문제를 다루고 있다.

종종 유클리드의 《원론》이 단순히 정다면체에 관한 연구를 위하여 쓰여진 것이라고 말하기도 하는데 이는 분명히 잘못된 평가이다.

Liber I. 11

lem, sub æqualibus rectis lineis contentum, & basim BC *basi* EF *æqualem habebunt; eritque triangulum* BAC *triangulo* EDF *æquale, ac reliqui anguli* B, C *reliquis angulis* E, F *æquales erunt, uterque utrique, sub quibus æqualia latera subtenduntur.*

Si punctum D puncto A applicetur, & recta DE rectæ AB superponatur, cadet punctum E in B, quia DE [a] = AB. Item recta DF cadet a *hyp.*
in AC, quia ang. A [a] = D. Quinetiam punctum E puncto C coincidet, quia AC [a] = DF. Ergò rectæ EF, BC, cùm eosdem habeant terminos, [b] congruent, & proinde æquales sunt. b 14. *ax.*
Quare triangula BAC, EDF; & anguli B, E; itémq; anguli C, F etiam congruunt, & æquantur. Quod erat Demonstrandum.

PROP. V.

Isoscelium triangulorum ABC *qui ad basim sunt anguli* ABC, ACB *inter se sunt æquales. Et productis æqualibus rectis lineis* AB, AC *qui sub base sunt anguli* CBD, BCE *inter se æquales erunt.*

[a] Accipe AF = AD, & a 3. 1.
junge CD, ac BF. b 1. *post.*
Quoniam in triangulis c *hyp.*
ACD, ABF, sunt AB [c] = AC, & AF [d] = AD, d *constr.*
angulúsq; A communis, [e] erit ang. ABF = ACD; e 4. 1.
& ang. AFB [e] = ADC, & bas. BF [e] = DC;
item FC [f] = DB. ergò in triangulis BFC, f 3 *ax.*
BDC [g] erit ang. FCB = DBC. Q.E.D. Item g 4. 1.
ideo ang. FBC = DCB. atqui ang. ABF [h] = h *pr.*
ACD. ergò ang. ABC [k] = ACB. Q.E.D. k 3. *ax.*

Corollarium.

Hinc, Omne triangulum æquilaterum est quoq; æquiangulum.

PROP.

명제 I 5의 유클리드의 증명(이등변 삼각형의 두 밑각은 같다) — 아이작 배로의 유클리드 중에서 오히려 《원론》이 일반 수학에 관한 초등 교과서로 쓰였다고 봄이 마땅하다. 물론 유클리드는 고등 수학에 대한 책도 썼다.

마지막으로 '원론'이라는 용어의 의미를 살펴보자. 프로클로스가 전해주는 바로는 초기 그리스인들은 연역적 연구에서 '원론'이라는 말을 그 주제에서 일반적으로 널리 이용되는 주요한 정리를 나타낼 때 썼다는 것이다. 그것의 역할은 언어에 있어서의 알파벳 문자의 역할에 비유할 수 있다. 사실 그리스에서는 '문자'를 '원론(elements)'이라고 불렀다. 아리스토텔레스는 그의 저서 《형이상학(形而上學, Metaphysics)》에서 같은 의미로 다음과 같이 '원론'이라는 말을 썼다. "기하학의 명제 중에서 대부분의 명제의 증명 속에 공통적으로 포함된 증명을 '원론'이라고 부른다." 물론 그 주제의 원론으로서 취할 정리의 선택은 상당한 판단력의 훈련과정을 요구한다. 유클리드의 《원론》이 그 이전의 《원론》들보다 뛰어났다는 것은 (여러 가지 이유 중에서도) 바로 이런 선택이 훌륭했다는 것이다.

흔히 유클리드의 《원론》이 본질적으로 당시에 이미 알려져 있던 평면 및 입체기하학의 내용을 망라하기 위해 쓰인 것이라고 말하는 것은 분명히 잘못된 것이다. 왜냐하면 유클리드는 그의 《원론》에 있는 것보다 훨씬 많은 기하학을 알고 있었기 때문이다.

비례론

비례에 관한 명제 중에서 하나를 골라 피타고라스 학파, 에우독소스, 현대교과서가 그에 대해 행한 각 증명의 차이를 비교해 보는 것은 흥미롭다. 다음 명제 Ⅵ 1을 가지고 살펴보자. "동일한 크기의 높이를 갖는 삼각형의 면적의 비는 그들의 밑변의 비와 같다." 여기서

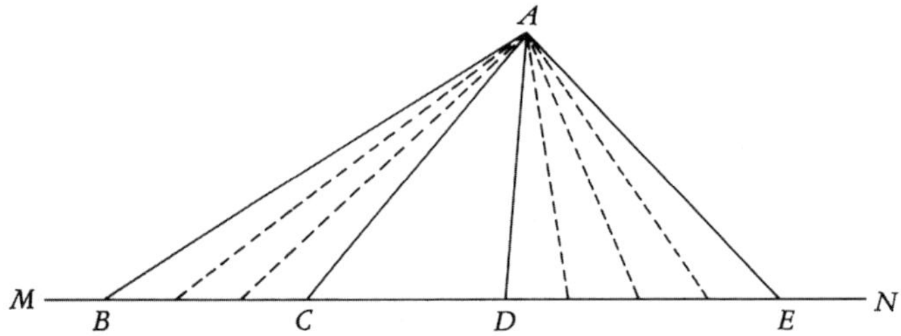

그림 36

명제 I 38과 한 따름정리를 증명 속에서 이용하도록 하자. 그것은 다음과 같다. "밑변과 높이의 크기가 동일한 두 삼각형의 면적은 같고 동일한 크기의 높이를 갖는 두 삼각형은 밑변의 크기가 큰 것의 면적이 더 크다."

이제 그림 36에서와 같이 한 직선 MN 위에 밑변 BC와 DE가 놓인 두 삼각형 ABC와 ADE가 주어졌다고 하자. 우선 피타고라스학파가 행한 증명을 살펴보면 그들은 무리수의 발견 이전에 임의의 두 선분이 같은 표준으로 잴 수 있다고 교묘하게 가정했다. 따라서 밑변 BC와 DE는 어떤 공통의 측정단위를 갖는다고 가정할 수 있으므로 명목상 밑변 BC는 그것의 p배이고 밑변 DE는 그것의 q배라고 하자. 이제 밑변 BC와 DE 위에 이들 분점을 표시하고 그 분점을 꼭짓점 A와 연결한다. 그래서 두 삼각형 ABC와 ADE는 각각 I 38에 의해서 동일한 면적을 갖는 p개와 q개의 작은 삼각형으로 나누어진다. 그러므로 $\Delta ABC : \Delta ADE = p : q = BC : DE$에 의하여 이 명제가 성립한다. 그러나 나중에 두 선분이 꼭 같은 표준으로 잴 필요가 없다는 사실이 발견됨으로써 이 증명은 결함을 갖고 있는 것으로 판명되었고, 그리하여 대단히 혼란스러운 '논리적 스캔들'이 발생하였던 것이다.

에우독소스의 비례론이 '스캔들'을 깨끗이 해결했는데 《원론》에 있는 방법으로 VI 1을 다시 증명함으로써 이를 예증해 보도록 하자.

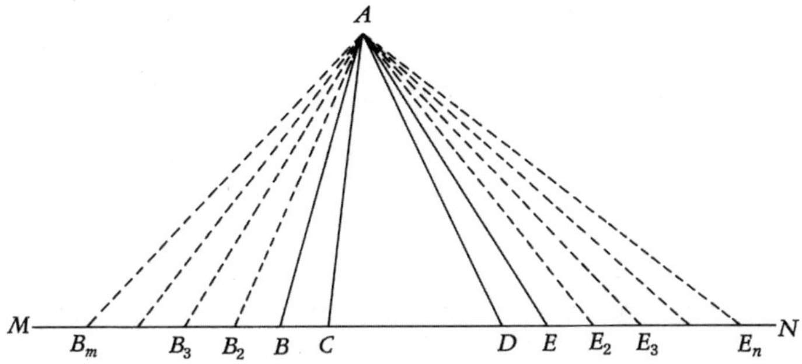

그림 37

그림 37에서와 같이 밑변 CB를 점 B에서부터 계속적으로 밑변 CB의 크기와 동일한 $m-1$개의 선분을 나란히 이어 연장한 다음 각 분점 B_2, B_3,⋯, B_m을 꼭짓점 A와 연결한다. 마찬가지로 밑변 DE를 점 E에서부터 계속적으로 밑변 DE의 크기와 동일한 $n-1$개의 선분을 나란히 이어 연장한 다음 각 분점 E_2, E_3, ⋯, E_n을 꼭짓점 A와 연결한다. 그러면 $B_mC=m(BC)$, $\Delta AB_mC=m(\Delta ABC)$, $DE_n=n(DE)$, $\Delta ADE_n=n(\Delta ADE)$. 따라서 명제 I 38과 그의 따름정리에 의하여 $B_m \gtreqless DE_n$에 따라 $\Delta AB_mC \gtreqless \Delta ADE_n$이다. 즉 $m(BC) \gtreqless n(DE)$에 따라 $m(\Delta ABC) \gtreqless n(\Delta ADE)$이고 에우독소스의 비례의 정의에 의하여 $\Delta ABC : \Delta ADE = BC : DE$가 된다. 에우독소스의 정의는 그 크기가 같은 표준으로 잴 수 있느냐 없느냐에 관계없이 모두 응용될 수 있기 때문에 이 증명에서는 그런 언급을 할 필요가 없다.

오늘날의 고등학교 교과서는 이 정리의 증명을 밑변 BC와 DE가 같은 표준으로 잴 수 있는 경우와 그렇지 않은 경우의 두 가지로 나누어 하고 있다. 같은 표준으로 잴 수 있는 경우는 앞의 피타고라스의 증명과 같이 하고 그렇지 않은 경우는 간단한 극한의 개념을 이용한다. 우선 이를 알아보기 위해 밑변 BC와 DE가 같은 표준으

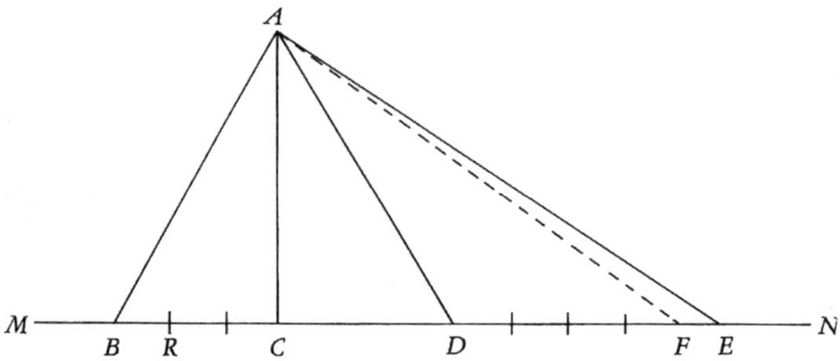

그림 38

로 잴 수 없다고 가정하고 밑변 BC를 n등분한 다음 그중 한 등분을 BR이라고 하자(그림 38 참조). 그런 다음에 밑변 DE 위에 BR과 크기가 같은 선분을 계속 이어 붙여서 $FE < BR$이 되는 밑변 DE 위의 점 F를 얻을 때까지 계속한다. 그러면 같은 표준으로 잴 수 있는 경우에 의해서 $\Delta ABC : \Delta ADF = BC : DF$이다. 이제 $n \to \infty$하면 $DF \to DE$이고, $\Delta ADF \to \Delta ADE$이다. 따라서 극한에서 $\Delta ABC : \Delta ADE = BC : DE$이다. 이 접근방법은 임의의 무리수를 유리수열의 극한으로 생각할 수 있다는 사실을 이용한 것으로서 현대에 들어와 칸토어(Georg Cantor)에 의하여 개발된 것이다.

정다각형

유클리드의 《원론》의 제Ⅳ권에 보면 자와 컴퍼스를 가지고 3, 4, 5, 6, 15변의 정다각형을 작도하는 문제를 논의하고 있다. 이 도구를 가지고 호의 이등분을 이용하여 2^n, $3(2^n)$, $5(2^n)$, $15(2^n)$ 변의 정다각형도 작도할 수 있다. 거의 19세기까지만 해도 이 제한된 도구를 가지고 작도할 수 있는 또 다른 정다각형들이 있는지조차 몰랐다. 그러다가 1796년에 독일의 뛰어난 수학자 가우스(Carl Friedrich Gauss)가 '소수' 개의 변을 갖는 정다각형이 유클리드 도구만을 가지고 작도될 수 있기 위한 필요충분조건이 그 수가 $f(n)=2^{2^n}+1$의 형태임을 보였다. $n=0$, 1, 2, 3, 4일 때 $f(n)=3$, 5, 17, 257, 65537을 얻는데 이들은 모두 소수이다. 그리스인들은 17, 257, 65537변의 정다각형이 자와 컴퍼스만으로 작도될 수 있다는 사실을 미처 깨닫지 못했다. 지금도 위에 나온 값 이외의 또 다른 값에 대해서 $f(n)$이 소수가 되는지는 밝혀지지 않고 있다.

정17각형에 대해서는 많은 유클리드 작도가 만들어졌다. 1832년에는 리셸로(Richelot)는 정257각형에 대한 연구를 발표했고 링겐(Lingen)의 헤르메스(Hermes) 교수는 정65537각형의 작도문제를 가지고 생애의 10년을 바치기도 했다. 가우스는 19세의 나이로 자와컴퍼스를 가지고 정17각형을 작도할 수 있음을 발견했는데 이것이 바로 일생을 수학에 바치게 된 계기가 되었다고 전해진다. 가우스는 이 발견에 대한 긍지가 대단하여 자기가 죽으면 묘비에 정17각형을 조각해 달라고 유언을 했을 정도였다. 비록 그의 요구대로 되지는 않았지만 브룬스빅의 고향에 세워진 가우스의 기념비는 밑면이 정17각형으로 만들어졌다.

《원론》의 형식체계

《원론》에서 그 내용만큼이나 중요한 것이 아마도 《원론》이 내용을 전개한 형식체계일 것이다. 사실 유클리드의 《원론》은 현대수학형식의 원형으로 간주되어 왔다.

초기 그리스 수학자들에 의한 가장 위대한 성취 중의 하나는 틀림없이 공준적 사고의 창조일 것이다. 연역적 체계 안에서 한 명제를 입증하기 위해서는 그 명제가 보다 이전에 입증된 어떤 다른 명제로부터 논리적으로 유도되는 필연적 결과임을 보여야 하고 다시 여기에 사용된 명제도 그 이전에 이미 입증된 또 다른 명제로부터 유도되어야 하고, 계속해서 이 과정이 반복되어야 한다. 그러나 이 과정을 무한히 계속할 수는 없으므로 처음에 증명 없이 인정해야 하는 어떤 유한개의 명제를 약속해야 한다. 만일 그렇게 하지 않으면 명제 B로부터 명제 A를 추론하고, 다시 명제 A로부터 명제 B를 추론하는 회귀현상에 빠져버리고 말 것이다. 이 최초에 가정된 명제를 **공준**(公準, postulate) 또는 **공리**(公理, axiom)라고 부르는데 그 밖의 모든 명제는 이들로부터 논리적으로 추론되어야 한다. 이런 식으로 명제들이 배열되었을 때 그 논의는 공준적 형태로 나타났다고 말한다.

유클리드의 《원론》의 형식체계가 그 다음 세대에 준 인상이 너무 강렬했던 나머지 그 후로는 이 작품이 엄격한 수학적 논증의 한 모델이 되었다. 17, 18세기에 걸쳐 이 유클리드 형식이 어느 정도 배격되었음에도 불구하고 이 공준적 사고는 오늘날 수학의 거의 모든 분야의 논리적 배경이 되었으며 수학자들은 수학적 사고가 곧 공준적 사고라고 생각하거나 아예 공준적 사고가 수학적 사고라고까지 생각하게 되었다. 그래서 요즘엔 공준의 일반적 성질과 공준적 사고를 연구하는 **공리학**(公理學, axiomatics)이라고 하는 연구분야까지 생기게 되었다.

초기 그리스의 대부분의 수학자와 철학자들은 '공준'과 '공리'를 분명하게 구분하였는데 그런 여러 가지 견해는 크게 다음 세 가지로 요약될 수 있다.

1. 공리는 어떤 사실에 대하여 자명한 것으로 가정된 명제이고 공준은 어떤 사실에 대하여 자명한 것으로 가정된 작도이다.

따라서 공리나 공준은 정리와 작도문제 사이에 존재하는 것과 같은 상호관계를 갖는다.

2. 공리는 모든 학문에 공통적인 가정이고 공준은 특별한 학문에서의 고유한 가정이다.
3. 공리는 명백하면서 또 학생들이 쉽게 이해할 수 있는 것에 대한 가정이고 공준은 반드시 명백할 필요도 없고 또 학생들이 꼭 이해하기 쉬울 필요도 없는 것에 대한 가정이다(이 마지막 차이점은 본질적으로 아리스토텔레스의 구분이다). 현대 수학에서는 이 두 개념의 차이를 두지도 않고 또 자명하다는 것과 명백하다는 것의 차이도 두지 않는다. 사실 이러한 관점에 접근한 초기 그리스인들도 약간 있었다.

유클리드가 《원론》을 처음 썼을 때 공준과 공리로서 택한 명제가 무엇인지, 또 정확하게 몇 개였는지는 분명하지 않은데 그 이유는 후세의 《원론》 번역자들이 그것을 다소 수정하거나 가감했을 가능성이 많기 때문이다. 그러나 유클리드가 공리와 공준을 위의 두 번째 차이로 구분했다는 것과 다음 열 개의 명제(다섯 개는 '공리' 혹은 통념, 다섯 개는 기하학의 '공준')와 동치인 명제를 가정했었다는 것이 통설로 되어 있다.

A1. 동일한 것과 같은 것들은 모두 서로 같다.
A2. 같은 것에 어떤 같은 것을 더하면 그 전체는 서로 같다.
A3. 같은 것에서 어떤 같은 것을 빼면 나머지는 서로 같다.
A4. 서로 일치하는 것은 서로 같다.
A5. 전체는 부분보다 크다.
P1. 한 점에서 또 다른 한 점으로 직선을 그릴 수 있다.
P2. 유한직선을 무한히 연장시킬 수 있다.
P3. 임의의 점을 중심으로 하고 그 중심으로부터 그려진 임의의

유한직선과 동일한 반경을 갖는 원을 그릴 수 있다.

P4. 모든 직각은 서로 같다.

P5. 한 직선이 두 직선과 만날 때 어느 한 쪽에 있는 내각의 합이 두 직각보다 작으면 이 두 직선은 무한히 연장될 때 그 쪽에서 만난다.

공준 P1과 P2는 두 점에 의해서 결정된 한 직선의 존재를 주장하고 있고 공준 P3는 주어진 중심과 반경을 갖는 원의 존재를 주장하고 있다. 이것 때문에 (4장의 4번째 절에서 언급했듯이) 눈금 없는 자와 유클리드 컴퍼스만이 유클리드 기하학의 작도문제에서 이용될 수 있는 유일한 도구이다.

《원론》은 이 열 개의 명제로부터 465개의 명제를 유도해 냈다. 바로 이 방식이 이미 알려진 간단한 것으로부터 알려지지 않은 보다 복잡한 것으로 나아가는 **종합적**(synthetic) 방법이다. **해석**(analysis)이라고 불리는 역과정은 알려져 있지 않은 복잡한 것을 알려진 것으로 환원시키는 방법인데 이는 많은 정리의 증명을 발견하는 데는 중요한 역할을 하지만 그 주제를 설명하는 데 있어서는 어떤 역할도 하지 못한다.

유클리드의 그 밖의 저작

유클리드는 《원론》 이외에도 몇 가지 논문을 썼는데 그중 몇 개는 오늘날까지 전해 내려오고 있다. 그중에서 《자료론(Data)》이라고 불리는 것은 《원론》의 처음 여섯 권의 자료와 관계가 있다. 자료(datum)라는 말은 하나를 제외한 나머지 모두가 주어졌을 때 이들로부터 그 나머지 하나를 구할 수 있는 도형의 부분 또는 관계들의 집합으로 정의한다. 따라서 한 삼각형에서 A가 각이고 a가 그의 대변이고 R이 외접원의 반경이면 A, a, R은 하나의 자료를 이룬다. 왜냐하면 이들 중 어떤 두 개가 주어지기만 하면 나머지 하나가 항상 구해지기 때문이다. 이는 관계식 $a=2R\sin A$로부터 명백하다. 가능한 모든 자료를 모으는 것은 작도나 증명의 발견을 위한 해석에서 매우 유용한데 이 《자료론》은 그러한 연구를 목적으로 저술된 것이 분명하다.

유클리드가 쓴 기하학에 관한 또 하나의 저작인 《분할에 관하여(On Divisions)》는 오늘날까지도 아라비아 번역본으로 전해 내려오고 있다. 이 책에 보면 한 도형에 어떤 직선을 그어 그 도형을 주어진 비의 면적을 갖는 두 도형으로 분할하는 작도문제가 나온다. 예를 들어 한 삼각형에서 그 삼각형 안의 주어진 점을 지나서 똑같은 면적을 갖는 두 도형으로 나누라는 문제가 있다.

유클리드는 이 밖에도 또 다른 기하학의 저작들을 남겼는데 오늘날에는 모두 분실되고 후세의 주석에 의해서만 알려져 있다. 그것들은 기하학의 오류를 담은 《오류론(Pseudaria)》, 상당한 공론(公論)을 일으켰던 《계론(Porisms)》[4] 더 늦게 완성되고 아폴로니우스가 내용을 덧붙인 《원뿔곡선론(Conics)》, 그 내용이 확실하게 알려지지 않은 《곡면자취론(Surface Loci》 등이다.

유클리드는 응용수학에 관해서도 저술했는데, 이들 중 두 가지는 현존하고 있다. 그 하나는 관측천문학에 필요한 구면기하학을 다룬 《천문현상론(Phaenomena)》이고 또 하나는 원근법에 관한 논문

4) '계론'은 오늘날 어떤 문제를 풀리게 하고 또 그 문제가 무한히 많은 해를 갖게 되는 한 조건을 서술한 명제로 받아들이고 있다. 예컨대 r, R이 두 원의 반경이고, d가 두 원의 중심 거리일 때, 한 삼각형이 반경이 R인 원에 내접하고 반경이 r인 원에 외접하게 되는 문제가 풀릴 수 있게 하기 위한 필요충분조건은 $R^2-d^2=2Rr$이다. 그러면 그 조건을 만족하는 무수히 많은 삼각형이 존재한다. 그러나 유클리드가 'porism'이라는 낱말을 어떤 의미로 썼는지는 확실하지 않다.

《광학(Optics)》이다. 유클리드는 또한 《음악의 원리(Elements of Music)》라는 책도 썼던 것으로 추측된다.

문제연구

5.1 피타고라스 정리

(a) 피타고라스 정리에 대한 유클리드의 우아한 증명은 흔히 '신부(新婦)의 의자'로 일컬어지는 그림 39의 도해로부터 이루어진다. 그 증명의 개요는 다음과 같다. $(AC)^2 = 2\Delta JAB = 2\Delta CAD = ADKL$. 마찬가지로 $(BC)^2 = BEKL$ 등등이다. 이 증명을 상세하게 완성하라.

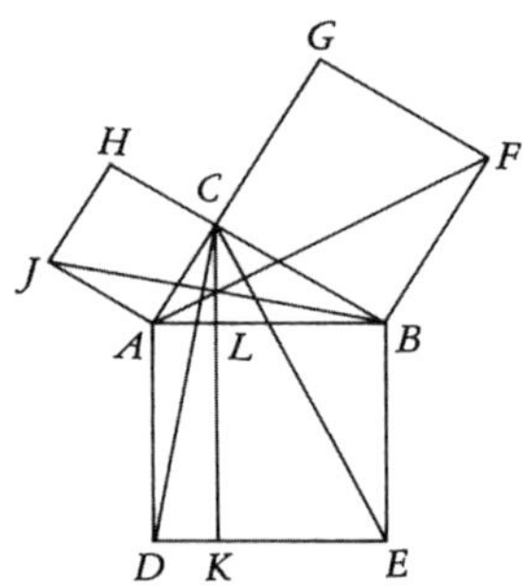

그림 39

(b) 그림 40은 영화필름이 돌아가는 것과 같은 피타고라스 정리에 대한 역학적 증명을 보여 주고 있다. 그곳에서 빗변에 대한 정사각형이 연속적으로 변환되어 직각 삼각형의 나머지 두 변에 대한 각 정사각형의 합이 되고 있다. 이를 논증하라.

(c) 그림 41은 사다리꼴의 면적을 두 가지 방법으로 계산함으로써 피타고라스 정리를 증명할 수 있음을 암시해주고 있다. 이 증명을 상세하게 완성하라.

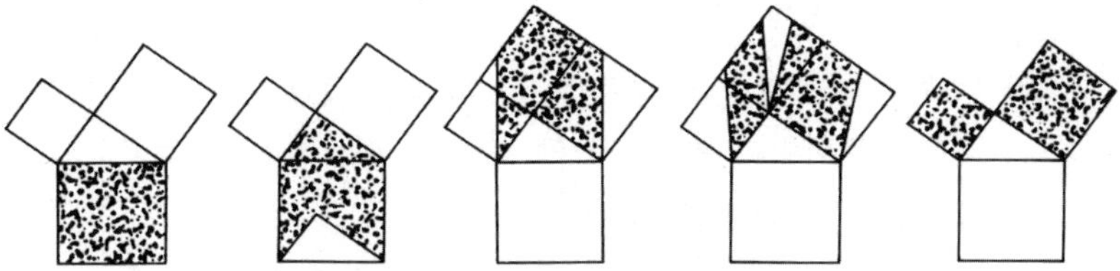

그림 40

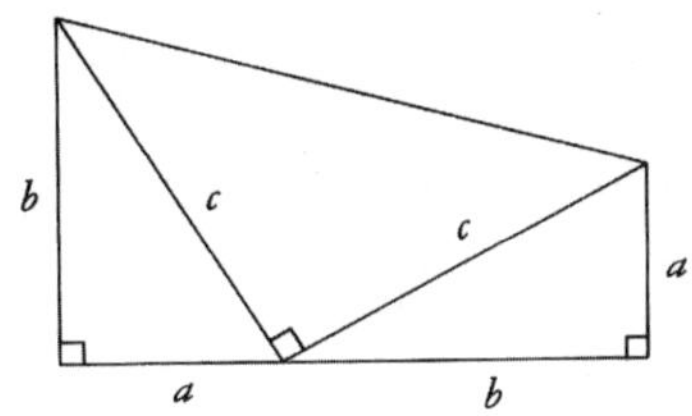

그림 41

(d) 피타고라스 정리의 역을 서술하고 증명하라.

5.2 유클리드의 《원론》 제 II 권

(a) 다음은 유클리드의 명제 Ⅱ 1이다. “두 직선이 있을 때 그중 하나가 임의 개의 선분으로 잘리면 두 직선으로 만들어지는 직사각형의 면적은 잘리지 않은 직선과 잘린 각 선분으로 이루어지는 직사각형의 면적의 합과 같다.” 이것은 대수학의 유명한 어떤 법칙의 기하학적 대응명제이다. 그 법칙은 무엇인가?

(b) 명제 Ⅱ 12와 Ⅱ 13이 본질적으로 코사인 법칙임을 보여라.

(c) 피타고라스 정리가 어떻게 코사인 법칙의 특별한 경우로 간주될 수 있는지를 밝혀라.

5.3 에우독소스의 비례론

(a) 다음 명제 Ⅵ 33을 에우독소스의 방법과 현대 교과서의 방법으로 각각 증명하라. “동일한 원에서의 중심각들은 그들의 각 대

응호의 길이에 비례한다.”

(b) 다음 명제 Ⅵ 2를 피타고라스의 방법과 현대교과서의 방법으로 각각 증명하라. “삼각형의 한 변에 평행한 직선은 나머지 두 변을 같은 비례로 나눈다.”

(c) 명제 Ⅵ 1을 이용하여 명제 Ⅵ 2를 증명하라(5장의 5번째 절 참조).

5.4 삼각형의 내각의 합

한 쌍의 평행선이 한 횡단선에 의해서 잘릴 때 생기는 엇각이 같다고 가정하고 다음을 증명하라.

(a) 삼각형위 내 각의 합은 평각(즉 180°)과 같다.

(b) 볼록 n 다각형의 내각의 합은 $n-2$ 평각과 같다.

5.5 원론

(a) 다음 정리 중 평면기하학의 ‘원론’으로서 두 개를 선택한다면 당신은 어느 것을 선택하겠는가?

1. 삼각형의 세 높이는 그것이 연장될 때 한 점에서 만난다.
2. 삼각형의 내각의 합은 2 직각과 같다.
3. 원주각은 대응호의 1/2에 의해 측정된다(구체적으로 원주각은 대응호의 1/2을 원의 반경으로 나눈 값이다).

(b) 기하학 교사가 학생들에게 평행사변형에 대하여 강의하고자 한다. 이 교사는 일단 ‘평행사변형’을 정의한 후에 이 주제에 관한 ‘원론’으로서 어떤 정리를 소개해야 하는가?

(c) 기하학 교사가 학생들에게 닮은 도형을 가르치기 전에 비례론을 예비적으로 가르치려고 한다. 이 교사는 어떤 정리를 그 주제에 관한 ‘원론’으로 선택해야 하며 또 어떤 순서로 그것을 전개해야 하는가?

5.6 자료

A, B, C가 삼각형의 세 각이라고 하고 대변을 a, b, c로, 이 변에 대한 높이를 h_a, h_b, h_c로, 이 변의 각 중점을 m_a, m_b, m_c로, 이 변까지 그려진 각의 이등분선을 t_a, t_b, t_c로 외접원과 내접원의 반경을 R, r로, 변 b, c의 변 a 위로의 정사영을 b_a, c_a로, 변 a 및 두 변 b, c의 연장선과 접하는 방심원의 반경을 r_a로 표시하자. 이때 다음이 각각 이 삼각형에 대한 한 '자료'를 구성함을 보여라.

(a) A, B, C (b) a/b, b/c, c/a

(c) b, A, h_c (d) $b+c$, A, h_b+h_c

(e) $b-c$, A, h_c-h_b (f) h_a, t_a, $B-C$

(g) h_a, m_a, b_a-c_a (h) R, $B-C$, b_a-c_a

(i) R, r_a-r, a (j) h_a, r, r_a

5.7 자료를 이용한 작도

자료는 그중 어느 하나가 나머지 것들로부터 작도될 수 있으면 작도 문제를 푸는 데 유용할 수도 있다. 이제 자료가 다음과 같이 주어질 때 각 경우의 삼각형을 작도하라(표기는 문제 연구 5-6 참조).

(a) a, A, h_b+h_c

(b) $a-b$, h_b+h_c, A

(c) R, r, h_b

5.8 분할

(a) 삼각형 ABC와 내부의 한 점 D가 주어졌다고 하자. 다음은 D를 지나서 변 BA, BC와 각각 G, H에서 만나고 두 삼각형 GBH와 ABC가 동일한 면적을 갖도록 직선 GH를 작도하는 문제의 해(본질적으로 유클리드의 《분할에 관하여》에 나오는

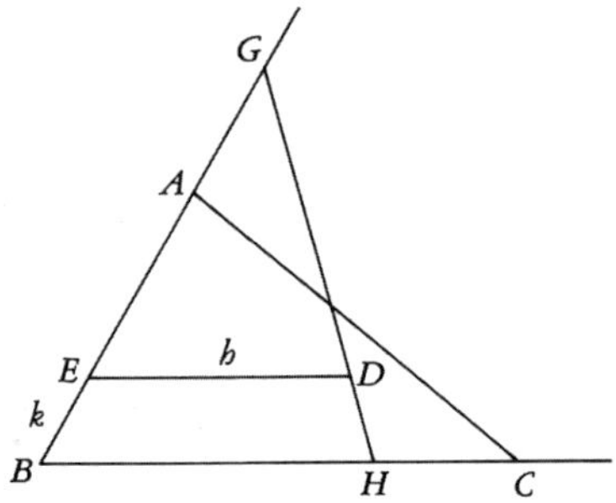

그림 42

해)이다. 이를 상세하게 완성하라(그림 42 참조).

D를 지나서 $\overline{CB}$에 평행한 직선을 그리고 그것이 $\overline{AB}$와 E에서 만난다고 하자. $\overline{DE}$와 $\overline{EB}$ 길이를 각각 h, k로 표시하고 $\overline{GB}$의 길이를 x로 표시하자. 그러면 $x(BH)=ac$, $BH/h=x(x-k)$이다. 이 두 식에서 $\overline{BH}$를 소거하면 $x^2-mx+mk=0$, $m=ac/h$가 된다.

(b) 다음은 유클리드의 《분할에 관하여》에 나오는 명제 28이다. 이를 풀어라. 그림 43에서 원호 BC의 중점 E를 지나는 직선을 그어 부채꼴 $ABEC$의 면적을 이등분하라.

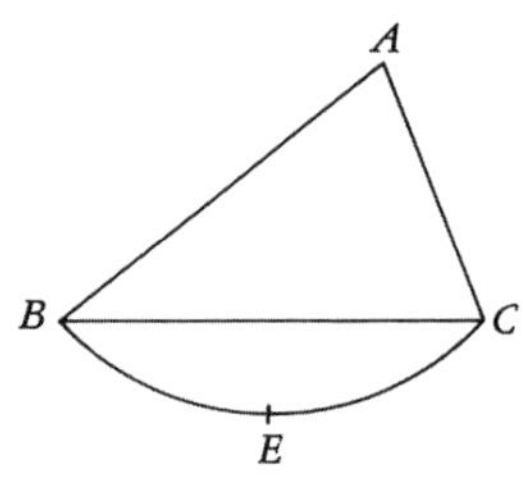

그림 43

(c) 유클리드의 《분할에 관하여》에서 주어진 사다리꼴의 밑변에 평행한 직선을 그어 그 평행사변형의 면적을 이등분하라는 문제가 나온다. 이 문제를 자와 컴퍼스를 가지고 풀어라.

6장

유클리드 이후의 그리스 수학

역사적 배경

알렉산드리아는 도시로서의 여러 가지 이점을 향유하고 있었는데 그 중에서도 다른 지역과 오랫동안 평화를 유지했다는 사실이 가장 큰 이점이었다. 거의 300년 가까이 지속된 톨레미 왕조 동안에 약간의 내부 권력암투가 있기는 했어도 이 도시엔 거의 외부와의 투쟁이 없었으며 또 이집트가 로마제국의 일부가 될 때 짧은 기간의 전투가 있었지만 그 이후로 로마 지배하에서 평화로운 세월이 지속되었다. 따라서 알렉산드리아가 학자들의 안식처가 되고, 또 500년간에 걸쳐 이 도시에서 고대학문의 많은 성취가 이루어진 것은 당연하다. 이 장에서 논의되는 거의 모든 고대 수학자들은 알렉산드리아 대학교의 교수였거나 학생이었다.

고대의 마지막 기간은 로마에 의해서 지배되었다. 기원전 212년에 시러큐스(시칠리아 섬에 있던 옛 도시)가 로마의 포위공격으로 무너지고 기원전 146년에는 카르타고가 붕괴되고 같은 해에 그리스의 마지막 도시인 코린트가 함락됨으로써 그리스는 마침내 로마제국의 영토가 되었다. 메소포타미아는 기원전 65년에 가서 정복되고 이집트의 톨레미 왕조는 기원전 30년까지 버티다가 붕괴되었다. 그후로 그리스 문명이 로마인들의 생활 속으로 확산되고 기독교가 노예와 가난한 사람들을 중심으로 퍼져 나가기 시작했다. 로마의 집정자들은 무거운 세금을 거둬들이긴 했지만 그 외에는 식민지의 기본 경제구조를 간섭하지는 않았다.

콘스탄티누스 대제는 기독교를 공인한 최초의 로마황제로서 330년에 수도를 로마에서 비잔티움으로 옮기고 그 도시를 콘스탄티노플로 개명하였다. 395년에는 로마제국이 동로마제국과 서로마제국으로 나누어지게 되고, 이때 그리스는 서로마제국으로 편입되었다.

양 제국의 경제구조는 본질적으로 노예의 노동력을 이용한 농업에 근간을 두고 있었다. 그러나 노예시장이 쇠퇴하면서 로마의 경제도 피폐해지고 그와 더불어 과학이 평범한 수준으로 떨어지고 말았다. 고대사회의 몰락과 더불어 알렉산드리아 대학교도 점차 운명을 다해갔으며 창조적인 사고는 포기되고 학자들은 편집과 주석에만 몰두하였다. 마침내 기독교와 이교도 사이의 싸움으로 열병의 시대가 도래하고 641년에는 알렉산드리아가 아라비아인들의 손으로 넘어가 버렸다.

아르키메데스

모든 시대를 통틀어 가장 위대한 수학자 중의 한 사람이며 또 가장 위대한 고대인(古代人)이었던 아르키메데스(Archimedes)는 기원전 287년경 시칠리아 섬에 있던 옛 그리스 도시 시러큐스(Syracuse)에서 천문학자의 아들로 태어났으며 로마가 시러큐스를 정복한 기원전 212년에 죽었다. 그는 평소에 시러큐스의 히에론(Hieron) 왕의 깊은 총애를 받았다(어쩌면 두 사람 사이에 어떤 특별한 관계가 있었을지도 모른다). 또 그가 코논(Conon), 도시테우스(Dositheus), 에라토스테네스(Eratosthenes) 등과 교분을 가졌다는 사실로 미루어 보아(앞의 두 사람은 유클리드의 후계자들이고 마지막 사람은 알렉산드리아 대학교의 사서였는데, 아르키메데스의 많은 연구결과가 이들과의 편지 속에서 발견되었다), 그는 아마도 이집트에 건너가 알렉산드리아 대학에서 공부했던 것 같다.

로마의 역사학자들은 아르키메데스에 관한 많은 재미있는 이야기를 전하고 있다. 특히 로마 장군 마르켈루스(Marcellus)가 시러큐스를 공격했을 때 아르키메데스가 시러큐스의 방어를 위하여 고안한 여러 가지 훌륭한 장치에 대한 설명이 있다. 그런 것 중에는 적의 배가 도시 성곽에 가까이 접근했을 때 그 배에 무거운 돌을 떨어뜨릴 수 있는 투석기(投石機)가 있었는데 그것은 사정거리를 조정할 수도 있고 이동 발사장치도 갖고 있었다. 또 그는 적의 배를 물에서 끌어올리게 할 수 있는 기중기(起重機)도 만들었으며 적의 배를 불태우기 위해 커다란 볼록렌즈를 사용했다는 이야기도 있다. 한편 많은 사람들이 달라붙어야 간신히 끌어올릴 수 있는 커다란 배를 그는 합성 도르래장치를 이용하여 혼자서 간단히 끌어올린 후에 다음과 같이 외쳤다고 한다. “나에게 서 있을 자리를 다오. 그러면 지구를

아르키메데스
기원전 287~212

움직여 보일 것이다!"

아르키메데스는 너무 강력한 정신집중을 했기 때문에 한 문제에 몰두하면 주위에 대하여 망각했다는 이야기도 있다. 한 예로서 히에론 왕의 왕관과 수상쩍은 금세공인에 대한 유명한 일화가 있다. 그 이야기는 다음과 같다. 히에론 왕이 금세공인에게 명령해서 금으로 왕관을 만들게 했는데 금세공인이 왕관을 만들어 가져왔을 때 히에론 왕은 그가 다소의 금을 빼돌리고 그 대신 은을 사용하여 왕관을 만들지 않았을까 의심하였다. 그래서 그는 아르키메데스와 이 문제를 상의하고 아르키메데스는 이 문제를 골똘히 생각하다 어느 날 공중 목욕탕에서 정수역학(靜水力學)의 제1법칙(부력에 관한 법칙: 한 물체가 어떤 액체 속에 잠길 때 그것은 흘러나온 액체의 무게와 똑같은 힘으로 떠오른다)을 생각해냈다. 아르키메데스는 이것을 발견하고 너무나 흥분한 나머지 자신이 발가벗었다는 것도 잊은 채 "Eureka, eureka!(알아냈다, 알냈어!)"라고 외치면서 거리를 달렸다고 한다. 그 즉시 그는 저울의 한쪽 접시 위에는 왕관을 놓고 또 다른 접시 위에는 똑같은 무게의 금을 얹어놓은 다음 물 속으로 그것을 집어넣었다. 그러자 왕관을 담은 접시가 위로 떠올랐고 그래서 왕관 속에 금보다 밀도가 작은 어떤 이물질이 들어 있다는 것을 보였다고 한다.

아르키메데스는 기하학을 연구할 때 대부분의 그림을 난로의 재나 목욕 후에 바르는 기름을 자기의 몸에 바른 후 그 위에다 그렸다고 한다. 그의 최후는 로마가 시러큐스를 약탈하고 있을 때 맞이하게 된다. 그가 모래쟁반에 그림을 그려놓고 그것에 몰두하고 있었을 때 한 로마병사가 그의 앞으로 다가왔다. 그러자 아르키메데스가 병사에게 "나의 그림을 밟지마오!"라고 외쳤는데, 이에 격분한 병사가 이 위대한 노인을 창으로 찌르고 말았다고 한다.

아르키메데스가 만든 병기 덕택으로 시러큐스는 거의 3년간 로마의 공격으로부터 저항할 수 있었다. 그러나 자신에 넘친 시러큐스인들이 축제를 벌이느라 경계를 소홀히 한 틈을 타 로마는 간신히 시러큐스의 방어벽을 무너뜨릴 수가 있었다. 마르켈루스는 아르키메데스가 비록 적이긴 했지만 그에게 무한한 존경심을 갖고 있었으므로 힘겹게 시러큐스에 입성한 후, 제일 먼저 이 훌륭한 수학자에게 절대로 손을 대지 말라는 엄한 명령을 내렸다. 그랬으므로 마르켈루스가 아르키메데스의 죽음의 소식을 듣고 얼마나 비통에 잠겼을까 하는 것은 상상이 간다. 그는 이 유명한 학자를 그 도시의 공동묘지에 깊은 영광과 존경을 바쳐서 매장했다. 아르키메데스는 평소에 자신이 발견했던 위대한 기하학적 도형에 대하여 대단한 긍지를 가져서 자기가 죽으면 묘비 위에 직원기둥에 내접하는 구(球)의 그림을 새겨달라고 말했었다. 그래서 마르켈루스는 그의 소원이 이루어지도록 해 주었다.

오랜 세월이 지나 기원전 75년에 키케로(Cicero)가 로마의 감찰관으로서 시칠리아 섬에 왔을 때 그는 아르키메데스의 무덤이 어디 있는지 알아보았지만 놀랍게도 시러큐스인들은 아무도 그의 무덤이 어디 있는지 알지 못했다. 키케로는 상당한 노력을 기울여 공동묘지에 있는 많은 기념비를 모두 조사했다. 그러던 중, 그는 사방에 찔레 덤불과 관목이 우거진 위로 조금 삐죽 튀어나온 작은 기둥 하나를 발견했는데, 바로 그 묘비 위에 원기둥에 내접하는 구의 그림이 새겨져 있었다. 그리하여 오랫동안 잊혔던 모든 시러큐스인 중에 가장 위대한 인간의 무덤을 다시 찾았다. 키케로는 그 무덤 주위를 낫으로 깨끗이 청소시키고 그때부터 주위의 땅을 잘 보존하도록 명령했다. 이러한 관심이 얼마 동안 계속되었는지는 확실히 알 수 없으나 그 무덤은 다시 완전히 자취를 감추고 말았다. 그러다가 1965년에 시러큐스에서 한 호텔의 기초공사를 위해 땅을 파다가 굴착용 증기삽에 한 묘비가 떠올라 왔는데 그 위에 원기둥에 내접하는 구의 그림이 새겨져 있는 것을 발견했다. 그래서 오랫동안 사라졌던 무덤이 재차 발견되었다.

윌리엄 로완 해밀턴 경(Sir William Rowan Hamilton)은 언젠가 아르키메데스의 죽음에 관하여 다음과 같이 말했다. "누가 정복자 마르켈루스의 명성보다 아르키메데스의 명성을 택하려 하지 않겠는가?" 또 화이트헤드(Alfred North Whitehead)도 다음과 같이 말했다. "어떤 로마인도 기하학의 도형을 고찰하다 죽은 적은 없도다." 20세기 영국의 수학자 하디(G.H. Hardy)는 "아이스킬로스(Aeschylus: 그리스의 비극시인 — 옮긴이 주)는 잊혀지더라도 아르키메데스는 기억될 것이다. 왜냐하면 언어는 죽어도 수학적 착상은 영원하니까!" 라고 말했으며 볼테르(Voltaire)도 비슷하게 다음과 같이 말했다. "호머의 머릿속보다도 아르키메데스의 머릿속에 더 많은 상상이 있었다."

아르키메데스의 저작은 수학적 설명의 걸작품이며 놀라울 정도로 현대논문집의 논문들과 유사하다. 그것은 깔끔한 표현, 우아한 끝맺음, 위대한 독창성, 계산기술과 논증의 엄격함 등을 보여주고 있다. 약 열 개의 논문이 오늘날까지 전해 내려오고 있고 그 외에도 많은 논문이 쓰였지만 오늘날에는 분실되었다는 흔적이 있다. 이러한 저술 중 수학에서 가장 놀랄 만한 공헌은 아마도 적분법의 초기 개발일 것이다. 이 후의 장에서 이를 살펴보게 될 것이다.

아르키메데스의 현존하는 작품 중 다음 세 가지는 평면기하에 관한 것이다.

《원의 측정(Measurement of a Circle)》
《포물선의 구적법(Quadrature of the Parabola)》
《나선에 관하여(On Spirals)》

《원의 측정》에서 아르키메데스는 π를 계산하는 고전적인 방법을 처음으로 시도했다. 《포물선의 구적법》에는 24개의 명제가 수록되어 있고 그는 여기서 한 포물선과 그 포물선을 자르는 현(弦)에 의해 생기는 도형의 면적은 밑변이 현이고 다른 한 꼭짓점은 포물선 위의 점으로서 그곳에서의 접선이 현과 평행이 되는 내접삼각형의 면적의 4/3가 된다는 것을 보였다. 여기서 등비급수의 합이 이용되고 있다. 《나선에 관하여》에는 28개의 명제가 실려 있는데 이는 오늘날 '아르키메데스의 나선'으로 알려진 곡선 $r = k\theta$에 관한 성질을 다루고 있다. 특히 이 곡선과 두 동경(動徑)벡터로 둘러싸인 도형의 면적은 마치 오늘날 미적분학의 연습문제에서 하듯이 구해지고 있다. 아르키메데스가 쓴 평면기하에 대한 많은 저작이 오늘날에 와서 분실되었다는 암시가 있으며, 아라비아인들에 의하여 오늘날에 전해진 《보조정리집(補助定理集, Liber assumptorum)》에 그의 몇몇 정리가 수록되어 있다는 믿을 만한 이유가 있다(문제연구 6.2참조). 아라비아 학자인 알 비루니(al-Biruni)는 아르키메데스가 삼각형의 면적을 그의 세 변에 의해서 구할 수 있는 우아한 공식

$$K = \sqrt{s(s-a)(s-b)(s-c)}$$

을 발견했다고 주장했다. 지금까지는 이 공식이 알렉산드리아의 헤론이 발견한 것으로 알려져 있었다.

아르키메데스의 현존하는 작품 중의 다음 두 가지는 3차원의 공간기하학에 관한 것이다.

《구와 원기둥에 관하여(On the Sphere and Cylinder)》
《의원추(擬圓錐)와 회전타원체에 관하여(On Conoids and Spheroids)》

이 중 두 권으로 되어 있는 첫 번째 책에는 53개의 명제가 실려 있는데 거기에서 구의 곡면적이 외접 직원기둥의 곡면적의 2/3이고 구의 부피도 역시 외접 직원기둥의 부피의 2/3임을 보이고 있다. 《구와 원기둥에 관하여》의 제 II 권에서는 한 구를 평면에 의하여 두 부분으로 나눌 때 각각의 부피가 주어진 비를 만족하는 분할의 문제가 나온다. 이 문제가 3차 방정식을 초래하는데 그의 해가 그곳에서는 풀려져 있지 않지만 에우토키우스(Eutocius)가 아르키메데스의 한 단편(斷片)에서 그의 해를 발견했다. 또 3차 방정식이 양의 실근을 가질 조건에 관한 논의도 나오는데 그와 유사한 논의가 유럽 수학에서 거의 1000년 동안 다시 나타나지 않은 것은 이상하다. 어쨌든 그 논문은 다음 두 흥미로운 정리로 끝맺는다.

(1) 구를 그 직경을 지나지 않는 한 평면으로 잘랐을 때 생기는 두 구면대의 부피와 밑면의 면적을 각각 큰 쪽을 V, S로 작은 쪽을 V', S'이라 하면 다음이 성립한다.

$$S^{3/2} : S'^{3/2} < V : V' < S^2 : S'^2$$

(2) 밑면의 면적이 동일한 구면대 중에서 가장 큰 부피를 갖는 것은 반구(半球)이다. 논문 《의원추와 회전타원체에 관하여》에는 32개의 명제가 실려 있으며 그것은 주로 회전 2차곡면의 부피문제를 다루고 있다. 파푸스는 13개의 반 정다면체들을 아르키메데스의 공헌으로 돌렸는데 불행히도 그것에 대한 아르키메데스의 논문은 분

실되고 말았다.[1)]

아르키메데스는 산술에 관해서 두 개의 소론을 썼는데 그중 하나는 분실되었다. 현존하는 논문인 《모래계산가(Sand Reckoner)》는 히에론 왕의 아들인 겔론(Gelon)에게 쓴 편지형식으로 되어 있으며 여기서 아르키메데스는 지구의 중심을 중심으로 하고 그곳에서 태양까지의 거리를 반경으로 하는 구를 모래로 가득 채운다면 이 모래에 대한 상한이 어떻게 되는지를 알아보기 위하여 큰 수의 표현에 대한 산술체계를 이용하고 있다. 이 책에 나오는 천문학에 관한 몇 가지 참고문을 보면 아리스타르쿠스(Aristarchus, 기원전 310~230)가 이미 코페르니쿠스의 태양중심설을 제창하였음도 알 수 있다. 두 개의 산술에 관한 소론 이 외에 소위 '소 문제(Cattle problem)'로 불리는 것이 있는데 이는 편지 속에서 발견된 것으로 그 편지의 서두로 보아 아르키메데스가 에라토스테네스에게 부친 것처럼 보인다. 그것은 여덟 개의 정수 미지수를 갖는 일곱 개의 1차 방정식에 관한 부정방정식 문제로서 그 문제에는 어떤 두 미지수의 합이 완전 제곱이고 또 다른 두 미지수의 합이 삼각수라는 두 부가적인 조건이 붙어 있는 어려운 문제이다. 이 두 조건이 없으면 미지수의 가장 작은 값은 백만 단위의 수이며 두 조건이 있으면 미지수 중의 하나는 206,500자리 이상의 수임에 틀림없다.

아르키메데스가 응용수학에 관하여 쓴 논문 중 지금까지 전해내려오고 있는 것은 다음 두 가지이다.

《평면평형(주합)에 관하여(On Plane Equilibriums)》
《부체(浮體)에 관하여(On Floating Bodies)》

첫 번째 논문은 두 권의 책으로 되어 있고 거기에는 25개의 명

1) 아르키메데스 입체에 대한 작도방법은 다음을 참조하라. Miles C. Hartley, *Patterns of Polyhedra*, rev. ed.

제가 실려 있다. 그의 내용은 공준적 방법에 의하여 평면에 놓인 다양한 영역의 중심을 찾고, 또 그 중심의 기본 성질을 조사하고 있으며 특히 포물선과 관련된 영역의 중심도 다루고 있다. 역시 두 권의 책으로 된 《부체에 관하여》에는 19개의 명제가 실려 있으며 이는 수학을 유체정역학(流體靜力學)에 응용한 최초의 논문이다. 이 논문은 두 개의 공준을 가지고 시작해서 초등물리학 과정에 나오는 유체정역학의 눈에 익은 법칙을 세우고 그런 다음에 다소 어려운 문제를 고찰한 후 액체 속에 떠 있는 회전포물면의 수직선분의 안정성과 그 나머지의 위치에 관한 놀랄 만한 연구로 끝맺는다. 또 아르키메데스는 오늘날에는 분실되어버린 수리물리학에 관한 논문도 썼다. 예를 들어 파푸스는 《지레에 관하여(On Levers)》라는 작품을 언급했으며 알렉산드리아의 테온도 거울의 성질에 관한 아르키메데스의 작품으로부터 한 정리를 인용하고 있다. 본래 《평면평형에 관하여》의 두 권의 책은 사실 그 내용이 아르키메데스의 보다 큰 어떤 저작에 포함되어 있었던 것으로 추측된다. 아르키메데스가 만든 정역학과 유체정역학의 이론은 16세기에 이르러서야 스테빈(Simon Stevin)에 의해서 약간 진보되었다.

수학사에서 현대에 이르러 발견된 것 중 가장 스릴 넘치는 것 중의 하나가 바로 1906년 말에 콘스탄티노플의 하이베르크(Heiberg)가 오랫동안 분실된 채로 있었던 아르키메데스의 논문 《방법(Method)》을 발견한 것이다. 이 작품은 아르키메데스가 에라토스테네스에게 보낸 편지의 형식으로 되어 있는 것으로서 그것은 아르키메데스가 많은 정리를 발견하는 데 이용한 '방법'에 관한 정보를 주기 때문에 중요하다. 물론 아르키메데스의 이 '방법'이 오늘날의 적분법에 의해서 엄밀하게 표현될 수도 있지만 아르키메데스는 단지 어떤 결과를 발견하기 위해서만 그 '방법'을 이용하고 있고 일단 결과가 발견된 다음에는 실진법에 의해서 엄밀하게 입증했다. 이 '방법'은 적분법의 착상과 대단히 밀접한 관계를 갖고 있다.

《역법(曆去)에 관하여(On the Calender)》와 《구(球) 제작에 관하여(On Sphere Making)》도 아르키메데스의 잃어버린 저작으로 생각된다. 후자의 책에서 아르키메데스는 태양과 달, 당시에 알려진 다섯 개의 혹성의 운동을 보이기 위해 만든 성좌투영기(星座投影機)를 설명하고 있다. 그 기구는 아마 물에 의해서 작동된 듯하다. 키케로는 실제로 그 기구를 보았고 또 그것에 대하여 설명까지 했다. 한편 14조각으로 된 다각형을 다 맞추어 놓으면 정사각형이 되는 까다로운 수수께끼 문제인 '아르키메데스의 방(Loculus Archimedius)'은 아르키메데스가 그것을 고안한 것이 아니라 이 수수께끼가 너무나 어려운 나머지 그의 이름을 따서 붙인 것 같다.

아르키메데스의 가장 유명한 기계적 발명은 양수기인데 그것은 들을 관개하거나 늪지의 물을 빼내거나 배에 찬 물을 빼내기 위한 것으로 이집트에서는 오늘날에도 이 기구가 이용된다.

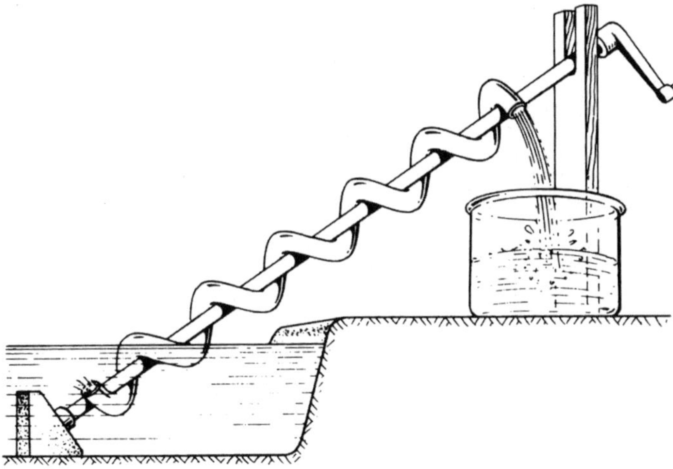

아르키메데스의 양수기

에라토스테네스

에라토스테네스(Eratosthenes)는 지중해의 남쪽 연안에 있는 키레네(Cyrene)에서 태어났으며 나이는 아르키메데스보다 몇 살쯤 아래였다. 젊은 시절의 대부분을 아테네에서 보내고 약 40세쯤 되었을 때 이집트의 톨레미 3세의 초청으로 알렉산드리아로 와서 그의 아들의 개인교수로 일했고 또 알렉산드리아 대학교의 도서관장을 지내기도 했다. 기원전 194년경 노인이 되었을 때 눈병 때문에 거의 시력을 잃다시피 하여, 결국 스스로 단식하여 자살하고 말았다.

에라토스테네스는 당시의 지식의 모든 분야에서 탁월한 재능을 발휘했는데 수학자, 천문학자, 지리학자, 역사학자, 철학자, 시인, 하물며 운동가로서까지 명성을 날렸다. 알렉산드리아 대학교의 학생들은 그를 5종 경기의 챔피언인 '펜타슬루스(pentathlus)'라고 불렀다. 그는 또 '베타(Beta)'라고 불리기도 했는데 이 별명의 기원에 대해서는 여러 가지 이야기가 많다. 어떤 사람들은 이 '베타'라는 별명이 그의 광범위하고 뛰어난 지식이 그를 제2의 플라톤으로 간주할 만한 것이었기 때문에 붙여진 것으로 생각하기도 했고 또 한편으로 그가 많은 분야에서 뛰어나긴 했지만 어떤 한 분야에서도 항상 동시대인의 1인자가 되지 못하고 2인자였기 때문에 그를 '베타'라고 불렀다고 설명하기도 했다. 그러나 당시에 아폴로니우스(페르가의 아폴로니우스와 동명이인)라는 학자가 '엡실론(Epsilon)'으로 불렸다는 것을 보면 이는 다소 신빙성이 없는 주장처럼 보인다. 그래서 역사학자 제임스 고우(James Gow)는 아마도 베타와 엡실론은 단순히 그리스 숫자(2와 5)로부터 유래된 것으로서 그 숫자는 그들 두 사람과 관계된 대학교의 사무실이나 강의실 번호일 것이라고 주장하였다. 한편 헤파에스티오(Ptolemy Hephaestio)는 아폴로니우스가 주로 달을 연구했는데 문자 ϵ이 달을 상징하므로 그를 엡실론으로 불렀을 것이라고 주장하기도 했다.

에라토스테네스의 여러 저작이 후기 저자들에 의하여 연구되었다. 그중 가장 뛰어난 과학적 업적은 지구에 관한 측정으로서 문제 연구 6.1(c)를 참조하기 바란다.

에라토스테네스는 산술분야에서 n보다 작은 모든 소수를 발견하는 다음 방법을 생각해냈는데 흔히 이를 '체'라고 부른다. 우선 3부터 시작하여 n보다 작은 모든 홀수를 다 쓴다. 그런 다음 3으로부터 매 세 번째 수를 모두 지우고 다시 5로부터 매 다섯 번째 수를 모두 지우고 다시 7로부터 매 일곱 번째 수를 모두 지우고 또 11로부터 매 열한 번째 수를 모두 지우고 이런 식으로 계속해 간다. 이때 어떤 수는 두 번 이상 지워지는 경우도 있다. 그래서 남는 수에 2를 첨가하면 n보다 작은 모든 소수를 얻게 된다.

아폴로니우스

유클리드, 아르키메데스, 아폴로니우스는 기원전 3세기의 수학에 있어서 3대 거인이었다. 아르키메데스보다 약 25세쯤 아래인 아폴로니우스(Apollonius)는 기원전 262년경에 남부 소아시아 지방에 있는 페르가(Perga)에서 태어났다. 아폴로니우스의 일생에 대해서는 알려진 것이 거의 없다. 젊었을 때는 알렉산드리아에 유학해서 유클리드의 후계자로부터 배웠고 오랫동안 그곳에 남아 있었다. 나중에 서부 소아시아 지방에 있는 페르가뭄(Pergamum)을 방문했는데 그곳에는 알렉산드리아 대학교 이후 가장 최근에 세워진 대학교와 도서관이 있었다. 나중에 다시 알렉산드리아로 돌아왔고, 기원전 190년경 그곳에서 죽었다.

비록 아폴로니우스가 뛰어난 천문학자이고 또 다양한 수학적 주제에 관하여 저술을 했다 하더라도 주요한 업적은 그의 놀랄 만한 저작《원뿔곡선론(Conic Sections)》에 있을 것이다. 이 저작은 동시대인이 그를 '위대한 기하학자'로 부른 원인이기도 하다. 아폴로니우스의《원뿔곡선론》은 모두 여덟 권의 책으로 되어 있고 거기에는 약 400개의 명제가 실려 있는데 이는 원뿔곡선에 대한 철저한 연구 결과로서 그 이전의 원뿔곡선에 관한 메나에크무스, 아리스타에우스, 유클리드의 초기 저작을 완전히 망라한 것이었다. 처음 일곱 권만이 오늘날까지 전해 내려오고 있는데 그중 네 권은 그리스어로, 나머지 세 권은 9세기 아라비아 번역본으로 전해지고 있다. 네 권 중 제Ⅰ, Ⅱ, Ⅲ권은 거의 유클리드의 작업 위에 기초하고 있고 제Ⅳ권까지 모두 원뿔곡선의 일반적인 초등이론을 다루고 있으며 나머지 세 권은 보다 전문화된 연구를 진행하고 있다.

아폴로니우스 이전의 그리스인들은 원뿔곡선을 원뿔의 꼭지각이 90°보다 작은지, 같은지, 큰지에 따라 세 가지 형태의 회전뿔로부터 만들어냈다. 이들 세 원뿔을 원뿔의 한 요소와 수직인 평면으로 자르면 각각 타원, 포물선, 쌍곡선이 만들어진다. 이때 쌍곡선은 단지 한 부분만 나오게 된다. 그러나 아폴로니우스는 논문 제Ⅰ권에서 모든 원뿔곡선을 오늘날에 흔히 하는 것처럼 이중 직원뿔 또는 이중 빗원뿔로부터 모두 만들어냈다.

타원(ellipse), **포물선**(parabola), **쌍곡선**(hyperbola)이라는 이름은 아폴로니우스가 만든 것으로서 그것은 초기 피타고라스 학파가 면적에 대하여 사용한 용어로부터 따온 것이다. 피타고라스 학파는 직사각형을 한 선분 위에 갖다 댈 때(즉 직사각형의 한 변을 선분 위에 갖다 놓을 때 직사각형의 변의 한 끝과 선분의 한 끝이 일치하도록 하는 것), 갖다 댄 직사각형의 변이 선분보다 짧은지, 일치하는지,

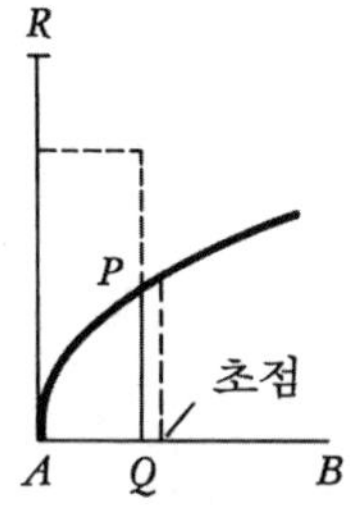

그림 44

긴지에 따라 변을 각각 'ellipsis('부족하다'는 뜻의 그리스어)', 'parabole('일치한다'는 뜻의 그리스어)', 'hyperbole('초과한다'는 뜻의 그리스어)'의 경우라고 말했다. 이제 AB가 한 원뿔곡선의 주축이고 P가 원뿔곡선 위에 있는 임의의 점이고 Q가 P에서 AB에 내린 수선의 발이라고 하자(그림 44 참조). 원뿔곡선의 꼭짓점 A에서 AB와 수직인 수선을 그리고 그 위에 오늘날 원뿔곡선의 표축(標軸, latus rectum)이라고 부르는 것과 길이가 같은 거리 AR을 표시하자. 이 선분 AR에, 한 변이 AQ이고 면적이 $(PQ)^2$인 직사각형을 갖다 붙이자. 이때 직사각형의 변이 선분 AR보다 짧은지, 일치하는지, 긴지에 따라 아폴로니우스는 이 원뿔곡선을 각각 타원, 포물선, 쌍곡선이라고 불렀다. 즉 직교좌표계의 x, y축에 각각 AB, AR을 갖다 놓고 P의 좌표를 x, y에 의해 표현한 다음 원뿔곡선을 관찰하면 그 곡선은 $y^2 \gtreqless px$에 따라 타원인지, 포물선인지, 쌍곡선인지가 결정된다. 실제로 타원과 쌍곡선인 경우에는 다음과 같이 된다.

$$y^2 = px \mp \frac{px^2}{d}$$

여기서 d는 꼭짓점 A를 지나는 직경의 길이이다. 아폴로니우스는 이런 직교좌표방정식에 의하여 원뿔곡선에 대한 엄청나게 많은 기하학을 유도해 냈다. 이와 같은 사실로 인하여 해석기하학이 그리스인들에 의하여 발명된 것이라는 논문의 주장을 근거 있게 만들기도 했다.

아폴로니우스의 《원뿔곡선론》의 제Ⅱ권은 점근선, 공액쌍곡선, 접선 등의 성질을 다루고 있고 제Ⅲ권에서는 각종 정리가 나온다. 이를테면 다음과 같은 면적에 관한 정리가 있다. “한 원뿔곡선 위의 임의의 두 점에서의 접선이 C에서 만나고 또 이것이 B와 A를 지나는 직경과 각각 D, E에서 만나면 두 삼각형 CBD와 CAE의 면적은 같다.” 또 거기에는 극과 극선(極線)에 대한 조화성질(이것은 오늘날 사영기하학에서 나오는 내용이다)에 관한 정리가 나오고 교차하는 현의 선분곱에 관한 정리도 나온다. 한 예로서(오늘날 종종 ‘뉴턴의 정리’로 일컬어지는) 다음 정리가 있다. “각각 주어진 방향과 평행한 두 현 PQ와 MN이 O에서 만나면 O의 위치와 관계없이 $(PQ)(OQ)/(MO)(ON)$은 항상 일정하다.” 제Ⅲ권의 말미에는 중요한 원뿔곡선의 유명한 초점 성질이 나온다. 그러나 논문 전체를 통해서 원뿔곡선의 초점-준선 성질이나 포물선의 초점에 대한 성질을 언급하고 있지 않다. 이는 참 이상스러운 일이다. 왜냐하면 파푸스에 따르면 유클리드가 이미 이런 성질을 다 알고 있었기 때문이다. 제Ⅳ권에는 제Ⅲ권에 있는 극과 극선의 조화성질에 관한 정리도 있다. 제Ⅴ권이 아폴로니우스의 《원뿔곡선론》의 현존하는 책 중에 가장 놀랄 만하고 또 독창적인 내용의 책이다. 그것은 한 점에서 곡선에 그린 최대, 최소 선분들로서 법선을 다루고 있고 또한 주어진 점으로부터의 법선의 작도를 얘기하고 있다. 이 내용은 오늘날 세 개의 원뿔곡선의 축폐선(縮閉線)에 대한 직교좌표 방정식으로까지 발전될 수 있다. 제Ⅵ권은 동일한 또는 닮은 원뿔곡선에 관한 정리와 작도문제를 다루고 있고, 또한 직원추에서 주어진 원뿔곡선과 동일한 원뿔곡선을 어떻게 만들 수 있는가를 보이고 있다. 제Ⅶ권에는 공액직경과 관련된 많은 정리가 나오는데 이를테면 원뿔곡선의 직경의 맨 끝에서의 접선에 의하여 만들어지는 평행사변형의 면적은 일정하다는 정리도 있다.

《원뿔곡선론》이 위대한 논문임에는 틀림없으나 설명의 양과 그 정교함 또 많은 복잡한 명제로 인하여 읽기에 다소 어려운 점이 있다. 위에서 간단히 훑어본 내용에 비추어 보더라도 아폴로니우스의 논문이 오늘날 대학과정에서 배우는 이 주제의 내용보다 더 완전하다는 것을 알 수 있을 것이다.

파푸스는 아폴로니우스의 그 밖의 다른 여섯 개의 작품의 내용에 대하여 간단히 언급했는데 그 작품은 다음과 같다.

《비례절단(比例切斷)에 관하여(On Proportional Sections)》(181개의 명제)
《공간절단에 관하여(On Spiral Section)》(124개의 명제)
《일정한 절단에 관하여(On Determinate Section)》(83개의 명제)
《접촉론(Tangencies)》(124개의 명제)
《삽입론(Vergings)》(125개의 명제)
《평면자취론(Plane Loci)》(147개의 명제)

이 중 단지 첫 번째 작품만이 현존하는데 그것도 아라비아어로 된 것이다. 그것은 다음과 같은 일반문제를 다루고 있다(그림 45 참조). "두 직선 a, b에 각각 고정된 점 A, B가 주어졌을 때 한 주어진 점 O를 지나서 a와는 A'에서 만나고 b와는 B'에서 만나고 더욱이 $AA'/BB'=k$(k는 주어진 상수)를 만족하는 직선 $OA'B'$을 그려라." 그러나 이 논의가 얼마나 힘든 것인지는 아폴로니우스가 무려 77가지의 경우로 나누어 고찰했다는 것만 보아도 알 수 있다. 두 번째 작품은 이와 유사한 문제를 다루고 있는데 여기서는 $(AA')(BB')=k$라는 조건 아래서 위의 문제를 풀고 있다. 세 번째 작품은

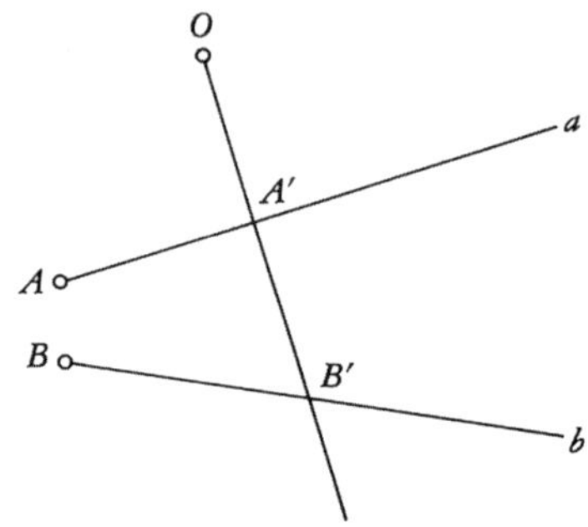

그림 45

다음 문제와 관련된 것이다. “한 직선 위에 네 점 A, B, C, D가 주어질 때 $(AP)(CP)/(BP)(DP)=k$가 되는 직선 위의 점 P를 찾아라” 《접촉론》은 세 개의 원이 주어졌을 때 이들 모두에 접하는 한 원을 작도하는 문제를 다루고 있다. 여기서 주어진 원은 각각 개별적으로 직선이나 점으로 퇴화될 수 있다. 오늘날 **아폴로니우스의 문제**로 알려진 이 문제는 많은 수학자를 유혹했으며 그중에는 비에트(Viète), 오일러, 뉴턴 등이 있다. 새로운 직교좌표 기하학을 이용하여 이 문제를 푼 최초의 사람은 데카르트의 제자이며 보헤미아(Bohemia)의 프레드릭 5세의 딸인 엘리자베스 공주였다. 그러나 이 문제에서 가장 우아한 해라고 여겨지는 것은 아마 프랑스의 포병장교이며 수학교수였던 제르곤(Joseph-Diez Gergonne, 1771~1853)이 푼 해일 것이다. 《삽입론》에서의 일반문제는 두 주어진 자취 사이에 선분을 끼워 넣는 문제인데, 이때 그 선분의 연장선이 주어진 점을 지나야 한다.

마지막 작품 《평면자취론》에서 다음의 두 정리가 눈에 된다.

1. A, B가 고정된 점이고 k가 주어진 상수일 때 $AP/BP=k$인 점 P의 자취는 원($k \neq 1$)이거나 직선($k=1$)이다.
2. A, B, $\cdots$이 고정된 점이고 a, b, $\cdots$, k가 주어진 상수일 때

$$a(AP)^2 + b(BP)^2 + \cdots = k$$인 점 P의 자취는 원이다.

위의 첫 번째 정리에서의 원이 바로 오늘날 대학 기하학 교과서에서 **아폴로니우스의 원**이라고 불리는 것이다.

아폴로니우스의 위의 여섯 개의 작품을 복원해 보려는 여러 시도가 있었다. 처음 두 작품은 1706년에 핼리(Edmund Halley)에 의해서, 세 번째 작품은 1749년에 심슨에 의해서, 네 번째 작품은 1600년에 비에트에 의해서, 다섯 번째 작품은 1607년과 1613년에 게탈디(Ghetaldi), 1612년에 앤더슨(Alexander Anderson), 1770년에 호슬리(Samuel Horsely)에 의해서, 마지막 작품은 1637년에 페르마(Fermat)와 1746년에 심슨에 의해서 시도되었다. 고대의 저자들은 아폴로니우스가 이들 작품 이외에도 많은 다른 저작을 썼던 것으로 전하고 있다.

히파르쿠스, 메넬라우스, 프톨레마이오스와 그리스 삼각법

삼각법(trigonometry)의 기원은 모호하다. 린드 파피루스에는 피라미드의 밑면에서의 이면각의 코탄젠트값과 관계된 문제가 있고 2장의 6번째 절에서 살펴본 바 있는 바빌로니아의 설형문자판 플림프톤 322에는 시컨트의 표가 들어 있는데 이는 놀라운 일이다. 고대 메소포타미아의 수학에 대한 현대 연구가 어쩌면 실제적인 삼각법의 발전을 밝혀 줄지도 모른다. 기원전 4, 5세기의 바빌로니아의 천문학자들은 상당한 양의 관찰자료를 모았으며 이 중 많은 양이 그리스로 전해졌다는 것이 오늘날 밝혀졌다. 구면삼각법을 탄생시킨 것이 바로 이 초기의 천문학이었다.

아마 고대에서 가장 뛰어난 천문학자는 기원전 140년경에 활약한 히파르쿠스(Hipparchus)일 것이다. 히파르쿠스는 기원전 146년경에 알렉산드리아에서 춘분점을 관측하긴 했지만 대부분의 중요한 관측은 로즈(Rhodes: 에게 해의 터키 서남해안에 있는 섬 — 옮긴이 주)의 상업 중심지에 있던 유명한 천문대에서 행해졌다. 히파르쿠스는 대단히 주의 깊은 관측가였는데 천문학에서 평균음력 한 달의 길이를 오늘날 사용하고 있는 값과 1″ 밖에 차이가 나지 않는 값을 구했고 황도(黃道)의 경사각을 정확히 계산했으며 연중세차(歲差) 운동을 발견하고 추정한 것이 모두 그의 업적이다. 또 태음시차를 계산했고 달의 근지점(近地點)과 평균운동을 밝혔으며 850개의 항성을 목록화했다고 전해진다. 원을 360°로 분할하는 것을 그리스에 소개한 사람도 히파르쿠스였거나 히프시클레스(Hipsicles, 기원전 180년경)였으며 또 히파르쿠스는 지구 위의 각 지점의 위치를 위도와 경도로 나타내자고 주장했다고 한다. 그러나 이러한 업적은 간접적으로 전해진 것이고 히파르쿠스가 쓴 저작이 오늘날까지 전해 내려온 것은 거의 없다.

사실 히파르쿠스의 천문학에서의 업적보다 더 중요한 것은 삼각법의 발전에서 한 역할에 있다. 4세기의 주석가인 알렉산드리아의 테온은 히파르쿠스가 현표(弦表)를 만드는 내용을 담은 12권의 논문을 썼다고 주장했다. 프톨레마이오스가 히파르쿠스의 논문을 인용하여 만든 것으로 여겨지는 후속적인 현표를 보면 1/2°에서부터 180°까지 1/2°씩마다 주어진 원의 모든 중심각의 현의 길이를 계산해 놓고 있다. 그것은 원의 반경을 60등분 한 다음 한 등분을 단위로 하여 각 현의 길이를 60진법으로 표현한 것이다. 따라서 중심각이 α 인 현의 길이를 기호 $\mathrm{crd}\,\alpha$로 표시하면 다음과 같은 기록을 볼 수 있다.

$$\mathrm{crd}\,36^\circ = 37^p 4' 55''$$

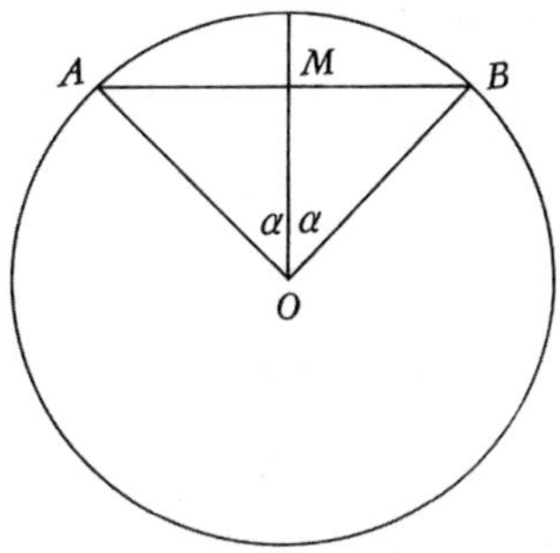

그림 46

이는 중심각이 36°인 현은 '반경의 37/60 + 반경의 $4/(60)^2$ + 반경의 $55(60)^3$와 같음을 의미한다. 그림 46을 보면 이 현표가 결국 삼각사인(sine)표와 같은 것임을 알 수 있는데 그 이유는 다음과 같다.

$$\sin\alpha = \frac{AM}{OA} = \frac{AB}{\text{원의 직경}} = \frac{\text{crd}\,2\alpha}{120}$$

따라서 프톨레마이오스의 현표는 본질적으로 0°부터 90°까지 15′마다의 각(角)의 사인값을 주고 있는 셈이다. 프톨레마이오스가 우아하게 설명한 이 현의 길이를 계산하는 방법은 틀림없이 히파르쿠스도 알고 있었을 것이다. 히파르쿠스가 현표를 체계적으로 이용했다는 것과 또 구면직각 삼각형의 풀이 과정에서 오늘날 이용하고 있는 다양한 공식과 동치인 식을 이미 알고 있었다는 증거가 있다.

한편 테온은 플루타르크(Plutarch, 약 100년경)와 동시대 인물인 알렉산드리아의 메넬라우스(Menelaus)가 원의 현에 대하여 쓴 여섯 권 짜리 논문에 대해 언급했다. 메넬라우스의 그 밖의 다른 저작과 마찬가지로 이것도 모두 분실되었다. 그러나 다행히도 메넬라우스의 세 권으로 된 논문《구면론(球面論, Sphaerica)》이 아라비아어로 보존되어 왔으며 이 작품이 그리스에서 삼각법의 발전에 대한 연구에 상당한 빛을 주었다. 제 I 권에서는 '구면삼각형'을 정의한 후 유클리드가 평면삼각형에 대하여 세운 많은 명제(이를테면 합동정리, 이등변 삼각형에 관한 정리 등)를 구면삼각형에 대하여 세우고 있다. 특히 여기서 두 구면삼각형은 그 대응각의 크기가 같기만 하면 합동이라는 정리(평면에서는 이와 유사한 어떤 정리도 없다)와 구면삼각형의 내각의 합이 두 직각(180°)보다 크다는 사실을 보이고 있다. 서로 대칭으로 놓여 있는 구면삼각형은 합동으로 간주된다. 제Ⅱ권에는 천문학과 관련된 정리가 실려 있다. 제Ⅲ권은 당시의 구면삼각법을 싣고 있으며, 그것은 주로 오늘날 **메넬라우스 정리**로 알려진 다음의 강력한 명제로부터 유도된 것이다. "한 횡단선이 삼각형 ABC의 세 변 BC, CA, AB와 각각 L, M, N에서 만나면

$$\left(\frac{AN}{NB}\right)\left(\frac{BL}{LC}\right)\left(\frac{CM}{MA}\right)=-1$$

이다." 구면인 경우에는 횡단 대원(大圓)이 구면삼각형 ABC의 세 변 BC, CA, AB와 만난다고 가정해야 하고 대응 결과는 다음과 동치가 될 것이다.

$$\left(\frac{\sin\widehat{AN}}{\sin\widehat{NB}}\right)\left(\frac{\sin\widehat{BL}}{\sin\widehat{LC}}\right)\left(\frac{\sin\widehat{CM}}{\sin\widehat{MA}}\right)=-1$$

평면에서의 경우는 잘 알려진 대로 메넬라우스에 의해 가정된 것이고 구면에서의 경우를 세우기 위해 이 결과를 이용했다. 구면삼각법의 많은 내용이 구면삼각형과 구면횡단선을 가지고 이 정리로부터 유도될 수 있다. 역시 이 정리의 평면인 경우와 구면인 경우의 역도 모두 성립한다.

천문학에 관한 뛰어난 그리스 저작은 150년경에 알렉산드리아의 프톨레마이오스에 의해 쓰여졌다. 《수학대계(Syntaxis mathematica)》라고 불리는 이 논문은 후대에 대단한 영향을 끼친 것으로서 히파르쿠스의 저작 위에 기초하고 있으며 치밀함과 우아함에서 매우 놀라

운 작품이다. 후대의 주석가들은 이 논문을 천문학에 관한 그 밖의 다른 논문과 구분하기 위해서 그것에 가장 '위대한(그리스어로 'magiste')'이라는 최고의 형용사를 갖다 붙였다. 그 이후에도 여전히 아라비아의 번역가들은 아라비아식 관사 'al'을 그의 논문 제목 앞에 붙였는데 그 이후로 줄곧 이 저작이 《알마게스트》로 알려져 왔다. 이 논문은 모두 13권의 책으로 되어 있다. 제 I 권에는 몇몇 예비적인 천문학의 내용, 앞에서 언급한 현표, 또 이 현표를 만들 수 있는 **프톨레마이오스의 정리**로 일컬어지는 다음의 기하학 명제가 실려 있다. "순회사변형에서 두 대각선의 곱은 두 쌍의 대변의 곱의 합과 같다." 제 II 권은 지구의 구형성(球形性)에 의해 발생하는 현상을 살펴보고 있고 제 III, IV, V 권은 주전원(周轉圓)에 의해서 천문학의 지구중심 체계를 세우고 있다. 제 IV 권에는 관측에서의 **3점문제**의 한 해가 나오는데 그 문제는 다음과 같다. "세 점이 주어질 때 이 점을 주어진 각도에서 볼 수 있는 점을 구하라." 이 문제는 오랜 역사를 가지고 있으며 종종 이를 '스넬의 문제'(1617) 또는 '포세놋의 문제'(1692)라고 부르기도 한다. 일식(日蝕)의 이론을 세우고 있는 제 VI 권에서는 이미 4장의 8번째 절에서 언급했듯이 π의 값을 소수 네 자리까지 구해놓고 있다. 제 VII, VIII 권에서는 1028개의 항성을 다루고 있고 나머지 책은 행성을 다루고 있다. 《알마게스트》는 코페르니쿠스와 케플러의 시대에 이르기까지 천문학의 표준서로 간주되어 왔다.

프톨레마이오스는 지도투영, 광학, 음악 등에 관해서도 저술했고 또 유클리드의 제5공준(평행에 관한 공준)을 유클리드 최초의 가정에서 빼버리기 위하여 《원론》에 있는 그 밖의 다른 공리나 공준으로부터 이를 유도해보려고 노력하기도 했는데 이는 결국 수포로 돌아가고 말았다.

헤론

이 기간에 응용수학에서 주목할 만한 또 한 사람은 바로 알렉산드리아의 헤론(Heron)이다. 그가 살았던 정확한 시대에 대해서는 의견이 분분한데 대체로 기원전 150년경부터 250년 사이에 산 것으로 보인다. 최근에 들어와서는 그가 1세기의 약 75년경에 살았던 것으로 추정되고 있다. 수학과 물리학 분야에서의 저작은 너무 많고 다양해서 흔히 그를 이 분야에서의 백과사전적 작가라고 일컫기도 한다. 그가 이집트인으로서 그리스 교육을 받았을 것이라고 추측되는 이유가 여러 가지 있다. 아무튼 이론적인 완전성보다는 실용적인 이용에 목적을 크게 둔 그의 저작은 그리스 문명과 오리엔트 문명의 진기한 혼합체라고 할 수 있다. 그는 공학과 측지(測地)에 대한 많은 과학적 기초를 제공해 주었다. 14편쯤 되는 그의 논문이 오늘날까지 전해 내려오고 있긴 하지만 그중 몇 가지는 약간 편집된 듯하다. 그 외에도 분실된 저작에 관한 많은 언급이 있다.

헤론의 저작은 크게 두 가지로 분류할 수 있는데 하나는 기하학에 관한 것으로서 주로 측정의 문제를 다루고 또 하나는 역학에 관한 것으로서 기계적 고안품에 관한 설명으로 되어 있다.

기하학에 관한 헤론의 작품 중 가장 중요한 것은 《측정론(Metrica)》으로서 세 권의 책으로 되어 있는데 이는 최근 1896년에 콘스탄티노플에서 쇠네(R. Schöne)가 발견한 것이다. 제 I 권은 정사각형, 직사각형, 삼각형, 사다리꼴, 그 밖의 다양한 사변형 또 이등변 삼각형으로부터 12각형까지의 다각형, 원, 원의 일부분, 타원, 포물선과 선분으로 만들어지는 부분 등의 면적과 원기둥, 원뿔, 구, 구면띠 등의 곡면적을 다루고 있다. 또 제 I 권에서 삼각형의 면적을 세 변에 의해서 구할 수 있는 유명한 '헤론의 공식'도 유도하고 있다(문제연구 6.4 참조). 특히 흥미로운 것은 완전제곱이 아닌 정수의 제곱근을 근사시키는 헤론의 방법이다. 그것은 오늘날 컴퓨터에서 흔히 이용되는 다음과 같은 방법이다. $n=ab$이면 $\sqrt{n}$은 $(a+b)/2$에 의해 근사되는데 이때 근삿값은 a나 b보다는 더 좋은 근삿값이다. 이 방법을 계속해서 반복하여 보자. 즉 a_1이 $\sqrt{n}$의 최초의 근삿값이면

$$a_2 = \frac{a_1 + \dfrac{n}{a_1}}{2}$$

은 더 좋은 근삿값이고 다시

$$a_3 = \frac{a_2 + \dfrac{n}{a_2}}{2}$$

은 그보다 더 좋은 근삿값이고 이를 계속해 가면 점점 더 좋은 근삿값을 얻게 된다. 《측정론》의 제Ⅱ권은 원뿔, 원기둥, 평행 육면체, 각기둥, 피라미드 등의 부피와 원뿔, 피라미드, 구, 구면대(spherical segment), 원환체, 다섯 개의 정다면체, 각대(prismatoid) 등의 절두체(frustrum)의 부피를 다루고 있다. 제Ⅲ권은 면적과 부피 등을 주어진 비로 나누는 문제를 다루고 있다.

헤론의 《기체역학(Pneumatica)》에서는 100개 가량의 기계와 소품에 관하여 설명하고 있는데 거기에는 흡수관, 소방용 펌프, 제단 위에 있는 불에 의해서 사원(寺院)의 문을 여닫는 장치, 오르간 등에 대한 설명이 있다. 또 《조준의(照準儀, Dioptra)》에는 고대의 경위의(經緯儀: 연직각 및 수평각을 재는 데 쓰는 기구 — 옮긴이 주), 즉 측량가의 트랜싯(transit)에 대한 설명과 공학적 응용에 관한 내용이 담겨 있다. 《반사광학(Catoptrica)》에서는 거울의 기본 성질과 더불

어 어떤 사람이 자신의 머리 뒤를 볼 수 있게 하거나 거꾸로 나타나게 할 수 있는 거울을 만드는 문제 등이 있다. 역학에 관한 헤론의 저작은 역학의 중요한 기본원리를 훌륭히 파악하고 있음을 보여 주고 있다.

고대 그리스의 대수

1842년에 네셀만(G.H.F. Nesselmann)이 대수적 표기의 역사적 발전을 편의상 세 단계로 구분했다. 처음에는 문제의 해가 약어(略語)나 기호를 사용하지 않고 순수한 산문형태로 쓰여지는 **수사적 대수**(修辭的代數, rhetorical algebra)였다가 두 번째 단계에서는 빈번히 나오는 양이나 연산에 관하여 어떤 약어를 사용하는 **약어대수**(略語代數, syncopated algebra)가 되고 마지막으로 세 번째 단계에서는 해가 주로 그것을 표현하는 내용과 별로 관계없는 기호로 만들어진 수학적 속기의 형태로 나타나는 **기호대수**(記號代數, symbolic algebra)가 된다. 다음 절에서 살펴볼 디오판토스 시대 이전의 모든 대수가 수사적이었다는 것은 분명하다. 수학에 대한 디오판토스의 뚜렷한 공헌 중의 하나가 바로 그리스 대수의 약어화에 있다고 할 수 있다. 그러나 인도를 제외한 곳에서는 일반적으로 수사적 대수가 수백 년 동안 계속 지속되었다. 특히 서유럽에서는 15세기에 이를 때까지 대부분 대수가 수사적인 형태로 있었다. 서유럽에 기호대수가 처음 등장한 것은 16세기이지만 그것은 17세기 중엽까지도 널리 퍼지지 못했다. 우리는 종종 오늘날의 초등 대수교과서에 나오는 대부분의 기호체계가 400년도 채 못되었다는 것을 잊기가 쉽다.

고대 그리스 대수문제의 가장 좋은 근원은 《팔라틴(Palatine)》 혹은《그리스 명시선집(名詩選集, Greek Anthology)》으로 알려진 책인데 이는 500년경에 문법학자 메트로도로스(Metrodorus)가 모은 풍자형식의 46개의 문제를 담고 있다. 그중 몇 개의 문제는 그것을 만들어낸 작가가 있긴 하지만 대부분의 문제가 당시보다 상당히 오래된 고대에 이미 만들어졌다고 믿을 만한 이유가 있다. 정신유희를 위하여 만들었음직한 문제는 플라톤이 넌지시 언급한 바 있는 형태이고 또 린드 파피루스에 있는 어떤 문제와 매우 유사하기도 하다. 《그리스 명시선집》에 실려 있는 문제의 반은 간단한 1원 1차 방정식에 관한 것이고 12문제는 간단한 2원 연립 방정식에 관한 것이고 3원 연립 방정식과 4원 연립 방정식도 한 문제씩 있다. 또 1차의 부정 방정식도 두 개나 있다. 많은 문제들이 오늘날의 초등 대수교과서에 나오는 것과 매우 흡사하다. 물론 이 문제가 현대 대수기호체계 아래서 쉽게 풀려지긴 하지만 수사적 해에 있어서는 치밀한 주의력이 요구된다. 이 많은 문제가 기하학적 대수로 쉽게 풀려질 수 있다고 언급되어 있긴 하지만 실제로는 대부분 임시위치법을 이용하여 산술적으로 풀렸을 것이라 생각된다. 그리스의 대수가 기하학적 형태에서 산술형태로 바뀐 시기가 정확히 언제인지는 알 수 없으나 아마도 유클리드 시대의 초기인 것처럼 보인다.

디오판토스

대수의 발전에서 대단히 중요하고 또 그 이후의 유럽 수론학자들에게 깊은 영향을 준 사람이 바로 알렉산드리아의 디오판토스(Diophantos)이다. 헤론처럼 디오판토스도 그 출생시기와 장소가 분명하지 않다. 물론 그가 헤론과 동시대인일 것이라는 약간의 증거가 있긴 하지만 대부분의 역사학자들은 그를 3세기경의 인물로 보는 경향이 있다. 《그리스 명시선집》에도 그의 생애에 대한 풍자적 문제가 있긴 하지만(문제연구 6.5(a) 참조) 그가 알렉산드리아에서 활약했다는 사실 이외에는 어떤 것도 확실하게 전해 내려온 것이 없다.

디오판토스에게는 세 개의 저작이 있는데 그것은 다음과 같다.

《산학(算學, Arithmetica)》
《다각수(多角數)에 관하여(On Polygonal Numbers)》
《계론(系論, Porisms)》

《산학》은 디오판토스의 가장 중요한 저술로서 모두 13권의 책으로 되어 있으나 그중 여섯 권만이 현존하고, 《다각수에 관하여》는 단지 일부만이 현존해 있으며 《계론》은 분실되고 말았다. 《산학》에 대한 많은 주석본이 있는데 현존하는 그리스 원본의 최초의 라틴어 번역본은 1463년에 레기오몬타누스(Regiomontanus)가 만들었다. 1575년에는 주석을 담고 있는 매우 귀중한 번역본이 크시랜더(Xylander: 이는 하이델베르크 대학교의 교수인 홀츠만이 추정한 그리스 이름이다)에 의해 만들어졌으며 1621년에 프랑스에서 그리스 원본의 초판을 인쇄할 때 라틴어 번역본과 주석을 함께 인쇄했는데 이때 크시랜더의 번역본이 이용되었다. 그 다음에 제2판이 1670년에 출판되었는데 이는 역사적으로 매우 중요하다. 그 이유는 이 책의 가장자리 여백에 유명한 페르마의 간단한 메모가 담겨 있기 때문인데 이것이 수론의 광범위한 연구를 촉발시켰다.

《산학》은 대수적 수론을 해석적 논법으로 쓴 책으로서 디오판토스를 이 분야에서 천재로 만들어준 책이다. 이 저작의 현존하는 부분은 약 130여 개의 다양한 문제의 해를 다루고 있으나 대체로 1차 또는 2차 방정식과 관계된 것이다. 매우 특별한 3차 방정식 문제도 하나 풀려 있다. 제 I 권은 미지수가 하나인 정(定) 방정식에 관한 문제를 다루고 있고 나머지 책에서는 두 개 또는 세 개의 미지수를 갖는 2차 또는 종종 고차의 부정(不定) 방정식에 관한 문제를 다루고 있다. 그러나 놀라운 것은 이들이 일반적인 해법으로 풀리는 것이 아니라 각 문제마다 그때 그때 특별한 방법으로 해가 구해지고 있다는 사실이다. 디오판토스도 단지 양(陽)의 유리해만을 인정하고 있고 대부분의 경우에 하나의 답만으로 만족했다.

《산학》에는 수론에 관한 정리도 몇 개 나온다. 그러나 그 증명은 없고 《계론》으로 떠넘겨졌다는 암시가 있다. 이를테면 다음과 같은 정리가 나온다. "두 유리수의 세제곱의 차는 역시 어떤 두 유리수의 세제곱의 합이다." 이 문제는 나중에 비에트, 바제(Bachet), 페르마 등에 의하여 연구되었다. 또 《산학》에는 두서너 개의 제곱수의 합으로 수를 표현하는 많은 명제가 나오는데, 이 분야의 연구는 나중에 페르마, 오일러, 라그랑주(Lagrange) 등에 의하여 완성되었다. 《산학》에 있는 몇 개의 문제를 살펴보는 것도 흥미로울 것 같다. 그것은 모두 매혹적인 문제이고 또 몇 가지는 도전해 볼 만한 가치도 있다. 다음에서 '수'는 마음 속으로 '양의 유리수'라고 생각하기 바란다.

제Ⅱ권, 문제28[2]: 제곱수로서 그들의 곱을 두 수 중 어느 쪽에 더하더라도 합이 역시 제곱수가 되는 두 수를 구하라(디오판토스의 답: $(3/4)^2$, $(7/24)^2$).

제Ⅲ권, 문제 6: 세 수의 합이 제곱수이면서 그중 어느 두 개의 합도 제곱수인 세 수를 구하라(디오판토스의 답: 80, 320, 41).

제Ⅲ권, 문제 7: 세 수가 등차수열을 이루면서 그중 어느 두 개의 합도 모두 제곱수가 되는 세 수를 구하라(디오판토스의 답:

2) 이 문제의 번호는 T.L. Heath의 《Diophantus of Alexandria》의 제2판에 있는 문제의 번호를 그대로 따온 것이다.

$120\frac{1}{2}$, $840\frac{1}{2}$, $1560\frac{1}{2}$).

제Ⅲ권, 문제 13: 세 수 중에서 어느 두 개의 곱을 다른 하나에 더해도 그 합이 항상 제곱수가 되는 세 수를 구하라(문제연구 6.6 참조).

제Ⅲ권, 문제 15: 세 수 중 어느 두 개의 곱과 그의 합을 더해도 결과가 항상 제곱수가 되는 세 수를 구하라(문제연구 6.6 참조).

제Ⅳ권, 문제 10: 두 수의 합이 그들의 세제곱의 합과 같게 되는 두 수를 구하라(디오판토스의 답: 5/7, 8/7).

제Ⅴ권, 문제 21: 세 수가 등비수열을 이루면서 그중 어느 두 개의 차도 모두 제곱수인 세 수를 구하라(디오판토스의 답: 81/7, 144/7, 256/7).

제Ⅵ권, 문제 1: 빗변의 길이에서 나머지 두 변의 길이의 각각을 빼낸 것이 모두 세제곱이 되는 피타고라스 삼각형을 구하라(디오판토스의 답: 40, 96, 104).

제Ⅵ권, 문제 16: 한 예각의 이등분선의 길이가 유리수인 피타고라스 삼각형을 구하라(문제 연구 6.5(b)참조).

단지 유리해만을 구하는 부정(不定) 대수문제는 흔히 **디오판토스 문제**로 일컬어져 왔다. 현대에 와서는 해의 조건을 정수로 제한하는 경우도 있다. 그러나 디오판토스가 이러한 종류의 문제를 처음 만든 것은 아니다. 더구나 그가 부정 방정식을 푼 최초의 인물도 아니고 2차 방정식을 기하하적이 아닌 방법으로 처음 푼 것도 아니다. 그러나 그가 생략속기법의 대수적 표기를 이용한 최초의 인물이었음은 틀림없다.

디오판토스는 미지수, 미지수의 6승까지의 제곱, 뺄셈, 등식, 역수 등에 대하여 생략표기를 사용했다. '산술(arithmetic)'이라는 단어는 그리스어의 'arithmetike'로부터 유래된 것으로서 그것은 'arithmos

('수'를 뜻함)'와 'techne('과학'을 뜻함)'의 합성어이다. 헤스(Heath)가 다소 확신을 갖고 주장한 바에 따르면 미지수에 대한 디오판토스의 기호는 아마도 'arithmos'의 처음 두 개의 그리스 문자 α와 ρ를 합성하여 만든 것으로서 이것이 나중에 그리스 문자 ς처럼 보이게 되었다는 것이다. 미지수에 대한 표기에는 여러가지 이견이 있을 수 있지만 미지수의 제곱(power)에 대한 표기의 의미는 매우 명백하다. '미지수의 제곱'은 Δ^{Υ}로 표시했으며, 이는 '멱(冪)'이라는 뜻의 그리스 단어 'dunamis(ΔΥNAMIΣ)'의 처음 두 문자이다. 또 '미지수의 세제곱'은 K^{Υ}로 표시했는데 이는 '세제곱'이라는 뜻의 그리스 단어 'kubos(KΥBOΣ)'의 처음 두 문자이다. 그러면 미지수의 계속되는 제곱에 대해서도 쉽게 설명될 수 있는데 이를테면 4제곱은 $\Delta^{\Upsilon}\Delta$, 5제곱은 $\Delta\mathrm{K}^{\Upsilon}$, 6제곱은 $\mathrm{K}^{\Upsilon}\mathrm{K}$로 나타낸다. 디오판토스의 '빼기'에 대한 기호는 *V*자를 거꾸로 세운 다음 각의 이등분선을 그 안에 그려 넣은 것처럼 보이는 것으로서 이는 '부족함'이라는 뜻의 그리스 단어 'leipis(ΛEIΨIΣ)'의 두 문자 *Λ*와 *I*를 합성한 것으로 생각해 왔다. 음(陰)의 항은 한데 모아서 그 앞에 뺄셈 기호를 갖다 붙였다. 덧셈은 이어 붙여씀으로써 나타냈고 미지수의 제곱의 계수는 제곱기호 뒤에 알파벳 그리스 숫자로 표현했다. 만일 상수항이 있으면 '단위'를 뜻하는 그리스 단어 'monades(MONAΔEΣ)'의 축약형 $\overset{\circ}{\mathrm{M}}$을 적당한 계수와 더불어 사용했다. 따라서 x^3+13x^2+5x와 x^3-5x^2+8x-1은 다음과 같이 나타낸다.

$$\mathrm{K}^{\Upsilon}\alpha\Delta^{\Upsilon}\iota\gamma\varsigma\varepsilon \text{과 } \mathrm{K}^{\Upsilon}\alpha\varsigma\eta\Lambda\Delta^{\Upsilon}\varepsilon\overset{\circ}{\mathrm{M}}\alpha$$

이들은 각각 다음과 같이 읽는다.

미지수의 세제곱 1, 미지수의 제곱 13, 미지수 5

와

(미지수의 세제곱 1, 미지수 8)빼기(미지수의 제곱 5, 단위 1)

그리하여 수사적 대수가 약어대수로 발전하게 되었다.

파푸스

그리스의 위대한 기하학적 전통이 유클리드, 아르키메데스, 아폴로니우스의 후계자들에 의하여 얼마 동안 지속되긴 했지만 시간이 흐르면서 결국 시들해지고 오히려 천문학, 삼각법, 대수 등에서 새로운 발전이 이루어졌다. 그러나 아폴로니우스가 죽은 지 500년이 지난 3세기 말엽에 이르면 알렉산드리아의 한 정열적이고 유능한 학자가 다시 기하학에 대한 관심을 불 붙이기 위해 분투하는데 그가 바로 파푸스(Pappus)였다.

파푸스는 유클리드의 《원론》, 《자료론》 및 프톨레마이오스의 《알마게스트》, 《평면천체도(Planispherium)》 등에 대한 주석을 썼으며 이는 그 후의 주석가들의 저작에 깊은 영향을 주었다. 파푸스가 실제로 쓴 거작(巨作)인 《수학집성(Mathematical Collection)》은 당시까지 알려져 있던 기하학의 연구에 대한 주석 및 안내서로서 많은 독창적인 명제, 개정, 확장, 역사적 내용 등이 실려 있다. 모두 여덟 권으로 된 이 저작에서 제 I 권과 제 Ⅲ 권의 일부가 분실되고 말았다.

그 나머지 현존하는 책들로 미루어 볼 때 《수학집성》의 제 Ⅱ 권은 대수(大數)를 쓰고 다루는 아폴로니우스의 방법을 담고 있었던 것 같다. 제 Ⅲ 권은 4절로 이루어져 있는데 처음 두 절은 두 선분 사이에 두 비례 중항을 끼워 넣는 문제와 더불어 평균에 관한 이론을 다루고 있고(문제연구 6.7(a) 참조) 제3절은 삼각형에서의 부등식을 살피고 있으며 제4절은 구에 정다면체를 내접시키는 문제를 다루고 있다.

제Ⅳ권에는 피타고라스 정리에 대한 파푸스의 확장, 아르벨로스(arbelos)에 관한 '고대의 명제'(문제연구 6.4의 말미 참조), 아르키메데스의 나선, 니코메데스(Nicomedes)의 콘코이드(나사선이라고 함), 디노스트라투스의 콰드라트릭스(quadratrix), 3대 작도 문제에의 이의 응용, 구 위에 그린 특별한 나선에 관한 논의 등이 실려 있다.

제Ⅴ권은 주로 **등주도형론**(等周圖形論, isoperimetry)에 관한 내용으로서 동일한 크기의 둘레를 갖는 도형의 면적이나 동일한 크기의 표면적을 갖는 입체의 부피를 비교하고 있다. 특히 이 책 6장의 2번째 절에서 언급한 아르키메데스의 13개의 반 정다면체에 대한 파푸스의 참고문을 볼 수 있다. 제Ⅵ권은 천문학에 관한 내용으로서 프톨레마이오스의 《알마게스트》의 입문서 역할을 하는 논문을 싣고 있다.

제Ⅶ권은 역사적으로 매우 중요하다. 그 이유는 유클리드의 《원론》 이후에 전문 수학자를 위한 필요한 자료를 모은 《해석학의 보고(The Treasury of Analysis)》를 이루는 작품에 대한 설명을 주고 있기 때문이다. 12편의 논문이 그곳에서 논의되고 있는데 유클리드의 《보조론》, 《계론》, 《곡면 자취론》, 아폴로니우스의 《원뿔곡선론》, 6장의 4번째 절의 말미에서 살펴본 여섯 개의 논문, 아리스타에우스(Aristaeus)의 《공간자취론》, 에라토스테네스의 《평균에 관하여(On Means)》 등이다. 이 책에서 굴딘(P. Guldin)의 중심정리의 한 전조(前兆)를 볼 수 있다. 또 유명한 "세 개 혹은 네 개의 직선에 관한 자취"에 대한 논의가 나오는데 그것은 다음과 같다. 네 직선이 주어질 때 점 P에서 주어진 각을 만족하면서 그 직선에 그은 선분의 길이가 p_1, p_2, p_3, p_4이고 $p_1p_2 = kp_3^2$ 또는 $p_1p_2 = kp_3p_4$(여기서 k는 상수)이면 p의 자취는 원뿔곡선이 된다. 아폴로니우스가 푼 이 문제는 역사적으로 중요한 것으로 1637년에 데카르트가 이것을 n개의 직선으로 확장해보려고 시도하다가 좌표계에 대한 착상을 떠올렸다고 한다. 파푸스의 동시대인은 이 문제를 일반화하려고 노력했으나 성공하지 못했다. 대학 기하학 교과서에 흔히 나오는 소위 **스튜어트의 정리**(Stewart's theorem)라고 불리는 것의 선형인 경우가 이 책에 나온다. 즉 "A, B, C, D가 일직선 위에 있는 임의의 네 점이면

$$(AD)^2(BC)+(BD)^2(CA)+(CD)^2(AB)+(BC)(CA)(AB)=0$$

여기서 선분은 부호가 붙은 선분이다." 실제로 심슨은 스튜어트가 점 D가 직선 ABC 위에 있지 않는 보다 일반적인 경우의 정리를 발견했다고 추측했다. 일직선 위에 있는 네 점 A, B, C, D의 **복비**(複比, cross ratio) (AB, CD)는 $(AC/CB)/(AD/DB)$로 정의되는데 이는 C, D가 선분 A, B를 나누는 비(比)들의 비(比)이다. 《수학집성》의 제Ⅶ권에서 파푸스는 한 점에서 방사된 네 개의 반직선(그림 47 참조)이 두 횡단선과 만날 때 그 대응교점을 각각 A, B, C, D와 A', B', C', D'이라고 하면 두 복비(AB, CD)와 $(A'B', C'D')$는 같다는 것을 증명했다. 즉 일직선 위에 있는 네 점의 복비는 사영(射影, projection) 아래서 보존된다는 것이다. 이것이 바로

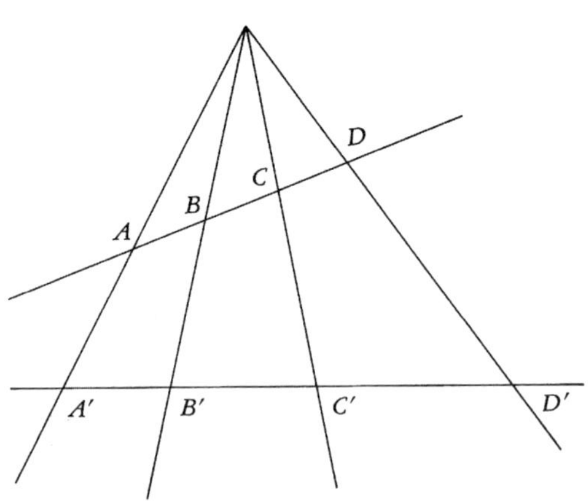

그림 47

사영기하학의 기본 정리이다. 역시 제Ⅶ권은 다음 문제의 한 해를 주고 있다. “한 주어진 원에 삼각형을 내접시킬 때 삼각형의 각 변이 연장되면 일직선 위에 주어진 세 점을 지나도록 내접시켜라.” 이것은 18세기에 크레머(Cramer)에 의해서 세 점이 일직선 위에 있지 않아도 되는 경우로 일반화되고, 1776년에는 카스틸론(Castillon)이 이 일반화에 대한 한 해를 발표해서 흔히 이 문제를 **카스틸론-크레머의 문제**라고 일컫는다. 그 밖의 해가 역시 1780년에 라그랑주, 오일러, 루일리어(Lhuilier), 후스(Fuss), 렉셀(Lexell) 등에 의해서 주어졌다. 몇 년 뒤에 이탈리아에서 기올다노(Giordano)라는 재능 있는 16세의 소년이 이 문제를 다시 원에 n각형을 내접시킬 때 이들의 변이 주어진 n개의 점을 지나도록 하는 문제로 일반화한 다음 그에 대한 우아한 해를 주었다. 퐁슬레(Poncelet)는 다시 원을 임의의 원뿔곡선으로 바꿔서 그 문제를 확장했다. 제Ⅶ권에서 최초로 세 원뿔곡선의 초점-준선 성질에 대한 내용을 다루고 있다.

제Ⅶ권처럼 제Ⅷ권도 파푸스 자신의 많은 독창적인 내용을 담고 있는데 특히 다섯 개의 점이 주어질 때 이를 지나는 원뿔곡선을 작도하는 문제의 해가 실려 있다. 또 파푸스가 발견한 것으로 추측되는 한 흥미로운 문제도 나오는데 이는 문제연구 6.7(b)를 참조하기 바란다.

파푸스의 《수학집성》은 풍부한 기하학적 금괴가 묻힌 진정한 광산이다. 여기에 나오는 역사적 참고문은 믿을 만한 가치가 있음이 분명하다. 그리스 기하학에 관한 우리의 지식이 바로 이 위대한 논문으로부터 추출해낸 것이다. 이 논문은 무려 30명 이상의 고대수학자의 작품을 인용하거나 언급하고 있다. 그래서 《수학집성》이 그리스 기하학의 만가(挽歌)라고까지 불리는 것은 당연하다.

주석가

파푸스 이후의 그리스 수학은 생동감 넘치는 연구에 막을 내린 채 몇몇 소수의 작가나 주석가에 의해서 그 이전의 작품을 기억해내고 영속시키는 작업만이 진행되었다. 그들 중에 기억될 만한 인물로는 알렉산드리아의 테온, 그의 딸 히파티아, 프로클로스, 심플리키우스, 에우토키우스 등이 있다.

4세기 말에 살았던 테온은 프톨레마이오스의《알마게스트》에 대한 11권으로 된 주석집의 저자이다. 역시 그의 이름은 유클리드의《원론》의 현대판이 테온의 교정본에 기초를 둔 것으로 기억되기도 한다.

테온의 딸 히파티아(Hypatia)는 수학, 의학, 철학분야 등에서 이름을 떨쳤는데 디오판토스의《산학》, 아폴로니우스의《원뿔곡선론》에 대한 주석집을 쓴 것으로 기록되어 있다. 그녀가 바로 수학사에서 등장하는 최초의 여성수학자이다. 킹슬리(Charles Kingsley)의 한 소설[3)]에서 그녀의 일생과 더불어 그녀가 415년 3월에 광신적인 기독교도의 손에 의해 야만스럽게 죽임을 당하는 상황이 재현되고 있다.

수학사가들은 초등기하학의 초기 역사에 대한 정보의 주요한 근원을 신플라톤학파의 철학자이며 수학자인 프로클로스(Proclus)의《유클리드, 제 I 권의 주해(註解)》로부터 얻었다. 프로클로스는 우리에게는 전해지지 않은 역사적인 중요한 저작들(또는 그런 저작들에 관한 주석집)의 정보를 갖고 있었는데 그중 주요한 것은 에우데무스의 네 권의 책으로 된《기하학의 역사(History of Geometry)》와 게미누스(Geminus)의《수리 과학의 이론(Theory of Mathematical

3) *Hypatia, or New Foes with an Old Face*. New York: E.P. Dutton. 1907.

Sciences)》 등이다. 플라톤의 《국가론(Republic)》에 대한 프로클로스의 주석도 역시 수학사가들에게 흥미를 주고 있다. 프로클로스는 알렉산드리아에서 공부했으며 아테네 학교의 교장을 지냈고 485년에 75세의 일기로 아테네에서 세상을 떠났다.

또 한 사람 주목할 만한 주석가는 아리스토텔레스에 관한 주석가인 심플리키우스(Simplicius)이다. 그는 안티폰(Antiphon)의 원적문제에 관한 시도, 히포크라테스의 궁형, 또 에우독소스가 태양계의 행성의 운동을 설명하기 위하여 발명한 동심구(同心球) 체계에 대한 설명을 우리에게 전해주고 있다. 그는 또 유클리드의 《원론》의 제 I 권에 대한 주석도 썼는데 그것으로부터 나중에 아라비아 발췌본이 만들어졌다. 심플리키우스는 6세기 초반에 살았으며 알렉산드리아와 아테네에서 공부했다.

심플리키우스와 거의 동시대인이었던 에우토키우스(Eutocius)는 아르키메데스의 《구와 원기둥에 관하여》, 《원의 측정》, 《평면평형에 관하여》와 아폴로니우스의 《원뿔곡선론》에 대한 주석을 썼다.

529년 말에 이르러 그동안 기독교인의 반대에 끝까지 저항해 오던 아테네 학교가 결국 쥬스티니안 황제의 명령에 의하여 영원히 문을 닫고 말았다. 심플리키우스와 몇몇 철학자, 과학자들은 페르시아로 피신하였는데, 페르시아의 코스라우 1세 왕은 그들을 기꺼이 받아들였을 뿐만 아니라 그곳에다가 '페르시아의 아테네 아카데미'로 불릴 수 있는 학교를 세우도록 주선해 주었다. 그리하여 그리스 과학의 씨앗이 페르시아에 심어지고 그 이후에는 회교도의 후원 아래 번성하게 되었다.

알렉산드리아에 있던 학교는 그대로 기독교인 밑에서 아테네 학교보다는 좀더 나은 대접을 받았다. 그러나 641년에 알렉산드리아가 아라비아인들의 손으로 넘어간 후 알렉산드리아 학교는 얼마 동안은 부분적으로 존속하긴 했지만 끝내 아라비아인들은 기독교인의 유산에 불을 지르고 말았다. 그리하여 길고 긴 영광의 그리스 수학의 역사가 막을 내리게 되었다.

문제연구

6.1 아리스타르쿠스와 에라토스테네스의 측정

사모스의 아리스타르쿠스(기원전 287년경)는 수학을 천문학에 응용했다. 그는 태양계의 태양중심설을 제창하여 고대의 코페르니쿠스로 알려져 왔다.

(a) 아리스타르쿠스는 하찮은 도구를 이용하여 태양과 달이 제1사분면에 있을 때 그들의 각(角)거리가 직각의 29/30임을 관측했다. 이 측정을 기초로 하여 삼각법 없이도 지구와 태양 사이의 거리가 지구와 달 사이의 거리의 18배와 20배 사이에 있음을 보였다. 아리스타르쿠스가 관측한 결과를 이용하여 이를 증명하라(실제의 각 거리는 약 89°50'이다).

(b) 아리스타르쿠스는 논문 《태양과 달의 크기와 거리에 관하여》에서 다음 명제와 동치인 식을 이용했다.

$$\frac{\sin a}{\sin b} < \frac{a}{b} < \frac{\tan a}{\tan b}$$

여기서 $0 < b < a < \pi/2$. 이제 두 함수 $\sin x$와 $\tan x$의 그래프를 이용하여 x가 0에서 $\pi/2$로 증가할 때 $(\sin x)/x$는 감소하고 $(\tan x)/x$는 증가함을 보여서 위의 부등식을 유도하여라.

(c) 에라토스테네스(기원전 230년경)는 지구에 대한 유명한 측정을 하였다. 시에네(Syene)에서 하지점(夏至點)의 정오에 수직 막대기의 그림자가 없는 반면에 알렉산드리아(이곳이 시에네와 같은 자오선 위에 있다고 믿었다)에서는 태양광선이 완전한 원에서 수직으로 1/50이 기울어져 있음을 관측했다. 그런 다음 이미 알

려진 알렉산드리아와 시에네 사이의 거리가 5,000스테이드라는 사실을 이용하여 지구의 둘레를 계산해 냈다. 그가 계산한 값은 250,000스테이드인데 이를 검증해 보라. 에라토스테네스의 거리 단위 스테이드(stade)는 약 559피트쯤 된다. 이를 가정하고 나서 위의 결과를 이용하여 지구의 극직경을 마일로 계산해 보라(지구의 실제 극거리는 7,900마일이다).

6.2 아르벨로스와 셀리논

아라비아 번역본으로 전해 내려온 《보조정리집》에는 아르키메데스가 만든 것으로 여겨지는 몇 개의 우아한 기하학의 정리가 실려 있다. 그중에 아르벨로스(arbelos: '제화공의 칼'이라고도 부름)에 관한 몇 가지 성질이 있다. A, C, B가 일직선 위에 있는 세 점이라고 하고 C가 A와 B 사이에 있다고 하자. 이제 그 직선의 같은 쪽에서 직경이 각각 AC, CB, AB인 반원을 그리자. 그러면 이 세 반원을 경계로 하는 도형이 아르벨로스이다. 점 C에서 직선 AB 위에 수선을 세우고 제일 큰 반원과 G에서 만난다고 하고 두 개의 작은 반원의 공통외접선이 이 반원과 T, W에서 접한다고 하자. AC, CB, AB를 $2r_1$, $2r_2$, $2r$로 표시할 때 아르벨로스의 다음 기본 성질을 증명하라.

(a) GC와 TW의 길이는 같고 서로 이등분한다.
(b) 아르벨로스의 면적은 GC를 직경으로 하는 원의 면적과 같다.
(c) 두 직선 GA, GB는 각각 T, W를 지난다.

아르벨로스는 쉽게 보일 수 없는 많은 성질을 갖고 있다. 예를 들어 아르키메데스는 두 곡선삼각형 ACG와 BCG에 각각 내접하는 두 원은 모두 직경이 r_1r_2/r임을 보인 것으로 여겨진다. 이 두 원에 외접하는 가장 작은 원은 GC를 직경으로 하는 원과 같아 그것은 아르벨로스와 같은 면적을 갖는다. 한편 아르벨로스에서 AB, AC, BC를 직경으로 하는 각 반원 모두에 접하는 원을 C_1이라 하고 그

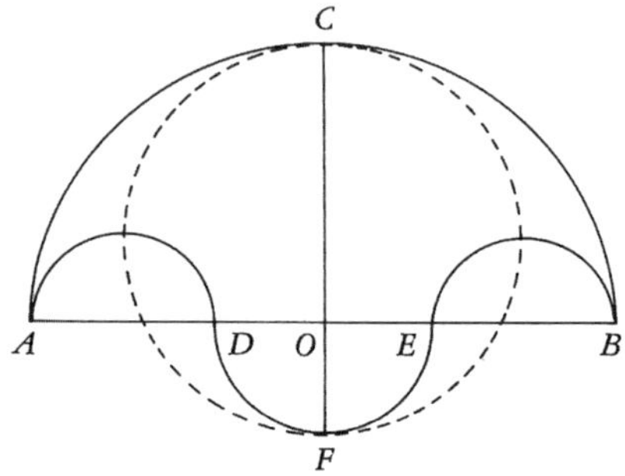

그림 48

다음엔 AB, AC를 직경으로 하는 반원과 원 C_i에 접하는 원을 C_{i+1}이라고 하자(여기서 $i=1, 2, 3, \cdots$). 이때 C_n의 반경을 r_n이라 하고 C_n의 중심으로부터 ACB까지의 거리를 h_n이라 하면 $h_n = 2nr_n$이다. 이 마지막 명제가 파푸스의 《수학집성》의 제Ⅳ권에 나오는데 그곳에서 이를 '고대의 명제'라고 이름 붙였다.

(d) 《보조정리집》의 명제 14는 그림 48에 그려진 샐리논(Salinon: '소금그릇'이라고도 부름)이라 불리는 도형에 관한 것으로서 이 도형은 선분 AB, AD, DE, EB를 직경으로 하는 반원으로 만들어진 것인데 이때 $AD = EB$이다. 명제 14의 주장은 (반원호를 경계로 하는) 샐리논의 전체 면적이 그 도형의 대칭직선 FOC를 직경으로 하는 원의 면적과 같다는 것이다. 이를 증명하라.

6.3 프톨레마이오스의 현표

(a) 다음 '프톨레마이오스 정리'를 증명하라. "순회사변형에서 두 대각선의 곱은 대변의 곱의 합과 같다."

(b) 프톨레마이오스 정리를 이용하여 다음 관계식을 유도하여라.

(1) a, b가 단위반경의 원의 두 호의 현이면

$$s = \frac{a}{2}(4-b^2)^{1/2} + \frac{b}{2}(4-a^2)^{1/2}$$

은 두 호의 합의 현이다.

(2) a, $b(a \geq b)$가 단위반경의 원의 두 호의 현이면

$$d = \frac{a}{2}(4-b^2)^{1/2} - \frac{b}{2}(4-a^2)^{1/2}$$

은 두 호의 차의 현이다.

(3) d가 단위반경의 원호의 현이면

$$s = \{2-(4-t^2)^{1/2}\}^{1/2}$$

은 호의 반의 현이다.

(c) (b)의 (1), (2), (3)의 관계식이 각각 $\sin(\alpha+\beta)$, $\sin(\alpha-\beta)$, $\sin(\theta/2)$의 삼각함수 공식과 동치임을 보여라.

6.4 헤론의 공식

삼각형 새 ABC의 면적 $\triangle$를 그의 세 변 a, b, c로 구할 수 있는 다음 '헤론의 공식'의 유도과정을 상세하게 완성하라.

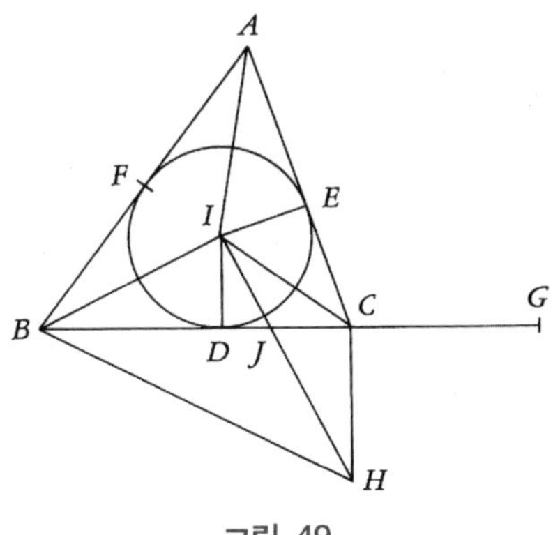

그림 49

1. 그림 49에서와 같이 삼각형 ABC에서 중심이 I이고 반경이 r인 내접원이 변 BC, CA, AB와 각각 D, E, F에서 만난다고 하자. BC의 연장선상에 $CG=AE$인 G를 잡고 BI의 수선 IH를 그릴 때 그것이 BC와 J에서 만나고 C에서의 BC의 수선과 H에서 만난다고 하자.
2. $s=(a+b+c)/2$이면 $\triangle=rs=(BG)(ID)$이다.
3. B, I, C, H는 공원적(共圓的: 한 원 위에 있는) 점들이고, 그래서 $\measuredangle CHB$는 $\measuredangle BIC$의 보각이고, 따라서 $\measuredangle EIA$와 같다.
4. $BC/CG=BC/AE=CH/IE=CH/ID=CJ/JD$.
5. $BG/CG=CD/JD$.
6. $(BG)^2/(CG)(BG)=(CD)(BD)/(JD)(BD)$
$$=(CD)(BD)/(ID)^2.$$
7. $\Delta=(BG)(ID)=\{(BG)(CG)(BD)(CD)\}^{1/2}$
$$=\{s(s-a)(s-b)(s-c)\}^{1/2}.$$

6.5 디오판토스

(a) 디오판토스의 생애에 관해서 우리가 알 수 있는 것은 《그리스명시선집》에 나오는 묘비명의 다음 요약뿐이다. "디오판토스는 그의 생애의 1/6을 소년으로 보냈고 1/12을 청년으로 보냈으며 그 뒤 1/7이 지나서 결혼했다. 결혼한 지 5년 뒤에 아들을 낳았고 그 아들은 아버지의 나이의 반을 살다 죽었고 아들이 죽은 지 4년이 지나 아버지가 죽었다." 디오판토스는 몇 살까지 살았는가?

(b) 《산학》 제 VI권의 문제 16에 나오는 다음 문제를 풀어라. "각 C가 직각인 직각 삼각형 ABC에서 각 A의 이등분선을 AD라 할 때 $DC:CA:AD=3:4:5$인 AB, AD, AC, BD, DC에 대한 가장 작은 정수값을 구하라."

6.6 《산학》에 있는 수론 문제

m이 임의의 수이고 $x=m^2$, $y=(m+1)^2$, $z=2(x+y+1)$이면 다음 여섯 개의 수는 모두 제곱수임을 보여라.

$$xy+x+y,\ yz+y+z,\ zx+z+x,\ xy+z,\ yz+x,\ zx+y.$$

6.7 파푸스의 문제

(a) 파푸스의 《수학집성》 제Ⅲ권에서 평균에 관한 흥미로운 다음 기하학적 표현이 나온다. 선분 AC 위에 중점이 아닌 점 B를 잡는다. B에서 AC에 수선을 올릴 때 그것이 AC를 직경으로 하는 반원과 D에서 만나고 F가 B에서 OD에 내린 수선의 발이라고 하자. 그러면 OD, BD, FD가 각각 두 선분 AB와 BC의 산술평균, 기하평균, 조화평균이 됨을 보이고 $AB \neq BC$이면 다음이 성립함을 보여라.

$$\text{산술평균} > \text{기하평균} > \text{조화평균}$$

(b) 《수학집성》 제Ⅷ권에서 파푸스는 다음 정리를 세웠다. "D, E, F가 삼각형 ABC의 세 변 BC, CA, AB 위에 있는 점들로서 $BD/DC = CE/EA = AF/FB$를 만족하면 두 삼각형 DEF와 ABC는 공통중심을 갖는다." 이를 증명하라.

7장

중국, 인도, 아라비아의 수학

중국[1)]

기원과 시대

고대 중국의 수학에 관해서는 그 근원적인 본질에 관한 어떤 것도 우리에게 전해진 것이 없다. 제일 큰 이유는 고대 중국인들이 그들의 발견을 영구 보존할 수 없는 대나무 위에 기록했다는 데 있고, 더구나 기원전 213년에 자기본위적인 진시황(秦始皇)의 명령에 의하여 분서갱유(焚書坑儒) 사건이 발생한 것이었다. 물론 황제의 포고령이 완벽하게 수행되지는 못했고, 또 불타버린 많은 책들이 그 후

1) 중국에 관한 자료는 주로 다음 문헌으로부터 인용한 것이다. D.J. Struik, "On Ancient Chinese Mathematics," *The Mathematics Teacher* 56(1963): pp. 424-32.

에 기억으로 복원되긴 했지만 현재로서는 불행한 그 사건 이전의 것으로 추정되는 어떤 것도 그 진위(眞僞) 여부가 의심스럽다. 따라서 초기의 중국 수학에 관한 지식은 거의 전적으로 전해 내려오는 이야기에 의존할 수밖에 없다. 또한 최근까지도 대부분의 학자들이 중국어에 익숙하지 못했으므로 연구를 활발하게 진행시킬 수 없었고, 그래서 1913년에 일본 수학자 미카미 요시오가 쓴 《중국과 일본에서의 수학의 발전》이라는 책에 주로 의존했으며, 그 밖에 19세기에 유럽인들이 쓴 몇 개의 흩어진 논문을 참고로 하였다. 그러다가 1959년에 니덤(J. Needham)이 《중국의 과학과 문명(Science and Civilization in China)》이라는 세 권으로 된 훌륭한 저작을 출간하면서 상황이 상당히 개선되었다.

우선 1644년 이전의 중국 역사의 주요 시대를 간단하게나마 살펴보는 것이 좋을 듯하다. 기원전 1030년경부터 기원전 221년까지 지속된 봉건 주(周)시대에서부터 시작하자. 이 시대가 절정을 이루고 나서 한(漢, 기원전 206~기원후 222)의 통일제국이 이어지고 다시 600년경까지, 후한 멸망 이후 분열된 시대로 이어졌다. 바로 이 기간에 불교가 중국에서 융성하였다. 그 후로 당(唐, 618~907)에 의해 새로운 중국 통일이 이루어졌고, 계속하여 오대 십국 시대(907~960), 송(宋, 960~1279), 원(元, 1279~1368), 명(明, 1368~1644)의 왕조로 이어졌다. 그중 송, 원, 명은 통일 중국을 지배했다. 그 밖의 경우도 마찬가지지만 수학에서의 유럽의 영향은 예수회 선교사들의 도래가 있던 명조(明朝)에서 시작되었다.

마르코 폴로(1254?~1324?)가 1275년부터 1292년까지 중국을 방문했고 1279년에는 몽고족인 쿠빌라이칸(忽必烈汗: 칭기즈 칸의 손자 — 옮긴이 주)이 정복사업을 완성하여 원조(元朝)로 통합하였다.

주대에서 당대까지

주(周)대 이전부터 중국의 기수법은 10진법이었으며 그 후도 줄곧 10진법이 사용되었다. 한(漢)대나 혹은 그 이전에 대나무 막대의 배열을 이용하는 막대 수체계가 만들어졌는데(문제연구 1.4 참조), 그 체계에서 빈 공간은 0을 나타내는 것이었다. 기본적인 산술계산은 셈판 위에서 대나무 막대로 하였다. 오늘날 낯익은 중국 수판(數板)은 나란한 막대나 줄에 움직일 수 있는 구슬을 꿴 것으로서, 1436년의 어떤 책에서 이를 처음으로 언급하고는 있지만, 아마 그보다 훨씬 더 오래된 것일지도 모른다. 마방진(魔方陣, magic square) 역시 주(周)대 이전에 이미 개발된 것이 분명하다.

고대 중국의 수학책 중에서 가장 중요한 《구장산술(九章算術)》은 한(漢)대에 쓰인 것으로서 한대 훨씬 이전의 내용도 담고 있다. 《구장산술》은 농업, 상업, 공업, 측량, 방정식의 해법, 직각 삼각형의 성질 등에 관한 246개의 문제를 싣고 있다. 그곳에는 해법이 주어지긴 했지만 그리스식의 어떤 증명도 찾아볼 수 없다. Ⅰ장의 문제 36에는 밑변이 b이고 호의 높이(sagitta: 원호의 중점에서 그 현의 중점까지의 길이 — 옮긴이 주)가 s인 원호의 면적이 경험공식인 $s(b+s)/2$로 주어지고 있다. 이는 아마 그림 50으로부터 추정되었을 것이다. 즉 그림의 할선이 이등변 삼각형의 면적과 원호의 면적이 같아 보이게끔 그려졌을 때 할선은 각각 밑변을 양쪽으로 $s/2$만큼 연장시킨 곳을 자르고 있는 것처럼 보인다. 반원에 대한 이 경험공식은 π를 3으로 취하게 만든다. 또한 이 책에는 연립 1차 방정식을 푸는 문제들도 나오는데, 이것은 오늘날 행렬법으로 불리는 방식에 의하여 풀렸다(문제 연구 7.1 참조).

《구장산술》보다 더 오래된 것으로 추정되는 또 하나의 유명한

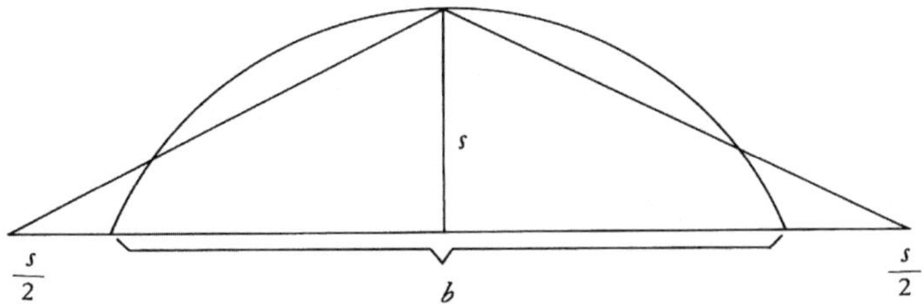

그림 50

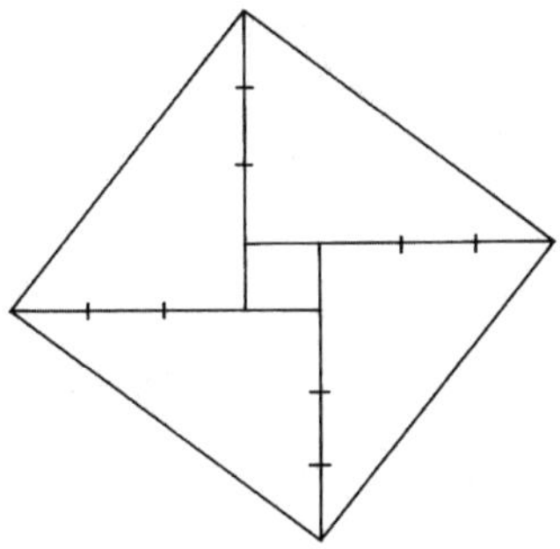

그림 51

고전으로 《주비산경(周髀算經)》이 있다. 이 책은 일부만 수학적 내용을 담고 있는데, 가장 흥미로운 것은 그림 51을 바탕으로 한 피타고라스 정리에 대한 논의이다(그러나 증명은 없다).

그 뒤를 이어 한대가 낳은 수학자 순체(筍彘)가 《구장산술》에 나오는 것과 유사한 내용을 담고 있는 책을 한 권 저술했다. 이 책에서 부정(不定)해석에 관한 최초의 중국문제가 등장한다. "3으로 나눌 때 2가 남고, 5로 나눌 때 3이 남고, 7로 나눌 때 2가 남는 어떤 미지수가 있다. 그중 가장 작은 수는 무엇인가?" 여기서 초등 정수론의 유명한 중국의 나머지 정리(Chinese Remainder Theorem)의 기원을 볼 수 있다.

후한(後漢)시대에는 원주와 원의 직경의 비인 π를 계산하는 데

심혈을 기울인 많은 수학자가 있었다. 3세기 때 왕판이라는 장군이 π의 값으로 $\pi=3.155$가 되는 유리근삿값 142/45를 만들어 낸 것으로 믿어진다. 왕판과 동시대의 인물인 유휘(劉徽)는 《해도산경(海島算經)》이라는 《구장산술》의 간단한 주해서를 썼다. 이 책에서는 구적법(求積法)에 관한 몇 가지 새로운 자료가 나오는데 그중에는 다음 관계식이 있다.

$$3.1410 < \pi < 3.1427$$

그 후 약 200년 뒤에 조충지(祖沖之, 430~501)와 그의 아들이 지금은 분실된 공저작(共著作)에서 다음 관계식

$$3.1415926 < \pi < 3.1415927$$

을 발견했고, 아울러 소수 여섯 자리까지 정확한 π의 놀라운 유리근삿값 355/113을 만들었다. 이 유리근삿값은 1585년에 이르러서야 유럽에서 재발견되었다(4장의 8번째 절 참조). 조충지 부자가 얻은 π의 정확도는 1492년에 사마르칸트(Samarkand)의 천문학자 알 카시(약 1436년)가 소수 16자리까지 정확한 π의 값을 발견함으로써 개선되었다. 서구의 수학자들은 1600년경까지도 조충지 부자의 근삿값을 뛰어넘지 못했다.

당대에서 명대까지

당(唐)대에 이르러 과거시험에서 공식적으로 사용하기 위해 당시에 구할 수 있었던 대부분의 중요한 수학책을 한데 모아 묶었다. 인쇄술이 8세기에 발견되긴 했지만 우리가 아는 한, 최초의 인쇄된 수학책은 1084년이 돼서야 나왔다. 왕효통(王孝通)이 625년경에 쓴 책에

折抵地爲弦以句及股弦并求股故先令句自乘見矩
冪令如高而一凡爲高一丈爲股弦并之以除此冪得
差所得以減竹高而半其餘卽折者之高也此率與係
索之類更相返覆也亦可如上術令高自乘爲股弦并
冪去本自乘爲矩冪減之餘爲實倍高爲法則得折之
高數也

去根如勾折處
如股折梢如弦
通長如股弦和

股弦和與勾求股法曰勾自乘爲實變股弦較乘股弦
和如股弦和而一正除得股弦較以減股弦和餘二段

부러진 대나무의 문제 — 양휘의 책 중에서(1261)

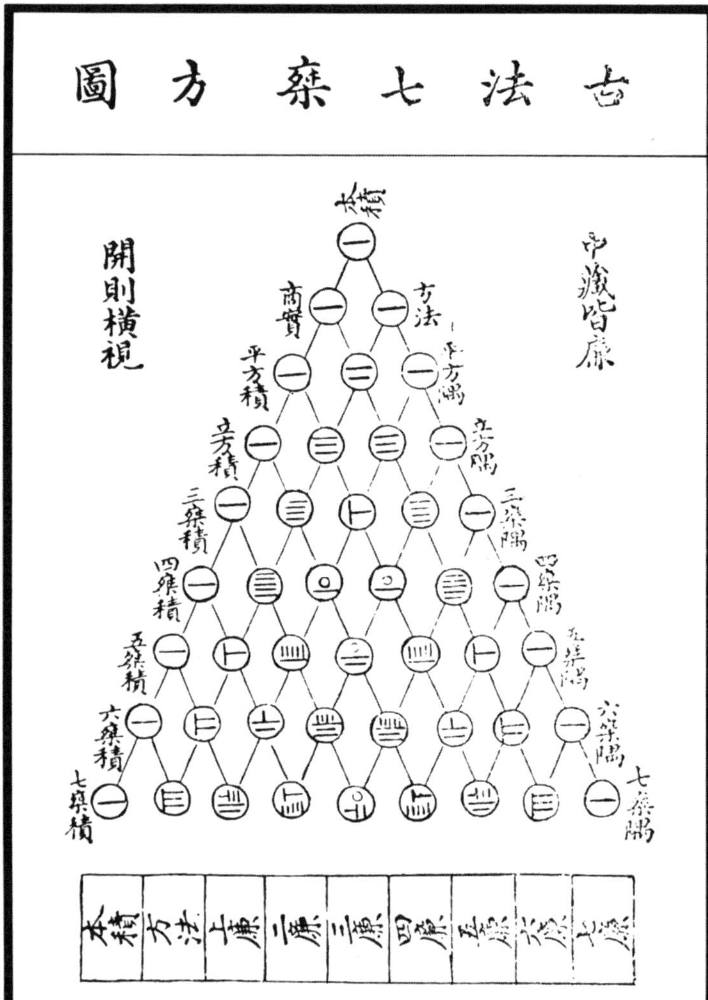

주세걸이 1303년에 쓴 책에서 설명하고 있는 파스칼의 산술삼각형

서는 《구장산술》에 있는 $x^3 = a$보다 복잡한 최초의 3차 방정식이 나온다.

《구장산술》의 중요한 인쇄본은 1115년경 송조(宋朝)에서 나왔다. 송대 후반기에서 원대 전반기에 이르는 기간은 고대 중국 수학사에서 가장 위대한 시대로 구분될 수 있다. 이 시기에 많은 중요한 수학자들이 활약하였고 또 귀중한 수학책들이 나왔다. 수학자를 꼽아보면 진구소(秦九韶, 그의 책은 1247년에 나왔다), 이야(李冶, 그의 책은 1248년과 1259년에 나왔다), 양휘(楊輝, 그의 책은 1261년과 1275년에 나왔다), 그리고 가장 위대한 주세걸(朱世傑, 그의 책은 1299년과 1303년에 나왔다) 등이 있었다.

진구소는 순체가 남겨 놓은 부정 방정식을 다루었으며 중국 최초로 영(零)을 표시하는 데 독립된 기호로서 원을 사용했다. 또, 그는 고차방정식에서 제곱근을 뽑아내는 방법(《구장산술》에 나오는 방법과 같은 것)을 일반화했는데, 그의 방법이 오늘날 '호너의 방법'으로 알려진 대수방정식의 수치해법을 이끌게 하였다. 물론 호너의 방법은 영국인 교사 호너(William George Horner, 1786~1837)에 의해 독립적으로 발견되어 1819년에 발표되었다. 실제로 호너는 자신이 고대 중국의 계산방법을 재발견했다는 사실을 전혀 모르고 있었다. 이야는 음수에 대한 표기를 소개한 사람으로 특히 흥미로운데 그는 중국식의 막대 수체계로 수를 썼을 때 맨 오른쪽 자릿수를 대각선으로 획을 그어서 음수를 표현했다. 예를 들어 -10724는 다음과 같이 나타낸다.

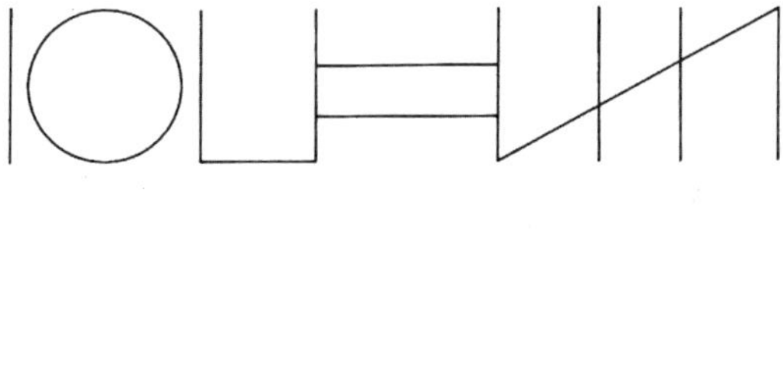

양휘는 《구장산술》의 확장이라고 할 수 있는 그의 책에서 본질적으로 오늘날과 같은 방법으로 소수(小數)를 능숙하게 다루었다. 그는 또한 소위 '파스칼의 산술삼각형'(9장의 9번째 절 참조)에 대해 현존하는 가장 오래된 설명을 주었는데, 그 후 1303년에 주세걸이 쓴 책에 다시 등장한다. 이것으로 보아 중국에서는 이항정리(二項定理)가 이미 오래 전부터 알려져 있었던 것으로 생각된다. 주세걸의 책은 우리에게 전해 내려온 중국의 산술적·대수적 방법을 설명한 가장 완벽한 저작이라고 할 수 있다. 그는 오늘날의 눈에 익은 행렬방법을 이용하였으며 소거법이나 대입법은 실베스터(J.J. Sylvester, 1814~1897)의 방법과 비견되어 왔다.

후송(後宋)시대에도 계속해서 수학자(그들은 종종 천문학자로도 활약했다)가 등장했으나 그들의 수학에서는 근본적으로 새로운 것이 없었다. 당(唐)대의 초기에는 인도의 영향이 감지되는 반면에 원(元)대의 후기에는 아라비아의 영향을 느낄 수 있다. 고대 중국의 수학에 있어서 서구(그리스나 라틴) 수학의 흔적을 직접적으로 추적할 만한 점은 거의 없다. 서구의 영향이 눈에 띄는 것은 예수회 선교사들이 중국에 들어간 후인 명조(明朝)시대의 수학에서뿐이다.

인도

일반적인 조망(眺望)

고대 인도의 수학 발전에 관해서도 정확한 기록 부족으로 인하여 별로 알려진 것이 없다. 가장 오래된 역사는 5000년 전에 폐허가 된 모헨조다로(Mohenjo Daro)의 한 도시에 보존되어 있다. 넓은 거리, 벽돌집과 타일 붙인 목욕실이 있는 아파트, 포장된 하수시설, 공동

수영장 등의 흔적은 고대 동양의 어떤 곳에서도 찾아볼 수 없는 진보한 문명이 그곳에 있었음을 보여 주고 있다. 이 초기의 사람들은 쓰고, 셈하고, 무게를 달고, 측량을 하는 체계를 가지고 있었으며 관개수로도 파놓았는데 이 모든 것들은 기초 수학과 공학을 요구하는 것이었다. 이 사람들이 나중에 어떻게 되었는지는 알려져 있지 않다.

약 4000년 전에 방랑족들이 중앙아시아의 대평원으로부터 히말라야 산맥을 넘어 인도로 내려왔다. 이들이 바로 아리안족(Aryans)이었는데, '아리안'이라는 말은 산스크리트(Sanskrit)어로 '귀족' 혹은 '지주'라는 뜻이다. 이들 중 많은 사람들이 그대로 인도에 정착하였고, 일부는 유럽 쪽으로 계속 방랑하여 인도-유럽인족의 뿌리를 내렸다. 아리안족의 영향력은 점차 인도 전역으로 확대되어 갔다. 처음 1000년 동안 그들은 산스크리트어의 구어체와 문어체를 완성했으며 카스트제도를 도입하였다. 기원전 6세기에는 다리우스(Darius) 왕의 페르시아 군대가 인도를 침입했으나 영구적인 정복은 하지 못했다. 바로 이 시기에 두 명의 위대한 초기 인도인인 문법학자 파니니(Panini)와 석가모니 부처(Buddha)가 활약하였다. 또 이 시기에

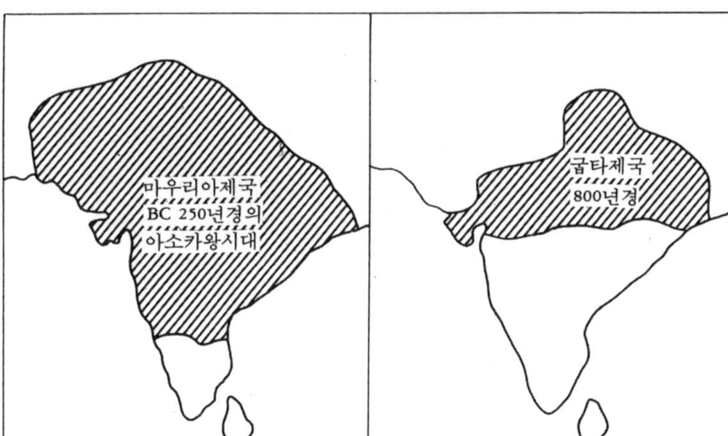

아마 수학사에서 흥미로운 종교 문헌인 《술바수트라스(Sulvasutras, '새끼의 규칙'이라는 뜻)》가 쓰여진 것으로 추정되는데 이 《술바수트라스》에서 새끼를 꼬아 제단을 건축할 수 있는 기하학적 법칙을 구체적으로 설명하고 있고 피타고라스 삼조도 알고 있음을 보여 주고 있다.

기원전 326년에는 알렉산더 대왕이 북서 인도를 일시적으로 정복한 후에 마우리아(Maurya) 제국이 세워졌고 머지않아 그들은 인도 전역과 중앙아시아 일부로 뻗어나갔다. 가장 유명한 마우리아 통치자는 아소카(Aśoka) 왕(기원전 272~232)으로서 그의 전성시대에 인도의 중요한 도시마다 커다란 돌기둥을 세워 놓았는데 지금까지도 남아 있는 것이 있다. 이 돌기둥이 흥미로운 이유는 1장의 9번째 절에서 얘기했듯이 그것들 중 몇 개에 현재의 수 기호의 가장 오래된 견본이 새겨져 있기 때문이다.

아소카 왕 이후로 인도는 외부의 침입을 계속 받았으나 결국 토착 인도 황제들의 굽타(Gupta)왕조로 이어졌다. 굽타시대는 산스크리트 르네상스의 황금시대를 열었으며 인도가 학문, 예술, 의학의 중심지가 되었고, 또 풍요로운 도시들이 생겨나고 대학이 세워졌다. 최초의 중요한 천문학 저작인 작자 미상의 《수우르야 싯단타(Sūrya Siddhānta, '태양에 관한 지식'이라는 뜻)》는 아마 5세기 초엽 쯤에 나온 것 같다. 이때부터 인도 수학이 종교보다는 천문학에 공헌하게 되었다. 6세기 작품인 《판챠 싯단티카(Pañca Siddhāntikā)》는 우자인(Ujjain)의 천문학자 바라하미히라(Varāhamihjira)의 작품으로 《수우르야 싯단타》에 기초하고 있는데, 이것은 초기 인도 삼각법의 훌륭한 개요와 분명히 프톨레마이오스의 현표로부터 만들어졌을 것으로 생각되는 사인(sine)표를 싣고 있다.

인도 수학이 그리스, 바빌로니아, 중국의 수학들로부터 얼마만큼 영향을 받았으며, 또 그들에게 얼마만큼 영향을 주었느냐 하는 문제는 아직도 밝혀지지 않았지만 상호 영향을 주었을 것이라는 설득력 있는 증거는 많이 있다. 이를테면 로마 지배하의 평화가 가져다준 뚜렷한 이익 중의 하나가 동서 간의 지식의 전달과 보급이었는데, 초창기부터 인도는 서방 및 극동세계와 외교관을 상호 교류시켰다.

450년경부터 1400년대 말엽까지 인도는 또다시 수많은 외부침략에 시달려야 했다. 먼저 훈족(Huns)이 쳐들어오고 8세기에는 아라비아족이, 11세기에는 페르시아족이 쳐들어왔다. 이 기간 동안에도 뛰어난 인도 수학자들이 많이 있었다. 이들 중에 먼저 두 명의 아리아바타(Āryabhata)가 있었고, 그 다음에 브라마굽타(Brahmagupta), 마하비라(Mahāvira), 바스카라(Bhāskara)가 있었다. 나이가 많은 아리아바타는 6세기에 활약했으며 현재의 갠지스강 유역의 파트나(Patna) 근처에서 태어났다. 그는 《아리아바티야(aryabhatiya)》라는 이름이 붙은 천문학 책을 저술했는데 그 책의 3장이 수학적 내용을 다루고 있다. 두 명의 아리아바타 사이에 일어나는 약간의 혼동은 그들의 작품이 올바르게 구분되어 있지 않은 것에 기인한 것이다. 브라마굽타는 7세기의 가장 뛰어난 인도 수학자로서 중앙 인도에 있는 우자인(Ujjain)의 천문대에서 일하였다. 그는 628년에 21장으로 된 천문학에 관한 책 《브라마-스푸타-싯단타(Brahma-Sphuta-Sidd'hānta, '브라마의 개정된 체계'라는 뜻)》를 저술했는데 그중에서 12장과 18장이 수학을 다루고 있다. 850년경에 활약했던 마하비라는 남부 인도의 마이소르(Mysore) 출신으로 기초 수학에 관한 저술을 하였다. 바스카라는 우자인의 바라하미히라와 브라마굽타의 도시에서 살았다. 그의 작품인 《싯단타 쉬로마니(Siddhānta Śiromani, '천체계의 왕관'이라는 뜻)》는 1150년에 쓰여졌는데 내용은 500년 전의 브라마굽타의 작품보다 더 진보된 것이 거의 없음을 보여 주고 있다. 바스카라의 작품 중에 가장 중요한 수학적 부분인 《릴라바티(Lilāvati, '아름다운 것'이라는 뜻)》와 《비자가니타(Vijaganita, '종

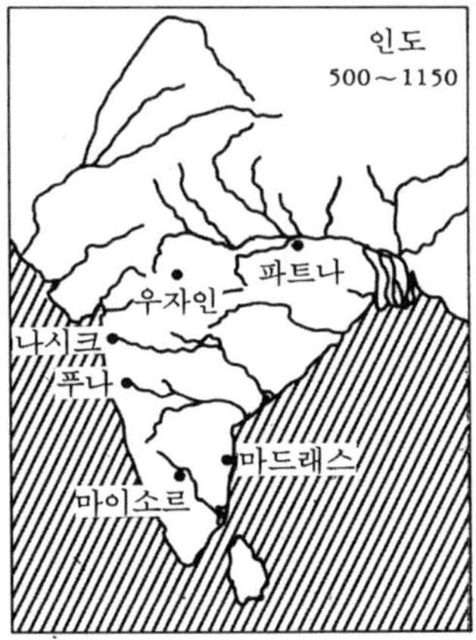

자산술'이라는 뜻)》[2]는 각각 산술과 대수를 다루고 있다.

바스카라 이후의 인도 수학은 오늘날까지 간헐적인 발전만을 이룩했다. 1907년에 인도 수학회가 발족되었고 2년 뒤에 마드라스(Madras)에서 인도 수학회 논문집이 출간되었고 인도 통계학 논문집인 《산키야(Sankhyā)》가 1933년부터 출간되기 시작했다.

현대의 가장 눈에 띄는 인도 수학자는 가난한 판매원이었으며 교육받지 않은 천재, 스리니바사 라마누잔(Srinivasa Ramanujan, 1887~1920)일 것이다. 그는 복잡한 수의 관계를 빠르고 깊게 통찰하는 놀라운 능력을 소유하고 있었다. 그는 1913년에 저명한 영국 수론학자 하디(G.H. Hardy, 1877~1947)의 눈에 띄어 다음 해에 케임브리지 대학교에서 공부하게 되었다. 그리하여 가장 주목할 만한 수학적 교제가 바로 그들 두 사람 사이에서 이루어졌다.

흔히 수학사에 관한 책들은 인도 수학을 다룰 때 약간의 모순과 혼동을 보여 주고 있다. 이는 아마도 인도 저자들의, 상당히 모호하

2) 《릴라바티》와 《비자가니타》가 《싯단타 쉬로마니》의 일부분이라는 것은 확실하지 않다.

고 때로는 거의 이해하기 어려운 저술에 기인한다고 볼 수 있다. 그래서 인도 수학사는 여전히 더욱 신뢰할 만한 학술적인 연구가 절실히 요청되고 있다.

셈법

1장의 9번째 절에서 현재 우리의 위치 수체계의 발전에 인도가 해낸 역할에 관하여 약간 살펴보았다. 이제 이 위치 수체계에 의한 인도의 셈법에 관하여 몇 가지 더 살펴보자. 독일의 역사학자 한켈(H. Hankel)에 의하면, 인도인들은 일반적으로 지우기 쉬운 묽은 흰 물감을 묻힌 막대 펜으로 작은 흑판 위에 쓰거나 혹은 1평방 피트도 안 되는 흰 판에 붉은 가루를 뿌려 덮은 위에다 막대를 가지고 썼다. 그러나 어느 경우든 쓸 공간은 매우 작았고 읽기 쉽게 하기 위하여 글씨를 크게 써야 했지만 지우거나 고치는 것은 간단히 할 수 있었다. 따라서 계산과정은, 쓸 공간을 절약하기 위하여 계산이 끝난 숫자는 지워버리게 고안되었다.

8 3
~~7~~ ~~2~~ 3
3 4 5
4 8 8

초기 인도의 덧셈은 오늘날 우리가 선호하고 있는 방식인 오른쪽에서 왼쪽으로 더해가는 것이 아니라 왼쪽에서 오른쪽으로 더해가는 것이었다. 예를 들어 345와 488을 더하는 것을 생각해 보자. 이것은 옆의 그림처럼 우선 셈판의 상단의 약간 아래쪽에 한 수를 쓰고 그 밑에 다른 한 수를 쓴 다음 계산을 하는데 $3+4=7$이므로 7을 맨 왼쪽 줄 위에 쓰고 다음에 $4+8=12$이므로 7은 8로 바뀌고 그 다음 자리는 2가 된다. 따라서 7은 지워지고

82가 쓰였다. 그 대신에 그림에서 우리는 7을 긋고 그 위에 8을 썼다. 그러면 5+8=13이므로 2는 3으로 바뀌며 그 다음 수도 3이 된다. 그래서 최종적인 답 833이 셈판의 상단에 나타난다. 이제는 345와 488을 지워버릴 수 있으며 더 많은 계산을 하기 위해 셈판의 나머지 부분도 깨끗이 해놓는다.

우리는 시기가 확실하지 않은 바스카라의 《릴라바티》의 한 주해서에서 또 다른 방법을 발견할 수 있다. 그것에 의하면 345와 488은 다음과 같이 더해진다.

일단위 수의 합 5+8= 13
십단위 수의 합 4+8=12·
백단위 수의 합 3+4=7··
모든 합의 합 =833

```
    8  4
 2  5̸  0̸  5
    5  6  9     5
```

곱셈에 대해서도 여러 방법이 사용되었다. 간단한 곱셈인 569×5는 문헌에서 다음과 같이 왼쪽에서 오른쪽으로 계산된다. 우선 셈판의 상단의 약간 아래쪽에 569를 쓰고 같은 줄에 곱할 5를 쓴다. 그러면 5×5=25이므로 옆의 그림처럼 25를 569 위에 쓴다. 다음에 5×6=30이므로 25에 있는 5를 8로 바꾸고 그 다음 자리엔 0이 되므로 빨리 5를 지우고 그림처럼 그 위에 8을 쓴다. 그리고 5×9=45이므로 0은 4로 바뀌고 그 다음 자릿수는 5가 된다. 그래서 최종적으로 2845가 셈판의 상단에 나타난다.

135×12 같은 좀더 복잡한 곱셈은 위에서처럼 먼저 135×4=540을 구한 다음, 다시 540×3=1620으로 계산했거나 135×10=1350에 135×2=270을 더해서 1620을 얻어낸 것으로 보인다.

대략 10세기나 11세기경에 인도에서 시작한 현재 우리의 기본

산술연산방식의 발전은 아라비아인들에 의해 채택되었다가 후에 서유럽으로 전해졌고 유럽에서 현재의 형태로 수정되었다. 이 연구는 산술에 관한 15세기 유럽의 저자들로부터 상당한 주목을 받았다.

산술과 대수

인도인들은 재능 있는 산술가였으며 대수에 중요한 공헌을 하였다. 많은 산술문제들이 임시위치법으로 풀렸지만 그 밖에 **역산법**(逆算法)으로 불리는 것이 선호되기도 했다. 역산법은 주어진 정보로부터 거꾸로 계산하는 것이다. 예를 들어 바스카라의 《릴라바티》에 나오는 다음 문제를 생각해 보자. "반짝이는 눈을 가진 아가씨, 역산의 올바른 방법을 안다면 내 말을 들어봐요. 어떤 수에 3을 곱해서 그 곱의 3/4을 증가시키고 7로 나눈 다음, 그 나눈 것의 1/3을 빼서 그 자신을 곱한 뒤 52를 다시 빼고 그것에 제곱근을 취해서 8을 더하고 10으로 나누면 2가 된다오. 그 수는 얼마이겠소?" 역산법으로 2를 가지고 시작해서 거꾸로 계산해 보자. 그러면 $((2)(10)-8)^2+52=196$, $\sqrt{196}=14$, $(14)(3/2)(7)(4/7)/3=28$, 이것이 답이다. 여기서 주목해야 할 것은 문제에서 10으로 나누라고 지시한 곳에서 10을 곱하고, 8을 더하라는 곳에서 8을 빼고, 제곱근을 구하는 곳에서 제곱을 취했다는 것이다. 이렇게 각 연산을 그 역으로 대체시키는 것이 '역산'이란 이름을 설명해 주고 있다. 물론 그것은 우리가 오늘날 그 문제를 풀려고 할 때와 똑같은 방법이다. 즉 구하려는 수를 x로 나타내면 그것은

$$\frac{\sqrt{\left[\dfrac{(2/3)(7/4)(3x)}{7}\right]^2-52}+8}{10}=2$$

로 표현된다. 이를 풀기 위해서는 양변에 10을 곱하고, 양변에서 8을 빼고, 양변에 제곱을 하는 등으로 계속 진행해 나아가야 한다. 이 문제는 또한 산술문제를 시가(詩歌) 형태로 표현하는 인도인들의 관습을 보여 주고 있다. 그 이유는 학교 교과서가 운문(韻文)으로 쓰여졌고, 또 문제들이 자주 사교적 오락으로 이용되었기 때문이다.

인도인들은 등차수열과 등비수열의 합을 구했으며 단리, 복리, 할인, 조합 등에 관한 상업적 문제를 풀었다. 그들은 또한 현대교과서에 나오는 것과 유사한 혼합물 문제와 물통 문제도 풀었다. 몇 가지 전형적인 인도 산술문제가 문제연구 7.2, 7.3에 실려 있다.

인도 산술에 관한 대부분의 우리의 지식은 바스카라의《릴라바티》로부터 유래된 것이다. 이 작품에 관한 로맨틱한 이야기가 하나 있다. 그 이야기에 따르면, 한 점성술사가 바스카라의 외동딸 릴라바티(Lilāvati)는 상서로운 날 정해진 시간 이외에 혼인을 하게 되면 무서운 불행이 닥칠 것이라고 예언했다. 그날이 오자 초조한 신부는 컵 시계의 수위가 가라앉고 있는 것을 바라보다가 자신도 모르는 사이에 머리장식에 붙은 진주가 떨어져 컵 속에 물구멍을 막아 물이 흘러 나가는 것이 멈춰지고 그 행운의 순간이 어느 찰나 흘러가버리고 말았다는 것이다. 바스카라는 불행한 딸을 위로하기 위해 그의 책 이름을 딸의 이름을 따서 붙였다.

인도의 대수는 약어 대수였다. 덧셈은 디오판토스처럼 보통 옆으로 나란히 나타내었고, 뺄셈은 감수(減數) 위에 점을 찍어 표시했으며 곱셈은 인수(因數) 뒤에 'bha('곱'을 뜻하는 단어 'bhnavita'의 첫 음절)'를 썼고, 나눗셈은 피제수 밑에 제수를 썼으며 제곱근은 ka('무리(無理)'라는 뜻의 'karana'의 첫 음절)를 그 수 앞에 써서 표시했다. 브라마굽타는 미지수를 yā('만큼의'라는 뜻의 'yāvattāvat'의 첫 음절)로 표시했었다. 기지(旣知)의 정수들은 rū('절대수'라는 뜻의 'rūpa'의 첫 음절)로 미리 고정되었다. 추가되는 미지수들은 여러 가지 색깔을 나타내는 말의 첫 음절로 표시되었다. 이를테면 두 번째 미지수는 kā('검정'이라는 뜻의 'kālaka'의 첫 음절)로 표시되었고 $8xy+\sqrt{10}-7$은 다음과 같이 나타냈다.

$$\text{yā kā 8 bha ka 10 rū } \dot{7}$$

인도인들은 음수와 무리수를 인정했으며 2차 방정식이(실근을 갖는 경우) 두 개의 근을 갖는다는 사실을 이미 깨닫고 있었다. 그들은 제곱을 푸는 눈에 익은 방법으로 2차 방정식의 대수적 해를 통일시켰다. 오늘날 이 방법을 '인도해법'이라고 부르기도 한다. 바스카라는 다음의 주목할 만한 두 항등식을 만들었다.

$$\sqrt{a \pm \sqrt{b}} = \sqrt{(a+\sqrt{a^2-b})/2} \pm \sqrt{(a-\sqrt{a^2-b})/2}$$

이 항등식은 현재의 대수 교과서에서도 이항 무리수의 제곱근을 구하는 데 이용되고 있다. 이들 식이 물론 유클리드의《원론》제Ⅹ권에도 나오기는 하지만, 거기에는 이해하기 어려운 복잡한 말로 쓰여져 있다.

인도인들은 부정해석학(不定解析學) 분야에서 탁월한 능력을 보여 주었으며 아마 그들이 이 분야에서 최초로 일반적인 방법을 고안한 것으로 평가된다. 디오판토스는 부정 방정식에서 한 유리해를 구했지만 인도인들은 그와는 달리 모든 가능한 정수해를 찾으려고 노력하였다. 아리아바타와 브라마굽타는 부정 1차 방정식 $ax+by=c$ (단, a, b, c는 정수)의 정수해들을 구했다. 부정 2차 방정식 $xy=ax+by+c$는 나중에 오일러가 재발명한 방법에 의해 풀렸다. 소위 '펠(Pell) 방정식'이라 불리는 $y^2=ax^2+1$(단, a는 비제곱상수)에 관한 브라마굽타와 바스카라의 연구는 몇몇 사람에 의해 높이 평가되고 있는데, 그들은 어떻게 하면 하나의 해 x, y(단, $xy\neq 0$)로부터 무한히 많은 해를 구할 수 있는가를 보여 주었다. 펠 방정식에 대한 완전한 이론은 1766~1769년 사이에 라그랑주에 의해 완성되었다. 부정 방정식에 관한 인도인들의 연구는 서유럽에 너무 늦게 알려졌기 때문에 어떤 유익한 영향을 끼치지는 못하였다.

기하학과 삼각법

인도인들은 기하학에 능숙하지 못했다. 엄밀한 논증은 드물게 나타났고 공준적 전개는 전혀 볼 수 없었다. 그들의 기하학은 주로 경험에 의존했으며 일반적으로 측량과 연관되어 있었다.

고대의 《술바수트라스》는 초기 인도인들이 제단을 건축하는 데 기하학을 이용했다는 것과 그때 피타고라스의 관계식을 이용했음을 보여 주고 있다. 그 법칙들은 주어진 두 정사각형의 합이나 차와 면적이 같은 정사각형을 찾아내거나, 주어진 직사각형과 면적이 같은 정사각형을 찾을 수 있는 길잡이를 해 주었다. 또 《술바수트라스》에는 원적문제의 해가 $d=(2+\sqrt{2})s/3$, $s=13d/15$(여기서 d는 원의 직경이고 s는 정사각형의 한 변이다)로 취하는 것과 동치인 것으로 나타내고 있다. 그곳에는 식

$$\sqrt{2}=1+\frac{1}{3}+\frac{1}{(3)(4)}-\frac{1}{(3)(4)(34)}$$

도 나오는데, 여기서 모든 분수들의 분자가 1이며 그 표현은 소수 다섯 자리까지 정확하다는 사실이 흥미롭다.

브라마굽타와 마하비라는 삼각형의 면적을 그의 세 변으로 구하는 헤론의 공식을 주었을 뿐만 아니라 순환사변형의 면적을 구하는 놀라운 공식[3])

$$K = \{(s-a)(s-b)(s-c)(s-d)\}^{1/2}$$

(여기서 a, b, c, d는 사변형의 네 변이고 $s=(a+b+c+d)/2$이다)을 주었다. 그러나 초기 주석가들은 이 공식의 사변형에 대한 제한을 깨닫지 못했던 것처럼 보인다. 실제 일반적인 경우에 대한 그 공식은 다음과 같다.

$$K^2=(s-a)(s-b)(s-c)(s-d)-abcd\cos^2\left(\frac{A+C}{2}\right)$$

(여기서 A와 C는 사변형의 한 쌍의 대각(對角)이다)

인도 기하학에서 가장 주목할 만하고 그 우수성에 있어서 독보적인 것은 '브라마굽타의 정리'인데 그것은 다음과 같다. "네 연속변이 a, b, c, d인 순환 사변형의 두 대각선 m, n은

$$m^2 = \frac{(ab+cd)(ac+bd)}{ad+bc}$$

$$n^2 = \frac{(ac+bd)(ad+bc)}{ab+cd}$$

이며, 만일 a, b, c, A, B, C가 양의 정수로서 $a^2+b^2=c^2$, $A^2+B^2=C^2$을 만족하면 aC, cB, bC, cA를 연속 변으로 갖는 순환사변형(브라마굽타 사다리꼴이라고 부름)의 면적과 그의 대각선의 길이는 모두 유리수이고, 두 대각선은 서로 수직으로 만난다." 브라마굽타는 순환사변형에 대한 프톨레마이오스의 정리를 알고 있었다.

인도 측량공식 중에는 부정확한 것이 많이 있었다. 아리아바타는 피라미드의 부피를 밑면과 높이의 곱의 반으로 주었고 구의 부피는 $\pi^{3/2}r^3$으로 주었다. 인도인들은 어떤 때는 π에 대해 정확한 값을 주었으나 $\pi=3$이나 $\pi=\sqrt{10}$을 빈번히 사용하였다.

3) 이 공식의 유도과정은 다음을 참조하라. E.W. Hobson, *A Treatise on Plane Trigonometry*' 4th ed. p. 204, or R.A. Johnson, *Modern Geometry*, p. 81.

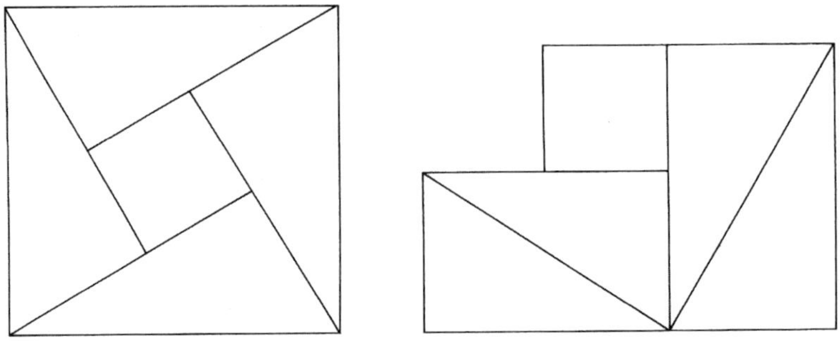

그림 52

고등학교 기하학을 배운 학생들은 피타고라스 정리에 대한 바스카라의 분해 증명법을 본 적이 있을 것이다. 그곳에서는 그림 52에서 보이는 것처럼 직각 삼각형의 빗변을 한 변으로 하는 정사각형을 주어진 직각 삼각형과 각각 합동인 네 개의 삼각형과 그 주어진 삼각형의 빗변이 아닌 다른 두 변의 차를 한 변으로 하는 정사각형으로 분해한다. 그러면 그 조각들은 직각 삼각형의 빗변이 아닌 두 변에 대한 정사각형의 합으로 쉽게 재배열된다. 바스카라는 이 그림을 그려놓고 "보라!"라는 말 이외에 더 이상의 설명을 주지 않았다. 그렇지만 조금만 계산해 보면 그 증명을 만들 수 있다. 즉 직각 삼각형의 빗변을 c라고 하고 다른 두 변을 a, b라 하면 다음이 성립한다.

$$c^2 = 4\left(\frac{ab}{2}\right) + (b-a)^2 = a^2 + b^2$$

그러나 이 분해증명법은 중국에서 이보다 훨씬 전에 발견되었다. 바스카라는 또 빗변에 대한 높이를 그려서 하는 피타고라스 정리의 두 번째 증명을 주었다. 그림 53에서 닮은 직각 삼각형들로부터 다음을 얻는다.

$$\frac{c}{b} = \frac{b}{m}, \quad \frac{c}{a} = \frac{a}{n}$$

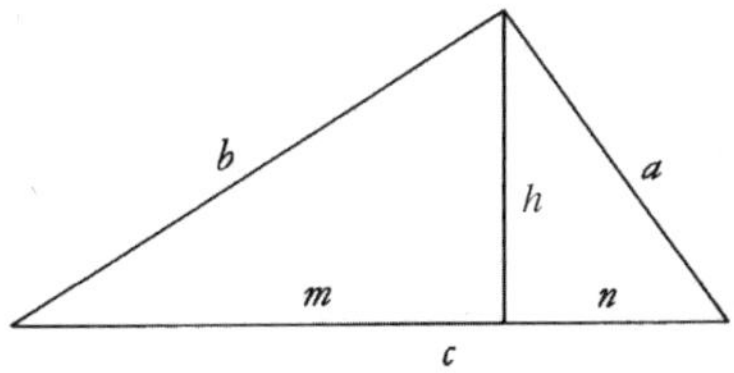

그림 53

즉

$$cm = b^2, \quad cn = a^2$$

이 두 식을 변변 더하면 다음을 얻는다.

$$a^2 + b^2 = c(m + n) = c^2$$

이 증명은 17세기에 월리스에 의해 재발견되었다.

인도인들은 그리스인들처럼 삼각법을 천문학에 대한 도구로 간주하였다. 그들은 우리에게 익숙한 도, 분, 초의 분각법을 사용하였고 사인(sines)표를 제작하였다(인도인들은 그리스인들의 현표와는 달리 반현표(半弦表)를 만들었다). 또한 사인, 코사인, 버스사인(versed sines, versin $A = 1 - \cos A$)과 동치인 식을 사용하였으며 versin $2A = 2\sin^2 A$라는 관계식을 이용하여 반각의 사인값을 계산하였다. 인도인들은 천문학에서 평면과 구면삼각형에 관한 문제를 풀었다. 그러나 천문학의 내용은 그 자체로서는 보잘것없는 것이었고, 또 사실을 관찰하고 수집하고 대조하고 법칙을 세우는 데 서툰 점을 보여 주고 있다. 그들의 삼각법은 기하학적이라기보다는 산술적이었다.

그리스와 인도 수학의 비교

그리스 수학과 인도 수학 사이에는 많은 차이점이 있다. 우선 수학을 연구했던 인도인들은 근본적으로 스스로를 천문학자로 생각하였으며 따라서 인도 수학은 주로 천문학의 시녀(侍女) 역할을 하였다. 반면에 그리스 수학은 독립적인 존재를 획득하여 수학 그 자체를 위해서 연구되었다. 또한 인도에서는 카스트제도 때문에 거의 전적으로 승려들에 의해 연구된 반면에 그리스에서는 수학이 그 주제를 연구하는 데 관심이 있는 사람이 누구에게나 개방되어 있었다. 또 인도인들은 계산가로서 숙달되었지만 평범한 기하학자였던 반면에 그리스인들은 계산술에 대해서는 관심이 없었고 오히려 기하학에서 뛰어났다. 심지어 가치가 있었던 인도 삼각법도 본질적으로는 산술적이었던 반면에 그리스 삼각법은 기하학적이었다. 인도인들은 시로 작품을 쓰고 종종 모호하고 신비스런 언어로 작품을 썼던 반면에 그리스인들은 표현에 있어서 명료하고 논리적이려고 애썼다. 인도 수학은 주로 증명이나 유도과정이 제시되지 않은 경험적이었던 반면에 그리스 수학은 엄밀한 논증을 바탕으로 하는 현저한 특성을 가지고 있었다. 인도 수학은 그 질적 수준이 고르지 않아 훌륭한 수학과 저급한 수학이 나란히 나타나는 반면에 그리스 수학은 훌륭한 질과 저급한 질을 구별하여 후자는 버리고 전자를 보존하는 특성을 갖고 있었던 것으로 보인다. 회교 작가 알 비루니가 그의 유명한 책《인도(India)》에서 지적했듯이 그리스 수학은 일정한 높은 수준을 지니고 있었던 반면에 인도 수학은 "비싼 수정(水晶)과 평범한 조약돌의 혼합체"였다고 말할 수 있다.

아라비아

회교문화의 탄생

아라비아 제국의 건국과 쇠퇴는 역사에 있어 가장 장엄한 에피소드 중의 하나이다. 마호메트(Mahomet 또는 Mohammed)가 메카(Mecca)에서 메디나(Medina)로 도주한 후 10년이 지나지 않아 아라비아 반도 여기저기에 흩어져 있던 부족들이 강렬한 종교적 열정에 의해 하나의 강력한 국가로 합병되었다. 그 후 100년도 못 되어 이슬람(Islam)의 무장 군대가 인도로부터 페르시아, 메소포타미아, 북아프리카, 스페인까지 이르는 영토로 들어와 회교도의 지배와 영향력을 확장시켰다. 그러나 755년에 회교 국왕에 반기를 든 대적자들이 그 제국을 동서로 분할하여 동부는 바그다드(Bagdad)에서, 서부는 코르도바(Córdoba)에서 통치를 하였다. 약 1000년경까지 동부 제국은 정신적 극치를 누렸다. 그러나 그 무렵부터 많은 동부 영토가 무자비한 터키족으로부터 침략을 받았다. 1100년과 1300년 사이에는 십자군들이 성지(聖地, 팔레스타인 지방을 일컬음)에서 회교도를 쫓아내기 위해 출병하였고 1258년에는 바그다드가 몽고족에게 점령당하여 동부 회교왕은 권좌에서 물러나고 아라비아 제국은 쇠망하기 시작했다. 결국 1492년에 스페인이 마지막 무어족(Moor) 통치자를 전복시킴으로써 아라비아는 유럽 발판을 잃어버리고 말았다.

인류가 세계문화의 많은 부분을 보존해 오는 데 있어서 상당히 중요했던 것은 아라비아인들이 그리스와 인도의 해박한 지식을 꼭 움켜 쥐고 있었다는 데 있다. 바그다드의 회교왕들은 치세(治世)도 잘하였지만 학문의 후원자가 되어 뛰어난 학자를 궁전으로 초대했다. 그리하여 천문학, 의학, 수학 등에 관한 인도와 그리스의 많은 저작들이 부지런히 아라비아어로 번역되었으며 그 덕분에 후에 유럽

학자들이 그것을 라틴어 및 그 밖의 다른 언어로 번역할 수 있었다. 아라비아 학자들의 작품이 없었다면 암흑의 중세시대를 거치는 오랫동안 많은 그리스와 인도과학이 돌이킬 수 없이 잊히고 말았을 것이다.

알 만수르(al-Mansûr) 왕의 통치기간 중에 브라마굽타의 저작들이 바그다드(약 776년)에 전해졌고 그것들은 곧 왕의 후원 아래 아라비아어로 번역되었다. 이것이 바로 인도 숫자가 아라비아 수학에 전해진 계기였다고 흔히 말한다. 그 다음 왕은 786년부터 808년까지 통치한 하룬 알 라시드(Harun al-Rashid)인데, 그는 '아라비안 나이트'의 이야기로 잘 알려진 인물이다. 그의 후원 아래 과학에 관한 여러 그리스 고전이 아라비아어로 번역되었으며 그중에는 유클리드의《원론》에 관한 부분도 있었다. 또한 그의 통치 동안에 많은 인도 학문이 바그다드로 흘러 들어왔다. 하룬 알 라시드의 아들인 알 마문(al-Mâmun)은 809년부터 833년까지 통치했으며 그도 역시 학문의 후원자였고 천문학자이기도 했다. 그는 바그다드에 관측소를 짓고 지구의 자오선을 측정해냈다. 그리고 그의 명령 아래 그리스 고전을 만족스럽게 번역하기 위한 어려운 작업이 계속되었다. 그리하여《알마게스트》가 아라비아어로 번역되고《원론》이 완역되었다. 또 그리스 사본들이 평화조약의 한 조건으로 비잔틴 제국의 황제로부터 인수되어 알 마문의 궁전에 초대된 시리아 기독교 학자들에 의해 번역되었다. 이 통치기간 중에 많은 학자들이 수학과 천문학에 관한 저술을 하였는데, 그중 가장 유명한 사람이 모하메드이븐 무사 알 콰리즈미(Mohammed ibnn Mûsâ al-Khowârizmî)이다. 그는 대수에 관한 한 논문과 인도숫자에 관한 책을 썼는데, 그 두 가지 다 12세기에 라틴어로 번역되었을 때 유럽에 엄청난 영향을 끼쳤다. 약간 뒤의 학자인 타비트 이븐 코라(Tâbit ibn Qorra, 826~901)는 의사, 철학자, 언어학자, 수학자로서 이름을 떨쳤다. 그는 최초로《원

론》의 만족할 만한 아라비아 번역본을 만들었다. 그 밖에도 아폴로니우스, 아르키메데스, 프톨레마이오스, 테오도시우스 등의 저작에 관한 그의 번역본들은 대단히 훌륭한 것이었다. 그는 또한 천문학, 원뿔곡선, 초등대수, 마방진, 친파수 등에 관해서도 저술하였다(문제연구 7.6 참조).

아마도 10세기에 가장 칭송받은 회교 수학자는 아부르 웨파(Abû'l-Wefâ, 940~998)일 것이다. 그는 호라산(Khorâsâln)에서 태어났다. 그는 탄젠트 함수를 삼각법에 소개한 디오판토스의 작품을 번역하였고 15′ 간격으로 사인과 탄젠트표를 만들었으며 그 밖에도 많은 수학적 주제에 관하여 저술했다. 10세기와 11세기에 활약한 아부 카밀(Abû kâmil)과 알 카르히(al-Karkhi)는 대수분야에서 언급될 만한 가치가 있다. 아부 카밀은 알 콰리즈미의 영향을 받았으며, 그 뒤엔 유럽 수학자인 피보나치(Fibonacci, 1202)에게 도움을 주었다. 디오판토스의 문하생이었던 알 카르히는 대수에 관한 가장 학술적인 회교저작의 하나인 《파흐리(Fakhrî)》를 썼다. 그러나 아마 가장 깊이 있고 가장 독창적인 대수적 공헌은 또 다른 호라산 태생이며 또 서구 세계에는 우아한 《루바이야트(Rubaiyat)》의 저자로 알려진 오마르 하이얌(Omar Khayyam, 약 1100년)이 푼 3차 방정식의 기하학적 해일 것이다. 하이얌은 또한 매우 정교한 개량 달력을 만든 것으로도 주목된다.

상당한 시간이 흐른 후 또 한 사람의 호라산 태생인 나시르 에드딘(Nasîr ed-dîn, 약 1250년)이 등장한다. 그는 천문학과는 무관하게 평면과 구면삼각법에 관한 저작을 쓴 최초의 인물이었다. 사케리(Saccheri, 1667~1773)는 유클리드의 평행공준에 관한 나시르 에드딘의 저작을 읽고 나서 비유클리드 기하학에 관한 연구를 시작했다고 한다. 17세기에 월리스가 이 저작을 라틴어로 번역하였고, 또 그 책을 옥스퍼드 대학교에서 기하학 강의에 사용하였다. 마지막으로 왕족이면서 15세기 페르시아 천문학자인 울루그 베그(Ulugh Beg)는 1′ 간격으로 소수 여덟 자리 이상 정확한 사인과 탄젠트표를 만들었으며, 7장의 2번째 절에서 언급한 알 카시는 π의 정확한 근삿값을 주었는데 그는 ‘파스칼의 삼각형’ 형태로 이항정리를 다루었던 최초의 아라비아 저자이기도 하다.

산술과 대수

마호메트 이전의 아라비아인들은 모두 숫자를 말로 적었다. 그러다가 정복지에 대한 광대한 관리문제로 인하여 간단한 기호법의 도입이 필요하게 되었다. 종종 국소수체계(局所數體系)가 이용되기도 하였고, 한때는 이오니아식의 그리스 문자처럼 28개의 아라비아 문자를 이용하는 아라비아 수체계를 사용하는 것이 통례가 되기도 하였다. 이 표기는 다시 인도 기호에 의해 대체되었고 상인과 산술에 관한 저자들이 이를 이용하기 시작했다. 그러나 참으로 이상하게도 동부 제국의 후기 몇몇 산술 책에서 이들 인도 숫자를 볼 수 없다. 그래서인지 10세기와 11세기의 수학자 아부르 웨파와 알 카르히는 다시 모든 숫자를 말로 쓴 산술책을 저술했다. 이 후대의 두 아라비아 저자는 인도의 교육과는 달리 그리스 방식에 영향을 받았다. 초기 아라비아인들이 수판을 사용했다는 어떤 흔적도 찾아볼 수 없다.

우리에게 알려진 최초의 아라비아 산술책은 알 콰리즈미가 쓴 것이며, 그 뒤를 이어 후대의 저자들이 많은 아라비아 산술책을 썼다. 이들 산술책은 일반적으로 인도 연산방식을 본떠서 만든 계산규칙을 설명하고 있다. 그곳에는 또 산술계산을 검산하는 데 이용된 '구거법(九去法)'으로 알려진 방법과 어떤 대수문제들을 비대수적으로 풀 수 있게 해주는 '임시위치법'과 '이중 임시위치법'이 설명되어 있다(문제연구 7.7 참조). 또 제곱근, 세제곱근, 분수, 삼수법 등도 설명되고 있다.

삼수법(三數法)은 초등 산술의 다른 경우처럼 인도로부터 기원된 것처럼 보이며 실제로 그 이름도 브라마굽타와 바스카라에 의해 붙여진 것이다. 수세기 동안 상인들이 이 법칙을 중요하게 여겼다. 그것은 논증 없이 기계적으로 기술되었으며 비례와의 관계는 14세기 말까지도 인식되지 못했다. 브라마굽타는 그 법칙을 다음과 같이 기술했다. "삼수법에서 '논증' '결실' '요구'가 항들의 이름이다. 처음 것과 마지막 것은 유사함에 틀림없다. '요구'에 '결실'을 곱하고 '논증'으로 나누면 '성과'가 된다." 이를 명확히 하기 위해 바스카라의 다음 문제를 살펴보자. "거북이가 3/7시간 동안에 5/2km를 걷는다면 이 거북이는 9시간 동안에 몇 km를 걸을 수 있는가?" 여기서 3/7과 9는 동일한 종류로서 '논증'과 '요구'이고 5/2가 '결실'이다. 그 답(혹은 '성과')은 $(9)(5/2)/(3/7)=52\frac{1}{2}$이 된다. 오늘날 이 문제는 비례의 단순한 응용에 불과하다. 즉

$$x : 9=5/2 : 3/7$$

초기 유럽의 산술에 관한 저작은 이 삼수법에 많은 지면을 할애했고, 또 그 법칙의 기계적인 성질을 서투른 시구로 표현하고 있으며 종종 도표가 그것을 설명하는 데 이용되기도 하였다.

알 콰리즈미의 대수는 독창적인 것이 거의 없다. 그의 작품 속에는 사칙연산이 설명되어 있고, 1차 및 2차 방정식이 풀리고 있는데 2차 방정식은 산술적으로도 풀려 있고 기하학적으로도 풀려 있으며 그 밖에 몇 가지 기하학적 측정과 상속에 관한 문제들이 실려 있다.

회교 수학자들은 기하학적 대수분야에 가장 훌륭한 공헌을 했으며 오마르 하이얌의 3차 방정식이 체계적으로 분류되고 있고 또 한 근이 원과 직각쌍곡선의 교점 또는 두 직각쌍곡선의 교점의 가로좌표로 구해지고 있다. 물론 하이얌은 음근을 인정하지 않았고, 또 모든 양근을 다 구하지도 않았다. 3차 방정식은 정7각형의 작도문제 또는 구를 주어진 비의 두 선분으로 자르는 아르키메데스의 문제로부터 유발된 것이었다. 아부르 웨파는 몇 가지 특수한 4차 방정식의 기하학적 해법을 주었다.

몇몇 회교 수학자는 부정해석학에 관심을 보였다. 그들은 두 양의 정수의 세제곱의 합이 한 정수의 세제곱이 되는 두 정수를 구하는 것이 불가능하다는 정리의 증명(이는 아마 결함이 있었을 것인데 지금은 분실되었다)을 주었다. 이는 페르마의 유명한 '마지막 정리'의 한 특별한 경우이다. 이미 앞에서 친화수를 구하는 타비트 이븐 코라(Tâbit ibn Qorra)의 법칙에 대하여 언급한 바 있는데 이것이 바로 아라비아인들에 의해서 행해진 최초의 독창적인 수학적 연구였다. 알 카르히는 처음 n개의 자연수의 제곱과 세제곱의 합을 구하는 정리를 증명한 최초의 아라비아 저자였다.

아라비아의 대수는 후기 서부 아라비아인들의 경우를 제외하곤 수사적 대수였다.

기하학과 삼각법

아라비아인들이 기하학에 있어서 행한 중요한 역할은 어떤 발견에 있다기보다는 기록의 보존에 있었다. 그들이 위대한 그리스고전을 만족스럽게 번역하려고 애쓴 노력에 세계는 큰 빚을 진 셈이다.

아부르 웨파는 그의 훌륭한 기하학 연구에서 벌림이 고정된 컴퍼스를 이용하여 정다면체의 꼭짓점을 그의 외접구에 위치시키는 방법을 보였다. 우리는 이미 3차 방정식에 대한 오마르 하이얌의 기하학적 해법과 평행공준에 대한 나시르 에드 딘의 영향력 있었던 연구 등을 언급한 바 있다. 나시르 에드 딘은《유클리드에서의 난점에 관한 논의(Discussion of the Difficulties in Euclid)》라는 제목의 하이얌의 초기 작품의 일부를 주해와 '정정'을 달아 출간했다. 그곳에서 우리는 분명히 나중에 사케리가 이름을 붙인 예각, 둔각, 직각의 가정을 처음으로 고찰하고 있음을 볼 수 있다. 나시르 에드 딘은 또한 피타고라스 정리에 대한 독창적인 증명을 주기도 했다.

흔히 알하젠(Alhazen, 965~1039년경)으로 더 잘 알려진 알 하이탐(al-Haitam)은 소위 **알하젠의 문제**로 불리는 것과 연관되어 수학에서 전해 내려온 이름이다. 알하젠의 문제는 한 평면 위에 한 원과 두 점이 주어질 때 원주상의 어떤 점에서 주어진 각 점까지의 거리의 합이 최소가 되는 원주상의 점을 구하라는 것이다. 알하젠은 남부 이라크에 있는 바스라(Basra)에서 태어났으며 아마도 가장 위대한 회교 물리학자였을 것이다. 위의 문제는 유럽에 지대한 영향을 끼쳤던 그의《광학(Optics)》과 관련하여 나온 것이었다.

알하젠에 대한 동정적인 이야기가 전해 내려오고 있다. 그는 언젠가 나일강의 홍수를 조절하고 통제할 수 있는 기계를 만들 수 있다고 큰소리 친 적이 있었다. 그래서 그는 하킴(Hakim) 왕의 부름을 받고 카이로로 가서 그의 착상을 설명하고 아마 증명해 보이도록 된 것 같다. 그러나 알하젠은 자신의 계획이 완전히 비실용적인 것임을 크게 걱정하고 또 왕의 격노를 두려워한 나머지 미친 척하기로 결심하였다. 그 당시에 정신병자는 특별히 보호를 받았기 때문에 그런 생각을 했던 것 같다. 그래서 알하젠은 자신의 속임수가 탄로나지 않게 하기 위해 하킴 왕이 죽을 때(1021년)까지 조심스럽게 미치광이 흉내를 내면서 살았다고 한다.

인도에서처럼 아라비아 수학자들도 근본적으로 스스로를 천문학자로 생각하였고 그래서 삼각법에 상당한 관심을 보였다. 우리는 이미 삼각표 제작에 있어서 회교인들의 몇 가지 성취를 살펴본 바 있다. 그들은 또한 여섯 개의 삼각함수를 모두 이용하였고 구면삼각법의 공식의 유도과정을 개선하였다. 경사 구면삼각형에 대한 코사인 법칙인

$$\cos a = \cos b \cos c + \sin b \sin c \cos A$$

는 알 바타니(al-Battânî, 920년경, 라틴어 이름으로는 알바테그니우스, Albategnius)에 의해 주어졌고, 각 C가 직각인 구면삼각형 ABC에 대한 다음 공식

$$\cos B = \cos b \sin A$$

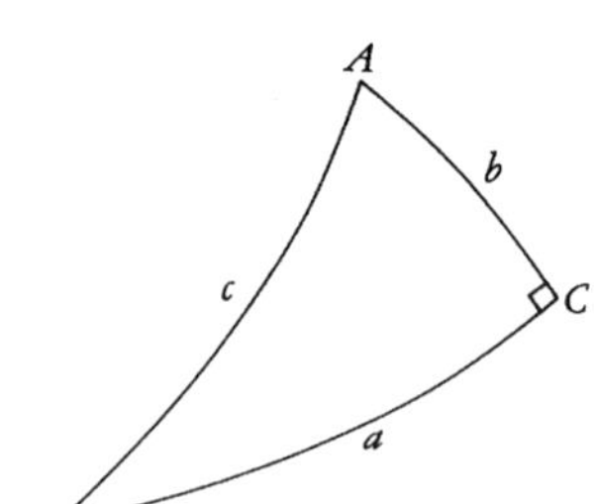

그림 54

(그림 54 참조)는 종종 게베르의 정리(Geber's theorem)로 불리는 것으로 세비야(Seville)에서 크게 활약한 서부 회교 천문학자인 자비르 이븐 아플라흐(Jabir ibn Aflah, 1130년경, 흔히 게베르로 불림)의 이름을 따서 붙인 것이다.

몇 가지 어원

우리가 사용하고 있는 많은 이름과 단어들의 기원이 아라비아 시대로 거슬러 올라가는 경우가 있다. 아마 관측 천문학에 관심 있는 사람은 누구든지 많은 별이름(특히 희미한 별이름)이 아라비아어임을 알 수 있을 것이다. 대부분의 별이름은 본래는 별자리에 어떻게 놓여 있는가에 대한 표현이었다. 이 표현이 나중에 프톨레마이오스의 목록으로부터 아라비아어로 번역되면서 하나의 단어로 압축되었다. 6장의 5번째 절에서 얘기했듯이 《알마게스트》도 프톨레마이오스의 위대한 저작인데, 흔히 아라비아식 이름으로 알려져 있다.

오늘날의 '대수(代數, algebra)'라는 단어도 그 주제에 관한 알 콰리즈미의 논문 《Hisâb al-jabr w'al-muqâ-balah》으로부터 유래되었다는 것은 매우 흥미롭다. 이 제목은 그대로 번역할 때 '재결합과 대립의 과학' 혹은 보다 자유롭게 '이항과 소거의 과학'이 된다.[4] 현존하고 있는 이 책은 유럽에 라틴어 번역본으로 알려지면서 '방정식의 과학'과 동의어로 단어 'al-jabr' 또는 'algebra'가 만들어졌다. 물론 19세기 중엽 이후로는 'algebra'가 보다 많은 것을 의미하게 되었다.

4) 보다 깊은 분석에 대해서는 다음을 참조하라. Solomon Gandz, "The origin of the term 'algebra'," *American Mathematical Monthly* 33(1926): pp. 437-40.

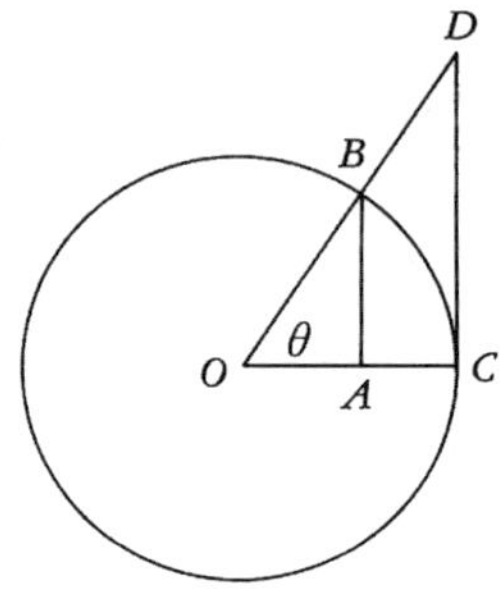

그림 55

비수학적인 의미에서 사용된 아라비아어 'al-jabr'는 스페인의 무어족을 통해 유럽으로 흘러 들어갔다. 그곳에서 'algebrista'는 '접골사(接骨師)'를 뜻하게 되었고, 또 당시의 이발사들이 흔히 그들 자신을 'algebrista'로 불렀는데 그 이유는 접골과 방혈(放血)이 중세 이발사의 부업이었기 때문이다.

인도 숫자의 이용에 관한 알 콰리즈미의 책이 또 한 단어를 수학용어로 소개하도록 만들었다. 이 책 이 원본으로는 현존하지 않지만 1857년에 라틴어 번역본이 발견되었는데 그 책의 서두가 "알고리트미(algoritmi)가 말하기를, …"로 시작되고 있다. 여기서 '알 콰리즈미'의 이름이 '알고리트미(algoritmi)'로 변하였고 다시 그것은 오늘날의 어떤 특별한 방법으로 계산하는 기술을 의미하는 '알고리즘(algorithm)'이 되었다.

'사인(sine)'을 제외한 삼각함수의 오늘날의 이름의 의미는 각이 단위원의 중심에 놓일 때의 기하학적 해석으로부터 나온다. 그림 55에서처럼 원의 반경이 1일 때 $\tan\theta$와 $\sec\theta$의 크기는 각각 접(接, tangent) 선분 CD와 할(割, secant) 선분 OD의 길이로 주어진다. 탄젠트, 코탄젠트, 시컨트, 코시컨트 함수들은 여러 가지 이름으로 불리다가 뒤늦게 16세기 말엽부터 현재의 이름으로 사용되었다.

단어 'sine'의 기원은 흥미롭다. 아리아바타가 처음에 그것을

'ardhā-jyā(반(半)-현(弦))'로 혹은 'jyā-ardhā(현-반)'로 불렀고, 다시 그 말을 'jyā(현)'로 줄여 사용하였다. 그 후 아라비아인들은 'jyā'를 발음나는 대로 'jiba'로 썼고 다시 모음을 생략하는 그들의 관습에 따라 'jb'로 썼다. 사실 오늘날 'jiba'는 기술적인 중요성을 제외하고는 아라비아어에서 아무 의미 없는 단어이다. 그 이후의 저자들이 이 의미없는 'jiba'의 약어인 'jb'를 우연히 발견하게 되었고 그것을 'jaib'로 바꾸었는데 이 단어는 본래의 'jiba'와 동일한 문자들을 갖고 있고, 특히 아라비아어에서 '작은 만(灣)'이라는 좋은 뜻을 갖게 되었다. 그 훨씬 뒤에 크레모나(Cremona)의 제라르(Gherardo, 1150년경)가 아라비아어로부터 번역본을 만들 때 아라비아어의 'jaib'를 같은 의미의 라틴어인 'sinus'로 바꾸었고 그것이 오늘날의 'sine'이 되었다.

아라비아의 기여

수학의 발전에 있어서 아라비아인들의 기여에 대한 평가는 의견이 일치하지 않는다. 어떤 사람은 회교 저자들에게 대수와 삼각법 분야에서 높은 독창성과 천재성을 부여하는 반면에 어떤 사람은 이들이 학식이 있긴 했지만 거의 창조적이지 못했으며 또 그들의 저작이 그리스나 현대의 저자들의 어느 쪽과 비교하든지 간에 질과 양에 있어서 훨씬 뒤떨어진다고 말하고 있다. 그러나 한편으로는 그들이 적어도 약간의 진보는 이루었다는 것을 인정해야 하며, 또 한편으로는 그들의 성취가 당시의 다른 세계에서는 과학적으로 거의 불모였다는 점을 고려할 때 실제로 이룬 것보다 훨씬 더 위대한 것처럼 보일 수 있다. 더욱이 우리가 기억해야 할 한 가지 뚜렷한 사실은 아라비아인들이 중세의 암흑시대에 세계의 많은 지적 재산을 관리하여 후대의 유럽인들에게 넘겨줌으로써 인류 지성사의 발견에 크게 기여했다는 것이다.

문제연구

7.1 《구장산술》의 몇 가지 문제

《구장산술》에 나오는 다음 문제들을 풀어라.

(a) Ⅳ장 문제 11: “폭이 1, 1/2, 1/3, 1/4, 1/5, 1/6, 1/7, 1/8, 1/9, 1/10, 1/11, 1/12인 땅이 있다. 이 땅의 면적이 1일 때 땅의 길이는 얼마인가?”

(b) Ⅳ장 문제 14: “정사각형의 땅의 면적이 71824일 때 이 땅의 한 변은 얼마인가?”

(c) Ⅰ장 문제 16: “원호와 선분으로 이루어진 땅이 있다. 밑변의 선분이 $78\frac{1}{2}$이고 원호와 그 현과의 중점거리가 $13\frac{7}{9}$일 때 그 땅의 면적은 얼마인가?”(근사공식 $A=s(b+s)/2$를 이용하라)

7.2 초기의 인도문제들

(a) 다음 문제는 브라마굽타(630년경)가 준 문제의 일반화이다. 이를 풀어라. “두 마법사가 절벽 위에서 살고 있었는데 그 절벽은 높이가 h이고 밑면에서 마을까지의 거리는 d이다. 어느날 한 마법사가 절벽을 내려와서 마을까지 걸어왔다. 다른 마법사는 절벽 끝에서 거리 x만큼 솟아오른 다음 직선으로 날아서 마을에 당도했다. 두 사람이 여행한 거리가 같을 때 x를 구하라.” 본래의 문제에서는 $h=100$, $d=200$이었다.

(b) 브라마굽타가 제시한 ‘부러진 대나무의 문제’를 풀어라. “높이가 18큐빗(1큐빗은 40-45cm이다)인 대나무가 바람에 부러져서 그

끝이 뿌리로부터 6큐빗인 곳에 닿았다. 이때 대나무의 부러진 부분의 길이를 구하라.”

7.3 마하비라의 문제들

많은 인도 산술문제의 본질이 마하비라(850년경)의 작품으로부터 인용된 다음 문제들에 의해 이해될 수 있다. 이들 문제를 풀어라.

(a) 길이가 80m인 엄청난 구렁이가 구멍 속으로 들어가고 있다. 그 구렁이는 하루의 5/14시간 동안에 $7\frac{1}{2}$만큼 구멍으로 들어가고 하루의 1/4시간 동안에 꼬리는 11/4m만큼 자란다. 이 구렁이가 구멍으로 완전히 들어가는 데 걸리는 시간은?

(b) 쟁반에 사과가 담겨 있는데 왕이 그중 1/6을 먹고 왕비가 그 나머지의 1/5을 먹고 세 왕자가 계속적인 나머지의 1/4, 1/3, 1/2을 먹고 막내공주가 남은 세 개의 사과를 먹었다. 그러면 사과는 처음에 모두 몇 개였는가?

(c) 아홉 개의 레몬과 일곱 개의 사과의 값을 합치면 1070원이고 일곱 개의 레몬과 아홉 개의 사과의 값을 합치면 1010원이다. 이때 레몬 하나와 사과 하나의 값을 각각 구하라.

7.4 순환사변형의 대각선

다음 일련의 정리들을 증명하라.

(a) 삼각형의 두 변의 곱은 세 번째 변에 대한 높이와 외접원의 직경과의 곱과 같다.

(b) $ABCD$가 직경이 σ인 순환사변형이라고 하자. 각 변 AB, BC, CD, DA의 길이를 a, b, c, d로, 대각선 BD, AC의 길이를 m, n으로, 한 대각선과 또 다른 대각선의 수선 사이의 각을 B로 나타낼 때 다음을 보여라.

$$m\sigma\cos\theta = ab + cd, \quad n\sigma\cos\theta = ad + bc$$

(c) 위의 사변형에 대하여 다음을 보여라.

$$m^2 = \frac{(ac+bd)(ab+cd)}{ad+bc}$$

$$n^2 = \frac{(ac+bd)(ad+bc)}{ab+cd}$$

(d) 위의 사변형에서 두 대각선이 서로 수직이면 다음이 성립한다.

$$\sigma^2 = \frac{(ad+bc)(ab+cd)}{ac+bd}$$

7.5 브라마굽타의 사변형

(a) 브라마굽타는 네 변의 길이가 a, b, c, d이고 그들 합의 1/2이 s인 순회사변형의 면적 K에 대하여 공식 $K^2=(s-a)(s-b)(s-c)(s-d)$를 주었다. 그러면 삼각형의 면적에 대한 헤론의 공식은 이 공식의 한 특별한 경우임을 보여라.

(b) (a)의 브라마굽타의 공식을 이용하여 내접원과 외접원을 모두 갖는 사변형의 면적이 그의 변들의 곱의 제곱근과 같음을 보여라.

(c) 사변형이 수직대각선을 갖기 위한 필요충분조건은 한 쌍의 대변의 제곱의 합이 다른 한 쌍의 대변의 제곱의 합과 같음을 보여라.

(d) 브라마굽타는 $a^2+b^2=c^2$, $A^2+B^2=C^2$일 때 네 연속변 aC, cB, bC, cA를 갖는 임의의 사변형의 두 대각선은 서로 수직임을 보였다. 이를 증명하라.

7.6 타비트 이븐 코라, 알 카르히, 나시르 에드 딘

(a) 타비트 이븐 코라는 친화수를 구하는 다음 공식을 발견했다. “만일 $p=3\cdot 2^n-1$, $q=3\cdot 2^{n-1}-1$, $r=9\cdot 2^{2n-1}-1$이 모두 홀수인 소수이면 2^npq와 2^nr는 한 쌍의 친화수가 된다.” $n=2$,

$n=4$에 대하여 이를 밝혀라.

(b) 타비트 이븐 코라가 세운 피타고라스 정리에 대한 다음 일반화를 증명하라. 삼각형 ABC가 임의의 삼각형이고 B', C'이 BC 위의 점들로서 $\measuredangle AB'B = \measuredangle AC'C = \measuredangle A$이면 $(AB)^2 + (AC)^2 = BC(BB' + CC')$이다.

또 각 A가 직각일 때 이 정리가 피타고라스 정리가 됨을 보여라.

(c) 알 카르히(1020년경)는 《파흐리》라는 대수에 관한 책을 썼는데 그 책 이름은 당시의 바그다드 수상이었으며 그의 후원자이기도 했던 파흐르 알 무르크(Fakhr al-Mulk)의 이름을 따서 붙인 것이다. 《파흐리》의 5절 문제 1은 두 유리수의 세제곱의 합이 어느 한 유리수의 제곱이 되는 유리수들을 구하라는 문제이다. 즉

$$x^3 + y^3 = z^2$$

인 유리수 x, y, z를 구하라는 것이다. 알 카르히는 다음과 같은 답을 주었다.

$$x = \frac{n^2}{1+m^3}, \quad y = mx, \quad z = nx$$

여기서 m, n은 임의의 유리수이다. 이를 증명하고 $m=2$, $n=3$일 때 x, y, z를 구하라.

(d) 다음 간단한 정리는 나시르 에드 딘이 발견한 정의이다. 이를 증명하라. "두 홀수인 제곱수의 합은 완전제곱이 될 수 없다."

7.7 이중 임시위치법

(a) 방정식의 실근을 근사시키는 가장 오래된 방법 중의 하나가 오늘날 '이중 임시위치법(rule of double false position)'으로 불리는 방법이다. 이 방법은 인도에서 만들어져서 아라비아인들에 의해 사용된 것으로 보인다. 현대적 형태로 이 방법을 간단히 서술하면 다음과 같다. "x_1, x_2가 방정식 $f(x)=0$의 한 근 x

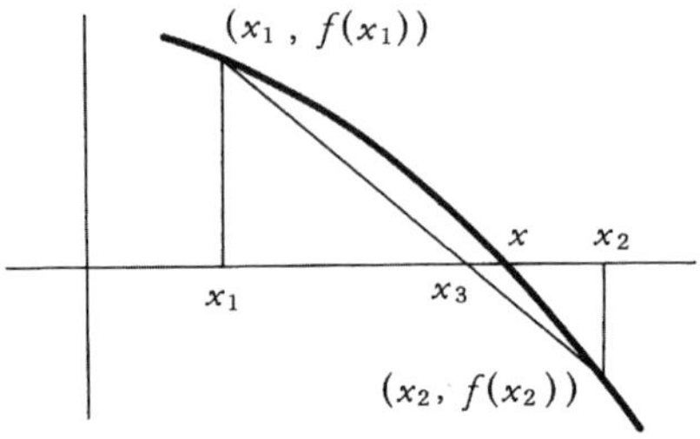

그림 56

에 가깝게 놓여 있으면서 x에 대하여 서로 다른 쪽에 있는 두 수라고 하자. 그러면 두 점 $(x_1, f(x_1))$, $(x_2, f(x_2))$를 연결하는 현과 x축과의 교점이 구하고자 하는 근의 한 근삿값 x_3가 된다(그림 56 참조)." 이때 다음을 보여라.

$$x_3 = \frac{x_2 f(x_1) - x_1 f(x_2)}{f(x_1) - f(x_2)}$$

(b) 이중 임시위치법을 써서 방정식 $x^3 - 36x + 72 = 0$의 2와 3 사이에 있는 근을 소수 세 자리까지 구하라.

7.8 하이얌의 3차 방정식 해법

(a) 길이가 a, b, n인 선분이 주어질 때 길이가 $m = a^3/bn$인 선분을 작도하라.

(b) 오마르 하이얌은 최초로 양근(陽根)을 갖는 모든 종류의 3차 방정식을 풀었다. 이제 3차 방정식

$$x^3 + b^2 x + a^3 = cx^2$$

(여기서 a, b, c, x는 선분의 길이로 생각한다)에 대한 하이얌의 다음 기하학적 해법을 상세하게 완성하라. 하이얌은 이런 종류의 3차 방정식을 수사적으로 다음과 같이 표현했다. "세제곱, 어떤 변들, 어떤 수들은 어떤 제곱들과 같다."

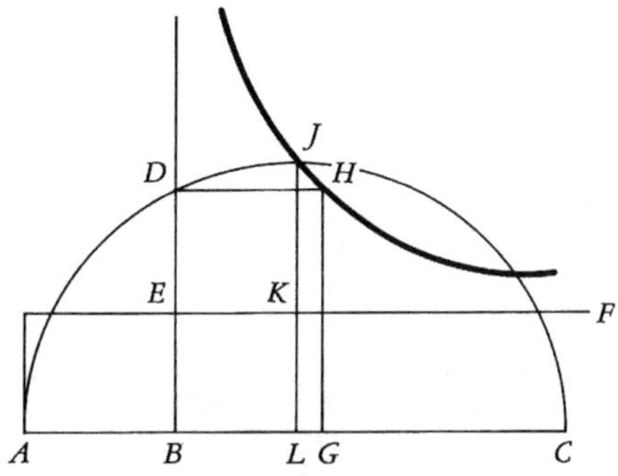

그림 57

그림 57에서처럼 $AB = a^3/b^2$((a)에 따라서), $BC = c$를 작도하자. AC를 직경으로 하는 반원을 그리고 B를 지나는 AC의 수선이 그 반원과 D에서 만나도록 하자. BD 위에 $BE = b$인 점 E를 표시하고 E를 지나서 AC와 평행인 직선 EF를 그리자. 이때$(BG)(ED) = (BE)(AB)$인 BC 위의 점 G를 구하여 직사각형 $DBGH$를 만든다. 또 H를 지나면서 점근선으로서 EF, ED를 갖는 직각쌍곡선을 그리고 그것이 반원과 J에서 만난다고 하자. 또 J를 지나서 DE와 평행인 직선이 EF와 K에서 만나고 BC와 L에서 만난다고 하자. 이제 다음을 계속 보여라.

(1) $(EK)(KJ) = (BG)(ED) = (BE)(AB)$

(2) $(BL)(LJ) = (BE)(AL)$

(3) $(LJ)^2 = (AL)(LG)$

(4) $(BE)^2/(BL)^2 = (LJ)^2/(AL)^2 = LC/AL$

(5) $(BE)^2(AL) = (BL)^2(LC)$

(6) $b^2(BL + a^3/b^2) = (BL)^2(c - BL)$

(7) $(BL)^3 + b^2(BL) + a^3 = c(BL)^2$

따라서 BL이 주어진 3차 방정식의 한 근이다.

8장

유럽 수학, 6세기에서 16세기까지

암흑시대

로마제국이 몰락하는 5세기 중엽에서 11세기에 이르는 전 기간을 흔히 유럽의 암흑시대라고 부르는데, 이 기간 동안에 서구 문명은 쇠퇴 일로에 있었다. 학교 교육은 없어지고, 그리스의 학문은 거의 사라지고, 고대 세계로부터 물려받은 많은 예술과 기술은 잊혀 갔다. 단지 가톨릭 수도원의 수도사들과 몇몇 지식인들만이 그리스와 라틴 학문의 명맥을 간신히 이어갔다. 이 기간은 강렬한 종교적 신앙으로 덮이면서 고대의 사회질서는 무너지고, 사회는 봉건적이고 교회 중심적으로 변하였다.

로마인들은 수학을 추상적으로 몰두하지 않고 상업이나 토목 공학과 관련된 단순한 실용적인 측면에서만 연구하였다. 그나마 로마

제국의 몰락과 더불어 동서무역은 거의 정지되고, 도시건설 계획이 포기되고, 또 이들에 대한 관심마저 약해지면서 수학에 있어서는 기독교 역법(曆法)의 발전을 빼면 서구에서 이 암흑시대의 500년 내내 거의 아무것도 이루지 못했다고 말해도 지나친 말이 아니다.

그나마 이 암흑시대에 수학사에서 어떤 역할을 했다고 생각되는 사람들은 순교한 로마 학자 보에티우스, 영국의 교회학자 베다, 알쿠인, 또 유명한 프랑스 학자이며 성직자였고 나중에 실베스테르 2세 교황이 된 제르베르 등을 꼽을 수 있다.

수학사에서 보에티우스(Boethius, 약 475~524)의 중요성은 기하학과 산술에 관한 그의 저작이 수세기 동안 수도원 학교의 표준 교과서로 사용되었다는 점에 있다. 매우 빈약한 내용의 이 책이 당시에 높은 수학적 성취를 이룬 것으로 간주된 것만 보아도 암흑시대에 기독교 유럽의 수학이 얼마나 황폐했었는가를 짐작할 수 있다. 그의 《기하학(Geometry)》은 유클리드의 《원론》 제 I 권의 명제와 제 III, IV 권에서 뽑은 몇 개의 명제를 단순히 서술하고 그것을 간단한 측정에 응용하는 몇 가지 내용으로 구성되어 있고 《산술(Arithmetic)》은 4세기 초에 니코마코스(Nicomachus)가 쓴 지루하고, 반은 신비적이며 그러면서도 과거에는 높은 평판을 가졌던 저작 위에 기초하고 있다(그래서 어떤 사람들은 보에티우스의 《기하학》이 부분적으로 표절된 것이라고까지 주장하기도 한다). 아무튼 보에티우스는 이들 저작과 철학에 관한 몇 가지 작품으로 인하여 중세 스콜라 철학의 기초자가 되었다. 그러나 그는 너무 높은 이상과 강직한 무결성 때문에 정치적 고난을 받았고 끝내 비참한 종말을 맞았다. 그래서 교회는 그를 순교자로 공표했다.

베다(Bede, 약 673~735)는 영국의 노섬벌랜드(Northumberland: 영국 동북부의 주 — 옮긴이 주)에서 태어나서 중세 교회학자 중에 가장 위대한 인물이 되었으며 나중에 복자(福者) 베다의 칭호까지 얻었다. 그의 많은 저술 중에는 수학에 관한 내용도 포함되어 있는데 그중 주요한 것은 역법(曆法)과 손가락 셈에 관한 논문이다. 알쿠인(Alcuin, 735~804)은 요크셔(영국 북동부의 주)에서 태어난 또 한 사람의 영국학자이다. 그는 자신의 웅대한 교육계획에 도움을 청하기 위해 프랑스의 카알 대제를 찾아간 적도 있다. 알쿠인은 수학적 주제에 관한 많은 저술을 했으며, 분명하진 않지만 수세기 동안 교과서 저자에게 영향을 준 한 수수께끼 문제집이 그에 의해 쓰인 것으로 추측된다(문제 연구 8.1 참조).

제르베르(Gerbert, 약 950~1003)는 프랑스의 오베르뉴(Auvergne)에서 태어나 일찍이 비범한 재능을 보여 주었다. 그는 스페인의 회교학교에서 공부한 최초의 기독교인 중의 한 사람이었으며 또 0이 없는 인도-아라비아 숫자를 기독교 유럽에 전파했다는 증거가 있다. 그는 수판, 지구의(地球儀), 천구의(天球儀), 시계, 아마 오르간까지도 만들었던 것으로 전해진다. 그러나 그의 동시대인들은 이러한 성취를 보고, 혹시 그가 자신의 영혼을 악마에게 팔지 않았나 의심까지 하였다. 그럼에도 불구하고 그의 명성은 교회에서 확고하게 솟아올랐으며, 마침내 999년에는 교황의 계승자로 선출되었다. 그는 심오한 경지의 학자로서도 인정받았으며 점성술, 산술, 기하학에 관한 많은 저술을 하였다(문제연구 8.1(f) 참조).

전파의 시대

제르베르의 시대에 이르러 과학과 수학에서의 그리스 고전들이 서유럽으로 스며들기 시작했다. 그리하여 회교문명 속에서 보존되어 온 고대의 학문들이 서유럽으로 전파되면서 전파의 시대가 막을 열었

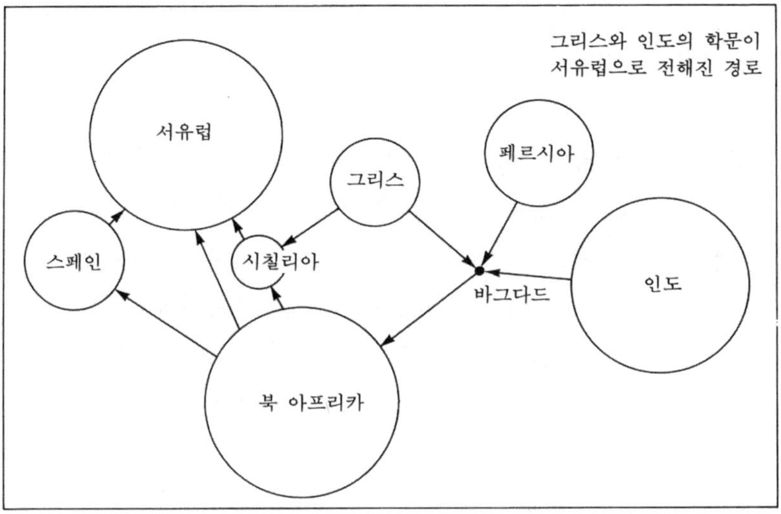

다. 이는 회교국의 학문 중심지를 여행한 기독교 학자들이 만든 라틴어 번역본을 통해서, 또 시칠리아 섬의 노르만 왕국과 동부 세계와의 관계를 통해서, 리밴트(Levant: 동부 지중해 연안의 제국 — 옮긴이 주) 및 아라비아 세계와 서유럽 간의 통상관계를 통해서 이루어졌다.

1085년에 톨레도(Toledo: 스페인 중앙부 타구스 강변의 도시 — 옮긴이 주)가 무어인들로부터 기독교인들의 손으로 넘어가자 많은 기독교 학자들이 회교학문을 습득하기 위하여 이 도시로 모여들기 시작했고, 또한 기독교인들이 스페인에 있는 다른 무어 인들의 중심지로 찾아들면서 이윽고 12세기는 수학사에서 번역가의 세기가 되었다. 이 분야에 열중한 초기 기독교 학자의 한 사람이 바로 영국의 수도사였던 바스(Bath)의 아델라드(Adelard, 1120년경)인데 그는 1126~1129년 사이에 스페인을 방문했고 또 그리스, 시리아, 이집트 등을 두루 여행했던 것으로 보인다. 아델라드는 유클리드의 《원론》과 알 콰리즈미의 천문학 표를 라틴어로 번역했던 것으로 믿어진다.

아델라드가 아라비아 학문을 얻기 위하여 생명의 위험을 무릅썼던 스릴 넘치는 얘기가 하나 있다. 그는 소중히 지켜져 왔던 지식을 얻기 위해 스스로 이슬람교의 학생으로 변장했다. 초기의 번역가로서 또 한 사람인 이탈리아의 티볼리(Tivoli)의 플라톤(Plato, 1120년경)은 알 바타니(al-Battânî)의 천문학, 테오도시우스의 《구면학(球面學)》 등 다양한 저작을 번역했다. 이 기간에 가장 부지런했던 번역가는 아무래도 크레모나(Cremona)의 제라르(Gherardo)일 텐데, 그는 90가지 이상의 아라비아 저작을 라틴어로 번역했으며 그중에는 프톨레마이오스의 《알마게스트》, 유클리드의 《원론》, 알 콰리즈미의 대수 등이 있다. 12세기의 또 다른 주목할 만한 번역가는 세비야의 존(John), 체스터(Chester)의 로버트(Robert) 등이 있었다.

시칠리아 섬은 지정학적 이유로 동부세계와 서부세계의 자연적인 교류 장소가 되었다. 시칠리아 섬은 그리스 식민지로부터 시작하여 로마제국의 일부가 되었다가 로마의 몰락 후에는 콘스탄티노플로 합병되었고 9세기에는 약 50년 동안 아라비아의 지배를 받았으며 다시 그리스인의 손으로 넘어갔다가 노르만인에게 정복되었다. 노르만인의 통치 아래에서는 그리스어, 아라비아어, 라틴어가 함께 사용되었고 외교관들은 콘스탄티노플과 바그다드를 자주 왕래했다. 그래서 과학과 수학에 관한 많은 그리스와 아라비아 사본들이 라틴어로 번역되었다. 이러한 작업은 주로 당시의 통치자이며 학문의 후원자였던 프리드리히 2세(Frederick Ⅱ, 1194~1250)와 그의 아들 맨프레드(Manfred, 약 1231~1266)의 독려에 의해 이루어졌다.

아라비아 세계와 최초로 통상관계를 맺은 도시는 이탈리아의 상업 중심지인 제노아, 피사, 베니스, 밀라노, 플로렌스 등이었다. 그래서 이탈리아의 상인들은 동부의 많은 문명과 접촉할 수 있었고 유용한 산술 및 대수의 정보를 수집하였으며 인도-아라비아 수체계의 유포에 중심적인 역할을 하게 되었다.

지금까지 논의한 전파의 시대에 스페인이 이슬람세계와 기독교 세계를 연결한 가장 중요한 나라였음이 밝혀졌다.

피보나치와 13세기

13세기 초엽이 되면 중세에서 가장 재능 있는 수학자인 레오나르도 피보나치(Leonardo Fibonacci, 보나치오의 아들, 1170?~1250?)가 등장한다. 피사(Pisa)의 레오나르도라고도 알려진 피보나치는 피사의 상업 중심지에서 태어났으며 아버지는 상업과 관련된 일에 종사하고 있었다. 당시 이탈리아의 큰 상인들은 지중해 연안의 여러 곳에 상점을 두고 있었는데 그의 아버지가 관세 관리인으로 아프리카의 북부 연안에 위치한 보기(Bougie)에서 근무하게 되었고 어린 레오나르도는 그곳에서 교육을 받게 되었다. 아버지의 직업 때문에 소년시절부터 일찍이 산술에 흥미를 느끼기 시작했으며 이후 이집트, 시칠리아, 그리스, 시리아 등으로 여행을 하면서 동부와 아라비아의 수학을 접하였다. 인도-아라비아의 계산술의 실용적 우수성에 완전한 확신을 가지게 된 피보나치는 1202년에 고향으로 돌아와서 마침내 그

레오나르도 피보나치
1170?~1250?

의 유명한 저서《산반서》를 출간하였다.

《산반서》는 1228년에 나온 제2판으로 우리에게 알려진 것이다. 이 저작은 산술과 초등대수에 관하여 쓴 것으로 비록 독립적인 연구이긴 하지만 알 콰리즈미와 아부 카밀의 대수로부터 많은 영향을 받았음을 보여 주고 있다. 이 책은 인도-아라비아 숫자를 유럽으로 소개하는 데 큰 역할을 하였다. 15장으로 된 이 책은 새로운 숫자를 읽고 쓰는 방법, 정수와 분수를 계산하는 방법, 제곱근과 세제곱근을 구하는 방법, 임시위치법과 대수적 과정에 의한 1차 및 2차 방정식의 해법 등을 설명하고 있다. 그러나 방정식의 음근과 허근이 인정되지 않았고 그의 대수는 수사적이었다. 대부분의 응용이 교역, 합자경영, 혼합법, 측량기하 등에 관한 것이었다. 또 이 책에는 많은 문제가 실려 있는데 이것은 수세기 동안 그 이후의 저술가들에게 수학문제의 보고(寶庫)가 되었다. 이미 2장의 10번째 절에서 이 책에 실려 있는 한 흥미로운 문제를 얘기한 바 있는데 그것은 틀림없이 그보다 훨씬 이전에 린드 파피루스에 나온 문제를 변형시킨 듯하다. 또 **피보나치 수열**이라고 불리는 다음 수열에 관한 문제도 나온다. 1, 1, 2, 3, 5, ⋯, x, y, $x+y$, ⋯ 그 밖에《산반서》에 나오는 몇 개의 문제는 문제연구 8.2, 8.3에서 참조하기 바란다.

1220년에 출간된 피보나치의《실용기하학(Practica geometriae)》은 유클리드적 엄밀함과 약간의 독창성을 가지고 능숙하게 기하학과 삼각법을 다룬 방대한 자료집이다. 1225년경에는《제곱근서(Liber quacdratorum)》가 나왔는데 이는 부정해석학에 관한 뛰어난 독창적 작품으로서 이 책이 피보나치를 이 분야에서 디오판토스와 페르마 사이의 가장 뛰어난 수학자로 일컬어지게 만든 작품이다. 이 책들은 모두 당대 학자들의 능력을 훨씬 뛰어넘는 작품이었다.

피보나치는 궁중에서 열리는 수학경기에 참가한 적이 있었는데, 거기서 피보나치의 재능이 나중에 그의 학문적 후원자가 된 프리드리히 2세 황제의 관심을 끌었다. 당시의 수학경기에서 황제의 시종이었던 팔레르모(Palermo)의 존(John)이 세 문제를 만들어 출제했다. 첫 번째 문제는 x^2+5, x^2-5가 모두 유리수의 제곱이 되는 유리수 x를 구하는 것이었는데 피보나치는 $x=41/12$로 써냈는데, 이는 $(41/12)^2+5=(49/12)^2$, $(41/12)^2-5=(31/12)^2$이므로 정확한 답이었다. 이 해는《제곱근서》에 나온다. 두 번째 문제는 3차 방정식 $x^3+2x^2+10x=20$의 해를 구하는 것이었다. 피보나치는 이 방정식의 해가 $\sqrt{a+\sqrt{b}}$ 형태의 무리수에 의하여 표현될 수 없음을 증명하고자 했으며, 이는 곧 그것의 어떤 해도 자와 컴퍼스를 가지고 작도될 수 없음을 보이고자 한 것이었다. 그런 다음 그는 근사적인 답으로서 1.3688081075를 제출했는데 이는 소수 아홉 자리까지 정확한 값이다. 이 답이 피보나치의《꽃(Flos)》이라는 책에 나오는데 거기에는 어떤 부수적인 논의도 없이 그냥 답만 나와서 다소의 의문을 불러일으켰다.

피보나치는 그와 동시대의 수학자가 적었기 때문에 실제의 그보다 더 위대하게 보인다는 주장이 있었다. 분명히 13세기에 재능 있는 수학자가 많지 않았던 것은 사실이다. 피보나치 다음으로는 동시대의 인물로서 요르다누스 네모라리우스(Jordanus Nemorarius)가 있었다. 그런데 그가 1222년 급격히 팽창한 도미닉 수도회의 제2대 총회장으로 선출된 독일의 수도사 요르다누스 삭소(Jordanus Saxo)와 동일 인물로 간주되기도 하는데 이는 십중팔구 잘못 알려진 것일 것이다. 그는 산술, 대수, 기하학, 천문학, 정역학(靜力學) 등에 관한 다양한 저술을 하였다. 물론 이 장황한 저작들이 한때 상당한 명성을 얻기는 했지만 오늘날 관점에서 보면 대부분 자명한 내용으로 되어 있다. 그럼에도 불구하고 네모라리우스는 일반적인 수를 표현하는 데 문자를 폭넓게 이용한 최초의 인물이었다. 그러나 네모라리우스의 이 방법은 피보나치가 그것을 꼭 한 번 사용한 것 이외에는 이

후의 저자들에게 큰 영향을 주지는 못했다.

그 밖에 언급할 만한 인물로는 사크로보스코(Sacrobosco: 할리우드의 존(John) 혹은 핼리팩스의 존), 캄파누스(Campanus), 로저 베이컨(Roger Bacon) 등이 있었다. 첫 번째 인물은 파리에서 수학교육을 받았으며 프톨레마이오스의 《알마게스트》와 아라비아의 천문학자의 작품으로부터 그 내용을 추출하여 편집한 대중적 저서를 썼다. 캄파누스의 명성은 주로 5장의 3번째 절에서 언급한 바 있듯이 유클리드의 《원론》의 라틴어 번역본을 쓴 것에 기인한다. 천재였던 로저 베이컨은 수학에는 별 능력을 지니지 못했으나 그리스의 기하학과 삼각법에 관한 많은 저작을 통달했는데 그는 이들 주제의 가치를 충분히 인정하는 찬사적 증언을 하였다.

13세기 초엽에 파리, 옥스퍼드, 케임브리지, 파두아, 나폴리 등지에 대학이 세워졌다. 이들 대학이 나중에 수학의 발전에 중요한 잠재적 요소가 되었으며 많은 수학자들이 이들 한두 개의 대학과 관련을 맺게 되었다.

14세기

14세기는 수학에 있어서 비교적 황폐한 시기였다. 이 기간에 유럽 인구의 1/3을 휩쓸어 간 흑사병이 돌았고 정치적, 경제적 격변과 더불어 백년전쟁이 시작되었다.

이 세기의 가장 위대한 수학자는 1323년경 노르망디(Normandy)에서 태어난 니콜 오렘(Nicole Oresme)이 었다. 그는 대학교수를 지내다가 후일에 주교가 되었으며 1382년에 죽었다. 그는 다섯 권의 수학책을 저술했고 아리스토텔레스의 몇 작품을 번역했다. 그중 한 논문에서 분수 지수를 처음 사용했으며(물론 현대적 표기는 아니었다), 또 다른 논문에서는 점을 좌표로 표현하는데 이것이 곧 현대 좌표기하학의 전조가 되었다. 14세기 말엽의 이 마지막 논문은 수차례 거듭 인쇄되는 영광을 누리기도 하였는데 그것이 나중에 르네상스 시대의 수학자들과 데카르트에게까지도 영향을 주었다.

비록 중세의 유럽 수학이 본질적으로 실용적인 것이긴 하였지만 사변적(思辨的) 수학이 완전히 죽어버린 것은 아니었다. 스콜라철학자들의 명상이 운동, 무한, 연속체 등(이들은 모두 현대수학의 기본 개념이다)에 관한 미묘한 이론화를 이끌었다. 이 당시의 스콜라적인 논쟁과 변명은 어느 정도로는 수학적 사고를 고대에서 현대로 옮겨 놓는 주목할 만한 변혁의 과정으로 설명될 수 있고, 또 벨(E.T. Bell)이 얘기했던 것처럼 그런 것들이 '부분해석학(部分解析學, Submathematical analysis)'을 이룬다고도 할 수 있다. 이러한 관점에서 13세기에 가장 예리한 정신을 소유했던 토마스 아퀴나스(Thomas Aquinas, 1226~1274)가 수학의 발전에도 아마 일역을 담당했던 것으로 생각할 수 있다. 한편 수학자로서 눈에 띄는 또 한사람은 토마스 브래드와딘(Thomas Bradwardine, 1290~1349)인데, 그는 캔터베리 대주교를 지내기도 했다. 그는 연속성(連續性)과 이산성(離散性), 무한대와 무한소 등의 기본 개념에 대한 고찰 이외에도 산술과 기하학에 관한 네 편의 수학 논문을 썼다.

15세기

15세기는 예술과 학문에서 유럽의 르네상스(Renaissance)가 막을 올리는 시기이다. 1453년에 콘스탄티노플이 터키족에게 함락되면서 비잔틴 제국이 붕괴되고, 피난민들은 이탈리아로 흘러들어갔다. 이때 그들은 그리스 문명의 귀중품을 함께 가지고 들어갔는데 그때부터 단지 아라비아 번역본으로만 알려졌던 많은 그리스 고전의 원전이 직접 연구되기 시작했다. 또한 이 세기의 중엽쯤에는 인쇄술이 발명되었고, 전례 없이 지식을 유포시키는 책 교역이 폭발적으로 성행하였다. 이 세기의 말엽에는 미국이 발견되었으며 세계일주 항해가 성공하였다.

15세기의 수학적 활동은 주로 이탈리아의 도시와 유럽의 중심 도시들인 뉴렘베르크, 빈, 프라하 등지가 중심이 되었고, 대개 산술, 대수, 삼각법 등에 관심이 집중되었다. 따라서 수학은 주로 무역, 항해, 천문학, 관측 등과 관련하여 번창하는 상업도시에서 활발하게 연구되었다.

연대적 순서를 지키기 위하여 우선 니콜라스 쿠사(Nicholas Cusa)부터 살펴보자. 그는 1401년에 모젤유역의 큐스(Cues)에서 가난한 어부의 아들로 태어났지만 교회에서 급격히 성장하여 마침내 추기경까지 올랐고 1448년에는 로마의 집정자가 되었다. 그는 부수적으로만 수학을 연구하였으나 그래도 몇 편의 논문을 성공적으로 썼다. 그는 오늘날 주로 달력개조, 원적과 일반각의 삼등분에 관한 시도 등으로 기억되고 있다(문제연구 8.4 참조). 그는 1464년에 죽었다.

보다 훌륭한 수학자는 포이에르바하(Georg Von Peurbach, 1423~1461)로서 그는 자신의 선생님 중의 한 사람으로 니콜라스 쿠사를 꼽았다. 그는 이탈리아에서 수학을 가르쳤으며 후일에 빈에 정착하여 그곳에 있던 대학을 수학적 중심지로 만들었다. 그는 산술과 천문학에 관한 몇 권의 저작을 썼고 사인(sine)표를 만들었으나 이들 대부분의 작품은 생전에는 출간되지 못했다. 그는 또한 프톨레마이오스의 《알마게스트》를 처음으로 그리스 원본으로부터 직접 라틴어 번역본을 만드는 일에 착수했다.

이 세기에 가장 유능하고 가장 영향력 있었던 수학자는 요한 뮐러(Johann Müller, 1436~1476)였는데, 그는 오히려 그가 태어난 쾨니히스베르크의 라틴어 이름인 레기오몬타누스(Regiomontanus)로 더 잘 알려져 있다. 그는 어렸을 때 빈의 포이에르바하 밑에서 공부했고 나중에는 《알마게스트》의 나머지 번역을 완성하는 작업이 그에게 맡겨졌다. 그는 또 아폴로니우스, 헤론, 아르키메데스 등의 그리스 원전을 번역하기도 하였다. 1464년에 쓰여지고 그의 사후인 1533년에 발표된 가장 위대한 논문 《삼각법의 모든 것(De triangulis omnimodis)》은 천문학과 무관하게 수학적으로 전개된 평면 및 구면 삼각법에 관한 유럽 최초의 체계적인 해설서였다. 레기오몬타누스는 이탈리아, 독일 등지로 오랫동안 여행하였고 1471년에는 뉘른베르크에 안착하였다. 그는 그곳에 천문대를 세우고, 인쇄소를 만들고, 천문학에 관한 몇 편의 논문을 썼다. 또 그가 날개를 접었다 폈다 할 수 있는 기계식 독수리를 제작했다고 전해지는데 이는 그 시대에 경이로운 일로 생각되었다. 1475년에 레기오몬타누스는 당시의 식스투스 4세 교황으로부터 달력을 개조하는 데 참여해 달라는 부탁을 받고 로마에 초청되었다. 그러나 그는 로마에 도착하자마자 40세를 일기로 갑자기 죽었다. 그가 흑사병으로 죽었다고 전해지고는 있지만, 아마 적에 의하여 독살되었을 것이라는 풍문으로 인하여 그의 죽음은 베일에 싸여 있다.

레기오몬타누스의 《삼각법의 모든 것》은 다섯 권의 책으로 이루어져 있으며 그중 처음 두 권은 평면삼각법에 관한 것이고 나머지 세 권은 구면삼각법에 관한 것이다. 그 논문에서 그는 주어진 세 조건을 만족하는 삼각형을 결정하는 흥미로운 문제를 다루고 있다. 그는 여러 번 대수를 응용하였는데 다음 제2권의 명제 12와 명제 23을 살펴보자. “한 변과 그 변에 대한 높이와 나머지 두 변의 비가 주어질 때 이 삼각형을 구하라(Ⅱ 12).” “두 변의 차와 세 번째 변에 대한 높이와 그 높이가 세 번째 변의 선분을 나누는 비가 주어질 때 이 삼각형을 구하라(Ⅱ 23).” 그의 대수는 수사적 대수로서 도형의 미지의 부분을 2차 방정식의 근으로 찾았다. 물론 그의 방법이 일반적인 경우를 고찰하는 것과 같은 의미를 지니고는 있었지만 그는 이미 주어진 부분에 특별한 수값을 주었다. 《삼각법의 모든 것》에서 이용한 삼각함수는 사인과 코사인뿐이었다. 그러나 이후에 레기오몬타누스는 탄젠트표를 계산했으며 또 다른 책에서는 네 변이 주어진 순회사변형을 작도하는 문제에 대수와 삼각법을 응용하였다.

15세기의 가장 뛰어난 프랑스 수학자는 슈케(Nicolas Chuquet)로서 그는 파리에서 태어났지만 리용(Lyons)에서 의사로 활동하였다. 1484년에 그는 《수의 과학에 있어서의 세 부분(Triparty en la Science des nombres)》으로 알려진 산술에 관한 논문을 썼는데 그것은 19세기까지도 출간되지 못했었다. 3부로 되어 있는 이 논문의 제1부는 유리수의 계산에 관한 내용을 담고 있고 제2부는 무리수의 계산에 관한 내용이고 제3부는 방정식론으로 되어 있다. 슈케는 양과 음의 정수 지수를 모두 인정하였고 부분적으로 약어대수를 이용하였다. 그의 이 저작은 너무나 진보적이어서 얼마 동안 동시대인들에게 많은 영향을 주었다. 그는 1500년경에 죽었다. 슈케가 만든 몇 가지 문제를 문제연구 8.6에서 참조하기 바란다.

1494년에 이탈리아의 수도사 파치올리(Luca Pacioli, 약 1445~1509)의 《산술·기하·비 및 비례요약집(Summa de arithmetica, geometrica, proportioni et proportionalita)》의 제1판이 출간되었는데 흔히 이 책을 간단히 《요약집(Sūma)》이라고 부른다. 이 저작은 당시의 산술, 대수, 기하에 관한 요약집을 만들기 위해 많은 원전으로부터 자유롭게 편집된 것이다. 이 《요약집》에는 피보나치의 《산반서》에 나오는 내용보다 더 중요한 것은 거의 없지만 훌륭한 표기를 이용하고 있다는 데 특징이 있다.

《요약집》의 산술부분은 기본연산에 대한 계산법과 제곱근을 구하는 방법으로부터 시작한다. 표현은 비교적 완전하여 한 곱셈을 행하는 데 거의 여덟 가지 방식의 내용을 수록해 놓기도 하였다. 그곳에는 상업수학이 충분히 다뤄지고 있고, 많은 문제들로 예증을 들고 있으며 특히 중요한 복식부기의 내용도 포함되어 있고, 또 임시위치법이 논의되고 응용되고 있다. 많은 숫자의 오자(誤字)가 있음에도 불구하고 이 저작의 신술부분은 당시의 가장 권위 있는 실용적 표준서가 되었다. 《요약집》의 대수부분은 2차 방정식과 그 방정식을 초래하는 많은 문제를 싣고 있다. 그의 대수는 약어대수로서 더하기에 대해서는 p('더 많은'이란 뜻의 'piu'의 첫 글자)로, 빼기에 대해서는 m('더 적은'이란 뜻의 'meno'의 처음 두 글자)으로 미지수 x에 대해서는 co('것'이라는 뜻의 'cosa'의 처음 두 글자)로, x^2에 대해서는 ce('제곱'이라는 뜻의 'censo'의 처음 두 글자)로, x^3에 대해서는 cu('세제곱'이라는 뜻의 'cuba'의 처음 두 글자)로, x^4에 대해서는 cece('네제곱'이라는 뜻의 'censocenso'로부터 중략) 등으로 약식기호를 사용하였다. 종종 등식을 ae('같다'는 뜻의 'aequalis'의 처음 두 글자)로 표시하기도 하였다. 흔히 글자 위에 짧은 가로줄이 나타나기도 하는데 Summa를 Sūma로 줄여 쓴 것처럼 그것은 글자를 줄여 썼다는 것을 표시하는 관습이었다. 《요약집》의 기하부분은 흥미로운 것이 거의 없으며 레기오몬타누스와 마찬가지로 대수가 단지 기하문제의 해를 구하는 데 이용되고 있다.

파치올리는 여러 곳을 여행하며 공부를 했으며 많은 저술을 하였지만 모두 인쇄되지는 못하였다. 1509년에 출간된 그의 《신성한 비례에 관하여(De diuina propotione)》에는 레오나르도 다빈치(Leonardo da Vinci)가 그린 것으로 생각되는 정다면체의 그림이 실려 있다.

우리가 사용하고 있는 +, −기호가 처음 등장한 것은 요한 비드만(Johann Widman, 1460년경에 보헤미아에서 출생)이 1489년에 라이프치히에서 출간한 한 산술책에서이다. 여기서 그 기호들은 연산의 기호로서 사용된 것이 아니라 단순히 과부족을 나타내는 데 사용되었다. 더하기 기호 +는 틀림없이 덧셈을 표시하는 데 이용된 라틴어 et의 축약어일 것이고 빼기 기호 −는 뺄셈을 표시하는 축약어 m̄으로부터 나온 듯하다. +, −기호가 연산기호로서 사용된 최초의 기록은 1514년에 독일 수학자 반데르 호이케(Vader Hoecke)가 쓴 어떤 책에서인데, 그러나 그 이전에 이미 그 기호들이 사용되었을지도 모른다.[1)]

초기의 산술

르네상스와 더불어 교육에 대한 관심이 높아지고 상업활동이 엄청나게 증가하면서 산술에 관한 많은 대중교과서가 등장하기 시작했다. 17세기 이전까지 이미 유럽에서 거의 300여 종의 교과서가 발행되었다. 이 교과서들은 크게 두 종류로 나눌 수 있는데, 첫 번째는 교회학교에 소속된 고전학자들이 라틴어로 쓴 교과서였고 두 번째는 소년들에게 상업교육을 시키기 위해 실제 선생님들이 자기 나라 말로 쓴 교과서였다. 이들 선생님은 종종 도시측량가, 공증인, 검량관으로서도 일했고, 더구나 튜튼 지방(4세기경의 유럽 동부지역)에 있던 상업도시들의 강력한 보호연합체인 한자동맹(Hanseatic League)의 후원을 받은 영향력 있는 회계감사원장직까지 지내기도 하였다.

1) 다음 문헌을 참조하라. J.W.L. Glaisher, “On the early history of the signs + and − and on the early German arithmeticians,” *Messenger of Mathematics* 51(1921-22): pp. 1-148.

최초로 인쇄된 산술책은 익명이었는데 그것은 베니스와 북부 지방을 잇는 무역로에 위치한 트레비소 지방에서 1478년에 발행된 《트레비소 산술서(Treviso Arithmetic)》라는 책으로서 오늘날에는 구하기 매우 어려운 희귀한 책이다. 그 책은 주로 수를 쓰는 방법, 수를 계산하는 방법, 조합이나 교역에의 응용 등을 다루고 있다. 그 이전의 14세기의 '계산법'처럼 그 책도 역시 몇 가지 유희문제를 싣고 있다.

이탈리아에서 《트레비소 산술서》보다 더 영향력이 있었던 책은 보르기(Piero Borghi)가 쓴 상업산술서였다. 대단히 유용했던 이 책은 1484년에 베니스에서 초판이 인쇄된 후 1557년의 마지막 판까지도 적어도 17판이 거듭 인쇄되었다. 1491년에는 플로렌스에서 칼란드리(Filippo Calandri)가 쓴 산술책이 나왔는데 이는 비교적 덜 중요하지만, 그러나 이 책에서 오늘날 우리가 행하는 긴 나눗셈 과정을 처음으로 소개하고 있고 또 삽화가 든 책으로서는 이탈리아에서 처음으로 발행된 책이어서 흥미롭다. 우리는 이미 1494년에 인쇄된 파치올리의 《요약집》을 살펴본 바 있는데 이 책의 대부분은 산술에 관한 내용이었다. 당시 이탈리아의 상업관례에 관한 많은 정보가 이 책의 문제로부터 유추될 수 있다.

독일에서 매우 영향력이 있었던 책은 1489년에 라이프치히에서 출간된 비드만의 산술책이었다. 또 다른 중요한 독일의 산술책은 하이델베르크의 회계감사원장이었던 야콥 쾨벨(Jacob Köbel, 1470~1533)이 쓴 것이었다. 1514년에 발행된 이 산술책은 그 인기가 너무도 좋아 무려 22판까지 인쇄되었다. 그러나 아마도 독일의 상업산술에 가장 큰 영향을 끼쳤던 것은 1522년에 발행된 아담 리제(Adam Riese, 약 1489~1559)가 쓴 책일 것이다. 이 책이 얼마나 평판이 좋았던지 오늘날 독일에서는 정확한 계산을 나타내는데 "아담 리제를 따라서"라는 문구를 사용하기도 한다.

아담 리제에 관한 재미있는 일화가 하나 있다. 어느날 리제와 도안공이 자와 컴퍼스를 가지고 누가 더 많은 직각을 그릴 수 있는가를 알아보기 위한 친선시합을 가졌다. 도안공은 직선을 그린 다음 오늘날 고등학교에서 가르치는 것처럼 직선 위에 수선을 계속 그려 나갔다. 그러나 아담 리제는 직선 위에 반원을 그린 다음 재빨리 수많은 내접직각을 그려서 경기에 이겼다고 한다.

영국도 역시 몇 가지 주목할 만한 초기의 산술책을 만들었다. 오로지 수학의 내용만을 담은 영국 최초의 인쇄된 책은 톤스톨(Cuthbert Tonstall, 1474~1559)이 쓴 산술책이었다. 파치올리의 《요약집》에 기초한 이 책은 1552년에 라틴어로 출간되었다. 톤스톨은 그의 파란 많은 생애 동안에 많은 교회직과 외교관직을 지냈다. 그의 학식에 대한 동시대인들의 평가는 그리스에서 1533년에 인쇄된 유클리드의 《원론》의 초판이 그에게 봉헌되었다는 사실만으로도 충분히 알 수 있다. 그러나 16세기에 영국에서 가장 영향력 있었던 교과서 저자는 아무래도 로버트 레코드(Robert Recorde, 약 1510~1558)일 것이다. 그는 영어로 책을 썼는데 그의 저작은 교사와 학생 사이의 대화형식으로 되어 있다. 그는 적어도 다섯 권의 책을 썼으며 첫 번째 책은 1542년에 출간된 《기술의 기본(The Ground of Artes)》이라는 환상적인 이름이 붙은 산술책이었다. 이 책은 적어도 29판까지 인쇄되었다. 레코드는 옥스퍼드 대학에서 공부하고 케임브리지 대학교에서 의학학위를 받았다. 그는 그곳에 거주하는 동안 두 대학에서 개인수업으로 수학을 가르쳤으나 케임브리지를 떠난 후 마이즈와 모니즈의 회계감사관을 지냈는데 그곳에서 잘못을 저질러 최후의 몇 년을 감옥에서 보냈다.

기호대수의 서막

로버트 레코드는 앞 절에서 언급한 산술책 이외에도 천문학, 기하학, 대수, 의학 등에 관한 많은 저술을 하였는데 그중 몇 가지 저작은 분실되고 말았다. 1551년에 출간된 천문학에 관한 저서 《지식의 성(Castle of Knowledge)》은 영국의 독자들에게 코페르니쿠스 체계를 처음으로 소개한 책이었고 역시 같은 해에 출간된 《지식의 오솔길(Pathewaie to Knowledge)》은 유클리드의 《원론》의 초록집이었다. 특히 역사적으로 중요한 것은 1557년에 출간된 《지혜의 숫돌(Whestone of Wittle)》이라는 대수책으로 이 책에서 처음으로 오늘날의 등식기호가 사용되어 있다.

또 하나의 현대 대수기호인 근호기호 $\sqrt{\ }$ ('근(根)'이라는 뜻의 'radix'의 소문자 r과 닮은 것처럼 보인다)가 1525년에 크리스토프 루돌프(Christoff Rudolff)가 쓴 《미지수(Die Coss)》라는 이름이 붙은 대수책에서 소개되었다. 이 책은 독일에서 매우 영향력이 있었고 개정판이 1533년에 슈티펠(Michasel Stifel, 1486~1567)에 의해서 출간되었다. 슈티펠은 16세기의 독일의 가장 위대한 대수학자였다. 그의 저서 중에서 가장 널리 알려진 것은 1544년에 출간된 《산술총서(Arithmetica integra)》이다. 이 책은 3부로 나누어져 있고 각각 유리수, 무리수, 대수(代數)에 관한 내용을 담고 있다. 제1부에서 슈티펠은 등차수열과 등비수열을 연관시키는 이점을 지적하면서 거의 한 세기 뒤의 로그(logarithm)의 발명의 전조를 보여 주었고, 또 17제곱 이하의 모든 이항계수를 구했다. 제2부는 본질적으로 유클리드의 《원론》 제Ⅹ권의 해설서이고 제3부는 방정식을 다루고 있다. 방정식의 음근은 무시되었지만 기호 +, −, $\sqrt{\ }$ 들이 이용되고 있고 종종 미지수가 문자로써 표현되고 있다.

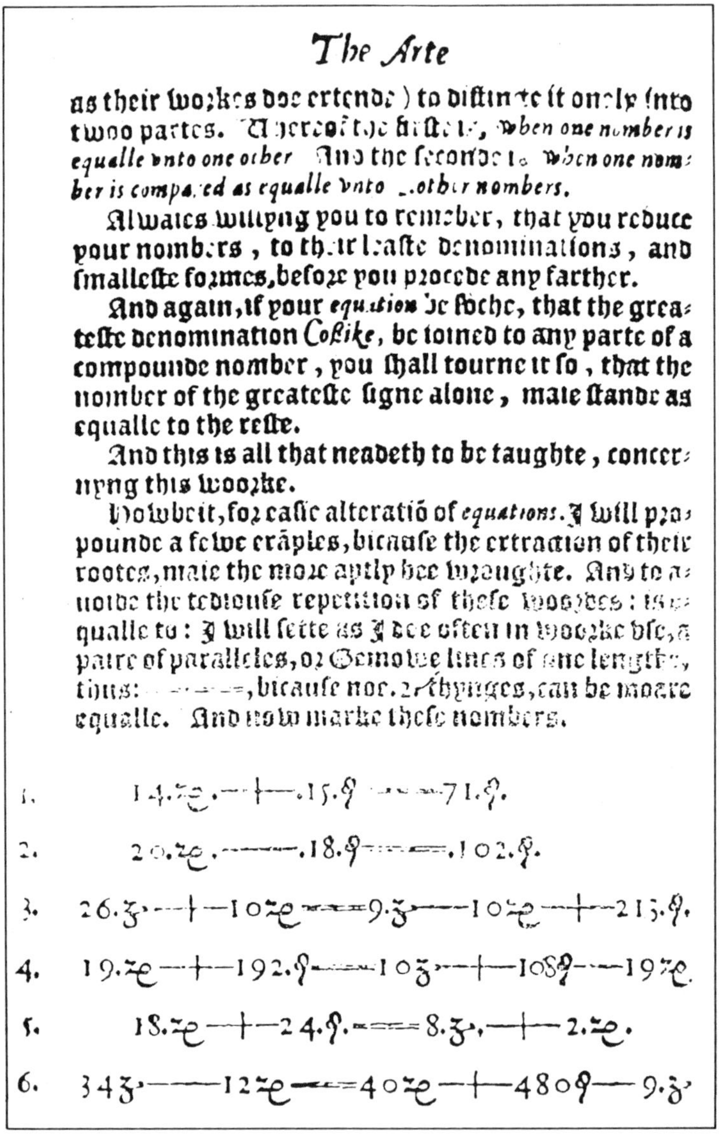
The Arte

as their workes doe extende) to distincte it onely into twoo partes. Whereof the firste is, when one nomber is equalle unto one other. And the seconde is, when one nomber is compared as equalle unto .2. other nombers.

Alwaies willyng you to remember, that you reduce your nombers, to their leaste denominations, and smalleste formes, before you procede any farther.

And again, if your equation be soche, that the greateste denomination Cosike, be ioined to any parte of a compounde nomber, you shall tourne it so, that the nomber of the greateste signe alone, maie stande as equalle to the reste.

And this is all that neadeth to be taughte, concernyng this woorke.

Howbeit, for easie alteratiō of equations. I will propounde a fewe exāples, bicause the extraction of their rootes, maie the more aptly bee wroughte. And to auoide the tediouse repetition of these woordes: is equalle to: I will sette as I doe often in woorke use, a paire of paralleles, or Gemowe lines of one lengthe, thus: =====, bicause noe .2. thynges, can be moare equalle. And now marke these nombers.

1. 14.ze.—+—.15.ϱ ===== 71.ϱ.
2. 20.ze.———.18.ϱ ===== .102.ϱ.
3. 26.ʒ.—+—10ze ===== 9.ʒ——10ze—+—213.ϱ.
4. 19.ze—+—192.ϱ ===== 10ʒ—+—108ϱ——19ze.
5. 18.ze—+—24.ϱ. ===== 8.ʒ.—+—2.ze.
6. 34ʒ——12ze ===== 40ze—+—480ϱ——9.ʒ.

로버트 레코드의 《지혜의 숫돌》(1557)의 한 페이지.
여기서 등식기호가 소개되고 있다.

슈티펠은 수학사에서 가장 미묘한 인물 중의 한 사람이었다. 그는 본래 수도사였지만 마틴 루터(Martin Luther)를 따라 신교로 개종한 후 광신적인 개신교도가 되었으며 유별난 생각이 그를 수 신비주의에 빠져들게 만들었다. 특히 그는 성경에 관한 저작을 분석한 후, 1533년 10월 3일이 되면 세상에 종말이 올 것이라고 예언하였다. 그러자 이 말을 믿은 수많은 농부들이 그와 함께 천당에 가기 위하여 일하기를 그만두고 재산도 내팽개쳐 버렸다. 이 일로 슈티펠은 감옥 신세까지 졌다. 슈티펠의 신비적인 추론의 한 극단적인 예는 그가 산술기법으로 교황 레오 X(Leo X)가 《요한계시록》에 나오는 '짐승(그리스도의 적이라는 뜻)'임을 증명했다고 한 것이다.[2)] 그는 LEO DECIMVS로부터 로마 수체계에서 의미를 갖고 있는 문자인 L, D, C, I, M, V만을 남겨 놓은 다음 거기에 X를 더하고 M을 빼냈다. X를 더한 이유는 레오 X에서 X를 따온 것이고 M은 신비를 뜻하므로 빼냈다고 한다. 그런 다음 이 문자를 DCLXVI로 재배열하면 이것이 《요한계시록》에서 얘기한 '짐승의 수' 666이 된다는 것이다. 슈티펠은 이 발견으로 지나친 평안을 얻은 나머지 자신의 해석이 신의 계시로부터 얻은 것이라고 믿었다.

몇 년 뒤에는 로그의 발명자인 네이피어(Napier)가 666이 로마 교황을 뜻한다는 것을 보였고, 또 그의 예수회 동기생인 본구스(Father Bongus)는 반대로 666이 마틴 루터를 뜻한다고 선언했다. 본구스의 추론은 다음과 같다. A로부터 I까지가 1부터 9이고 K부터 S까지가 10부터 90까지의 10단위 수이고 T부터 Z까지가 100부터 500까지의 100단위 수이면 다음을 얻는다.[3)]

2) W.F. White, *A Scrap-Book of Elementary Mathematics*, pp. 180-182.
3) 라틴 알파벳은 j와 w가 없다는 것만 빼놓고는 영어와 유사하다. 특히 위에 경우에서 U자가 V자로 나타났다.

M	A	R	T	I	N	L	V	T	E	R	A
30	1	80	100	9	40	20	200	100	5	80	1

이것의 합이 666이다.

제1차 세계대전 동안에는 산술기법으로 666이 빌헬름(Wilhelm) 황제를 뜻한다고 주장되기도 하였고, 나중에는 히틀러를 뜻함을 보이기도 했다. 또 《요한계시록》이 쓰인 본래의 아랍어의 문자기호로 666을 표현하면 네로(Nero)라는 철자가 된다는 것을 보이기도 했다.

3차 및 4차 방정식

16세기의 가장 극적인 수학적 성취는 아마도 이탈리아 수학자들의 3차 및 4차 방정식의 대수적 해법의 발견일 것이다. 이 발견과 관련된 이야기는 매우 다채로운데, 벤베누토 첼리니(Benvenuto Cellini)가 쓴 것이 제일 그럴듯하다. 간단히 얘기하면 다음과 같다. 1515년경에 볼로냐(Bologna) 대학교의 수학교수였던 페로(Scipione del Ferro, 1465~1526)가 $x^3+mx=n$꼴의 3차 방정식을 대수적으로 풀었으나, 이는 아마도 그 이전의 아라비아 원전들 위에 기초했을 것으로 추측된다. 그는 자신의 결과를 발표하지 않은 채 제자인 피어(Antonio Fior)에게 그 비밀을 알려 주었다. 한편 1535년경에 브레시아(Bresia)의 폰타나(Nicolo Fontana, 흔히 그를 타르탈리아(Tartaglia)[4)]라고 부르는데, 그 이유는 그가 어린 시절에 입은 상처 때문에 말을 더듬게 된 후 자신의 이름을 이탈리아어로 '말더듬이'라는 뜻의 '타르탈리아'로 썼기 때문이다)가 $x^3+px^2=n$꼴의 3차

4) g는 묵음이다.

방정식의 대수적 해법을 발견했다고 주장하였다. 그러나 피어는 그의 주장이 괜한 허풍이라고 생각하면서 타르탈리아에게 3차 방정식을 푸는 공개시합을 하자고 제안했다. 타르탈리아는 전력을 다하여 연구한 끝에 시합이 열리기 며칠 전에 2차 항이 없는 3차 방정식의 대수적 해법도 발견하였다. 시합에서는 두 종류의 3차 방정식 문제가 출제되었고 피어는 그중 한 종류만 풀었으나 타르탈리아는 문제를 모두 풀어 완전히 승리하였다. 그 후에 지롤라모 카르다노(Girolamo Cardano[5]), 그는 밀란(Milan)에서 수학을 가르치며 의사 개업까지 한 천재였지만 부도덕한 인물로 알려졌다)가 타르탈리아에게 간언하여 비밀을 꼭 지키겠다는 엄숙한 맹세 아래 3차 방정식을 푸는 중요한 방법을 얻어내었다. 그러나 1545년에 카르다노는 대수에 관한 탁월한 라틴어판 논문《위대한 술법(術法, Ars magna)》을 뉘른베르크에서 출간하면서 타르탈리아와의 약속을 저버리고 3차 방정식의 타르탈리아 해법을 실어버렸다. 타르탈리아는 이에 격분하여 격렬한 항의를 하였지만 카르다노의 가장 유능한 제자였던 페라리(Ludovico Ferari)는 카르다노가 제3자를 통하여 페로의 해법에 관한 정보를 얻었다고 주장하면서 오히려 타르탈리아가 동일한 원전으로부터 해법을 표절했다고 비난했다.

카르다노의《위대한 술법》에 실려 있는 3차 방정식 $x^3+mx=n$의 해법은 본질적으로 다음과 같다. 다음 항등식을 살펴보자.

$$(a-b)^3+3ab(a-b)=a^3-b^3$$

여기서 a, b를 다음과 같이

$$3ab=m, \quad a^3-b^3=n$$

5) 그의 이름은 히에로니무스 카르타누스, 지롤라모 카르다노, 제롬 카르단 등으로 알려지기도 했다.

으로 놓으면 x는 $a-b$로 주어진다. 이 마지막 두 방정식을 a, b에 관하여 연립하여 풀면

$$a=\sqrt[3]{(n/2)+\sqrt{(n/2)^2+(m/3)^3}}$$
$$b=\sqrt[3]{-(n/2)+\sqrt{(n/2)^2+(m/3)^3}}$$

이고 따라서 x가 구해진다.

3차 방정식이 풀려진 후 오래지 않아 4차 방정식의 대수적 해법도 발견되었다. 1540년에 이탈리아 수학자인 코이(Coi)가 카르다노에게 4차 방정식을 초래하는 문제를 주었다(문제연구 8.8 참조). 그러나 카르다노는 그 방정식을 풀지 못했지만 제자인 페라리가 문제를 푸는 데 성공하여 그의 《위대한 술법》에 이 해법을 싣는 기쁨을 누렸다.

페라리의 4차 방정식의 해법을 현대적 표기로 요약하면 다음과 같다. 우선 간단한 변환(문제연구 8.7(a) 참조)에 의하여 일반 4차 방정식이 다음과 같은 꼴로 쓰여질 수 있다.

$$x^4+px^2+qx+r=0$$

따라서

$$x^4+2px^2+p^2=px^2-qx-r+p^2$$

즉

$$(x^2+p)^2=px^2-qx+p^2-r$$

그러므로 임의의 y에 대해서

$$\begin{aligned}(x^2+p+y)^2&=px^2-qx+p^2-r+2y(x^2+p)+y^2\\&=(p+2y)x^2-qx+(p^2-r+2py+y^2)\end{aligned}$$

이제 우변의 방정식이 완전제곱이 되도록 y를 취하자. 그 경우는 다음과 같은 때이다.[6)]

$$4(p+2y)(p^2-r+2py+y^2)-q^2=0$$

결국 이 방정식은 y에 관한 3차 방정식이고, 따라서 이것은 이미 밝혀진 3차 방정식 해법으로 풀 수 있다. 그러한 값 y는 사실 본래의 문제를 제곱근을 구하는 문제로 바꿔 놓는다.

일반 3차 및 4차 방정식의 또 다른 대수적 해법이 계속 주어졌다. 다음 절에서는 16세기 프랑스 수학자 비에트가 고안한 방법을 살펴볼 것이다. 1637년에 데카르트가 만든 4차 방정식 해법이 방정식론에 관한 많은 대학교재에 실려 있다.

1750년경에 오일러는 일반 4차 방정식의 해가 결국 3차 방정식의 해법으로 구해진다는 것에 착안하여 그와 유사하게 일반 5차 방정식의 해를 4차 방정식의 해법으로 구해보려고 시도했으나 실패로 끝나고 말았으며, 30년 뒤에 라그랑주도 역시 이 문제를 푸는 데 실패했다. 그러다가 1803, 1805, 1813년에 계속해서 이탈리아 의사인 루피니(P. Ruffini, 1765~1822)가 일반 5차 혹은 그 이상의 차수의 방정식들이 그 방정식의 계수에 관한 근기(根基)에 의해 표현될 수 없다는 사실의 증명을 하였다. 이 놀랄 만한 발견은 1824년에 유명한 노르웨이 수학자 아벨(Niels Henrik Abel, 1802~1829)에 의하여 밝혀지기도 하였다. 방정식론에서의 현대 발전과정은 매우 매혹적이긴 하지만 너무나 진보되어 여기서 고찰하기는 힘들다. 그와 관계된 학자로서 브링(Bring), 제라드(Jerrard), 치른하우젠(Tschirnhausen), 갈루아(Galois), 조르당(Jordan) 등을 꼽을 수 있다.

카르다노는 수학사에서 가장 기묘한 성격의 인물이다. 그는

6) 2차식 Ax^2+Bx+C가 1차식의 완전제곱이 되기 위한 필요충분조건은 그의 2차 방정식의 판별식 B^2-4AC가 0일 때이다.

카르다노
1501~1576

1501년에 파비아(Pavia)에서 변호사의 사생아로 태어나서 열정적인 이중성격의 소유자로 성장하였다. 그는 의사로서 파란만장한 직업활동을 시작하여 개업을 하고 있는 동안에도 수학을 공부하고 가르치고 저술까지 하였다. 그는 스코틀랜드까지 여행을 하였으며 이탈리아로 돌아온 후에는 계속적으로 파비아와 볼로냐에 있는 대학교에서 중요한 직책을 맡았다. 그는 또 예수의 생애에 대한 별점을 발표하여 이교도로 몰리는 바람에 감옥살이도 하였다. 그는 볼로냐 대학교에서 물러난 후 로마로 옮겨와서 뛰어난 점성가가 되었으며 교황청의 점성가로서 연금도 받았다. 그는 1576년에 로마에서 자살하였는데, 전해 내려오는 이야기에 따르면 자신이 별점으로 예언한 자신의 죽음의 날을 맞이하여 그렇게 했다고 한다. 그의 성격이 대단히 고약했다는 많은 얘기가 있는데, 한번은 일시적으로 흥분하여 자기의 어린 아들의 두 귀를 잘라버렸다고도 한다. 그러나 어떤 얘기들은 그의 적들이 과장한 것도 있을 것이고 또 중상모략을 받았을 가능성도 배제할 수는 없다. 물론 그의 자서전이 이러한 관점을 뒷받침해주고 있다.

아무튼 당시의 가장 뛰어나고 다재다능한 인물 중의 한 사람이었던 카르다노는 산술, 천문학, 물리학, 의학 등 여러 분야에서 많은 저작을 남겼다. 그의 가장 위대한 저작은 《위대한 술법》으로서 이

타르탈리아
1499~1557

책은 완전히 대수에 관한 최초의 라틴어 논문이었다. 여기서 주목할 만한 내용은 방정식의 음근을 다루고 있다는 것과 허수와 관련된 계산에 약간의 관심을 보여 주고 있다는 것이다. 또한 임의의 차수의 방정식의 근의 근삿값을 구하는 미완성된 방법도 실려 있다. 그 책을 보면 그가 '데카르트의 부호법칙'을 알고 있었다는 증거도 있다. 상습 도박꾼이었던 그는 확률에 관한 몇 가지 흥미로운 문제를 다룬 도박사의 안내서도 썼다.

타르탈리아는 불우한 어린 시절을 보냈다. 그는 1499년에 브레시아에서 가난한 부모의 아들로 태어났으며 1512년에 브레시아가 프랑스의 침략을 받았을 때 그곳에서 지내고 있었다. 이 침략과 더불어 만행이 일어나고 있는 동안 타르탈리아와 아버지(당시에 브레시아에서 우편배달부를 했다)는 신변의 안전을 위하여 다른 사람들과 함께 성당으로 피신하였으나 병사들이 끝까지 그들을 쫓아들어와 대학살극을 벌였다. 그때 아버지는 죽었고 그는 목숨은 건졌지만 머리가 깨지고 턱이 갈라졌다. 어머니가 나중에 가족을 찾기 위하여 성당에 도착했을 때 아들이 아직 살아 있는 것을 발견하곤 가까스로 아들을 빼내어 왔다. 그러나 의료시설이 부족하여 치료를 제대로 받을 수 없었으므로 어머니는 상처난 개가 항상 상처난 곳을 혀로 핥는다는 것을 생각해내고 아들에게 그렇게 해주었는데, 나중에 타르탈리아는 자신의 회복이 바로 어머니의 이러한 치료법 덕분이었다고 말했다. 어쨌든 그때 입은 턱의 상처 때문에 일생 동안 말을 완전하게 할 수 없었으며, '말더듬이'라는 별명을 얻었다. 어머니는 돈을 모아서 간신히 아들을 보름 동안 학교에 보냈는데 타르탈리아는 그때 습자본 하나를 훔칠 수 있는 좋은 기회를 얻었고 그 후에 그것을 가지고 읽고 쓰는 법을 독학으로 공부했다. 또 종이를 살 돈이 없어서 공동묘지의 묘비를 이용하여 공부하였다고 전해진다. 그는 이탈리아의 여러 도시에서 수학과 과학을 가르치며 생계를 유지했으며 1557년에 베니스에서 죽었다.

타르탈리아는 재능 있는 수학자였다. 우리는 이미 3차 방정식에 대한 그의 연구를 살펴본 바 있다. 또 그가 처음으로 수학을 포술학에 응용했던 것으로 믿어진다. 일반적으로 그가 16세기의 가장 훌륭한 이탈리아 산술서를 쓴 것으로 간주되는데 그것은 당시의 수치계산과 통상관세에 관한 충분한 논의를 싣고 있는 두 권의 논문으로 되어 있다. 그는 또한 유클리드와 아르키메데스의 저작을 출판하기도 하였다.

카르다노가 죽기 몇 년 전인 1572년에 라파엘 봄벨리(Rafel Bombelli)가 3차 방정식 해법에 중요한 기여를 한 대수를 발표했다. 오늘날 방정식론에 관한 많은 책에 보면 $(n/2)^2+(m/3)^3$이 음수이면 3차 방정식 $x^3+mx=n$이 세 실근을 갖는다는 내용이 나오는데 이것이 바로 봄벨리의 결과이다. 그러나 이 경우에 카르다노-타르탈리아 공식에서는 이 근이 '복소허수'의 두 세제곱근의 차로 표현된다. 예외적으로 보이는 이것이 3차 방정식에서의 기약(旣約)의 경우로 알려져 있는데 이는 초기 대수학자들을 상당히 괴롭혔던 문제이다. 봄벨리는 기약의 경우에 허근의 실재를 지적했으며 또한 당시의 대수적 표기를 개선하기도 하였다. 예를 들어 그가 괄호기호를 사용했던 것을 살펴보자. 파치올리는 합성표현 $\sqrt{7+\sqrt{14}}$를 RV7pR14로 썼는데, 여기서 RV는 제곱근이 그 뒤의 모두에 대하여 붙는다는 뜻이다. 그러나 봄벨리는 이를 R⌊7pRl4⌋로 썼다. 그는 또 제곱근과 세제제곱근을 Rq, Rc로 구분하여 썼으며 $\sqrt{-11}$을 di mRq11로 나타내었다.

비에트

16세기의 가장 위대한 프랑스 수학자는 프랑수아 비에트(François Viète)로서 흔히 그를 라틴어 이름인 비에타(Vieta)라고도 부르는데 그는 고등법원 판사로 일하면서 대부분의 여가시간을 수학에 몰두했다. 그는 1540년에 퐁테네(Fontenay)에서 태어나서 1603년에 파리에서 죽었다.

비에트에 관한 몇 가지 재미있는 일화가 있다. 한번은 베네룩스 제국(현재의 네덜란드, 벨기에, 룩셈부르크 지방) 대사가 앙리 4세(Henry Ⅳ)에게 다음과 같이 큰소리쳤다고 한다. “프랑스에는 1593년에 우리나라의 아드리아누스 로마누스(Adrianus Romanus, 1561~1605)가 제시한 45차 방정식의 근을 구할 수 있는 사람이 아무도 없지 않습니까!” 그리하여 비에트가 그 자리에 출두되었고 그의 앞에 로마누스의 방정식이 놓였다. 기초적인 삼각법을 이해하고 있던 비에트는 단 몇 분만에 두 개의 근을 찾았고 그 뒤에 21개의 근을 더 찾았다. 그러나 그도 음근은 생각해내지 못했다. 이번에는 비에트가 로마누스에게 아폴로니우스의 문제를 풀어보라는 도전장을 냈다. 그러나 로마누스는 유클리드 도구만을 가지고는 해를 구할 수 없었다. 그는 비에트의 우아한 해를 본 후에 비에트를 만나기 위하여 퐁테네를 방문했고 그리하여 그들 사이에 따뜻한 우정이 맺어졌

비에트
1540~1603

다. 또 비에트는 스페인과 전쟁 중에 수백 개의 문자로 된 암호문을 해독하는 데 성공하여 프랑스가 2년 동안 전쟁에서 유리한 전략을 세울 수 있었다. 그러자 스페인의 필립 2세(Philip Ⅱ)는 그 암호문이 절대로 해독될 수 없는 것으로 믿은 나머지 교황에게 프랑스가 "기독교 신앙의 실천을 위배하여" 악마를 고용했다고 불평했다. 비에트는 수학에 일단 몰입하면 서재에서 며칠 동안이고 밖으로 나오지 않았다고 전해진다.

비에트는 삼각법, 대수, 기하학 등에 관하여 많은 저술을 하였는데, 그중에서 중요한 것은 다음과 같다.

《수학 요람(Canon mathematicus seu ad triangula)》(1579)
《해석학 서설(In artem analyticam isagoge)》(1591)
《보(補) 기하학(Supplementum geometriae)》(1593)
《방정식의 수학적 해법(De numerosa potestaum resolutione)》(1600)
《방정식의 재검토와 수정(De aeguationum recognitione et emendatione)》(이는 비에트가 죽은 후 1615년에 출간되었다)

이 저작들은 마지막 것을 제외하고 모두 비에트 자신의 경비로 인쇄하여 사람들에게 나누어 주었다.

위의 작품 중 첫 번째 것은 삼각법에 관한 내용을 싣고 있다. 아마도 이 책이 서유럽에서 처음으로 여섯 개의 삼각함수 모두를 이용하여 체계적으로 평면삼각형과 구면삼각형을 푸는 방법을 개발한 책일 것이다. 그 외에도 이 책은 해석삼각법에 관하여 상당한 관심을 보이고 있다. 비에트는 $\cos n\theta$를 $n=1, 2, \cdots, 9$에 대하여 $\cos\theta$에 관한 함수로 표현했으며 3차 방정식의 기약의 경우에 대한 삼각해도 제시했다.

비에트의 가장 유명한 책인《해석학 서설》은 기호대수의 발전에 커다란 기여를 하였다. 이 책에서 비에트는 미지량을 나타낼 때는 모음을, 기지량을 나타낼 때는 자음을 이용하는 예를 소개하였다. 오늘날 우리가 미지량에 대해서는 알파벳의 뒤의 문자들(즉 x, y, z 등)을, 기지량에 대해서는 알파벳의 앞의 문자들(즉 a, b, c 등)을 이용하는 관습은 1637년에 데카르트에 의하여 소개되었다. 비에트 이전에는 어떤 양(量)의 여러 가지 제곱을 표현하는데 서로 다른 문자나 기호를 사용하는 것이 통상적인 관례였다. 그러나 비에트는 동일한 문자에 적당한 조건을 붙여서 제곱을 표현했다. 이를테면 오늘날의 x, x^2, x^3을 비에트는 A, A quadratum, A cubum으로 썼으며 나중에는 그보다 간단히 A, Aq, Ac로 썼다. 또 비에트는 +, − 기호를 사용했으며 등식에 대한 기호는 사용하지 않았다. 예를 들어 그는

$$5BA^2-2CA+A^3=D$$

를 다음과 같이 썼다.

B 5 in A quad − C plano 2 in A+A cub aequatur D solido

비에트가 두 양(量) 사이에 기호 '='을 사용하긴 했으나, 그 기호는

두 양이 같다는 것을 표현하는 것이 아니라 두 양의 차를 표현하는 것이었다.

《방정식의 수학적 해법》에서는 방정식의 근을 연속적으로 근사시키는 체계적인 과정이 소개되고 있는데, 이는 1680년경까지 널리 이용되었다. 그러나 그 방법이 고차방정식에 대해서는 너무 힘들어서 17세기의 한 수학자는 그것을 "점잖은 사람에게는 어울리지 않는 일"이라고 말하기도 하였다. 이제 2차 방정식

$$x^2 + mx = n$$

에 응용한 그 방법을 살펴보자. x_1이 주어진 방정식의 한 근의 기지의 근삿값이라 하고 다음에 구해야 할 근삿값을 $x_1 + x_2$로 쓰자. 그것을 주어진 방정식에 대입하면 다음과 같다.

$$(x_1 + x_2)^2 + m(x_1 + x_2) = n$$

즉

$$x_1^2 + 2x_1x_2 + x_2^2 + mx_1 + mx_2 = n$$

x_2^2이 무시될 수 있을 정도로 x_2가 작다고 가정하면 다음을 얻는다.

$$x_2 = \frac{n - x_1^2 - mx_1}{2x_1 + m}$$

다시 이 두 번째 근삿값 $x_1 + x_2$를 가지고 동일한 방법으로 더 좋은 근삿값 $x_1 + x_2 + x_3$을 얻을 수 있고 이를 계속 반복해 갈 수 있다. 비에트는 이 방법을 이용하여 다음 6차 방정식의 한 근을 근사시켰다.

$$x^6 + 6000x = 191{,}246{,}976.$$

비에트의 사후에 출간된 논문은 방정식론에 관한 많은 내용을 담고 있다. 비에트는 5차 다항식까지의 다항식의 계수들을 근에 관한 대칭함수로 표현하는 법을 알고 있었고 또 일반 다항식에서 최고차 항 다음의 차수의 항을 없애는 변환도 알고 있었다. 이 논문에 3차 방정식 $x^3+3ax=2b$(임의의 3차 방정식이 이러한 꼴로 변형될 수 있다)의 우아한 해법이 실려 있다. 우선

$$x=\frac{a}{y}-y$$

로 놓으면 주어진 방정식은 다음과 같이 y^3에 관한 2차 방정식이 된다.

$$y^6+2by^3=a^3$$

여기서 y^3을 일단 구하고, 다시 y를 구하면 x가 구해진다. 4차 방정식에 대한 비에트의 해법은 페라리의 해법과 유사하다. 일반적으로 변형된 다음 4차 방정식을 살펴보자.

$$x^4+ax^2+bx=c$$

즉

$$x^4=c-ax^2-bx$$

양변에 $x^2y^2+y^4/4$을 더하면 다음과 같이 된다.

$$\left(x^2+\frac{y^2}{2}\right)^2=(y^2-a)x^2-bx+\left(\frac{y^4}{4}+c\right)$$

이제 우변이 완전제곱이 되도록 y를 취하면, 그 조건은

$$y^6-ay^4+4cy^2=4ac+b^2$$

인데 이는 y^2에 관한 3차 방정식이다. 그래서 y를 구할 수 있다.

비에트는 뛰어난 대수학자였으므로 그가 기하학에 대수와 삼각법을 응용했다는 것은 그리 놀라운 일이 아니다. 그는 고대의 3대 작도문제 중 각의 삼등분과 배적의 문제가 3차 방정식의 해법에 의존한다는 것을 보임으로써 그 문제들의 연구에 진일보를 가져다주었다. 4장의 8번째 절에서 이미 비에트의 π의 계산값과 또 $2/\pi$로 수렴하는 흥미로운 무한적(無限積)에 대하여 언급한 바 있으며 6장의 4번째 절에서는 그가 아폴로니우스의 분실된 저작 《접촉론》의 재현을 시도했음을 얘기한 바 있다.

1594년에 비에트는 그레고리력(서양 신력)에 대한 클라비우스와의 격심한 논쟁으로 인하여 약간의 나쁜 평판을 얻었다. 이 문제에서 비에트의 태도는 완전히 비과학적이었다.

16세기의 그 밖의 수학자들

16세기의 수학에 대한 설명을 완결하기 위해서는 적어도 또 다른 몇몇 공헌자를 간단하게라도 언급해야 할 것이다. 그들 중에 수학자로서는 클라비우스, 카탈디, 스테빈이 있었고 수리천문학자로서는 코페르니쿠스, 레티쿠스, 피티스쿠스 등이 있었다.

클라비우스(Christopher Clavius)는 1537년에 독일의 밤베르크(Bamberg)에서 태어나서 1612년에 로마에서 세상을 떠났다. 그는 수학의 진보에 약간의 영향밖에 주지 못했지만, 17세기의 독일의 어떤 다른 학자들도 수학에서 그보다 더 훌륭한 연구를 하지는 못했다. 그는 재능 있는 교사였으며 또 상당한 수준의 산술(1583)과 대수(1608)에 관한 교과서를 썼다. 1574년에는 유클리드의 《원론》을

클라비우스
1537~1612

번역 출간했는데 이것이 그 후의 많은 주해서의 귀중한 자료가 되었다. 그는 또한 삼각법과 천문학에 대해서도 저술했으며 그레고리력을 만드는 데 중요한 역할을 하였다.

피에트로 안토니오 카탈디(Pietro Antonio Cataldi)는 1548년에 볼로냐에서 태어나서 플로렌스(Florence), 페루지아(Perugia), 볼로냐 등지에서 수학과 천문학을 가르쳤으며 1626년에 고향인 볼로냐에서 세상을 떠났다. 그는 수학에 관한 많은 저작을 남겼으며 그중에는 산술에 관한 책, 완전수에 관한 논문, 《원론》의 처음 여섯 권에 대한 판(版), 대수에 관한 간단한 논문 등이 있다. 또 그가 연분수(連分數) 이론 연구에 첫발을 내딛은 것으로 믿어진다.

16세기에 베네룩스 제국에서 가장 영향력 있었던 수학자는 시몬 스테빈(Simon Stevin)이었다. 그는 네덜란드군의 병참감을 지냈으며 많은 토목공사를 관리 감독하였다. 수학사에서 스테빈은 소수이론을 발견한 초기인물 중의 한 사람으로 잘 알려졌으며 물리학에서는 정역학과 유역학의 발전에 기여한 것으로 잘 알려졌고, 당시의 학자들에게는 축성술(築城術)과 군대공사에 관한 저작으로 더 잘 알려졌다. 당시의 일반 대중에게는 그가 돛으로 추진되는 마차를 만든 것으로 잘 알려졌는데 그 마차는 28명의 사람을 싣고도 달리는 말을 쉽게 앞지를 수 있었다고 한다.

코페르니쿠스
1473~1543

천문학이 오랫동안 수학의 발전에 기여해왔다. 사실 한때는 '수학자'라는 이름이 천문학자를 의미하기도 했다. 수학에 공헌한 천문학자 중에 가장 빼어난 인물은 폴란드의 니콜라스 코페르니쿠스(Nicolas Copernicus)였다. 그는 크라쿠프(Cracow) 대학교에서 교육을 받았고 파두아(Padua)와 볼로냐에서 법학, 의학, 천문학 등을 연구했다. 우주에 관한 그의 이론은 1530년에 완성되었지만 그가 죽은 1543년까지도 발표되지 못했다. 코페르니쿠스의 연구 결과는 삼각법의 개선을 필요로 하는 것이었고 코페르니쿠스 자신도 삼각법에 관한 논문을 썼다.

16세기 튜튼(Teuton)의 수리천문학자 중의 선두주자는 코페르니쿠스의 제자인 레티쿠스(Gorg Joachim Rhaeticus, 1514~1576)였다. 그는 지금까지도 유용한 두 개의 놀랄 만한 삼각표를 만들었으며 처음으로 삼각함수를 직각 삼각형의 변의 비들로 정의하였다. 특히 코페르니쿠스의 거작이 그가 죽기 바로 직전에 극적으로 출간된 것은 바로 레티쿠스의 끈질긴 재촉 덕분이었다.

레티쿠스의 사인(Sine)표는 1593년에 독일인 목사인 피티스쿠스(Pitiscus, 1561~1613)에 의하여 편집·완성되었다. 삼각법에 관한 그의 매우 만족스러운 논문이 바로 《삼각법》이라는 제목을 단, 그 주제에 관한 최초의 연구였다.

16세기의 수학적 성취를 요약하면 다음과 같이 말할 수 있다. 기호대수가 훌륭하게 시작되었고 인도-아라비아 숫자 계산이 표준화되었으며 소수가 개발되었고 3차 및 4차 방정식이 풀렸고 방정식론이 일반적으로 진보되었으며 음수가 받아들여졌고 삼각법이 완성되고 체계화되어 몇 가지 훌륭한 표가 만들어졌다. 그리하여 다음 세기의 놀라운 진보를 위한 무대가 만들어졌던 것이다.

여기서 한 가지 덧붙이면 아메리카 대륙에서 인쇄된 최초의 수학책이 1556년에 멕시코시티(Mexico City)에서 나왔는데 그것은 주안 디즈(Juan Diez)가 쓴 작은 상업개요서였다.

문제연구

8.1 암흑시대의 문제들

요크(York)의 알쿠인(775년경)이 《정신의 활기를 위한 문제집(Problems for the Quickening of the Mind)》이라는 표제가 붙은 라틴어 판의 편찬자였던 것 같다. 이 책에 실린 다음 문제를 풀어라.

(a) 100부셸의 밀을 100명에게 나누어 주는데 남자에게는 3부셸을, 여자들에게는 2부셸을, 어린 아이에게는 1/2부셸을 주었다. 그러면 100명 중에 남자, 여자, 어린 아이는 각 몇 명씩인가?

(b) 30개의 플라스크가 있는데 그중 열 개는 우유가 가득 채워져 있고, 열 개는 우유가 반만 채워져 있고 열 개는 비어 있다. 이 플라스크와 우유를 세 아들에게 똑같이 나누어 주려고 하는데 어떻게 하면 되겠는가?

(c) 토끼가 한 걸음에 7피트를 뛸 때 개는 한 걸음에 9피트를 뛴다. 만일 토끼가 개보다 150피트 앞에서 출발하면 개가 몇 걸음 만에 토끼를 따라잡을 수 있겠는가?

(d) 늑대, 염소, 양배추를 배에 실어 강을 건너려고 하는데, 배에는

뱃사공 이외에 하나만 더 탈 수 있다. 이때 늑대가 염소를 잡아 먹지 못하고, 염소가 양배추를 먹지 못하도록 하려면 어떻게 그 것들을 운반해야 하는가?

(e) 임종을 앞둔 남자가 아이를 밴 아내에게 유언하기를 아들이 태어나면 재산의 3/4을 주고 나머지 1/4을 그대가 가질 것이며 딸이 태어나면 재산의 7/12를 주고 나머지 5/12를 그대가 가지라고 했다. 만일 아들과 딸이 동시에 태어나면 재산을 어떻게 분배해야 하는가?(이 문제는 로마기원의 문제이다.)

(f) 제르베르는 그의 《기하학》에서 그 당시에 매우 어려운 것으로 생각되었던 문제를 풀었는데, 그 문제는 직각 삼각형에서 빗변과 면적이 주어질 때 나머지 두 변을 구하라는 것이었다. 이 문제를 풀어라.

(g) 제르베르는 한 변이 a인 정삼각형의 면적을 $a/2(a-a/7)$로 표현했다. 이것이 $\sqrt{3}=1.714$를 취하는 것과 동치임을 보여라.

8.2 피보나치 수열

(a) 《산반서》에 나오는 다음 문제가 피보나치 수열 1, 1, 2, 3, 5, 8, $\cdots$, x, y, $x+y$, $\cdots$을 유도한다.

토끼 한 쌍이 매달 한 쌍의 토끼를 낳고, 두 번째 달에는 다시 그 두 쌍이 각각 한 쌍의 토끼를 낳고 그런 식으로 계속해 갈 때 일 년이 되면 한 쌍의 토끼로부터 몇 쌍의 토끼가 생기는가?

(b) u_n이 피보나치 수열의 제n항일 때 다음을 보여라.

1. $u_{n+1}u_{n-1}=u_n^2+(-1)^n,\ n\geq 2$
2. $u_n=[(1+\sqrt{5})^n-(1-\sqrt{5})^n]/2^n\sqrt{5}$
3. $\lim_{n\to\infty}(u_n/u_{n+1})=(\sqrt{5}-1)/2$
4. u_n과 u_{n+1}은 서로 소이다.

8.3 《산반서》의 문제들

《산반서》(1202)에 나오는 다음 문제를 풀어라. 첫 번째 문제는 콘스탄티노플 시장이 보낸 편지를 피보나치가 받은 것이고 두 번째 문제는 삼수법을 예증하기 위해 만든 것이다.

(a) A가 B로부터 일곱 개의 은화를 얻으면 A의 합은 B의 합의 다섯 배가 되고, 또 B가 A로부터 다섯 개의 은화를 얻으면 B의 합은 A의 합의 일곱 배가 된다. A, B는 각각 얼마의 은화를 갖고 있는가?

(b) 어떤 왕이 30명의 사람을 과수원에 보내 나무를 심게 하였다. 만일 그들이 9일 동안에 1000그루의 나무를 심을 수 있다면 36명이 4400그루의 나무를 심기 위해서는 며칠이 걸리겠는가?

8.4 요르다누스와 쿠사

(a) 캄파누스는 유클리드의 《원론》의 번역본 제Ⅳ권의 말미에서 각의 삼등분법에 대하여 설명하고 있는데 그것은 요르다누스가 쓴 《삼각법(De triangulis)》(이는 삼각형의 중심, 곡면, 닮은 호 등의 내용에 관한 72개의 명제가 실려 있는 네 권의 책으로 된 기하학서이다)에서 한 것과 똑같다. 그곳에서 삽입원리(4장 참조)를 이용한 각의 3등분이 다음과 같이 전개되고 있다. $\sphericalangle AOB$가 삼등분하고자 하는 각일 때 그것을 원의 중심각으로 생각하자. 이제 A를 지나는 현 AD를 그리는데 OB와 수직인 직경과 E에서 만나고 $DE = OA$가 되도록 하자. 그러면 DA와 평행인 직선 OF가 $\sphericalangle AOB$를 삼등분한다. 이 작도가 옳은 것임을 증명하라.

(b) 요르다누스는 《주어진 수에 관한 논문(Tractatus de numerisdatis)》에서 주어진 수를 어떤 서술된 형태로 나누는 문제를 다루었다. 이를테면 다음과 같은 문제가 있다. 한 주어진 수를 두 부분으로 나누는데 그 부분의 제곱의 합이 또 다른 주어진

수가되도록 나누어라. 이제 두 주어진 수가 각각 10과 58일 때 이 문제를 풀어라.

(c) 쿠사는 주어진 원의 원주의 근삿값을 구하는 많은 방법을 생각해냈다. 그의 가장 훌륭한 시도는 다음과 같다. M이 정삼각형 ABC의 중심이고 D가 변 AB의 중점이고 E가 DB의 중점이라 하자. 그러면 쿠사는 $(5/4)ME$가 그 정삼각형의 둘레와 같은 길이의 원주를 갖는 원의 반경이라고 주장하였다. 빗변이 아닌 두변이 각각 $RS=(5/4)ME$, $RT=(3/2)AB$인 직각 삼각형을 그리고 각 RST와 동일한 크기의 각 α를 작도하자. 그러고 나서 주어진 원의 원주를 구하기 위하여 두 개의 서로 수직인 직경 UOV와 XOY를 그리고 α를 U가 꼭짓점이고 UOV가 한 변이 되도록 갖다 놓자. 이때 그 각의 또 다른 한 변이 XOY의 연장선과 만나는 점을 Z라 하면 OZ가 구하고자 하는 원주의 반이다. 쿠사의 이 방법이 π를 $(24/35)\sqrt{21}=3.142337$로 근사시킴을 보여라.

8.5 뒤러의 마방진(魔方陣)

알브레히트 뒤러(Albrecht Dürer)의 유명한 판화 '우울증(Melancholia)'에는 그림 58의 4차 마방진(가로, 세로, 대각선 각각의 수의 합이 모두 같은 숫자 배열표)이 담겨 있는데 마방진의 맨 밑의 행의 중간 두 칸에 있는 1514가 판화가 새겨진 해를 나타내고 있다. 이제 다음을 보여라.

(a) 제1행과 제2행에 있는 수들의 제곱의 합이 제3행과 제4행에 있는 수들의 제곱의 합과 같다.

(b) 제1행과 제3행에 있는 수의 제곱의 합이 제2행과 제4행에 있는 수의 제곱의 합과 같다.

(c) 대각선에 있는 수의 합은 대각선에 있지 않은 수의 합과 같다.

(d) 대각선에 있는 수의 제곱의 합은 대각선에 있지 않은 수의 제곱의 합과 같다.

16	3	2	13
5	10	11	8
9	6	7	12
4	15	14	1

그림 58

알브레히트 뒤러의 판화 '우울증'

(e) 대각선에 있는 수의 세제곱의 합은 대각선에 있지 않은 수의 세제곱의 합과 같다.

8.6 슈케의 문제들

슈케의 《수의 과학에 있어서의 세 부분》(1484)에 나오는 다음 문제들을 풀어라.

(a) 한 상인이 세 군데의 장을 다녔다. 첫 번째 장에서 자기의 돈을 두 배로 늘리고 3만원을 썼고 두 번째 장에서는 자기의 돈을 세 배로 늘리고 5만 4천원을 썼고 세 번째 장에서는 자기의 돈을 네 배로 늘리고 7만 2천원을 썼는데 4만 8천원이 남았다. 그는 처음에 얼마의 돈을 가지고 있었는가?

(b) 어느 목수가 일하는 날에는 5만 5천원을 받고 일하지 않는 날에는 6만 6천원을 내는 조건으로 일을 시작하였다. 일을 시작한 지 한 달이 되어 계산을 해보니 받을 돈도 없고 줄 돈도 없었다. 그는 며칠이나 일했는가?

(c) 슈케는 a, b, c, d가 양수일 때 $(a+b)/(c+d)$가 a/c와 b/d 사이에 놓인다고 말했다. 이를 증명하라.

8.7 3차 방정식

(a) 변환 $x=z-a_1/na_0$가 n차 방정식

$$a_0x^n+a_1x^{n-1}+a_2x^{n-2}+\cdots+a_n=0$$

을 $(n-1)$차항이 없는 z에 관한 방정식으로 변환시킴을 증명하라.

(b) (a)에 의하여 변환 $x=z-b/3a$는 3차 방정식 $ax^3+bx^2+cx+d=0$을 $z^3+3Hz+G=0$의 꼴로 바꾸어 준다. 이때 H, G를 a, b, c, d에 관하여 풀어라.

(c) 3차 방정식 $x^3+mx=n$을 풀기 위한 다음 카르다노-타르탈리

아 공식을 유도하라.

$$x = \sqrt[3]{(n/2 + \sqrt{(n/2)^2 + (m/3)^3}} - \sqrt[3]{-(n/2) + \sqrt{(n/2)^2 + (m/3)^3}}$$

(d) $x^3 + 63x = 316$의 한 근을 구하는 데 카르다노-타르탈리아 공식과 비에트의 방법으로 각각 풀어 보라.

8.8 4차 방정식

(a) 카르다노는 특수한 4차 방정식 $13x^2 = x^4 + 2x^3 + 2x + 1$을 양변에 $3x^2$을 더해서 풀었다. 이를 해보고, 또 네 근을 모두 구하라.

(b) 다 코이(Da Coi)는 1540년에 카르다노에게 다음 문제를 주었다. "10을 세 부분으로 나누는 데 그들이 연(連)비례를 이루고 처음 두 개의 곱이 6이 되도록 하라." 세 부분을 a, b, c로 나타내면 그 문제는 다음과 같이 쓸 수 있다.

$$a + b + c = 10, \quad ac = b^2, \quad ab = 6$$

여기서 a, c를 소거하면 다음 4차 방정식이 나옴을 보여라.

$$b^4 + 6b^2 + 36 = 60b$$

카르다노의 제자인 페라리는 이 방정식을 풀려고 애쓰다가 결국 4차 방정식의 일반해법을 발견하였다.

17세기 이후

근대수학의 여명

해석기하학과 다른 미적분학 출현 이전의 발전

미적분학과 관련된 개념

18세기와 미적분학의 발전

19세기 초기와 기하학, 대수학의 해방

19세기 후반과 해석학의 산술화

추상화와 20세기로의 전이

9장

근대수학의 여명

17세기

17세기는 수학사에서 가장 빛나는 시기였다. 이 시기 초반에 네이피어는 로그를 고안하여 발표하였고 해리엇(Thomas Harriot)과 오트레드는 대수(代數)의 기호화와 체계화에 기여하였으며, 갈릴레이는 역학의 기초를 세웠고 케플러는 행성의 운동법칙을 발표하였다. 이 세기 후반에 데자르그와 파스칼은 순수기하학의 새로운 장을 열었고 데카르트는 현대 해석기하학을 창시하였으며, 페르마는 현대 정수론의 기초를 확립하고 호이겐스는 확률론과 그 밖의 여러 분야에서 두드러진 업적을 남겼다. 이 세기 말로 접어들어 뉴턴과 라이프니츠는 많은 수학자들의 기초 작업 위에서 하나의 신기원을 이루는 창조물인 미적분학을 만들었다. 이와 같이 수학 연구의 새롭고 다양한 분야들이 17세기부터 시작되었다.

17세기의 수학에 주어진 커다란 자극은 사실 당시의 모든 지적 추구들과 더불어 함께 일어난 것이었고, 의심할 바 없이 당시의 정치, 경제, 사회적 발전에서 기인된 것이다. 그 기간에 인간의 권리를 신장하려는 운동이 일어났고, 경제적 중요성을 높이는 잘 발달된 기계들이 만들어졌으며, 한편으로는 지식의 국제화와 과학적 회의론의 풍조가 싹트고 있었다. 17세기의 수학적 활동이 이탈리아에서 프랑스, 영국 등 북방으로 옮겨가게 된 주된 이유는 북유럽의 보다 유리한 정치적 상황과 또 그곳의 난방, 조명 등의 발달로 긴 겨울의 추위와 어둠을 극복할 수 있었기 때문이다.

이 책의 후반부 수학사 기술에 있어서 다소 불균형한 것처럼 보이는 두 가지 사실을 주목하기 바란다. 그 첫 번째는 수학적 활동이 엄청나게 활발해지면서 보다 덜 활발했던 시기에서는 고찰되었을 수도 있는 많은 이름들이 생략될 수밖에 없다는 사실이고, 두 번째는 17세기가 시작되면서 수학의 어떤 분야의 역사는 그 분야의 전문지식이 없이는 올바로 이해할 수 없기 때문에 일반 독자들이 쉽게 이해할 수 없는 수학적 내용이 증가했다는 사실이다.

이 장과 다음 장에서는 미적분학의 지식 없이도 이해할 수 있는 17세기 수학의 발전을 살펴볼 것이다. 11장은 고대 그리스시대에서 태동하여 17세기 후반의 뉴턴과 라이프니츠에 의해 성취된 괄목할 만한 미적분학의 개략을 담고 있고, 그 나머지 장들은 20세기로 넘어오는 과정에서의 수학의 발전을 기술하였는데 이것들은 이 시기의 수학 연구의 대부분이 전문가들만이 이해할 수 있는 것이기 때문에 매우 개략적으로 기술할 수밖에 없었다.

네이피어

수치 계산이 중요시되는 많은 분야들, 이를테면 천문학, 항해, 무역, 공학, 전쟁 등에서 계산이 좀더 빠르고 정확하게 수행되기를 바라는 요구가 끊임없이 증가되어 왔다. 이러한 요구가 증가함에 따라 네 가지 괄목할 만한 발명, 즉 힌두-아라비아 표기법, 소수, 로그, 현대 컴퓨터가 계속적으로 등장하게 된다. 우선 17세기 초반에 네이피어에 의해 창안된 로그에 대하여 살펴보자.

그의 아버지가 겨우 16세 때 태어난 네이피어(John Napier, 1550~1617)는 귀족 가문의 대저택인 스코틀랜드 에든버러 근교의 머쉬스톤 성에서 대부분의 생애를 보냈으며 그 시대의 정치와 종교적 논쟁에 대부분의 정열을 쏟았다. 그는 격렬한 반천주교주의자였고 녹스(John Knox)와 제임스 1세의 주장을 옹호하였다.

네이피어는 미래의 여러 가지 잔인한 전쟁무기들에 대하여 설계도와 그림을 곁들여 예언한 책을 저술하였다. 그는 미래에 4마일 반경 안의 1피트 크기 이상의 모든 생물을 없앨 수 있는 대포와 물속을 항해하는 기구가 만들어지고, 모든 방향으로 총알이 발사될 수

네이피어
1550~1617

있는 움직이는 총구를 가진 전차가 발명될 것이라고 예언하였다. 실제로 제1차 세계대전 중에 이것들은 기관총, 잠수함, 탱크로 각각 실현되었다.

네이피어의 뛰어난 독창력과 상상력 때문에 사람들은 그를 정신적으로 이상한 사람으로 여겼으며 어떤 사람은 그를 마법사로 여기기도 했다. 이를 뒷받침하는 많은 일화들이 전해지고 있다. 언젠가 그는 그의 하인 중 누구든 도둑질하려고 하는 사람이 있으면 수탉이 그를 알아낼 수 있다고 얘기하였다. 그는 하인들을 깜깜한 닭장 속으로 들여보내 수닭의 등을 한 번씩 두드리게 하였다. 네이피어는 하인들 몰래 미리 그 수탉의 등을 까맣게 칠해 놓았는데, 죄가 있는 하인은 수탉의 등을 두드리기가 두려워서 깨끗한 손으로 돌아왔다고 한다. 또 이런 사건도 있었다. 네이피어는 이웃집 비둘기들이 자기 집의 곡식을 먹는 것을 보고 화가 나서, 이웃집 주인에게 비둘기가 날아오지 못하게 하지 않으면 비둘기를 울에 가두어 버리겠다고 말하였다. 그러나 비둘기를 잡는 것이 실제로 불가능하다고 믿은 이웃집 주인은 네이피어에게 잡을 수 있으면 잡아보라고 말하였다. 다음 날 이웃집 주인은 그의 비둘기들이 네이피어의 잔디밭에서 비틀거리고 있고 네이피어가 조용히 그것들을 커다란 자루 속으로 집어 넣고 있는 것을 보고 깜짝 놀랐다. 네이피어는 술에 담근 콩을 잔디에 뿌려서 비둘기들을 취하게 하였던 것이다.

그는 정치적·종교적 논쟁으로부터 휴식을 취하기 위하여 수학과 과학의 연구로 자신을 유인하였는데 그 결과 비범한 네 가지 연구 결과가 현재 수학사에 기록되고 있다. 그것은 다음과 같다. (1) 로그의 고안, (2) 직각구면삼각형을 푸는 데 이용되는 공식인 원형 부분의 법칙(The rule of circular parts), (3) 빗각구면삼각형을 푸는 데 유용한 네이피어의 유동식(Napier's analogies)으로 알려진 네 개의 공식 중 적어도 두 개의 삼각법의 공식, (4) 네이피어의 막대(Napier's rods 또는 Napiers's bones)라 불리는, 수를 기계적으로 곱하고, 나누고, 제곱을 구하는 데 이용되는 기구의 발명 등이다. 이제 이 네 가지 발명 중 가장 괄목할 만한 첫 번째 것을 살펴보자. 나머지 세 가지의 논의는 문제연구 9.2와 9.3을 참조하라.

로그

오늘날 우리가 알고 있듯이 계산법으로서의 로그의 장점은 곱셈과 나눗셈이 로그에 의하여 보다 단순한 계산인 덧셈과 뺄셈으로 바뀐다는 사실이다. 이 생각의 전조(前兆)는 네이피어 시대에 잘 알려진 식

$$\sin A \sin B = \frac{\cos(A-B) - \cos(A+B)}{2}$$

에 있음이 분명하고, 네이피어의 착상이 이 식으로부터 비롯되었음도 거의 확실하다. 왜냐하면, 그렇지 않으면 그가 처음에 로그를 각의 사인값에 대한 로그로만 제한한 사실을 설명하기가 곤란하기 때문이다. 네이피어는 그의 이론을 세우기 위해 적어도 20년은 노력했으며 그의 착상의 기원이 무엇이었건 간에 로그에 대한 그의 최종적인 정의는 다음과 같다.

그림 59에서와 같이 선분 AB와 반직선 DE를 생각하자. 점 C와 F가 동시에 A와 D로부터 출발하여 각각의 선을 따라 같은 초속(初速)으로 움직인다고 하자. C는 항상 CB의 거리와 수치상으로 같은 속도로 움직이고, F는 일정한 속도로 움직인다고 가정하자. 네이피어는 DF를 CB의 로그로 정의했다. 즉 $DF = x$, $CB = y$라 놓으면,

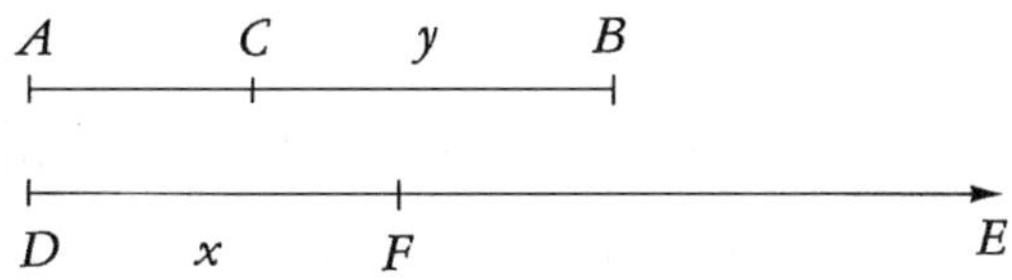

그림 59

$$x = \text{Nap } \log y$$

분수의 번거로움을 피하기 위해 네이피어는 AB의 길이를 10^7으로 택했다. 왜냐하면 그가 이용할 수 있는 가장 좋은 사인표가 일곱 자리까지 나타낸 것이기 때문이다. 네이피어의 정의로부터 그가 미처 깨닫지 못한 지식을 이용하면 다음과 같이 나타낼 수 있다.1)

$$\text{Nap } \log y = 10^7 \log_{1/e}\left(\frac{y}{10^7}\right)$$

따라서 자주 언급되는 "네이피어의 로그는 자연로그이다"는 말은 실제로는 근거가 없다. 네이피어의 로그는 자연로그와는 반대로 진수가 증가함에 따라 감소하는 것임을 알 수 있다.

좀더 깊이 살펴보면 x가 등차수열로 증가할 때 y는 등비수열로 감소한다. 따라서 로그 체계의 기본 원리인 등비수열과 등차수열의 관계를 얻는다. 이를테면 $a/b = c/d$라 하면

1) 이 결과는 약간만 계산하면 쉽게 보일 수 있다. $AC = 10^7 - y$이므로

$$C\text{의 속도} = -dy/dt = y$$

즉 $dy/y = -dt$이고, 양변을 적분하면 $\ln y = -t + C$를 얻는다.
$t = 0$을 대입하여 적분 상수 C를 계산하면 $C = \ln 10^7$을 얻고, 이로부터

$$\ln y = -t + \ln 10^7.$$

한편, F의 속도$= dx/dt = 10^7$
이므로 $x = 10^7 t$.
따라서, $\text{Nap } \log y = x = 10^7 t = 10^7(\ln 10^7 - \ln y)$
$= 10^7 \ln(10^7/y) = 10^7 \log_{1/e}(y/10^7)$

$$\text{Nap log}\, a - \text{Nap log}\, b = \text{Nap log}\, c - \text{Nap log}\, d$$

가 되는데 이것은 네이피어에 의해 얻은 많은 결과 중의 하나이다.

네이피어는 1614년에 로그에 관한 논문을《놀라운 로그 체계의 기술(Mirifici logarithmorum canonis descriptio)》이라는 제목을 달아 소책자로 발간했다. 이 책에는 분 단위의 각 각(角)에 대한 사인의 로그값을 계산한 표가 실려 있다. 그 내용은 곧 널리 관심을 불러 일으켰고 그것이 출판된 다음 해에는 런던의 그레샴 대학교의 기하학 교수이며 후에 옥스퍼드 대학교의 교수가 된 브리그즈(Henry Briggs, 1561~1631)가 위대한 로그 발명자에게 경의를 표하기 위하여 에든버러로 왔다. 이 방문을 계기로 네이피어와 브리그즈는 1의 로그값이 0이고 10의 로그값이 10의 적당한 거듭제곱이 되도록 수정하면 이 로그표가 더욱 유용하리라는 것에 의견의 일치를 보았다. 이것이 소위 브리그즈의 로그(Briggsian logarithm) 혹은 상용로그(common logarithm)라고 불리는 오늘날의 로그가 탄생하게 된 동기이다. 본질적으로 밑을 10으로 하는 것과 같은 이 로그는 우리의 수체계가 10진법을 기초로 한다는 사실 때문에 수치 계산에 훨씬 유용하다. 물론 다른 어떤 b진법을 사용하는 수체계에서는 b를 밑으로 하는 로그표가 계산상 가장 편리할 것이다.

브리그즈는 이 새로운 고안에 의한 로그표 작성에 모든 정열을 기울였으며 1624년에 1부터 20,000까지 그리고 90,000에서 100,000까지 수의 14자리까지 나타낸 상용로그표를 포함하는《로그 산술(Arithmetica logarithmica)》이라는 책을 출간하였다. 20,000에서 90,000까지의 공백은 후에 네덜란드의 서적상이며 출판업자인 블라크(Adriaen Vlacq, 1600~1666)의 도움으로 채워졌다. 1620년에 브리그즈의 동료 중 한 사람인 건터(Edmund Gunter, 1581~1626)는 호의 분 간격의 각에 대한 사인과 탄젠트의 일곱 자리 상용로그표를 발간하였다. 코사인과 코탄젠트라는 용어를 만든 사람이 바로 건터이며, 그는 《건터의 사슬(Gunter's chain)》이라는 책으로 공학도들에게 널리 알려져 있다. 브리그즈와 블라크는 네 개의 기본 로그표를 발간하였는데, 그것은 아주 최근인 1924년과 1949년 사이에 로그 발견 300주년 기념사업의 일환으로 영국에서 20자리까지 로그를 계산하기 전까지 가장 좋은 표였다.

로그(logarithm)란 '비(比)의 수'를 의미하며 네이피어가 처음에는 '인공 수(artificial number)'로 표현했다가 나중에 로그를 채택하였다. 브리그즈는 '가수(假數, mantissa)'란 용어를 소개했는데 이것은 에트루리아 어원의 후기 라틴어이며 원뜻은 '추가' 혹은 '평형추'이고 16세기에 '부가물'이란 의미가 되었다. '지표(characteristic)'란 용어 역시 브리그즈에 의하여 제안되었으며 블라크가 이를 사용하였다. 초기의 상용 로그표에는 가수뿐 아니라 지표도 써 넣는 것이 관례였다는 것은 이상하며 18세기가 되어서야 비로소 오늘날과 같이 가수만을 표시하는 관습이 세워졌다.

네이피어의 놀랄 만한 발명은 전 유럽에서 열광적으로 채택되었다. 특히 천문학에서는 라플라스가 "로그의 발명으로 일거리가 줄어서 천문학자의 수명이 배로 연장되었다."고 단언한 것처럼 그러한 발견을 목마르게 기다리고 있었다. 11장에서 언급하게 될 카발리에리(Bonaventura Cavalieri)는 이탈리아에 로그를 유행시키는 데 큰 역할을 했다. 독일에서는 케플러가, 프랑스에서는 윙게이트(Edmund Wingate)가 비슷한 역할을 각각 하였다. 케플러는 9장의 7번째 절에서 더 충분히 알아볼 것이며, 프랑스에서 많은 시간을 보냈던 윙게이트는 기초 산수에 관한 17세기 영국의 가장 유명한 교과서 저자였다.

로그 발명의 선후에 관하여 네이피어의 유일한 경쟁자는 스위스의 교구(教具) 제작자인 뷔르기(Jobst Bürgi, 1552~1632)였다. 네이피어가 그의 결과를 세상에 발표하였던 6년 후인 1620년에 그의 결과를 발간한 뷔르기는 네이피어의 것과는 독립적인 로그표를 고안하여 작성하였다. 두 사람 모두 발표하기 전에 오랫동안 로그의 개념을 연구하였지만 네이피어가 먼저 그 생각을 했었다고 일반적으로 믿고 있다. 네이피어의 접근 방법이 기하학적인 반면에 뷔르기의 접근 방법은 대수적이었다. 요즘에는 일반적으로 로그를 지수로 간주한다. 즉 $n=b^x$이면 x는 b를 밑으로 하는 n의 로그라고 한다. 이 정의에 의하면 로그의 법칙들은 지수의 법칙으로부터 바로 얻어진다. 지수를 사용하기 전에 로그가 발견되었다는 사실은 수학사에서 이례적인 것 중의 하나이다.

1971년에 니카라과 정부는 세계에서 '가장 중요한 10대 수학공식'에 경의를 표하는 일련의 우표를 발행하였다. 각 우표에는 삽화와 함께 선정된 공식이 인쇄되고 뒷면에는 그 공식의 중요성에 관한 짤막한 설명이 스페인어로 쓰여 있다. 그중 하나에 네이피어의 로그의 발명이 선정되었다. 과학자와 수학자들은 그들의 공식이 그렇게 예우받는 것을 보고 매우 기뻤을 것임에 틀림없다. 왜냐하면 이 공식들이 우표에 자주 인쇄되는 왕이나 장군들의 공적보다 인류 발전에 훨씬 더 기여해왔기 때문이다.[2)] 로그를 이용한 계산법은 수년간 고등학교 고학년 또는 대학 저학년 수학에서 가르쳐졌고 또한 멋진 가죽 케이스에 넣어져 벨트에 매달려 있는 로그자가 공과 대학생의 배지로 인식되었다. 그러나 오늘날 놀랄 만큼 늘어나는 값싼 소형 계산기의 출현으로 제정신을 가진 사람이라면 아무도 계산할 때 로그표나 로그자를 이용하려고 하지 않는다. 계산 방법으로 로그를 가르치는 일은 학교에서 사라지고 있으며 정확한 로그자의 생산회사들

2) 선정된 그 밖의 다른 공식들은 기본 계산공식 $1+1=2$, 피타고라스 정리 $a^2+b^2=c^2$, 아르키메데스의 지레의 법칙 $w_1d_1=w_2d_2$, 뉴턴의 만유인력의 법칙, 맥스웰의 전기와 자기의 네 가지 유명한 방정식, 볼츠만의 기체 방정식, 치올코프스키의 로켓 방정식, 아인슈타인의 질량과 에너지의 관계식 $E=mc^2$, 드 브로이의 물질파 방정식이다.

은 생산을 중단하고 있고 수학적 표들의 편람에서 로그표를 제외할 것을 고려하고 있다. 네이피어의 위대한 발명은 이제 박물관의 전시품이 될 신세가 되었다.

그러나 로그 함수는 사라지지 않을 것이다. 간단한 이유는 로그적·지수적 변환들은 자연계와 해석학에서 지극히 중요한 부분들이기 때문이다. 따라서 로그함수와 그 역함수인 지수함수의 성질을 공부하는 것은 수학 강의의 중요한 부분으로 항상 남아 있을 것이다.

새빌리아와 루카스 교수직

많은 뛰어난 영국의 수학자들이 옥스퍼드의 새빌리아 교수직이나 케임브리지의 루카스 교수직을 가졌으므로 이 교수직에 대하여 약간 언급하는 것이 좋을 듯하다.

헨리 새빌 경은 옥스퍼드의 머튼 칼리지의 학장이었고 후에 이튼(Eton)의 학장을 지냈으며 옥스퍼드에서 유클리드에 관한 강의를 하였다. 1619년에 그는 옥스퍼드에 기하학과 천문학의 두 교수직을 설립했다. 브리그즈가 최초로 옥스퍼드의 기하학 새빌리아 교수직을 차지했다. 대영제국에서 설립된 최초의 수학교수직은 1596년에 그레샴 경이 런던의 그레샴 대학교에 설립한 기하학 교수직이었다. 브리그즈는 또한 이 직을 최초로 차지하는 영예를 안았다. 월리스, 핼리, 렌이 17세기에 새빌리아 교수직을 차지했던 나머지 사람들이다.

1639~1640년에 의회에서 케임브리지를 대표했던 루카스(Henry Lucus)는 1663년에 자기 이름을 딴 교수직의 설립을 위한 재원을 대학에 기증한다는 유언을 했다. 1664년에 배로가 이 직의 최초의 주인으로 선임되었고 6년 후에는 뉴턴이 승계하였다.

해리엇과 오트레드

해리엇(Thomas Harriot, 1560~1621)은 대부분의 생애를 16세기에 살았지만 위대한 저서가 17세기에 발간된 또 한 사람의 수학자이다. 그는 미국인에게 특별한 관심을 받고 있다. 왜냐하면 그는 1585년에 롤리 경에 의해서, 현재는 노스캐롤라이나라 불리지만 그 당시 버지니아라 불렸던 곳의 지도 제작을 위해 측량사로서 그렌빌 경의 탐험대와 함께 신대륙으로 보내졌기 때문이다. 수학자로서 해리엇은 흔히 대수학자들의 영국학파의 설립자로 간주되고 있다. 이 분야의 위대한 책인 《해석술의 연습(Artis analyticae praxis)》은 그가 죽은 후 10년까지 발간되지 않았는데, 그것은 주로 방정식 이론을 다루고 있다. 거기에는 1, 2, 3, 4차 방정식에 관한 연구가 포함되어 있는데, 주어진 근을 갖는 방정식의 형태, 방정식의 근과 계수와의 관계, 원래 방정식의 근과 어떤 특별한 관계를 유지하는 근을 가지는 또 다른 방정식에로의 변환, 방정식의 수치해석 등이 포함되어 있다. 물론 이 내용의 대부분은 비에트의 논문에서 발견될 수 있지만, 해리엇의 책에서는 더 완벽하고 훌륭하게 체계적으로 취급하였다. 해리엇은 미지수는 모음 문자, 상수는 자음 문자를 사용하는 비에트의 방식을 따랐지만 대문자보다는 소문자를 사용하였다. 그는 비에트의 지수 표기법을 개선하여 aa를 a^2으로 aaa를 a^3 등으로 나타내었다. 그는 또한 "…보다 크다" "…보다 작다"는 의미의 기호 $>$와 $<$를 처음 사용하였는데, 이 기호를 사람들이 즉시 받아들이지는 않았다.

해리엇은 여러 가지 다른 수학적 혁신과 발견들, 가령 형태를 잘 갖춘 해석기하학(1637년의 데카르트의 발간 전), 임의의 n차 다항식은 n개의 근을 갖는다는 정리, '데카르트의 사인법칙' 같은 것을 발견한 것으로 잘못 알려져 있다. 이러한 착오의 일부는 후의 저자

오트레드
1574~1660

들이 해리엇의 유작 원고 사이에 그것들을 끼워 넣었기 때문이다. 대영 박물관에 해리엇의 원고가 여덟 권 있으나 해석기하학에 관한 부분은 나중에 어떤 사람이 끼워 넣은 것임이 스미스(D.E. Smith)에 의하여 밝혀졌다.

해리엇은 대략 같은 시기에 갈릴레이와는 독립적으로 태양의 흑점을 발견했고, 목성의 위성을 관찰하는 등 천문학자로서도 명성을 떨쳤다. 그는 1621년에 암으로 죽었다.

해리엇의 대수에 관한 유저(遺著)가 출판된 같은 해(1631)에, 영국에 수학지식을 전파하는 데 많은 역할을 했던 오트레드의 유명한 책 《수학의 열쇠(Clavis mathematicae)》의 초판이 출간되었다. 오트레드(William Oughtred, 1574~1660)는 가장 영향력 있는 17세기 영국의 수학 저술가 중 한 사람이었다. 그는 영국 성공회의 직업 목사였으나 수학에 흥미를 지닌 학생들을 자유롭게 개인지도하였고 그 학생들 중에는 후에 각각 수학자, 건축가, 천문학자로 잘 알려진 월리스, 렌, 워드 등이 있다.

오트레드는 저술을 통하여 150여 가지 수학 기호들을 제시하고, 또 그것들의 중요성을 강조했다. 이들 중 세 가지만 현재까지 사용되고 있는데, 그것은 곱셈기호(×)와 비에서 사용되는 4점(::) 그리고 두 수 사이의 차를 나타내는 데 자주 사용되는 기호(~)이다. 그

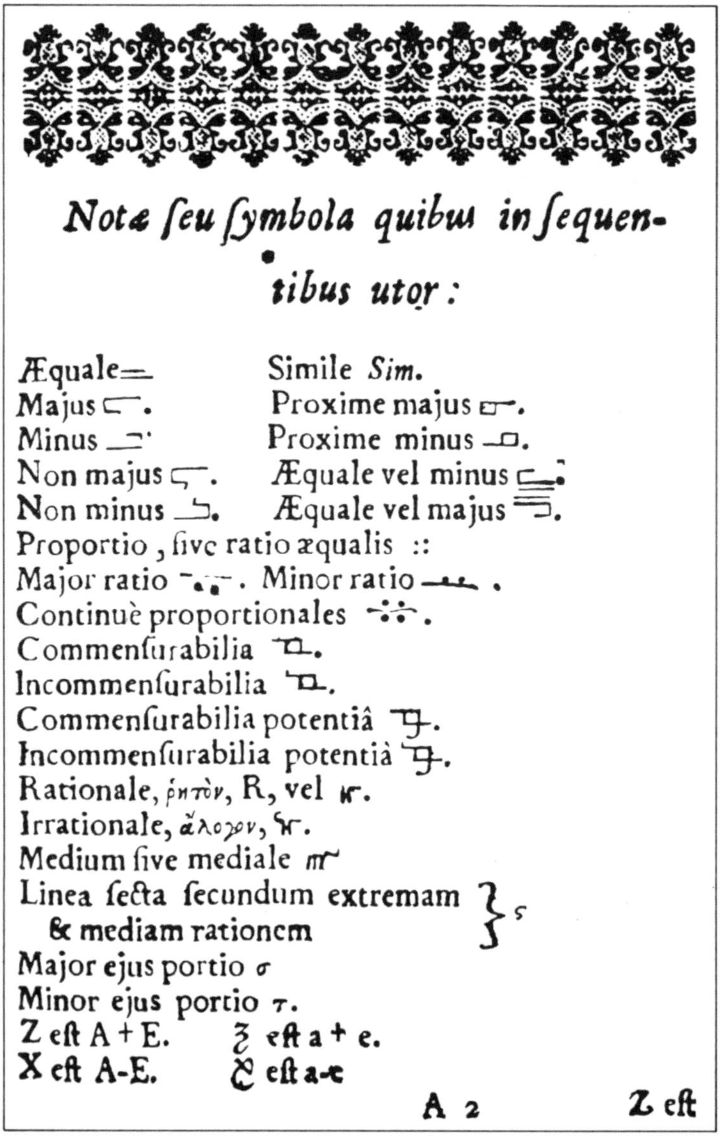

Notæ seu symbola quibus in sequentibus utor:

Æquale =. Simile *Sim.*
Majus ⊏. Proxime majus ⊏.
Minus ⊐. Proxime minus ⊐.
Non majus ⊏. Æquale vel minus ⊏.
Non minus ⊐. Æquale vel majus ⊐.
Proportio, sive ratio æqualis ::
Major ratio ⸺. Minor ratio ⸺.
Continuè proportionales ∺.
Commensurabilia ⊓.
Incommensurabilia ⊓.
Commensurabilia potentiâ ⊓.
Incommensurabilia potentià ⊓.
Rationale, ῥητὸν, R, vel $\mathcal{R}$.
Irrationale, ἄλογον, $\mathcal{R}$.
Medium sive mediale $m\mathcal{R}$
Linea secta secundum extremam & mediam rationem } s
Major ejus portio σ
Minor ejus portio τ.
Z est A + E. ʒ est a + e.
X est A-E. ɛ est a-e

A 2 Z est

오트레드의 《수학의 열쇠》(1631)의 한 페이지.
많은 수학기호들이 소개되고 있다.

러나 가위표는 곱셈기호로 쉽게 받아들여지지 않았다. 왜냐하면 라이프니츠가 제기했듯이 그것은 알파벳 X와 너무 비슷하기 때문이다. 해리엇은 곱셈기호로 점(·)을 때때로 사용했지만 라이프니츠가 이 기호를 채택하기 전까지는 별로 사용되지 않았다. 라이프니츠는 또한 곱셈기호로 모자 모양 기호(∩)를 사용했는데, 이것은 오늘날 집합론에서 교집합을 나타낸다. 나눗셈기호(÷)도 역시 1659년에 스위스의 란(Johann Heinrich Rahn, 1622~1676)에 의해 쓰여진 대수책에 인쇄되어 처음으로 나타나면서 17세기에 사용되기 시작했다. 영국에서 몇 년 후 이 책이 번역되면서 기호가 알려지게 되었다. 이 나눗셈 기호는 유럽대륙에서는 뺄셈을 나타내는 것으로 오랫동안 사용되었다. 기하학에서 우리에게 잘 알려진 닮음기호(~), 합동기호(≃)는 라이프니츠가 만들었다.

오트레드는 《수학의 열쇠》 외에 《비례하는 원(The Circles Proportion)》(1632)과 《삼각법(Trigonometrie)》(1657)을 출간하였다. 두 번째 책은 일찍이 삼각함수의 이름들을 생략형으로 소개하려고 시도했다는 점에서 역사적으로 중요하다. 첫 번째 책은 원형계산자를 설명하고 있다. 그러나 오트레드가 처음으로 원형계산자를 설명하는 책을 펴낸 것은 아니고 지금도 그와 그의 제자인 델라메인(Richard Delamain) 사이에 발명의 선후 논쟁이 일고 있다. 그러나 오트레드가 1622년경 직선 로그자를 발명한 것은 확실한 것 같다. 1620년 건터는 로그 눈금자, 즉 표시된 수의 로그값에 따라 거리를 비례적으로 나타낸 수직선(그림 60 참조)을 만들었으며, 컴퍼스를 사용하여 이 눈금자의 선분들을 더하고 빼며 곱셈과 나눗셈을 기계적으로 계산하였다. 오트레드는 단순 계산자를 일찍이 1622년경에 만들었으나 1632년에야 비로소 책으로 발간하였다. 17세기에 상거래, 목재 측정 등 특별한 목적을 위한 여러 계산자들이 만들어졌다. 로그자는 1815년에 발명되었고 프랑스 육군 장교 마넹(Amédée Mannheim,

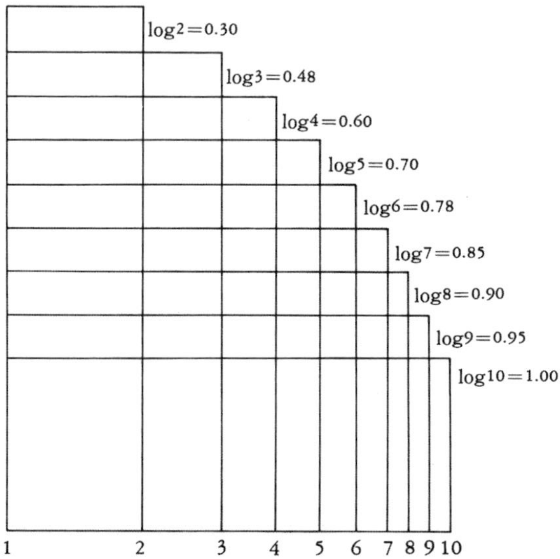

그림 60

1831~1906)이 현대 계산자를 표준화한 것은 1850년이었다.

1618년에 라이트에 의하여 발간된 네이피어의 《데스크립티오(Descriptio)》의 영국판에 달린 주목할 만한 작자 미상의 16페이지짜리 부록의 저자는 오트레드일 것으로 여겨지는데, 거기에서 곱셈 기호로 가위표가 처음 사용되고 로그값을 계산하는 기(基)를 사용하는 방법이 처음으로 제안되었으며(문제연구 9.1(c) 참조) 최초의 자연로그표가 나타났다. 오트레드는 또한 **계량학**(gauging: 통의 용량을 계산하는 과학)에 관한 저술을 하였으며 수학적 오락에 관한 프랑스 책을 번역하여 편집하기도 하였다.

갈릴레이

17세기 초에 수학에 지대하게 공헌했던 두 명의 뛰어난 천문학자가 있었다. 한 사람은 이탈리아인인 갈릴레오 갈릴레이(Galileo Galilei)이고 다른 한 사람은 독일인 요한 케플러(Johann Kepler)이다.

갈릴레이는 1564년 미켈란젤로가 죽은 날에 피사에서 가난한 플로렌스 귀족의 아들로 태어났다. 17세 되던 해, 부모는 의학을 공부시키려고 그를 피사 대학교로 보냈다. 하루는 피사의 성당에서 예배를 보던 중 높은 천장에 매달린 큰 청동 램프에 정신을 빼앗겼다. 램프는 불을 켜기 쉽게 하려고 옆으로 끌어당겨져 있었는데 놓았을 때 그것은 점차로 진폭이 작아지면서 앞뒤로 진동하였다. 그는 자신의 맥박수를 이용하여 시간을 재었는데 진동주기가 진폭의 크기와 관계없음을 발견하고 놀랐다.[3] 그 후에 실험을 통해서 흔들리는 진자의 주기는 진자의 추의 무게와도 무관하며 단지 진자의 길이에만 관계가 있다는 사실을 밝혔다. 과학과 수학에 관한 갈릴레이의 흥미가 바로 이 문제에서 비롯되었으며 대학에서 기하학 강의를 수강하면서 더욱 고무되었다고 알려지고 있다. 결과적으로 그는 의학을 포기하고 그 대신 훌륭한 재능을 지닌 과학과 수학 분야에 전념하는 것에 대한 부모의 허락을 얻어냈다.

갈릴레이는 25세 때 피사 대학교의 수학 교수로 임명되었으며 교수로 재직하는 동안 낙하 물체의 공개 실험을 했다고 전해진다. 얘기에 의하면 학생, 교수, 성직자들이 지켜보는 가운데 피사의 사탑꼭대기에서 하나가 다른 것의 열 배 무게인 두 금속 물체를 떨어뜨렸다. 그 두 금속 물체는 실제로 같은 순간에 땅에 떨어졌는데 이

3) 이것은 단지 근사적으로 옳으며 진폭이 작은 진동에서는 이 근삿값이 거의 정확하다.

갈릴레이
1564~1642

사실은 무거운 물체는 가벼운 물체보다 빨리 떨어진다고 말한 아리스토텔레스의 이론을 부정한 것이다. 갈릴레이는 마침내 그 유명한 식 $s = gt^2/2$에 따라서 물체의 낙하거리는 낙하시간의 제곱에 비례한다는 법칙을 얻어냈다. 그러나 눈으로 확인된 갈릴레이의 실험도 대학에서 아리스토텔레스를 가르치는 다른 교수들의 믿음을 깨지는 못했다. 대학의 권위자들은 아리스토텔레스를 부정하는 갈릴레이의 무엄한 오만에 충격을 받아서 그곳에서의 생활을 불편하게 만들었고 결국 1591년 교수직을 사임하기에 이르렀다. 이듬해 그는 파두아(Padua) 대학교의 교수로 채용되었는데, 그곳은 과학적 연구에 보다 호의적인 분위기였다. 여기에서 거의 18년 동안 갈릴레이는 실험과 강의를 계속했고 널리 명성을 떨치게 되었다.

1607년경 안경공장 도제인 네덜란드의 리퍼세이(Hans Lippershey)는 주인의 안경렌즈 몇 개를 가지고 놀다가 적당한 거리에 떨어져 있는 두 개의 렌즈를 통하여 사물을 보면 사물이 확대되어 보인다는 사실을 발견하였다. 도제의 이 발견은 주인의 관심을 끌었는데, 그는 두 개의 렌즈를 한 통에 고정시켜서 이 장치를 장난감으로 상점 진열장에 전시하였다. 장난감은 정부 관리의 눈에 띄었고 그는 그것을 사서 나쏘의 마우리스 왕자에게 선물했다. 네덜란드 연방정부의 군대 사령관인 마우리스 왕자는 이 장난감으로부터 군사용 망원경

(spyglass)으로서의 가능성을 발견했다.

1609년경 망원경의 발명 소식이 갈릴레이에게 전해지자 그는 곧 리퍼세이가 만든 것보다 훨씬 우수한 망원경을 만들었다. 그는 베니스에서 기구를 실험해보도록 요청받았는데 그곳에서 베네치아 의원들은 그 도시의 가장 높은 교회의 꼭대기에서 배의 항해 모습을 맨눈으로 볼 수 있는 것보다 2시간 전에 볼 수 있었다. 갈릴레이는 그의 모형을 육군 총독에게 선물하였고 그는 마우리스 왕자처럼 해군과 군사 작전에서 그 기계의 무한한 가능성을 인식하였다. 그로 인해 갈릴레이는 상당히 늘어난 수당을 받게 되었다.

갈릴레이는 연구를 거듭하여 지난번 것보다 더욱 강력한 네 개의 망원경('멀리'를 뜻하는 그리스어 tele와 '보다'를 뜻하는 skopos로부터 telescope라 명명됨)을 더 만들었다. 갈릴레이는 배율이 30배나 되는 다섯 번째 망원경을 가지고 1610년 1월 7일 밤에 목성의 동쪽에 있는 두 개의 작은 별과 서쪽에 있는 하나의 작은 별을 관찰하였다. 다음 날 밤에는 놀랍게도 세 별 모두 행성의 서쪽에 있었고, 3일 후 밤에 여전히 목성 주위를 돌고 있는 다른 작은 별이 있음을 발견했다. 그는 목성의 네 개의 빛나는 위성을 발견하였고, 큰 물체 둘레를 작은 물체가 돈다는 코페르니쿠스의 이론을 뚜렷하게 확증해주는 관찰을 하였다. 갈릴레이는 또 그의 망원경으로 태양의 흑점, 달 표면의 산, 금성의 위상(位相), 토성의 고리 등을 관찰하였다. 그러나 이 발견은 태양은 완벽하며 지구와 사람은 우주의 중심에 있다고 주장했던 아리스토텔레스의 권위를 받아들이고 있던 많은 성직자의 편협한 반대를 한 번 더 불러일으킬 따름이었다. 한 성직자는 심지어 갈릴레이를 목성의 네 개의 위성을 망원경 안으로 끌어들인 점을 들어 고소하기까지 했다.

마침내 갈릴레이는 코페르니쿠스의 지동설을 뒷받침하는 책을 출간한 다음 해인 1633년에 종교 재판소에 소환되었는데, 거기에서 이 늙고 병든 사람은 고문의 위협 아래 과학적 발견들을 철회하지 않을 수 없었다. 그의 책은 200년 동안이나 금서 목록에 올라 있었다. 양심을 위증함으로써 늙은 학자의 삶은 산산조각이 나고 말았다. 무해한 과학적 연구는 계속하도록 허용되었으나 그는 실명하였고 종교 재판소의 감시 아래 실제 죄수인 채로 1642년 1월에 자신의 집에서 숨을 거두었다.4)

실험과 이론의 조화로서의 과학의 현대정신은 갈릴레이의 은혜를 입은 바 크다. 그는 자유낙하 물체의 역학을 세웠고, 후에 뉴턴이 그의 과학을 건설할 수 있었던 일반적인 역학의 기초를 쌓아 올렸다. 그는 진공 상태 안에서 투사된 물체의 경로가 쌍곡선 형태라는 것을 깨달은 최초의 사람이었고, 운동량을 포함하는 법칙들을 추측하였다. 그는 최초의 현대식 망원경과 한때 매우 유행했던 부채꼴 모양의 컴퍼스를 발명하였다(문제연구 9.4 참조). 19세기 칸토어의 집합론의 근본적인 관점이며 현대 해석학의 발전에 매우 큰 영향을 끼친 무한집합들 사이의 상등 개념을 이미 그가 깨닫고 있었음을 시사하는 갈릴레이의 명제들이 역사적으로 커다란 흥미를 불러일으켰다(문제연구 9.5 참조). 이 명제들과 역학에 관한 갈릴레이의 개념들의 대부분은 1638년에 레이덴에서 발간된 저서 《신과학대화(Discorsi e dimonstrazioni matematiche intorno a due nuove scienze)》에서 찾아볼 수 있다. 거기에 나오는 "과학의 문제에서 천 명의 권위는 단 한 명의 추론만 못하다."라는 갈릴레이의 말은 지금도 자주 인용되고 있다.

갈릴레이는 그와 동시대인인 유명한 케플러를 질투했던 것 같다. 왜냐하면 케플러가 1619년경 행성 운동의 세 가지 중요한 법칙을

4) 지구가 태양의 둘레를 돌고 있음을 보이기 위해 망원경을 사용한 혐의로 교회로부터 유죄 판결을 받은 지 347년이 지난 1980년에 로마 교황청은 교황 요한 바오로 2세의 소집으로 갈릴레이가 이단이라는 유죄 판결을 재검토하기 시작했다.

발표하였으나 이것은 갈릴레이에 의하여 완전히 무시되었기 때문이다.

갈릴레이는 생애 내내 독실한 가톨릭 신자였다. 따라서 그는 과학자로서 관찰과 추론에 의하여 어쩔 수 없이 얻게 된 견해가 자신이 독실한 신자라고 여기는 교회의 성경에 위배되어 유죄판결을 받은 것을 알고 괴로워하였다. 그러므로 그는 과학과 성경 사이의 관계는 스스로 판단할 수밖에 없다고 느꼈다. 때때로 많은 과학자들이 이러한 곤경에 처하곤 했다. 예를 들어 19세기 중엽 다윈의 진화론을 성경의 창조론과 조화시키기는 어려웠다.

갈릴레이는, 성경은 천문학이나 생물학 또는 다른 과학에 관한 교과서도 아니며 결코 교과서로 만들려고 한 적도 없었다고 결론지었다. 요약하면, 갈릴레이는 그것은 우리 스스로 발견할 수 있는 과학적 진리를 가르치는 책으로서 만들어진 것이 아니라 오히려 우리 스스로 발견할 수 없었던 정신적 진리를 밝혀주는 책으로서 만들어졌다고 주장하였다. 그러나 이것은 단지 시대적인 사건이고, 따라서 너그럽게 넘어가야 할 것이다. 어떤 과학자도 옛 히브리 사람들에게는 당연한 방식으로 세상을 그린 성경을 보고 혼란되어서는 안 되고 어떤 기독교 신자도 성경에 표현된 것과 반대되는 방법으로 세상을 나타낸 과학자를 보고 소란을 피우지는 말아야 한다.

케플러

케플러는 1571년 슈투트가르트 근교에서 태어났고 원래 루터교의 목사가 되려고 튀빙겐 대학교에서 수학하였다. 그는 천문학에 깊은 관심을 가져 계획을 변경하게 되었으며 20대 초반인 1594년 오스

케플러
1571~1630

트리아 그래츠 대학교의 강사로 임명되었다. 1599년에 케플러는 유명하나 싸우기 좋아하는 덴마크계 스웨덴 천문학자 브라헤(Tycho Brache)의 조수가 되었는데, 브라헤는 루돌프 2세 황제의 왕실 천문학자로 임명되어 프라하로 이주했다. 얼마 후인 1601년에 브라헤가 갑자기 죽어서 케플러는 그 스승의 지위와 행성 운동에 관한 방대하고 매우 정확한 천문학적인 자료들을 물려받았다.

누구나 끊임없이 단지 그것만을 생각하고 충분히 오랜 시간 동안 노력을 한다면 거의 어느 문제든지 풀 수 있다고 흔히 이야기한다. 에디슨의 발명은 1%의 영감과 99%의 땀이라고 말한 것처럼 문제를 푸는 것도 1%의 상상력과 99%의 인내심이다. 아마도 태양의 둘레를 도는 행성들의 운동에 관한 문제를 푸는 데 있어서 케플러가 보여준 믿기 어려운 끈기만큼 이것을 잘 설명하여 주는 것은 과학사의 어디에서도 찾아볼 수 없을 것이다. 가운데 있는 태양의 둘레를 행성들이 궤도를 따라 돌고 있다는 코페르니쿠스의 이론을 완전히 확신하고, 케플러는 이 궤도들의 성질과 위치 그리고 행성들이 궤도를 도는 방법을 정하기 위하여 무척 노력하였다. 그는 증명에 도움이 되는 자료를 거의 갖고 있지 않았던 때에 고도의 상상력만을 발휘한 여러 번의 시도 후에 브라헤의 방대한 분량의 행성 운동에 관한 매우 정확한 관찰들을 물려받게 되었다. 이제 문제는 브라헤의 많은 관측 자료와 완전히 일치되는 행성운동의 유형을 얻는 것이었다. 브라헤의 기록은 매우 믿을 만하여 브라헤의 관찰위치로부터 달의 관측상의 지름의 1/4 정도 차이가 나는 어떠한 풀이까지도 틀린 것으로 버려야만 했다. 이제 케플러는 상상력으로 약간은 그럴듯한 해답을 추측한 다음, 그의 추측을 확증 또는 기각하는 산더미처럼 쌓인 지겨운 계산을 고통스런 인내심으로 극복하는 작업이 필요했다. 그는 21년 동안 지칠 줄 모르는 열성과 끈기를 가지고 노력하여 성과 없는 시도를 수없이 하였고, 계산으로 많은 분량의 종이를 사용하였다. 마침내 1609년에 그는 행성운동의 처음 두 법칙을 만들어 낼 수 있었고, 10년 후인 1619년에 세 번째 법칙을 만들어 낼 수 있었다.

이 행성운동의 법칙은 천문학과 수학의 역사에서 획기적인 사건으로 기록되고 있다. 왜냐하면 뉴턴이 그것을 증명하려고 노력하던 중에 현대 천체역학을 창조하게 되었기 때문이다. 그 세 가지 법칙은 다음과 같다.

Ⅰ. 행성은 태양을 한 초점으로 하는 타원궤도를 따라 태양의 둘레를 돈다.

Ⅱ. 행성과 태양을 잇는 동경은 동일한 시간 동안 같은 면적을 그린다.

Ⅲ. 행성이 자신의 궤도를 완전히 한 바퀴 도는 시간의 제곱은 궤도의 반장축의 길이의 세제곱에 비례한다.

브라헤의 기록으로부터 이 법칙을 경험적으로 발견한 것은 과학에서 지금까지 만들어진 가장 괄목할 만한 귀납법 중의 하나이다.

순수 수학이 전혀 기대하지 않았던 응용을 언제 갖게 될지는 누구도 알 수 없다. 예를 들어 휴얼(William Whewell)은 다음과 같이 말한 적이 있다. "만일 그리스인이 원뿔곡선론을 발달시키지 않았다면 케플러는 프톨레마이오스를 앞지를 수 없었을 것이다.” 그리스인이 단지 그들의 지적 갈망을 만족시키기 위하여 원뿔곡선의 성질을 연구한 지 1,800년 뒤에 그것들의 실제적인 응용이 나타났다는 사실은 매우 흥미롭다. 케플러는 1619년 저서 《우주의 조화(Harmony of the Worlds)》의 서문에서 다음과 같이 적고 있다.

> 나는 동시대인을(혹은 후세인이라도 상관없다) 위하여 책을 쓰고 있다. 나의 책은 100년 동안 독자를 기다릴 수도 있다. 신은 6,000년 동안이나 관찰자를 기다리지 않았는가.

케플러도 역시 미적분학의 선구자 중의 한 사람이다. 행성운동의 두 번째 법칙에 포함된 면적을 계산하기 위하여 초기 형태의 적분에 의존해야만 했다. 그는 또한 《포도주 통의 용적측정(Stereometria doliorum vinorum)》(1615)에서 한 축의 둘레로 원뿔곡선의 호를 회전시켜 얻어진 93개의 입체의 부피를 구하는 데에 초기의 적분과정을 이용했다. 이 입체 중에는 원환체(Torus)와 그가 사과(the apple)와 레몬(the lemon)이라 불렀던 두 입체가 있는데, 후자의 두 입체는 각각 원의 우호와 열호를 호의 현을 축으로 하여 회전시켜 얻어진다. 케플러는 당시 포도주 검량관들이 사용하던 다소 어설픈 방법을 목격하면서 이 문제에 흥미를 갖게 되었다. 카발리에리가 후에 불가분량법(不可分量法)을 사용하여 미적분학을 보다 높은 단계로 끌어올렸는데, 그것은 아마 케플러의 이 책에 의해 자극받았을 가능성이 크다. 이에 대한 모든 논의는 11장에서 할 것이다.

케플러는 주어진 꼭짓점, 이 꼭짓점을 지나는 축, 임의의 접선에 의하여 결정되는 원뿔곡선의 유형을 결정하는 문제를 해결하였고 원뿔곡선의 기하학에 ‘초점(focus)’이란 말을 소개하였다. 그는 두 반축의 길이가 a, b인 타원의 둘레를 공식 $\pi(a+b)$를 사용하여 근사적으로 구했다. 그는 또한 평면에 보통의 점과 직선의 성질을 대부분 가지는 어떤 이상(理想) 점과 이상(理想) 직선이 무한대에 존재한다는 것을 공리로 받아들이는 이른바 **연속성의 원리**(principle of continuity)를 주장하였다. 따라서 그는 직선은 무한대에서 끝나고 두 평행선은 무한대에서 만나는 것으로 간주되어야 하고, 포물선은 타원 또는 쌍곡선에서 한 초점이 무한대로 달아났을 때 그 극한으로 간주될 수도 있다고 설명하였다. 이 개념은 1822년에 프랑스 기하학자 퐁슬레가 수학의 다른 곳에서 나타나는 허수들의 실재(實在) 증명을 기하학에서 찾으려고 노력을 기울이면서 매우 확장되었다.

케플러의 역작들은 종종 매우 신비스러운 공상과 과학적 진리에 대한 깊은 이해의 결합에 의한 산물의 상징으로 여겨진다. 그러나 그의 사생활이 세속적인 불행의 연속에 의해 거의 견딜 수 없도록 만들어졌던 것은 매우 슬픈 일이다. 그는 겨우 네 살 때 천연두에 걸려 시력을 대부분 잃었다. 전반적으로 병약한 일생을 보낸 데다가, 환희 없는 청년기를 보냈고 결혼은 끊임없는 불행의 근원이었다. 사랑하는 아들이 천연두로 죽었고, 아내는 미쳐서 죽었다. 도시가 가톨릭(교도들의) 수중으로 들어갔을 때 그래츠 대학교에서 교수직을 박탈당하였으며, 어머니는 마법을 쓴다고 고발, 투옥되어 거의 일년 동안이나 어머니를 감옥으로부터 구해내려고 노력하였고, 자신은 가까스로 이단 선고를 피하였으며 봉급은 항상 체불되었다. 어떤 소문에 의하면, 그는 두 번째 결혼에서 아내를 잘못 선택하지 않으려고 11명의 여성들의 장·단점을 미리 주의깊게 검토하였지만, 두 번째 결혼은 첫 번째보다 더 불행했다고 한다. 그는 별점을 쳐주며 생계를 유지하였고, 1630년에 지불 기일을 넘긴 지 오래되는 약간의 봉급을 받으러 가는 도중에 열병으로 죽고 말았다.

데자르그

케플러가 죽은 지 9년 후인 1639년에 대단히 독창적이지만 거의 주목받지 못했던 원뿔곡선에 관한 논문이 파리에서 발표되었다.[5] 그것은 공학자이며 건축가이고 한때 프랑스 육군 장교였으며 1593년에 리용에서 태어나 1662년경 그 도시에서 죽은 데자르그(Gerald Desargues)에 의하여 쓰였다. 그 논문은 다른 수학자들의 관심을 끌지 못한 채 잊혔고 모든 발행본들은 사라졌다. 두 세기 후 프랑스 기하학자 샤슬레(Michel Chasles, 1793~1880)가 지금까지 표준처럼 되어 있는 그의 기하학의 역사를 집필할 때, 데자르그의 논문의 가치를 평가할 방법이 없었다. 그러나 6년 후인 1845년에 샤슬레는 데자르그의 제자인 라 이르(Philippe de la Hire, 1640~1718)에 의하여 만들어진 그 논문의 필사본을 우연히 발견하게 되었고 그때부터 그 논문은 종합 사영기하학의 초기 발전단계에서의 고전 중의 하나로 간주되었다.

데자르그의 이 얇은 책이 처음에 무시받은 것을 설명하는 여러 이유들이 제시될 수 있다. 그것은 2년 먼저 데카르트에 의해 소개된 더 유연한 해석기하학에 의해 빛을 잃었다. 기하학자들은 일반적으로 이 새로운 강력한 도구를 발전시키는 일과 무한소를 기하학에 응용하려는 시도에 정력을 쏟고 있었다. 또한 데자르그는 보통과 다른 저술 방식을 택했다. 그는 약 70개의 용어들을 소개했는데, 대부분 알기 어려운 식물학에서 따온 것이었고 그중 단 하나 '대합(involution)'만이 지금까지 남아 있다. 아이러니컬하게도 대합은 비평가들이 그

5) 원추체와 평면이 만날 때 나타나는 현상을 다루려는 시도로 쓰여진 논문(Brouillon projet d'une atteinte aux événemens des rencontres d'un cone avec un plan.)

것을 날카로운 비평과 조소를 위해 뽑아낸 데자르그의 특수용어 중의 하나이기 때문에 보존되었다.

데자르그는 원뿔곡선에 관한 책 외에도 다른 책들을 썼는데, 그 중 하나는 어린이들이 노래를 잘 하도록 가르치는 법에 대한 논문이다. 그러나 그를 17세기 종합 기하학의 가장 독창적인 기여자로 손꼽히게 한 것은 원뿔곡선에 관한 얇은 책이다. 케플러의 연속성의 원리로 시작되는 이 책은 대합, 조화영역, 호몰로지, 극과 극선, 투시도 등 오늘날 사영기하학 수강생들에게 친숙한 주제들에 대한 많은 기본 정리들의 대부분을 발전시켰다.6) 흥미로운 한 개념은 극과 극선의 개념이 구까지 또 어떤 다른 2차곡면으로까지 확장될 수도 있다는 것이다. 데자르그는 얼마 안 되는 2차곡면만을 알고 있었고 아마도 대부분의 이 곡면은 1748년 오일러가 완전히 열거할 때까지 알려지지 않았던 것 같다. 다른 곳에서 우리는 데자르그의 중요한 두 삼각형의 정리를 발견할 수 있다. "만일 두 삼각형이 동일한 평면 위에 있든 아니든 간에, 대응하는 꼭짓점을 연결하는 직선이 한 점에서 만나도록 위치해 있으면 대응하는 변의 교점은 동일 직선상에 있고 또 그 역도 성립한다."(그림 61 참조)

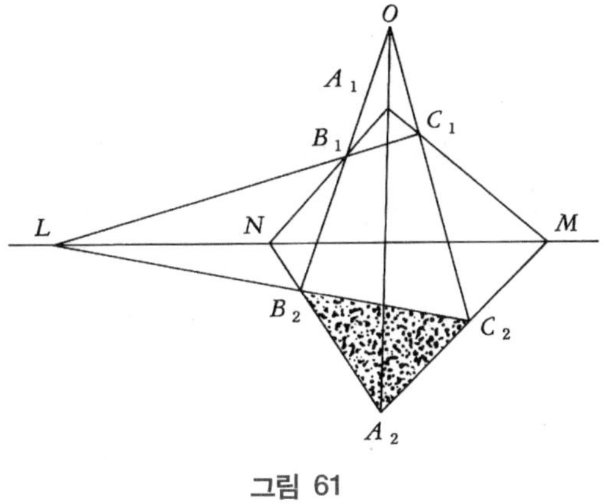

그림 61

6) 이 개념 중 일부는 고대 그리스인에게 알려졌다고 6장에서 지적한 바 있다.

데자르그는 파리에서 살고 있던 30대에 일련의 무료 강의를 통하여 동시대인에게 상당한 감명을 주었다. 그의 논문은 데카르트에 의해 인정받았고 파스칼은 그의 영감의 많은 부분의 근원을 데자르그에게 돌린 적이 있다. 라 이르는 상당한 노력으로 아폴로니우스의 《원뿔곡선론》의 모든 정리들이 데자르그의 중앙 투시법에 의한 원으로부터 유도될 수 있다는 것을 증명하려고 노력했다. 그러나 이 모든 것에도 불구하고 17세기에는 새로운 기하학이 거의 세워지지 않았고 그 분야는 제르곤, 퐁슬레, 브리앙송, 듀팽, 샤슬테, 슈타이너 같은 사람들에 의해 크게 발전된 19세기 초반까지 동면에 들어갔다.

파스칼

데자르그의 논문의 진가를 인정했던 소수의 동시대인 중의 한 사람이 수학적 천재인 파스칼(Blaise Pascal)이었다. 파스칼은 1623년 프랑스의 오베르뉴 지방에서 태어났고 어려서부터 수학에 비상한 능력을 보였다. 그가 젊었을 때의 여러 이야기들이 후에 페리에 부인이 된 누이 질베르트에 의해 전해지고 있다. 그는 허약한 체질 때문에 과로하지 않도록 집에만 갇혀 있었다. 아버지는 아이들 교육은 처음에는 언어 공부에 한하여야 하며, 어떠한 수학도 포함되어서는 안 된다고 결정하였다. 학습에서 수학을 배제시킨 것이 오히려 소년의 호기심을 불러일으켜 가정교사에게 기하학의 특성에 관하여 질문을 하도록 했다. 가정교사는 그것은 정밀한 도형과 그것의 다른 부분의 성질을 공부하는 것이라고 알려주었다. 가정교사의 설명과 아버지의 금지 명령에 자극받아서 그는 노는 시간을 포기하면서까지 몇 주 만에 스스로 기하학적 도형의 많은 성질, 특히 삼각형의 내각의 합은

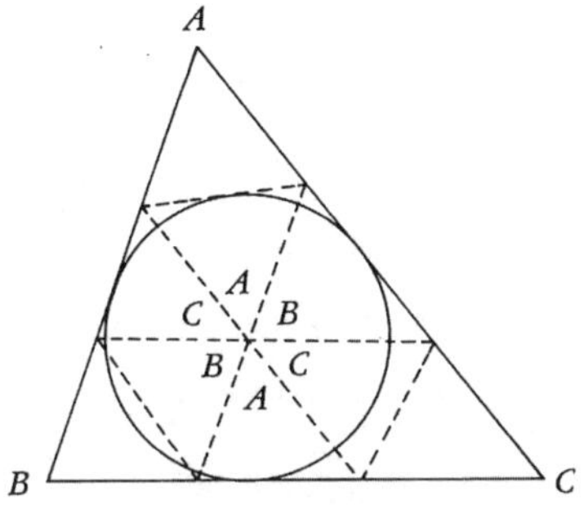

그림 62

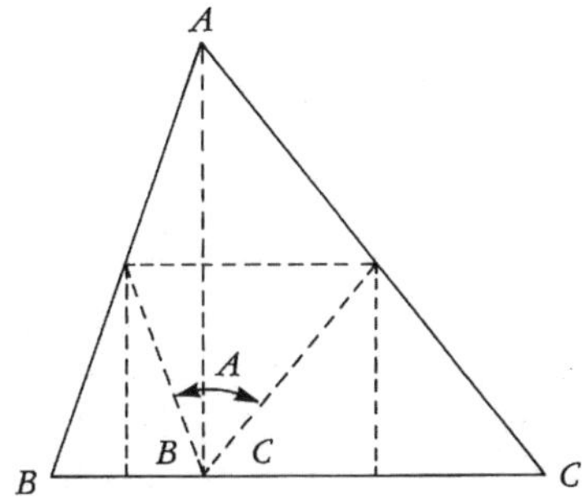

그림 63

평각과 같다는 사실을 은밀히 발견하였다. 후자는 여러 종이 삼각형을 접는 과정에 의하여 얻어졌는데, 아마 그림 62에서 보는 바와 같이 꼭짓점들이 내접원의 중심에 오도록 접거나, 그림 63에서와 같이 꼭짓점들이 수선의 발에 오도록 접는 방법이었을 것이다. 어느 날 기하학을 공부하고 있는 아들과 우연히 마주친 아버지는 소년의 능력에 매우 놀라서 아들에게 유클리드 《원론》의 복사본을 주었는데, 그 어린아이는 그것을 탐욕스럽게 읽어서 빠르게 숙달하였다.

14세 때 파스칼은, 나중에 프랑스 학술원이 된 프랑스 수학자 단체의 매주 한 번 모이는 모임에 참여하였다. 16세 때 그는, 데카르트가 소년의 작품으로 도저히 믿을 수 없고 아버지의 것임이 틀림이

파스칼
1623~1662

없다고까지 추측한, 원뿔곡선에 관한 소론(小論)을 썼다. 18세 땐가 19세 때에는 최초의 계산기를 발명하였는데, 그것은 르왕에서 정부의 회계감사를 하고 있었던 부친을 돕기 위하여 고안했다. 파스칼은 50여 개의 계산기를 만들었는데, 그중 몇 개는 파리에 있는 한 박물관에 여전히 보존되어 있다. 21세 때 기압에 관한 토리첼리의 책에 관심을 갖게 되었고 그의 비범한 재능을 물리학에 사용하기 시작한 결과, 유체 역학의 '파스칼의 법칙'이 오늘날 고등학교에서 물리를 배우는 모든 학생들에게 알려지고 있다. 몇 년 후인 1648년에 그는 원뿔곡선에 관한 포괄적인 미발표 원고를 썼다.

이렇게 놀랍고 조숙한 활동은 파스칼이 건강이 나빠져 고생하면서 수학과 과학의 연구활동을 포기하고 종교적인 명상에 몰두하기로 결심했던 1650년에 돌연 막을 내렸다. 그러나 3년 후 그는 짧은 기간 수학으로 되돌아왔다. 이때 그는《수삼각형론(數三角形論, Traité du triangle arithmétique)》을 저술하였고 유체압에 관한 여러 실험을 행했으며, 페르마와 서신 왕래를 통하여 확률의 수학적 이론의 기초를 세우는 데 노력하였다. 그러나 1654년 말에 그는 재개된 활동들이 신을 기쁘게 하지 않는다는 강한 암시를 받게 된다. 신의 암시는, 그의 고삐 풀린 말이 뉘일르의 다리 난간으로 돌진했으나 그 자신은 봇줄이 기적적으로 끊어져 겨우 목숨을 건졌을 때 나타났다. 그리하여 종교적 명상에 충실하게 되돌아갔다.

파스칼은 1658년에 단 한 차례 수학으로 다시 돌아왔다. 치통으로 고통받고 있던 중 약간의 기하학적 착상이 떠올랐고 치통은 갑자기 사라졌다. 이것을 신의 뜻이라고 생각하여 8일 동안 온 힘을 기울여 착상을 발전시켰는데, 이 기간에 사이클로이드의 거의 완전한 기하학적 설명을 만들어냈다. 오늘날 초기 프랑스 문학의 모델로서 읽혀지는 그의 유명한《시골 친구에게 보내는 편지(Provincial Letters)》와《명상록(Pensées)》은 짧은 생애의 끝무렵에 쓰여졌다. 그는 1662

년 파리에서 죽었다. 데자르그와 파스칼은 같은 해에 죽었는데, 데자르그는 69세였으나 파스칼은 불과 39세였다.

파스칼의 아버지인 에티엔 파스칼(Etienn Pascal, 1588~1640)도 유능한 수학자였음을 여기에서 덧붙일 수 있는데, “파스칼의 리마송(limaçon)”이라 명명된 것은 아버지의 덕이었다.

파스칼은 수학사에서 가장 위대한 인물이 되었을 사람으로 표현되어 왔다. 좀더 나은 조건이었더라면 뛰어난 재능과 심오한 기하학적 직관을 가진 그가 훨씬 더 많은 것을 만들어냈을 것이다. 그러나 그는 생애 대부분을 육체적 고통 속에서 보냈고, 또한 성년 초기부터 종교적 신경증 환자로 정신적 고통을 당했다.

파스칼의 원뿔곡선에 관한 원고는 데자르그의 책에서 발견되었는데, 현재는 소실되었으나 데카르트와 라이프니츠에 의하여 알려졌다. 여기에 사영기하학의 파스칼의 유명한 신비한 6각형(mystic hexagram) 정리가 나온다. “만일 한 6각형이 원뿔곡선 안에 내접한다면 세 쌍의 대변의 교점들은 한 직선 위에 있고, 또 그 역도 성립한다.”(그림 64 참조) 그는 아마 처음에는 원에 대해서 그것이 성립함을 증명하고 나서 투영에 의하여 임의의 원뿔곡선으로 바꾸는 데자르그의 방식으로 그 정리를 증명하였을 것이다. 비록 그 정리가 사영기하학 전체에서 가장 응용이 풍부한 정리 중의 하나이긴 하지

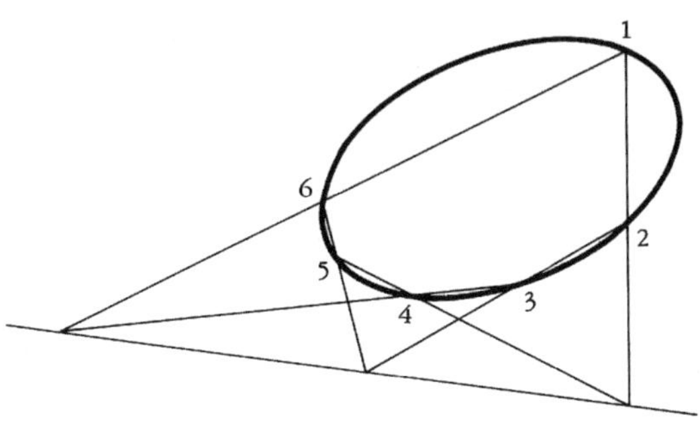

그림 64

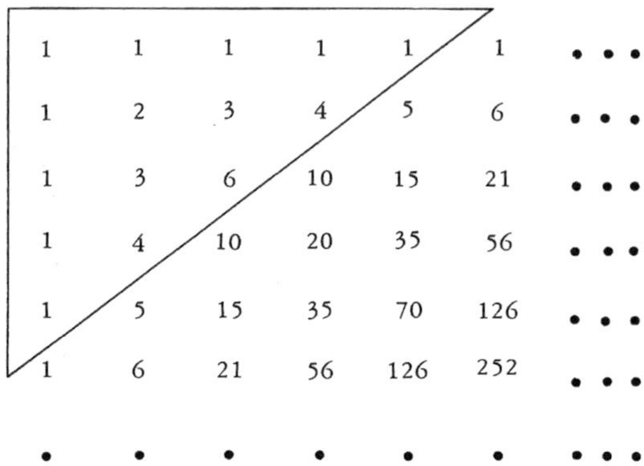

그림 65

만, 파스칼 자신이 그것으로부터 400개 이상의 따름정리를 추론했다고 종종 전해지는 이야기는 그저 가볍게 받아 넘겨야 할 것이다. 그 원고는 발간되지 않았고 아마 완성되지도 않았을 것이다. 그러나 파스칼은 1640년에 약간의 발견을 실은 〈원뿔곡선에 관한 소고(Essay pour les coniques)〉라는 제목이 붙은 인쇄물을 발간하였다. 이 유명한 낱장 인쇄물의 단 두 복사본만이 현재까지 남아 있는데, 하나는 라이프니츠의 논문 사이에 섞여 하노버에 있고, 다른 하나는 파리의 국립도서관에 있다. 파스칼의 '신비한 6각형' 정리는 그 낱장 인쇄물의 세 번째 보조정리에 포함되어 있다.

파스칼의 《수삼각형론》은 1653년에 쓰였는데, 1665년까지 발행되지 않았다. 그는 그림 65에서 볼 수 있는 산술삼각형을 만들었다. (둘째 또는 그 아래 행에 있는) 임의의 원소는 바로 위에 있는 행의 모든 원소들의 합 또는 바로 왼편에 있는 열의 원소들의 합으로 얻어진다. 따라서 넷째 행에서

$$35 = 15 + 10 + 6 + 3 + 1$$

어떤 정렬이 될 수도 있는 삼각형은, 그림에서 나타낸 것과 같이 대

각선을 그으면 얻어진다. 대학 대수를 공부하는 학생들은 그러한 대각선을 따라 나타난 수들이 이항전개에서의 연속된 계수라는 것을 알 수 있을 것이다. 예를 들어, 다섯 번째 대각선의 수, 즉 1, 4, 6, 4, 1은 $(a+b)^4$을 전개했을 때의 연속된 계수들이다. 이항계수를 알아내는 것은 파스칼이 그의 삼각형을 이용하려는 것 중의 하나였다. 그는 또한 그것을 확률론의 연구에서 n개 중 한 번에 r개를 뽑는 조합의 수를 구하는 데 이용하여 다음 식과 같이 정확하게 나타내었다(문제연구 9.6(f) 참조).

$$\frac{n!}{r!(n-r)!}$$

여기에서 $n!$은 곱

$$n(n-1)(n-2)\cdots(3)(2)(1)$$

을 나타내는 것으로서 현재 사용하는 기호이다.[7] 산술삼각형의 수를 포함하는 관계식이 많이 있는데, 그중 몇 개는 파스칼에 의하여 발견된 것이다(문제연구 9.6 참조). 파스칼이 수 삼각형의 창시자는 아니다. 왜냐하면 그러한 배열은 수세기 전에 중국학자들에 의하여 예견되어 왔기 때문이다(7장의 3번째 절 참조). 그 배열이 **파스칼의 삼각형**으로 알려지게 된 것은 파스칼이 그 삼각형의 많은 성질을 개발했고 응용하였기 때문이다. 그 삼각형에 관한 파스칼의 논문에서 수학적 귀납법의 최초라고 여겨질 만한 표현 중의 하나가 나온다.

고대 그리스 철학자들이 오랫동안 필연성과 우연성을 논의했지만 일부 이탈리아 수학자들이 주사위 게임 같은 도박게임에서의 승

7) 기호 $n!$은 'n팩토리얼'이라고 읽으며, 1808년 스트라스부르그의 크람프(Christian Kramp, 1760~1826)에 의하여 처음 소개되었는데, 그는 이전에 사용하던 기호의 인쇄할 때의 어려움을 극복하기 위하여 이 기호를 채택했다. 편의상 $0!=1$로 정의한다.

산을 계산하려고 시도했던 15세기 후반과 16세기 초반까지는 확률을 수학적으로 다루지 않았다고 하는 것이 옳을 것이다. 8장의 8번째 절에서 언급한 카르다노는 수학적 확률론의 측면을 약간 담고 있는 간결한 도박사의 안내서를 집필하였다. 그러나 확률론의 발단으로 여겨질 수 있는 한 문제는 소위 **점수문제**(problem of points)라는 것이 일반적인 견해이다. 이 문제는, 어느 게임에서 기술이 비슷한 두 사람 사이에 우연히 게임이 중단되었을 때의 이들 두 사람의 점수와 게임을 이기는 데 필요한 점수를 알고 있을 때, 상금의 배분을 결정하는 문제이다. 파치올리는 점수문제를 수학에 관한 문제로 소개한 최초의 필자 중의 한 사람이었다. 그 문제는 또한 카르다노와 타르탈리아에 의하여 논의되었다. 그러나 이론적 추론이 관찰한 바와 일치하지 않았던 경험이 많은 도박사인 드 메레(Chevaliet de Méré)가 1654년에 그 문제를 파스칼에게 문의하기 전까지는 실제적인 발전이 없었다. 파스칼은 그 문제에 흥미를 갖게 되었고 그것을 페르마에게 편지했다. 두 사람 사이에 주목할 만한 서신 왕래가 생겼고,[8] 거기에서 서로 다른 방법으로 그 문제를 해결하였다. 파스칼은 수 삼각형을 이용하여 많은 결과를 얻어내는 일반적 경우를 풀었다. 따라서 파스칼과 페르마는 서신 왕래를 통하여 확률론의 기초를 확립하였다.

파스칼의 마지막 수학 연구는 원이 직선 위를 구를 때 원 위의 한 점의 자취에 의해 만들어지는 곡선인 **사이클로이드**(cycloid)에 관한 것이다(그림 66 참조). 수학적·물리학적 특성을 매우 많이 가지고 있는 이 곡선은 미적분학의 초기발전에 중요한 역할을 하였다. 갈릴레이는 그 곡선에 관하여 관심을 보인 최초의 사람 중의 한 사람이었으며, 그것이 다리의 아치에 이용되도록 추천한 바 있다. 곧바로 그 곡선의 한 아치 아래 면적이 구해지고 접선을 작도하는 방

8) 서신은 다음을 참조하라. D.E. Smith, *A Source Book in Mathematics*.

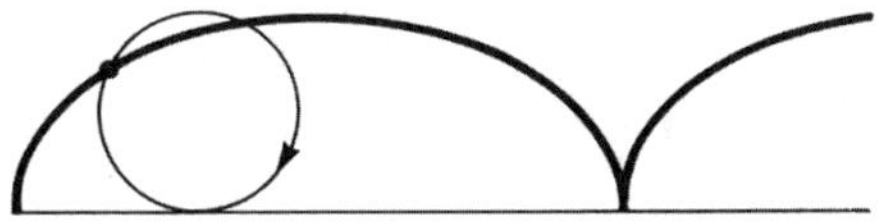

그림 66

법이 발견되었다. 이러한 발견으로 인하여 수학자들은 여러 가지 직선을 축으로 하여 사이클로이드의 한 아치를 회전시켜서 얻어진 회전체의 표면적과 체적에 관한 문제를 고찰하게 되었다. 그러한 문제들은 도형의 중심에 관한 다른 문제들과 마찬가지로 파스칼에 의하여 풀렸고, 약간의 결과가 다른 수학자들에게 난제로서 제시되었다. 파스칼의 풀이는 미적분학 이전의 불가분량법에 의하여 이루어졌고 오늘날 미적분학 강의에서 접하는 많은 정적분 계산과 동등하였다. 사이클로이드는 많은 매력적인 성질을 가지고 있고 또 많은 논쟁을 불러 일으켜서 '기하학의 헬레네', '분쟁의 씨(apple of discord)'라고 불린다.

오늘날 우리가 알고 있듯이, 파스칼이 외바퀴 손수레를 발명한 것으로 여겨지고 있는 사실은 흥미롭다. 또한 그는 35세 때 승합마차를 착상하였는데, 이 착상은 곧 한 번 타는 데 동화 다섯 닢을 내는 것으로 실행되었다. 파스칼은 때때로 'Lovis de Montalte'라는 필명이나, 글자를 바꾸어 만든 'Amos Dettonville'이라는 이름으로 저술하였다.

문제연구

9.1 로그

(a) 지수법칙을 이용하여, 다음 로그의 성질을 보여라.

1. $\log_a mn = \log_o m + \log_a n$

2. $\log_a(m/n) = \log_a m - \log_a n$

3. $\log_a(m^r) = r\log_a m$

4. $\log_a \sqrt[s]{m} = (\log_a m)/s$

(b) 다음을 보여라.

1. $\log_b N = \log_a N / \log_a b$

2. $\log_N b = 1/\log_b N$

3. $\log_N b = \log_{1/N}(1/b)$

(c) $\sqrt{10}$ 을 계산하고, 다시 이것의 루트를 계산하는 방식으로 다음 표를 만들 수 있다.

$$10^{1/2} = 3.16228 \qquad 10^{1/256} = 1.00904$$
$$10^{1/4} = 1.77828 \qquad 10^{1/512} = 1.00451$$
$$10^{1/8} = 1.33352 \qquad 10^{1/1024} = 1.00225$$
$$10^{1/18} = 1.15478 \qquad 10^{1/2048} = 1.00112$$
$$10^{1/32} = 1.07461 \qquad 10^{1/4096} = 1.00056$$
$$10^{1/64} = 1.03663 \qquad 10^{1/8192} = 1.00028$$
$$10^{1/128} = 1.01815 \qquad \cdots\cdots\cdots\cdots\cdots\cdots$$

이 표를 가지고 우리는 1과 10 사이의 임의의 수의 상용로그를 계산할 수 있고, 따라서 지표를 맞추어서 모든 양수의 상용로그 값을 구할 수 있다. 즉 N을 1과 10 사이의 임의의 수라고 하자. N을 표에서 N을 넘지 않는 가장 큰 수로 나누어라. 제수가 $10^{1/p_1}$이고, 몫이 N_1이라고 하면 $N = 10^{1/p_1}N_1$이 된다. 같은 방법을 N_1에 적용하고, 계속해 나아가면 다음을 얻는다.

$$N = 10^{1/p_1}10^{1/p_2}\cdots 10^{1/p_n}N_n$$

N_n이 1과 소수 여섯째 자리 이하만 다를 때, 이 과정을 멈추면 소수 다섯째 자리까지

$$N = 10^{1/p_1}10^{1/p_2}\cdots 10^{1/p_n}$$

이 되어, 다음을 얻는다.

$$\log N = \frac{1}{p_1} + \frac{1}{p_2} + \cdots + \frac{1}{p_n}$$

이 과정은 로그값을 계산하는 **근(根) 방법**(radix method)으로 알려져 있다. 이 방법으로 $\log 4.26$과 $\log 5.00$을 계산하라.

9.2 네이피어의 구면 삼각법

(a) 직각구면삼각형을 푸는 데 유용한 열 개의 공식이 있다. 네이피어가 고안한 두 개의 법칙을 사용하면 쉽게 만들어 낼 수 있으므로 이 공식을 외울 필요는 없다. 그림 67에 통상적인 방법으로 문자를 써 넣은 직각구면삼각형이 그려져 있다. 삼각형의 오른쪽에 삼각형에서와 같은 문자가 C를 제외하고 동일한 순서로 배열되어 있으며 다섯 부분으로 나누어진 한 원이 있다. c, B, A에 붙어 있는 바(−)는 보(補, complement)를 뜻한다(즉 $\overline{B}$는 $90° - B$를 뜻한다). 각의 크기인 a, b, $\bar{c}$, $\overline{A}$, $\overline{B}$를 **원부분**(circular parts)이라고 부른다. 원에는, 임의의 주어진 부분에 대하여 인접한 두 원부분과 인접하지 않은 두 부분이 존재한다. 주어진 부분을 **가운데 부분**(middle part), 두 인접한 부분을 **인접 부**

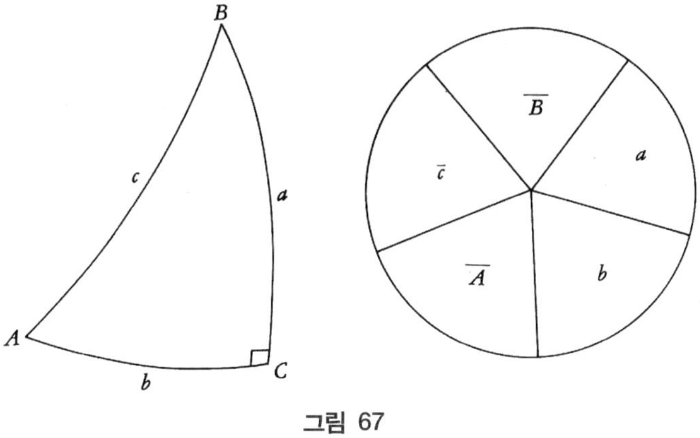

그림 67

분(adjacent parts), 인접하지 않은 두 부분을 반대 부분(opposite parts)이라 부르자. 네이피어의 법칙을 다음과 같이 쓸 수 있다.

1. 임의의 가운데 부분의 사인은 두 반대 부분의 코사인의 곱과 같다.
2. 임의의 가운데 부분의 사인은 두 인접 부분의 탄젠트의 곱과 같다.

이 법칙을 각 원부분에 적용하여 직각구면삼각형을 푸는 열 가지 공식을 유도하라.

(b) 직각구면삼각형의 변 a, b, c에 관한 식을 그 삼각형에 대한 피타고라스 관계(Pythagorean relation)라 부른다. 직각구면삼각형에 대한 피타고라스 관계를 구하라.

(c) 다음과 같은 식은 네이피어의 유동식(Napier's analogies, analogy는 고어적 의미 '비(比, proportion)'로 쓰였음)으로 알려져 있다.

$$\frac{\sin\frac{1}{2}(A-B)}{\sin\frac{1}{2}(A+B)}=\frac{\tan\frac{1}{2}(a-b)}{\tan\frac{1}{2}c}$$

$$\frac{\cos\frac{1}{2}(A-B)}{\cos\frac{1}{2}(A+B)}=\frac{\tan\frac{1}{2}(a+b)}{\tan\frac{1}{2}c}$$

$$\frac{\sin\frac{1}{2}(a-b)}{\sin\frac{1}{2}(a+b)}=\frac{\tan\frac{1}{2}(A-B)}{\cot\frac{1}{2}C}$$

$$\frac{\cos\frac{1}{2}(a-b)}{\cos\frac{1}{2}(a+b)}=\frac{\tan\frac{1}{2}(A+B)}{\cot\frac{1}{2}C}$$

평면 삼각법의 탄젠트 법칙과 유사한 이 공식들은, 주어진 부분이 두 변과 사잇각 또는 두 각과 사잇변인 직각구면삼각형을 푸는 데 이용될 수도 있다.

1. $a=125°38'$, $c=73°24'$, $B=102°16'$인 구면 삼각형에서 A, C, b를 구하라.
2. $a=93°8'$, $b=46°4'$, $C=71°6'$인 구면 삼각형에서 A, B, c를 구하라.

9.3 네이피어의 막대

큰 수의 곱셈에서의 어려움이 계산을 수행할 기계적 방법들에 대한 발견을 촉진시켰다. 발견 당시에는 매우 유명하였던 **네이피어의 막대**는 1617년 발간한 그의 책 《막대 계산술(Rabdologiae)》에서 소개되었다. 열 개의 한 자리 숫자 각각에 대하여, 그림 68의 왼쪽에 있는 6에 대한 것과 같이, 그 숫자의 여러 가지 배수를 적은 길쭉한 조각을 만들자. 이 길쭉한 조각이 곱셈에 이용되는 것을 설명하기 위하여, 네이피어가 《막대 계산술》에서 예로 선택한 1615×365를 살펴보자. 그림 68의 오른쪽과 같이 1, 6, 1, 5에 대한 길쭉한 조각을 나

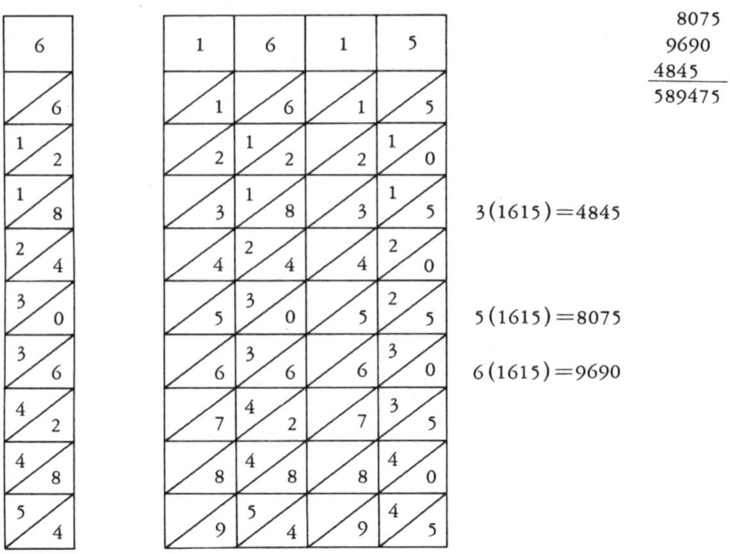

그림 68

란히 붙여 놓아라. 그러면 1615를 365의 5, 6, 3과 각각 곱한 결과는 8075, 9690, 4845와 같이 쉽게 읽어 낼 수 있다. 이때 이 결과를 얻기 위하여 대각선으로 두 숫자를 단순히 더하는 것이 필요하다. 그러고 나서 최종적인 답은 이 결과들을 그림에서 나타낸 것과 같이 더해서 얻는다.

(a) 네이피어의 막대를 만들어서 몇 가지 곱셈을 해보라.

(b) 네이피어의 막대를 나눗셈에 이용할 수 있는 방법을 설명하라.

9.4 부채꼴 컴퍼스

1597년경 갈릴레이는 200년 이상 상당히 인기가 있었던 도구인 **부채꼴 컴퍼스**(sector compasses)를 만들었다. 이 도구는 그림 69와 같이 한쪽 끝을 피봇 이음새로 함께 고정시킨 두 개의 팔로 이루어져 있다. 각 팔에는 피봇에서부터 방사되는 간단한 눈금이 새겨져 있는데 각 눈금의 0은 피봇으로 한다. 많은 문제들이 이 간단한 눈금을 이용하여 쉽게 풀릴 수 있으며, 여기에 필요한 정리는 닮은 삼각형의 정리뿐이다.

(a) 부채꼴 컴퍼스를 사용하여 선분을 5등분하는 방법을 설명하라.

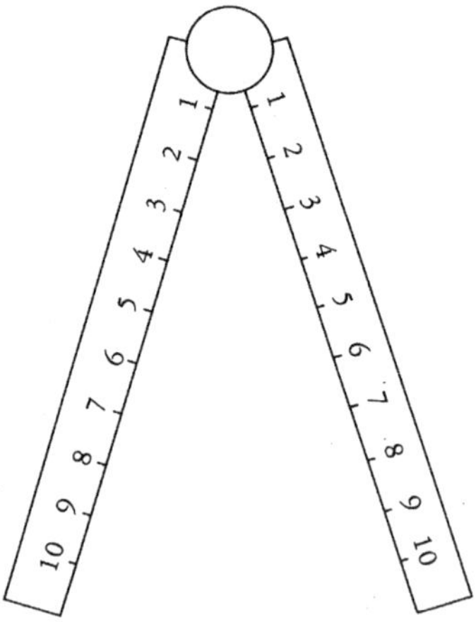

그림 69

(b) 부채꼴 컴퍼스를 사용하여 그려진 한 눈금을 바꾸는 방법을 설명하라.

(c) 부채꼴 컴퍼스를 사용하여 $a:b=c:x$를 만족하는 x를 구하는 방법을 설명하라.

(d) 갈릴레이는 5년 전에 연리 6%로 예금한 돈의 원리 합계가 150 스쿠도(19세기까지의 이탈리아 은화 단위)였을 때의 원래 예금액을 구하여 부채꼴 컴퍼스의 이용을 예증하였다. 이 문제를 부채꼴 컴퍼스를 이용하여 풀어라.

9.5 갈릴레이의 《신과학대화》에 나오는 몇 가지 역설

갈릴레이가 1638년 발행한 《신과학대화》에서 고찰한 다음 두 기하학적 역설을 설명하라.

(a) 그림 70의 큰 원이 AB가 큰 원의 원주와 같도록 직선을 따라 A에서 B까지 굴러 1회전했다고 가정하라. 그러면 큰 원에 고정된 작은 원도 CD가 작은 원의 원주와 같도록 1회전한다. 따라서 두 원은 동일한 원주를 갖는다.
이 역설은 일찍이 아리스토텔레스가 기술한 바 있어서, 때때로 아리스토텔레스의 바퀴(Aristotle's wheel)라 부른다.

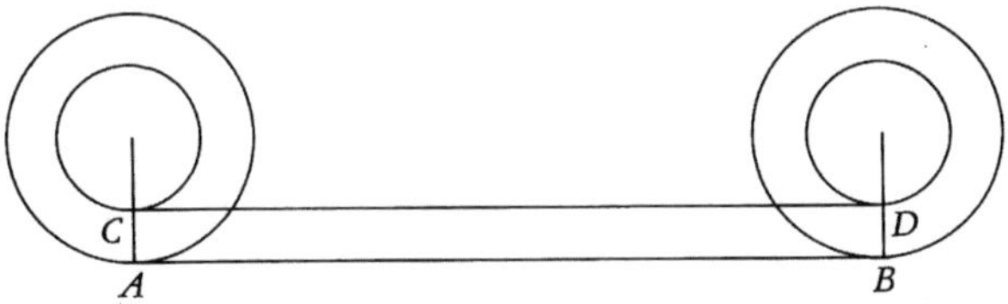

그림 70

(b) 그림 71에서 $ABCD$가 정사각형이고 HE가 BC의 한 평행선으로서 대각선 BD와 G에서 만난다고 하자. 원 $B(C)$는 F에서 HE와 만나게 하고, 세 원 $H(G)$, $H(F)$, $H(E)$를 그려라. 먼저 원 $H(G)$의 면적은 원 $H(F)$와 $H(E)$ 사이의 환(環)의 면적과 같음을 보여라. 그리고 나서 H를, 원 $H(G)$가 점 B가

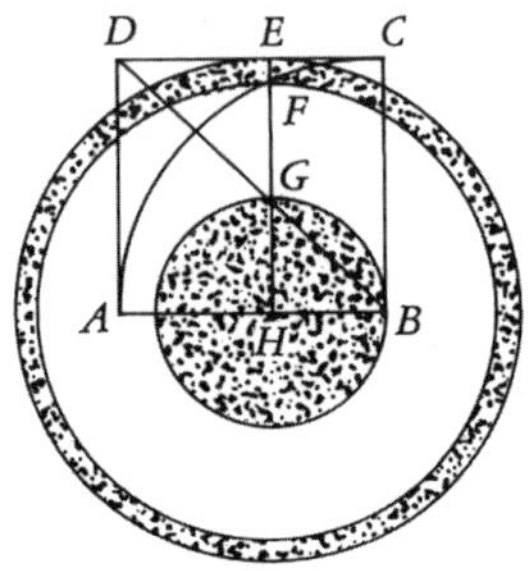

그림 71

되고 환이 $B(C)$의 원주가 되도록 B에 극한시켜라. 이제 한 점 B가 원 $B(C)$의 원주 전체와 같다는 결론에 도달했다.

9.6 파스칼의 삼각형

파스칼이 만든 산술삼각형의 수를 포함하는 다음 관계를 밝혀라.

(a) 산술삼각형의 임의의 원소는 바로 위에 있는 원소와 바로 왼쪽에 있는 원소의 합과 같다.

(b) $0! = 1$이라 정의할 때 n번째 행의 m번째 원소는 $(m+n-2)!/(m-1)!(n-1)!$이다.

(c) m행 n열의 원소와 n행 m열의 원소는 같다.

(d) 임의의 대각선을 따라 원소들을 더한 합은 바로 앞의 대각선을 따라 원소들을 더한 합의 두 배이다.

(e) n번째 대각선을 따라 원소들을 더한 합은 2^{n-1}이다.

(f) $C(n, r)$가 n개에서 r개를 뽑는 조합의 수를 나타낼 때 $C(n, r)$는 산술삼각형의 $(n+1)$번째 대각선과 $(r+1)$번째 열의 교점에서 출현함을 보여라.

10장

해석기하학과 다른 미적분학 출현 이전의 발전

해석기하학

데자르그와 파스칼이 사영기하학이란 새로운 분야를 개척하고 있는 동안, 데카르트와 페르마는 근대 해석기하학의 개념을 정리하고 있었다. 두 연구 사이에는 기본적인 차이점이 있는 바, 전자는 기하학의 한 분야인 반면에 후자는 기하학의 한 방법이다. 초등 대학수학을 배우는 학생들에게는 기하학적 문제를 공략하는 이 새롭고 효과적인 방법을 받아들이는 것보다 더 감격적인 학문적 경험은 거의 없을 것이다. 평면에 적용한 이 개념의 본질은 다시 언급하겠지만 평면에 있는 점과 실수의 순서쌍과의 대응관계를 만드는 것이다. 그렇게 함으로써 평면 위의 곡선과 두 변수의 방정식 사이에 대응이 만들어지는데, 평면 위의 각 곡선에 대해서 방정식 $f(x, y)=0$이 대응되고 역으로 각 방정식에 평면 위의 곡선 또는 점들의 집합이 대응된다. 방정식 $f(x, y)=0$의 대수적·해석적 성질과 그에 대응된 곡선의 기하학적 성질 사이에서도 비슷한 대응관계가 성립한다. 그러므로 기하학의 정리를 증명하는 작업은 완전히 대수학과 해석학에서 그에 대응하는 정리를 증명하는 작업으로 바뀌어버린다.

누가 해석기하학을 발명했느냐에 관해서, 심지어 어느 시대에 발명되었느냐에 관해서도 의견이 분분하며, 그러한 문제는 해석기하학을 구성하는 것이 무엇인가에 관한 합의가 없이는 해결될 수 없다. 고대 그리스인들이 기하학적 대수학에 깊이 심취했었다는 사실을 우리는 잘 알고 있으며, 고대 이집트인과 로마인들이 측량할 때나 그리스인들이 지도 제작을 할 때 좌표의 개념을 사용했었다는 사실도 잘 알려져 있다. 아폴로니우스가 그의 원뿔곡선 기하학의 대부분을 이들 곡선과 기하학적 동치인 어떤 데카르트 방정식으로부터 이끌어냈다는 사실은 그리스인에게는 대단한 영광이었으며, 이 착상은 메나에크무스에서 비롯된 것으로 여겨진다. 8장의 4번째 절에서도 언급했듯이 14세기에 니콜 오렘은 독립변수가 미세한 증가만 허용될 때, 독립변수에 대한 종속변수가 그려지는 한 법칙을 표현하여 해석기하학의 다른 측면을 예견하였다. 오렘을 해석기하학의 창시자로 여기는 찬양자들은 직선의 방정식을 최초로 명확하게 소개한 것과 그 주제의 몇몇 개념을 고차원의 공간으로 확장시킨 것을 그의 업적으로 여기고 있다. 오렘의 교재가 쓰여진 1세기 후에 그 책은 여러 번 재판되었으며, 이것을 통해 후세의 수학자들에게 커다란 영향을 끼쳤다.

해석기하학에 대한 앞의 견해들은 그것을 혼돈시킬 우려가 있다. 해석기하학의 진정한 본질은 기하학적인 고찰을 그에 대응하는 대수적인 고찰로 바꾸어 놓는 데 있다. 해석기하학이 이러한 능력을 가지게 된 것은 대수적 처리 과정과 기호가 발전되고 난 후이다. 따라서 프랑스 수학자 데카르트와 페르마에 의한 17세기의 수학에 대한 결정적인 공헌이 이 분야의 본질적인 창시라고 생각하는 대다수 역사가들의 견해를 따르는 편이 보다 옳을 듯하다. 분명히 이 두 사람이 그 분야에 활력을 불어넣은 다음에야 비로소 우리에게 익숙한 형태의 해석기하학이 탄생되었다.

데카르트

데카르트(René Descartes)는 1596년 투르(Tours) 근교에서 태어나서 여덟 살 때 라 플레쉬에 있는 예수회 학교로 보내졌다. 바로 거기에서 (처음에는 몸이 약해서) 그의 평생 습관이 된 아침에 늦게까지 침대에 누워 있는 버릇이 길러졌다. 후에 데카르트는 아침 휴식 중의 명상시간을 가장 생산적인 시간으로 여겼다. 1612년 데카르트는 학교를 떠나 곧장 파리로 가서 메르센과 미도르주(10장의 6번째 절 참조)와 더불어 얼마간 수학연구에 전념했다. 1617년 그는 오렌지 공(公) 모리스 왕자의 군대에 입대하여 몇 년간의 군생활을 시작했다. 군생활을 마치자마자 독일, 덴마크, 네덜란드, 스위스, 이탈리아를 여행하면서 4, 5년을 보냈다. 몇 년 동안 파리에 다시 정착해 있으면서 수학연구와 철학적 명상을 계속하였으며 한동안 광학기구를 제조하기도 하다가 당시 국력이 최고조에 달한 네덜란드로 이주하기로 결심했다. 그는 거기서 20년간 살면서 철학, 수학, 과학에 몰두했다. 1649년 크리스티나 여왕의 초대를 받고 마지못해 스웨덴으로 갔다. 몇 개월 후 폐렴에 감염되어 1650년 초에 스톡홀름에서 세상을 떠났다. 이 위대한 철학자이자 수학자는 스웨덴에 묻혔으며,

데카르트
1596~1650

유품을 프랑스로 옮기려는 노력은 실패했다. 데카르트가 죽고 난 17년 후에 오른손 뼈를 제외한 유골은 프랑스로 돌아와 파리에 있는 지금의 판테온에 다시 안장되었다. 오른손 뼈는 당시 유골의 수송을 맡았던 프랑스 재무장관이 기념품으로 보관하고 있다.

데카르트가 저술을 완성한 것은 네덜란드에서 20년간 체류하는 동안이었다. 우주에 대한 물리적 설명서인 《천체론(Le monde)》을 집필하는 데 처음 4년을 보냈으나, 교회 측이 갈릴레이에게 유죄 판결을 내렸다는 소식을 듣고 신중히 고려한 끝에 포기하고 미완성인 채로 놔두었다. 그는 《방법서설(方法序說, Discours de la méthode pour bien conduire sa raison et chercher la vérité dans les sciences)》이라는 제목의 모든 과학에 관한 철학적 논문의 집필로 방향을 전환했는 데, 이 책은 굴절광학(屈折光學), 기상학(氣象學), 기하학(幾何學)의 세 부록을 달고 있다. 《방법서설》은 부록과 함께 1637년에 출간되었으며, 해석기하학에 대한 데카르트의 공헌은 세 권의 부록 중 마지막 권에 나타나 있다. 1641년에 데카르트는 《방법서설》에서 개괄적으로 그려진 철학적 관찰에 대한 자세한 설명을 수록한 《성찰(省察, Méditations)》이라 불리는 책을 출판했으며, 1644년에는 약간의 부정확한 자연법칙과 모순되는 우주적 와동이론(渦動理論)을 담고 있는 《철학의 원리(Principia philosophiae)》를 출간했다.

《방법서설》의 유명한 세 번째 부록인 《기하학(La géometrie)》은 약 100페이지에 달하는 분량이며, 그 자체가 세 권으로 나누어져 있다. 제1권은 대수적 기하학의 약간의 이론을 설명하고, 전 그리스 시대에서의 발전상을 그리고 있다. 그리스인들은 한 변수는 임의의 선분의 길이에, 두 변수의 곱은 직사각형의 넓이에, 세 변수의 곱은 직6면체의 부피에 대응시켰다. 그리스 시대에서는 그 이상의 발전은 없었다. 반면에 데카르트는 x^2을 넓이라기보다는 $1 : x = x : x^2$의 비례에서 네 번째 항으로 생각하고, x를 알 때 쉽게 계산될 수 있는 적당한 선분의 길이를 표시하는 것으로 제안했다. 이 방법으로 우리는 단위선분을 이용하여 한 변수의 몇 제곱이나 몇 개의 변수의 곱을 선분의 길이로 나타낼 수 있고, 변수값이 정해지면 유클리드 도구를 사용하여 실제로 선분의 길이를 그릴 수 있다. 기하학의 이와 같은 산술화와 더불어 데카르트는 《기하학》의 제1권에서, 주어진 축을 x로, 이 축에 고정된 각도의 모서리를 y로 나타내고, x성분과 y성분 사이의 주어진 관계를 만족하는 점을 표시하려고 노력했다(그림 72 참조). 예를 들면 관계 $y = x^2$에서 x의 각 값에 대해서 대응하는 y값을 위의 비례식의 네 번째 항으로 구할 수 있다. 데카르트는 운동학상으로 정의된 곡선에 대한 관계를 구하는 것에 특별한 관심을 보였다. 그는 그의 방법의 한 응용으로서 다음과 같은 문제를 논의하였다. "p_1, ⋯, p_m, p_{m+1}, ⋯, p_{m+n}이 한 점 p로부터

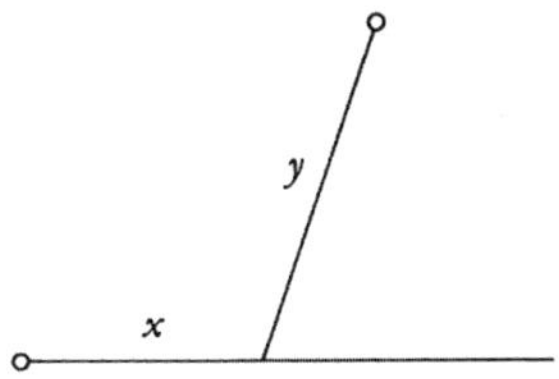

그림 72

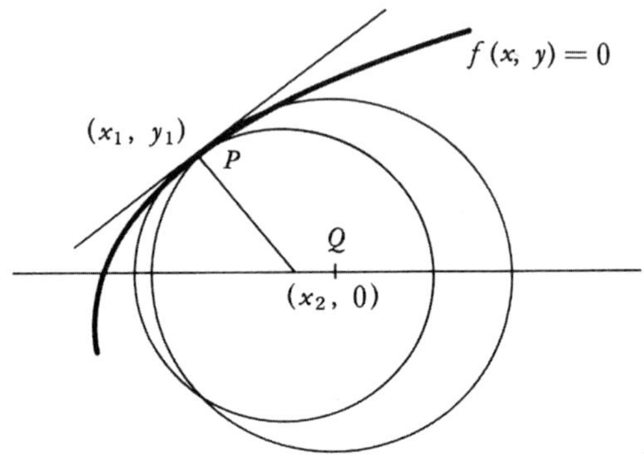

그림 73

$m+n$개의 주어진 직선까지 이들 직선과 주어진 각을 이루면서 그려진 $m+n$개의 선분의 길이라 하고,

$$p_1 p_2 \cdots p_m = kp_{m+1} p_{m+2} \cdots p_{m+n} \quad (k\text{는 상수})$$

이 성립한다고 할 때 점 p의 자취를 찾아라." 고대 그리스인들은 m과 n이 2를 넘지 않는 경우에 이 문제를 풀었으나(6장의 9번째 절 참조), 일반적인 경우의 문제는 난제로 남아 있었다. 데카르트는 이 문제의 2를 넘는 경우는 2보다 큰 차원의 자취들을 만들며, 어떤 경우에는 유클리드 도구를 사용하여 이 자취를 실제로 작도할 수 있음을 쉽게 보였다(문제연구 10.2 (a) 참조). 데카르트의 해석기하학을 이용하면 일반적인 경우의 문제를 풀 수 있다는 사실은 이 새로운 방법의 효력을 보여 주는 좋은 증거가 된다. 그가 해석기하학을 고안하도록 고무시킨 것이 바로 이 문제를 풀려는 시도에서 비롯되고 있다고 전해진다.

《기하학》의 제2권에서 취급한 여러 가지 가운데 현재는 쓰이지 않는 곡선의 분류와 곡선의 접선을 작도하는 흥미로운 방법이 있다. 접선을 작도하는 방법은 다음과 같다(그림 73 참조). 주어진 곡선의 방정식이 $f(x,\ y)=0$이라 하고, $(x_1,\ y_1)$이 접선을 그리려는 곡선 위의 점 P의 좌표라 하자. Q는 좌표가 $(x_2,\ 0)$인 x축 위의 점이라 하자. 그러면 Q를 중심으로 하고 P를 지나는 원의 방정식은 다음과 같다.

$$(x-x_2)^2+y^2=(x_1-x_2)^2+y_1^2$$

이 방정식과 $f(x,\ y)=0$에서 y를 소거하면 원이 주어진 곡선과 만나는 x 좌표를 나타내는 x만의 방정식을 얻는다. 이제 이 방정식이 x_1과 같은 중근을 갖도록 x_2를 결정한다. 한편 원이 P에서 주어진 곡선과 접하기 때문에, Q는 P에서의 곡선의 법선과 x축과의 교점이 된다. 이 원이 그려지면 구하려는 접선을 쉽게 그릴 수 있다. 이 방법의 예로서, 포물선 $y^2=4x$ 위의 점 $(1,\ 2)$에서의 접선을 그려 보자. 여기에서

$$(x-x_2)^2+y^2=(1-x_2)^2+4$$

이고 y를 소거하면

$$(x-x_2)^2+4x=(1-x_2)^2+4$$

또는

$$x^2+2x(2-x_2)+(2x_2-5)=0$$

이 2차 방정식이 중근을 가지려면 판별식이 0이 되어야 하므로,

$$(2-x_2)^2-(2x_2-5)=0$$

즉

$$x_2=3$$

이제 중심이 $(3,\ 0)$이고 곡선 위의 점 $(1,\ 2)$를 지나는 원을 그릴

LIVRE SECOND. 321

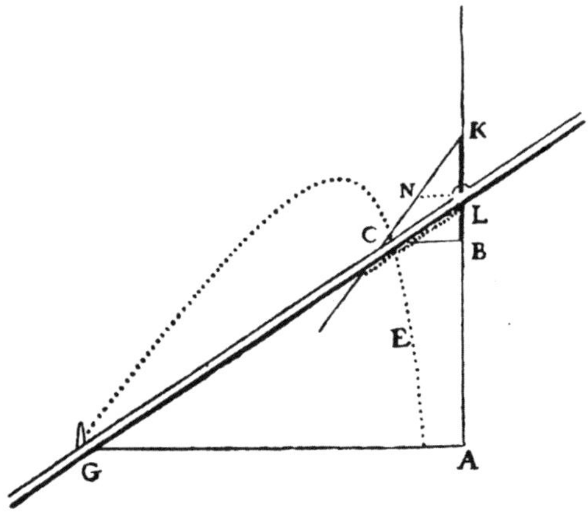

Aprés cela prenant vn point a diſcretion dans la courbe, comme C, ſur lequel ie ſuppoſe que l'inſtrument qui ſert a la deſcrire eſt appliqué, ie tire de ce point C la ligne C B parallele a G A, & pourceque C B & B A ſont deux quantités indeterminées & inconnuës, ie les nomme l'vne y & l'autre x. mais affin de trouuer le rapport de l'vne à l'autre; ie conſidere auſſy les quantités connuës qui determinent la deſcription de cete ligne courbe, comme G A que ie nomme a, K L que ie nomme b, & N L parallele a G A que ie nomme c. puis ie dis, comme N L eſt à L K, ou c à b, ainſi C B, ou y, eſt à B K, qui eſt par conſequent $\frac{b}{c}y$: & B L eſt $\frac{b}{c}y - b$, & A L eſt $x + \frac{b}{c}y - b$. de plus comme C B eſt à L B, ou y à $\frac{b}{c}y - b$, ainſi a, ou G A, eſt á L A, ou $x + \frac{b}{c}y - b$. de façon que mul-

Sſ tipliant

데카르트의 《기하학》(1637)의 한 페이지

수 있고, 따라서 구하려는 접선도 그릴 수 있다. 데카르트는 이 방법을 그의 이름이 붙은 이차 난형선 등 많은 곡선에 적용했다.[1)] 여기서 우리는 문제를 풀기 위해서 무엇을 해야 하는가를 정확하게 알려주는 일반적인 방법을 찾았지만, 보다 복잡한 경우에는 계산이 매우 까다로울 수 있음을 시인해야만 한다. 이것이 기초 해석기하학의 잘 알려진 결점이다. 즉 우리는 종종 무엇을 해야 하는지 알아도 그것을 할 기술적 능력이 부족하다. 물론 곡선의 접선을 그리는 위의 방법보다 훨씬 더 좋은 방법이 많이 있다.

《기하학》의 제3권은 2차 이상의 방정식의 해법에 관한 것이다. 다항식의 양근의 개수와 음근의 개수에 관한 한계를 결정하는 소위 **데카르트의 부호법칙**(Descartes' rule of signs)이라 불리는 법칙이 나온다(문제연구 10.3 참조). 《기하학》에서 데카르트는 알파벳의 앞쪽의 글자들은 알려진 양을 나타내고, 뒤쪽의 글자들은 미지수를 나타내는 데 사용하는 것을 관습화했다. 그는 또한 지수를 나타내는 비에트의 방법보다 훨씬 개량된 현재의 지수체계(가령 a^3, a^4 등)를 소개하고, 한 문자는 양이든 음이든 어떤 양을 나타낼 수 있다는 것을 보여 주었다. 여기에서 우리는 또한 미정계수법을 최초로 사용한 것을 알 수 있다. 그런데 미정계수법에서 2차 방정식

$$x^2 + 2x(2 - x_2) + (2x_2 - 5) = 0$$

의 두 근이 모두 1이 되도록 x_2를 구하는 데 판별식이 0이 되는 것을 이용했다. 미정계수법의 한 실례로서, 다음과 같이 풀 수 있다.

$$x^2 + 2(2 - x_2)x + (2x_2 - 5) \equiv (x - l)^2 \equiv x^2 - 2x + 1$$

1) 카테시안 난형선은 m과 a가 상수일 때 $r_1 + mr_2 = a$를 만족하는 두 고정점으로부터 거리가 r_1, r_2인 점의 자취이다. 유심 원뿔곡선들이 그의 한 특별한 경우이다.

같은 지수의 계수끼리 계산하면

$$2(2-x_2)=-2,\quad 2x_2-5=1$$

어느 경우라도 $x_2=3$이 된다.

《기하학》은 어떤 의미에서 해석적 방법의 체계적인 발전이 아니므로, 독자 스스로 어떤 독립적인 설명을 붙여 그 방법을 완전하게 만들어야 할 것이다. 그 책에 32가지의 그림이 있지만 명백히 밝혀진 좌표축은 어느 것에서도 찾아볼 수 없다. 그 책은 의도적으로 모호하게 저술되었고, 결과적으로 널리 읽혀지기에는 너무 어렵다. 1649년 드 본느(F. de Beaune)가 쉽게 설명한 라틴어 번역판 원고가 나오고 소(少) 슈텐(Fraus Van Schooten)이 각주를 달아 그것을 발행하였다. 이것과 개정된 1659~1661년판이 널리 유포되었다. 100여 년 후 그 주제는 오늘날 대학 교재에서 볼 수 있는 낯익은 형태를 띠게 되었다. 좌표(coordinates), 횡좌표(abscissa), 종좌표(ordinate)란 말은 1692년 라이프니츠의 업적으로 오늘날 해석기하학에서 사용하는 용어가 되었다.

데카르트가 해석기하학을 만들게 된 동기를 설명하는 몇몇 전설 같은 이야기가 있다. 그중 하나는 꿈에서 나타났다는 것이다. 1616년 11월 10일 성 마틴 이브에 다뉴브 강둑 위에 있는 군대의 겨울막사에서 야영하고 있는 동안, 그의 전 인생을 변화시켰다고 그가 말하는 기이하고 생생하며 조리 있는 몇 편의 꿈을 꾸었다. 그의 말에 의하면, 그 꿈들이 인생에 있어서 목표를 명확히 해 주고, "경이로운 과학"과 "놀라운 발견"을 밝히는 데 그의 미래의 모든 노력을 다하기로 결심하게 해 주었다. 데카르트는 무엇이 경이로운 과학이며 훌륭한 발견인지는 결코 명백히 밝히지는 않았으나, 일부 사람들은 그것이 해석기하학 또는 대수학의 기하학에의 응용, 그리고 모든 과학적 방법의 기하학에의 적용일 것이라고 믿고 있다. 18년 후에야 비로소 그의 착상의 일부를 《방법서설》에 상술했다.

다른 이야기는, 뉴턴의 떨어지는 사과 이야기와 같이, 데카르트가 천정을 기어다니는 파리를 보고 해석기하학에 대한 착상을 떠올렸다는 것이다. 파리의 경로는 인접한 두 벽으로부터 파리까지의 거리를 연결시키는 관계만 알면 나타낼 수 있다는 생각이 스쳤다. 이 두 번째 이야기는 비록 출처가 의심스러울지라도 상당한 교육적 가치가 있다.

《방법서설》의 다른 두 부록 중 하나는 광학에 관한 것이고 다른 하나는 무지개를 포함한 수많은 기상학적 현상 또는 대기의 현상에 관한 설명으로 되어 있다.

데카르트가 기여한 다른 수학적 항목 중 볼록다면체의 꼭짓점의 수를 v, 모서리의 수를 e, 면의 수를 f라 할 때 관계식 $v-e+f=2$와 흡사한 발견이 있다(문제연구 3.4 참조). 그는 데카르트의 엽선(folium of Descartes)이라 불리는, 오늘날 많은 미적분학 교재에서 볼 수 있는 결절점을 가지는 3차 곡선을 처음으로 연구하였으나 완전하게 그리지는 못하였다. 동시에 고차의 포물선($y^n=px$, $n>2$)을 고찰하고, 사이클로이드의 접선을 매우 깔끔하게 작도하였다.

페르마

데카르트가 근대 해석기하학의 기초를 구축하고 있는 바로 그때, 프랑스의 또 다른 수학 천재인 페르마(Pierre de Fermat) 역시 그 문제에 관심을 쏟고 있었다. 페르마가 앞섰다는 증거는 1636년 9월에 로베르발에게 쓴 편지에 나타나 있는데, 착상을 한 지 7년이나 되었다고 적혀 있다. 그 연구의 자세한 내용은 그가 죽은 후 발표된 논문

페르마
1601?~1665

〈평면 및 입체궤적 입문(Isogoge ad locus pianos et solidos)〉에서 볼 수 있다. 여기에서 일반적인 직선과 원의 방정식과 쌍곡선, 타원, 포물선에 관한 고찰을 볼 수 있다. 1637년 이전에 완성된 접선과 구적법에 관한 논문에서 페르마는 많은 새로운 곡선을 해석적으로 정의했다. 데카르트는 역학적 운동에 의해 몇몇 새로운 곡선을 제시한 반면, 페르마는 대수적 방정식에 의해 정의된 많은 새로운 곡선을 제안했다. 곡선 $x^m y^n = a$, $y^n = ax^m$, $r^n = a\theta$는 지금까지도 **페르마의 쌍곡선, 포물선, 나선**으로 알려져 있다. 페르마는 수학자, 언어학자, 철학자이며, 몽유병자로서 유명하고 다재다능한 여성 아네시(Maria Gaetana Agnesi, 1718~1799)의 이름을 따서 **아네시의 곡선**(witch of Agnesi)으로 알려진 3차 곡선도 제안했다. 한편 데카르트는 대부분 자취로 시작하여 그것의 방정식을 발견한 반면에, 페르마는 방정식으로 시작하여 그것의 자취를 연구하였다. 이것이 해석기하학의 근본 원리의 상반된 면이다. 페르마의 저술은 비에트의 기호로 쓰였고, 따라서 데카르트의 좀더 현대적인 기호와 비교할 때 고풍스러운 면이 있다.

페르마가 1601년 8월 17일에 툴루즈 근교의 로망에서 태어났다는 믿을 만한 근거가 있다. 그는 1665년 1월 12일 카스트레 또는 툴루즈에서 죽은 것으로 알려져 있다. 그의 비석은 원래 툴루즈에 있는 아우구스티누스 교회에 있었으나, 후에 지방 박물관으로 옮겨졌다. 그 비석에 의하면 죽은 날짜는 위와 같고 나이는 57세이다. 이 모순되는 정보로 인해 페르마의 연대는 대개 '1601?~1665'라고 기록된다. 실제 여러 가지 이유로 해서 페르마의 출생연도는 서로 다른 작가에 의해 1590년에서 1608년까지 다르게 제시되고 있다.

페르마는 가죽 상인의 아들이었고 초기 교육은 가정에서 받았다. 30세 때 툴루즈 지방의회의 의원직을 얻어 겸손하고 꼼꼼하게 직무를 수행하였다. 소박한 은퇴 변호사로서 활동하는 동안 많은 여가시간을 수학연구에 바쳤다. 비록 생애 동안 거의 발표를 하지는 않았지만 그는 그 시대의 많은 뛰어난 수학자들과 과학적 교류를 가졌고, 이렇게 하여 동시대인들에게 상당한 영향을 끼쳤다. 그는 수학의 다양한 분야에서 많은 중요한 공헌을 하여 발전시켰기 때문에 17세기의 가장 위대한 프랑스 수학자라고 불리고 있다.

페르마의 수학에 대한 다양한 공헌 중 가장 돋보이는 것은 현대 정수론을 만든 것이다. 이 분야에서 페르마는 비상한 직관과 능력을 지녔다. 페르마가 정수론에 관심을 갖게 된 최초의 동기는 아마도 메지리악(Bachet de Meziriac)이 1621년 펴낸 디오판토스의《산학(Arithmetica)》의 라틴어 번역판을 본 것이었을 것이다. 이 분야에 대한 페르마의 많은 업적은 그가 지니고 있었던 이 번역판의 여백에 쓰여진 각주에 나타나고 있다. 그가 죽은 지 5년 후인 1670년에 아들 클레망-사무엘(Clement-Samuel)이 이러한 각주들을 삽입하여,《산학》의 새로운 판을 발간하였는데, 유감스럽게도 매우 조잡하게 인쇄되었다. 페르마가 발표한 많은 미증명 정리들이 후에 옳은 것으로 밝혀지고 있다. 다음의 예를 보면 페르마의 연구내용을 알 수 있다.

1. "P가 소수이고 a와 p가 서로소이면 $a^{p-1}-1$은 p로 나누어진다." 예를 들어 $p=5$, $a=2$이면 $a^{p-1}-1=15=(5)(3)$이

다. 페르마의 소정리(little Fermat theorem)라고 알려진 이 정리는 1640년 18일에 드 베지(Frenicle de Bessy)에게 보낸 편지에 증명 없이 제기되었다. 첫 번째로 발표된 증명은 1736년 오일러에 의해서 이루어졌다(문제연구 10.4 참조).

2. "모든 홀수의 소수는 두 제곱수의 차로서 일의적으로 나타낼 수 있다." 페르마는 이것의 간단한 증명을 하였다. p가 홀수인 소수이면 다음과 같이 나타낼 수 있음을 쉽게 알 수 있다.

$$p = \left(\frac{p+1}{2}\right)^2 - \left(\frac{p-1}{2}\right)^2$$

반면 $p = x^2 - y^2$이면 $p = (x+y)(x-y)$이고 p가 소수이므로 p의 약수는 p와 1뿐이다. 따라서 $x+y=p$이고, $x-y=1$ 또는 $x=(p+1)/2$, $y=(p-1)/2$이다.

3. "$4n+1$ 형태의 소수는 두 제곱수의 합으로 나타낼 수 있다." 예를 들어 $5=4+1$, $13=9+4$, $17=16+1$, $29=25+4$ 등등이다. 이 정리는 1640년 12월 25일 메르센에게 보낸 편지에서 처음으로 언급되었다. 최초의 증명은 1754년에 오일러가 하였는데, 그는 더 나아가서 이 표현이 유일하다는 것까지 보였다.

4. "$4n+1$ 형태의 소수는 정수인 변을 가지는 직각 삼각형의 빗변이 단지 한 번, 그의 제곱은 두 번, 세제곱은 세 번 등등이 된다." 예를 들어 $5=4(1)+1$을 살펴보자. $5^2 = 3^2 + 4^2$, $25^2 = 15^2 + 20^2 = 7^2 + 24^2$,
$125^2 = 75^2 + 100^2 = 35^2 + 120^2 = 44^2 + 117^2$.

5. "음 아닌 정수는 네 개 이하의 제곱수의 합으로 나타낼 수 있다." 이 까다로운 정리는 1770년 라그랑주가 증명하였다.

6. "정수인 변을 가지는 직각 삼각형의 넓이는 제곱수가 될 수 없다." 이것 역시 후에 라그랑주가 증명했다.

7. "방정식 $x^2+2=y^3$의 정수해는 단 하나이고, $x^2+4=y^3$의 정수해는 단 두 개이다." 이 문제는 영국 수학자들에게 난제로서 발간되었다. 첫 번째 방정식의 해는 $x=5$, $y=3$이고 두 번째 방정식의 해는 $x=2$, $y=2$와 $x=11$, $y=5$이다.
8. "$x^4+y^4=z^2$을 만족하는 양의 정수 x, y, z는 존재하지 않는다."
9. "$n>2$일 때 $x^n+y^n=z^n$을 만족하는 양의 정수 x, y, z, n은 존재하지 않는다.

이 유명한 추측(conjecture)은 **페르마의 마지막 정리**(Fermat's last theorem)로 알려져 있다. 페르마는 이것을 자신이 가지고 있는 디오판토스의 번역판 2권의 8번 문제 옆 여백에 다음과 같이 적어 놓았다. "주어진 제곱수를 두 제곱수의 합으로 나타내는 것과 세제곱수를 두 세제곱수의 합으로 나타내는 것, 일반적으로 4 이상 어떤 차의 수를 동일한 차의 두 수의 합으로 나타내는 것 중 후자는 불가능하다. 나는 이미 이것의 감탄할 만한 증명을 틀림없이 하였지만 여백이 너무 좁아서 여기에 쓸 수 없다." 페르마가 실제로 이 문제의 확실한 증명을 했는지는 아마도 영원히 수수께끼로 남을 것이다. 그 시대 이래 뛰어난 많은 수학자들이 그 문제를 풀려고 노력했으나, 일반적인 경우는 여전히 증명되지 않고 있다. $n=4$인 경우는 페르마가 다른 곳에서 증명했고, $n=3$인 경우는 오일러가 증명을 제시했다(후에 다른 사람들이 완벽하게 했음). 1825년경에 르장드르와 디리클레가 $n=5$인 경우의 증명을 독립적으로 하고 1839년에는 라메(Lamé)가 $n=7$인 경우의 증명을 하였다. 이 문제의 연구에 관한 매우 의미 있는 발전이 독일 수학자 쿠머(E. Kummer, 1810~1893)에 의해서 만들어졌다. 1843년 쿠머는 그 증명을 만든 논문을 디리클레에게 제출했는데, 디리클레는 추론과정의 하나의 실수를 지적했다. 쿠머는 새롭게 그 문제에 집착하였고, 대수학에 관련된 중요한 분야인 이데알이론이 발달된 수년 후, 페르마의 관계식이 해를 갖지 않기 위한 매우 일반적인 조건을 이끌어냈다. 이 문제에 관한 중요한 후속 발전은 거의 대부분 쿠머의 연구를 바탕으로 하여 이루어지고 있다. 페르마의 마지막 정리는 $n < 100{,}000$[2]인 모든 n 및 다른 여러 특별한 n에 대해서도 성립함이 알려져 있다. 1908년 독일 수학자 볼프스켈(Paul Wolfskehl)은 그 정리의 완벽한 증명을 최초로 하는 사람에게 줄 상금으로 100,000마르크를 괴팅겐의 과학원에 유언으로 기탁했다. 그 결과 명예와 돈을 쫓는 속인들의 당치않은 증명이 쇄도하였고 지금까지도 각의 삼등분과 원적문제처럼 아마추어들을 괴롭히고 있다. 페르마의 마지막 정리는 가장 많은 틀린 증명이 발표되고 있는 수학 문제라는 특성을 지니고 있다.

10. 페르마는 임의의 음 아닌 정수 n에 대하여 $f(n) = 2^{2^n+1}$이 소수라고 추측했다. 이 추측은 오일러가 $f(5)$가 합성수임을 보임으로써 틀렸음이 증명되었다.

1879년 라이덴 도서관에 있는 호이겐스의 원고 사이에서 페르마의 한 논문이 발견되었는데, 페르마는 많은 발견들을 만든 일반적인 방법 하나를 기술하였다. 그 방법은 페르마의 **무한 감소법**(method of infinite descent)이라 불리며, 부정적인 결과를 입증하는 데 특히 유용하다. 간략히 설명하면 다음과 같다. 양의 정수에 관한 어떤 관계가 성립할 수 없음을 증명하려면 반대로 그 관계가 약간의 특별한 양의 정수의 집합에 대하여 성립될 수 있다고 가정한다. 이 가정으로부터 더 작은 양의 정수들의 다른 집합에 대하여 같은 관계가 성립함을 보인다. 그리고 다시 이 방법을 쓰면 그 관계는 더욱 작은 양의 정수들의 다른 집합에 대하여 성립해야만 하고, 이것은 무한히 성립해야 한다. 양의 정수는 크기가 무한히 작아질 수 없으므로 처

2) 이것은 최근에 컴퓨터를 이용하여 얻어졌다.

음 가정이 틀렸고, 따라서 본래의 관계는 성립할 수 없다. 이 방법을 확실히 이해하기 위해서 $\sqrt{2}$가 무리수임을 증명하는데 이것을 적용해 보자. a, b가 양의 정수일 때 $\sqrt{2}=a/b$라 가정하자. 이제

$$\sqrt{2}+1=\frac{1}{\sqrt{2}-1}$$

이고, 따라서

$$\frac{a}{b}+1=\frac{1}{\dfrac{a}{b}-1}=\frac{b}{a-b}$$

이고

$$\sqrt{2}=\frac{a}{b}=\frac{b}{a-b}-1=\frac{2b-a}{a-b}=\frac{a_1}{b_1}$$

가 성립된다. 그러나 $1<\sqrt{2}<2$이므로 $\sqrt{2}$를 a/b로 바꾸어 넣고 각 변에 b를 곱하면 $b<a<2b$가 된다. 이제 $a<2b$이므로 $0<2b-a=a_1$이고 $b<a$이므로 $a_1=2b-a<a$이다. 따라서 a_1은 a보다 작은 양의 정수이다. 이 과정을 다시 적용하면 a_2가 a_1보다 작은 양의 정수일 때 $\sqrt{2}=a_2/b_2$를 만들 수 있다. 이 과정은 무한히 계속될 수 있다. 양의 정수는 크기가 무한히 작아질 수 없으므로 $\sqrt{2}$는 유리수가 될 수 없다는 결론을 얻는다.

우리는 이미 9장의 9번째 절에서 확률론의 기초를 낳은 파스칼과 페르마의 서신 왕래에 관하여 언급한 바 있다. 서신 왕래의 동기가 소위 **점수문제**였다는 것을 상기하기 바란다.

파스칼과 페르마는 1654년 그들의 역사적인 서신 왕래에서 점수문제와 연관된 다른 문제들, 가령 두 사람 이상 또는 능력이 다른 두 사람의 게임에서의 상금분배 문제에 영향을 미쳤다. 확률의 수학

적 이론의 단서가 된 것이 바로 이 파스칼과 페르마의 서신 왕래였다. 1657년 호이겐스는 파스칼과 페르마의 서신 왕래에 관한 연구를 토대로 확률론에 관한 최초의 공식적인 논문을 썼다. 이것은 1713년 야곱 베르누이의 《추측술(推測術)》이 나올 때까지 이 분야의 가장 훌륭한 논문이었다. 이러한 개척자적인 노력이 있은 후에, 드무아브르, 다니엘 베르누이(Daniel Bernoulli, 1700~1782), 오일러, 라그랑주, 라플라스 등 다수의 다른 공헌자들이 그 분야를 발전시켰다.

수학자들이 순전히 운만 작용되는 상황에 적용시킬 수 있는 합리적 법칙을 세우는 수학적 확률론이라는 과학을 발전시킬 수 있었다는 사실은 인상적이며 다소 놀랍다. 이 과학은 커다란 실험실에서 수행된 실험들, 매우 신용 있는 보험회사의 존재, 큰 사업과 전쟁에서의 후방 지원에 의해서 확인되는 것처럼 비실용적인 것과는 거리가 멀다.

우리는 다음 장(11장의 7번째 절)에서 페르마에 관하여 다시 살펴볼 것인데, 거기에서는 그를 미분학의 중요한 선구자로 각인시킨 기하학에서의 무한소 사용, 특히 극대, 극소 문제에의 응용을 고찰할 것이다.

로베르발과 토리첼리

이 절에서는 동시대인으로서 비슷한 수학적 취향과 재능을 지닌 우수한 기하학자이자 물리학자이며 연구의 선후 논쟁으로 반목하게 된 프랑스인 로베르발(Gilles Persone De Roberval)과 이탈리아인 토리첼리에 관하여 알아보자.

말썽꾸러기 질 페르손(Gilles Persone)은 1602년 보베 근교 로베르발에서 태어나서 1675년 파리에서 죽었다. 그는 붙일 자격이 없는 로베르발의 영주 이름을 사칭하였다. 그의 폭넓은 서신 교환은 학술 잡지가 나오기 이전인 당시에 수학적 착상을 교환하는 매개체 역할을 하였다. 그는 접선 작도법과 고차 평면곡선 분야에서의 여러 발견들로 인하여 이름이 알려지게 되었다. 그는 주어진 두 운동으로부터 합성된 운동을 하는 점에 의하여 만들어지는 곡선을 고찰하려고 노력하였다. 그 결과, 주어진 두 운동의 속도 벡터의 합성이 그 곡선의 접선이 됨을 알았다. 예를 들어 포물선의 경우에 초점으로부터의 운동과 준선으로부터의 운동을 생각해 보면 초점에서 동점까지의 거리와 준선으로부터 동점까지의 거리가 항상 같으므로 두 운동의 속도 벡터 또한 같은 크기여야만 한다. 따라서 포물선 위의 한 점에서의 접선은 그 점까지의 초점거리와 그 점을 지나고 준선에 수직인 직선이 만드는 각을 이등분한다(그림 74 참조).

위의 접선에 관한 착상은 토리첼리도 하였고, 그 결과 선후 논쟁이 야기되었다. 로베르발은 또한 자신은 카발리에리의 미적분학 이전의 불가분량법(11장의 6번째 절 참조)의 고안자이며 토리첼리보다 앞서 사이클로이드의 면적을 구했다고 주장했다. 이러한 선후 문제는 해결하기 매우 어렵다. 왜냐하면 로베르발은 그의 발견을 발표하는 것을 매우 꺼렸기 때문이다. 꺼린 이유는 그가 1634년부터 40년 동안 왕립학교(College Royale)의 교수직을 지녔다는 사실로 설명될 수 있다. 이 직은 3년마다 자동적으로 바뀌고, 현직자가 출제한 문

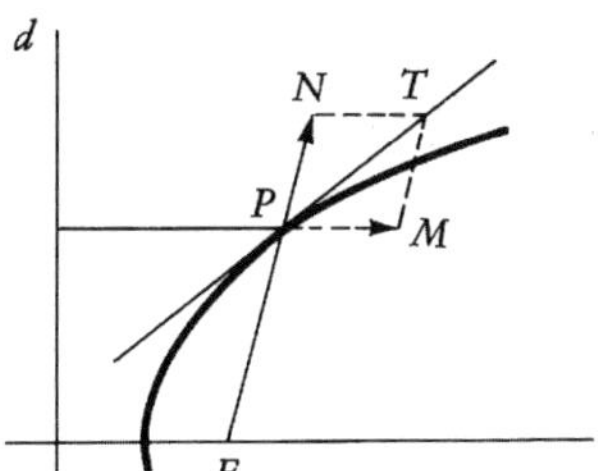

그림 74

제로 수학경시대회를 열어 공개경쟁에 의해 인계되게 되어 있다. 그 직을 유지하기 위해서 로베르발은 자신은 풀 수 있지만 경쟁자는 풀기 어려운 경시대회 문제를 만들려고 그의 발견들을 아껴 두었다. 아무튼 로베르발은 많은 면적, 체적, 무게중심 등을 구하는 문제에 불가분량법을 잘 적용하였다. 기하학에서의 성공에도 불구하고 그의 주요한 관심은 물리학에 있었다.

신경질적인 사람인 토리첼리(Evangelista Torricelli)는 1608년 이탈리아의 파엔자 또는 그 근교에서 태어나서 1647년 플로렌스에서 죽었다. 그는 아주 짧은 기간 동안 갈릴레이의 제자였다. 그는 갈릴레이보다 44년이나 연하였으나, 39세에 죽어서 자기 선생보다 5년을 더 살았고, 파스칼은 그 후 15년 동안 더 살았다. 로베르발이 표절로 고소를 하자 실망과 분함으로 토리첼리가 죽었다는 주장은 지나치게 낭만적인 설명이다.

우리는 갈릴레이가 사이클로이드를 건축의 아치에 이용될 수 있는 우아한 형태로 평가했음을 알고 있다. 그는 또한 1599년에 생성원의 크기의 원형판으로 사이클로이드판을 재서 사이클로이드의 한 호 아래의 면적을 조사하려고 시도했다. 그는 한 호 아래의 면적은, 정확히는 아니지만, 생성원의 넓이의 세 배에 가까울 것이라고 틀린 결론을 내렸다. 그 면적이 생성원의 넓이의 꼭 세 배라는 사실은 제

토리첼리
1608~1647

자 토리젤리가 초기의 무한소 방법을 사용하여 수학적으로 증명하고 1644년에 최초로 발표하였다. 동시에 토리첼리는 곡선상의 임의의 점에서 사이클로이드의 접선을 작도하는 법을 발표하였다. 그는 로베르발이 면적과 접선 둘 다 먼저 발견했다는 사실을 언급하지 않았고, 이에 화가 난 로베르발이 1646년에 토리첼리를 표절 혐의로 고소하는 편지를 썼다. 발견은 로베르발이 먼저했으나 발표는 독립적으로 재발견한 토리첼리가 먼저 했다는 것이 분명하다.

접선을 구하기 위해 두 사람 모두 포물선의 접선을 그리는 것과 관련하여 위에서 언급한 운동의 합성법을 이용했다. 사이클로이드의 경우에서, 곡선 위의 한 점 P는 이동과 회전이라는 같은 크기의 두 운동의 영향을 받는 것으로 생각될 수 있다. 생성원이 수평의 기선(基線) AB 위를 굴러감에 따라(그림 75 참조) 점 P는 원의 중심 O의 둘레를 회전하면서 수평으로 움직인다. 그러므로 이동성분으로 수평 벡터 PR과 회전성분으로 원에 접하는 벡터 PS가 P로부터 그려진다. 두 벡터가 똑같은 크기를 가지므로 구하려는 사이클로이드의 접선은 두 벡터가 만드는 각 RPS의 이등분선 PT를 따라서 존재한다.

페르마가 토리첼리에게 삼각형의 세 꼭짓점으로부터의 거리의 합이 최소가 되는 점을 정하는 문제를 제시했다. 토리첼리의 해는

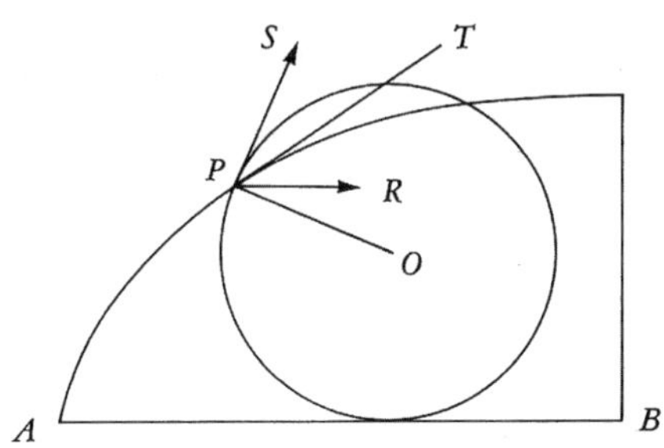

그림 75

1659년 제자 비비아니에 의해 발표되었다. 현재 삼각형의 등거리 중심(isogonic center)으로 알려진 이 점은 고대 그리스 시대 이래 발견된 삼각형의 최초의 주목할 만한 점이다. 그 문제의 우아하고 단순한 분석이 그 후 슈타이너(Jacob Steiner)[3]에 의해 제시되었다. 1640년 토리첼리는 대수적 나선의 호의 길이를 구하였다. 이 곡선은 또한 2년 먼저 데카르트에 의해 길이가 구해졌으며 원 이후에 길이가 구해진 최초의 곡선이다.

1641년 토리첼리는 무한인 면적을 동일 평면 안의 한 축 둘레로 회전시킬 때 때때로 회전체의 유한인 체적을 만들어 낼 수 있다는 사실을 주목했다. 예를 들어 쌍곡선 $xy=k^2$, 직선 $x=b(b>0)$, x축으로 둘러싸인 면적은 무한이지만, 이것을 x축 둘레로 회전시켜 얻은 회전체의 체적은 유한이다. 그러나 토리첼리가 이 그럴듯한 예외를 주목한 최초의 사람은 아니다.

토리첼리는 물리학에 기여한 공로로 훨씬 더 잘 알려져 있다. 그는 기압이론을 발전시켰고 중력가속도의 크기, 투사체 이론, 유체 운동 같은 문제들을 연구하였다.

호이겐스

위대한 네덜란드의 천재 호이겐스(Huygens)는 두드러지게 공헌을 많이 한 삶을 살았다. 그는 1629년 헤이그에서 태어나 라이덴에 있는 소(少) 스호텐(Frans van Schooten the Youngers) 밑에서 공부했다. 그는 22세 때인 1651년에 성 빈센트가 원적문제에 관한 책에서

3) 다음을 참조하라. R.A. Johnson, *Modern Geometry*, pp. 218-25, and Richard Courant and H.E. Robbins, *What Is Mathematics?*, pp. 354-61.

호이겐스
1629~1695

범한 오류를 지적하는 논문을 썼다. 이것에 뒤이어 원뿔곡선의 구적법과 π를 계산하는 고전적 방법을 개선한 스넬의 삼각법을 다룬 수많은 그의 업적이 나온다(4장의 8번째 절 참조). 1654년에 그와 동생은 렌즈를 연마하고 세척하는 새롭고 더 좋은 방법을 고안했고 그 결과 토성의 고리의 성질과 같은 천문 관찰의 많은 문제를 해결할 수 있었다. 그는 몇 년 후 추시계를 발명하여 시간을 재는 좀더 정확한 기구를 갖게 되었다.

10장의 3번째 절에서 언급한 바와 같이, 호이겐스가 파스칼과 페르마 간의 서신 왕래에 기초한 확률에 관한 첫 공식 논문을 쓴 때가 1657년이었다. 호이겐스는 많은 흥미로운 난제를 풀고, **'수학적 기댓값'**이라는 중요한 개념을 소개했다. 만일 p가 어떤 사람이 상금 s를 받을 확률이라면 sp를 그것의 **수학적 기댓값**(mathematical expectation)이라 부른다. 호이겐스는 p가 어떤 사람이 상금 a를 받을 확률이고 q는 상금 b를 받을 확률이면, 그는 상금 $ap+bq$를 받을 것을 기대할 수도 있다는 것을 보였다.

파스칼은 그가 죽은 지 8년 후에 출간된 《명상록(Pensées)》에서 수학적 기댓값 개념을 그럴듯하게 적용하였다. 그는 영원한 행복의 가치는 무한함이 틀림없으므로 종교 생활이 행복을 보장하는 가능성이 매우 작다 하더라도 여전히 그 기댓값은 종교가 가치 있다고 할 만큼 충분할 것이라고 주장했다.

1665년 호이겐스는 루이 14세가 준 연금을 받기 위해서 파리로 이사했다. 1668년에 그는 주어진 방향에서 두 물체의 합성 모멘트는 충돌 전이나 후나 모두 같다는 사실을 실험적으로 증명한 논문을 런던의 영국학술원으로 보냈다.

1673년 파리에서 호이겐스의 가장 위대한 저술《진자(振子)시계(Horologium oscilatorium)》가 나왔다. 이 책은 5장으로 되어 있다. 제1장은 1656년 저자가 발명한 추시계에 관한 것이고 제2장은 진공 상태에서 자유 낙하하거나 평탄한 경사면 위를 미끄러지거나 또는 매끈한 곡선을 따라서 미끄러지는 물체에 대한 고찰에 할애되었다. 제3장을 축폐선과 신개선의 취급을 포함하고 있다. 평면곡선의 축폐선(縮閉線, evolute)은 그 곡선에 대한 법선의 포락선(包絡線)이고 신개선(伸開線, involute)은 주어진 곡선을 축폐선으로 갖는 임의의 곡선이다. 호이겐스는 그의 일반적인 이론의 응용으로서 포물선과 사이클로이드의 축폐선을 구했다. 전자의 경우에는 반 3차(semicubical) 포물선을, 후자의 경우에는 같은 크기의 다른 사이클로이드를 각각 얻었다. 제4장은 진동의 중심과 매다는 점은 바꿀 수 있다는 것의 증명과 함께 복합추를 다루었다. 이 책의 마지막 장은 시계이론에 관한 것이다. 여기에 사이클로이드의 추에 관한 설명이 있다(문제연구 10.6 참조). 이 마지막 장은 지금은 잘 알려진 사실인 등속 원운동에서 원심력의 크기는 선속도의 제곱에 비례하고 원의 반지름에 반비례한다는 증명, 그 밖의 다른 13개의 정리들로 마무리하였다. 1675년 균형유지 용수철에 의해 조절된 최초의 시계가 호이겐스의 지휘 아래 만들어져서 루이 14세에게 바쳐졌다.

호이겐스는 1681년에 네덜란드로 돌아와서 초점 길이가 매우 큰 몇 개의 렌즈를 만들고 망원경에 쓰이는 무색의 대안렌즈를 발명하였다. 1689년에 영국을 방문하여 뉴턴과 친교를 맺었는데 그곳에서 뉴턴의 업적에 매우 감탄하였다. 이듬해 네덜란드로 돌아온 직후 빛의 파동이론을 상세히 설명한 논문을 발표하였다. 이 이론에 기초하여 반사와 굴절의 법칙을 기하학적으로 추론하고 이중 굴절현상을 설명할 수 있었다. 그러나 뉴턴은 빛의 방사이론을 지지하고 있었으므로 그의 위대한 명성 때문에 동시대 과학자들은 파동이론보다는 방사이론을 선호하였다.

호이겐스는 수많은 소책자를 썼다. 그는 디오클레스의 시소이드(cissoid)의 길이를 구하고 현수선의 기하학적 성질을 연구하고, 대수적 곡선에 관한 논문을 썼으며, 다항식의 현대 형태, 페르마의 극대, 극소 법칙에 관한 결과를 발표하였고 수학을 물리학에 수없이 응용하였다.

뉴턴이 제시한 많은 증명처럼 호이겐스의 증명도 그리스 기하학의 방법을 써서 매우 정확하고 완전하게 완성되어 있다. 그의 논문을 읽으면 강력한 새 방법인 해석기하학과 미적분학을 잘 알고 있다는 사실을 깨닫지 못할 수도 있을 정도였다. 호이겐스는 1695년 그가 태어난 마을에서 죽었다.

17세기의 프랑스와 이탈리아의 수학자

짧게나마 언급하여야 할 업적을 지닌 17세기 수학자가 몇 명 있다. 이 절과 다음 두 절에서 이 수학자들을 지역적으로 나누어 살펴보겠다.

초기의 주목할 만한 유럽의 디오판토스 연구자는 보통 바셰 드 메지리악(Bachet de Méziriac)이라고 불리는 프랑스 사람 메지리악(Claude-Gaspar Bachet, Sieur de Méziriac, 1581~1638)이다. 그는 수학, 철학, 신학, 시인, 작가 등 다양한 분야의 학자였다. 1612년에 발간되고 1624년에 증보된 매혹적이고 고상한 《수학유희(數學遊戲, Problèmes plaisants et délectables)》는 수학적 수수께끼와 오락에서 나타나는 산술적 마술과 문제를 싣고 있다. 1621년 그는 그리스 교과서 디오판토스의 《산학》을 라틴어 번역으로 주석을 달아 출판하였다. 페르마가 여백에 주석을 단 유명한 책이 바로 이것의 복사본이다.

또 다른 프랑스 정수론자이며 여러 분야에 많은 저서를 남긴 사람으로 미니미트의 수사(修士) 메르센(Marin Mersenne, 1588~1648)이 있다. 그는 당시의 위대한 수학자들과 서신 왕래를 지속하였으며 학술잡지가 없던 그 시절에 수학적 착상의 교환소 역할을 훌륭하게 수행했다. 그는 많은 그리스 수학자들의 책을 출판하고 다양한 주제에 관해 저술하였다. 그는 특히 1644년에 발간된 그의 책 《물리수학의 고찰(Cogitata physico-mathematica)》의 두어 군데에서 논의한, 오늘날 **메르센 소수**(Mersenne primes)라 불리는 2^p-1 형태의 소수와 관련하여 잘 알려져 있다. 메르센 소수와 완전수의 관계는 3장의 3번째 절에서 언급한 바 있다. $p=4253$일 때의 메르센 소수가 십진법으로 1000자리 이상의 소수 중 최초로 알려진 소수이다.

파리에서 태어나 파리를 열렬히 좋아한 미도르주(Claude Mydorg, 1585~1647)는 데카르트와 아주 친했다. 그는 기하학자이며 물리학자였다. 그는 광학과 폴로니우스의 장황하고 많은 증명을 단순화한 원뿔곡선의 종합적인 취급법에 관하여 약간의 논문을 발표하였다. 그는 천 년 이상된 기하학 문제의 설명과 해답이 담긴 흥미로운 원고를 남겼으며, 인기 있는 로레숑(Leurechon)의 《오락수학(Recreations mathematiques)》을 발행하였다.

우리는 이미 9장의 8번째 절에서 프랑스 수학자 라 이르(Phillpe de la Hire, 1640~1718)의 업적에 관하여 약간 언급한 바 있다. 그는 화가, 건축가, 천문학자, 수학자 등 다방면에 천재로 기술되고 있다. 그는 원뿔곡선에 관한 논문 외에도 그래프적인 방법과 더 높은 수준의 다양한 곡선 그리고 마방진에 관한 논문을 썼다. 그는 **구면**(球面) **투영법**(globular projection)을 이용하여 지구 지도를 제작하였다.

이탈리아 수학자를 언급할 때 종종 덜 언급되는 사람이 있는데, 바로 갈릴레이의 제자의 한 사람인 비비아니(Vicenzo Viviani, 1622~1703)이다. 그는 생애 동안 매우 존경받았던 사람이다. 그의 기하학적 업적 중에 사이클로이드의 접선을 결정한 것이 있지만 이 문제는 여러 사람들이 전에 풀었던 것이다. 그는 1692년 매우 관심을 끈 다음 문제를 제시하였다. "반구형의 둥근 천장에 크기가 같은 네 개의 창문이 있고 그 나머지 곡면의 넓이는 정사각형의 넓이와 같다. 어떻게 하면 이것이 가능한가를 보여라." 그 시대의 수많은 뛰어난 수학자들이 이 문제를 정확하게 풀었다. 또한 비비아니는 직각쌍곡선을 이용하여 임의의 각을 삼등분하였다.

17세기의 독일과 베네룩스 3국의 수학자

16세기에 독일인에 의해서 이룩된 수학의 영광스런 발전은 17세기에 계승되지 못했다. 30년 전쟁(1618~1648)과 계속되는 튜튼족 지역의 불안으로 인하여 독일에서의 지적인 발전은 황폐해지고 말았다. 케플러와 라이프니츠만이 그 시대의 최상급에 속하는 수학자로서 버티고 있었으며 여기서 언급하고자 하는 유일한 독일 수학자는 치른하우젠(Ehrenfried Waler von Tschirnhausen, 1651~1708)이다. 치른하우젠은 곡선의 연구와 방정식론에 자취를 남기며 대부분의 생애를 수학과 물리학에 전념하였다. 특별한 시누소이드 나선 $a=$

$r\cos^3(\theta/3)$가 치른하우젠의 3차 곡선으로 알려지고 있다. 일반적인 시누소이드 나선 $r^n = a\cos n\theta$(n은 유리수)는 1718년 매클로린이 연구하였다. 방정식론에 있어서 치른하우젠은 x에 관한 n차 방정식을 y^{n-1}과 y^{n-2}의 계수가 모두 0인 y에 관한 n차 방정식으로 바꾸는 변환으로 해서 널리 알려져 있다. 그 후 1834년에 제라르가 x에 관한 n차 방정식을 y^{n-1}, y^{n-2}, y^{n-3}의 계수가 모두 0이 되는 y에 관한 n차 방정식으로 바꾸는 치른하우젠 변환을 발견하였다. 이 변환은 일찍이 1786년에 브링이 5차 다항식에 적용하였으며, 특히 타원 함수를 이용하여 5차 방정식의 초월해를 구하는 데 있어서 이 변환은 매우 중요하다.

혼란의 시기였음에도 불구하고, 오늘날 베네룩스 3국으로 알려진 지역에서는 17세기에 그리 유명하지는 않은 많은 수학자가 등장하였다. 스넬(Willebrord Snell, 1580 또는 1581~1626)은 원의 구적법에 관한 연구와 관련해서 이미 언급한 바 있다. 그는 어릴 때부터 천재였으며 12세 때 당시의 표준 수학책에 정통했다고 전해진다. 지구 위에서 모든 자오선과 일정한 각을 이루는 곡선을 뜻하는 등방위선(loxodrome)은 스넬의 업적이며 일찍이 구면삼각형의 성질을 연구하였다. 후자는 비에트가 최초로 논하였다.

지라르(Albert Girard, 1595~1632)는 주로 네덜란드에 살았던 것으로 여겨지며 그 또한 구면기하학과 삼각법에 관심을 기울였다. 1626년 그는 sine, tangent, secant의 약자 sin, tan, sec를 최초로 사용한 삼각법에 관한 논문을 발표하였다.

성 빈센트(Gregoire de Saint-Vincent, 1584~1667)은 뛰어난 17세기 원적 연구가였다. 그는 여러 가지 구적문제에 미적분학 이전의 방법을 적용했다.

소 스호텐(Frans van Schooten the Younger, 1615~1660 또는 1661)은 데카르트의 《기하학》의 두 라틴어 판을 편집한 수학교수이며 호이겐스, 후데, 슬루즈에게 수학을 가르쳤다. 그는 투시도에 관한 논문을 썼고 비에트의 논문을 편집했다. 그의 아버지 노스호텐과 이복형 페트루 반 스호텐 역시 수학교수였다.

후데(Johann Hudde, 1633~1704)는 암스테르담 시장이었다. 극대, 극소문제와 방정식론에 관한 논문을 썼다. 후자의 주제에서 그는 현재 우리가 사용하는 방법과 동등한 다항식의 중근을 구하는 기발한 방법을 제시하였다.

신부인 슬루즈(René François Walter de Sluze, 1622~1685)는 많은 수학논문을 썼다. 나선, 변곡점, 기하평균을 구하는 방법에 관하여 연구하였다. 지수가 양의 정수일 때의 곡선족 $y^n = k(a-x)^p x^m$은 그의 이름을 따서 **슬루즈의 소용돌이**(pearls of Sluze)라 불린다.

17세기에 덴마크의 홀스타인에서 태어나 대부분의 생애를 영국에서 보낸 메르카토르(Nicolaus Mercator, 1620~1687)에 대하여 언급하면서 이 절을 마감한다. 그는 유클리드의 《원론》을 편집하고, 삼각법, 천문학, 로그 계산법, 우주구조론에 관한 논문을 썼다. 급수

$$\ln(1+x) = x - x^2/2 + x^3/3 - x^4/4 + \cdots$$

는 성 빈센트에 의하여 독립적으로 발견되었지만 때때로 **메르카토르의 급수**(Mercator's series)라 불리기도 한다. 그것은 $-1 < x < 1$에서 수렴하는데, 로그 계산에 매우 유용하게 이용될 수 있다. 한 가지 유의 할 점은 **메르카토르의 도법**(Mercator's projection)으로 알려진 등방위선이 직선으로 나타나는 낯익은 지구 지도는 니콜라우스 메르카토르가 아니고 게르하르두스 메르카토르(Gerhardus Mecator, 1512~1594)의 업적이다.

17세기의 영국의 수학자

17세기의 대영제국에도 그리 유명하지 않은 수학자들이 있었다. 이미 다른 곳에서 브룬커(Viscount Brouncker, 1620~1684)에 관하여 언급한 바 있다. 그는 런던의 영국학술원의 창립자 중 한 사람이자 초대 회장이었고, 월리스, 페르마, 그 밖의 탁월한 수학자들과 관계를 맺고 있었다. 그는 포물선과 사이클로이드의 길이를 구하는 방법에 관하여 논문을 썼고 결정하기 어려운 양을 표현하기 위하여 무한급수를 이용하는 데 주저하지 않았다. 그는 직각 쌍곡선 $xy=1$, x축, $x=1$, $x=2$에 의하여 둘러싸인 면적이 다음과 같음을 증명하였다.

$$\frac{1}{(1)(2)}+\frac{1}{(3)(4)}+\frac{1}{(5)(6)}+\cdots$$

이고

$$1-\frac{1}{2}+\frac{1}{3}-\frac{1}{4}+\cdots$$

브룬커는 연분수의 성질을 연구하고 그것을 이용한 최초의 영국 수학자이다. 4장의 8번째 절에서 $4/\pi$를 전개한 그의 흥미로운 연분수를 소개했다.

스코틀랜드 수학자 그레고리(James Gregory, 1638~1675)도 다른 곳(4장의 8번째 절)에서 언급한 바 있다. 그는 1668년과 1674년에 각각 성 앤드류 대학교와 에든버러 대학교의 수학교수가 되었다. 그는 물리학에도 똑같은 관심을 가졌으며 오늘날 그의 이름으로 알려진 반사망원경을 설명한 광학에 관한 논문을 발표하였다. 수학에 있어서 그는 $\arctan x$, $\tan x$, $\operatorname{arcsec} x$의 무한급수전개를 얻었고

(1667), 수렴급수와 발산급수를 구별한 최초의 인물 중 하나이다. 그는 원의 유클리드 구적법이 불가능하다는 것을 증명하였는데, 그것은 매우 기발하였지만 불완전했다. π를 계산하는 데 매우 중요한 역할을 하는 급수

$$\arctan x = x - \frac{x^3}{3} + \frac{x^5}{5} - \frac{x^7}{7} + \cdots$$

는 그의 이름을 따서 알려지고 있다. 그는 천체관측으로 인한 눈의 피로 때문에 실명한 직후 젊은 나이에 죽고 말았다. 조카 데이비드 그레고리(David Gregory, 1661~1708)도 1684년부터 1691년까지 에든버러 대학교의 수학교수로 재직한 것은 흥미로운 일이며 그 후 그는 옥스퍼드의 천문학 새빌리아 교수에 임명되었다. 그 역시 광학에 관심을 가지고 기하학과 뉴턴이론뿐만 아니라 그 분야에 관한 논문도 썼다.

1666년의 런던 대화재가 없었더라면 렌(Christopher Wren) 경은 건축가로서가 아니라 수학자로서 알려졌을 것이라고 전해진다. 그는 1611년부터 1673년까지 옥스퍼드의 천문학 새빌리아 교수를 지냈으며 잠시 영국학술원장을 역임하였다. 그는 물체의 충돌법칙, 광학과 관련된 주제, 유체의 저항 그 밖의 수리물리학과 천체역학의 주

렌
1632~1723

제에 관하여 논문을 썼다. 그는 1669년에 일엽쌍곡면을 결정하는 두 가지 방법을 발견하였고 1658년에는 최초로 사이클로이드의 한 호의 길이가 생성원의 반지름의 여덟 배임을 보였다. 그러나 대화재 후, 렌은 수학자로서의 명성을 압도하는 건축가로서의 명성을 얻게 되는, 성 바울 성당 및 50개 이상의 다른 교회와 공공건물을 재건축하는 데 두드러진 공헌을 하였다. 렌은 죽어서 성바울 성당에 묻혔는데, 그곳에는 다음과 같은 비문이 새겨졌다. “기념비를 찾으려 한다면 네 주위를 둘러보라(Si monumentum requiris, circumspice).”

문제연구

10.1 기하학적 대수

(a) 단위선분과 길이가 x인 선분이 주어질 때 자와 컴퍼스만으로 길이가 x^2, x^3, x^4, $\cdots$인 선분을 작도하라.

(b) 단위선분과 길이가 x, y, z인 선분이 주어질 때 길이가 xy, xyz인 선분을 작도하라.

(c) 단위선분이 주어질 때, $f(x)/g(x)$가 주어진 선분에 의하여 표시되는 계수를 가지는 x에 관한 다항식이라면 길이가 $y=f(x)/g(x)$인 선분을 작도할 수 있음을 보여라.

10.2 데카르트의 《기하학》

(a) 그림 76과 같이 배열된 다섯 개의 직선 L_1, $\cdots$, L_5가 주어져 있다. p_i가 한 점 P에서 직선 L_i까지의 거리라고 하자. L_5와 L_4를 각각 x축, y축으로 하여 다음 식을 만족하는 동점 P의 자취 방정식을 구하라.

$$p_1p_2p_3 = ap_4p_5$$

(이 자취는 뉴턴이 데카르트의 포물선(Cartesian parabola)이라고 불렀고, 때때로 삼차곡선(三次曲線)이라고도 불렸으며, 《기하학》에 자주 등장한다.)

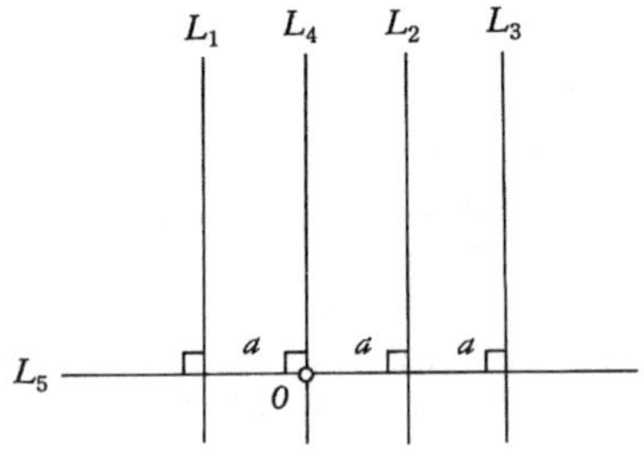

그림 76

(b) (a)의 자취 위에 원하는 만큼 많은 점을 유클리드 도구만으로 작도할 수 있음을 보여라.

(c) 임의의 네 직선 L_1, L_2, L_3, L_4가 주어지고, p_i가 한 점 P에서 직선 L까지의 거리를 나타낸다고 하자. $p_1p_2 = kp_3p_4$를 만족하는 점 P의 자취는 원뿔곡선임을 보여라.

10.3 데카르트의 부호법칙

(a) c_1, c_2, $\cdots$, c_m이 임의의 m개의 0이 아닌 실수라 하고, 이 수열의 연속한 두 항이 반대 부호를 가지면 이 두 항은 부호의 변화를 나타낸다고 한다. 이 개념을 가지고 방정식론에 관한 어느 책에도 그 증명이 나와 있는 데카르트의 부호법칙을 다음과 같이 쓸 수 있다. "$f(x)=0$이 실계수를 가지며, x에 관한 내림차순으로 정리되어 있는 대수방정식이라고 하자. 이 방정식의 양수인 근의 개수는 $f(x)$의 계수에 의하여 나타나는 부호 변화의 개수와 같거나, 양의 짝수에 의한 이 변화의 개수보다 작다. 음수인 근의 개수는 $f(-x)$의 계수에 의하여 나타나는 부호의 변화의 개수와 같거나, 양의 짝수에 의한 이 변화의 개수보다

적다. m중근은 m개의 근으로 한다." 데카르트의 부호법칙을 이용하여 다음 방정식의 근의 성질을 조사하라.

1. $x^9 + 3x^8 - 5x^3 + 4x + 6 = 0$
2. $2x^7 - 3x^4 - x^3 - 5 = 0$
3. $3x^4 + 10x^2 + 5x - 4 = 0$

(b) $x^n - 1 = 0$은 n이 짝수이면 꼭 두 개의 실근을 갖고, n이 홀수이면 단 한 개의 실근을 가짐을 보여라.

(c) $x^5 + x^2 + 1 = 0$은 네 개의 허근을 가짐을 보여라.

(d) p, q가 실수이고 $q \neq 0$이면 방정식 $x^3 + px + q = 0$은 p가 양수일 때 두 개의 허근을 가짐을 증명하라.

(e) 만일 대수방정식의 근이 모두 양이면 계수의 부호는 양과 음이 교대로 나타남을 증명하라.

10.4 페르마의 정리

1760년경 오일러는 주어진 양의 정수 n보다 작고 n과 서로소인 양의 정수의 개수를 결정하는 문제를 제기하고 그것을 풀었다. 이 개수를 현재 보통 $\phi(n)$으로 나타내고 **오일러의 ϕ 함수**라 부른다. 즉 $n = 42$이면, 42보다 작으면서 서로소인 양의 정수는 1, 5, 11, 13, 17, 19, 23, 25, 29, 31, 37, 41로 12개가 있다. 따라서 $\phi(42) = 12$이다.

(a) $n = 2,\ 3,\ \cdots,\ 12$에 대하여 $\phi(n)$을 구하라. 10,000 이하의 모든 정수 n에 대한 $\phi(n)$의 값이 적혀 있는 표가 글레이셔(W.L. Glaisher, 1848~1928)에 의하여 계산되었다.

(b) p가 소수이면 $\phi(p) = p - 1$이고 $\phi(p^a) = p^a(1 - 1/p)$임을 보여라.

(c) a, b가 서로소일 때, $n = ab$이면 $\phi(n) = \phi(a)\phi(b)$이다.
이를 이용하여 (a)의 결과로부터 $\phi(42)$를 계산하라. 또 p_1, p_2, $\cdots$ p_r가 소수일 때 $n = p_1^{a1}\, p_2^{a2}\ \cdots\ p_r^{ar}$이면 다음이 성립함을 보

여라.

$$\phi(n) = n(1-1/p_1)(1-1/p_2)\cdots(1-1/p_r)$$

이를 이용하여 $\phi(360)$을 계산하라.

(d) 오일러는 a가 n과 서로소인 임의의 정수이면 $a\phi(n)-1$이 n으로 나누어떨어진다는 사실을 보였다. 소(小) 페르마 정리가 이것의 특별한 경우임을 보여라.

(e) 페르마의 마지막 정리를 증명하려면 $p>2$인 소수 지수만을 고찰하면 충분하다는 것을 보여라.

(f) 10장의 3번째 절의 6항을 가정하고(정수인 변의 길이를 가지는 직각 삼각형의 면적은 제곱수가 될 수 없다) 방정식 $x^4-y^4=z^2$은 양의 정수해 x, y, z를 갖지 않음을 보이고 나서, $n=4$인 경우에 페르마의 마지막 정리를 증명하여라.

10.5 호이겐스의 문제들

(a) 어떤 도박사가 주사위를 던져서 6이 나오면 300달러를 받기로 했다. 그의 수학적 기댓값은 얼마인가.

(b) 어떤 도박사가 주사위를 던져서 6이 나오면 300달러를 받고 5가 나오면 600달러를 받기로 하였다면 그의 수학적 기댓값은 얼마인가.

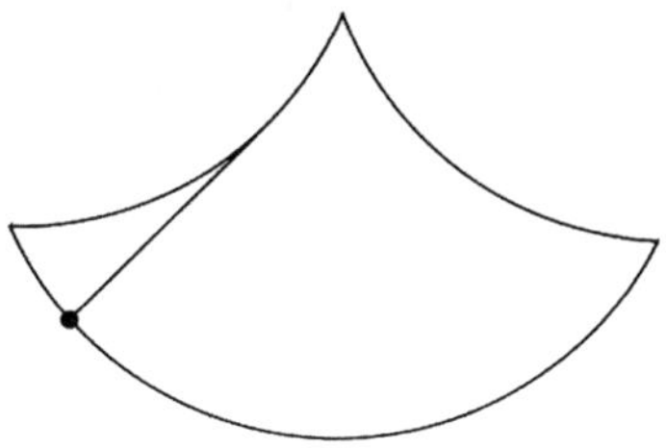

그림 77

(c) 사이클로이드의 축폐선은 같은 크기의 또 다른 사이클로이드라

는 사실과 사이클로이드의 등시성(等時性)을 이용하여 뒤집힌 사이클로이드의 인접한 두 호 사이를 진동하는 진자는(그림 77 참조) 일정한 주기로 진동함을 보여라.

11장

미적분학과 관련된 개념

서론

수학의 발전에 있어서 괄목할 만큼 풍요로운 시기였으며, 수학의 새롭고 다양한 분야들이 개막된 것이 17세기였음을 우리는 알고 있다. 의심할 바 없이 그 시기의 가장 주목할 만한 수학적 업적은 세기말로 접어들면서 뉴턴과 라이프니츠가 만든 미적분학이다. 이 발명으로 창조적인 수학은 고등 수준으로 올라서고 기초수학의 역사는 본질적으로 마감됐다. 이 장에서는 미적분학의 중요한 개념, 즉 매우 광범위하고, 오늘날 그것에 대한 약간의 지식이 없는 사람은 잘 교육받았다고 할 수 없다는 말이 맞을 만큼 현대 세계에 영향을 끼친 개념의 탄생과 발전을 간단히 소개할 것이다.

대학 교양 과정에서 미분을 먼저 시작하고 다음에 적분을 공부하는 관습적인 순서와는 반대로, 적분학의 착상이 역사적으로 미분학보다 먼저 발달되었다는 사실이 흥미롭다. 적분학의 착상은 어떤 면적이나 체적, 호의 길이 등을 구하는 것과 관련한 합의 과정에서 처음 떠올랐다. 그보다 약간 늦게 미분학은 곡선의 접선에 관한 문제와 함수의 최대 최소에 관한 문제로 인하여 창조된다. 그러고 나서 적분과 미분이 서로 역연산의 관계에 있다는 사실이 밝혀졌다.

이 이야기의 주요 무대는 17세기이지만 이것을 시작하기 위해서는 고대 그리스와 기원전 5세기로 거슬러 올라가야만 한다.

제논의 역설

어떤 양을 무한히 쪼갤 수 있거나 또는 그것이 매우 많은 개수의 쪼갤 수 없는 극소량들의 합으로 이루어져 있다고 가정할 수 있을까? 첫 번째 가정은 그냥 받아들일 수 있을 것처럼 보인다. 그러나 어떤 것을 발견하는 데 두 번째 가정을 이용할 때는 자칫 어떤 불합리성을 놓칠 가능성이 있다. 고대 그리스의 수학 학교들이 위의 두 가정을 이용하는 것을 발달시켰다는 증거가 있다.

두 가정 모두가 직면하는 약간의 논리적 문제점이 기원전 5세기경에 엘레아 학파의 철학자 제논이 만든 네 개의 역설에 의하여 충격적으로 제기되었다. 수학에 심대한 영향을 끼친 이 역설은 어떤 양을 무한히 쪼갤 수 있다고 가정하든지 또는 많은 개수의 극소량들의 합으로 만들어질 수 있다고 가정하든지 간에 운동은 불가능하다고 주장한다. 우리는 이 역설의 본질을 다음 두 가지로 설명할 수 있다.

이분법(The Dichotomy): 만일 직선을 무한히 쪼갤 수 있다면 운동은 불가능하다. 왜냐하면 직선을 통과하려면 우선 중점을 지나야만 하고 그러기 위해서는 사분점을 지나야 하고 또 그러기 위해서 팔분점을 지나야만 하는 등 무한히 많은 점을 지나야 한다. 따라서 운동은 시작조차도 할 수 없다.

화살(The Arrow): 만약 시간이 더 이상 쪼개질 수 없는 아주 짧은 순간들로 이루어져 있다면 움직이는 화살은 항상 정지해 있다. 왜냐하면 매 순간마다 그 화살은 한 고정된 지점에 있기 때문이다. 각 순간에서 이 명제가 참이므로 화살은 결코 움직이지 않는다.

그 후 제논의 역설에 대한 많은 해설이 주어졌는데 그들 대부분의 각 양이 극히 작다 하더라도 양의 무한개의 합은 무한히 크고 ($\sum_{i=1}^{\infty}\varepsilon_i=\infty$), 그 크기가 0인 양의 유한 또는 무한개의 합은 0이라는($n\times 0=0,\ \infty\times 0=0$) 통상적인 직관적 믿음에 도전한 것이었다. 그 역설을 만든 동기가 무엇이었든 간에 그것들의 영향으로 무한소가 그리스 논증기하학에서 배제되었다.[1)]

에우독소스의 실진법

미적분학의 역사 속에서 발생된 첫 번째 문제는 넓이, 부피, 호의 길이의 계산과 관련된 것이었는데 이 문제에서 위에서 살펴보았던 양의 가분성(可分性)에 관한 두 가정의 증거를 발견하게 된다.

원의 면적을 구하는 문제에 대한 최초의 공헌 중의 하나는 소크라테스와 동시대의 소피스트인 안티폰(Antiphon, 기원전 430)이 한

1) 제논의 역설에 관한 논문을 보려면 다음을 참조하라. Florian Cajori, "History of Zenon's Arguments on Motion," *American Mathematical Monthly*, 22(1915): pp. 1-6, 39-47, 77-82, 109-115, 145-149, 179-186, 215-220, 253-258, 292-297.

것이다. 안티폰은 한 원에 내접한 정다각형의 변의 수를 계속 두 배 해나감으로써 그 원과 다각형 사이의 면적의 차를 궁극적으로 없앨 수 있다는 생각을 발전시켜 어떤 주어진 다각형과 면적이 같은 정사각형을 만들어낼 수 있기 때문에 결국 원과 같은 면적을 가진 정사각형도 만들 수 있을 것이라고 주장했다. 이 주장은 양을 무한하게 분할할 수 있다는 원칙과 상치되고 따라서 안티폰의 과정은 결코 원의 전 면적을 만들어 낼 수 없다는 이유로 즉각적인 비판에 직면하게 된다. 하지만 안티폰의 대담한 주장은 그 유명한 그리스의 **실진법**의 싹을 배태시켰다. 실진법은 흔히 에우독소스(Eudoxus, 기원전 370년경)가 고안한 것으로 알려져 있고 아마 제논의 역설에 대한 플라톤 학파의 답변으로 간주될 수 있을 것이다. 이 방법은 양의 무한 가분성을 가정한 후 다음 명제를 기초로 삼고 있다. 만일 어떤 양으로부터 절반 이상의 부분을 빼내고 다시 나머지 부분으로부터 절반 이상의 부분을 빼내는 과정을 계속할 경우 결국 어떤 정해진 양보다도 작은 양만 남을 수 있다.

이 실진법을 사용하여 A_1, A_2가 각각 지름이 d_1, d_2인 두 원의 면적일 때 다음 등식을 증명해 보자.

$$A_1 : A_2 = d_1^2 : d_2^2$$

먼저 기본 명제를 이용하여 원과 이에 내접한 정다각형 사이의 면적의 차는 원하는 만큼 작게 만들 수 있음을 보이자. 그림 78의 AB를 원에 내접한 정다각형의 한 변이라 하고 M을 호 AB의 중점이라 하자. 삼각형 AMB의 면적은 사각형 $ARSB$ 면적의 절반이고, 따라서 활꼴 AMB의 면적의 절반보다 크기 때문에 결국 내접 정다각형의 변의 개수를 두 배 함으로써 다각형의 면적을 그 다각형과 원 사이의 면적의 차의 절반 이상 늘릴 수 있다. 따라서 변의 개수를 충분히 여러 번 두 배 함으로써 다각형과 원 사이의 면적의 차

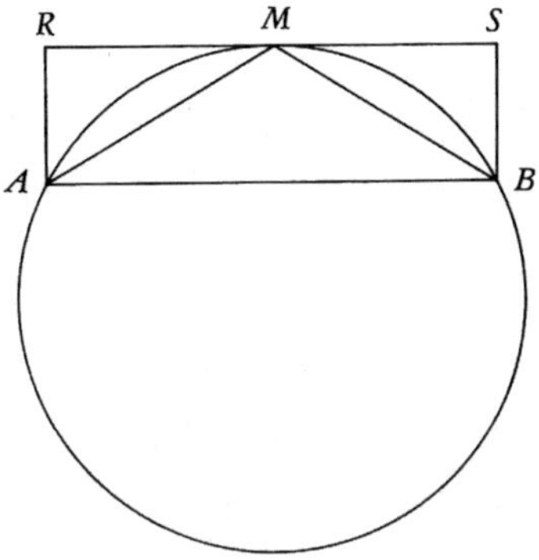

그림 78

를 어떤 정해진 면적보다 더 작게 만들 수 있다.

이제 다시 정리로 돌아오자. 등식 대신에 다음을 가정하자.

$$A_1 : A_2 > d_1^2 : d_2^2$$

그러면 첫 번째 원 속에 면적이 P_1으로서 A_1과의 차가 아주 작고 다음을 만족하는 정다각형을 내접시킬 수 있다.

$$P_1 : A_2 > d_1^2 : d_2^2$$

P_2를 P_1과 닮은 두 번째 원에 내접한 정다각형이라 하면 잘 알려진 닮은 정다각형에 관한 정리로부터 다음 등식을 얻는다.

$$P_1 : P_2 = d_1^2 : d_2^2$$

이상에서 $P_1 : A_2 > P_1 : P_2$, 즉 $P_2 > A_2$를 얻는데 이것은 모순이다. 왜냐하면 정다각형의 면적은 절대로 그의 외접원의 면적보다 커질 수 없기 때문이다. 같은 방법으로 다음도 성립할 수 없음을 증명할 수 있다.

$$A_1 : A_2 < d_1^2 d_2^2$$

따라서 귀류법을 반복 사용하면 정리가 성립한다. 그러므로 A가 원의 면적이고 d가 지름이면 k가 모든 원에 공통된 상수(정확히 $\pi/4$)일 때 $A = kd^2$이 성립한다.

아르키메데스의 주장에 따르면 데모크리토스(Democritus, 기원전 410년경)는 임의의 다각형을 밑면으로 하는 각뿔의 부피는 같은 밑면과 높이를 가진 각기둥 부피의 1/3이라고 주장하였다. 데모크리토스에 대해 아는 바는 거의 없으나 그는 이 정리를 뒷받침할 정확한 증명을 제시하지 못했다. 한 각기둥은 삼각형을 밑면으로 하는 각기둥의 합으로 분리될 수 있고, 또한 후자의 각기둥은 같은 밑면과 높이를 가진 세 조각의 각뿔로 분리될 수 있기 때문에 데모크리토스의 문제의 관건은 같은 높이와 같은 밑면을 가진 두 각기둥의 부피는 같다는 사실을 증명하는 것으로 귀착된다.

이 문제에 대한 증명은 후에 에우독소스가 실진법을 사용하여 제시하였다. 그러면 도대체 데모크리토스는 어떻게 이 같은 결론에 도달하였을까. 이 의문에 대한 실마리는 플루타르크에 의해 제시되었는데, 그는 데모크리토스가 원뿔을 밑면에 평행한 무수히 많은 평면에 의해 잘린 단면의 합으로 만들었다고 간주하면서 봉착한 딜레마를 인용하고 있다. 인접한 두 부분이 같은 크기를 가졌다면 그 입체는 원통이 되지 원뿔이 되지는 않을 것이다. 인접한 두 부분의 면적이 서로 다르다면 그 입체의 표면은 일련의 작은 계단으로 구겨져 이 경우 역시 원뿔이 아니다. 여기에서 우리는 양의 가분성에 관한 두 개의 가정의 중간적인 가정을 취하고 있다. 왜냐하면 원통의 부피는 무한하게 아주 미세한 평면조각으로 쪼갤 수 있으나 이들 조각은 한 조각이 주어지면 이에 인접한 조각이 존재한다는 의미에서 가산이라고 가정하기 때문이다. 이제 데모크리토스는 밑면과 높이가 같은 두 개의 각뿔을 밑면과 평행하고 높이를 같은 비율로 분할하는

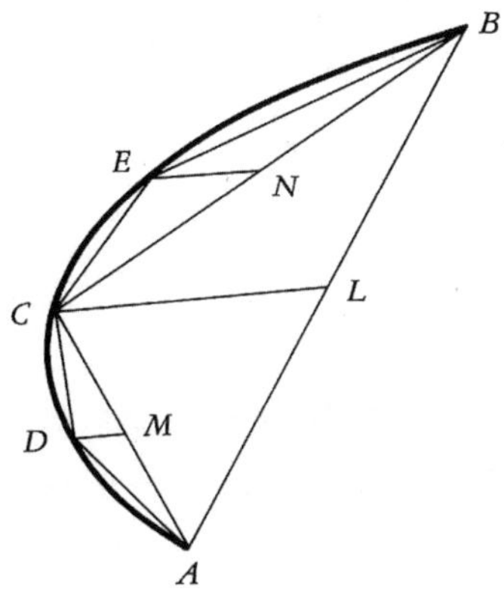

그림 79

평면으로 자른다면 이때 생기는 대응하는 조각들은 동등하다고 주장하였을지도 모른다. 그러므로 그 각뿔은 동등한 평면조각을 같은 무한개만큼 포함하고 있고, 따라서 이들은 같은 부피를 가질 수밖에 없다. 이 추론은 아마도 11장의 6번째 절에서 고찰할 카발리에리의 불가분량법의 초기 예가 될 것이다.

하지만 고대인 중에서 실진법을 가장 잘 응용하고 나아가 오늘날의 적분에 가장 근접하게 연구한 사람은 바로 아르키메데스였다. 그의 예 중의 하나로 포물선의 부분에 대한 구적법을 살펴보자. 점 C, D, E를 선분 AB, CA, CB의 중점을 지나고 포물선의 축에 평행한 선분 LC, MD, NE를 그어 얻는 포물선의 호(그림 79 참조) 위의 점이라 하자. 포물선의 기하학적 성질로부터 아르키메데스는 다음이 성립함을 밝혔다.

$$\Delta CDA + \Delta CEB = \frac{\Delta ACB}{4}$$

이 착상을 반복하여 적용하면 포물선의 부분의 면적은 다음과 같다.

$$\begin{aligned}&\Delta ABC+\frac{\Delta ABC}{4}+\frac{\Delta ABC}{4^2}+\frac{\Delta ABC}{4^3}+\cdots\\&=\Delta ABC\left(1+\frac{1}{4}+\frac{1}{4^2}+\frac{1}{4^3}+\cdots\right)\\&=\frac{4}{3}\Delta ABC\end{aligned}$$

기하급수의 합의 극한을 취함으로써 계산을 간략히 하였는데 아르키메데스는 실진법을 반복하여 사용하였다. 아르키메데스는 어떤 면적이나 체적을 다루면서 우리의 기초 미적분 교과서에서 볼 수 있는 수많은 정적분과 동등한 것에 도달하였다.

아르키메데스의 평형법

실진법은 엄밀하나 빈약한 방법이다. 바꿔 말하면 일단 한 식이 알려지면 실진법은 이것을 입증하기 위한 정밀한 도구는 될 수 있으나 결과를 처음으로 발견하는 데는 무익하다. 이 점에 있어서 실진법은 수학적 귀납법의 과정과 매우 비슷하다. 그렇다면 아르키메데스는 어떻게 실진법에 의하여 그토록 단아하게 증명된 식을 발견할 수 있었을까. 이 질문은 1906년 하이베르그가 콘스탄티노플에서, 오랫동안 묻혀 있던 아르키메데스의 논문 《방법》의 사본을 찾아냄으로써 마침내 답하여졌다. 그 원고는 팰림프세스트(1장의 8번째 절 참조) 위에 쓰여진 것이었다. 아르키메데스의 방법의 근본적인 착상은 다음과 같다. 주어진 면적 또는 부피를 구하기 위해서는 먼저 이것을 매우 많은 얇고 평행한 가로 평면 또는 세로 평면(층)으로 자르고 (마음속으로) 그 조각을 면적과 무게 중심을 이미 알고 있는 도형과 평형을 이루도록 주어진 지레의 한 끝에 매단다. 구의 체적을 구하

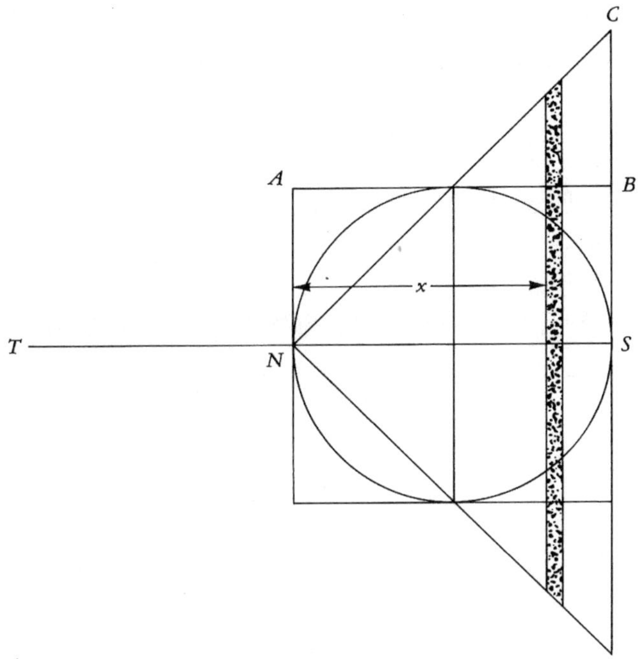

그림 80

는 공식을 찾는 데 이 방법을 활용함으로써 이 방법을 설명해보자.

r을 구의 반경이라 하자. 이 구를 양극을 지나는 지름이 x축에 원점 이 북극 N이 되도록 일치시켜라(그림 80 참조). x축의 둘레로 사각형 $NABS$와 삼각형 NCS를 회전시켜서 원통과 원뿔을 만들어라. 이제 이들 세 개의 입체로부터 N에서 x만큼 떨어지고 두께가 Δx인 얇은 가로 조각(그것이 납작한 원통이라 가정하면서)을 잘라내어라. 이 조각의 체적은 대략 다음과 같다.

구 : $\pi x(2r-x)\Delta x$

원통 : $\pi r^2 \Delta x$

원뿔 : $\pi x^2 \Delta x$

구와 원뿔로부터 잘라낸 조각을 $TN=2r$인 점 T에 매달자. N에 관한 이들의 합성 모멘트2)는 다음과 같다.

$$[\pi x(2r-x)\Delta x+\pi x^2\Delta x]2r=4\pi r^2 x\Delta x$$

그 조각이 제자리에 있을 때 원통으로 잘라 조각의 모멘트의 네 배임을 알 수 있다. 이 조각을 더하면 다음을 얻는다.

$$2r[\text{구의 체적}+\text{원뿔의 체적}]=4r[\text{원통의 체적}]$$

$$2r[\text{구의 체적}+\frac{8\pi r^3}{3}]=8\pi r^4$$

$$\text{구의 체적}=\frac{4\pi r^3}{3}$$

이것이 《방법》에서 아르키메데스가 구의 체적을 구하는 공식을 발견한 방법이라고 전해진다. 그러나 그의 수학적 양심은 그로 하여금 이 같은 방법을 증명으로 받아들일 수 없도록 했으며 따라서 그는 결국 실진법을 사용하여 엄밀한 증명을 하였다. 평형법에서 양을 수많은 미세한 조각이 합하여진 것으로 간주하는 막연하게 발견된 착상이 비옥하다는 것을 알았다. 말할 필요도 없이 현대의 극한법으로 아르키메데스의 평형법은 완벽하게 엄밀해질 수 있으며 오늘날의 적분법과 본질적으로 동일시될 수 있다.

2) 한 점에 관한 체적의 **모멘트**는 체적과 그 점에서 입체의 무게 중심까지의 거리를 곱한 것이다.

서유럽에서의 적분법의 기원

적분론은 아르키메데스의 뛰어난 업적 이후 상당히 최근까지도 거의 자극받지 못하였다. 아르키메데스의 연구가 콘스탄티노플에서 발견된 원고의 9세기 사본의 번역을 통하여 서유럽에 알려진 것은 1450년 무렵이었다. 이 번역본은 레기오몬타누스에 의해 수정되어 1540년에 인쇄되었다. 몇 년 후 제2의 번역본이 나왔다. 그러나 아르키메데스의 착상이 보다 심화·발전된 것은 17세기가 시작될 무렵부터이다.

아르키메데스의 방법에 비견될 만한 방법을 사용했던 근대의 두 인물은 네덜란드의 공학자 스테빈(Simon Stevin, 1548~1620)과 이탈리아 수학자 발레리오(Luca Valerio, 1552~1618)였다. 이들은 11장의 3번째 절의 끝부분에서 포물선의 부분의 면적을 다루면서 했던 것과 매우 흡사하게 극한으로 직행함으로써 실진법의 이중 귀류법을 피하려고 노력했다. 스테빈은 이와 같은 방법을 유체 정역학 연구에 사용하였다. 이 방법은 근본적으로 오늘날 미적분학의 기초 교과서에서 사용하는 방법이다. 적분법과 관련하여 무한소의 개념을 발전시킨 근대 유럽인 중에서 특히 케플러를 기억해야 한다. 이미(9장의 7번째 절에서) 케플러가 행성운동의 제2법칙에 포함되어 있는 면적, 또한 포도주 통의 용량에 관한 논문 속에서 다룬 부피를 계산하기 위하여 적분법에 의존했음을 언급한 바 있다. 그러나 동시대의 다른 사람들처럼 케플러 역시 실진법이 면밀하게 엄격한 것에 질려서 시간과 수고를 경감하려는 유혹으로 아르키메데스가 단지 발견적 지도법으로 고려했던 과정을 자유스럽게 채택했다.

카발리에리의 불가분량법

카발리에리(Bonaventura Cavalieri)는 1598년 밀라노에서 태어나 15세에(흔히 잘못 표현되듯이 예수회 수사(Jesuit)가 아니고) 수도회의 수도사(Jesuat)가 되었고 갈릴레이 아래서 공부하였으며 1629년부터 1647년 49세의 일기로 생을 마칠 때까지 볼로냐 대학교에서 수학교수로 봉직하였다. 그는 그가 살았던 시대의 가장 영향력 있는 수학자 중의 한 사람이었으며 수학, 광학, 천문학 분야에 관한 많은 논문들을 썼다. 그는 이탈리아에 로그를 소개하는 데 큰 공헌을 하였다. 그러나 수학에 대한 최대의 공헌은 1635년에 미적분법의 전신이라 할 수 있는 불가분량법(method of indivisibles)을 소개한 논문 〈불가분량의 기하학(Geometria indivisibilibus)〉이었다. 방법은 데모크리토스와 아르키메데스에서 그 뿌리를 찾을 수도 있겠지만 카발리에리에게 직접 영향을 준 면적과 체적을 구하기 위한 케플러의 시도였음이 거의 확실하다.

카발리에리의 논문은 장황한 데다 명확하게 쓰이지 않아서 '불가분량(indivisible)'에 의하여 무엇이 이해되어야 하는가를 정확히 알기 어렵다. 어떤 주어진 평면도형의 불가분량은 그것의 현이고 주어진 입체도형의 불가분량은 그 입체도형을 평면으로 자른 단면인 것 같다. 한 평면 도형은 평행한 현의 무한 집합으로 만들어진 것으로, 또 한 입체도형은 평행한 단면의 무한집합으로 만들어진 것으로 간주되고 있다. 카발리에리는 다음과 같은 (약간 일반화된) 원리를 사용하였다.

1. 만일 두 평면 도형이 한 쌍의 평행선 사이에 들어 있고 이 직선과 평행한 임의의 직선 위의 그것에 의해 잘린 두 선분이 항상 어떤 주어진 비율이면 이 두 평면도형의 넓이의 비율도

카발리에리
1598~1647

그와 같다.

2. 만일 두 입체도형이 한 쌍의 평행한 평면 사이에 들어 있고 평면과 평행한 임의의 평면 위의 그것에 의해 잘린 두 단면의 넓이가 항상 어떤 주어진 비율이면 두 입체도형의 체적의 비율도 그와 같다.

카발리에리의 원리는 면적과 체적을 계산하는 데 유용한 도구를 구성하고, 그것들의 직관적인 기저는 현대 적분법으로 쉽고 정밀하게 만들어질 수 있다. 이 원리를 직관적으로 명백하다고 받아들인다면 보다 많은 구적 문제를 풀 수 있다. 카발리에리의 원리를 어떻게 이용하는지 알아보기 위하여 먼저 장·단축이 a, b인 타원의 면적을 구하고 나서 반지름이 r인 구의 체적을 구하여 보자. 그림 81과 같이 동일한 직교좌표 평면에 그려진 타원과 원을 살펴보자.

$$\frac{x^2}{a^2}+\frac{y^2}{b^2}=1\,(a>b),\quad x^2+y^2=a^2$$

위의 각 방정식을 y에 대하여 풀면, 각각 다음과 같다.

$$y=\frac{b}{a}(a^2-x^2)^{\frac{1}{2}},\quad y=(a^2-x^2)^{\frac{1}{2}}$$

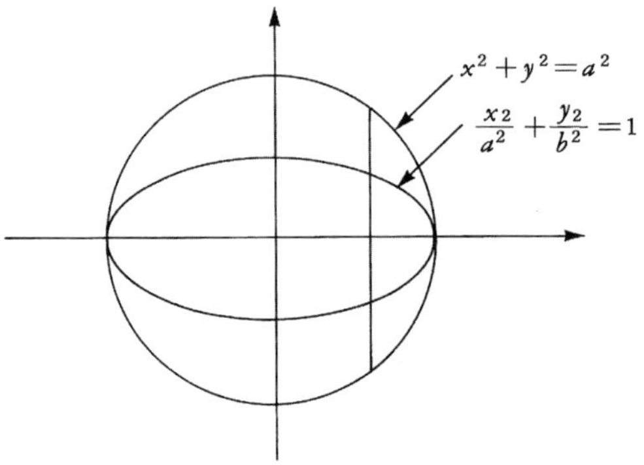

그림 81

따라서 타원과 원의 대응하는 y좌표는 b/a의 비율이다. 그러므로 타원과 원의 대응하는 수직 방향의 현도 이 비율이므로 카발리에리의 첫 번째 원리에 의하여 타원과 원의 면적은 이 비율이다. 결과적으로 다음을 얻는다.

$$\text{타원의 면적}=\frac{b}{a}(\text{원의 면적})$$
$$=\frac{b}{a}(\pi a^2)=\pi ab$$

이것은 근본적으로 케플러가 장·단축이 a, b인 타원의 면적을 구하는데 사용한 과정이다.

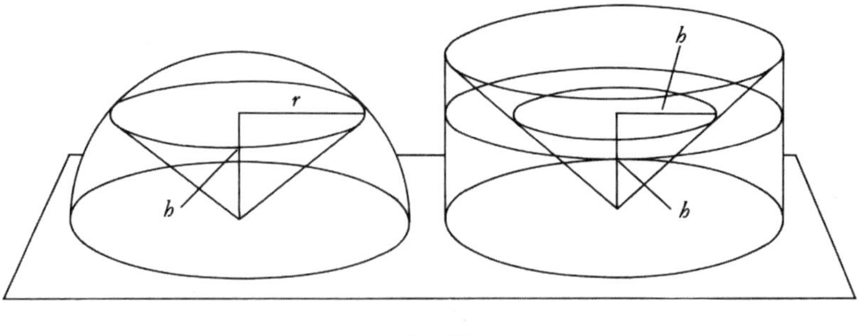

그림 82

이제 반지름이 r인 구의 체적을 구하는 잘 알려진 공식을 찾아보자. 그림 82에서 왼쪽 그림은 반지름이 r인 반구이고, 오른쪽 그림은 반지름이 r이고 높이가 r인 원통에서 밑면이 원통의 윗면과 같고 꼭짓점이 원통의 밑면의 중심인 원뿔을 제거한 것이다. 이 반구와 속이 파인 원통은 동일한 평면상에 놓여 있다. 이제 이 두 입체 모두를 밑면과 평행하고 밑면으로부터 h만큼 떨어진 평면으로 잘라보자. 이 평면에 의하여 잘린 한 입체 도형의 단면은 원이고, 다른 입체 도형의 단면은 환상, 즉 반지 모양이다. 기초 기하학 지식으로 두 단면의 면적은 모두 $\pi(r^2-h^2)$임을 쉽게 보일 수 있다. 따라서 카발리에리의 원리에 의하여 두 입체 도형은 같은 체적을 갖는다. 그러므로 구의 체적 V는 다음과 같이 주어진다.

$$\begin{aligned} V &= 2(\text{원통의 체적} - \text{원뿔의 체적}) \\ &= 2\left(\pi r^3 - \frac{\pi r^3}{3}\right) = \frac{4\pi r^3}{3} \end{aligned}$$

이 카발리에리의 두 번째 원리를 가정하고 이를 일관되게 사용하면 입체 기하학을 다룰 때 부딪치는 많은 체적 공식을 매우 간단하게 유도할 수 있다. 이 방법은 많은 교과서 집필자에 의하여 채택되어 왔으며 교육적 측면에서 옹호되어 왔다. 예를 들면 사면체의 체적을 구하는 잘 알려진 공식($V=Bh/3$)을 유도하는 데 까다로운 부분은 무엇보다도 같은 밑면과 같은 높이를 가진 두 사면체는 같은 체적을 갖는다는 것을 보이는 것이다. 그러나 카발리에리의 두 번째 원리로 해서 이 어려움은 씻은 듯이 사라진다.

한 도형의 무한소 부분 같은 종류의 불가분량에 대한 카발리에리의 모호한 개념은 수학을 공부하는 일부 학생들, 특히 스위스 금세공업자이자 수학자인 굴딘(Paul Guldin, 1577~1642)에 의하여 많은 논란과 통렬한 비판을 받기에 이르렀다. 카발리에리는 이러한 반론에 맞서려는 부질 없는 바람으로 그의 논법을 개작했다. 프랑스 수학자 로베르발은 이 방법을 능숙하게 다루었으며 이 개념의 독립적인 창안자임을 주장했다. 불가분량법 또는 이와 매우 유사한 방법이 토리첼리, 페르마, 파스칼, 성 빈센트, 배로 등에 의하여 효과적으로 사용되었다. 이들의 연구과정을 통하여 x^n, $\sin\theta$, $\sin^2\theta$, $\theta\sin\theta$와 같은 식의 적분법에 상응하는 결과를 얻었다.

미분법의 기원

미분법은 곡선에 접선을 그리는 문제와 함수의 극댓값·극솟값을 구하는 데에서 유래되었다고 전해지기도 한다. 비록 그 같은 고찰이 고대 그리스까지 거슬러 올라간다 하더라도 미분법을 최초로 명확하게 예상한 것은 1629년 페르마가 설명한 착상으로부터였다고 함이 타당할 것이다.

케플러는 함수의 증분은 보통의 극댓값 또는 극솟값 근방에서는 무한소가 된다는 것을 알게 되었다. 페르마가 이 사실을 극댓값, 극솟값을 결정하는 방법으로 변형시켰다. 간략하게 이 방법을 고찰해 보자. $f(x)$가 x에서 보통의 극댓값 또는 극솟값을 갖고 e가 매우 작다면 $f(x-e)$의 값은 거의 $f(x)$의 값과 같다. 그러므로 시험적으로 $f(x-e)=f(x)$라 놓고 나서 e가 0값을 갖게 함으로써 이 등식을 참이 되게 만든다. 그 결과로 생기는 등식의 근이 $f(x)$가 극댓값 또는 극솟값을 갖는 x의 값이 된다.

이제 페르마의 첫 번째 예, 즉 어떤 양을 곱이 최대가 되는 두 부분으로 나누는 것을 고찰함로써 위의 방법을 예증해 보자. 페르마는 비에트의 표기법을 사용했는데 거기에서 상수는 대문자 자음으로 변수는 대문자 모음으로 표기했다. 이 표기법에 따라서 B를 주어진

양이라 하고 구하려는 부분을 A와 $B-A$로 나타내어

$$(A-E)[B-(A-E)]$$

를 $A(B-A)$와 같다고 하면

$$A(B-A)=(A-E)(B-A+E)$$

즉

$$2AE-BE-E^2=0$$

E로 나누면 다음을 얻는다.

$$2A-B-E=0$$

$E=0$으로 놓으면 $2A=B$를 얻고, 결국 구하는 분할을 얻는다.

페르마의 설명의 논리가 완전 무결하지는 않지만 그의 방법은

$$\lim_{h\to 0}\frac{f(x+h)-f(x)}{h}=0$$

으로 놓는 것, 즉 $f(x)$의 도함수는 0과 같게 놓는 것과 같다는 사실이 밝혀졌다. 이것이 함수 $f(x)$의 극대, 극소를 구하는 관습적인 방법이며 때때로 기초 교과서에서 **페르마의 방법(Fermat's method)**이라고 불리기도 한다. 그러나 페르마는 $f(x)$의 도함수가 0에 접근하는 것이 보통의 극댓값, 극솟값을 구하기 위한 충분조건은 아니고 필요조건일 뿐이라는 것을 알지 못했다. 또한 페르마의 방법은 극댓값과 극솟값을 구별하지 못한다.

페르마는 또한 방정식으로 주어진 곡선의 한 점에서의 접선을 구하는 일반적인 방법을 고안하였다. 그의 생각은 그 점에 대한 **접선영(subtangent)**, 즉 x축상의 접점에서 내린 수선의 발과 접선이 x축과 만나는 점 사이의 선분을 찾는 것이다. 이 방법은 접선을 곡선과의 교점이 일치하려 할 때 할선의 극한으로서 생각하는 개념을 사

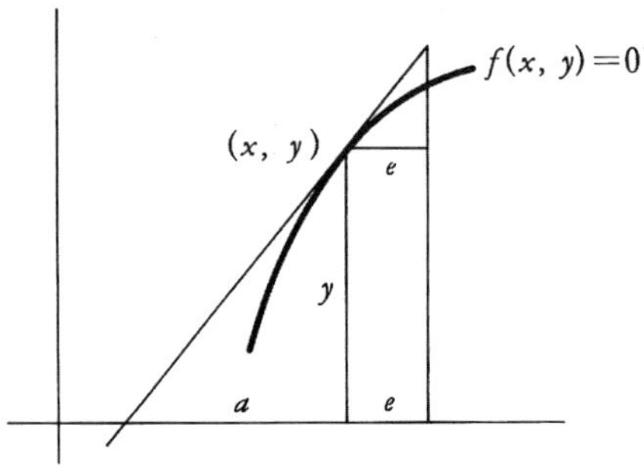

그림 83

용한다. 현대적 표기법을 사용하면 다음과 같다. 곡선(그림 83 참조)의 방정식을 $f(x, y)=0$으로 하고 점 (x, y)에 대한 곡선의 접선영 a를 구해보자. 삼각형의 닮음을 이용하면 접선 위의 근접점의 좌표는 $[x+e, y(1+e/a)]$임을 쉽게 알 수 있다. 이 점을 실험적으로 곡선 위에 있는 것처럼 취급하면

$$f[x+e, y(1+e/a)]=0$$

을 얻는다. 그러면 등호는 e가 0값을 갖게 함으로써 참이 된다. 그러고 나서 접점의 x, y좌표로 나타난 방정식을 풀어 접선영 a를 구한다. 물론 이것은 후에 슬루즈의 논문에서 나오는 일반적인 식

$$a=-y\frac{\frac{\partial f}{\partial y}}{\frac{\partial f}{\partial x}}$$

으로 놓는 것과 동치이다. 페르마는 이 같은 방법으로 타원, 사이클로이드, 시소이드, 콘코이드, 쿼드라트릭스와 데카르트의 엽선의 접선을 구했다. 데카르트의 엽선

$$x^3+y^3=nxy$$

위의 임의의 점에서의 접선영을 찾음으로써 그 방법을 예증하여 보자. 위의 식에서 다음을 얻는다.

$$(x+e)^3+y^3\left(1+\frac{e}{a}\right)^3-ny(x+e)\left(1+\frac{e}{a}\right)=0$$

또는

$$e\left(3x^2+\frac{3y^3}{a}-\frac{nxy}{a}-ny\right)+e^2\left(3x+\frac{3y^3}{a}-\frac{ny}{a}\right)+e^3\left(1+\frac{y^3}{a^3}\right)=0$$

이제 e로 나누고 $e=0$으로 놓으면 다음을 얻는다.

$$a=-\frac{3y^3-nxy}{3x^2-ny}$$

윌리스와 배로

영국에서 뉴턴의 바로 앞 선배는 윌리스와 배로이다.

1616년 태어난 윌리스(John Wallis)는 그 시대의 가장 유능하고 독창적인 수학자 중의 한 사람이었다. 여러 분야에 걸쳐 다작의 명석한 필자였고 농아자를 가르치기 위한 제도를 처음으로 고안한 사람 중의 하나로 전해진다. 그는 오트레드의 제자였고 1649년에 옥스퍼드에서 기하학의 새빌리아 교수로 임명되었는데 1703년 타계할 때까지 54년 동안 봉직했다. 해석학에의 연구는 위대한 동시대인인 뉴턴의 연구를 준비하는 데 크나큰 공헌을 했다.

윌리스는 원뿔곡선을 원뿔의 단면으로서보다는 2차 곡선으로서 검토한 최초의 인물이다. 1656년 오트레드에게 헌정한 《무한의 수론(Arithmetica infinitorum)》이라는 책이 발간되었는데 이 책은 약

월리스
1616~1703

간의 논리적 결함에도 불구하고 오랜 세월 동안 훌륭한 논문으로 남아 있었다. 이 책에서 데카르트와 카발리에리의 방법이 체계화되고 확장되었으며 놀랄 만한 결과들이 특수한 경우로부터 유도되었다. 특히 m이 양의 정수일 때, 현재 쓰고 있는 공식이 m이 분수

$$\int_0^1 x^m dx = \frac{1}{m+1}$$

또는 -1이 아닌 음수일 때도 성립한다고 주장했다. 월리스는 처음으로 0, 음수, 분수 지수의 의미를 상당히 완벽하게 설명한 사람이며, 무한대를 나타내는 오늘날의 기호(∞)를 도입하였다.

월리스는 원 $x^2+y^2=1$의 사분원의 넓이 $\pi/4$를 나타내는 식을 찾아서 π의 값을 결정하려고 노력했다. 이것은 $\int_0^1 (1-x^2)^{\frac{1}{2}} dx$를 계산하는 것과 동치인데 월리스는 일반적인 이항정리를 몰랐기 때문에 직접 계산할 수는 없었다. 따라서 $\int_0^1 (1-x^2)^0 dx$, $\int_0^1 (1-x^2)^1 dx$, $\int_0^1 (1-x^2)^2 dx$ 등을 계산하여, 수열 1, 2/3, 8/15, 16/35, …을 얻었다. 그러고 나서 $n=0, 1, 2, 3, \cdots$일 때 위의 수열을 얻게 되는 규칙을 찾는 문제를 고찰하였다. 월리스가 찾으려는 것은 $n=1/2$일 때 이 규칙의 보간법에 의한 값이었다. 길고 복잡한 과정을 거쳐

결국 4장의 8번째 절에서 본 $\pi/2$에 대한 무한 곱의 표현에 도달하게 된다. 그와 동시대 수학자들은 직접 계산할 수 없는 양을 계산하기 위하여 보간법을 자주 썼다.

월리스는 수학에서 다른 것도 성취하였다. 그는 파스칼의 사이클로이드에 관한 난제를 거의 해결한 수학자였다(9장의 9번째 절 참조). 그가 곡선의 호의 한 원소의 길이를 나타내는 식

$$ds = \left[1 + \left(\frac{dy}{dx}\right)^2\right]^{1/2} dx$$

에 해당하는 것을 얻었다고 해도 과언이 아니다. 그의 《대수논문: 역사와 실제(De algebra tractatus; historicus & practicus)》는 1673년에 쓰여지고 1685년에 영어판으로, 1693년에 라틴어로 출간되었는데, 이 책은 영국에서의 수학사에 대한 최초의 진지한 시도로 평가된다. 바로 이 책에서 우리는 실(實) 2차 방정식의 복소근의 그래프적 해석을 주기 위한 최초의 노력을 발견한다. 월리스는 수많은 그리스 수학자의 책을 발간했으며 물리학의 다양한 분야에 관한 글을 썼다. 그는 영국학술원의 설립자 중 한 사람이었고 수년 동안 암호해독자로 정부를 위해 일하기도 했다.

미적분학의 발전에 대한 월리스의 주요 공헌이 적분론에 있는 반면에 배로의 가장 중요한 공헌은 미분론에 관련된 것이다.

배로(Isaac Barrow)는 1630년 런던에서 태어났다. 풍문에 의하면 그는 어렸을 때 너무 말썽꾸러기여서, 아버지가 만약 하느님이 자기 자식 중의 하나를 데려가신다면 기꺼이 배로를 내놓겠노라고까지 기도했다고 한다. 배로는 케임브리지에서 교육을 마쳤으며 그리스어에 가장 능숙한 사람 중의 하나로 명성을 얻었다. 그는 수학, 물리, 천문학, 신학에 걸쳐 두루 인정을 받은 매우 학구적인 사람이었다. 그의 육체적 강인성, 용감성, 반짝이는 재치와 꼼꼼한 성실성에

배로
1630~1677

대한 재미있는 얘기들이 전해지고 있다. 그는 케임브리지에서 루카스 교수직에 임명된 최초의 사람이었는데 1669년 위대한 제자 뉴턴을 위해 관대하게 이 자리를 사임했다. 그는 1677년 케임브리지에서 일생을 마쳤다.

배로의 가장 중요한 수학적 업적은 《기하학 강의(Lectiones opticae et geometricae)》인데 케임브리지에서 교수직을 사임한 해에 출간되었다. 이 책의 서문에서 책 내용의 일부, 아마 광학을 다룬 부분은 뉴턴의 덕임을 인정하고 있다. 바로 이 책에서 요즘 교과서에 나오는 소위 미소삼각형(differential triangle)을 사용하고 있는 현대 미분과정과 매우 비슷한 접근방법이 나온다. 그림 84와 같이 주어진 곡선 위의 한 점 P에서의 접선을 찾아보자. Q를 곡선 위의 근접점이라 하자. 그러면 삼각형 PTM과 PQR는 서로 닮았고, 배로는 작은 삼각형이 무한히 작아짐에 따라 다음을 얻게 된다고 주장했다.

$$\frac{RP}{QR}=\frac{MP}{TM}$$

$QR=e$ 그리고 $RP=a$라 놓자. 그러면 P의 좌표가 $(x,\ y)$일 때 Q의 좌표는 $(x-e,\ y-e)$이다. 이 값들을 곡선의 방정식에 대입하

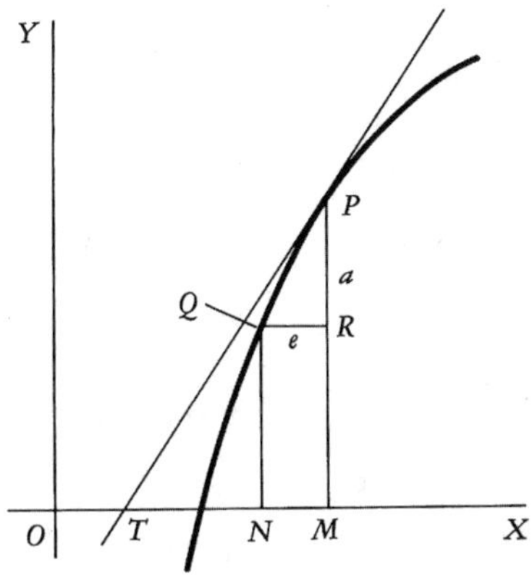

그림 84

고 e와 a의 2차 이상인 항을 무시한다면 비율 a/e를 얻는다. 그래서

$$OT = OM - TM = OM - MP\left(\frac{QR}{RP}\right) = x - y\left(\frac{e}{a}\right)$$

가 성립하고 접선이 결정된다. 배로는 다음 곡선의 접선을 작도하는 데 이 방법을 응용했다.

(a) $x^2(x^2+y^2)=r^2y^2$(카파 곡선)

(b) $x^3+y^3=r^3$(특별한 라메 곡선)

(c) $x^3+y^3=rxy$(데카르트의 엽선, 배로는 la galande라 불렀음)

(d) $y=(r-x)\tan \pi x/2r$(쿼드라트릭스)

(e) $y=r\tan \pi x/2r$(탄젠트 곡선)

예로서 이 방법을 곡선 (b)에 적용해 보자. 다음이 성립한다.

$$(x-e)^3+(y-a)^3=r^3$$

즉

$$x^3-3x^2e+3xe^2-e^3+y^3-3y^3a+3ya^2-a^3=r^3$$

e와 a의 2차 이상인 항을 무시하고 $x^3+y^3=r^3$을 이용하면, 이 식은

$$3x^2e+3y^2a=0$$

으로 변형되고, 다음을 얻는다.

$$\frac{a}{e}=-\frac{x^2}{y^2}$$

물론 비율 a/e는 현대의 dy/dx이며 배로의 방법에서의 결함은 극한의 이론을 쓰면 쉽게 메워질 수 있다.

다른 분야에서 나타나는 증거가 미약함에도 불구하고, 배로는 일반적으로 미분법과 적분법이 역연산이라는 사실을 깨달은 최초의 인물로 일컬어진다. 이 중요한 발견이 소위 미적분학의 기본정리이며 배로의 《기하학 강의》에 소개되고 증명되었다.

비록 배로가 인생의 후반기를 거의 신학에 바치기는 했어도 1675년에 아폴로니우스의 《원뿔곡선론》 중 앞부분 4권을(주석을 붙여) 출간했고 아울러 아르키메데스와 테오도시우스의 잔존하던 책들을 출간했다.

미분학과 적분학의 발전의 이 단계에서, 많은 적분법이 실행되었고, 수많은 면적, 체적, 곡선의 길이가 구해졌으며 미분법이 전개되었고 많은 곡선의 접선이 작도되었고 극한개념이 고안되었으며 기본정리가 인식되었다. 이제, 행해야 할 무엇이 더 남아 있는가. 여전히 체계적인 해석적 방법과 더불어 일반적인 기호를 만드는 일과 이 주제의 기본 이론들을 보다 엄밀하게 재발견해야 할 일이 남아 있다. 이들 중 첫 번째는 정확하게 말하여 뉴턴과 라이프니츠가 각각 독립적으로 연구하여 이룩한 '미적분학'이다. 엄밀한 기초 위에서 기본개념을 재발전시킨 일은 좀더 시간을 기다려야 했는데, 그것은 프랑스의 위대한 해석학자 코시(Augustin-Louis Cauchy, 1789~1857)와

그의 19세기 계승자들의 업적이었다. 이에 대해서는 뒤에서 언급할 것이다.

뉴턴

아이작 뉴턴(Isaac Newton)은 갈릴레이가 죽은 해인 1642년 성탄절에 울즈돕이라는 작은 마을에서 태어났다. 뉴턴이 태어나기도 전에 돌아가신 아버지는 농부였으며 그래서 그도 농사에 전념해야 했다. 그러나 어린 그는 기계 모형을 고안하는 것과 실험하는 것에 뛰어난 재능과 즐거움을 나타냈다. 그래서 생쥐의 힘으로 동력을 얻어 밀을 빻아 밀가루를 만드는 장난감 방앗간과 물의 힘으로 작동하는 나무 시계를 만들었다. 그 결과 학교 교육을 더 받게 되어 18세 때 케임브리지 대학교의 트리니티 칼리지에 입학하였다. 이 시기에 스타우브리지 박람회에서 우연히 산 점성술에 관한 책을 읽고 수학에 관심을 집중하게 되었다. 그는 유클리드의 《원론》을 읽었는데 그것이 너무 명백하다는 것을 알았고, 그러고 나서 데카르트의 《기하학》을 보았는데 다소 어렵다는 것을 알았다. 그는 또한 오트레드의 《수학의 열쇠(Clavis)》, 케플러와 비에트의 책, 그리고 월리스의 《무한의 수론》을 읽었다. 이런 수학책들을 읽고 난 후 수학을 창조하는 쪽으로 방향을 돌려 23세 때인 1665년 초에 일반화된 이항정리를 알아냈고, 오늘날 미분학으로 알려진 유율법(流率法)을 만들었다. 그 해와 이듬해 동안 런던에 선(腺) 페스트가 유행하여 대학이 휴교에 들어가서 울즈돕으로 내려와 지냈다. 이 기간 동안에 미분학을 곡선의 임의의 점에서의 접선과 곡률반경을 구할 수 있는 정도까지 발전시켰다. 그는 또한 다양한 물리학 문제에 흥미를 갖고 광학에 관한 첫

뉴턴
1642~1727

번째 실험을 하였으며 만유인력의 기본 원리를 공식화하였다.

뉴턴은 1667년 케임브리지로 돌아와서 2년 동안 광학 연구에 매달렸다. 1669년 배로가 뉴턴을 위하여 루카스 교수직을 사임함으로써 18년간의 대학 강의를 시작하게 되었다. 광학에 관한 그의 첫 강의는 후에 논문으로 영국학술원에 전달되어 상당한 흥미와 논의를 불러일으켰다. 그의 색채 이론과 광학 실험으로부터의 추론들은 일부 과학자로부터 격렬한 공격을 받았다. 뉴턴은 그러한 논쟁이 너무 지겨워서 과학에 관한 어떤 것도 다시는 발표하지 않으리라 맹세하였다. 그는 병적일 정도로 논쟁을 싫어하여 그의 발견들은 발견한 후 오랫동안 발표되지 않고 남아 있었다. 발표를 미루는 습관 때문에 나중에 미적분학의 발견의 선후에 관련하여 라이프니츠와 점잖치 못한 논쟁을 겪게 된다. 이 논쟁 때문에 뉴턴을 지도자로 지지하는 영국 수학자들은 대륙과의 수학 교류를 단절하였고 이로 인해 영국의 수학 발전이 거의 100년이나 늦어졌다.

뉴턴은 광학에 관한 연구를 계속하여 1675년에는 빛의 방사 또는 미립자이론에 관한 논문을 영국학술원에 보냈다. 그의 명성 때문에, 또 그 이론을 재치 있게 다룬 것 때문에 그것은 일반적으로 채택되었고 오랜 세월이 지난 후에야 비로소 파동이론이 연구하는 데 보다 좋은 가설이었음이 밝혀졌다. 1673년부터 1683년까지의 뉴턴의 대학 강의는 대수학과 방정식론에 전념된 것이었다. 그가 달의 운동에 대한 연구와 관련하여 지구의 반지름의 새로운 측정법을 사용함으로써 만유인력 법칙[3]을 증명한 때가 바로 이 시기인 1679년이다. 그는 또한 태양과 행성을 무거운 질점(質點)으로 간주할 수도 있다는 가정에서 만유인력 법칙이 케플러의 행성운동 법칙과 양립함을 확증하였다. 그러나 이 중요한 발견은 5년 후인 1684년 핼리(Halley)가 행성이 태양의 둘레를 타원궤도로 돌게 하는 힘의 법칙을 논의하기 위하여 케임브리지로 뉴턴을 방문할 때까지 아무에게도 알려지지 않았다. 이렇게 다시 일깨워진 천체 역학에 관한 흥미로 뉴턴은 후에 《프린키피아》의 첫 권에서 기초가 된 많은 원리를 연구해 내었다. 얼마 후 핼리가 뉴턴의 원고를 보았을 때 그것이 굉장히 중요함을 깨닫게 되어 그 결과를 영국학술원으로 보내겠다는 저자의 약속을 받아 내었다. 이 연구를 한 것과 대략 같은 시기에 그는 마침내 수년 동안 귀찮게 해 왔던 문제, 즉 임의의 점에서의 밀도가 단지 구의 중심으로부터의 거리에만 종속되는 구면체는 외부의 질점을 마치 전체 질량이 중심에 집중되어 있는 것처럼 끌어당긴다는 것을 해결하였다. 태양과 행성이 완전한 구 형태에서 약간 벗어나는 것은 여기에서 무시될 수 있기 때문에 이 정리로 케플러의 행성법칙을 완전히 증명하였다. 또한 뉴턴은 열심히 이론을 연구하여 1865년 여름까지 《프린키피아》의 첫 권을 썼다. 1년 후 둘째 권을 완성하고 다시 셋째 권을 쓰기 시작하였다. 후크의 시샘하는 질책으로 뉴턴은 불쾌해져서 거의 셋째 권을 포기하려고 하였으나 결국 핼리가 설득하여 완성하게 되었다. 《자연철학의 수학적 원리(Philosophiae naturalis principia mathematica)》라는 제목으로 완성된 책은 1687년 중반에 핼리의 경비로 출판되었으며 즉시 전 유럽에 커다란 영향

3) 우주에 있는 임의의 두 물체는 그들의 질량의 곱에 비례하고 그들 사이의 거리의 제곱에 반비례하는 힘으로 서로 끌어당긴다.

을 끼쳤다.

1689년 뉴턴은 대학교를 대표하여 하원의원이 되었다. 1692년에 일종의 정신착란을 포함하는 특이한 병을 약 2년 동안 앓았다. 이후 그의 생애 대부분을 화학, 연금술, 신학에 전념하였다. 사실은 그의 생애 초반조차 수학과 자연철학에 쏟은 거의 같은 시간만큼 이 목표에 쏟았을 것이다. 수학에 있어서 그의 창조적인 연구가 실제적으로는 끝났지만 뛰어난 능력을 잃지 않았다. 왜냐하면 영국의 다른 수학자들의 능력으로 해결할 수 없는 수많은 문제들을 훌륭하게 풀었기 때문이다. 1696년에 조폐국의 이사로 임명되었으며 1699년 조폐국 장관으로 승진하였다. 1703년 영국 학술원장에 피선되어 매년 재선되었으며 죽을 때까지 그 직에 있었고 1705년에는 나이트 작위를 받았다. 그는 1727년 84세의 나이에 만성적이고 고통스러운 병으로 세상을 떠나 웨스트민스터 사원에 묻혔다.

위에서 언급하였듯이 《프린키피아》를 제외한 뉴턴의 모든 중요한 발표 논문들은 저자가 그 내용을 발견한 수년 후에 나타났고 거의 대부분의 것들은 친구들의 종용에 못 이겨 발표되었다. 이 논문들의 날짜를 발표순으로 나열하면 다음과 같다. 《프린키피아》(1687), 3차곡선과 구적, 무한급수를 이용하여 곡선의 길이를 구하기에 관한 두 부록이 달린 〈광학(Opticks)〉(1704), 〈보편산수(Arithmetica universalis)〉(1707), 〈급수해석학(Analysis per Series)〉, 〈유율법(Fluxiones)〉 등과 〈미분법(Methodus differentialis)〉(1711), 〈광학강의(Lectiones opticae)〉(1729), 〈유율법과 무한급수(The Method of Fluxions and Infinite Series)〉(뉴턴이 라틴어로 쓴 것을 콜슨이 번역함, 1736). 뉴턴이 1676년에 영국학술원의 서기인 올덴버그에게 보낸 두 통의 중요한 편지 또한 언급하지 않을 수 없는데, 거기에 그는 약간의 수학적 방법을 기술하였다.

뉴턴이 일반화된 이항정리의 초기 귀납법을 기술하였던 것이 바로 올덴버그에게 보낸 편지에서였는데, 그는 이것을 A가 첫째 항, 즉 $P^{m/n}$, B가 둘째 항, 즉 $(m/n)AQ$, c가 셋째 항 등을 나타낼 때 다음과 같은 형태로 설명하였다.

$$(P+PQ)^{m/n} = P^{m/n} + \frac{m}{n}AQ + \frac{m-n}{2n}BQ + \frac{m-2n}{3n}CQ + \cdots$$

적절한 제한 아래서 지수가 모든 복소수 값을 가질 때의 이항 전개의 정확함은 150년이나 지난 후 노르웨이 수학자 아벨(N.H. Abel, 1802~1829)에 의하여 증명되었다.

거의 비슷한 시기에 뉴턴이 발견한 보다 중요한 수학적 발견은 유율법인데, 그것의 핵심적인 내용을 1669년 배로에게 알렸다. 그의 〈유율법(Method of Fluxions)〉은 1671년에 쓰여졌으나 1736년까지 발표되지 않았다. 이 논문에서 뉴턴은 곡선을 점의 연속적인 운동에 의하여 생성되는 자취로 고찰하였다. 이 개념 아래에서 생성점의 가로 좌표와 세로 좌표는 일반적으로 크기가 변하고 있다. 변하는 양(量)을 **변량**(fluent)이라고 부르며 그것의 변화 비율을 변량의 **유율**(fluxion)이라고 부른다. 곡선의 생성점의 세로 좌표 같은 변량을 y로 나타내면 이 변량의 유율은 y에 관하여 나타난다. 현대 표기법에서 t가 시간을 나타낼 때 dy/dt에 해당함을 알 수 있다. 시간을 기하학에 이렇게 소개했음에도 불구하고 시간의 개념은 어떤 양, 가령 동점의 가로 좌표 같은 양이 일정하게 증가한다고 가정함으로써 배제시킬 수 있다. 어떤 변량의 일정한 증가율을 **주 유율**(principal fluxion)이라고 부르며, 임의의 다른 변량의 유율은 이 주 유율과 비교될 수 있다. y의 유율을 y로 표기하고 보다 고계(高階)의 유율도 이와 같은 방법으로 나타낸다. 한편 y의 변량은 y 옆에 조그만 사각형을 그린 기호로 표기하거나 y로 나타내기도 한다. 뉴턴은 또한 그가 변량의 **모멘트**라 부른 또 하나의 개념을 소개하였는데, 그것은 그것에 의하여 x 같은 하나의 변량이 시간이 0인 무한히 작은 구간에서 증가하는 무한히 작은 양이다. 따라서 변량 x의 모멘트는 $x0$로 주어진다. 뉴턴은 어떠한 문제에서도 2차 이상의 지수를 가진 0이 곱해진 항은 무시할 수 있고 그 결과 생성점의 좌표 $(x,\ y)$와 그들의 유율 $\dot{x},\ \dot{y}$ 사이의 관계식을 얻을 수 있다고 말했다. 예로 그는 3차곡선 $x^3 - ax^2 + axy - y^3 = 0$을 고찰하였다. $x,\ y$ 대신 $x + \dot{x}0$, $y + \dot{y}0$를 대입하면 다음 식을 얻는다.

$$
\begin{aligned}
&x^3 + 3x^2(\dot{x}o) + 3x(\dot{x}o)^2 + (\dot{x}o)^3 \\
&\quad - ax^2 - 2ax(\dot{x}o) - a(\dot{x}o)^2 \\
&\quad + axy + ay(\dot{x}o) + a(\dot{x}o)(\dot{y}o) + ax(\dot{y}o) \\
&\quad - y^3 - 3y^2(\dot{y}0) - 3y(\dot{y}o)^2 - (\dot{y}o)^3 = 0
\end{aligned}
$$

이제, $x^3 - ax^2 + axy - y^3 = 0$이라는 사실을 이용하고, 나머지 항을 0으로 나눈 후 2차 이상의 지수를 가진 0을 포함하는 모든 항을 제거하면 다음을 얻는다.

$$3x^2\dot{x} - 2ax\dot{x} + ay\dot{x} + ax\dot{y} - 3y^2\dot{y} = 0$$

뉴턴은 두 가지 유형의 문제를 고찰했다. 첫째 유형은 몇 개의 변량에 관련된 관계식이 주어지고 이 변량과 그들의 유율과 관련된 관계식을 찾는 문제이다. 이것은 위에서 우리가 했던 것이고, 미분에 해당한다. 두 번째 유형은 몇 개의 변량과 그들의 유율에 관련된 관계식이 주어지고 변량에만 관련된 관계식을 찾는 문제이다. 이것은 역산 문제이고 미분방정식을 푸는 것에 해당한다. 2차 이상의 지수를 가진 0을 포함하는 항을 무시하는 생각은 후에 뉴턴이 원시극한개념을 써서 정당화하였다. 뉴턴은 유율법을 수없이 그리고 놀랄 만큼 응용하였다. 그는 극대와 극소, 곡선의 접선, 곡선의 곡률, 변곡점, 곡선의 요철 등을 결정하고, 그의 이론을 수많은 구적법과 곡선의 길이를 구하는 문제에 적용하였다. 미분방정식을 적분하는

데 있어서는 비상한 능력을 나타내었다. 대수적 또는 초월적 수치 방정식 모두에서 실근을 근사적으로 찾는 방법(이것의 수정된 한 방법 이 현재 뉴턴의 이름으로 알려지고 있다)도 또한 이 응용에 포함된다.

〈보편산수〉는 1673년부터 1683년까지의 강의의 요지를 담고 있다. 거기에는 실다항식의 복소근은 반드시 켤레로 나타난다는 사실, 실다항식의 근의 상한을 찾는 법칙, 다항식의 근의 n승의 합을 다항식의 계수를 써서 나타내는 공식, 실다항식의 허수근의 수를 제한하는 데카르트의 부호법칙의 확장 등과 같은 방정식론에 관한 많은 중요한 결과들이 실려 있다.

광학에 관한 책의 부록으로 쓰여진 〈3차곡선(Cubic Curves)〉은 해석기하학에 의하여 3차곡선들의 성질을 고찰하였다. 3차곡선을 분류하는 데 있어서 뉴턴은 3차라 가정할 수 있는 78가지 형태 가운데 72가지를 열거하였다. 많은 정리들은 증명 없이 나타나 있다. 이것들 중 가장 흥미롭고 동시에 가장 당황하게 하는 것은 모든 원뿔곡선이 원의 중심사영으로 얻어질 수 있는 것과 같이 모든 3차곡선도 다음과 같은 곡선의 중심사영으로 얻어질 수 있다는 주장이었다.

$$y^2 = ax^3 + bx^2 + cx + d$$

이 정리는 1731년 증명이 발견될 때까지 수수께끼로 남아 있었다.

뉴턴의 가장 위대한 저서는 말할 것도 없이 《프린키피아》인데, 거기에는 완전한 역학계와 천체 운동현상의 완전한 수학적인 공식화가 처음으로 나타난다. 이 책은 과학사에 가장 많은 영향을 미치고 가장 많은 찬사를 받은 책임이 분명하다. 한 가지 흥미로운 것은, 아마도 유율법에 의하여 발견되었음에도 불구하고 그 정리들은 군데군데 약간의 단순한 극한 개념을 써서 순전히 고전적인 그리스 기하학을 이용하여 증명되었다는 점이다. 상대성 이론이 발견되기 전까지 모든 물리학과 천문학은 뉴턴이 이 책에서 만든 좌표계의 가정 위에 세워졌다. 《프린키피아》에는 고차원 평면 곡선에 관련된 많은 결과와 다음과 같은 흥미를 끄는 기하학적 정리의 증명이 발견된다.

1. 사변형에 내접하는 모든 원뿔곡선의 중심의 자취는 그것의 대각선의 중점을 지나는 직선(뉴턴의 직선)이다.
2. 만일 직선을 따라 움직이는 점 P가 두 정점 O, O'과 연결되고, 직선 OQ, $O'Q$가 각각 OP, $O'P$와 일정한 각을 이루면 Q의 자취는 원뿔곡선이다.

뉴턴은 그 시대의 수학자들 사이에 알려진 다양한 난제 중 어느 것도 풀지 못한 적이 없었다. 그중 하나는 라이프니츠가 제기하였는데, 그는 곡선족의 직교궤도를 구하여 풀었다.

뉴턴은 숙련된 실험가이자 뛰어난 분석자였다. 수학자로서 그는 거의 전 분야에서 이제까지 배출된 학자 중 가장 훌륭하다고 평가되고 있다. 물리학적 문제에 대한 통찰력과 수학적으로 다루는 능력은 아마 어느 누구도 결코 추월할 수 없을 것이다. 라이프니츠가 "태초부터 뉴턴이 살았던 시대까지의 수학을 놓고 볼 때, 그가 이룩한 업적이 반 이상이다."라고 말한 것과 같은 그의 위대성에 관한 많은 찬사를 발견할 수 있다. 또한 라그랑주는 "뉴턴은 최상의 행운아이다. 왜냐하면 우리는 확립된 우주 체계를 오직 한 번만 발견할 수 있기 때문이다."라고 언급했다. 그의 업적을 시인인 알렉산더 포프(Alexander Pope)는 다음과 같이 시적으로 표현했다.

> 자연과 자연의 법칙은 어둠에 묻혀 숨겨져 있었는데 신께서 '뉴턴이 있으라' 하시니 모든 것이 빛이 되었도다.
> (Nature and Nature's laws lay hid in night;
> God said, 'Let Newton be,' and all was light.)

이러한 찬사에 비하여 자기 업적에 대한 자신의 평가는 다음과 같이 겸손하다. "나는 내가 세상에 어떻게 비춰질지 모른다. 하지만 내 자신에게 나는 진리의 거대한 바다가 아무것도 발견되지 않은 채 내 앞에 놓여 있는 바닷가에서 놀며, 때때로 보통보다 매끈한 조약돌이나 더 예쁜 조개를 찾고 있는 어린애에 지나지 않았던 것 같다." 그는 언젠가 그가 다른 사람들보다 더 멀리 보았다면 그것은 단지 거인들의 어깨 위에 있었기 때문이라고 겸손하게 설명하였다.

뉴턴은 가끔 하루에 18시간 내지 19시간을 집필하였고, 놀랄 만한 집중력을 가졌다고 전해진다. 그가 어떤 생각에 사로잡혀 있을 때 넋이 빠지는 것을 입증하는, 꾸며낸 듯한 재미있는 일화가 전해진다.

그 줄거리는 이렇다. 뉴턴이 몇몇 친구를 초대하여 저녁을 대접할 때, 포도주 한 병을 가지러 방에서 나갔다가 딴 생각에 사로잡히게 되어 자기가 왜 나왔는지조차 잊어버리고 자기 방으로 들어가서 중백의를 걸쳐 입고 교회당으로 가버렸다.

또 한 일화로, 뉴턴의 친구인 스턱켈리 박사가 닭요리로 저녁을 먹기로 하여 그를 방문하였다. 뉴턴은 외출 중이었으나 식탁에는 이미 요리된 닭이 뚜껑 덮인 접시에 차려져 있었다. 저녁 약속을 잊어버린 뉴턴은 약속시간을 너무 지체하였고 스턱켈리 박사는 마침내 뚜껑을 열고 닭요리를 먹고 나서 뼈를 뚜껑 덮인 접시에 담아 놓았다. 뉴턴이 나중에 와서 친구와 인사하고 식탁에 앉아서 뚜껑을 열었으나 뼈밖에 없었다. 그러자 그는 "참, 우리가 이미 저녁을 다 먹었다는 것을 잊었군."이라고 말했다.

다른 일화로, 어느날 뉴턴이 그란담에서 말을 타고 집으로 오고 있을 때 마을 건너편에 있는 스피틀리게이트 언덕을 오르려고 말에서 내렸다. 언덕을 오르는 동안에 말이 미끄러 떨어졌는데도 빈 고삐만이 손에 끌려 가고 있는 것을 뉴턴은 몰랐다. 언덕 꼭대기에 올라서 다시 말 안장 위로 뛰어 오르려고 했을 때에야 비로소 뉴턴은 그 사실을 알았다.

라이프니츠

17세기의 위대한 세계적 천재였으며 미적분법의 발명에서 뉴턴의 경쟁자였던 고트프리드 빌헬름 라이프니츠(Gottfried Wilherm Leibniz)는 1646년 라이프치히에서 태어났다. 어릴 때부터 라틴어와 그리스어를 독학하여 스무 살이 되기 전에 보통 교과서를 다 공부하여 수학, 신학, 철학, 법학의 지식을 지니고 있었다. 그는 어린 나이에 《일반 특성(characteristica generalis)》의 첫 번째 착상을 발전시키기 시작했는데, 그것은 훗날 부울(George Boole, 1815~1864)의 기호논리로 꽃피우고, 또 훨씬 후인 1910년에는 화이트헤드와 러셀의 《수학의 원리(Principia mathematica)》를 꽃피운 뿌리가 되었다. 라이프치히 대학교에서 젊다고 하는 표면적인 이유 때문에 법학박사 학위를 거절당한 그는 뉘른베르크로 이사했다. 그곳에서 그는 역사적 방법에 의한 법 교육에 관한 탁월한 글을 써서 마인츠 제후에게 헌납했다. 이 일로 인해서 마인츠 제후는 그를 법령 재편찬위원회에 임명하였다. 이때부터 그는 대사관원으로 보내게 되는데, 처음에는 마인츠 제후를 위해 1676년부터 그가 죽을 때까지는 하노버에서 브룬스빅 공(公)을 위해 봉사했다.

1672년 외교적 업무로 파리에 있을 때 라이프니츠는 그곳에 살고 있던 호이겐스를 만났는데, 이 젊은 외교관은 그 과학자를 설득하여 자기에게 수학을 가르쳐 주도록 하였다. 그 이듬해에 라이프니츠는 정치적 임무를 띠고 런던으로 파견되었는데, 그곳에서 올덴버

라이프니츠
1646~1716

그와 사귀었으며 영국학술원에 계산기를 만들어 보내기도 하였다. 파리를 떠나기 전에 브룬스빅 공의 사서라는 유리한 직책에 취임하기 위하여 라이프니츠는 이미 미적분학의 기본 정리를 발견하고 이 주제에 관한 개념의 대부분을 개발하였으며, 미분법의 수많은 기본 공식을 만들어 내었다.

하노버 왕가의 업무를 맡고 난 후부터 그가 좋아하는 연구를 할 여가가 주어졌고, 그 결과 다양한 주제에 관한 산더미같이 많은 논문을 남겼다. 그는 특히 천부적인 어학자로서 산스크리트 어학자로 이름을 떨쳤으며 철학에 관한 논문으로 높은 위치를 인정받게 되었다. 그는 가톨릭과 프로테스탄트 교회의 재통일 같은 여러 가지 거대한 계획을 품고 있었지만 그의 생애 동안에도 두 개의 프로테스탄트 지파가 생겨났다. 1682년 그와 오토 멘케(Otto Mencke)는 〈학술기요(學術紀要, Acta eruditorum)〉라는 잡지를 창간하여 편집장이 되었다. 1682년에서 1692년까지의 10년 간에 주로 쓰여진 대부분의 수학 논문은 이 잡지에 게재되었다. 그 잡지는 유럽 대륙에 널리 보급되었다. 1700년 라이프니츠는 베를린 과학원을 설립하고 드레스덴, 비엔나, 상트페테르부르크에도 그와 유사한 기관을 설치하려고 노력했다.

그의 일생을 마감하는 7년간은 미적분의 발견에서 뉴턴과 독립적으로 했느냐에 관하여 발생한 다른 사람들의 논쟁으로 인해서 한층 비참하게 되었다. 1714년 그의 군주는 최초로 영국의 게르만 왕이 되었으나 라이프니츠는 하노버에 남겨져 무시되었다. 2년 후인 1716년에 죽었을 때 그의 장례식에는 단지 그의 충실한 시종만이 참석하였다고 전해진다.

《일반 특성》에 대한 라이프니츠의 연구는 수리논리의 이론과 형식적인 법칙을 가지는 기호적 방법을 계획하고 있었다. 비록 이러한 꿈이 오늘날에 이르러서야 주목할 만한 단계까지 실현되었지만 라이프니츠는 현행의 용어로 표현하면 논리적인 덧셈, 곱셈, 부정의 주요 성질을 기술했고, 공집합, 집합의 포함관계를 고찰하였으며 집합의 포함관계의 일부 성질과 명제의 함의(含意) 사이의 유사성에 주목하였다(문제연구 11.6 참조).

라이프니츠는 1673과 1676년 사이에 미적분학을 고안하였다. 그가 카발리에리의 불가분량의 합을 나타내는 라틴어 summa(합)의 첫 문자를 딴 S를 길게 늘인 문자로서 현대 적분 기호를 처음 사용한 것은 바로 1675년 10월 29일이었다. 몇 주일 후 그는 적분을 $\int ydy$, $\int ydx$과 같이 쓰는 것과 마찬가지로 미분과 도함수를 오늘날 우리가 사용하는 것과 같이 쓰고 있었다. 미분학에 관한 최초 논문은 1684년이 되어서야 발간되었다. 이 논문에서 그는 dx를 임의의 유한 구간으로 소개하고 나서 dy를 다음과 같은 비에 의하여 정의했다.

$$dy : dx = y : \text{접선영}$$

미적분학의 초급 과정에서 학생들이 초기에 배우는 미분법에 관한 많은 기본 법칙이 라이프니츠에 의하여 유도되었다. 두 함수의 곱의 n계 도함수를 구하는 공식(문제연구 11.3 참조)은 여전히 라이프니츠의 공식으로 언급되고 있다.

라이프니츠는 수학에 대한 뛰어난 감각을 가졌으며, 잘 고안된 기호체계의 잠재성에 대하여 매우 민감하였다. 미적분학에서의 그의 기호들은 매우 운이 좋다는 것이 증명되었고, 의심할 바 없이 뉴턴의 유율법 기호보다 더 편리하고 적응성이 크다. 그러나 영국의 수학자들은 그들의 지도자인 뉴턴의 기호를 고수하였다. 세기 말엽에 이르러서 케임브리지에 해석학회(Analytical Society)가 세워졌는데, 그것은 '그 대학교의 도트 세대에 반대하는 순수 d 주의의 원칙'을 옹호하려는 목적으로 만들어진 것이다. 당시의 많은 지식인 사이에는 이성주의적인 철학인 이신론(理神論)이 유행하고 있었음을 상기해야 한다.

행렬식 이론은 비록 10년 먼저 일본의 세키 고와(Seki Kowa)가 비슷한 고찰을 한 적이 있다 하더라도 보통은 라이프니츠가 1693년에 동차선형 연립 방정식과 관련하여 이 형태를 고찰함으로써 시작되었다고 한다. 다음 식의 전개와 관련된 이항정리의 다항정리로의 일반화는 라이프니츠가 한 것이다.

$$(a+b+\cdots+n)^r$$

그는 또한 포락선 이론의 기초를 쌓는 데 크게 기여하였으며 접촉원을 정의하고 곡선의 연구에 있어서 그것의 중요성을 밝혔다.

여기서는 불행했던 뉴턴-라이프니츠 논쟁의 토론으로 들어가지 않을 것이다. 오늘날의 일반적인 견해는 각자가 서로 독립적으로 미적분학을 발견하였다는 것이다. 뉴턴의 발견이 먼저 이루어진 반면에 결과를 출간한 것은 라이프니츠였다. 만약 라이프니츠가 뉴턴같이 통찰력 있는 수학자가 아니었다면 아마 더 폭넓은 수학자였을 것이고, 또한 해석학자와 수리물리학자로서는 영국의 경쟁자보다는 못했겠지만 아마 더 날카로운 수학적 상상력과 수학적 형식에 대한 보다 뛰어난 본능을 가지고 있었을 것이다. 어쨌든 두 단체의 음모에 의해 야기된 논쟁으로 영국이 오랫동안 유럽의 발전을 무시하여 영국이 수학적으로 크게 손해를 입게 되었다.

뉴턴과 라이프니츠의 사후 얼마 동안은 미적분학의 창설자는 가려지지 않았고 주의를 기울이지도 않았다. 왜냐하면 이 분야의 초기 연구자들의 관심을 끈 것은 이것의 놀랄 만한 응용성이었기 때문이다. 1700년까지 대부분의 학부에서 미적분학이 변분법과 같은 좀 더 발전된 분야의 장(章)들과 함께 만들어졌다. 로피탈(Marquis de l'Hospital)에 의해 쓰여진 이 과목의 최초의 교과서는 그의 스승인 요한 베르누이(Johann Bernoulli)의 강의를 출간한 때인 1696년에 등장하였다. 이 책에는 분자와 분모가 동시에 0으로 접근하는 분수의 극한값을 구하는 소위 로피탈의 정리(l'Hospital's rule)가 들어 있다.

라이프니츠는 천부적으로 낙천주의자였다. 자기 생애 동안 대립하는 종파를 하나의 일반적인 교회로 재결합시키려는 희망을 가졌을 뿐 아니라, 이진산술의 상(像)이라고 믿고 있었던 것에 의하여 전 중국을 기독교화하는 방법을 가질 수도 있다고 느꼈다. 신은 1로, 무(無)는 0으로 나타낼 수도 있기 때문에 이진법에서 모든 수가 0과 1로 표현되는 것과 똑같이 신은 무에서부터 모든 것을 창조했다고 추측하였다. 이러한 생각에 매우 흡족한 라이프니츠는 그 생각이 (특

로피탈
1661~1704

히 과학을 좋아했던) 중국의 현 황제와 나아가 중국의 모든 사람들을 기독교로 개종시킬 수 있을 것이라는 바람으로 중국수학위원회 위원장인 예수회 수사 그리말디에게 그것을 알렸다. 라이프니츠의 종교적인 환상의 또 다른 예는 허수가 기독교 성경의 성령(존재와 비존재 사이의 중간쯤인 양서류의 일종)과 닮았다고 한 말에서 엿볼 수 있다.

인간으로서 유일하게 가지고 있었던 그의 재능에 대한 마지막 찬사로 라이프니츠에 대한 설명을 마친다. “연속과 이산이라는 수학적 사고의 넓고 대조적인 두 영역이 존재하는데, 라이프니츠는 수학의 역사에서 사고의 이 두 가지 성질을 완전하게 가졌던 유일한 사람이다.”

문제연구

11.1 실진법

(a) 아르키메데스의 공리: “같은 종류의 두 양(量)이 주어지면 큰 것을 능가하는 작은 것의 배수를 찾을 수 있다.”를 가정하고 실진법의 기본 성질을 증명하라. 만일 임의의 양으로부터 그것의 반 이상의 부분을 빼내고 나머지 부분으로부터 그것의 반 이상의 다른 부분을 계속해서 빼낸다면 마침내 어떤 미리 정해진 양보다 적은 양이 남는다.

(b) 실진법의 기본 성질을 이용하여 원과 원에 내접하는 정다각형 사이의 면적의 차를 원하는 만큼 작게 만들 수 있음을 보여라.

11.2 평형법

그림 85는 AC를 현으로 가지는 포물선의 부분을 나타낸다. CF는 점 C에서 포물선의 접선이고 AF는 포물선의 축과 평행이다. OPM

또한 포물선의 축과 평행하다. K는 FA의 중점이고 $HK=KC$이다. HC를 K가 받침점인 지레로 택하자. OP를 그 중심이 H에 오도록 놓고 OM은 제자리에 두자.

(a) $OM/OP=AC/AO$인 기하학적 사실과 아르키메데스의 평형법을 이용하여 포물선의 부분의 면적은 삼각형 AFC의 면적의 1/3임을 보여라.

(b) (a)로부터 포물선의 부분의 면적은 현과 현의 양 끝점에서 포물선에 접하는 두 접선에 의하여 둘러싸인 삼각형의 면적의 2/3임을 추론하라.

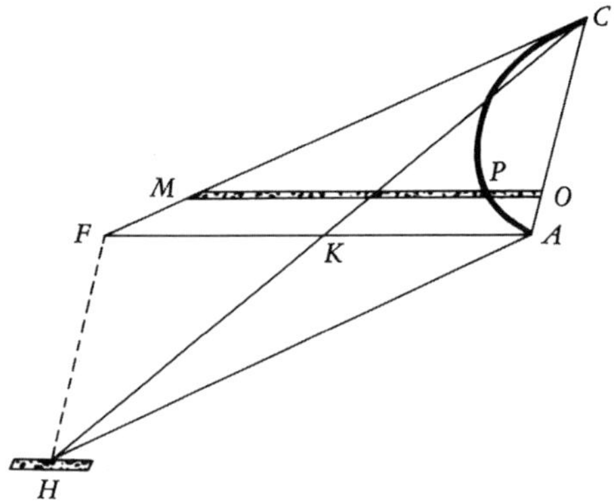

그림 85

11.3 미분법

(a) 원 $x^2+y^2=25$ 위의 점 $(3,\ 4)$에서의 접선의 기울기를 각각 다음 방법에 의하여 구하라.

1. 페르마의 방법
2. 배로의 방법
3. 뉴턴의 유율법
4. 현대적 방법

(b) u, v가 x의 함수일 때 $y=uv$이면 x에 대한 y의 n계 도함수는 다음과 같음을 밝혀라.

$$y^{(n)} = uv^{(n)} + nu'v^{(n-1)} + \frac{n(n-1)}{2!}u''v^{(n-2)}$$

$$+ \frac{n(n-1)(n-2)}{3!}u'''v^{(n-3)} + \cdots + u^{(n)}v$$

이것은 라이프니츠 정리(Leibniz' rule)로 알려져 있다.

11.4 이항정리

(a) 11장의 9번째 절에서 주어진 뉴턴의 이항정리는 다음과 같은 잘 알려진 전개식과 동치임을 보여라.

$$(a+b)^r = a^r + ra^{r-1}b + \frac{r(r-1)}{2!}a^{r-2}b^2$$

$$+ \frac{r(r-1)(r-2)}{3!}a^{r-3}b^3 + \cdots$$

(b) a, b, p, q가 실수이고 k가 양의 정수, $i = \sqrt{-1}$일 때 이항정리에 의하여 $(a+ib)^k = p+iq$이면 $(a-ib)^k = p-iq$임을 보여라.

(c) (b)를 이용하여 실계수 다항식의 허근은 켤레로 나타남을 증명하여라(이 결과는 뉴턴이 제시하였다).

11.5 방정식의 근사해법

(a) 뉴턴은 대수적 또는 초월 방정식 모두에 적용되는 수치방정식의 실근의 값을 근사적으로 구하는 방법을 고안하였다. 이 방법의 수정된 형태가 현재 **뉴턴법**(Newton's mothod)으로 알려져 있다. 만일 $f(x)=0$이 구간 $[a, b]$에서 유일한 근을 갖고 $f'(x)$나 $f''(x)$ 모두 이 구간에서 0이 아니면 x_0가 $f(x_0)$와 $f''(x_0)$가 같은 부호를 가지는 a, b 두 수 중 하나로 택해지면

$$x_1 = x_0 - \frac{f(x_0)}{f'(x_0)}$$

는 x_0보다 근에 더 가깝다. 이 결과를 증명하라.

(b) 뉴턴법에 의하여 3차 방정식 $x^3 - 2x - 5 = 0$의 2와 3 사이에 있는 근을 구하여라.

(c) 뉴턴법에 의하여 방정식 $x = \tan x$의 4.4와 4.5 사이에 있는 근을 구하여라.

(d) 뉴턴법을 이용하여 $\sqrt{12}$의 값을 소수 셋째 자리까지 구하여라.

11.6 모임들의 대수

'대상들의 모임'이라는 개념은 논리학에서 기본이다. 라이프니츠는 모임들의 약간의 기본적인 대수를 개발하였다. 현대적 표기법을 사용하여 A와 B가 대상들의 모임이라면 $A \cap B$(A와 B의 **공통부분** 또는 곱이라 부름)는 A와 B에 모두 속하는 모든 대상들의 모임을 나타내며 $A \cup B$(A와 B의 **결합** 또는 **합**이라 부름)는 A 또는 B에 속하는 모든 대상들의 모임을 나타낸다.

모임들의 대수는 모임 A가 주어진 영역으로 나타낼 때 소위 **벤 다이어그램**(Venn diagrams)을 써서 그림으로 나타낼 수 있다. 따라서 모임 A, B를 그림 86에서 나타낸 것과 같이 두 원 A와 B의 내부로 나타낸다면 모임 $A \cap B$는 이 두 원의 공통 영역으로 나타내고 모임 $A \cup B$는 한 원 또는 두 원 안에 있는 모든 점들로 이루어진 영역으로 나타낸다. 모든 모임을 사각형 안에 나타낸다면 A의 보(補, complement)라 부르는 A'은 사각형 안의 A를 나타내는 원 밖의 영역을 뜻한다.

(a) 다음을 벤 다이어그램으로 나타내어라

$$A \cap (B' \cup C),\ (A' \cap B) \cup (A \cap C'),\ (A \cup B') \cup C'$$

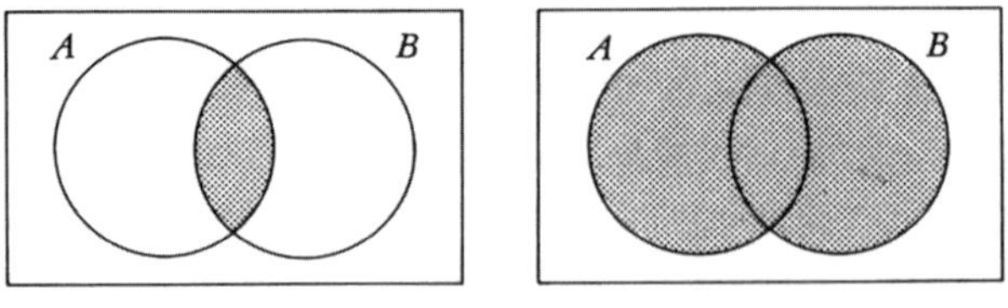

그림 86

(b) 벤 다이어그램을 이용하여 다음 등식이 성립함을 보여라.

$$A \cap (B \cap C) = (A \cap B) \cap C,$$
$$A \cap (B \cup C) = (A \cap B) \cup (A \cap C),$$
$$(A \cup B)' = A' \cap B'$$

(c) 벤 다이어그램을 이용하여 다음 등식 중 어느 것이 성립하는가 알아보아라.

$$(A' \cup B)' = A \cap B',$$
$$A' \cup B' = (A \cup B)',$$
$$A \cup (B \cap C)' = (A \cup B') \cap C'$$

12장

18세기와 미적분학의 발전

서론

오늘날 학교에서 배우는 산수, 초등 대수, 기하, 삼각함수와 대학 1, 2학년에서 배우는 대학 대수, 해석기하, 초등미적분학을 일반적으로 '기초 수학'이라 부른다. 너무 지나치게 일반화하는 것을 제외하고 학교에서 배우는 일련의 수학 과목들이 거의 수학의 발전을 뒤따른다는 사실을 주목하는 것은 흥미롭다.

그 분야 자체의 지식 없이 그 분야의 역사를 올바르게 이해할 수 없다는 것은 당연한 주장이다. 따라서 18, 19, 20세기 동안 수학에서 일어난 일을 완전히 이해·고찰하려고 하는 사람에게는 미적분학 이상의 고급 과정의 해박한 지식이 필요하다. 그러한 예비 지식을 얻으려는 학생들에게 다음의 명저를 추천한다. 벨의 《수학의 발달

(The Development of Mathematics)》, 보이어의 《수학의 역사(A History of Mathematics)》와 클라인의 《고대에서 현대까지의 수학적 사고(Mathematical thought from Ancient to Modern Times)》. 그럼에도 불구하고 우리가 예상한 독자의 이해 범위 안에서 기초 지식으로부터 수학적 발달의 보다 최근의 경향을 간략하게 보여 주는 18, 19, 20세기 수학의 진수들을 다소 제공하기 위하여 이 장과 다음 마지막 세 장을 덧붙이는 것이 바람직할 것 같다. 그러면 기초수학의 장은 현대의 보다 뛰어난 성과들의 전조로서 고유의 자리매김을 받을 수 있을 것이다.

누구든 이후의 내용이 개략적이고 불완전하다고 너무 심하게 지적하지 말아야 한다. 18세기 말에 완결된 모리츠 칸토어의 수학의 위대한 역사는 각 권이 평균적으로 약 1,000페이지에 달하는 방대한 4권으로 구성되어 있다. 만일 19세기의 수학사를 그와 같이 상술한다면 적어도 그와 같은 분량의 14권 이상이 될 것이라고 조심스레 산정할 수 있다. 가장 활발한 시기인 20세기의 처음 3사반세기의 수학의 역사를 18세기와 비슷하게 다루려면 그와 같은 분량 몇 권이 필요한지 아무도 계산하지 못했다. 위에서 언급했듯이 일반적인 학부 학생들이 이 첨가된 내용을 거의 정확하게 이해할 수 없을 것이며 실제로 이 내용의 대부분을 이해하려면 수학의 전문가적인 예비지식이 있어야 한다.

현대에 수학의 연구가 거의 폭발적으로 증가했다는 사실은 1700년 이전에는 수학 논문을 실은 잡지가 겨우 17종에 그쳤고, 18세기에는 210종, 19세기에는 950종이 있었으며, 20세기 동안에는 그 수가 막대하게 증가했다는 통계만 보아도 확연히 알 수 있다. 더욱이 19세기에 들어서서 비로소 주로 수학을 다루거나 전적으로 수학만을 취급한 잡지가 등장하였다. 이 연구 잡지에 실린 논문들이 현대 수학의 실제 역사를 구성하고 있다는 사실이 당연하게 여겨지며, 요즈음 논문들 중 비전문가가 읽을 수 있는 것은 거의 없다.

해석기하학의 도움을 받은 미적분학은 17세기에 발견된 가장 좋은 수학적 도구로 일찍이 손댈 수 없었던 여러 문제를 공략하는 데 매우 강력하고 효과적이었다. 당시 대부분의 수학자는 그것의 방대하고 놀랄 만한 응용성에 매료되어 그 분야의 기초가 매우 불충분함에도 불구하고 많은 논문을 양산하였다. 그들이 이용한 과정은 대부분 그들이 연구한 바탕에서 정당화되었고 많은 불합리성과 모순이 수학에 스며든 18세기가 거의 지나서야 비로소 수학자들은 그들의 논문의 기초가 논리적으로 검증되어야 하고 엄밀하게 확증되어야 한다는 것을 느끼기 시작했다. 논리적으로 엄밀한 기초 위에 해석학을 세우려는 노력은 앞 세기의 무분별한 직관의 사용과 형식주의에 대한 자연스런 반작용이었다. 그 작업은 다양한 파생효과들이 다음 100년의 대부분을 차지할 만큼 어려운 일이었다. 해석학의 기초에 대한 신중한 작업의 결과로 인해 수학 모든 분야의 기초에 대해서도 똑같이 신중한 작업이 일어났으며 많은 중요한 개념이 정제되었다. 그 결과, 함수개념이 분명해졌고, 극한, 연속성, 미분가능성, 적분가능성 등의 개념이 매우 신중하고 분명하게 정의되었다. 수학의 기본개념을 정제시키는 작업은 복잡한 일반화에도 파급되어 공간, 차원, 수렴성, 적분가능성 같은 개념이 눈에 띄게 일반화되고 추상화되었다. 일반화와 추상화가 오늘날의 수학의 두드러진 특징들이 될 때까지 20세기 수학의 많은 부분이 이런 종류의 일에 전념되고 바쳐졌다. 그러나 이 발전의 일부가 새로운 일련의 역설적인 국면을 야기하였다. 예를 들면 초월수에 대한 일반화와 집합의 추상적 연구는 수학의 많은 분야를 넓고 깊게 만들었지만 동시에 수학의 가장 깊은 부분에 잠재되어 있으면서 매우 혼란스러운 역설을 들추어 냈다. 20세기의 마지막 사반세기에 이 비판적 문제의 일부를 해결할 수도 있을 것이다.

위의 마지막 부분을 요약하면, 18세기의 대부분은 새롭고 강력한 방법인 미적분학을 개발하는 데 소요되었고, 19세기에는 앞 세기에 세워진 거대하지만 불확실한 구조물에 확고한 논리적 기초를 확립하려는 노력에 대부분의 힘을 쏟았으며, 20세기는 이미 얻어진 것들을 가능한 한 일반화하는 데 대부분의 시간을 썼고 현재의 많은 수학자들은 보다 깊은 기초적 문제들에 몰두하고 있다고 말할 수 있다. 이 일반적인 상황은 과학의 발달에 영향을 미치는 다양한 사회적 요인들에 의하여 복잡해진다. 18세기의 생명보험의 증가, 대규모 해군의 창설, 서유럽과 미국의 산업화에 의하여 19세기에 등장한 경제적·기술적 문제들, 20세기의 전 세계적인 전쟁 분위기, 전자계산기의 놀랄 만한 발달 및 오늘날의 외계를 정복하려는 응집된 노력 등의 요인들이 수학 분야에 있어서의 많은 실용적인 발전을 가져왔다. 수학이 순수와 응용으로 나뉘었으며, 전자의 연구는 대부분 그 분야 자체에 흥미를 지니게 된 전문가들에 의하여 이루어지고 후자는 즉각적인 실용화에 애착을 가진 사람들에 의하여 이루어지고 있다.

베르누이 일가

18세기 수학에 주요한 공적을 남긴 사람은 베르누이가(家)의 사람들, 드무아브르, 테일러, 매클로린, 오일러, 클레로, 달랑베르, 람베르트, 라그랑주, 라플라스, 르장드르, 몽주, 카르노 들이다. 이들의 수학은 대부분 역학과 천문학 분야에의 미적분학의 응용으로부터 시작되었다가 19세기가 한참 지난 후에야 비로소 이러한 관점에서 벗어났다. 이 절에서는 유명한 베르누이 일가(一家)에 관하여 알아보겠다.

수학과 과학의 역사에서 가장 뛰어난 가문 중의 하나는 17세기 후반부터 유능한 수학자와 과학자를 보통 이상으로 많이 배출한 스위스의 베르누이 가문이다. 그 가문의 기록은 수학적 업적의 일부를 이미 언급한 바 있는, 두 형제 야곱 베르누이(Jakob Bernoulli, 1654~1705)와 요한 베르누이(Johann Bernoulli, 1667~1748)로부터 시작된다. 이 두 사람은 라이프니츠의 논문이 〈학술기요〉에 등장하기 시작했을 때 이전의 직업적인 관심사를 포기하고 수학자가 되었다. 그들은 미적분학의 놀랄 만한 위력을 깨닫고 다양한 문제에 그 도구를 적용한 최초의 수학자들에 속한다. 야곱은 1687년부터 바젤 대학교의 수학 교수직에 있었다. 요한은 1697년 그뢰닝겐 대학교의 교수가 되었으며 1705년 야곱이 죽자 형의 바젤 대학교의 교수직을 승계받아 나머지 생애 동안 그 직에 있었다. 두 형제는 종종 격렬한 경쟁자로서 라이프니츠와 또 서로서로 각자의 의견을 교환했다.

야곱 베르누이의 수학적 업적 중에는 극좌표의 최초 사용(14장의 4번째 절 참조), 직교좌표와 극좌표 모두에서 평면 곡선의 곡률 반경을 구하는 공식의 유도, 현수선 연구, 많은 고차 평면 곡선들의 연구, 소위 등속강하곡선(isochrone), 즉 물체가 균일한 연직 속도로 떨어질 때 생기는 곡선(이것은 수직인 첨점 접선을 가지는 준삼차 포물선으로 판명되었다)의 발견, 한쪽 끝이 고정된 탄력 있는 막대에 의하여 다른 쪽 끝의 추를 이동시켜서 얻는 형태, 수평 높이가 같게 고정된 두 대각 꼭짓점을 가지는 유연한 사각형 판 위에 무거운 액체를 올려 놓았다고 가정하여 얻는 형태 및 바람을 가득 받은 사각형 돛 모양의 결정 등이 있다. 또한 **등주곡선**(isoperimetric figures, 최대넓이를 가지는 고정된 둘레의 평면 폐곡선)의 문제를 제시하고 고찰한, 따라서 변분법을 연구한 최초의 수학자 중의 한 사람이었다. 그는 또한(10장의 3번째 절에서 언급한 바와 같이) 수학적 확률을 최초로 공부한 수학자 중의 한 사람이었으며 이 분야에

야곱 베르누이
1654~1705

관한 책인 《추측술(推測術, Ars conjectandi)》은 그가 죽은 후인 1713년에 발간되었다. 현재 야곱 베르누이의 이름을 지닌 수학적 내용들이 여러 개 있다. 이들 중에는 통계학과 확률론의 '베르누이 분포'와 '베르누이 정리', 미분방정식의 첫 학기 강의에서 마주치는 '베르누이 방정식', 정수론의 '베르누이 수'와 '베르누이 다항식' 그리고 미적분학의 첫 학기 강의에 나오는 '베르누이의 연주형(lemniscate)' 등이 있다. 1690년 〈학술기요〉에 발표된 등속강하곡선 문제에 대한 야곱 베르누이의 풀이에서 최초로 '적분(integral)'이란 단어가 나온다. 라이프니츠는 적분을 '합분법(合分法, calculus summatorius)'이라 불렀는데, 1696년 라이프니츠와 요한 베르누이는 그것을 '적분법(calculus integralis)'이라 부르기로 동의했다. 야곱 베르누이는 등각나선(等角螺線)이 다양한 변환하에서도 그 자체를 재생성하는 것에 영향을 받아 아르키메데스를 모방하여 그의 묘비에 이 나선을 "Eadem mutata resurgo(나는 변하지만 똑같이 일어설 것이다)"라는 비문과 함께 새기기를 요청했다.

요한 베르누이는 그의 형 야곱보다도 더 수학에 풍부한 기여를 한 사람이다. 그는 비록 질투심이 많고 심술궂은 사람이기는 했지만 그 시대에서 가장 성공한 선생들 중의 한 사람이었다. 그는 미적분

요한 베르누이
1667~1748

학을 많이 보충하였고 유럽 대륙에서 이 새 분야의 유용성을 인정하게 만드는 데 매우 큰 영향을 끼쳤다. 우리가 알고 있는 바와 같이 (11장의 10번째 절 참조) 로피탈 후작이 요한과의 특이한 재정적 계약 아래 1696년 최초의 미적분학 교재를 만든 것은 바로 그의 자료였다. 잘 알려진 0/0꼴의 부정형의 계산법이 후에 미적분학 책에서 **로피탈의 정리**(l'Hospital's rule)로 잘못 알려지게 된 것은 바로 이러한 과정에서였다. 요한 베르누이는 반사와 굴절에 관련된 광학적 현상, 곡선 족의 수직궤적들의 결정, 급수에 의한 곡선의 길이 구하기와 면적의 구적, 해석적 삼각법, 지수함수의 미적분, 또 그 밖의 여러 분야와 관계가 있는 다양한 주제들에 관한 논문을 썼다. 보다 주목할 만한 그의 업적 중의 하나는 **최단강하선**(brachistochrone) 문제, 즉 중력장에서 주어진 두 점 사이를 움직이는 질점 중 가장 빠르게 하강하는 곡선을 결정하는 문제에 대한 공헌인데, 그 곡선은 적당한 사이클로이드의 한 호임이 판명되었다. 이 문제는 야곱 베르누이도 연구한 것이다. 사이클로이드는 또한 **등시곡선**(等時曲線, tautochrone) 문제, 즉 곡선 위의 어느 점에서 출발하든지 관계 없이 같은 시간에 주어진 점까지 질점이 도달하는 곡선의 결정 문제의 해이기도 하다. 요한 베르누이, 오일러 및 라그랑주가 보다 일반적으로 연구한 후자의 문제는 일찍이 호이겐스(1673)와 뉴턴(1687)이 푼 바 있고 호이겐스가 진자시계를 만드는 데 응용하였다(문제연구 10-6(c) 참조).

요한 베르누이는 니콜라스(1695~1726), 다니엘(1700~1782)과 요한 2세(1710~1790)의 세 아들을 두었는데 모두 18세기 수학자와 과학자로서 명성을 떨쳤다. 수학 분야에 전도가 유망했던 니콜라스는 상트페테르부르크 학술원에 초빙되었는데, 불행하게도 겨우 8개월 후에 그곳에서 익사하였다. 그는 곡선, 미분방정식, 확률론에 관한 논문을 썼다. 그가 상트페테르부르크에서 제안한 확률론의 한 문제가 후에 페테르부르크 역설(Petersburg paradox)로 알려지게 되었다. 그 문제는 다음과 같다. "A는 동전을 던졌을 때 첫 번째에 앞면이 나오지 않으면 1페니, 두 번째까지 앞면이 나오지 않으면 2페니, 세 번째까지 앞면이 나오지 않으면 4페니, 이렇게 계속하여 받기로 하였을 때 A의 기댓값은 얼마인가?" 수학적 이론에 의하면 A의 기댓값은 무한대인데, 이것은 역설적인 결과이다. 그 문제는 상트페테르부르크의 니콜라스 자리를 계승한 동생 다니엘이 연구하였다. 다니엘은 7년 후 바젤로 돌아왔다. 그는 요한의 세 아들 중 가장 유명하였고 온 정열을 확률론, 천문학, 물리학 및 유체역학에 쏟았다. 확률론에서 개연적 기댓값(moral expectation)의 개념을 고안하였고 1738년에 쓴 《유체역학(Hydrodynamica)》에는 현재의 초급 물리학 책에 나오는 그의 이름이 붙은 유체역학의 원리가 들어 있다. 그는 조수(潮水)에 관한 논문을 쓰고, 기체의 운동에너지를 입증했으며, 현의 진동을 연구하고 편미분방정식을 개척하였다. 세 아들 중 막내인 요한 2세는 법률 공부를 하였으나 인생 후반기를 바젤 대학교의 수학 교수로서 보냈다.

그는 특히 열과 빛의 수학적 이론에 관심이 많았다.

야곱과 요한의 조카인 니콜라스 베르누이(Nicolaus Bernoulli, 1687~1759)가 있었는데, 수학 분야에서 약간의 명성을 얻었다. 니콜라스는 한때 갈릴레이가 차지했던 파두아의 수학 교수직에 잠시 있었다. 그는 기하학과 미분방정식에 관하여 광범위하게 논문을 썼고 말년에는 논리학과 법률을 가르쳤다.

요한 베르누이 2세는 아버지처럼 법률을 공부했으나 수학으로 방향을 전환한 아들 요한 3세(1744~1807)를 두었다. 그는 겨우 19세의 나이에 베를린 학술원의 수학 교수 제의를 받았다. 그는 천문학, 우연설(doctrine of chance), 순환소수 및 부정 방정식에 관한 논문을 썼다.

선대보다 활약이 적었던 베르누이의 후손들에는 요한 2세의 다른 두 아들인 다니엘 2세(1751~1834)와 야곱 2세(1759~1789), 다니엘 2세의 아들인 크리스토프(1782~1863) 그리고 크리스토프의 아들인 요한 구스타브(1811~1863)가 있다.

그림 87은 베르누이가(家)의 족보를 나타낸 것이다.

그림 87

드무아브르와 확률론

18세기에 확률론에서 페르마, 파스칼, 호이겐스의 선구자적 사고가 상당히 다듬어져서 이론이 급속히 발전하였고, 그 결과 이 분야를 보다 깊게 다룬 야곱 베르누이의 《추측술》이 나왔다. 확률론에 기여한 사람들 가운데 중요한 한 사람이 1685년 낭트 칙령이 폐지된 후 보다 정치적 환경이 좋은 런던으로 이주한 프랑스 신교도인 드무아브르(Abraham De Moivre, 1667~1754)이다. 그는 영국에서 가정교사로 생활하였고 뉴턴과 친한 친구가 되었다.

드무아브르는 보험 통계수학의 역사에 중요한 역할을 한 《수명에 따른 연금(Annuities upon Lives)》, 확률론에 관한 새로운 자료들을 많이 담고 있는 《우연설(Doctrine of Chances)》, 순환급수, 확률론, 해석적 삼각법에 기여한 《해석기요(Miscellanea analytica)》 등으로 특히 주목받고 있다. 드무아브르는 통계학 연구에서 매우 중요한 확률적분

$$\int_0^\infty e^{-x^2}dx = \frac{\sqrt{\pi}}{2}$$

와 정규 도수곡선

$$y = ce^{-hx^2} \quad (c\text{와 } h\text{는 상수})$$

을 처음 취급한 사람으로 여겨진다. 잘못 명명된 **스털링 공식**(Stirling's formula), 즉 매우 큰 n에 대하여

$$n! \approx (2\pi n)^{\frac{1}{2}} e^{-n} n^n$$

은 드무아브르가 유도한 것이며 이는 큰 수의 계승을 어림셈하는 데

매우 유용하다. 드무아브르 이름으로 알려졌고 모든 방정식론 책에서 발견되는 낯익은 공식

$$(\cos x + i \sin x)^n = \cos nx + i \sin nx, \quad i = \sqrt{-1}$$

은 n이 자연수인 경우에 잘 알려진 드무아브르 공식이다. 이 공식은 해석적 삼각법의 시금석이 되었다.

드무아브르의 죽음에 관해 전해지는 재미있는 우화가 하나 있다. 이야기에 따르면 드무아브르는 매일 전날보다 15분씩 더 자야 하는 것을 알았다. 이 등차수열이 24시간에 이르렀을 때 드무아브르는 죽었다.

18세기에 보험업이 크게 성행하였고 수많은 수학자들이 이것의 기초가 되는 확률론에 관심을 갖게 되었다. 그 결과 확률론을 새 분야에 응용하려는 노력과 관심이 고조되었다. 이러한 경향에 따라 루이 14세의 파리 정원의 관리자이며 자연사(自然史)에 관한 36권짜리 책으로 잘 알려진 드 뷔퐁(Comte de Buffon, 1707~1788)은 1777년에 기하학적 확률의 최초의 예인 π값을 실험적으로 어림 계산하기 위한 그의 유명한 '바늘문제(needle problem)'를 제시하였다(4장의 8번째 절과 문제연구 12.5 참조). 확률론을 사람들이 재판하는 상황, 가령 각 배심원이 진실을 말하거나 이해하는 가능성을 나타내는 수치가 주어질 수 있을 때 재판이 올바른 판결에 도달할 수 있는 가능성의 계산에 적용하려는 노력 또한 있었다. 계몽철학이 함축적으로 곁들어진 이 〈재판의 확률(probabilité des jugements)〉은 프랑스 혁명의 옹호자였으나 혁명을 추종하는 극단적인 지식계급 중 불행한 희생자 가운데 하나인 콩도르세(Antoine-Nicolas Caritat Marquis de Condorcet, 1743~1794)의 논문 중 가장 뛰어난 것이다.

콩도르세의 결론 중의 하나는 사형은 폐지되어야 한다는 것이다. 왜냐하면 한 번의 결정이 옳을 확률이 아무리 크다 하더라도 결정

과정에서 결백한 사람이 부당하게 벌을 받게 될 가능성이 존재할 수 있기 때문이다.

테일러와 매클로린

미적분을 공부하는 학생들은 매우 유용한 함수의 테일러 전개와 매클로린 전개를 통하여 영국의 수학자 테일러(Brook Taylor, 1685~1731)와 스코틀랜드 수학자 매클로린(Colin Maclaurin, 1698~1746)의 이름을 잘 알고 있다. 테일러가 (수렴성의 고찰 없이) 잘 알려진 전개 정리

$$f(a+h)=f(a)+hf'(a)+\frac{h^2}{2!}f''(a)+\cdots$$

를 발표한 때가 1715년이다. 1717년에 테일러는 다음과 같이 수치 방정식의 해에 그의 급수를 적용하였다. "a를 $f(x)=0$의 근의 근삿값이라 하고 $f(a)=k$, $f'(a)=k'$, $f''(a)=k''$, $x=a+h$라 놓자. $0=f(a+h)$를 급수 전개하여 h의 2차 이상의 항을 무시하고 k, k', k''의 값을 대입하면 h를 구할 수 있다. 이 과정을 계속 되풀이하여 보다 근접한 근삿값을 얻을 수 있다." 원근법에 관한 테일러의 일부 논문은 오늘날 비행기에서 찍은 사진으로 측량하는 사진 측량법의 수학적 처리에 응용되고 있다.

테일러 급수의 중요성이 완전히 인정받게 된 것은 오일러가 그것을 미분법에 적용한 1755년의 일이며 라그랑주가 잉여량을 첨가한 급수를 함수론의 기초로 이용한 것은 훨씬 후의 일이다.

테일러는 케임브리지 대학교의 성 존스 칼리지에서 공부하였으며 일찍부터 수학에 뛰어난 소질을 보였다. 그는 영국 학술원 회원

으로 허락받았으며, 그곳의 간사가 되었으나 저술에 전념하기 위해서 서른네 살의 나이에 사임하였다.

매클로린은 18세기의 유능한 수학자 중의 한 사람이다. 소위 매클로린 전개라 불리는 것은 단지 테일러 전개에서 $a=0$인 경우이며, 매클로린이 《유율법 연구(Treatise Fluxions)》(2vols., 1742)에서 그것을 사용하기 수년 전 테일러에 의하여 또한 스털링(James Stirling, 1692~1770)에 의하여 실제적으로 명백히 주어졌다. 매클로린은 기하학 특히 고차원 곡선에 관하여 매우 유명한 논문을 썼으며, 고전 기하학을 물리 문제들에 응용하는 데 큰 공헌을 했다. 응용수학에 관한 그 많은 논문 중에는 상(賞)을 받은 조수의 수학적 이론에 관한 논문이 있다. 그의 《유율법 연구》에는 회전하는 두 타원체의 인력에 관한 고찰이 실려 있다.

매클로린은 수학의 천재였다. 11세의 나이에 글래스고 대학교에 입학이 허가되어 15세에 석사학위를 받았으며 중력의 힘에 관한 학위논문의 훌륭한 공개 심사를 받았다. 19세에는 에버딘에 있는 매리스칼 대학교의 수학 교수직에 선발되었고 21세에 최초의 중요한 책 《기하학의 기본(Geometria organica)》을 발간하였다. 27세에는 에든버러 대학교의 수학 교수의 조교가 되었다. 조교 수당을 얻는 데 약간의 어려움이 있었지만 대학교가 이 뛰어난 젊은이를 고용할 수 있도록 뉴턴이 개인적으로 비용을 부담하였다. 오래지 않아 매클로린은 그가 돕던 교수를 승계하였다. 미분에 관한 논문은 그가 죽기 겨우 4년 전인 44세 때 나왔는데 이것은 뉴턴의 유율법에 관한 최초의 논리적이고 체계적인 해설이며 미적분학의 원리들에 관한 버클리(Bishop Berkeley)의 공격에 대한 답으로서 매클로린이 쓴 것이다(문제연구 14.8 참조).

초등 미적분학을 공부하는 학생들이 마주치는 두 사람, 테일러와 매클로린을 고찰하였으므로 비슷하게 마주치는 또 한 사람을 언급하지 않을 수 없다. 1652년 오베르뉴의 아베르에서 태어나 1719년 파리에서 세상을 떠난 롤(Michel Rolle)이다. 그는 프랑스 육군성과 관계가 있었으며 기하학과 대수학에 관한 논문을 썼다. $f'(x)=0$은 연속하는 $f(x)=0$의 두 실근 사이에 있는, 적어도 하나의 실근을 가진다는 그의 이름이 붙은 초등 미적분학의 정리는 그가 만든 것이다. 미적분학 과정의 교과서는 대개 이 정리로부터 매우 유용한 '평균값의 정리(theorem of mean value)'를 이끌어 낸다.

오일러

오일러(Leonhard Euler)는 이미 많이 언급한 바 있다. 오일러는 1707년 스위스의 바젤에서 태어났다. 처음에는 신학 분야로 발을 디뎠지만 진짜 적성은 수학에 있다는 것을 알았다. 수학에 흥미를 가졌던 칼뱅교의 목사인 아버지는 그에게 수학의 기초를 가르쳐 주었다. 아버지는 야곱 베르누이 밑에서 수학을 공부했었기에 아들은 요한 베르누이 밑에서 공부하기로 정해졌다.

오일러가 겨우 20세 때인 1727년에 표트르 대제가 설립한 상트페테르부르크 학술원에 관계하고 있던 두 친구 다니엘과 니콜라스 베르누이가 러시아 학술원에 오일러를 위한 자리를 확보했다. 오일러는 다니엘이 바젤의 수학 교수직을 얻은 후 곧바로 러시아를 떠나서 학술원의 수학주임이 되었다.

상트페테르부르크 학술원에서 14년 동안의 화려한 활동을 한 후 오일러는 베를린으로 와서 프로이센 학술원을 이끌어 달라는 프리드리히 황제의 초청을 수락하였다. 오일러는 프로이센 학술원에서 25년 동안 있었으나 순진한 성격 때문에 프리드리히 대왕에게 더 충성

오일러
1707~1783

하려는 자들과 조화를 이루지 못해 오랫동안 사소한 오해를 받았다. 오일러를 매우 존경한 러시아인들은 그가 프로이센으로 떠난 후까지도 약간의 월급을 계속 지급하였다.

프리드리히 대왕 진영의 냉대와는 대조적으로 러시아인들의 그에 대한 온정으로 오일러는 1766년 상트페테르부르크 학술원으로 돌아오라는 캐서린 황제의 초청을 받아들였다. 거기에서 그는 나머지 17년의 생애를 보낸 후 1783년 76세의 일기로 세상을 떠났다.

오일러는 실로 수학사의 역사상 가장 많은 저술을 하였는데 그 결과 수학의 각 분야에 그의 이름이 붙어 있지 않은 것이 없다. 상트페테르부르크 학술원으로 돌아온 직후 불행하게도 완전히 눈이 멀게 되었지만 그의 놀랄 만한 저술에 거의 영향을 받지 않았다는 사실은 흥미롭다. 그는 이미 1735년부터 오른쪽 눈을 실명했기 때문에 왜 그의 초상화가 그런 포즈로 그려졌는지 설명해 준다. 눈이 먼 것은 수학자에게 극복할 수 없는 장애인 것처럼 생각되지만 베토벤이 청각을 잃은 것처럼 오일러가 시각을 잃은 것도 그의 굉장한 창작 활동을 결코 해치지는 못했다. 그는 큰 장애 속에서도 비상한 기억력과 집중력으로 비서가 받아쓸 수 있도록 구술하고 큰 석판에 분필로 공식을 써서 창작 활동을 계속했다. 오일러는 생애 동안 530편의 책과 논문을 발간했고 죽을 때 사후 47년 동안 상트페테르부르크 학술원의 회보를 보강하기에 충분한 원고를 남겼다. 886점의 책과 논문 등을 담고 있는 오일러의 저작을 총망라한 기념집을 1909년 스위스 자연과학회에서 만들기 시작했는데, 사절판 73권에 이르는 방대한 분량으로 계획되었다.

수학에 대한 오일러의 업적은 너무 많아서 여기에서 전부 상술할 수는 없으나 기초분야에 관한 약간의 업적을 살펴볼 수는 있다. 우선 무엇보다도 다음 표기들이 오일러에 의하여 관례화되었다.

$f(x)$: 함수 표기

e : 자연대수의 밑

$a,\ b,\ c$: 삼각형 ABC의 변

s : 삼각형 ABC의 둘레의 반

r : 삼각형 ABC의 내접원의 반지름

R : 삼각형 ABC의 외접원의 반지름

Σ : 합의 기호

i : 허수의 단위, $\sqrt{-1}$

매우 우아한 공식 인

$$e^{ix} = \cos x + i \sin x$$

또한 오일러가 만들었는데, $x = \pi$일 때 이는 다음의 공식

$$e^{i\pi} + 1 = 0$$

이 된다. 이 식은 바로 수학에서 가장 중요한 다섯 개의 수가 들어있는 관계식이다. 오일러는 순전히 전형적인 과정들에 의하여

$$i^i = e^{-\pi/2}$$

와 같은 수많은 진기한 관계식을 얻었고 임의의 0이 아닌 실수 r은

$r < 0$이면 모두 허수이고, $r > 0$이면 하나를 제외하고 모두 허수인 (주어진 밑에 대한) 무수히 많은 로그를 가진다는 사실을 증명하는 데 성공하였다. 대학 기하학에서 한 삼각형에 대한 오일러 직선을 볼 수 있고(문제연구 14.1), 방정식론에서 4차 방정식을 푸는 오일러의 해법과 마주치며 수론의 가장 기본적인 과정에서도 오일러의 정리와 오일러의 ϕ 함수를 만난다(문제연구 10.4 참조). 고등 미적분학에 나오는 β 함수, γ 함수는 월리스가 예시하였지만 오일러가 만든 것이다. 오일러는 미분방정식의 해를 구하는 데 적분인수 개념을 사용하였고 상수 계수를 가지는 선형 미분방정식의 체계적인 해법을 제시하였으며 동차와 비동차 선형 미분방정식을 구분하였다. 미분방정식

$$x^n y^{(n)} + a_1 x^{n-1} y^{(n-1)} + \cdots + a_n y^{(0)} = f(x)$$

는 오늘날 **오일러의 미분방정식**으로 알려지고 있다. 오일러는 $x = e^t$를 대입하면 이 방정식이 상수계수를 가지는 선형 미분방정식으로 바뀐다는 것을 보였다. "$f(x,\ y)$가 n차의 동차식이면 $xf_x + yf_y = nf$이다"라는 정리는 오늘날 동차함수에 관한 오일러의 정리로 알려지고 있다. 오일러는 연분수 이론을 최초로 발전시킨 사람 중의 하나이다. 그는 미분기하, 유한 차분법, 변분법 분야들에 두드러진 공헌을 하였고, 정수론을 크게 보강하였다. 그의 소(小) 논문 중의 하나에는 다면체의 꼭짓점의 개수 v, 변의 개수 e, 면의 개수 f 사이의 관계식

$$v - e + f = 2$$

가 나온다. 또 다른 논문에서는 **원형곡선**(orbiform curves), 즉 원과 같이 일정한 폭을 가지는 볼록 타원 모양의 곡선을 고찰했다. 그는 (쾨니히스베르크의 일곱 개의 다리에서 영감을 얻은) 한붓그리기 문

제, 체스판 위의 요각의 나이트 길 그리고 그리스-라틴 사각형 등의 수학적 오락에 관한 여러 편의 논문을 썼다. 물론 주로 응용수학, 특히 달에 관한 이론, 조수, 천체 역학의 삼체 문제, 타원체의 인력, 수리학, 조선학, 포술학 및 음악이론에 관하여 저술하였다. 연역적 논증의 타당성을 조사하는 데 사용되는 오일러 도표는 오일러가 고안한 것인데 프리드리히 대왕의 조카인 필리피네폰 쉬베트 공주에게 보낸 편지 중의 하나에 들어 있다. 7년 전쟁(1756~1763) 동안 베를린 왕실은 모두 마그데부르크에 체류하였으므로 오일러는 베를린의 집에서 편지로 공주를 가르쳤다.

오일러는 능숙한 교재 집필자였는데, 거기에서 자료를 매우 분명하고 상세하며 완벽하게 기술하였다. 이 교재 중에는 1748년의 2권으로 된 유명한 《무한소 해석(Introductio in analysin infinitorum)》, 1755년의 대단히 귀중한 《미분법(Institutiones calculi differentialis)》, 세 권으로 묶은 1768~1774년의 《적분법(Institutiones calculi integralis)》이 있다.

이 책은 역학과 대수학에 관한 다른 책과 함께 문체, 영역, 표기법에 있어서 다른 어떤 책보다 더 오늘날의 많은 대학 교재들의 표본이 되고 있다. 오일러의 교재는 오랫동안 인기를 유지했으며 현재까지도 매우 흥미롭고 유익한 독서물이 되고 있다. 누구나 오일러의 수많은 착상을 보고 놀라지 않을 수 없으며 그 사람 이후에 나온 매우 많은 위대한 수학자들은 그의 덕을 보았다고 해도 과언이 아니다.

오일러의 일부 논문은 18세기의 형식주의, 즉 수렴성과 수학적인 존재성의 문제, 무한한 과정을 포함하는 방식의 문제를 철저히 고찰하지 않고 교묘히 조작하는 것의 대표적인 예를 보여 준다는 사실을 짚고 넘어가는 것이 공평할 듯하다. 그는 무한급수를 이용하는 데 신중하지 않아서 종종 유한 합에서만 성립하는 법칙에 그것을 적용하였다. 멱급수를 무한차의 다항식으로 간주하여 그것을 유한차 다항식의 잘 알려진 성질에까지 무분별하게 확장하였다. 그런 사려 깊지 못한 접근 방법에도 불구하고 참으로 뜻깊은 결과들을 운 좋게도 자주 얻었다(예를 들어 문제연구 12.6을 참조하라).

오일러의 지식과 관심은 결코 수학과 물리학에만 국한된 것은 아니었다. 그는 천문학, 약학, 식물학, 화학, 신학, 동양 언어에 관한 광범위한 지식을 지닌 뛰어난 학자였다. 저명한 로마 작가들의 작품을 세심하게 읽고, 모든 시대와 국가의 사회사와 문학사에 정통하였으며, 언어와 문학의 많은 분야에서 폭넓은 지식을 보여주었다. 의심할 바 없이 이 다양한 분야에서 그의 비상한 기억력의 도움을 크게 받았다.

물리학자이며 천문학자인 아라고(François Arago, 1786~1853)가 "오일러는, 거의 은유법을 쓰지 않고 과장도 없이, 말하자면 해석학의 화신이라 불릴 수 있을 것이다. 오일러는 사람이 숨을 쉬듯, 독수리가 공중에 떠 있듯이 어떤 외견상의 노력 없이 계산했다."고 칭찬한 것 등, 열렬한 찬사가 오일러에게 쏟아졌다.

오일러는 13명의 자녀를 두었다. 그의 큰아들 요한 알브레히트 오일러(Johann Albrecht Euler, 1734~1800)는 물리학 분야에서 약간의 명성을 얻었다.

클레로, 달랑베르, 람베르트

클레로(Alexis Claude Clairaut)는 1713년 파리에서 태어나서 1765년 그곳에서 죽었다. 그는 11세 때 3차원 곡선에 관한 논문을 쓸만큼 젊은 수학 천재였다. 이 논문과 공간상에서 꼬인 곡선의 미분기하학에 관한 후속 논문으로 인해 18세의 비합법적인 나이에 프랑스

클레로
1713~1765

과학원의 자리를 차지하였다. 1736년 그는 모페르튀(Pierre Louis Moreau de Maupertuis, 1698~1759)와 함께 지구의 자오선 중의 하나에 대한 1도의 길이를 재기 위하여 랩랜드로 탐험을 떠났다. 이 탐험은 지구 모양에 관한 논쟁을 수습할 책임을 지고 있었다. 뉴턴과 호이겐스는 수학적 이론으로부터 지구는 극부분에서 평평해져 있다고 결론을 내린 바 있다. 그러나 1712년경 이탈리아의 천문학자이며 수학자인 지오바니 도메니코 카시니(Giovanni Domenico Cassini, 1625~1712)와 프랑스 태생 아들 자크 카시니(Jacques Cassini, 1677~1756)는 던커크로부터 퍼피그난으로 뻗은 경도의 호의 길이를 재어 지구는 극에서 길게 늘려져 있다는 데카르트의 주장을 뒷받침했다. 랩랜드에서 얻은 측정치는 의심할 바 없이 뉴턴-호이겐스의 확신을 확인시켜 주었고 모페르튀는 '지구를 평평하게 한 사람'이라는 별명이 붙었다. 프랑스로 돌아온 후인 1743년에 클레로는 〈지구의 형태론(Théorie de la figure de la Terre)〉을 발간하였다. 1752년 그는 약간의 미해결 문제를 해결한 달의 운동에 관한 수학적 연구인 그의 논문 〈달의 이론(Théorie de la Lune)〉으로 상트페테르부르크 학술원으로부터 상을 받았다. 그는 현재 미분방정식의 기초 교과서에 **클레로의 미분방정식**으로 알려져 있는

$$y = px + f(p), \quad p = \frac{dy}{dx}$$

를 미분하는 방법을 써서 특이해를 찾아냈으나 이 방법은 테일러가 보다 먼저 사용한 바 있다. 1759년 그는 핼리 혜성이 돌아오는 것을 약 한 달 정도의 오차로 계산했다.

클레로에게는 겨우 16세에 천연두로 죽었으나 14세 때 기하학에 관한 논문을 읽고 15세 때 기하학에 관한 논문을 발표한, 수학사에서 단지 '막내 클레로(le cadet Clairaut, 1716~1732)'로만 알려진, 그보다 세 살 어린 동생이 있었다. 그의 아버지 장 바티스 클레로(Jean Baptise Clairaut, 1765년에 죽었다)는 수학 교사이자 베를린 학술원의 통신원이었고 기하학에 관한 글을 썼다. 그는 20명의 자식을 두었는데 단 한 명만 그보다 오래 살았다.

아마도 여기에서 오늘날 학생들이 미분방정식의 첫 학기 강의에서 마주치게 되는 또 하나의 미분방정식과 함께 유명한 수학 가족을 언급하는 것이 적절할 것 같다. 방정식

$$y' = p(x)y^2 + q(x)y + r(x)$$

는 니콜라스 베르누이(야곱과 요한의 조카)가 선생으로 있을 때 파두아에서 공부한, 상당히 부자인 리카티(Giacomo Ricatti, 1676~1754)의 이름을 따서 **리카티 미분방정식**이라 불린다. 위 방정식에 대한 연구 외에 리카티는 물리학, 측량, 철학에 관한 논문을 쓰고, 뉴턴의 연구를 이탈리아에 알리는 데 큰 역할을 했다. 리카티 미분방정식의 특별한 경우는 야곱 베르누이와 다른 사람들이 연구하였고, 이 방정식의 한 특수해 $v = f(x)$가 알려져 있으면 $y = v + 1/z$로 치환하여 이 방정식을 z에 관한 선형미분방정식으로 바꿀 수 있다는 것을 최초로 지적한 사람은 오일러였다. 지아코모 리카티의 둘째 아들 빈센초 리카티(Vincenzo Ricatti, 1707~1775)는 예수회 수학

달랑베르
1717~1783

교수가 되었고 미분방정식, 무한급수, 구적, 쌍곡선함수에 관하여 연구했다. 지아코모의 셋째 아들 지오다노 리카티(Giordano Ricatti, 1707~1790)는 뉴턴의 연구물, 기하학, 3차 방정식, 물리학 문제에 관하여 연구했다. 다섯 째 아들 프란세스코 리카티(Francesco Ricatti, 1718~1791)는 기하학의 건축 응용에 관한 논문을 썼다.

달랑베르(Jean-le-Rond d'Alembert)는 클레로와 마찬가지로 파리에서 태어나서 파리에서 죽었다. 그는 갓난아이 때 성 장-르-롱(Saint Jean-le-Rond) 교회 근처에 버려졌는데, 거기에서 한 헌병이 발견하여 그 지명을 이름으로 하여 서둘러 세례를 받게 하였다. 달랑베르는 후에 덧붙여졌다.

달랑베르와 클레로는 종종 적의가 있는 과학적인 경쟁을 했다. 24세의 나이에 달랑베르는 프랑스 학술원에 들어갔다. 1743년에 현재 그의 이름이 붙어 있는 동역학의 중요한 원리에 기초를 둔 논문인 〈역학 이론(Traité de dynamique)〉을 발표했다. 1714년에 액체의 평형상태와 운동에 관한 논문에서, 그리고 1746년에는 바람의 원인에 관한 논문에서 그의 원리를 적용하였다. 각 논문에서, 또한 현의 진동에 관한 1747년의 한 논문에서 편미분방정식과 마주치게 되어 이 분야 연구에 개척자가 되었다. 그의 원리를 이용하여 그는 세차 운동의 난제에 대한 완전한 해답을 구할 수 있었다. 달랑베르는 해석학의 기초에 관심을 보였다. 1754년 해석학의 기초를 튼튼히 하기 위하여 확실한 극한 이론이 필요하다는 중요한 제안을 하였으나 대부분의 동시대인은 그의 제안에 거의 유의하지 않았다. 달랑베르는 오늘날 프랑스에서 **달랑베르의 정리**로 알려진 대수학의 기본 정리(복소계수를 가지는 1차 이상의 모든 대수방정식 $f(x)=0$은 적어도 하나의 복소근을 가진다)를 증명하려고 매우 열심히 연구하였다. 위에서 살펴본 미분방정식을 리카티 미분방정식이라 명명한 사람도 바로 달랑베르였다.

달랑베르도 오일러처럼 법률, 의학, 수학, 과학에 뛰어난 지식을 지닌 사람이었다. 많은 공통 관심사를 지닌 두 사람은 서로 수많은 주제에 관하여 서신 왕래를 했다. 달랑베르는 그 시대의 다른 수학자들과 마찬가지로 $(-x)^2 = x^2$이므로 $\log(-x)^2 = \log x^2$이고 따라서 $2\log(-x) = 2\log x$이고, 결국 $\log(-x) = \log(x)$라는 생각을 해서 음수에 대한 로그의 특성에 관하여 당황하고 있었다. 1747년에야 오일러는 음수에 대한 로그의 올바른 처리를 설명하는 답장을 달랑베르에게 쓸 수 있었다. 오일러의 베를린 거주가 끝나갈 무렵, 프리드리히 황제가 달랑베르를 프로이센 학술원의 장으로 초청했으나 달랑베르는 그 시대의 어떤 학자도 위대한 오일러보다 학문적으로 높은 자리에 앉는 것은 적절하지 못하다고 주장하면서 거절했다. 달랑베르는 러시아에서 일하라는 캐서린 황제의 초청과 후한 봉급의 제의에도 불구하고 그것을 거절했다. 1754년 달랑베르는 프랑스 학술원의 종신 서기(終身書記)가 되었다. 그는 나머지 생애를 디드로(Denis Diderot)와 함께 시작한 유명한 프랑스 대백과사전 일에 몰두했다. 달랑베르는 오일러가 죽은 해인 1783년 죽었다.

달랑베르가 한 말 중 유명하고 자주 인용되는 말(때때로 기초 대수 강의에서 인용할 가치가 있는)은 "대수는 관대하여 종종 요구하는 것보다 더 많은 것을 준다."이다. 그는 또한 언젠가 "기하학적 사실은 어떤 의미에서 물리학적 사실과 점근적이다. 즉 후자는 전자에 완전히 도달하지는 않고 무한히 가까이 접근한다."고 적절하게 언급했다. 아마도 수학에 관한 달랑베르의 논평 중 가장 통찰력 있는 것은 다음일 것이다. "만일 사람들이 서로 떨어져 살았고 그러한 상황에서 자기보존 이외의 무슨 일이든지 할 수 있었다면 그들은 유쾌한 예술의 장려보다 정밀 과학의 연구를 더 좋아했을 것이라는 점을 나는 의심하지 않는다. 전자에 뛰어나려고 마음먹는 것은 주로 다른 사람들을 위해서이고 후자에 전념하는 것은 그 자신을 위해서이다. 따라서 나는 무인도에서 시인은 거의 쓸모가 없는 반면에 수학자는 여전히 발견의 기쁨을 느낄 것이라고 생각할 수밖에 없다."

클레로나 달랑베르보다 약간 어린 람베르트(Johann Heinrich Lambert)는 당시 스위스의 영토였던 뮐루즈(알사스)에서 태어났다. 람베르트는 매우 재능 있는 수학자였다. 가난한 재단사의 아들인 그는 대부분 독학으로 공부했다. 훌륭한 상상력을 가지고 있었고, 그의 결과들을 매우 주의를 기울여 엄밀하게 입증하였다. 사실상 람베르트는 π가 무리수인 것을 엄밀하게 증명한 최초의 수학자였다. 그는 x가 0이 아닌 유리수라면 $\tan x$는 유리수가 될 수 없고, $\tan \pi/4 = 1$이므로 $\pi/4$ 또는 π는 유리수가 될 수 없음을 밝혔다. 또한 쌍곡선함수 이론에 대한 최초의 체계적인 발전도 람베르트의 공적이고, 실제로 이 함수에 대한 오늘날 표기법은 그가 만든 것이다. 람베르트는 도형 기하학, 혜성의 궤도 결정, 지도를 만드는 데 사용되는 평면도법 이론(이 평법도법 중 많이 사용되는 하나에는 현재 그의 이름이 붙어 있다) 등 수많은 주제의 수학에 주목할 만한 공헌을 한, 다방면으로 박식한 학자였다. 한때 그는 언젠가 라이프니츠가 개설(概說)한 종류의 수리논리를 연구하려 했다. 1766년 그는 〈평행선의 이론(Die Theorie der Parallellinien)〉이란 제목의 유

람베르트
1728~1777

클리드 평형공준을 고찰한, 사후에 출판된 논문을 썼는데 그것으로 인해 그는 비유클리드 기하학 발견의 선구자 중의 하나에 속하게 되었다(13장의 6번째 절 참조).

람베르트는 잠깐 동안 프로이센 학술원에서 오일러의 조교로 있었다. 언젠가 프리드리히 대왕이 람베르트에게 "그대는 어느 분야의 과학에 유능한가"라고 묻자 람베르트는 짧막하게 "전부입니다"라고 대답했다고 전해진다. 람베르트는 가우스가 태어난 해인 1777년에 죽었다.

라그랑주

18세기의 가장 위대한 두 수학자는 오일러와 라그랑주(Joseph Louis Lagrange)이고 둘 중 누가 더 위대한가는 종종 논쟁자들의 서로 다른 수학적 감수성을 반영하는 논쟁거리이다. 라그랑주는 이탈리아 튜린의, 전에는 부유했던 프랑스와 이탈리아의 배경을 가진 가문에서 태어났으며, 11명의 형제 중 막내였고, 성년이 되도록 생존한 유일한 아이였다. 튜린에서 공부하고 젊은 나이에 그곳 사관학교에서 수학 교수로 복무했다. 1766년 오일러가 베를린을 떠났을 때 프리드리히 대제가 '유럽에서 가장 위대한 왕'이 그의 궁정에 '유럽에서 가장 위대한 수학자'가 있기를 희망한다고 라그랑주에게 편지를 보냈다. 라그랑주는 그 초청을 받아들여서 오일러가 떠난 자리를 20년 동안 지켰다. 베를린을 떠난 몇 년 후 프랑스의 혼란스러운 정치적 상황에도 불구하고 라그랑주는 새로 설립된 에콜 노르말, 그 후 에콜 폴리테크니크의 교수직을 수락했다. 전자의 학교는 얼마 안 있어 없어졌지만 후자의 학교는 많은 현대 프랑스의 위대한 수학자들이 그곳에서 공부하고 교수직을 가졌기 때문에 수학사에서 유명하게 되었다.

라그랑주는 프랑스 혁명에서 테러의 잔학함에 혐오감을 갖게 되었다. 위대한 화학자 라부아지에가 단두대로 갔을 때 라그랑주는 어리석은 사형집행에 분개하여 다음과 같이 말했다. "폭도가 그의 머리를 자르는 것은 한 순간이지만 그것을 복원하기에는 1세기도 충분하지 않을 것이다."

말년에 라그랑주는 고독과 절망감에 매우 시달렸는데 그는 56세 때 그보다 거의 40세 가까이 어린 소녀를 만나 사귀기 시작하면서

라그랑주
1736~1813

여기에서 벗어났다. 그녀는 친구인 천문학자 레모니에(Lemonnier)의 딸이었다. 그의 불행을 자주 접한 그녀가 결혼할 것을 고집한 끝에 라그랑주가 굴복하여 결혼을 했다. 그녀는 그에게 매우 헌신적이고 적임인 친구였으며 남편을 위로하여, 살고 싶은 욕망을 일깨워주는 아내였다. 세상에서 받은 상 중에서 가장 가치있다고 생각하는 것은 바로 부드럽고 헌신적인 어린 아내라고 그는 정직하고 순수하게 주장했다.

라그랑주의 연구는 후세 수학 연구에 매우 깊은 영향을 끼쳤다. 왜냐하면 해석학의 기초의 불만족스러운 상태를 깨닫고 미적분학을 엄밀하게 하려고 시도한 최초의 수학자였기 때문이다. 성공과는 거리가 멀었던 그 시도는 1797년 그의 위대한 저서 《미분의 원리를 포함하는 해석함수론(Théorie des fonctions analytiques contenant les principes du calcul différentiel)》에서 행해졌다. 여기서 주요한 개념은 테일러 급수에 의한 함수 $f(x)$의 전개식이다. h에 관한 $f(x+h)$의 테일러 전개에서 도함수 $f'(x)$, $f''(x)$, $\cdots$은 h, $h^2/2!\cdots$의 계수로서 정의된다. 오늘날 매우 일반적으로 사용하는 표기 $f'(x)$, $f''(x)$, $\cdots$은 라그랑주가 만든 것이다. 라그랑주는 그의 접근 방법이 극한의 사용을 피한 것이라고 생각했으나 수렴과 발산에 관한 문제에 충분한 주의를 기울이지 않았고 이 개념이 극한 개념에 의존했기 때문에 그 접근방법은 목표에 도달하지 못했다. 그럼에도 불구하고 여기에서 '실변수 함수 이론'이 처음으로 다루어졌다. 라그랑주의 다른 두 위대한 논문은 〈모든 차수의 수치 방정식의 해법(Traité de résolution des équations numériques de tous degrés)〉(1767)과 그의 불후의 논문 〈해석적 역학(Mécanique analytique)〉(1788)인데, 전자는 연분수를 써서 방정식의 실근의 근삿값을 구하는 방법을 제시했고, (해밀턴 경이 '과학적 시'라고 표현한) 후자는 오늘날 '라그랑주의 방정식'으로 알려진 동역학계의 일반적인 운동

방정식을 담고 있다. 미분방정식에서의 그의 연구(예를 들어, 매개변수 변화법)와 특히 편미분방정식에 관한 연구는 매우 유명하고, 변분법에 관한 연구는 그 분야의 발전에 많은 공헌을 하였다. 라그랑주는 정수론에도 흥미를 가져서 모든 양의 정수는 네 개 이하의 제곱수의 합으로 표시될 수 있다는 정리의 증명을 처음 발표하는 등 이 분야에서도 중요한 논문들을 썼다. 방정식론에 관한 그의 초기연구의 일부에 의하여 후에 갈루아가 군론을 공부하게 되었다. 유한군 G의 부분군의 위수는 G의 위수의 약수라는, 군론의 중요한 정리는 **라그랑주의 정리**라 불린다. 라그랑주는 이 책의 앞 부분에서 수없이 많이 언급된 바 있다.

오일러는 직관을 자유로이 사용하여 상세하게 논문을 쓴 반면에 라그랑주는 엄밀하게 하려고 노력하면서 간결하게 썼다. 수학을 형식적으로 교묘히 조작하는 사람은 종종 그의 펜이 지능을 앞지르는 불쾌한 느낌을 경험하게 되는데 이것이 바로 오일러가 종종 잊어버릴 수 없다고 고백했던 그 느낌이다. 라그랑주는 보다 큰 수학적 양심을 가진 듯하며 그의 방식은 '현대적'이었고 그는 최초의 진정한 해석학자로서 특징지어질 수 있다. 위대한 음악가들은 능숙한 연주자 또는 작곡자로 분류될 수 있는데 몇몇 사람은 연주와 작곡 모두에 능통하기도 한다. 마찬가지로 모든 위대한 수학자들은 형식적인 시행 전문가 또는 이론 창조 전문가로 분류될 수 있고, 몇몇은 둘 모두에 속한다. 오일러는 주로 위대한 형식적인 시행자였고 라그랑주는 위대한 이론가였으며 가우스는 둘 모두를 겸비한 탁월하게 뛰어난 학자였다. 따라서 오일러는 하이페츠, 라그랑주는 베토벤, 가우스는 바흐에 비유될 수 있다.

라그랑주는 언젠가 "수학자는 그가 거리에 나가서 마주친 첫 번째 사람에게 그것을 효과적으로 설명할 수 있을 만큼 명백히 해야만 비로소 논문 한 편을 완전하게 이해했다고 할 수 있다."라고 말했다.

이 이상(理想)은 때로는 불가능하게 보이지만 거의 시간이 해결해 준다. 뉴턴의 만유인력법칙도 처음에는 고등교육을 받은 사람도 이해할 수 없는 것이었으나 오늘날에는 상식이 되었다. 아인슈타인의 상대성 이론도 비슷한 변화를 겪고 있다.

그가 살았던 시대의 수많은 위대한 프랑스 수학자와 매우 친밀했던 나폴레옹은 "라그랑주는 수리과학 분야에서 치솟은 피라미드이다."라고 말함으로써 라그랑주에 대한 그의 평가를 요약했다.

라플라스와 르장드르

라플라스와 르장드르는 그들의 주요 논문을 비록 19세기에 발표하기는 했지만 라그랑주와 동시대인이다. 라플라스(Pierre-Simon Laplace)는 1749년 가난한 부모 밑에서 태어났다. 그는 수학적 능력이 뛰어나서 일찍이 좋은 교사직을 얻었고, 정치적인 기회주의자로서 프랑스 혁명의 불확실한 기간 동안 정권을 잡는 어떤 정당에라도 비위를 맞추었다. 그의 가장 뛰어난 업적은 천체역학, 확률론, 미분방정식, 측지학 분야에서 이루어졌다. 그는 기념비적인 두 작품, 《천체 역학론(Traité de mécanique Céleste)》(5권, 1799~1825)과 《확률의 해석적 이론(Théorie analytique des probabilités)》(1812)을 발표하였는데, 각각 해박한 비전문가적인 해설이 붙어 있다. 그에게 '프랑스의 뉴턴'이란 별칭을 붙여준 다섯 권으로 된 《천체 역학론》은 라플라스 자신의 업적과 함께 그 이전의 모든 발견을 포함했고, 이로 인해 라플라스는 이 분야에서는 필적할 만한 사람이 없는 거장이 되었다. 이 논문과 관련해서 종종 언급되는 몇몇 일화를 다시 말하는 것도 흥미로울 것이다. 나폴레옹이 그의 논문에 신이 언급되지 않았다는

라플라스
1749~1827

까다로운 지적을 했을 때 라플라스는 "폐하, 저는 그 가설이 필요치 않았습니다."라고 대답했다. 그리고 미국의 천문학자 나다니엘 보우디취는 라플라스의 논문을 영역할 때 "나는 라플라스가 '따라서 그것은 명백하다.'고 한 부분을 여러 시간 힘들여 부족한 부분을 공부하여 왜 그것이 명백한가를 알아내지 않고서는 결코 이해하지 못한다."고 언급했다. 라플라스의 이름은 우주 발생의 성운설, 퍼텐셜 이론의 소위 '라플라스 방정식'(어느 것도 라플라스가 만든 것은 아니지만), 소위 '라플라스 변환' 그리고 행렬식의 '라플라스 전개'와 연관되어 있다. 라플라스는 뉴턴이 죽은 지 꼭 100년 후인 1827년에 죽었다. 어떤 보고에 의하면 그의 마지막 말은 "우리가 아는 것은 미미하고 모르는 것은 무한하다."였다.

라플라스에 관한 다음 이야기는 흥미롭고 직장을 구하려는 사람에게 귀중한 충고를 제공해 준다. 라플라스가 젊어서 수학 교수직을 얻기 위하여 파리에 도착했을 때 저명한 사람이 쓴 추천서를 달랑베르에게 제출했으나 받아들여지지 않았다. 숙소로 돌아온 라플라스는 역학의 일반원리에 관한 재기 있는 편지를 달랑베르에게 썼다. 이것이 취직의 문을 열어 주었고 달랑베르는 "귀하는 내가 당신의 추천서를 거들떠보지도 않을 것을 아셨군요. 당신은 자신을 더 잘 소개했기 때문에 다른 것은 필요치 않습니다."라고 답장하였다. 며칠 후 라플라스는 파리의 육군 사관학교의 수학 교수에 임명되었다.

라그랑주와 라플라스는 종종 서로 대조를 이루곤 한다. 무엇보다도 볼(W.W. Rouse Ball)이 다음과 같이 요약했듯이 그들의 방식에서 두드러진 대조를 이룬다. "라그랑주는 형식과 내용 둘 다에 완벽하고 신중하게 전개과정을 설명하기 때문에 그의 논증은 일반적이지만 이해하기가 쉽다. 반면에 라플라스는 아무것도 설명하지 않고 과정에 무관심하며, 그의 결과가 옳다는 사실에 만족하며 그것을 증명하지 않거나 틀리게 증명하여 방치한다." 또한 두 사람이 가지고 있는 수학에 대한 견해에서도 현격한 대조를 이룬다. 라플라스에게 수학은 단지 자연 현상을 설명하는 데 사용하는 하나의 도구이고 라그랑주에게는 하나의 빼어난 예술이고 그 자체가 존재이유이다.

라플라스는 수학 연구를 처음 시작하는 사람들에게 매우 관대했다. 그는 이 초심자들을 그의 양아들로 불렀고 발견한 것을 초심자에게 먼저 발표하는 기회를 주려고 발표를 억제한 예가 많다. 슬프게도 수학에서 그런 관대함은 드물다.

그가 말한 두 인용구를 끝으로 라플라스에 관한 짧은 설명을 마친다. "모든 자연 현상은 단지 소수의 불변인 법칙들의 수학적인 귀결이다." "결국 확률론은 수로 표현된 상식에 불과하다."

르장드르(Adrien-Marie Legendre)는 많은 명제를 상당히 단순화하고 재정리하여 유클리드의 《원론》을 교육적으로 개선하려 시도했던 매우 유명한 그의 책 《기하학의 원리(Eléments de géométrie)》로 기초 수학사에 이름이 알려졌다. 이 논문은 미국에서 매우 호의적으로 받아들여져서 금세기 기하학 교과서의 표준이 되었다. 실제로 1819년 하버드 대학교의 파라(John Farrar)가 르장드르의 기하학을 처음 영역하였다. 3년 후 젊었을 때 수학 교사였던 스코틀랜드 문학자 칼라일(Thomas Carlyle)이 또 하나의 영역판을 만들었다.

르장드르
1752~1833

후에 다비에(Charles Davies), 그리고 그 후 암린게(J.H. Van Amringe)에 의하여 개정된 칼라일의 번역판은 미국에서 33판까지 나왔다. 기하학의 나중 판에서 르장드르는 평행공준을 증명하려고 했다(13장의 6번째 절 참조). 고등 수학에서 르장드르의 주된 연구는 정수론, 타원함수, 최소 제곱법, 적분에 관하여 집중되었는데, 이것은 수준이 높아서 여기서 다룰 수 없다. 또한 수학적 표를 면밀히 계산하였다. 르장드르의 이름은 오늘날 응용수학에서 상당히 중요한 2계 미분방정식

$$(1-x^2)y''-2xy'+n(n+1)y=0$$

에 붙어 있다. 이 미분방정식을 만족하는 함수를 **르장드르 함수**라고 부른다. n이 음 아닌 정수일 때 이 방정식은 **르장드르 다항식**이라 불리는 특별히 흥미로운 다항식 해를 갖는다. 르장드르의 이름은 또한 정수론의 기호$(c|p)$와도 관련이 있다. **르장드르 기호**$(c|p)$는 p와 서로소인 정수 c가 홀수인 소수 p의 제곱잉여인가 아닌가에 따라서 ± 1과 같게 된다(예를 들어, $x^2 \equiv 6 \pmod{19}$가 해를 가지므로 $(6|19)=1$이고 $x^2 \equiv 39 \pmod{47}$가 해를 갖지 않으므로 $(39|47)=-1$이다).

1794년에 나온 《기하학의 원리》 외에 르장드르는 최초로 정수론만을 다룬 859페이지짜리 책 두 권 《정수론(Essai sur la théorie des nombres)》(1797~1798)을 발간하였다. 그는 후에 포괄성과 권위에서 오일러의 유사 저술과 경쟁이 되었던 세 권짜리 책 《적분학 연습(Exercises de calcul Intégral)》(1811~1819)을 썼다.

그 후 이 책의 부분을 또 다른 세 권짜리 책 《타원함수 및 오일러 적분론(Traité des fonctions elliptiques et des intégrals eulériennes)》(1825~1832)으로 확장하였다. 여기에서 르장드르는 β 함수와 함수에 대한 '오일러 적분(Eulerian intégrals)'이란 용어를 소개하였다. 측지학에서 르장드르는 프랑스 삼각측량법으로 상당한 명성을 얻었다.

몽주와 카르노

이 절에서 마지막으로 살펴보게 될 저명한 두 수학자는 기하학자 몽주와 카르노이다. 프랑스 혁명으로부터 멀리 떨어져 있던 3L(Lagrange, Laplace, Legendre)과는 다르게 몽주와 카르노는 그것을 지지하고 혁명의 사건에 활발히 참여했다.

몽주(Gaspard Monge)는 그가 태어난 도시인 본(Beauinne)에 있는 오라토리오회의 대학교에서, 또 16세에 물리학 강사가 되었던, 리용에 있는 그들의 대학교에서 교육을 받았다. 그는 고향의 대규모 지도를 정교하게 만든 덕분에 메지엘에 있는 병학교(兵學校)에 제도공으로 취직하게 되었다. 공급된 자료로부터, 계획된 요새의 포 위치를 찾아내라는 요청을 받고 몽주는 당시의 길고 지루한 산술적 과정을 빠른 기하학적 방법으로 대체하였다. 3차원 물체를 2차원 평면

몽주
1746~1818

에 적절히 사영하여 현명하게 표현한 것 중의 하나인 그의 방법은 군에서 채택하여 일급비밀로 분류하였다. 후에 그것은 화법기하학(畵法幾何學, descriptive geometry)으로 널리 가르쳐졌다. 몽주는 1768년 메지엘의 수학 교수, 1771년에 물리학 교수가 되었으며 1780년에는 파리 학원의 수리학(水理學) 교수에 임명되었다.

몽주는 해군성 장관으로 재직하며 육군에서 사용하는 무기와 화약을 제조했다. 1795년 에콜 폴리테크니크를 설립할 때 집정부하에서 주동적인 역할을 했고 그곳에서 수학 교수를 지냈다. 그는 나폴레옹과 친하게 지냈고 존경했으며 후에 실패로 끝난 1798년의 이집트 원정에 수학자 푸리에(Joseph Fourier, 1768~1831)와 함께 수행했다. 프랑스로 돌아와서는 에콜 폴리테크니크의 자리에 복귀하여 뛰어난 재능을 지닌 교수임을 입증했다. 그곳에서 그의 강의는 젊고 유능한 많은 기하학자들에게 영향을 끼쳤는데, 그들 가운데는 미분기하학 분야에 기여한 듀팽(Charles Dupin, 1784~1873)과 사영기하학 분야에 기여한 퐁슬레도 있다.

화법기하학의 창시 외에도 몽주는 미분기하학의 아버지로 간주된다. 그의 논문 〈해석학의 기하학에로의 응용(Application de l'analyse à la géométrie 0)〉은 5판이나 발간되었고, 곡면의 미분기

카르노
1753~1823

하학의 초기 연구의 가장 중요한 것들 중의 하나였다. 몽주는 여기에서 무엇보다도 3차원 공간에 있는 곡면의 곡률선의 개념을 소개했다. 미분기하학에 대한 몽주의 업적은 주로 곡면의 외적인 기하학에 관한 것이다(14장의 7번째 절 참조).

카르노(Lazare Niclas Marquerite Carnot)는 많은 프랑스 부유층의 자식들처럼 군인이 되려고 준비하여 메지엘 병학교에 들어가 몽주 밑에서 공부하다가 1783년 공병대 대위가 되었다. 1784년 그는 완전하지 않은 탄력성을 가진 물체가 충돌하면 운동에너지는 소멸한다는 것을 최초로 증명한, 역학에 관한 첫 번째 수학 논문을 썼다. 프랑스 혁명이 발발하자 그는 스스로 정계에 들어가서 혁명을 열렬히 환영했다. 그는 수많은 중요한 정치적인 직책을 지냈고, 1793년에 루이 14세를 반역자로 처형하는 것에 찬성했다. 또한 1793년에는 유럽 연합군이 수십만 대군으로 프랑스를 침입했을 때 불가능하게 보였던 14군단을 편성하여 성공적으로 적군에 대항해서 '승리의 조직자(the Organizer of Victory)'라는 명칭을 얻었다. 1796년에는 나폴레옹의 쿠데타에 반항하여 제네바로 망명했는데 거기에서 미적분학의 형이상학에 관한 반(半) 철학적인 논문을 썼다. 기하학에의 중요한 두 업적, 〈위치기하학(Géométrie de position)〉과 〈횡단선의 이론에 관한 소고(Essai sur la théorie des transversals)〉는 각각 1803년과 1806년에 발표되었다. '화해할 수 없는 왕들의 적'으로서 그는 러시아 출정 후인 1814년에 프랑스 제국이 아닌 프랑스를 위하여 싸울 것을 제안했다. 왕정이 복고되자, 그는 추방당하여 궁핍한 생활을 하다가 1823년 마그데부르크에서 죽었다.

미터법

길이, 넓이, 부피, 무게를 재는 것은 수학의 실제적인 응용에서 중요한 역할을 한다. 이 측정 단위 중 기본은 길이의 단위이다. 왜냐하면 길이의 단위가 주어지면 다른 양의 단위는 쉽게 고안될 수 있기 때문이다. 18세기의 중요한 업적 중의 하나는 전 세계의 혼란스럽고 비과학적인 도량형을 정돈하여 일정하고 과학적이고 정확하고 간단한 한 가지로 대치하도록 고안된 미터법을 만든 것이다.

현재 사용하는 미터법의 개발이 과학적인 도량형을 창시하려는 첫 번째 시도는 아니었다. 1670년에 프랑스 수학자이며 리용의 성 바울 교회의 목사인 무통(Abbe Gabriel Mouton)은 지구 둘레의 1분을 길이의 단위로 제안하고, 이 단위를 십진법으로 나누고 곱하여 다양하게 나누어진 것과 곱해진 것에 라틴 용어를 적절히 붙였다. 대략 같은 시기에 영국의 렌 경(Sir Christopher Wren)은 1/2초마다 흔들리는 진자의 길이를 길이의 단위로 정하자고 제의했는데, 이것은 일반적으로 고대 큐빗(사람의 팔꿈치에서 가운뎃손가락 끝까지의 길이)으로 정해진 길이의 약 절반이다. 1671년 프랑스 천문학자 피카르(Jean Picard)와 1673년 네덜란드 물리학자 호이겐스(Christiaan Huygens)는 위도 45°의 해면상에서의 주기가 1초인 진자의 길이를 주장했는데 이것은 오늘날 쓰는 미터보다 단지 약 6mm 정도 짧았다. 1747년 콩다민(La Condamine)은 적도에서의 주기가 1초인 진자를 제안했다. 1775년 메시에(Messier)는 위도 45°에서의 주기가 1초인 진자의 길이를 매우 면밀하게 측정하고 이것이 표준단위로 채택되도록 노력했으나 실패했다.

새로운 도량형에 대한 열망이 확산되자, 1789년 프랑스 과학원은 적절한 계획을 수립할 위원회를 만들었다. 이듬해 밀러 경(Sir John Miller)은 하원에서 영국의 통일된 도량형을 제안했다. 거의 같은 시기에 제퍼슨은 그 시대 미국의 중간 위도인 38°에서의 주기가 1초인 진자의 길이를 제시한 미국의 통일 도량형을 제안했다.

이 작업에서 과학원의 위원회는 십진법에 동의하고 도량형의 길이의 단위를 양자택일하려고 숙고했다. 하나는 주기가 1초인 진자의 길이이다. 진자방정식이 $T=2\pi\sqrt{L/g}$ 이므로 이것은 표준길이 또는 미터, g/π^2가 될 수 있다. g는 위도와 고도에 따라 변하고 르장드르와 몇 사람이 지구의 자오선의 길이를 정확하게 측정한 점을 고려하여 위원회는 최종적으로 미터를 북극에서 적도까지의 자오선이 길이의 1/100000로 하기로 합의했다. 1793년 정치적 압력으로 과학원이 폐쇄되었으나 도량형위원회는 존속되어 라부아지에 등 몇 명의 위원들만 물러나게 하고 곧이어 라그랑주, 라플라스, 몽주를 포함해서 다른 사람들로 증원했다. 1799년까지 위원회의 작업이 완결되고 현재 사용하는 미터법이 탄생했다.

1799년 6월에 프랑스 공화정은 미터법 도량형을 채택했다. 오늘날 이 체계는 미국을 제외하고 세계에 널리 채택되었는데, 미국도 곧 합류할 준비를 하고 있다. 물론 미국에서도 과학적 용도에서는 오래 전부터 미터법을 사용하고 있다.

후에 사분 자오선을 측량하는 데 잘못이 있음이 밝혀졌기 때문에 오늘날 표준 미터는 진공상태에서 측정된 크립톤 86의 동위원소에서 방출되는 주황색 빛의 1,650,763.73파장으로 정한다.

요약

18세기 수학의 간략한 조망을, 이 세기 동안 삼각법, 해석기하학, 미적분학, 정수론, 방정식론, 확률론, 미분방정식, 해석역학 등의 분야에서 상당히 높은 수준의 발전이 있었으며 또한 보험통계학, 변분법, 고차 함수, 편미분방정식, 화법기하학, 미분기하학 등 수많은 새로운 분야가 창조되었다는 사실에 주목하면서 마치려고 한다. 이 세기의 많은 수학적 연구는 역학과 천문학에서 근원과 영감을 찾았다. 그러나 달랑베르가 해석학의 기초에 쏟은 관심, 평행공준에 관한 람베르트의 논문, 미적분학을 엄밀하게 하려는 라그랑주의 노력, 카르노의 철학적인 사고에서 19세기에 일어날 기하학과 대수학의 해방과 수학 기초에 관한 깊은 관심의 암시를 받는다. 더욱이 기하학의 제한된 분야에서 몽주처럼 전문화된 수학자가 출현하기 시작했다. 또한, 1799년 6월 22일에 프랑스 혁명을 계승한 프랑스 공화정은 도량형의 미터법을 채택했다.

18세기에 일어난 또 다른 중요한 사건은 여성의 수학 분야와 정밀과학에로의 심상치 않은 등장이다. 여성의 그러한 추구는 환영받지 못했을 뿐만 아니라 그들을 위한 기회는 사실상 존재하지 않았다. 아네시(Maria Gaetana Agnesi, 1718~1799)와 제르맹(Sophie Germain, 1776~1831)이 수학영역에 영향을 준 것은 바로 18세기의 일이었다. 10장의 3번째 절에서 아네시를 언급한 적이 있다. 제르맹은 상당히 유능한 수학자였다. 그녀는 비록, 여성으로서 에콜 폴리테크니크에 입학이 허용되지는 않았으나 그곳의 여러 교수들의 강의

노트를 확보했고, 르 블랑(M. Le Blanc)이란 가명으로 제출한 서면 설명으로 라그랑주의 칭찬을 받았다. 그녀는 후에 가우스로부터 크게 칭찬받았다. 훨씬 후인 1816년에는 탄성의 수학적 이론에 관한 논문으로 프랑스 학술원에서 상을 받았다. 1831년 그녀는 **평균곡률**(mean curvature, 두 주곡률의 산술평균)이라는 유용한 개념을 곡면의 미분기하학에 도입했다.

문제연구

12.1 베르누이 수

$n=1,\ 2,\ 3$일 때, k에 관한 다항식으로 합

$$S_n(k) \equiv 1^n + 2^n + 3^n + \cdots + (k-1)^n$$

을 나타낸 식

$$1+2+3+\cdots+(k-1) = \frac{k^2}{2} - \frac{k}{2}$$

$$1^2+2^2+3^2+\cdots+(k-1)^2 = \frac{k^3}{3} - \frac{k^2}{2} + \frac{k}{6}$$

$$1^3+2^3+3^3+\cdots\cdots+(k-1)^3 = \frac{k^4}{4} - \frac{k^3}{2} + \frac{k^2}{4}$$

은 오래 전부터 알려졌다. 야곱 베르누이는 $S_n(k)$가 k에 관한 다항식

$$S_n(k) = \frac{k^{n+1}}{n+1} - \frac{k^n}{2} + B_1 C(n,\ 1)\frac{k^{n-1}}{2} - B_2 C(n,\ 3)\frac{k^{n-3}}{4} + \cdots$$

으로 나타날 때 계수 $B_1,\ B_2,\ B_3,\ \cdots$에 관심을 갖게 되었다.(단, $C(n,\ r) = n(n-1)\cdots(n-r+1)/r!$) 현재 **베르누이 수**로 알려진 이 계수는 해석학에서 중요한 역할을 하며 주목할 만한 산술적 성질을 가지고 있다.

(a) $n=2r+1$이면 다음을 보일 수 있다.

$$B_1 C(n,\ 2) - B_2 C(n,\ 4) + B_3 C(n,\ 6) - \cdots$$
$$+ (-1)^{r-1} B_r C(n,\ 2r) = r - 1/2$$

이 공식을 이용하여 B_1부터 B_5까지를 계산하라.

(b) 소수 p가 $B_1,\ B_2,\ \cdots\ B_{(p-3)/2}$들이 가장 낮은 항들로 쓰여졌을 때 이들 중 어느 것도 나누지 못하면, p를 **정칙**(regular)이라 하며, 그렇지 않으면 p를 **비정칙**(irregular)이라고 한다. 이제, 다음을 이용하여 37이 비정칙임을 밝혀라.

$$B_{16} = \frac{7709321041217}{510}$$

1850년에 쿠머는 페르마의 마지막 정리가 정칙인 소수에 대하여 성립한다는 것과 100 이하의 비정칙인 소수는 37, 59, 67 밖에 없다는 것을 증명했다.

(c) 스타우트(K.C.G. von Staudt)는 다음과 같은 유명한 정리를 증명했다. G가 정수이고 $a,\ b,\ c,\ \cdots$는 모두 $2r/(p-1)$이 정수가 되는 소수 p일 때 $B_r = G + (-1)^r\ (1/a + 1/b + 1/c + \cdots)$이다. $B_4 = 1/30$와 $B_8 = 3517/10$에 대하여 스타우트의 정리를 밝혀라.

12.2 한 추측과 한 역설

(a) 오일러는 $n > 2$에 대하여 그 자체가 n제곱이 되는 합을 가지려면 적어도 n개의 n제곱들이 필요하다고 추측했다. 1966년 랜더(L.J. Lander)와 파킨(T.R. Parkin)은 고속 컴퓨터를 이용하여 다음을 발견했다.

$$27^5 + 84^5 + 110^5 + 133^5 = 144^5$$

이 반례가 참임을 검증하여라.

(b) 오일러가 살았던 시대의 수학자들을 귀찮게 했던 다음 역설을 설명하여라. $(-x)^2 = x^2$이므로 $\log(-x)^2 = \log(x)^2$이고, 따라서 $2\log(-x) = 2\log(x)$이다. 그러므로 $\log(-x) = \log(x)$

이다.

12.3 한붓그리기

1736년에 오일러는 당시에 논란 중이던 쾨니히스베르크 시에 있는 모든 다리를 꼭 한 번씩만 건너서 한 번에 제자리로 돌아올 수 있느냐는 문제를 풀었다. 그 도시는 그림 88과 같이 프레겔 강의 어귀에 인접해 있으며 일곱 개의 다리가 있고, 한 섬을 포함하고 있었다. 오일러는 이 문제를 그림 89와 같은 연관된 그래프에서 한 점을 출발하여 그래프의 모든 선을 단 한 번만 지나서 제자리로 돌아오는 문제로 바꾸었다.

일반적인 문제를 고찰하는 데는 다음과 같은 정의가 유용하다. 결절점(node)은 그 점으로부터, 선이 뻗어나가는 점이다. 분지(branch)는 이웃한 두 결절점을 연결하는 그래프의 선이다. 한 결절점의 위수

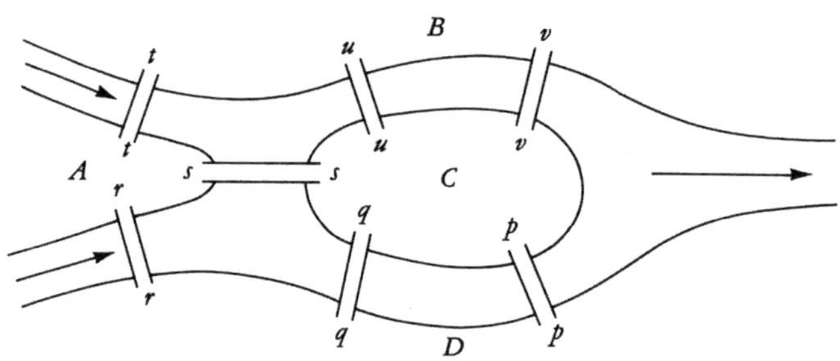

그림 88

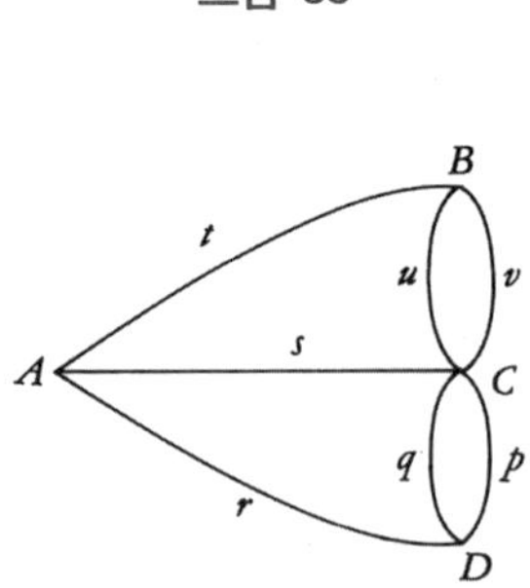

그림 89

(order)는 그것으로부터 뻗어나간 분지의 개수이다. 한 결절점은 그것의 위수가 짝수 또는 홀수임에 따라 **짝수점** 또는 **홀수점**이라고 한다. **통로**(route)는 어떤 분지를 두 번 지나지 않고 연속적으로 지날 수 있는 많은 분지로 이루어져 있다. 한 통로로 지날 수 있는 그래프를 **한붓그리기가 가능**(unicursal)하다고 하며, 그렇지 않으면 **한붓그리기가 불가능**(multicursal)하다고 한다. 이 개념을 가지고 오일러는 다음과 같은 원리를 입증하는 데 성공했다.

1. 임의의 그래프에서 홀수점의 개수는 짝수이다.
2. 홀수점을 가지지 않는 그래프는 시작점에서 끝나는 한붓그리기가 가능하다.
3. 꼭 두 개의 홀수점을 가지는 그래프는 한 홀수점에서 시작하여 다른 홀수점에서 끝나는 한붓그리기가 가능하다.
4. 두 개보다 많은 홀수점을 가지는 그래프는 한붓그리기가 불가능하다.

(a) 오일러의 정리를 이용하여 쾨니히스베르크 다리의 문제는 불가능함을 보여라.

(b) 그림 90은 한붓그리기가 가능한 반면, 그림 91은 한붓그리기가 불가능함을 보여라.

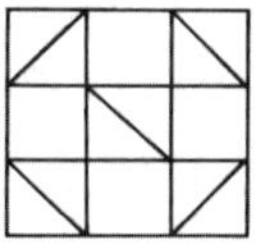

그림 90

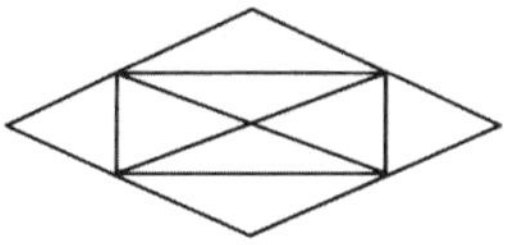

그림 91

12.4 라그랑주와 해석기하학

라그랑주는 꼭짓점의 좌표가 $(x_1,\ y_1)$, $(x_2,\ y_2)$, $(x_3,\ y_3)$인 삼각형의 면적 A와 꼭짓점의 좌표가 $(x_1,\ y_1,\ z_1)$, $(x_2,\ y_2,\ z_2)$, $(x_3,\ y_3,\ z_3)$, $(x_4,\ y_4,\ z_4)$인 사면체의 체적 V를 구하는 공식

$$A=(1/2)\begin{vmatrix} x_1 & y_1 & 1 \\ x_2 & y_2 & 1 \\ x_3 & y_3 & 1 \end{vmatrix},\quad V=(1/6)\begin{vmatrix} x_1 & y_1 & z_1 & 1 \\ x_2 & y_2 & z_2 & 1 \\ x_3 & y_3 & z_3 & 1 \\ x_4 & y_4 & z_4 & 1 \end{vmatrix}$$

을 만들었다. 그는 또한 점 $(p,\ q,\ r)$에서 평면 $ax+by+cz=d$까지의 거리 D를 구하는 공식

$$D=\frac{ap+bq+cr-d}{\sqrt{a^2+b^2+c^2}}$$

를 만들었다.

(a) 삼각형의 면적을 구하는 공식을 증명하여라.

(b) 한 점에서 평면까지의 거리를 구하는 공식을 증명하여라.

12.5 드 뷔퐁의 바늘문제

1777년 드 뷔퐁이 제시하고 풀었던, 다음과 같은 문제가 있다. 간격이 $a(>l)$인 평행선이 그어져 있는 수평면 위로 길이가 l인 균질한 하나의 바늘을 임의로 던진다고 하자. 이 바늘이 직선들 중의 하나와 교차하게 될 확률은 얼마인가?

여기에서 '임의로'는 바늘의 중심이 지나는 모든 점과 바늘의 모든 방위가 동일한 가능성을 갖는 것을 의미하며, 이 두 변수는 독립적이라고 가정하자. x는 바늘의 중심에서 가장 가까운 평행선까지의 거리, ϕ는 평행선의 방향에 관한 바늘의 방위를 나타낸다고 하자.

(a) 그림 92 (1)에서 바늘이 한 직선과 만나기 위한 필요충분조건은 $x<(1/2)l\sin\phi$임을 보여라.

(b) x와 ϕ를 축으로 하는 직교좌표 평면에서 그것의 내부에 있는 점이 다음 부등식을 만족하는 사각형 OA를 생각하라.

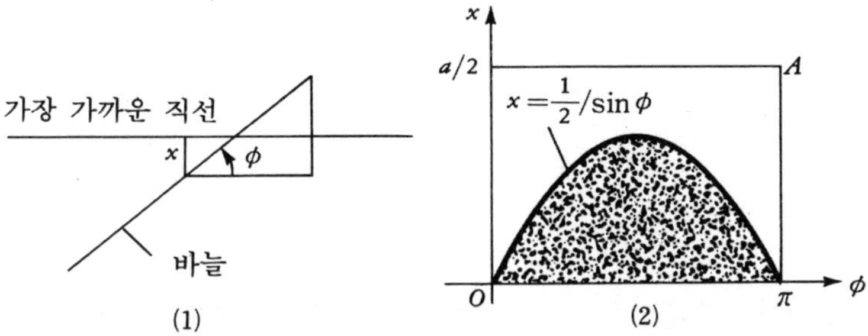

그림 92

$$0 < x < a/2,\ 0 < \phi < \pi$$

이 사각형 안에 있는 각 점은 바늘의 위치 $[x]$와 방위 $[\phi]$에 일대일로 대응하며, 그림 92 (2)의 어두운 부분 안에 있는 각 점은 평행선 중의 하나와 교차하는 바늘의 위치 $[x]$와 방위 $[\phi]$에 일대일로 대응한다. 구하려는 확률은 사각형의 전체 면적에 대한 어두운 부분의 면적의 비율과 같음을 보여라.

(c) 구하는 확률은 다음과 같음을 보여라.

$$P = \frac{\dfrac{l}{2}\displaystyle\int_0^{\pi} \sin\phi d\phi}{\dfrac{\pi a}{2}} = \frac{2l}{\pi a}$$

13장

19세기 초기와 기하학, 대수학의 해방

수학의 왕

놀랄 만한 수학적 재능을 지닌 가우스(Carl Friedrich Gauss)는 18세기와 19세기에 걸쳐 수학의 거상(巨像)으로 버티고 서 있다. 그는 19세기의 가장 위대한 수학자이며 아르키메데스, 뉴턴과 더불어 3대 수학자로 꼽힌다.

가우스는 1777년 독일의 브룬스빅에서 태어났다. 아버지는 고집 세고 교육적 식견이 없는 육체 노동자였다. 어머니는 비록 교육은 받지 못했지만, 그가 공부하는 데 용기를 북돋아 주었고 평생 동안 자식의 업적을 자부심으로 간직하며 살았다.

가우스는 어렸을 때부터 보기 드문 신동이었다. 그는 세 살 때 아버지의 부기장부(簿記帳簿)에 있는 계산착오를 지적했다고 한다.

또 가우스가 초등학교에 다니던 10세 때, 선생님은 학생들을 조용히 하게 하려고 1부터 100까지 더하도록 시켰고 가우스는 거의 즉시 답을 제출하였다. 마침내 모든 학생이 답을 제출하였을 때 선생님은 가우스 혼자만이 아무런 계산도 없이 5050을 정확하게 답했다는 것을 알고 놀랐다. 가우스는 등차수열의 합 $1+2+3+\cdots+98+99+100$을 단지 $100+1=101$, $99+2=101$, $98+3=101$ 등등으로 계산하면 50개의 쌍이 나오므로 답은 50×101, 즉 5050이라고 암산하였던 것이다. 말년에 가우스는 자기는 말보다 계산을 먼저 배웠다고 농담을 하곤 했다.

친절하고 사려 깊은 후원자인 브룬스빅의 영주는 가우스가 15세에 브룬스빅에 있는 대학교에 입학하고 18세에 괴팅겐 대학교에 들어가는 것을 보고 그의 천재성에 관심을 갖게 되었다. (그는 최소제곱법을 르장드르가 독립적으로 발표하기 10년 전에 이미 고안하였음에도 불구하고) 언어학자와 수학자 중에서 망설인 끝에 한 달 모자라는 19세 때인 1796년 3월 30일에 극적으로 수학을 택하기로 마음먹었다. 바로 그날에 가우스는 정다각형의 유클리드 작도법에 대한 놀랄 만한 이론을 세우고 특히 이 방법으로 정17각형의 작도법을 발견하였다. 이것은 이미 5장의 6번째 절에서 언급한 바 있다.

가우스는 정다각형에 관한 작도법을 발견한 바로 그날에 위대한 수학적 업적의 대부분을 비밀스럽게 적어 놓은 그의 유명한 수학 일기를 쓰기 시작했다. 가우스도 뉴턴처럼 발표하기를 주저하였기 때문에 이 일기는 1898년에야 비로소 발견되었는데, 이것은 선후 문제에 관한 수많은 논쟁을 해결하였다. 그 일기는 146개의 간단한 내용을 담고 있으며 마지막 날짜는 1814년 7월 9일로 되어 있다. 이 일기에 비밀스럽게 적혀 있는 한 예로서 1796년 7월 10일의 일기를 살펴보면 다음과 같은데

$$\text{EΥPHKA!} \qquad \text{num} = \Delta + \Delta + \Delta$$

가우스
1777~1855

이것은 모든 양의 정수는 세 삼각수의 합이라는 사실을 증명한 것을 기록한 것이다. 두 개를 제외한 모든 일기의 항목이 대체로 판독되었다. 1797년 3월 19일의 내용을 보면 이미 어떤 타원함수의 이중주기를 발견했다는 것을 알 수 있고(아직 20세가 되기 전이었다), 그 후의 내용을 보면 그가 일반적인 경우에서도 이중주기를 알고 있었음을 알 수 있다. 가우스가 그것을 발표했더라면 이 발견 하나만으로도 수학적 명성을 얻었을 것이다. 그러나 결코 발표한 적이 없었다.

20세에 쓴 헬름슈테트 대학교에서의 박사학위 논문에서, 최초로 대수학의 기본 정리(복수계수를 가지는 $n(>0)$차원 대수 방정식은 적어도 하나의 복소근을 가진다)를 일반적으로 증명하였다. 이 정리의 증명은 뉴턴, 오일러, 달랑베르, 라그랑주 등에 의하여 시도되었으나 실패한 바 있다. 가우스의 증명의 착상은 일반적인 대수 방정식 $f(z)=0$에서 z를 $x+iy$로 치환한 것이다. 그러면 방정식은 실수부분과 허수부분으로 나누어져 실변수 x, y에 대한 두 방정식 $g(x, y)=0$과 $h(x, y)=0$으로 된다. 가우스는 직교좌표 그래프 $g(x, y)=0$과 $h(x, y)=0$은 항상 적어도 하나의 교점 (a, b)를 갖는다는 것을 보였다. 따라서 $f(z)=0$은 복소근 $a+ib$를 갖는다. 이 증명은 기하학적인 고찰을 포함하고 있다. 거의 20년 후인 1816년에 가우스는 두 가지 새로운 증명을 발표하였고 그 후 1850년에 완전히 대수적인 증명을 시도한 네 번째 증명을 발표하였다.[1)]

가우스의 가장 위대한 단행본은 현대 정수론에 있어서 기본적으로 중요한 책인 《수론 연구(Disquisitiones arithmeticae)》이다. 가우스의 정다각형의 작도법이 이 책에 나오고, 합동에 관한 간편한 표기법(문제연구 13.2 참조)과 12장의 8번째 절의 끝에서 정의된 르장드르의 기호로 표시하면 $p=2P+1$, $q=2Q+1$이 서로 다른 홀수인 소수이면

$$(p|q)(q|p)=(-1)^{PQ}$$

라는 아름다운 2차 상호법칙의 증명이 실려 있다.

가우스는 천문학, 측지학, 전기학에서도 두드러진 공헌을 하였다. 1801년 새로운 방법을 도입하여 빈약한 자료를 가지고 당시 막 발견된 케레스(Ceres) 소행성의 궤도를 계산하였고, 그 이듬해에는 펠러스(Pallas) 소행성의 궤도를 계산하였다. 1807년 그는, 죽을 때까지 그 직(職)에 있었던 괴팅겐 대학교의 수학교수와 천문대장이 되었다. 1821년 하노버의 삼각측량을 하였고, 자오선을 측정하고, 회광기(또는 일조계)를 발명하였다. 1831년 전기학과 자기학의 기초연구에 몰두하고 있는 동료 베버(Wilhelm Weber, 1804~1891)와 공동연구를 시작하여 1833년에는 전자석식 전신기를 고안하였다.

가우스는 1812년에 초기하급수에 관한 논문에서 최초로 급수의 수렴성을 체계적으로 고찰하였다. 곡면론에 관한 가우스의 걸작《일반 곡면론(Disquistiones generales circa superficies curvas)》은 1827년에 발간되었고, 이로 인해 공간에서의 곡면에 관한 기하학의 연구

1) 두 번째 증명의 영문판은 다음을 참조하라. D.E. Smith, *A Source Book in Mathematics*(1958), pp. 292-306. 오늘날 대수학의 기본 정리의 증명은 위상적인 고찰을 포함하여야만 한다고 믿고 있다.

가 시작되었다(14장의 6번째 절 참조). 비유클리드 기하학에 대한 그의 예견은 13장의 6번째 절에서 다룰 것이다.

"수학은 과학의 여왕이고 정수론은 수학의 여왕이다."라는 유명한 얘기는 가우스가 한 말이다. 가우스는 흔히 다음과 같이 회자된다. "그는 너무 큰 거인이어서 우주를 한눈에 들여다보았다." 과학적 저술에 있어서 가우스는 완벽주의자였다. 대성당도 건축장의 마지막 조각이 치워질 때까지는 대성당이 아니라고 주장하면서, 결과에 도달하기 위한 분석의 모든 흔적을 제거하면서 논문을 완전하게 하고, 간결하게 하며, 다듬고, 설득력 있게 만드는 데 최선을 다하였다. 이는 가우스가 자신의 봉인으로 '적지만 익은(Pauca sed matura)'이란 좌우명을 새긴 도장을 사용하였다는 것으로 단적으로 설명된다. 가우스는 두 번째 좌우명으로 리어 왕의 다음 구절을 골랐다.

> 자연이여, 당신은 나의 여신이요
> 당신의 법에 따라 나의 봉사는 의무일 따름입니다.

가우스는 수학은 영감을 얻기 위하여 실세계와 접해야만 한다고 믿었다. 워즈워스는 이것을 다음과 같이 표현하였다. "지혜는 종종 우리가 날아오를 때보다 웅크릴 때 더 가까이 있다."

가우스는 1855년 2월 23일 괴팅겐 천문대에 있는 그의 집에서 세상을 떠났는데, 그 직후 하노버의 왕은 가우스에 경의를 표하는 기념 메달을 만들도록 하였다. 이 70mm 메달은 오래지 않아(1877년) 하노버의 유명한 조각가이며 메달 제작자인 브레머(Friedrich Brehmer)에 의하여 완성되었다. 거기에 다음과 같이 새겨져 있다.

> 하노버의 왕 조지 5세가
> 수학의 왕에게

이후부터 가우스는 '수학의 왕'으로 일컬어진다.

푸리에와 푸아송

19세기에 접어들면서 유능하고 업적이 많은 수학자의 수가 대단히 많아져 반짝이는 수학적 창공에서 보다 빛나는 소수의 별들만 살펴볼 수밖에 없다. 이 별들 중 우선 살펴보아야 할 두 사람이 푸리에와 푸아송이다. 친밀한 동시대인인 두 사람은 모두 프랑스에서 태어났고 응용수학을 연구하였으며 에콜 폴리테크니크의 교수였다.

푸리에(Jean Baptiste Joseph Fourier)는 1768년 오세르(Auxerre)에서 태어나서, 1830년 파리에서 죽었다. 재단사의 아들인 그는 여덟 살 때 고아가 되었고, 베네딕트회사가 운영하는 군사학교에서 교육을 받았는데 후에 여기에서 수학 강사를 하였다. 그는 프랑스 혁명을 촉진시키는 데 일조를 하였으며 이 공로로 에콜 폴리테크니크의 교수가 되었다. 그는 몽주와 함께 나폴레옹의 이집트 원정을 수행하기 위하여 이 직을 사임하였다. 1789년에 그는 하(下)이집트(Lower Egypt) 지역의 총독에 임명되었다. 1801년 영국이 승리하고 프랑스가 항복함에 따라 푸리에는 프랑스로 돌아와서 그르노블(Grenoble)의 지사가 되었다. 열에 관한 실험을 시작한 때가 바로 그르노블에 있던 때이다.

1807년 푸리에는 수학사에 있어서 새롭고 결실이 풍부한 장을 여는 논문을 프랑스 과학원에 제출하였다. 이 논문은 금속막대기, 판, 덩어리에서의 열의 흐름에 관한 실제적인 문제를 다루었다. 이 논문에서 푸리에는 유한 폐구간에서 정의된 임의의 함수는 사인과 코사인함수의 합으로 분해될 수 있다는 매우 놀라운 주장을 하였다. 보다 명확하게 말하면, 임의의 함수는 구간 $[-\pi, \pi]$에서 어떻게 변화하도록 정의되었든 간에 적당한 실수 a, b에 대하여 그 구간에서 다음과 같이 표현될 수 있다고 주장하였다.

푸리에
1768~1830

$$\frac{a_0}{2} + \sum_{i=1}^{\infty}(a_n \cos nx + b_n \sin nx)$$

이 급수가 현재 **삼각급수**(trigonometric series)로 알려져 있는데, 이는 당시 수학자들에게는 전혀 새로운 것이 아니었다. 실제로 성질이 좋은 몇몇 함수들이 이런 급수에 의하여 표현될 수 있음이 이미 알려졌다. 그러나 푸리에는 $[-\pi, \pi]$에서 정의된 임의의 함수가 그와 같이 표현될 수 있다고 주장했다. 과학원의 석학들은 푸리에의 주장에 대하여 매우 회의적이었으며 라그랑주, 라플라스, 르장드르에 의하여 심사된 이 논문은 기각되었다. 그러나 프랑스 과학원은 푸리에가 그의 착상을 좀더 사려 깊게 발전시키도록 격려하기 위하여 열전달 문제를 1812년의 대상(大賞)의 주제로 선정하였다. 푸리에는 수정된 논문을 1811년 제출하였는데, 전의 세 사람과 다른 사람으로 구성된 심의관에 의하여 심사를 받은 결과 상은 받았으나 엄밀성이 부족하다는 비판을 받아 과학원의 논문집에 실리도록 추천받지는 못하였다.

분개한 푸리에는 열에 관한 연구를 계속하여, 1816년 파리로 이사한 후인 1822년에 수학의 위대한 고전 중의 하나인 《열의 해석적 이론(Théorie analytique de la chaleur)》을 발간하였다. 위대한 저서가 발간된 2년 후 푸리에는 프랑스 과학원의 서기가 되었으며, 그 덕으로 1811년 논문을 원본대로 과학원 논문집에 실을 수 있었다.

임의의 함수가 삼각급수(오늘날 보통 푸리에 급수라 불린다)에 의하여 표현될 수 있다는 푸리에의 주장이 너무 지나치다는 것이 보이기는 했지만, 그렇게 표현될 수 있는 함수의 집합이 매우 큰 것은 사실이다. 푸리에 급수는 음향학, 광학, 전기역학, 열역학 및 다른 여러 분야를 연구하는 데 매우 중요하다는 것이 입증되었으며, 조화해석학과 들보와 다리 문제, 미분방정식의 해법 등에 주요한 역할을 하고 있다. 사실상 편미분방정식의 경계치 문제의 적분을 포함하는 수리물리의 현대적 방법에 동기를 준 것이 바로 푸리에 급수였다. 15장의 3번째 절에서 함수의 전개 개념에 있어서의 푸리에 급수의 중요한 역할을 다룰 것이다.

그의 사후인 1831년에 편집하여 출판된 책에서, 대수방정식의 해의 위치에 관한 푸리에의 논문을 찾을 수 있다(이것은 오늘날 방정식론의 교과서로 여겨진다). 그는 1789년 이래로 이 문제에 때때로 흥미를 가졌다.

켈빈 경(William Thomson, 1824~1907)은 수리물리학에 관한 모든 업적이 푸리에의 열에 관한 논문에 의해 영향받았다고 말했으며, 맥스웰(Clerk Maxwell, 1831~1879)은 푸리에의 논문을 "위대한 수학적 시(A great Mathematical poem)"라고 단언하였다.

푸리에에 관한 흥미로운 일화가 전해진다. 이집트에서의 경험과 열에 관한 연구로부터 그는 사막의 열이 건강에 좋다는 확신을 가지게 되었던 것 같다. 그래서 많은 옷을 껴입고 견딜 수 없을 정도로 더운 방에서 살았다. 일부 사람들은 그가 열에 대한 망상 때문에 죽음을 재촉하여, 63세의 나이로 완전히 녹초가 되어 심장병으로 죽었다고 말하기도 한다.

아마도 가장 인용이 많이 되는 푸리에의 말은 (열의 수학적 이론에 관한 그의 초기의 논문에 나오는) "자연을 깊이 연구하는 것이 수학적 발견의 가장 풍요로운 원천이다."일 것이다.

푸아송(Simeon Denis Poisson)은 1781년 피티비에(Pithiviers)에서 태어나 1840년 파리에서 죽었다. 그는 아버지로부터 교육을 받았으며 친척들은 어린 푸아송에게 본인의 희망과는 동떨어진 의학을 공부하도록 강요하였다. 어린 푸아송의 교육은 삼촌이 맡았는데, 그는 란셋으로 양배추 잎의 잎맥을 찌르는 것부터 시켰다. 그는 이 일에 완벽하게 숙달되고 나서 물집을 따는 자격을 받았다. 그러나 혼자 이 일을 하게 된 첫 수술에서 환자가 수시간 만에 죽었다. 의사들이 그런 일은 매우 흔하다고 위로했지만 더 이상 이 직업에 종사할 수 없다고 선언하였다.

강한 수학적 흥미로 인해 푸아송은 1798년 에콜 폴리테크니크에 입학하여 수학을 공부하게 되었는데, 라그랑주와 라플라스에게 능력을 인정받았고 졸업과 동시에 에콜 폴리테크니크의 강의를 맡게 되었다. 그는 나머지 생애를 여러 행정직과 교수직으로 보냈다. 다소 사회주의자였던 그는 1815년 정통주의자와 합류하기까지 완고한 공화주의자로 남아 있었다.

푸아송의 수학적 저술은 300에서 400을 헤아릴 정도로 많았다. 그의 대표적인 논문은 1811년과 1833년에 발표된 두 편의 〈역학론

푸아송
1781~1840

(Traité de mécanique)〉과 1831년의 〈모세관 현상의 새 이론(Théorie nouvelle de l'action capillaire)〉, 1835년의 〈열에 관한 수학적 이론(Théorie mathématique de la chaleur)〉, 1837년의 〈재판에 관한 확률연구(Recherches sur la probabilité des jugements)〉이다. 이 논문을 통해 전자기학의 수학적 이론, 천체물리학, 타원체의 인력, 정적분, 급수, 탄성이론 등에 관한 문제들을 고찰하였다. 학생들은 (미분방정식에서) 푸아송의 괄호, (전기학에서) 푸아송 상수, (탄성에서) 푸아송 비율, (퍼텐셜 이론에서) 푸아송 적분과 푸아송 방정식, (확률론에서) 푸아송의 법칙 등을 접하게 된다.

푸아송이 전문적인 관심 중의 하나를 갖게 된 재미있는 일화가 있다. 어렸을 때 간호사가 그를 돌봐주고 있었다. 어느 날 아버지가 보러 왔을 때, 간호사는 외출 중이었고 그 아이는 벽에 있는 못에 끈으로 매달린 채 있었다. 간호사가 말하기를 질병과 더러운 바닥으로부터 아이를 보호하기 위함이라고 했다. 푸아송은, 그처럼 매달려 있을 때 앞뒤로 흔들리게 한 덕분에 후에 그가 많은 시간 동안 공부한 진자운동과 일찍부터 친숙하게 되었다고 말했다.

푸아송이 언젠가 "나의 인생은 오직 두 가지, 수학을 연구하는 것과 수학을 가르치는 것에 적합하다."고 말했다. 그는 이 두 가지 목표 모두에서 탁월했다.

코시

19세기에 라그랑주와 가우스에 의해서 해석학의 엄밀화 작업이 진행되었다. 이 작업은 19세기 전반부의 가장 뛰어난 해석학자인 프랑스 수학자 코시에 의하여 상당히 심화되고 강화되었다.

코시
1789~1857

코시(Augustin-Louis Cauchy)는 1789년 파리에서 태어나서, 초기의 교육은 아버지로부터 받았다. 후에 판테온의 에콜 상트랄(Ecole Centrale, 국립공업고등학교)에서는 고전 연구에 뛰어난 재능을 보였고 1805년에 에콜 폴리테크니크에 입학하여 라그랑주와 라플라스의 칭찬을 독차지하였다. 2년 후 토목학교(Ecole des Ponts et Chaussées)에 입학하여 토목기사가 될 준비를 하였다. 라그랑주와 라플라스의 설득으로 토목공학을 포기하고 순수과학을 택하기로 결심하고 에콜 폴리테크니크의 강사직을 수락하였다.

코시는 순수수학과 응용수학 모두에 광범위하고 깊이 있는 논문을 썼는데, 그의 저술의 양은 아마 오일러 다음으로 많을 것이다. 수집된 그의 논문은 여러 권의 책 외에 논문이 789편에 이르렀는데 일부는 매우 방대하여 사절판 책으로 24권 분량이나 되었다. 이 책은 내용의 질이 고르지 못하여 결과적으로 코시는 (가우스의 경우와는 정반대로) 과다한 발표와 경솔한 저작에 대하여 비판받아 오고 있다. 코시의 다작(多作)과 관련된 일화가 전해진다. 1835년 과학원은 학술지 〈Comptes Rendus〉를 발간하기 시작했다. 코시가 너무 자주 이 학술지에 투고해서 과학원은 늘어나는 인쇄비에 놀라고, 마침내 모든 발표 논문은 4페이지를 넘지 못하게 하였는데, 이 법은 오늘날까지 지켜지고 있다. 그래서 코시는 일부 100페이지를 넘는 긴 논문을 실어줄 다른 간행물을 찾지 않으면 안 되었다.

코시는 무한급수의 수렴과 발산에 관한 연구, 실함수와 복소수 함수론, 미분방정식, 행렬식, 확률론, 수리물리 등에서 수학 발전에 많은 기여를 하였다. 미적분을 배우는 학생들은 양항 급수의 수렴 발산에서, 소위 코시의 근판정법과 코시의 비율판정법 그리고 주어진 두 급수의 코시 곱 등을 만나게 된다. 또한 복소함수론의 첫 학기 강의에서 코시 부등식과 코시 적분공식, 코시의 적분 정리, 기초 코시-리만 미분방정식을 만나게 된다.

오늘날 대학 미적분학 교과서의 논법 중 극한과 연속의 기초 개념 등 상당히 많은 부분이 코시에 의한 것이다. 코시는 $y=f(x)$의 x에 관한 도함수를 $\Delta x \rightarrow 0$일 때 다음 식의 극한으로 정의했다.

$$\frac{\Delta y}{\Delta x} = \frac{f(x+\Delta x)-f(x)}{\Delta x}$$

그는 미분의 계산적인 편리함을 잘 알고 있었지만, 그것을 두 번째 역할로 분류하였다. 그는 만약 dx가 유한한 양이면 $y=f(x)$의 dy를 단순히 $f'(x)dx$로 정의하였다. 18세기 동안에는 일반적으로 적분은 미분의 역으로 취급된 반면, 코시는 정적분을, 거의 오늘날 우리가 하는 것처럼, 무시할 만큼 작은 부분들의 무한히 증가하는 집합의 합의 극한으로 정의하고자 했다. 그러고 나서 적분과 역도함수 사이의 관계를 평균값 정리에 의하여 입증하였다.

코시는 1812년 84페이지에 달하는 방대한 논문으로 시작된 행렬식 이론에 대한 업적으로 이 분야에서 가장 기여를 많이 한 사람이 되었다. 코시가 다음의 중요하고 유용한 정리를 처음 증명한 것은 바로 1812년의 논문에서였다. "만일 A와 B가 모두 $n \times n$행렬이면 $|AB|=|A||B|$이다." 또한 방정식 $|A-\lambda I|=0$을 행렬 A의 **특성 방정식**(characteristic equation)이라고 부름으로써 1840년에 '특성

(charchteristic)’이란 말을 행렬이론에 도입한 사람이 바로 코시였다.

코시는 논문을 엄밀하게 하려고 많은 주의를 기울였으며, 이 영향으로 다른 수학자들도 분별 없는 형식적인 조작과 직관적인 증명은 없애려고 시도하였다.

코시는 부르봉 왕가의 열렬한 지지자였기 때문에 1830년의 혁명 후에 에콜 폴리테크니크의 교수직을 떠나지 않으면 안 되었으며, 18년 동안 공직에서 배제되었다. 이 시기의 일부분은 투린과 프라하에서 망명생활을 하였고, 일부분은 파리에 있는 몇몇 교회학교에서 교사를 하면서 보냈다. 1848년 새 정부에 대한 충성을 맹세하는 서약 없이 에콜 폴리테크니크의 교수직에 복직이 허용되었다. 그는 종교 문제에 있어서 고집불통이어서 다른 사람들을 그의 특별한 믿음으로 바꾸려는 데에 많은 시간을 소비하였다. 그는 전 생애를 통하여 불굴의 노력가였으며, 편협한 독단을 지닌 것과 종종 젊은 사람들의 가치 있는 노력을 무시한 점은 유감스럽다. 그럼에도 불구하고 동전의 양면성처럼, 코시가 1843년에 양심과 생각의 자유에 대한 우아한 변론을 공개 편지 형식으로 발표한 점을 짚고 넘어가야만 한다. 이 편지는 정부가 학문을 억압하는 어리석음을 절실히 느끼게 하는 데 도움이 되었으며, 필립(Louis Philippe)이 쫓겨났을 때 계승한 임시 정부가 취한 처음 행동 중의 하나가 지긋지긋한 충성의 맹세를 폐지한 것이었다.

코시는 68세인 1857년 3월 23일에 갑자기 죽었다. 그는 쉬면서 기관지 병을 고치기 위하여 시골로 갔으나, 치명적인 발열에 의하여 쓰러졌다. 죽기 직전 파리의 대주교와 이야기하고 있었는데 그가 대주교에게 한 마지막 말은 “사람은 죽어도 그의 행적은 남는다.”였다.

아벨과 갈루아

수학사에서 어떤 사람을 쌍으로 묶는 것은 여러 가지 이유로 자연스러운 일이다. 해리엇와 오트레드(동시대의 영국의 대수학자), 월리스와 배로(미적분학 분야에서 뉴턴의 바로 직전 선배), 테일러와 매클로린(주로 무한급수 전개에 기여한 공로로 알려진 동시대의 영국 수학자), 몽주와 카르노(동시대의 프랑스 기하학자), 그리고 푸리에와 푸아송(동시대의 수리물리학 연구자)이 그런 경우에 해당한다. 또 다른 쌍이 아벨과 갈루아이다. 이 두 사람은 동시대인이지만 국적이나 수학적 관심의 관련은 없고 모두 일찍이 천재성을 꽃피우고 나서 미래 수학자들에 영향을 준 괄목할 만한 업적을 남기고 요절함으로써 갑자기 애처롭게 사라져간 이유에서 같이 묶었다. 아벨은 26세에 결핵과 영양실조로 죽었고, 갈루아는 21세 때 바보스러운 결투에서 죽었는데, 둘 다 생전에 천재성을 올바로 인정받지 못하였다.

아벨(Abel)은 1802년 노르웨이의 핀되(Findö)에서 시골 목사의 아들로 태어났다. 그는 크리스티아니아(Christiania: 노르웨이의 수도, 오슬로의 옛 이름 — 옮긴이 주)에 있는 학교에 다닐 때, 일반 5차

아벨
1802~1829

방정식의 대수적 해법을 발견했다고 생각했으나 곧 1824년 발표한 유명한 소(小)논문에서 스스로 정정하였다. 이 초기의 논문에서 일반 5차 방정식은 대수적으로 해를 구할 수 없다는 것이 증명되었으며, 이것이 봄벨리(Bombelli)로부터 비에트(8장의 8번째 절 참조)에 이르는 수학자들을 난처하게 했던 어려운 문제를 해결하였다. 이 논문의 결과로 아벨은 작은 장학금을 받았고, 독일, 이탈리아, 프랑스로의 여행이 허용되었다. 이 여행을 다니는 동안에 무한급수의 수렴, 소위 아벨적분, 타원함수 등 여러 분야에 관한 수많은 논문을 썼다.

아벨은 타원함수에 관한 연구로 야코비(Jacobi)의 자극적이고 친숙한 경쟁자로 떠올랐다. 타원함수에 관하여 개척자적인 연구를 해왔던 늙은 르장드르는 아벨의 연구에 깊은 인상을 받았다. 다행스럽게도 아벨은 새로 창간된 〈Journal für die reine and angewandte Mathematik〉(Crelle's Journal로 더 잘 알려짐)에 논문을 발표할 수 있었는데, 1권(1826)에는 아벨의 논문이 5편 이상 실렸고 2권(1827)에는 이중주기 함수이론을 낳은 아벨의 논문이 실렸다.

해석학을 공부하는 학생들은 누구나 아벨의 적분방정식과 아벨함수로 유도되는 대수함수들의 적분의 합에 관한 아벨의 정리와 마주치게 된다. 무한급수에 관한 문제에는 아벨의 수렴 판정법과 멱급수에 관한 아벨의 정리가 있고, 추상 대수학에서 교환법칙이 성립하는 군을 오늘날 아벨군이라 부른다.

아벨은 평생 가난에 시달리고 폐병으로 고생하여 교수직을 가질 수 없었다. 그는 1829년 노르웨이의 프롤랜드에서 비참하게 죽었다. 그가 죽은 이틀 후 베를린 대학교의 교수직에 채용한다는 편지가 뒤늦게 배달되었다.

아벨은 생전에 나라로부터 거의 인정받지 못하였으나, 이제 그는 조국의 소액 우표에 등장한다.[2] 그러나 수학자들은 특유의 방식으로

2) 우표에 나타나는 다른 수학자들은 아르키메데스, 아리스토텔레스, 파르카스 보

훨씬 더 오래 지속되는 아벨에 대한 기념비를 세웠다. 왜냐하면 오늘날 많은 정리와 이론에 아벨의 이름을 영속시키고 있기 때문이다. 언젠가 에르미트(Hermite)는 아벨에 관하여 다음과 같이 말하였다. "그는 수학자를 500년 동안 바쁘게 만들 문제들을 남겼다." 아벨의 절친한 친구 키엘하우(Mathias Kielhau)는 친구의 무덤을 보고 아벨에 대한 보다 전통적인 기념비를 세우려는 생각을 품었다. 오늘날 프롤랜드 교회의 참배객들은 키엘하우의 친구에 대한 기념비를 볼 수 있다.

아벨은, 그렇게 빨리 그의 학문 분야에서 최정상으로 나아가게 된 이유를 묻는 질문에, 대가의 제자가 아니라 대가를 살펴보는 것이라 답했다.

갈루아(Evariste Galois)는 아벨보다도 더 짧고 더 비극적인 생애를 보냈다. 1811년 파리 근교에서 작은 마을의 시장의 아들로 태어난 그는 15세 때부터 비상한 수학적 재능을 발휘하기 시작했다. 그는 두 번이나 에콜 폴리테크니크에 입학하려 했으나 그의 천재성을 전혀 감지하지 못한 시험관의 형식적인 요구를 채울 수 없어 입학이 허용되지 않았다. 그 후 또 다른 충격을 받았는데, 성직자로부터 박해를 받고 있다고 느낀 아버지가 자살한 것이었다. 참을성 있는 갈루아는 결국 1829년 교사가 될 준비를 하려고 에콜 노르말(사범학교)에 입학하였으나, 민주주의에 찬동하여 1830년 혁명의 소동에 가

야이, 야노스 보여이, 보스코비치, 브라헤, 뷔퐁, L.N.M. 카르노, L.N.S. 카르노, 창홍, 첸치, 캐플리진, 코페르니쿠스, 크리스테스쿠, 쿠자누스, 달랑베르, 다 빈치, 데카르트, 드 위트, 뒤러, 아인슈타인, 오일러, 갈릴레이, 가우스, 게르베르트, 해밀턴, 헬름홀츠, 히파르코스, 호이겐스, 케플러, 코발레프스키, 크릴로프, 라그랑주, 라플라스, 라이프니츠, 리아푸노프, 로바체프스키, 로렌츠, 메르카토르, 몽주, 나시르 에드딘, 뉴턴, 오스트로그라드스키, 파스칼, 푸앵카레, 포포브, 피타고라스, 라마뉴잔, 리제, 스테빈, 테익세리아, 티테이카, 토리첼리 등이다. 러시아와 프랑스는 우표에 수학자의 사진을 싣는 데 가장 관대하고, 영국은 한 번도 시도한 바가 없으며 미국은 단 한 차례 있다. 다빈치, 갈릴레이, 코페르니쿠스, 아인슈타인은 각각 4개국 이상에서 실렸다.

갈루아
1811~1832

담했기 때문에 학교에서 퇴학당하고 수개월 동안 감옥살이를 하였다. 그는 석방 직후 21세가 채 안 된 1832년에 애정문제로 인한 권총결투에 유인되어 살해되었다.

갈루아는 당시 수학 교과서를 소설을 읽듯이 쉽게 통달하고, 계속해서 르장드르, 야코비, 아벨의 중요 논문을 읽고 나서 자신의 수학을 만들어 냈다. 17세 때 매우 중요한 결과를 얻었으나, 프랑스 과학원에 보낸 두 논문이 보관 잘못으로 분실되어 좌절감만 더해 주었다. 방정식에 관한 짧은 논문이 1830년에 발간되었는데 이것은 매우 일반적인 이론에 확실한 근거가 된 결과를 낳았다. 그가 결투하기 전날 밤, 십중팔구 살해되리라고 믿은 그는 한 친구에게 학술상의 유언장을 썼다. 이 유언장은 발표되지 않은 발견 중의 일부에 관한 것인데, 이것은 후에 몇몇 위대한 수학자에 의하여 군론에 포함된다는 것이 판명되었으며, 소위 방정식의 갈루아 이론이라 불린다. 군론 개념에 기초를 둔 방정식의 갈루아 이론은 유클리드 도구만을 가지고 기하학적 작도를 할 수 있는 가능성에 대한, 그리고 근(根)에 의한 대수방정식의 해의 존재 가능성에 대한 기준을 제공한다.

갈루아의 논문 가운데 몇몇 연구 보고물과 원고는 사후에 리우빌(Joseph Liouville, 1809~1882)에 의하여 1846년 〈Journal de mathématique〉에 발표되었다. 그러나 갈루아의 업적에 대한 완전한 평가는 조르당(Camille Jordan, 1838~1922)이 《대입론(Traité des substitutions)》에서 상술하고, 그 후 클라인(Felix Klein, 1840~1925)과 리(Sophus Lie, 1842~1899)가 그것을 기하학에 훌륭히 응용한 1870년에야 비로소 이루어진다.[3)]

갈루아는 본질적으로 군의 연구를 창시하였으며, '군(Group)'이라는 말을 최초로(1830년) 사용하였다. 군론에 대한 연구는 그 후 코시와 후계자들에 의하여 치환군의 특별한 형태로 수행되었다. 케일리, 실로우(Ludwig Sylow, 1832~1918), 리, 프로베니우스(Georg Frobenius, 1848~1917), 클라인(Felix Klein), 푸앵카레, 횔더(Otto Hölder, 1859~1937)와 그 밖의 여러 사람들의 후속되는 위대한 논문에 의해서 군의 연구는 독립적인 추상적 형태를 갖추었고 빠른 속도로 발전되었다.

야코비와 디리클레

프랑스 혁명은 과거로부터의 이데올로기적인 단절과 많은 광범위한 변화를 일으키면서 수학의 발전에 최상의 조건을 제공하였다. 그리하여 19세기의 수학은 프랑스에서 처음 일어난 후에 북유럽과 독일, 영국에까지 전파시킨 거대한 전진 파도를 만들어 냈다. 새로운 수학은 역학과 천문학에 예속된 속박으로부터 자유로워지기 시작했고, 보다 순수한 견해가 전개되었다. 수학적 활동의 중심이 프랑스로부터 독일로 옮겨가는 데 초기의 역할을 담당한 저명한 두 독일 수학

3) 갈루아와 그의 업적에 관한 신화를 검토하려면 다음을 참조하라. Tony Rothman, "Genius and biographers: The fictionalization of Evariste Galois," *The American Mathematical Monthly*, 89(1982), pp. 84-106.

자가 야코비와 디리클레이다.

야코비(Carl Gustav Jacob Jacobi)는 1804년 포츠담에서 유태인 부모 밑에 태어나 베를린 대학교에서 공부하였으며, 그곳에서 1825년에 박사학위를 취득하였다. 2년 후 쾨니히스베르크의 임시 수학 교수에 임명되었고, 2년 후 수학과 일반 교수로 진급하였다. 1842년 프러시아 정부로부터 연금을 받고 쾨니히스베르크의 교수직을 사임하고 베를린으로 가서 1851년 일찍 세상을 떠나고 말았다.

뛰어난 수학 연구자이며 뛰어난 수학 교사는 드물다. 그러나 야코비는 예외적인 인물이었고, 전례 없이 많은 유능한 학생을 배출하고, 격려하고, 영향을 준 의심할 바 없는 가장 위대한 수학 교수였다. 그의 가장 각광받는 연구 업적은 타원 함수에 관한 것들이다. 그와 아벨은 동시에 독립적으로 이 함수의 이론을 확립하였고, 야코비는 그것들에 대한 오늘날의 표기에 필수적인 것을 소개하였다. 야코비는 아마 코시 다음으로 행렬식 이론에 가장 풍성한 기여를 한 사람일 것이다. '행렬식(determinant)'이란 말을 궁극적으로 받아들인 사람이 바로 야코비이다. 후에 실베스터가 야코비안(Jacobian)이라 일컫는 함수 행렬식을 사용했는데, 함수론을 공부하는 모든 학생들은 이것을 접하게 된다. 그는 또한 정수론, 상미분방정식 및 편미분방정식론, 진폭계산, 삼면체 문제, 그 밖에 다른 역학문제에 기여했다.

야코비
1804~1851

대부분의 학생들은 연구를 하기 전에 이미 완성되어 있는 것을 우선 숙달해야만 한다고 느낀다. 학생들이 이러한 생각에 너무 얽매이지 않고 독립적인 연구에 처음부터 흥미를 느끼도록 격려하기 위하여 야코비는 다음과 같은 비유를 해주곤 했다. "만일 너의 아버지가 한 사람과 결혼하기 전에 이 세상의 모든 여성들을 알아야 한다고 고집했다면 결코 결혼을 하지 못했을 것이고 너 또한 태어날 수도 없었다." 또한 응용분야 연구에 반하여 순수 연구를 지지하려고 다음과 같이 말했다. "과학의 실제적 목표는 인류지성의 명예이다." 야코비는 "신은 늘 기하학을 연구한다."라고 말한 플라톤의 말을 모방하여 "신은 늘 산술을 연구한다."고 말했다.

야코비는 수학분야의 위대한 동시대인에 관하여 말할 때 항상 관대했다. 그는 아벨의 걸작 중의 하나에 관하여 "그것이 내 자신의 논문보다 뛰어나듯이 내 칭찬이 미치지 못한다."라고 했다.

디리클레(Peter Gustav Lejeune Dirichlet)는 1805년 뒤렌에서 태어났고, 브레슬라우와 베를린의 교수직을 계속해서 역임했다. 1855년 가우스가 세상을 떠나자 가우스 후임으로 괴팅겐의 교수로 임명되었는데, 이것은 전에 가우스의 제자였고 평생 스승을 존경한 매우 재능 있는 수학자에 대한 알맞은 예우였다. 괴팅겐에 재직하는 동안 가우스의 미완성 연구를 끝내려 했으나, 1859년에 요절함으로써 뜻을 이루지 못하였다.

독일어와 프랑스어에 능통한 디리클레는 두 나라의 수학과 수학자 사이의 섭외 역할을 훌륭히 해내었다. 그의 가장 각광받는 수학적 업적은 아마도 함수개념을 일반화하게 만든 작업인 푸리에 급수의 수렴에 관한 예리한 분석일 것이다(15장의 3번째 절 참조). 그는 가우스의 보다 난해한 방법 중의 일부를 쉽게 이해시키는 데에 많은 공헌을 했으며 그 자신 정수론에 뚜렷한 기여를 하였는데, 그의 멋진 《정수론 강의(Vorlesungen über Zahlentheorie)》는 아직도 가우

디리클레
1805~1859

스의 정수론 연구의 가장 명쾌한 입문 중의 하나이다. 디리클레는 야코비의 절친한 친구이자 해설가이며 양아들이었다. 그의 이름은 수학전공 학생들에게 디리클레 급수, 디리클레 함수와 디리클레 법칙으로 알려져 있다.

디리클레와 그의 위대한 스승 가우스에 관한 감동적인 일화가 하나 전해진다. 가우스는 박사 학위를 받은 만 50년 후인 1849년 7월 16일에 괴팅겐에서 50주년 축하를 받았다. 축하행사의 진행 도중의 어느 시점에서 가우스가 그의 《수론 연구》의 원본 한 장으로 파이프 담배에 불을 붙이게 되어 있었다. 그 자리에 참석해 있던 디리클레는 그것이 신성한 것을 모독하는 것이라는 생각이 들어 오싹해졌다. 마지막 순간 그는 대담하게 가우스의 손에서 논문을 빼앗아 일생 동안 기념으로 보관하였는데, 그의 사후에 편집자가 그의 논문에서 그것을 발견했다.

디리클레는 고결하고, 성실하고, 인간적이고, 겸손한 성질을 지닌 것으로 전해지고 있지만, 야코비와는 달리 젊은 사람들의 심정을 헤아릴 수 없었던 것 같다. 디리클레의 아들이 그의 선택받은 아버지로부터 항상 도움을 받을 수 있는 것을 급우들이 부러워했을 때, 아들은 다음과 같은 가엾은 대답을 했다. "오! 우리 아버지는 더 이상 아무것도 알고 있지 않아." 디리클레의 장난꾸러기 조카 헨젤은 자서전에서 6, 7세 때 삼촌에게 받았던 수학교육은 그의 생애에서 가장 무서운 경험이었다고 썼다.

디리클레는 가족들과 편지 왕래하는 일에 매우 소홀하였다. 그는 첫 아기를 얻었을 때, 영국에 살고 있던 장인에게 편지하는 것을 잊었다. 나중에 알게 된 장인은 디리클레가 적어도 $2+1=3$이라고 쓸 수는 있었으리라고 생각한다고 말했다. 이 재치 있는 장인이 다름 아닌 철학자 모제스 멘델스존의 아들이자 작곡가 펠릭스 멘델스존의 아버지인 아브라함 멘델스존이었다.

디리클레의 뇌는 가우스의 것과 마찬가지로 괴팅겐 대학교의 생리학과에 보존되어 있다.

비유클리드 기하학

19세기 전반부에 매우 주목할 만하고 혁명적인 두 가지 수학적 발전이 일어났다. 첫째는 1829년경 종래의 유클리드 기하학과는 다르며 그 자체에 모순이 없는 기하학의 발견이고, 둘째는 1843년 실수체계의 잘 알고 있는 대수와는 다른 대수의 발견이다. 이제 이 두 발전을 살펴보는데 우선 기하학 분야를 논의하자.

일찍이 그리스시대에 상당한 논란이 되었던 평행선 이론의 논리적 발전에 대한 증거가 있다. 유클리드는 평행선을 동일 평면상에 존재하며 양방향으로 아무리 연장해도 만나지 않는 두 직선으로 정의하는 것과 그의 유명한 평행공준을 공리로 채택하는 데 어려움을 겪었다. 이 공준(5장의 7번째 절 참조)은 다른 것처럼 간결하고 단순히 설명되는 점이 부족하고, 자명한 특성을 가지고 있지 않다. 실제로 그것은 명제 I 17의 역이며 일찍이 그리스에서는 그것을 공준이라기보다는 명제로 여겼다. 더욱이 유클리드는 명제 I 29까지 평행공준을 사용하지 않았다. 그 공준이 도대체 실제로 필요한지 의문스럽고, 나머지 아홉 가지 공리와 공준으로부터 정리로 이끌어낼 수 없을까 또는 적어도 좀더 적절한 말로 대체될 수 없을까 의심하는 것은 자연스럽다.

유클리드 평행공준을 바꾸려고 고안된 많은 대체물 중에서 가장 널리 이용되는 하나는, 비록 이 특별한 대안(代案)도 다른 사람에 의하여 이용된 적이 있고, 일찍이 5세기에 프로클로스에 의하여 이미 기술되었다 하더라도 현대에 잘 알려진 스코틀랜드의 물리학자이며 수학자인 플레이페어(John Playfair, 1748~1819)에 의하여 만들어진 것이다. 그것이 오늘날 고등학교 기하학 교과서에서 가장 자주 나타나는 대체 공리이다. 즉 "주어진 직선 위에 있지 않은 한 점을 지나서 주어진 직선에 평행한 직선을 단 하나 그릴 수 있다."[4] 평행공준을 대체하려 시도한 다른 것 중 일부는 (1) 세 내각의 합이 평각이 되는 삼각형이 적어도 하나 존재한다. (2) 한 쌍의 합동이 아닌 닮은 두 삼각형이 존재한다. (3) 모든 곳에서 두 직선 사이의 거리가 같은 한 쌍의 직선이 존재한다. (4) 일직선 위에 있지 않은 세 점을 지나는 원을 그릴 수 있다. (5) 60° 미만의 각 내부의 임의의 점을 지나며 각의 양변과 모두 교차하는 직선을 항상 그을 수 있다 등이다.

평행공준을 나머지 아홉 개 공리와 공준들로부터 정리로 이끌어 내려는 시도는 200여 년 이상 동안 기하학자를 묶어두었고, 현대수학의 가장 광범위한 발전 중의 일부가 되었다. 많은 증명이 제안되었으나 한결같이 공준 자체와 동치인 가정에 기초한 것이라는 것이 바로 또는 얼마 후에 밝혀졌다.

1733년에 이르러서야 비로소 평행공준에 관한 최초의 실제적이며 과학적인 연구 논문이 이탈리아 예수회 신부인 사케리에 의하여

4) 명제 I 27은 적어도 하나의 평행선의 존재를 보장한다.

발표되었다.

사케리(Girolamo Saccheri, 1667~1733)의 생애에 대해서는 거의 알려져 있지 않다. 그는 산 레모에서 태어나서 어린 나이에 조숙하였고, 예수회 법에 의한 수도 기간을 23세에 마쳤으며, 나머지 생을 대학 교수직으로 보냈다. 밀라노에 있는 예수회 대학에서 수사학, 철학 및 신학을 강의하는 동안 유클리드의 《원론》을 읽었고 강력한 귀류법에 매료되었다. 후에 튜린에서 철학을 강의하는 동안 《논증적 논리학(Logica demonstrativa)》을 발간하였는데 그 안의 주된 혁신은 형식 논리를 다루는 데 귀류법을 적용하는 것이다. 몇 년 후 파비아 대학교의 수학 교수로 재직할 때 그가 좋아하는 귀류법을 유클리드 평행공준의 연구에 응용하였고 《유클리드의 결점의 제거(Euclides ab omni naevo vinadicatus)》라는 제목의 소책자를 1733년 죽기 수 개월 전 밀라노에서 발행하였다.

평행공준에 관한 논문에서 사케리는 앞에서 언급한 것처럼 증명에 평행공준이 필요 없는 유클리드 원론의 처음 28개의 명제를 받아들였다. 이 정리들을 가지고 각 A와 각 B가 직각이고 변 AD와 BC의 길이가 같은 사변형 $ABCD$(그림 93)를 연구하기 시작했다. 대각선 AC와 BD를 긋고, 간단한 합동정리(유클리드의 처음 28개 명제 중에 있다)를 이용하여 고등학교 기하를 배우는 학생들이면 누구나 할 수 있듯이 쉽게 각 D와 C의 크기가 같음을 보였다. 그러면 각 D와 C가 모두 예각이거나 모두 직각이거나 또는 모두 둔각으로

그림 93

같을 세 가지 가능성이 있다. 이 세 가지 가능성을 사케리는 **예각가설**, **직각가설**, **둔각가설**이라 불렀다. 그의 연구 계획은 예각가설이나 둔각가설을 가정하면 모두 모순에 이른다는 것을 보이는 것이다. 그러면 귀류법에 의하여 직각가설이 성립하여야만 하고, 사케리는 이 가설이 평행공준을 함의함을 보이려 했다. 은연중에 직선의 무한성을 가정하여 쉽사리 둔각가설을 제외시켰으나, 예각가설의 경우가 훨씬 더 어렵다는 것을 알았다. 비유클리드 기하학의 많은 고전적 정리들을 얻은 후에 무한 원소에 관한 모호한 개념이 포함된 납득하기 어려운 모순을 불완전하게 이끌어 냈다. 그가 모순을 보이려는 시도를 열심히 해서가 아니라 모순을 찾아낼 수 없었음을 인정했기 때문에, 오늘날 논란의 여지 없이 비유클리드 기하학의 발견자로 인정받을 수 있었다. 그의 논문은 동시대인의 주목을 거의 받지 못하였고 곧 잊혔으며[5] 1889년에 이르러서야 동료인 벨트라미(Eugenio Beltrami, 1835~1900)에 의하여 부활되었다. 사케리의 저술이 발간된 33년 후 스위스의 람베르트(Johann Heinrich Lambert, 1728~1777)가 〈평행이론(Die Theorie der Parallellinien)〉이라는 제목의 비슷한 논문을 썼으나, 그의 사후에야 비로소 발간되었다. 람베르트는 그의 기본 도형으로 세 개의 직각을 가지는 사각형을 선택했고, 네 번째 각이 예각, 직각, 둔각이냐의 세 개의 가설을 생각했다. 그는 예각과 둔각가설하에서 명제들을 추론하는데 사케리보다 상당히 앞서 나갔다. 따라서 사케리와 함께 세 가설에서는 삼각형의 내각의 합이 직각의 두 배보다 작거나 같거나 또는 크다는 것을 보였고, 덧붙여 예각가설에서 직각의 두 배보다 작은 것 또는 둔각가설에서 직각의 두 배보다 큰 것은 삼각형의 면적에 비례한다는 것을 보였다.

5) 사케리의 걸작이 오랫동안 무시되어 온 것을 설명해 주는, 억압의 불쾌한 암시를 포함한 양자택일의 설명이 있다. 예를 들어 다음을 참조하라. E.T. Bell, *The Magic of Numbers*, Chapter 25.

둔각가설은 사케리가 했던 것과 마찬가지의 묵시적 가정에 의하여 제외되었으나 예각가설에 관한 결론은 불명확하고 불충분했다.

저명한 프랑스 해석학자인 르장드르(Adrien-Marie Legendre, 1752~1853)가 삼각형의 세 각의 합이 직각의 두 배보다 작거나 같거나 큰 것에 따른 세 가설을 다시 고찰하기 시작했다. 묵시적으로 직선의 무한성을 가정하고 셋째 가정을 제외할 수는 있었으나 첫째 가정을 제거할 수 없었다. 이러한 다양한 노력은 널리 채택된《기하학의 원리(Eléments de geométrie)》의 연속판에서 나타나며, 이런 방식으로 평행공준 문제를 유행시키는 데 많은 노력을 했다.

예각가설하에서 아무 모순이 없었다는 것은 당연하다. 왜냐하면 기본 집합과 예각가설을 포함한 공리로부터 얻은 기하학이 동일한 기본 집합에 직각가설을 포함한 공리로부터 얻은 유클리드 기하학과 마찬가지로 모순이 없다는 것, 즉 평행공준은 나머지 공준과 독립적이고 따라서 나머지로부터 이끌어 낼 수 없다는 사실이 이제 알려져 있기 때문이다. 이것에 최초로 의문을 가진 사람들은 독일의 가우스, 헝가리의 보여이, 러시아의 로바체프스키이다. 이 사람들은 평행공준의 플레이페어 공준을 가지고 주어진 한 점을 지나서 주어진 직선에 평행한 직선을 한 개 이상 또는 단 한 개 그릴 수 있거나 또는 하나도 그릴 수 없다는 세 가지 가능성을 고찰하는 것으로 접근했다. 이것들은 각각 예각, 직각, 둔각가설과 동치이다. 다시 직선의 무한성을 가정하면 셋째 경우는 쉽게 제거된다. 첫째 가능성하에서 모순 없는 기하학을 의심하면서 세 수학자가 독립적으로 예각가설의 기하학과 삼각법의 폭넓은 발전을 이룩해 냈다.

가우스가 처음으로 예각가설에 관한 확실한 결론에 도달한 것으로 알기 쉽지만, 그는 전 생애를 통하여 여기에 관하여 어떠한 것도 발표하지 않았기 때문에 이 특별한 비유클리드 기하학을 발견한 공로는 보여이와 로바체프스키에게 돌려야 한다. 보여이는 1832년 아버지의 수학책 부록에 그의 발견을 발표했다. 후에 로바체프스키가 1829~1830년경에 비슷한 발견을 발표했다는 사실이 알려졌지만 언어의 장애와 새로운 발견에 대한 정보의 전파가 느렸기 때문에 로바체프스키의 논문이 서유럽에 알려지는 데는 몇 년이 걸렸다. 여러 사람이 다른 사람의 연구에 대한 정보를 어떻게 얻을 수 있었는지를 말해주는 복잡하고 알려지지 않은 이론을 여기에서 논의하는 것은 중요하지 않다. 아무튼 당시에는 이 문제에 관한 상당한 표절 시비가 있었다.

야노스(또는 요한) 보여이(Janos Bolyai, 1802~1860)는 오스트리아 군의 헝가리 장교였고, 시골 수학 교사이며 가우스의 오랜 친구인 파르카스(또는 볼프강) 보여이의 아들이었다. 젊은 보여이는 의심할 바 없이 평행공준에 대한 연구에, 일찍부터 이 문제에 관심을 보인 아버지로부터 상당한 영향을 받았다. 일찍이 1823년에 보여이는 그에게 직면한 문제의 실체를 이해하였으며 그 해 아버지에게 쓴 편지에서 그 연구에 매우 열중하였음을 알 수 있다. 이 편지에서 자료를 정리할 시간과 기회를 찾을 수 있으면 바로 평행이론에 관한 연구를 발표하고 싶다고 밝혔고, "나는 무(無)로부터 이상하고 새로운 세계를 만들어 냈다."고 외쳤다. 아버지는 준비된 논문을 자신의 기초 수학에 관한 두 권으로 된, 약간 철학적인 책의 부록으로 실을 것을 주장하였다. 보여이가 고찰한 바를 확장시키고 정리하는 것은 생각보다 훨씬 더뎠으나 마침내 1829년 완성된 원고를 아버지에게 전했고 3년 후인 1832년 아버지의 책의 첫째 권에 26페이지짜리 부록으로 발간되었다.[6] 보여이는 매우 많은 분량의 원고 더미를 뒤에 남겼으나 더 이상 아무것도 발표하지 않았다. 그의 주요 관심사는 평행공준과 독립이고, 따라서 유클리드 기하학과 새로운 기하학 모

6) 이 부록의 번역본을 보려면 다음을 참조하라. R. Bonola, *Non-Euclidean Geometry*, or D.E. Smith, *A Source Book in Mathematics*, pp. 375-388.

로바체프스키
1793~1856

두에서 성립되는 명제의 집합을 뜻하는, 그가 '공간의 절대적 과학(the absolute science of space)'이라 부르는 것에 관한 것이었다.

로바체프스키(Nicolai Ivanovitch Lobachevsky, 1793~1856)는 대부분의 생애를 카잔 대학교에서, 처음에는 학생으로서 후에는 수학 교수로서 마지막에는 학장으로서 보냈고 비유클리드 기하학에 관한 최초의 논문은 보여이의 논문이 인쇄되기 2, 3년 전인 1829~1830년에 〈Kasan Bulletin〉에 발표했다. 이 논문은 러시아에서는 거의 관심을 끌지 못했고, 러시아어로 쓰여졌기 때문에 실제로 다른 곳에서도 아무런 관심을 끌지 못했다. 로바체프스키는 이 최초의 논문을 다른 곳에 소개하려 하였다. 예를 들어 좀더 많은 사람에게 알리려고 1840년 《평행 이론에 관한 기하학적 연구(Geometrische Untersuchungen zur Theorie der Parallellinien)》[7]라는 제목의 독일어로 소책자를 발간하고, 죽기 1년 전이자 시력을 잃고 1년 후인 1855년에 〈범기하학(Pangéométrie)〉[8]이라는 제목의 프랑스어로 쓰여진 최종적이며 정선된 논문을 발간하였다. 당시에는 새로운 발표에 대한 정보가 매우 늦게 전파되었기 때문에 가우스는 1840년 독일어판이 나와서야 비

7) 번역본은 다음을 참조하라. R. Bonola, *Non-Euclidean Geometry*.
8) 번역본은 다음을 참조하라. D.E. Smith, *A Source Book in Mathematics*, pp. 360-374.

로소 로바체프스키의 논문을 보았고, 보여이는 1848년까지 그 논문을 모르고 있었다. 로바체프스키 자신은 그의 논문이 널리 알려지는 것을 보지 못하고 죽었지만 그가 발전시킨 비유클리드 기하학은 오늘날 종종 로바체프스키의 기하학(Lobachevskian geometry)이라 불린다.

평행공준이 유클리드 기하학의 다른 공준과 실제적으로 독립이라는 사실은 예각가설의 모순 없는 증명이 완결되고 나서야 입증되었다. 이 증명은 오래지 않아 출현되었고 벨트라미, 케일리, 클라인, 푸앵카레 등에 의하여 이루어졌다. 그 방법은 예각가설의 추상적인 전개가 유클리드 공간의 어떤 부분에서 실제적인 해석을 줄 수 있도록 유클리드 기하학에서의 모형을 만드는 것이었다. 그러면 비유클리드 기하학에서의 어떤 모순은 유클리드 기하학에서의 대응하는 모순을 함의하게 된다(문제연구 13.3 참조).

1854년에 리만(Riemann)은 직선의 무한성을 버리고 단순히 한계가 없음을 가정하고, 나머지 공준을 약간만 조정하면 또 다른 모순 없는 비유클리드 기하학이 둔각가설로부터 전개될 수 있다는 사실을 보였다. 보여이와 로바체프스키, 유클리드, 리만의 세 기하학은 1871년 클라인에 의하여 각각 쌍곡기하학(hyperbolic geometry), 포물기하학(parabolic geometry), 타원기하학(elliptic geometry)이라 명명되었다.

이 첫 번째 비유클리드 기하학의 발견에 대한 직접적인 결과는, 말할 것도 없이, 오래된 평행공준 문제를 최종적으로 해결한 것이다. 즉 평행공준은 유클리드 기하학의 다른 가정과 독립이라는 사실을 보인 것이다. 그러나 이보다 훨씬 더 큰 성과는 전통적 모형으로부터 기하학이 자유로워졌다는 사실이다. 가능한 기하학이 오직 하나만 존재할 수 있다는 뿌리 깊고 수세기 묵은 신념이 산산이 부서지고, 많은 다른 기하학의 체계를 창조하는 방법이 열렸다. 그러한 '인

공적' 기하학을 창조할 수 있는 가능성으로 인해서 기하학이 실제적인 물리적 공간에 얽매일 필요가 없다는 점이 명백해졌다. 기하학의 공준은 수학자에게는 물리학적으로 참이냐 거짓이냐에 관계없는 단순한 가정으로 되었다. 수학자는 공준을 단지 그것들이 서로 모순이 없기만 하면 자기 취향대로 택하여도 된다.

대수적 구조의 출현

양의 정수의 집합상에서 실행되는 일반적인 덧셈과 곱셈은 이항연산이다. 즉 각 양의 정수 a, b의 순서쌍마다 각각 a, b의 합과 a, b의 곱이라 불리는 유일한 양의 정수 c, d가 대응되고 다음과 같이 기호로 표기된다.

$$c = a + b, \quad d = a \times b$$

양의 정수들의 집합상에서 실행되는 이 두 이항연산 덧셈과 곱셈은 어떤 기본적 성질을 지니고 있다. 예를 들면 a, b, c가 임의의 양의 정수일 때 다음이 성립한다.

1. $a + b = b + a$ (덧셈의 교환법칙)
2. $a \times b = b \times a$ (곱셈의 교환법칙)
3. $(a + b) + c = a + (b + c)$ (덧셈의 결합법칙)
4. $(a \times b) \times c = a \times (b \times c)$ (곱셈의 결합법칙)
5. $a \times (b + c) = (a \times b) + (a \times c)$ (덧셈에 대한 곱셈의 배분법칙)

19세기 초에 대수학은 단순히 산술을 기호화한 것으로 간주되었다.[9] 바꿔 말하면 특수한 수를, 산술에서 하는 것처럼 계산하는 대신에 대수학에서는 이러한 수를 표현하는 데 문자를 사용한다. 그래서 위 다섯 가지 성질은 양의 정수의 대수에서 항상 성립하는 명제이다. 그러나 명제가 기호로 쓰였기 때문에 이항연산을 적당히 정의하면 양의 정수 집합이 아닌 다른 어떤 집합에서도 적용될 수 있으리라 생각할 수 있다. 이것은 참으로 그렇다(문제연구 13.4 참조).

따라서 위에 열거한 양의 정수에 대한 다섯 가지 기본적인 성질은 전혀 다른 체계의 원소의 성질로 간주될 수도 있다. 위 다섯 가지 성질의 결과는 양의 정수에 적용될 수 있는 대수를 구성하고 있으나, 이것이 또한 다른 체계에 적용될 수 있는 대수를 구성한다는 것은 명백하다. 즉 서로 다른 체계에 적용되는 공통적인 대수적 구조(다섯 가지 기본 성질과 그들의 결과)가 존재한다. 이 다섯 가지 기본 성질은 특수한 유형의 대수적 구조에 대한 공준으로 간주될 수도 있고, 이 공준에 의하여 만들어진 임의의 정리는 다섯 가지 기본 성질을 만족시키는 어떠한 해석에도 적용될 수 있다. 이런 관점으로부터 대수는 산술과 묶이고 대수학은 순전히 전형적인 가설-연역적 학문이 된다.

위의 대수학의 현대적 관점의 최초의 싹은 케임브리지 졸업생이며 교수였고 후에 일리(Ely) 대성당의 사제장이었던 피코크(George Peacock, 1791~1858)의 논문으로 1830년경 영국에서 나타났다. 피코크는 대수학의 근본 원리를 최초로 진지하게 연구한 사람 중의 하나이며, 1830년에 《대수학(代數學, Treatise on Algebra)》을 발간하였는데, 거기에서 대수학에 유클리드 《원론》과 견줄 만한 논리체계를 갖추려 하였고, 스스로 '대수학의 유클리드'라는 칭호를 붙였다. 그는 '산술 대수(arithmetic algebra)'와 '기호 대수(symbolic algebra)'라 부른 둘을 구별 지었다. 피코크는 전자를 일상적인 양의 십진수를 나타내는 기호와 덧셈, 뺄셈 같은 연산기호를 사용하여 얻어지는

9) 이것은 여전히 고등학교와 대학 1학년 때 배우는 대수학의 관점이 되고 있다.

학문으로 간주했다. 산술 대수에서 어떤 연산은 그들의 적용성에 의하여 제한된다. 예를 들면 뺄셈 $a-b$에서 반드시 $a>b$이어야 한다. 반면에 피코크의 기호 대수는 산술 대수의 연산 등을 채택하지만 그들의 제한을 묵살한다. 따라서 기호 대수에서의 뺄셈은 항상 적용될 수 있다고 간주되는 점에서 산술 대수의 뺄셈과 다르다. 피코크는 이 산술 대수의 법칙의 기호 대수로의 확장을 **형식 불변의 원리**(principle of the permanence of equivalent forms)라고 불렀다.

형식 불변의 원리는 수학에서 강력한 개념으로 간주되었고, 그것은 복소수 체계의 산술의 초기 발전과 양의 정수 지수로부터 보다 일반적인 종류의 지수로 지수법칙을 확장시키는 것 등에서 역사적으로 중요한 역할을 담당했다. 예를 들어 지수법칙에서 a가 양의 유리수이고 n이 양의 정수라면, a^n은 정의에 의하여 a를 n번 곱한 것이다. 이 정의로부터 임의의 두 양의 정수 m, n에 대하여 $a^m a^n = a^{m+n}$은 쉽게 얻어진다. 형식 불변의 원리에 의하여 피코크는 기호 대수에서는 밑수 a나 지수 m, n에 관계없이 $a^m a^n = a^{m+n}$이라고 확언했다. 그 모호한 형식 불변의 원리는 오늘날 없어졌지만 여전히 구정의의 어떤 성질이 보존되어야 하는 방식으로 정의를 확장시키고, 보다 일반적인 정의를 만들어 내려고 시도할 때 종종 지침이 된다.

피코크와 동시대의 영국학자들은 그의 연구를 발전시키고 대수의 개념을 현대적 개념에 보다 가까이 만들었다. 그레고리(Duncan Farquharson Gregory, 1813~1844)는 대수에서의 교환법칙과 배분법칙을 확실히 나타낸 논문을 1840년에 발표하였다. 대수학의 기초를 이해시키는 더 깊이 있는 발전은 대수학자들의 영국학파의 다른 회원인 드모르간에 의하여 만들어졌다. 약간 탐색적인 영국학파의 작업에서 대수적 구조의 발상과 대수적 발전에 있어서 공준적 프로그램에 대한 준비의 출현을 추적할 수 있다. 곧 영국학파의 발상이

유럽대륙으로 퍼졌는데, 거기에서 1867년 독일의 수학 사학자 한켈(Hermann Hankel, 1839~1873)은 그것들을 매우 철저하게 고찰하였다. 그러나 한켈의 논문이 나오기 이전에도 아일랜드 수학자 해밀턴과 독일의 수학자 그라스만은 널리 적용되는 성질의 연구 결과와, 로바체프스키와 보여이의 연구가 기하학의 자유를 이끌어 냈던 것과 거의 같은 방식으로 대수학의 자유를 가져온 결과를 발표하고, 현대 추상대수학의 수문을 열었다. 해밀턴과 그라스만의 이 괄목할 만한 업적에 대해서는 다음 절에서 고찰한다.

대수학의 해방

앞에서 보았듯이 기하학은, 로바체프스키와 보여이가 1829년과 1832년 유클리드 공준 중의 하나가 성립하지 않는 모순 없는 기하학을 만들어 내어 구속에서 해방될 때까지, 유클리드 모형에 얽매인 채 있었다. 이 업적으로 가능한 기하학이 오직 하나 존재할 수 있다는 이전의 신념이 산산이 부서졌고, 많은 기하학이 창조될 수 있는 길이 열렸다.

대수학에서도 같은 종류의 줄거리가 얘기될 수 있다. 일반적인 산술 대수학과 다른 대수학이 존재할 수 있다는 사실은 19세기 초에는 상상할 수조차 없었다. 예를 들어, 아마 곱셈의 교환법칙이 성립하지 않는 모순 없는 대수학을 만들려는 시도는 당시 어느 누구도 하지 않았을 뿐만 아니라 순전히 바보스러운 생각으로 치부하고 깨끗이 잊어버렸을 것이다. 요컨대 $a \times b$가 $b \times a$와 다른 논리적 대수를 어떻게 해서 만들 수 있겠는가. 1843년 해밀턴은 물리학적 고찰에 의하여 곱셈의 교환법칙이 성립하지 않는 대수학을 만들어 내야

했을 때, 대수학에 관한 그런 느낌을 받았다. 교환법칙을 포기하는 기본 단계가 쉽게 떠오르지 않았고, 특별한 문제에 관하여 수 년 동안 숙고한 후에야 비로소 떠올랐다.

분야가 너무 달라서 해밀턴의 연구를 낳게 한 물리학적 동기를 살펴보기는 어렵다.[10] 아마 최선의 접근 방법은 복소수를 실수의 쌍으로 나타낸 해밀턴의 우아한 취급 방법을 통해서 살펴보는 것이다. 그 시대 수학자들은 오늘날 대부분의 수학을 배우는 대학생들처럼, 복소수를 a, b가 실수이고 i는 $i^2 = -1$을 만족하는 실수가 아닌 수일 때 $a+bi$형태로 간주했고, 여기에서 각 복소수를 i에 관한 다항식으로 취급하고 i^2이 나타나면 -1로 대치시키는 것으로 하여 덧셈과 곱셈을 계산하였다. 이 방식에서 덧셈은

$$(a+bi)+(c+di)=(a+c)+(b+d)i$$

와 같이 하고, 곱셈은

$$(a+bi)(c+di)=ac+adi+bci+bdi^2=(ac-bd)+(ad+bc)i$$

와 같이 한다. 이와 같이 복소수의 덧셈과 곱셈을 정의한다면, 이 덧셈과 곱셈이 교환법칙과 결합법칙을 만족하고 덧셈에 대한 곱셈의 배분법칙이 성립함을 쉽게 보일 수 있다.

이제, 복소수 $a+bi$는 두 실수 a, b에 의하여 완전히 결정되기 때문에 해밀턴은 복소수를 실수의 순서쌍 (a, b)로 단순하고 모호하지 않게 표시하였다. 그는 두 순서쌍 (a, b)와 (c, d)가 서로 같기 위한 필요충분조건을 $a=b$, $c=d$로 정의하였다. 덧셈과 곱셈을 (위의 결과와 일치하도록)

$$(a, b)+(c, d)=(a+c, b+d)$$

10) 해밀턴이 1833년 왕립 에이레 학술원에 알렸다.

$$(a,\ b)(c,\ d) = (ac - bd,\ ad + bc)$$

로 정의하였다. 이 정의에 의하여 덧셈과 곱셈은 교환법칙과 결합법칙을 만족하고 덧셈에 대한 곱셈의 배분법칙이 성립함을 쉽게 알 수 있다. 실수체계는 복소수의 체계에 흡수된다(embedded)는 사실을 주목하여야 한다. 이 말은 각 실수 r을 $(r,\ 0)$과 동일시한다면 복소수 덧셈과 곱셈하에서

$$(a,\ 0) + (b,\ 0) = (a+b,\ 0),\ \ (a,\ 0)(b,\ 0) = (ab,\ 0)$$

이므로 대응관계가 보존된다는 뜻이다. 실제적으로 $(r,\ 0)$ 형태의 복소수는 대응하는 실수 r로 대치할 수 있다.

해밀턴의 형태로부터 복소수의 본래 형태를 얻기 위하여 임의의 $(a,\ b)$는 다음과 같이 쓸 수 있음을 상기하자.

$$(a,\ b) = (a,\ 0) + (0,\ b) = (a,\ 0) + (b,\ 0)(0,\ 1) = a + bi$$

여기에서 $(0,\ 1)$은 i로 표시되고 $(a,\ 0)$와 $(b,\ 0)$는 실수 a, b와 동일시된다. 마지막으로

$$i^2 = (0,\ 1)(0,\ 1) = (-1,\ 0) = -1$$

임을 알 수 있다. 실수의 순서쌍에 관하여는 모호한 점이 없기 때문에 복소수를 싸고 있는 이전의 모호한 느낌이 제거되었다. 이것이 이 분야에 관한 해밀턴의 위대한 업적이다.

복소수의 체계는 평면에서의 벡터와 회전을 연구하는 데 매우 편리한 수체계이다.[11)] 해밀턴은 3차원 공간에서의 벡터와 회전을 연구하기 위한 유사한 수체계를 고안하려고 시도했다. 그의 연구에서

11) 복소수 $z = a + bi$가 직교좌표에서 $(a,\ b)$를 가지는 점 Z를 표시하는 것으로 생각하면 복소수 Z는 또한 O가 원점일 때 벡터 OZ를 나타내는 것으로 간주될 수 있기 때문에 편리하다.

실수가 흡수되는 실수의 순서쌍 (a, b)가 아닌 실수와 복소수 모두가 흡수되는 실수의 4중 순서수 (a, b, c, d)를 고찰하였다. 바꿔 말하면 (a, b, c, d)와 (e, f, g, h)가 같기 위한 필요충분조건을 $a=e$, $b=f$, $c=g$, $d=h$라 정의하면서 다음과 같은 성질을 만족하는 4중 순서수의 덧셈과 곱셈을 정의하여야만 한다는 것을 알았다.

$$(a, 0, 0, 0)+(b, 0, 0, 0)=(a+b, 0, 0, 0)$$
$$(a, 0, 0, 0)(b, 0, 0, 0)=(ab, 0, 0, 0)$$
$$(a, b, 0, 0)+(c, d, 0, 0)=(a+c, b+d, 0, 0)$$
$$(a, b, 0, 0)(c, d, 0, 0)=(ac-bd, ad+be, 0, 0)$$

해밀턴은 그러한 실수의 4중 순서수를 (실)사원수(quaternions)라 부르고 여러 가지 목적으로 이들의 덧셈과 빼셈을 다음과 같이 정의해야만 한다는 것을 알았다.

$$(a, b, c, d)+(e, f, g, h)=(a+e, b+f, c+g, d+h)$$
$$(a, b, c, d)(d, f, g, h)=(ae-bf-cg-dh, af+be+ch-dg, ag+ce+df-bh, ah+bg+de-cf)$$

이 정의에 의하여 실수와 복소수가 사원수에 흡수된 것을 보일 수 있고, $(m, 0, 0, 0)$를 실수 m과 동일시하면

$$m(a, b, c, d)=(a, b, c, d)m=(ma, mb, mc, md)$$

임을 알 수 있다. 또한 사원수의 덧셈은 교환법칙과 결합법칙을 만족하며 곱셈은 결합법칙과 덧셈에 관한 배분법칙을 만족함을 보일 수 있다. 그러나 곱셈의 교환법칙은 성립하지 않는다. 이것을 보이기 위하여 두 사원수 $(0, 1, 0, 0)$와 $(0, 0, 1, 0)$를 가지고 살펴보면

$$(0, 1, 0, 0)(0, 0, 1, 0)=(0, 0, 0, 1)$$

이지만

$$(0, 0, 1, 0)(0, 1, 0, 0) = (0, 0, 0, -1) = -(0, 0, 0, 1)$$

즉 곱셈의 교환법칙이 성립하지 않는다. 사실은 **단위 사원수**(quaternionic units) $(1, 0, 0, 0)$, $(0, 1, 0, 0)$, $(0, 0, 1, 0)$, $(0, 0, 0, 1)$을 각각 1, i, j, k로 나타내는 다음의 곱셈표가 만들어지는 것을 증명할 수 있다.

$\times$	1	i	j	k
1	1	i	j	k
i	i	-1	k	$-j$
j	j	$-k$	-1	i
k	k	j	$-i$	-1

해밀턴은 15년 동안 숙고했으나 결실을 얻지 못하고 있던 어느 날 황혼 무렵 아내와 함께 더블린 근처의 로열 운하를 따라 산책을 하던 중 곱셈의 교환법칙을 포기하려는 생각이 번개처럼 스쳐갔다고 말했다. 그는 이 정설을 뒤엎는 생각에 매우 충격을 받아 주머니칼을 꺼내어 위 곱셈표의 요지를 브로엄 다리의 한 돌기둥에 새겼다. 오늘날 다리의 난간 돌에 박힌 명판이 그 이야기를 전해주며(477페이지 그림 참조), 수학의 위대한 순간 중의 하나가 우리에게 기념되고 있다.

사원수 (a, b, c, d)를 $a+bi+cj+dk$형태로 쓸 수 있다. 이 형태로 쓰여진 두 사원수를 i, j, k에 관한 다항식처럼 곱할 수 있고, 결과도 위 곱셈표에 의하여 같은 형태가 된다.

1844년에 그라스만(Hermann Gunther Grassmann)은 훌륭한 〈광의양론(廣義量論, Ausdehnungslehre)〉의 초판을 발간하였는데, 거기에는 해밀턴의 사원수보다 훨씬 더 일반성을 가지는 발전된 대수의 유형이 있었다. 그라스만은 실수의 4중 순서수 대신에 실수의 n중

Here as he walked by
on the 16th of October 1843
Sir William Rowan Hamilton
in a flash of genius discovered
the fundamental formula for
quaternion multiplication
$i^2 = j^2 = k^2 = ijk = -1$
& cut it in a stone of this bridge

순서수를 고안했다. 그라스만은 그러한 순서수 $(x_1,\ x_2,\ \cdots,\ x_n)$에 $e_1,\ e_2,\ \cdots,\ e_n$이 그의 대수의 기본 단위들일 때 $x_1e_1 + x_2e_2 + \cdots + x_ne_n$형태의 다원수(hypercomplex number)를 결합시켰다. 그러한 두 다원수는 $e_1,\ e_2,\ \cdots,\ e_n$에 관한 다항식처럼 더해지고 곱해진다. 그러면 그들의 합도 같은 종류의 수가 된다. 그들의 곱을 같은 종류의 수가 되도록 하려면 해밀턴의 단위수 1, i, j, k 곱셈표와 비슷한 단위수 $e_1,\ e_2,\ \cdots,\ e_n$에 대한 곱셈표를 만들어야 한다. 여기에서 누구나 상당히 자유스럽게 결정할 수 있고, 서로 다른 곱셈표를 만들기 때문에 다른 대수가 만들어질 수 있다. 곱셈표는 하고자 하는 대수의 응용과 보존시키고자 하는 대수의 법칙에 의하여 정해진다.

또 하나의 교환법칙이 성립하지 않는 대수인 행렬대수가 1857년 영국의 수학자 케일리에 의하여 고안되었다.

보통의 대수에서 성립하는 법칙과는 다른 구조적 법칙을 만족시키는 대수를 발달시킴으로써 해밀턴과 그라스만 그리고 케일리는 현대 추상대수학의 봇물을 터뜨렸다. 실제로 보통의 대수의 여러 가지 공준을 약화시키거나 제거함으로써, 또는 하나 또는 그 이상의 공준을 나머지 공준과 양립하는 다른 것으로 대치함으로써 수많은 다양한 체계가 연구될 수 있다. 이러한 체계에는 아군(亞群, qroupoid), 준군(準群, quasi-group), 루프(loop), 반군(半群, semigroup), 모노이드, 군(group), 환(ring), 정역(integral domain), 속(束, lattice), 사체(斜體, division ring), 부울 환(Boolean ring), 부울 대수(Boolean algebra), 체(field), 벡터 공간(vector space), 조르당 대수(Jordan algebra), 리 대수(Lie algebra)가 포함되는데, 끝의 두 가지는 결합 법칙이 성립하지 않는 대수의 예이다. 수학자들은 오늘날까지 그러한 대수적 구조를 200가지 이상이나 연구해 왔다. 이 연구의 대부분은 20세기에 일어났고, 오늘날 수학에서 널리 보급된 일반화와 추상화 풍조를 가져오게 했다. 추상대수학은 오늘날의 수학에서 큰 역할을 하는 단어가 되었다.

해밀턴, 그라스만, 부울, 드모르간

모든 점으로 보아 수학 분야에서 아일랜드의 가장 위대한 명성을 지닌 해밀턴(William Rowan Hamilton)은 1805년 더블린에서 태어나서, 잠깐씩 다른 곳을 방문한 것을 제외하면, 전 생애를 그곳에서 보냈다. 그는 일찍이 고아가 되었으나, 겨우 한 살 때 그를 열심히 그러나 언어에 치중되게 교육했던 삼촌에게 맡겨졌다. 해밀턴은 천재임이 판명되었고, 13세가 되었을 때에는 나이만큼이나 많은 외국어를 유창하게 구사하였다. 그는 실제적인 성과는 없었으나 고전에 대한 관심을 키워나갔고, 일생의 열망이 된 시 쓰기에 빠졌다. 그는 위대한 시인 워즈워스(William Wordsworth)와 절친한 친구이며 서로 존경하는 사이가 되었다.

해밀턴
1805~1865

해밀턴은 15세가 되어서야 수학에 열중하게 되었다. 그 변화는 더블린의 박람회에서 어리지만 자신의 능력을 시범 보인 미국 암산학자 콜번(Zerah Colburn)을 만남으로써 일어났다. 얼마 후 해밀턴은 우연히 뉴턴의 〈보편산수〉 한 권을 얻었다. 그는 이 책을 매우 열심히 읽어 해석기하학과 미적분학을 숙달하였다. 그 다음에 4권의 《프린키피아》를 읽고, 유럽 대륙의 위대한 수학적 저서를 공부하였다. 라플라스의 《천체 역학(Mécanique céleste)》을 읽으며 수학적인 오류를 지적하였고, 1823년 상당한 관심을 끌었던 그것에 관한 논문을 썼다. 이듬해 그는 더블린의 트리니티 칼리지에 입학하였다.

해밀턴은 겨우 21세이자 대학 재학시절인 1828년에 아일랜드 왕립 천문학자, 던싱크 천문대장과 대학교 천문학 교수에 만장일치로 임명되었다. 그 직후 수학적 이론만으로 축이 두 개 있는 결정체에서의 원추형의 굴절을 예견하였는데, 그 후 이것은 물리학자들의 실험을 통하여 극적으로 확인되었다. 1833년 복소수의 대수가 실수의 순서쌍의 대수로 나타나는 중요한 논문을 아일랜드 학술원에 제출했다(13장의 8번째 절 참조). 1835년 그는 나이트 작위를 받았다.

1833년의 논문에 따르면, 해밀턴은 수년 동안 때때로 실수의 순서 3쌍과 순서 4쌍의 대수에 관하여 생각했으나, 연산의 잘 알려진 법칙을 보존하고 그 연산을 자신의 물리적 고찰에 맞도록 곱셈을 정의하는 문제에서 항상 난관에 부딪혔다. 마침내 1843년 번개같이 스치는 영감으로(13장의 8번째 절에서 기술한 바와 같이) 자신은 너무 많은 것을 요구하고 있었고, 교환법칙을 포기해야 한다는 생각을 하며 최초의 비가환대수인 사원수대수를 돌연 탄생시켰다.

나머지 20여 년의 생애 동안, 해밀턴은 시간과 정열의 대부분을, 수리물리학에서 혁명적인 중요성을 가졌다고 느낀 사원수 이론을 발전시키는 데 쏟았다. 위대한 논문 〈사원수론(Treatise on Quaternions)〉은 1853년에 발표되었고, 그 후 확장된 〈사원수 원리(Elements of Quaternions)〉를 준비하는 데 온 정열을 기울였으나 완전히 완성되기 전 매우 불행한 결혼생활로 인한 쇠약한 건강과 알코올 중독으로 1865년 더블린에서 죽었다. 사원수 분야는 수많은 든든한 지지자, 가령 에든버러 대학교의 타이트(Peter Guthrie Tait, 1831~1901), 역시 에든버러 대학교에 있었으나 후에 텍사스 대학교와 르하이 대학교에 재직한 맥팔래인(Alexander Macfarlane, 1851~1913), 그리고 던싱크 천문대의 해밀턴의 후임자 졸리(Charles Jasper Joly, 1864~1906) 등을 얻었다. 그러나 오래지 않아 미국의 물리학자이자 수학자인 예일 대학교의 깁스(Josiah Willard Gibbs, 1839~1903)의 보다 유연한 벡터 해석과 그라스만의 순서 n중수가 일반적인 취급으로 나타남으로써 사원수론은 수학사에서 꽤 흥미로운 박물관 전시품이나 다름없는 것으로 전락하였다.

해밀턴은 사원수에 관한 논문 외에도 광학, 동역학, 5차 방정식의 해법, 파동방정식, 운동하는 분자의 호도그래프 곡선, 미분방정식의 수치 해법 등에 관한 논문을 썼다.[12)]

물리학을 공부하는 학생들은 소위 해밀턴 함수와 동역학의 해밀턴-야코비 미분방정식에서 해밀턴의 이름을 만난다. 행렬이론에서

12) 고정된 점으로부터 동점의 속도벡터가 같도록 그어진 벡터의 종점의 자취는 그 동점의 호도그래프(hodograph)라 불리는 곡선을 그린다.

해밀턴-케일리 정리, 방정식, 다항식이 존재하고, 수학적 오락으로 정12면체에 관한 해밀턴 게임이 있다(문제연구 13.7 참조).

병과 가정불화로 인한 비극적인 말년에, 새로 설립된 미국의 국립 과학원이 그를 최초의 외국 준회원으로 선출하였던 일을 상기하는 것은 아마 미국 사람들을 기분 좋게 할 것이다. 또 다른, 해밀턴에게 보내는 드물게 보이는 명예와 경의의 한 예는 1845년 그가 케임브리지에서 열린 제2회 영국 학회에 참석했을 때 뉴턴이《프린키피아》를 저술했다고 전해지는 트리니티 칼리지의 신성한 방에서 일주일 동안 묵게 한 것이다.

윌리엄 로완 해밀턴 경(Sir William Rowan Hamilton)을 그와 동시대인인 에든버러의 저명한 철학자 윌리엄 해밀턴 경(Sir William Hamilton, 1788~1856)과 혼동해서는 안 된다. 후자는 그의 작위를 물려받은 반면에 전자는 수여받았다.

그라스만(Hermann Gunther Grassmann, 1809~1877)은 독일의 슈테틴에서 1809년에 태어나서 1877년 그곳에서 죽었다. 그는 매우 폭넓은 지적인 취미를 가졌다. 수학뿐만 아니라 종교, 물리학, 화학, 독일어, 라틴어, 역사, 지리학의 선생이었다. 그는 물리학에 관한 논문을 썼으며 독일어, 라틴어와 수학교과서를 저술하였다. 격동기인 1848년과 1849년에 정치적 주간지의 공동 발행인을 지냈다. 음악에 관심이 있어서 1860년대에는 일간지의 오페라 평론가를 지냈다. 독일 식물에 관한 문헌학적 논문을 준비하였고, 전도 신문을 편집하였으며 음성학의 법칙들을 연구하였고, 리그베다(Rig-veda)에 관한 사전을 펴냈고, 리그베다를 시로 번역하였으며 세 가지 소리로 민요의 화음을 만들었고, 위대한 논문 〈광의양론(Ausdehnungslehre)〉을 저술하였다.

그라스만이 그의 유명한 〈광의양론〉의 첫 번째 판을 간행한 때가 1844년이다. 불행하게도 해설이 부족하고 설명이 모호하여 이 논문은 동시대 학자들에게 실제적으로 알려지지는 않았다. 1862년 간행된 개정판도 더 나아진 것이 없었다. 그라스만은 그의 논문이 관심을 끌지 못하자 실망하여 산스크리트어와 문학의 연구에 전념하기 위하여 수학을 포기하였는데, 이 분야에 수많은 훌륭한 논문을 기고하였다.

그라스만은 슈타이너(Jacob Steiner)의 뒤를 이어 베를린 실업학교에서 수학을 가르쳤던 1834년에서 1836년까지를 제외하고, 전 생애를 고향 슈테틴에서 보냈다. 그는 대학 교수직을 희망했으나 전적으로 중등 교육직에만 있었다. 부친은 슈테틴에 있는 고등학교에서 수학과 물리의 교사였다. 아들 헤르만 그라스만(Hermann Grassmann) 역시 수학자가 되었다. 그의 부친은 수학에 관한 두 권의 책을 저술하였고 아들은 사영기하학에 관한 논문을 썼다.

〈광의양론〉은 (13장의 8번째 절에서 논의했듯이) 차원의 한계가 없이 매우 광범위하게 응용된다. 보다 최근에는 그라스만의 논문의 놀랄 만한 풍성함과 일반성이 평가되어 특히 유럽 대륙과 미국에서 해밀턴의 방법보다 그라스만의 방법을 더 좋아하여 일반적으로 따르고 있다.

이제 해밀턴과 그라스만에 의하여 시작된 대수학의 기본 원리의 과학적 논법을 계승해 온 두 영국 수학자 부울과 드모르간에 대하여 간략하게 언급한다.

부울(George Boole)은 1815년 영국의 링컨에서 태어났다. 그의 아버지는 평범한 소매 상인이었고, 따라서 부울은 단지 국민학교 교육만을 받았으나 독학으로 그리스어와 라틴어를 익혔다. 후에 국민학교 교사로 재직하고 있는 동안에 라플라스와 라그랑주의 저서를 통하여 수학을 배웠고, 외국어를 공부하였으며 친구 드모르간을 통하여 형식논리학에 흥미를 갖게 되었다. 1847년에 부울은 《논리의 수학적 해석(The Mathematical Analysis of Logic)》이라는 제목의 소책자를 발간하였는데, 드모르간은 이것을 획기적인 것이라고 칭찬하였다. 이 책에서 부울은 수학의 본질적인 특성은 내용보다는 형식에 존재하며 수학은 (일부 사전에서는 오늘날까지도 여전히 주장하는 것처럼) 단지 '측정과 수의 과학'이 아니라, 보다 폭넓게 그 기호에 대한 정확한 연산법칙에 따르는 기호와 내적인 무모순성만 요구하는 법칙으로 이루어진 연구라고 주장하였다. 2년 후 부울은 새로 설립된 아일랜드의 콕에 있는 퀸스 칼리지의 수학 교수로 임명되었다. 1854년 부울은 1847년의 초기 저술을 확장시키고 다듬어서 《사고법칙에 대한 고찰(Investigation of the Laws of Thought)》이라는 제목으로 책을 만들었는데, 여기에서 형식논리와 오늘날 부울 대수라 알려진 집합의 대수인 새로운 대수학을 확립하였다. 최근에 부울 대수는 전기스위치 회로이론 등과 같은 수많은 분야에 응용되고 있다. 1859년에 부울은 《미분방정식론(Treatise on Differential Equations)》, 1860년에는 《차분법론(Calculus of Finite Differences)》을 발표하였다. 후자는 오늘날까지 그 분야에서의 표준 저서가 되고 있다. 부울은 1864년 콕에서 죽었다.

이 책의 여러 곳에서 나타나는 드모르간(Augustus De Morgan)은 1806년 마드라스에서 (한쪽 눈이 먼 상태로) 태어났는데, 아버지는 동인도 주식회사와 관련하고 있었다. 그는 케임브리지의 트리니티 칼리지에서 공부했으며 수학 학위시험에서 4등으로 졸업한 후 1828년 새로 설립된 런던 대학교(후에 유니버시티 칼리지로 개명)의 교수가 되었는데, 그곳에서 논문과 제자를 통하여 영국수학계에 큰 영향을 미쳤다. 그는 철학과 수학사에 관한 책을 많이 탐독하고, 대수학의 기초, 미분학, 논리학, 확률론에 관한 논문을 썼다. 그는 매우 명쾌한 해설가였다. 그의 재치있고 재미있는 책 《역설 모음집(A Budget of Paradoxes)》은 여전히 재미 있는 읽을거리이다. 그는 집합론에서의 쌍대의 원리를 밝히면서 집합의 대수에 관한 부울의 연구를 계승하였는데, 소위 <u>드모르간 법칙</u>이 이것의 한 예이다. 부울처럼 드모르간은 수학을 기초 연산의 집합에 종속되는 기호의 추상적 연구로서 간주하였다. 드모르간은 학문적 자유와 종교적 관용을 거리낌 없이 말하기 잘하는 명수였다. 그는 플루트를 멋지게 연주하고, 사람들과 항상 쾌활하게 교제하고, 대도시 생활을 매우 좋아했다. 그는 퀴즈와 수수께끼를 매우 좋아하여 나이나 태어난 해를 묻는 질문에 "나는 x^2년에 x살이었다."라고 대답하곤 했다. 그는 1871년 런던에서 죽었다.

케일리, 실베스터, 에르미트

이 절의 대부분은, 서로를 매우 격려하고 동일한 수학문제에서 빈번한 공동 연구로 매우 많은 양의 새로운 수학을 창조하였으나 성격과 스타일과 외모에 있어서는 정반대인, 훌륭한 영국의 두 수학자 케일리와 실베스터에 할애한다.

케일리(Arthur Cayley)는 1821년 서리 주의 리치몬드에서 태어나 케임브리지의 트리니티 칼리지에서 수학하여 1842년 수학 졸업시험에서 수석으로 졸업하고, 같은 해 보다 어려운 스미스 상의 수상자를 가리는 시험에서도 1등을 차지하였다. 여러 해 동안 변호사 일이 수학연구에 방해되지 않도록 항상 조심하면서 법률 공부를 하고 변호사 일을 하였다. 법률 공부를 하는 동안에 더블린으로 가서 해밀턴의 사원수 강의를 수강하였다. 1863년에 케임브리지에 새들러 교수직이 설치되었을 때 그 직을 요청받고 수락하였으며, 법률가로서의 화려한 미래를 포기하고 수수한 학문적 생을 택하였다. 그 결과 모든 시간을 수학에만 전념할 수 있게 되었다. 케일리는 수학의 역사상 오일러와 코시에 이어 세 번째로 많은 양의 수학적 저술을 남겼다. 그는 케임브리지 학부 재학시절부터 저술을 시작하였고, 변호사 일을 하는 동안 200 내지 300편의 논문을 썼고 나머지 생애 동안 많은 양의 저술을 계속하였다. 방대한《케일리 수학논문 모음집》은 총 966편의 논문이 수록되어 권당 약 600페이지에 달하는 4절판 13권으로 되어 있다. 이미 13장의 8번째 절에서 행렬대수에서의 그의 업적을 고찰한 바 있다. 그는 해석기하, 변환이론, 행렬식이론, 고차원 기하학, 분할이론, 곡선과 곡면이론, 2항과 3항 형태의 연구, 아벨군이론, 세타·타원함수 등에 개척자적인 기여를 하였다. 그러나 그의 가장 위대한 업적은 아마도 불변식론을 만들고 발전시킨 일일 것이다. 이 이론의 기원은 라그랑주, 가우스, 특히 부울의 논문에서 찾아볼 수 있다. 불변식론의 근본 문제는 방정식의 변수가 일반적인 선형변환에 의하여 변환될 때 단지 변환의 계수만을 포함하는 인자 외에는 불변인 주어진 대수방정식의 계수의 함수를 찾는 것이다. 실베스터도 동일한 분야의 연구에 관심을 갖게 되어, 같은 시기에 모두 런던에서 살았던 이 두 사람은 계속하여 빠른 속도로 새로운 연구들을 쏟아냈다.

케일리의 논문이 엄격하고, 직접적이고, 조직적이고 명확한 것을 보면, 변호사 경력을 반영하고 있음을 알 수 있다. 그는 비상한 기억력을 가지고 있었으며, 한 번 보거나 읽은 것은 무엇이든지 절대로 잊어버리지 않았던 것 같다. 그는 또한 대단히 침착하고 점잖은 기질을 지녔다. 그는 '수학자 중의 수학자'로 불려지고 있다.

케일리는 보통 이상으로 소설을 탐독하는 습관을 갖고 있었다. 그는 여행 중이나 회의가 시작되기를 기다리는 동안과 이따금씩 짬이 날 때 소설을 읽었다. 그는 일생 동안 영어로 쓰인 것뿐만 아니라 그리스어, 프랑스어, 독일어와 이탈리아어로 된 소설까지 수천 권의 소설을 읽었다. 그는 그림 그리기(특히 수채화)를 즐겨 했으며, 수채화가로서 뛰어난 재능을 보여 주었다. 또한 식물학과 일반적인

케일리
1821~1895

자연에 대하여 열심히 공부하였다.

케일리는 순수한 영국 전통의 아마추어 등산가여서 오래 걷기와 등산을 하러 대륙으로 자주 여행하였다. 전해지는 바에 의하면 등산하는 이유를, 매우 힘들고 지치지만 정상을 정복했을 때는 어려운 수학문제를 풀거나 복잡한 수학이론을 완성하였을 때에 맛본 매우 상쾌한 느낌을 받기 때문이고, 그러한 느낌은 등산에서 더 쉽게 맛볼 수 있기 때문이라고 말했다.

케일리는 1895년에 죽었다. 그 직후 에르미트는 학회보에 기고한 글에서 "케일리의 수학적 재능은 명료함과 해석적 형태의 지극한 우아함으로 특징지을 수 있는데, 그것은 그가 코시와 견줄 만한 뛰어난 학자가 되게 한 비길 데 없는 능력으로 보강되었다."고 하였다.

제임스 조지프 실베스터(James Joseph Sylvester)는 1814년 런던에서 여러 형제 중 막내로 태어났다. 가족의 성은 원래 조지프였으나 장손이 미국으로 이주하여 새로운 성 실베스터를 사칭하여 나머지 가족도 그것을 받아들였다. 미국에 살던 그의 형은 보험계리사였는데, 미국의 복권청부업회 이사에게 그들이 골치를 썩는 복금조절에 관한 어려운 문제를 겨우 16세인 동생 제임스에게 의뢰하기를 제안하였다. 실베스터의 완벽하고 만족스러운 문제 해법에 감탄한 이사는 젊은 수학자에게 상금으로 500달러를 주었다.

실베스터는 1813년에 케임브리지의 성 존스 칼리지에 입학하고, 6년 후 수학 학위시험에서 2등으로 졸업했다. 1838년에서 1840년까지 런던대학교의 자연철학 교수로 재직하고 나서 1841년에 미국의 버지니아 대학교 수학교수가 되었으나 학생 두 명과의 불화로 인해 단 몇 개월 만에 그만두었다. 영국으로 돌아온 그는 보험계리사로 일하였으며 1850년에 변호사가 되었다. 케일리와 사귀게 된 때는 1846년이었다.

실베스터는 1855년에서 1870년까지 울위치의 영국 육군사관학교의 수학교수로 있었다. 1876년에 볼티모어의 존스 홉킨스 대학교의 수학교수로 미국에 돌아와서 1878년 미국수학회지 〈American Journal of Mathematics〉의 초대 편집인이 되어 매우 행복하고 성과가 많은 7년을 보냈다. 그는 존스홉킨스 대학교 재직 시에 아벨함수에 관한 일련의 강의에 케일리를 초청했는데, 실베스터 자신도 그 강의에 참석하였다. 1884년 실베스터는 옥스퍼드 대학교의 기하학 새빌리아 교수직을 얻었다. 그는 1897년 83세의 나이로 런던에서 죽었다.

실베스터의 초기 수학논문은 프레즈넬의 광학이론과 스털의 정리에 관한 것이었다. 그 후 케일리의 영향을 받아 현대 대수학에 커다란 기여를 하기 시작하였다. 그는 소거이론, 변환, 이차형식의 표준형, 행렬식, 이차형식의 계산, 분할이론, 불변식론, 특정한 한계 안의 소수의 개수에 관한 체비세프의 방법, 행렬의 고유치, 방정식이론, 다중 대수, 정수론, 연관 기계, 확률론, 왕복기관에 관한 논문을 썼다. 그는 '수학의 아담(The Adam of Mathematics)'으로 알려질 정도로 굉장히 많은 새로운 이름을 만들어 내면서 수학용어에 광범위한 기여를 하였다.

앞서 언급한 바와 같이, 케일리와 실베스터는 기질, 성향, 외모에서 서로 정반대이다. 케일리가 침착하고 화를 잘 내지 않는 반면, 실베스터는 성미가 급하고 자주 성을 내는 경향이 있었다. 케일리의 수업은 조직적이고 잘 준비된 것이고, 실베스터의 수업은 산만하고 즉흥적이었다. 케일리는 논문을 엄격하고 적절하게 쓰지만, 실베스터는 가끔 기쁨에 들떠서 종잡을 수 없게 썼다. 케일리의 강의는 단편적으로 끝났지만, 실베스터는 종종 강의실에서 새로운 수학을 만들어 내기도 했다. 케일리는 비상한 기억력을 가졌으나, 실베스터는 가끔 그 자신이 발견한 내용조차도 기억해 내지 못했다. 케일리는 다른 사람의 수학논문을 읽는 반면, 실베스터는 다른 사람의 논문 읽기를 지겨워했다. 케일리는 유클리드의 《원론》에 감탄했지만, 실베스터는 그것을 경시했다. 케일리는 강단은 있지만 마른 체구였고, 실베스터는 단단하고 근육질이며 어깨가 넓었다. 실베스터는 평생 동안 시에 관한 흥미를 갖고 시 쓰기를 즐겨 하였다. 어느 날 밤 볼티모어에 있는 피바디 연구소에서 그는 로잘린드라는 시를 낭송하였는데, 그 시는 모든 행이 주인공의 이름 '로잘린드'로 운이 맞추어진 400행으로 구성되어 있었다. 그는 처음 한 시간 반 동안 시의 이해를 돕기 위하여 해설 각주를 낭독하고, 대부분의 청중이 자리를 뜬 가운데 시를 낭송하였다. 1870년에 그는 《시의 법칙(The Laws of Verse)》이라는 호기심을 끄는 소책자를 발간하였다.

실베스터는 음악에도 흥미를 가져서 유명한 프랑스 작곡가 구노(Charles François Gounod)에게 성악 레슨을 받은 적이 있는 훌륭한 목소리를 가진 아마추어 성악가였다. 그는 때때로 연구인들의 모임에서 노래를 불러 즐겁게 했으며, 불변식론에 기여한 공적을 자랑하는 것보다 높은 도를 소리낼 수 있는 것을 더 자랑했다고 전해진다. 그는 〈허근을 구하는 뉴턴의 방법에 관하여〉라는 논문의 각주에서 다음과 같이 말하였다. "음악을 감각의 수학으로, 수학을 이성의 음악으로 표현할 필요가 없는가? 서로의 혼은 같다! 따라서 음악가는 수학을 느끼며 수학자는 음악을 생각한다."

간호의 개혁가로 널리 알려진 나이팅게일(Florence Nightingale)이 가난하던 초년의 실베스터 밑에서 수학을 공부한 개인 교습생 중 가장 뛰어난 젊은 여성이었다는 사실을 지적하는 것은 흥미로울 것이다.

트리니티 칼리지의 학료장이며 고등 수학 교과서의 명저자 중 한 사람인 살몬(George Salmon, 1819~1904)의 훌륭한 논문에서 케일리와 실베스터의 아름다운 발견물이 많이 나타난다.

대수학과 해석학 모두에서 뛰어난 업적을 남긴 유능한 프랑스 수학자 에르미트(Charles Hermite)는 케일리와 실베스터의 연구의 대부분을 계승하고 확장시켰다. 에르미트는 1822년 로렌의 디오제에서 태어나고, 처음에는 루이-르-그랑 중·고등학교에서, 후에는 잠시 에콜 폴리테크니크에서 공부하는 등 일정하지 않은 교육을 받은 후, 1848년 에콜 폴리테크니크의 입학시험관이자 퀴즈 선생이 되었다. 그는 에콜 폴리테크니크 및 소르본에서 교수로 재직하였으며, 1897년 정년 때까지 소르본에 있었다. 그는 1901년 파리에서 죽었다.

다작은 아니지만 에르미트의 논문 대부분은 대단히 중요한 문제들을 다루고 수준 높은 독창성과 폭넓은 응용을 나타내고 있다. 에르미트는 루이-르-그랑 중·고등학교 시절에도 두 편의 논문을 썼는데, 하나는 매우 수준이 높아서 1842년 창간된 대학원생들의 수학 잡지인 〈Nouvelles annales de mathématiques〉에 실렸다. 스승인 리샤르(Louis Paul Emile Richard) 교수는 에르미트의 아버지에게 에르미트는 '젊은 라그랑주'라는 것을 털어놓지 않을 수 없었다. 에르미트의 연구는 대수학과 해석학에 한정되어 있었다. 그는 정수론, 행렬, 대수적 연분수, 불변과 공변, 유리등차함수, 정적분, 방정식론, 타원함수, 아벨함수, 함수론 등에 관한 논문을 썼다. 마지막 분야에서 그는 그 시대에 가장 훌륭한 프랑스 저자였다. 에르미트의 수집된 논문은 피카르(Emile Picard)에 의하여 4권의 책으로 출판되었다.

에르미트의 업적 중 가장 관심을 끌었던 두 가지 근본적인 수학적 결과는 1858년에 타원함수를 써서 구한 일반적인 5차 방정식의 해법과 1873년에 보인 e가 초월수라는 증명이다.

에르미트는 오른쪽 다리에 장애를 가지고 태어나서 평생 지팡이를 짚고 다녔다. 이 결함으로 인하여 덕을 본 것은 어떤 형태의 군복무도 면제되었다는 것이고, 손해 본 것은 에콜 폴리테크니크에서 1년 지난 후 그 학교를 졸업한 학생이 제공받을 수 있는 어떤 직장에도 맞지 않는다는 학교 당국의 주장으로 더 이상의 공부를 할 수 없었다는 것이다. 그는 몸이 불편하고, 일찍이 적당한 직장을 얻지 못하였음에도 불구하고 그를 아는 모든 사람들이 그를 사랑하도록 만든 매우 쾌활한 성품을 지녔다. 수많은 수학자들이 열심히 노력하는 후배에게 커다란 관용을 베풀어 왔는데, 에르미트는 의심할 바 없이 전 수학사를 통틀어 이런 유의 가장 훌륭한 인물로 여겨진다.

수학적 존재의 문제는 대단한 논쟁거리이다. 예를 들면 수학의 본질과 그들의 성질은 그것 자체의 어떤 종류의 초시간적인 여명의 세상에 이미 존재하고, 우리들은 그 세계를 방황하다가 우연히 그것들을 발견하는 것은 아닌가. 이 여명의 세계에 삼각형의 중점은 각 중선들의 3등분점과 일치하고 또한 항상 일치해 왔으며 아마도 옛날에 누군가가 자기의 정신세계를 방황하다가 삼각형의 중심에 관한 이 성질이 이미 존재하고 있음을 알게 되었다. 이 여명의 세계에는 기하학적 도형에 관한 많은 다른 유명한 성질이 항상 존재하고 있으나 아무도 우연히 마주치지 않았으며 적어도 수년간은 마주치지 않았을 것이다. 이 여명의 세계에는 자연수와 그것의 많은 아름다운 성질이 이미 존재하고 항상 존재해 왔으나, 실제로는 누군가 이 세계를 방황하다 그것들과 마주쳐야만 이러한 성질이 존재한다.

피타고라스와 이후의 수학자들이 위의 수학적 존재사상을 받아들였다. 에르미트는 수학적 존재의 여명의 세계에 대한 확고한 신봉자이다. 그는 수와 수의 아름다운 성질은 항상 그 자체로 존재하고 있고, 때때로 어떤 수학적 콜럼버스가 이것들 중 하나를 우연히 발견하고 나서 세상에 발표하는 것이라고 생각했다.

학술원, 학회, 잡지

아무 잡지도 없었을 시절에는 과학적, 수학적 활동에 대한 커다란 흥미로 인해서 정기적으로 만나는 수많은 토론 클럽이 형성되었다. 이것 중 약간은 학술원으로 구체화되어 1560년 나폴리에 최초로 세워졌고, 1603년 로마의 'Accademia dei lincei'가 뒤를 이었다. 그후 17세기에 수학적 활동이 북쪽으로 옮겨감에 따라 1662년 런던에 영국 학술원, 1666년 파리에 프랑스 학술원이 설립되었다. 이 학술원은 학자들이 논문을 소개하고 토론하는 중심이 되었다.

그러나 새로운 과학적, 수학적 발견을 신속하게 유포하기 위한 잡지의 필요성은 수많은 잡지가 탄생한 오늘날에 이르기까지 계속해서 커지고 있다. 어떤 통계에 의하면 1700년 이전까지 겨우 17종의 수학잡지가 있었으며 최초의 것은 1665년에 발행되었다. 18세기에는 210종의 수학잡지가 출현하고, 19세기에는 새로운 수학잡지의 수가 950종에 이른다. 그러나 이들 중 많은 것이 가끔 순수 수학과 별 관계가 없는 논문을 싣고 있다. 아마도 주로 또는 전적으로 고등수학만을 다룬 가장 오래된 현행의 잡지는 1794년에 창간된 프랑스의 〈Journal de l'Ecole Polytechnique〉일 것이다. 좀더 기본적인 수학을 취급하는 많은 수학잡지가 발간됐으나, 대부분은 수학적 지식을 발전시키기보다는 수수께끼나 문제를 다루는 데 역점을 두었다. 약간의 현행 고급 수학잡지들은 19세기 초반에 창간되었다. 이것 가운데 가장 유명한 것은 1826년 크렐레가 창간한 독일 잡지 〈Journal für die reine und angewandte Mathematik〉와 리우빌을 편집인으로 1836년 첫 선을 보인 프랑스 잡지 〈Journal de mathématiues pures et appliquées〉이다. 이 두 잡지는 창간자의 이름을 따서 주로 크렐레의 저널, 리우빌의 저널이라 불린다. 영국에서는 〈Cambridge Mathematical Journal〉이 1839년 창간되어 1846년부터 1854년까지 〈Cambridge and Dublin Mathematical Journal〉이 되었다가 1885년에 〈Quarterly Journal of Pure and Applied Mathematics〉라 명명되었다. 〈American Journal of Mathematics〉는 실베스터가 편집인이 되어 1878년에 창간되었다. 수학적 연구보다 수학교사의 관심에 초점을 맞춘 초기의 상설 정기간행물은 1841년 창간된 〈Archiv der Mathematik und Physik〉와 1년 후 창간된 〈Nouvelles annales de mathématiques〉이다.

19세기 후반에 질 높은 수학 잡지의 수가 매우 증가하였다. 이것은 수많은 대형 수학회가 결성되어 기관지로서의 정기간행물을 발행했기 때문이다. 최초의 학회는 1865년 결성된 런던 수학회이며, 곧바로 〈Proceedings〉를 발간하기 시작했다. 이 학회는 영국의 국립수학회가 되었다. 7년 후 파리에서 프랑스 수학회가 결성되었고, 그 기관지는 〈Bulletin〉으로 알려진다. 이탈리아에서는 1884년 ‘Circolo Matematico di Palermo’라는 수학회가 창설되고, 3년 후 〈Rendiconti〉를 발간하기 시작했다. 이때쯤 스코틀랜드에서 에든버러 수학회가 창립되어 〈Proceedings〉를 계속하여 발간해 오고 있다. 1888년 미국 수학회가 조직되어 서로 다른 이름의 회보(1888년에 Bulletin, 1900년에 Transactions, 1950년에 Proceedings)를 발간하기 시작했다. 독일이 수학의 선진국으로서는 마지막으로 1890년에 ‘Deutsche Mathematiker Vereinigung’이라는 수학회를 결성하고, 1892년 〈Jahresbericht〉를 발간하기 시작했다. 이 맨 끝의 잡지는 다양한 수학 분야의 현대적 발달에 관한 수많은 방대한 보고서를 실었는데, 어떤 것은 수백 페이지에 달하기도 했다. 이 보고서는 나중의 커다란 수학 백과사전의 선구자로 간주될 수도 있다. 소련의 뛰어난 수학잡지들은 보다 늦게 창간되었지만 무시할 수 없다.

오늘날에는 거의 모든 나라에 수학회가 있고 수학 지식의 다양한 수준에 맞춘 부속 협회들이 많이 있다. 이러한 학회와 협회들은 수학과 그 교수법의 발전에 관한 연구 활동의 체계화와 발전에 잠재적인 요인이 되고 있다. 일반적으로 이들 학회와 협회는 각각 최소한 한 가지 간행물의 발간을 주도하고 있다.

20세기에는 수학적 전문화가 크게 증가되어 극히 제한된 분야에 전념한 수많은 새로운 수학 잡지들이 출현하고 있다. 연구자에게 매우 가치 있는 잡지는 미국과 외국에 있는 수많은 수학 단체에 의하여 창간된 〈Mathematical reviews〉인데, 이 잡지는 1940년에 창간되어 세계의 현행 수학 문헌의 초록과 요약을 담고 있다.

문제연구

13.1 대수학의 기본 정리

가우스가 대수학의 기본 정리의 첫 증명에서 이용했던 과정을 사용하여 다음을 보여라.

(a) $z^2 - 4i = 0$은 하나의 복소근을 갖는다.

(b) $z^2 + 2iz + i = 0$은 하나의 복소근을 갖는다.

13.2 합동의 기본성질

《수론 연구》의 첫 장에서 가우스는 다음과 같은 정의와 기호를 소개하였다. (여기에서 다시 요약하면) 두 정수 a, b에 대하여 $a - b$

가 n으로 나누어떨어지면 a와 b는 법(modulo) n에 관하여 서로 합동(n은 양의 정수)이라 하고, 기호로

$$a \equiv b(\bmod n)$$

와 같이 나타낸다. 가우스는 합동 관계의 대수를 발전시켜 나갔는데, 보통의 상등관계의 대수와 많은 공통점이 있으나 중요한 차이점도 많이 있다. n이 정해진 양의 정수이고 a, b, c, d가 임의의 정수라 할 때, 다음을 보여라.

(a) $a \equiv a(\bmod n)$ (반사율)

(b) $a \equiv b(\bmod n)$이면 $b \equiv a(\bmod n)$이다(대칭률).

(c) $a \equiv b(\bmod n)$, $b \equiv c(\bmod n)$이면 $a \equiv c(\bmod n)$이다(추이율).

(d) $a \equiv b(\bmod n)$, $c \equiv d(\bmod n)$이면 $a+c \equiv b+d(\bmod n)$이고 $ac \equiv bd(\bmod n)$이다.

(e) $a \equiv b(\bmod n)$이면 $a+c \equiv b+c(\bmod n)$이고 $ac \equiv bc(\bmod n)$이다.

(f) $a \equiv b$이면 임의의 양의 정수 k에 대하여 $a^k = b^k(\bmod n)$이다.

(g) $ca = cb(\bmod n)$이면 d가 c와 n의 최대 공약수일 때, $ab(\bmod n/d)$이다.

(h) $ca \equiv cb(\bmod n)$이고 c와 n이 서로소이면 $a \equiv b(\bmod n)$이다.

(i) p가 c의 약수가 아닌 소수일 때, $ca \equiv cb(\bmod p)$이면 $a \equiv (\bmod p)$

(j) $ab \equiv 0(\bmod n)$이고, a와 b가 서로소이면 $a \equiv 0(\bmod n)m$ 또는 $b \equiv 0(\bmod n)$이다.

(k) a와 n이 서로소이면 $ax \equiv b(\bmod n)$은 n을 넘지 않는 단 하나의 양수 해를 갖는다.

13.3 쌍곡 기하학에 대한 유클리드 모형

유클리드 평면에서 정해진 원 Σ를 택하고, 쌍곡 평면을 Σ의 내부로, '점'을 Σ 안의 유클리드 점으로, '직선'을 Σ 안에 포함되는

유클리드 선으로 해석하자. 이 모형에서 다음 명제들을 입증하라.

(a) 두 점은 한 직선을 유일하게 결정한다.

(b) 서로 다른 두 직선은 기껏해야 한 점에서 만난다.

(c) 직선 l과 l 위에 있지 않은 한 점 P가 주어질 때, P를 지나고 l과 만나지 않는 직선이 무수히 많이 존재한다.

(d) 두 점 P, Q에 의하여 결정되는 유클리드 직선이 S, P, Q, T인 순서로 S와 T에서 Σ와 만난다고 하자. 그러면 P에서 Q까지의 쌍곡 '거리'를 $\log[(QS)(PT)/(PS)(QT)]$로 해석한다. P, Q, R이 한 직선 위의 세 점일 때, 다음을 보여라.

$$\text{'거리'}\,PQ + \text{'거리'}\,QR \equiv \text{'거리'}\,PR$$

점 P를 고정시키고, 점 Q를 정해진 직선을 따라 P에서 T로 움직일 때, '거리' $PQ \to \infty$ 임을 증명하라.

13.4 대수적 구조의 체계

$+$와 $\times$의 정의가 주어진 다음 각 집합이 13장의 7번째 절의 처음에서 주어진 다섯 개의 기본 성질을 만족함을 보여라.

(a) $+$와 $\times$가 보통의 덧셈과 곱셈을 나타낼 때, 양의 짝수 전체의 집합

(b) $+$와 $\times$가 보통의 덧셈과 곱셈을 나타낼 때, 유리수 전체의 집합

(c) $+$와 $\times$가 보통의 덧셈과 곱셈을 나타낼 때, 실수 전체의 집합

(d) $+$와 $\times$가 보통의 덧셈과 곱셈을 나타내고, m, n이 정수일 때, $m+n\sqrt{2}$ 형태의 모든 실수의 집합

(e) $+$와 $\times$가 보통의 덧셈과 곱셈을 나타낼 때, 가우스 정수(m, n이 정수이고 $i=\sqrt{-1}$일 때, $m+in$ 형태의 복소수)들의 집합

(f) $(a, b)+(c, d)=(a+c, b+d)$이고 $(a, b)\times(c, d)=(ac, bd)$일 때, 정수의 순서 쌍 전체의 집합

(g) $(a, b)+(c, d)=(ad+bc, bd)$이고 $(a, b)\times(c, d)=(ac, bd)$일 때, 정수의 순서 쌍의 전체의 집합

(h) $(a,\ b)+(c,\ d)=(a+c,\ b+d)$이고 $(a,\ b)\times(c,\ d)=(ac-bd,\ ad+bc)$일 때, 정수의 순서 쌍 전체의 집합

(i) $m+m=m$ $\qquad m\times m=m$

$m+n=n+m=n$ $\qquad m\times n=n\times m=m$

$n+n=m$ $\qquad n\times n=n$

으로 정의할 때, 단 두 원소 $m,\ n$으로 이루어진 집합

13.5 한 재미 있는 대수

다음에 정의된 실수의 순서 쌍 전체 집합을 생각해 보자.

(1) $(a,\ b)=(c,\ d)\Leftrightarrow a=c,\ b=d$

(2) $(a,\ b)+(c,\ d)=(a+c,\ b+d)$

(3) $(a,\ b)(c,\ d)=(0,\ ac)$

(4) $k(a,\ b)=(ka,\ kb)$

(a) 곱셈은 교환법칙, 결합법칙, 덧셈에 대한 분배법칙을 만족함을 보여라.

(b) 세 개 이상의 곱은 항상 0과 같음을 보여라.

(c) 단위원 $u=(1,\ 0)$과 $v=(0,\ 1)$에 대한 곱셈표를 만들어라.

13.6 점 대수

P, Q, R이 평면 위의 점을 나타낸다고 하자. 점 P와 Q의 합을, 삼각형 PQR이 반 시계방향의 정삼각형일 때 $P+Q=R$로 정의하자.

(a) 평면 위의 점의 덧셈은 교환법칙 결합법칙이 성립하지 않음을 보여라.

(b) $P+Q=R$이면 $Q+R=P$임을 보여라.

(c) 다음 등식을 증명하라.

1. $(P+(P+(P+(P+(P+(P+Q))))))=Q$
2. $P+(P+(P+Q))=(Q+P)+(P+Q)$

3. $(P+Q)+R=(P+(Q+R))+Q$

13.7 해밀턴 게임

해밀턴 게임은 각 꼭짓점을 꼭 한 번씩만 지나는 정12면체의 변을 따라 움직이는 길을 결정하는 것이다. 이 게임은 12면체의 꼭짓점을 여러 도시를 나타내는 문자로 나타낸 해밀턴 경에 의하여 고안되었다. 해밀턴은 이 게임과 연관된 수많은 문제를 제기하였다.

1. 첫 번째 문제는 '세계 일주'를 하는 것이다. 즉 어떤 정해진 도시에서 출발하여 처음 $n(\leq 5)$개의 도시의 순서가 규정될 수도 있을 때, 모든 다른 도시들을 꼭 한 번씩만 방문하고 처음 도시로 돌아온다. 해밀턴은 이 문제의 풀이를 1857년 더블린에서 열린 영국학회에서 발표하였다.
2. 해밀턴이 제기한 다른 문제는 처음 정해진 도시에서 출발하여 정해진 순서에 따라 어떤 특별한 도시를 방문하고 모든 다른 도시를 꼭 한 번씩만 거쳐 두 번째 도시에서 여행을 마치는 문제이다.

해밀턴 게임의 이론에 관하여 더 자세히 알고 싶은 학생들은 W.W. Rouse Ball이 쓰고 H.S.M. Coxeter가 개정한 〈Mathematical Recreations and Essays〉를 참조하라.

14장

19세기 후반과 해석학의 산술화

유클리드의 후편

현대까지도 그리스인이 삼각형과 원의 기초 종합 기하학을 거의 다 연구했다고 전해진다. 그러나 그것은 사실과 다르다. 왜냐하면 19세기에 이 연구의 놀랄 만한 재개가 있었기 때문이다. 삼각형과 이에 연관된 점, 직선, 원의 종합적인 고찰에 관한 수많은 논문이 나왔고 또 계속해서 나오고 있기 때문에 이 분야의 연구는 한계가 없는 듯하다. 많은 내용이 사면체와 이에 연관된 점, 직선, 구에 확장되었다. 그것은 너무 커다란 작업이어서 이 풍부하고 방대한 분야의, 어떤 유의 상세한 역사에도 뛰어들 수는 없을 것이다. 많은 특별한 점, 직선, 원, 평면, 구에 처음 또는 후속되는 연구자의 이름이 붙여졌다. 이 이름 중에는 제르곤, 나겔, 포이에르바하, 하트, 케이지, 브로카르, 르무안, 터커, 노이베르그, 심슨, 맥코이, 오일러, 가우스, 보델밀러, 푸르만, 쇼우트, 스픽커, 테일러, 드로즈-파니, 몰리, 미켈, 하게, 피우셀리어, 슈타이너, 태리, 그 밖의 많은 사람들이 있다.

1565년의 코만디노의 정리(문제연구 14.2 참조)와 1678년의 세바의 정리 등 몇몇 초기 발견들 외에는 19세기까지 삼각형과 사면체의 종합기하학에서 새롭고 중요한 발견은 거의 없었다. 오일러가 1765년에 삼각형의 오일러 직선(문제연구 14.1 참조)을 발견한 것은 사실이나, 이 증명은 해석학적이었고 최초의 종합적인 증명은 카르노가 1803년의 논문 〈위치기하학(Géométrie de position)〉에서 하였다. 9점 원과 잘못 명명된 브로카르 점과 같은 중요한 삼각형의 관련된 원소들이 19세기 전반에 발견되었다. 그러나 이 분야가 실제로 개화되고 놀랍게 성장한 것은 19세기 후반에서였다. 이 발견의 대부분은 프랑스, 독일, 영국으로부터 나왔다. 오늘날 이 분야에 대한 공적은 거의 세계 모든 곳에서 계속 나오고 있다.

위 내용의 대부분은 현대 또는 대학기하학이라 이름 붙은 최근의 교과서에 요약되고 체계화되어 있다. 이 내용의 강의가 장래 고등학교 기하 교사가 될 모든 사람들에게 매우 추천할 만하다고 말해도 지나친 것은 아니다. 이 내용은 명백히 기초이지만 쉽지는 않고 매우 매혹적이다.

유명한 3대 작도문제

19세기에 와서야 비로소 고대의 유명한 세 문제가 유클리드 도구만으로는 풀 수 없다는 것이 밝혀졌다. 이 사실의 증명은 방정식론을 다루는 많은 현재의 교과서에서 찾아볼 수 있으며, 거기에서 작도가능성에 필요한 기준이 본질적으로는 사실상 대수적이라는 것이 밝혀졌다. 특히 다음 두 정리가 확립되었다.[1)]

1. 주어진 단위 길이로부터 유클리드 도구를 써서 작도가능한 임의의 길이의 크기는 대수적 수이다.
2. 주어진 단위 길이로부터 유클리드 도구를 써서 유리계수를 가지지만 유리근을 갖지 않는 3차 방정식의 근을 크기로 하는 선분을 작도할 수 없다.

원적문제가 처음 정리로 자리 잡았다. 왜냐하면 주어진 원의 반지름을 단위 길이로 잡으면 구하려는 면적이 같은 정사각형의 한 변의 길이는 $\sqrt{\pi}$ 이다. 따라서 그 문제가 유클리드 도구를 써서 가능했다면 단위 선분으로부터 길이가 $\sqrt{\pi}$ 인 선분을 작도할 수 있어야 한다. 그러나 이것은 1882년 린데만에 의하여 π가, 따라서 $\sqrt{\pi}$ 도 대수적이 아님이 밝혀졌기 때문에 불가능하다.

두 번째 정리는 다른 두 문제들이 자리 잡았다. 한편 배적문제에서 단위 길이로 주어진 육면체의 한 변을 잡고, 구하려는 육면체의 한 변을 x라 하자. 그러면 $x^3 = 2$가 되어야 한다. 만일 이 문제를 유클리드 도구를 써서 풀 수 있다면 단위 선분으로부터 길이 x인 선분을 작도할 수 있어야 한다. 그러나 이것은 $x^3 = 2$가 유리계수를 가지지만 유리근을 가지지 않는 3차 방정식이므로 불가능하다.[2)]

일반적인 각을 유클리드 도구를 써서 삼등분할 수 없다는 것은

1) 예를 들어 다음을 참조하라. Howard Eves, *A Survey of Geometry*, vol. 2, pp. 30-38.

2) 만일 정수계수 a_0, a_1, $\cdots$, a_n을 가지는 대수방정식

$$a_0x^n + a_1x^{n-1} + \cdots + a_n = 0$$

이 기약근 a/b를 가지면 a는 a_n의 약수이고 b는 a_0의 약수임을 상기할 수 있다. 따라서 $x^3 - 2 = 0$의 임의의 유리근은 1, -1, 2, -2 중의 하나이다. 직접 대입하여 확인해 보면, 이 수는 모두 방정식을 만족시키지 못하므로 그 방정식은 유리근을 갖지 않는다.

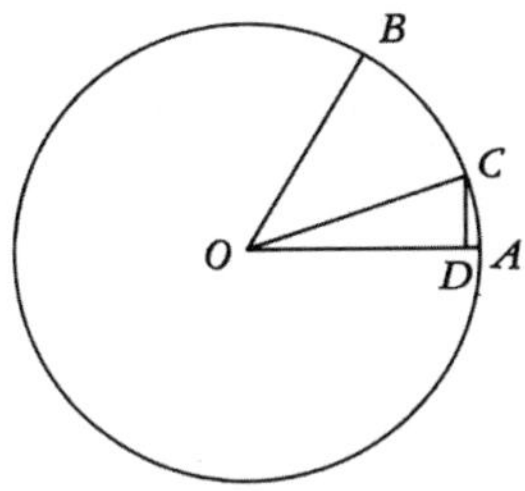

그림 94

몇몇 특별한 각이 삼등분될 수 없다는 것을 보임으로써 증명할 수도 있다. 이제 삼각법에서 다음 항등식을 얻고

$$\cos\theta = 4\cos^3\left(\frac{\theta}{3}\right) - 3\cos\left(\frac{\theta}{3}\right)$$

$\theta = 60°$라 하고 $x = \cos\left(\frac{\theta}{3}\right)$라 놓으면 이 식은

$$8x^3 - 6x - 1 = 0$$

이 된다. OA를 주어진 단위 길이라 하자. 중심이 O이고 반지름이 OA인 원을 그리고, A를 중심으로 하고 AO를 반지름으로 하는 호를 그려 원과 만나는 점을 B라 하자(그림 94 참조). 그러면 각 $BOA = 60°$이다. 각 $COA = 20°$인 삼등분선 OC는 원과 C에서 만난다고 하고, C에서 OA에 수선을 내려 그 발을 D라 하자. 그러면 $OD = \cos 20° = x$이다. 따라서 $60°$인 각이 유클리드 도구를 써서 3등분될 수 있다면, 바꿔 말해 이 도구를 써서 OC를 그릴 수 있다면 단위길이 OA로부터 길이가 x인 선분을 작도할 수 있다. 그러나 위의 3차 방정식이 유리계수를 가지지만 유리근을 갖지 않기 때문에 두 번째 정리에 의하여 이것은 불가능하다.

유클리드 도구를 써서 어떠한 각도 3등분할 수 없다는 것을 증명한 것은 아니고, 단지 모든 각을 3등분할 수 있는 것은 아니라는 것을 증명했다는 점을 주목해야만 한다. 사실은 90°와 무한히 많은 다른 각들이 유클리드 도구만을 사용하여 3등분될 수 있다.

컴퍼스 또는 자만으로3)

18세기 이탈리아 기하학자이자 시인인 마스케로니(Lorenzo Mascheroni)는 모든 유클리드 작도는 주어진 원소와 구하는 원소들이 점들인 한 컴퍼스만으로 실행될 수 있고 따라서 자는 여분의 도구라는 놀라운 발견을 했다. 물론 컴퍼스로 직선을 그릴 수는 없지만 임의의 직선은 컴퍼스만으로 직선 위의 두 점을 찾아서 유클리드 작도를 가능하게 한다. 이 발견은 1797년에 발표된 마스케로니의 《컴퍼스의 기하학(Geometria del compasso)》에 있다.

유클리드 작도에서 새로운 점은 (1) 두 원의 교점을 찾거나 (2) 직선과 원의 교점을 찾거나 (3) 두 직선의 교점을 찾아서 주어진 점들로부터 구하므로, 마스케로니가 해야 했던 것은 단지 직선을 직선 위의 두 점이 주어지는 것으로 할 때 컴퍼스만으로 (2)와 (3)을 어떻게 풀 수 있는가를 보이는 것이었다.

1928년 직전 덴마크 수학자 옐름슬레우(J. Hjelmslev, 1873~1950)의 한 제자가 코펜하겐의 서점을 돌아다니다가 우연히 게오르그 모어라는 무명작가가 1672년에 발간한 《Euclides Danicus》라는 오래된 책의 복사본을 발견하였다. 이 책을 검토하는 동안 옐름슬레우는 거기에 마스케로니의 발견이 마스케로니가 발표하기 125년전에 증명과 함께 실려 있는 것을 보고 놀랐다. 1890년 빈의 기하학자

3) 이 절 내용의 더 깊은 고찰을 증명과 함께 살펴보려면 다음을 참조하라. Howard Eves, *A Survey of Geometry*, vol. 1, Chapter 4.

아들러(August Adler, 1863~1923)가 역변환을 사용하여 마스케로니의 결과를 새롭게 증명하였다.

마스케로니의 발견에 영향을 받아 프랑스 수학자 퐁슬레는 자만 가지고 하는 작도법을 연구하였다. 이제, 모든 유클리드 작도가 자만으로 실행될 수는 없지만 이상스럽게도 작도 평면에 그려진 한 원과 그 중심만 있으면 모든 유클리드 작도는 자 하나만으로 수행될 수 있다. 이 유명한 정리는 퐁슬레가 1822년에 고안하였고, 그 후 1833년에 스위스계 독일인 기하학 천재 슈타이너가 완전히 발전시켰다. 여기에서는 한 원과 그 중심이 있을 때 자만을 가지고 작도 (1)과 (2)를 할 수 있음을 보이면 된다. 단 원은 중심과 원주상의 한 점으로 주어지는 것으로 생각한다.

아라비아 수학자 아부르 웨파가 두 다리가 고정된 구식 컴퍼스와 자를 사용하는 것을 제안한 것은 약 980년경이었다. 퐁슬레-슈타이너 정리를 생각하면 사실 컴퍼스를 단 한 번 사용하여야 한다. 1904년 이탈리아인 세베리(Francesco Severi)는 훨씬 더 나아가 모든 유클리드의 작도를 자만 써서 완성하기 위해서는 아무리 작아도 상관없는 원의 한 호와 그 중심만 있으면 된다는 사실을 보였다. 또한 아들러와 몇 사람이 어떤 유클리드 작도라도, 두 변이 평행이든 아니든 간에, 두 변을 가진 자만으로 실행할 수 있다는 것을 보였다.

상당한 재간이 요구되는 이런 유의 흥미를 끄는 작도 정리들이 많이 있다. 최근에,[4] 위에서 언급한 모어가 《유클리드 책의 개요(Compendium Euclidis Curiosi)》라는 제목의 익명으로 발간된 소책자의 저자임이 밝혀졌는데 이 책자는 1673년에 나왔으며 여기에서, 모든 유클리드 원론에 있는 작도는 자와 구식 컴퍼스만으로 가능하

4) 다음을 참조하라. A.E. Hallerberg, *The Geometry of the fixed-compass*, The Mathematics Teacher, (Apr. 1959), 230-44와 Georg Mohr and Euclidis Curiosi, *The Mathematics Teacher*, (Feb. 1960), 127-32.

마스케로니
1750~1800

다는 것을 실제적으로 보이고 있다.

마스케로니는 1750년 이탈리아 카스타그네타에서 태어났다. 처음에는 고전문학에 흥미를 가졌고 뒤늦게 수학공부를 시작하였다. 그는 고향의 학교에서, 후에는 파비아에서 그리스어와 시를 가르쳤다. 그는 신성한 성직을 가지고 있었고 수도원장이 되었다. 고전문학을 가르친 후 마스케로니는 기하학에 흥미를 느껴 파비아의 수학교수가 되었다. 그는 물리학과 미적분학, 그리고 제안된 미터법에 관하여 논문을 썼으며, 오일러의 《적분학》에 대한 주석을 발간하였다. 수학자를 존경하고 그 자신은 아마추어 기하학자였던 나폴레옹의 친구로서, 그는 컴퍼스 작도법 전반에 흥미를 가지고 있었다(문제연구 14.5(d) 참조). 마스케로니는 1800년 파리에서 죽었다.

사영기하학

비유클리드 기하학의 발견은 전혀 별개로 치더라도, 기하학 분야는 19세기에 거대한 진보를 이루었다. 이미 지적했듯이 유클리드의 후편을 이루는 놀랍도록 풍부한 내용의 광범위한 발전이 있었다. 이 절에서는 매우 인상 깊고 많은 결실을 얻은 사영기하학을 살펴볼 것이다. 14장의 5번째 절은 해석기하학의 방법의 주목할 만한 19세기 확장에 대하여, 14장의 6번째 절에서는 19세기의 미분기하학의 엄청난 성장의 고찰에 전념할 것이다.

데자르그, 몽주 그리고 카르노가 사영기하학의 연구를 시작하기는 했지만, 그것의 진정한 독립적인 발달은 19세기에 퐁슬레에 의하여 시작되었다. 퐁슬레(Jean Victor Poncelet, 1788~1867)는 1788년 메츠에서 태어나서 그곳의 리세(프랑스의 대학 예비교)에 다닌 후 1807년부터 1810년까지 에콜 폴리테크니크에 등록하여 몽주 밑에서 공부하였다. 메츠 사관학교에서 학생으로 정식 교육을 마친 후 1812년 공병 중위로 군에 입대하여 나폴레옹의 치명적인 러시아 원정에 종군하였다. 퐁슬레는 모스크바에서 프랑스로 후퇴할 때 클라스노 전투에서 중상을 입고 버려진 채 포로로 붙잡혀 거의 5개월이나 끌려다니다가 볼가강 근처의 사라토프의 감옥에 투옥되었다. 그곳에서 아무 책도 없이 위대한 《도형의 사영적 성질에 관하여(Traité des propriétés projectives des figures)》를 계획하였는데, 그 후 석방되어 1814년 후반 메츠로 돌아와 그것을 편집하여 1822년 파리에서 발행하였다. 퐁슬레는 만년을 띄엄띄엄 역학, 수리학, 무한급수, 기하학에 관한 저술을 하면서 군대에 전념하였다. 그는 응용역학에 관한 논문(1826), 물레방앗간에 관한 재미있는 연구 보고서(역시 1826), 1851년의 런던 세계박람회에 전시된 영국 기계와 공구의 보고서, 1822년(1862, 1865)의 초기 논문을 두 권 분량으로 확장한 것, 크렐레의 저널에 실린 수많은 기하학 기사를 발표했다. 오랜 생애 동안에 건강이 나빴음에도 불구하고 퐁슬레는 군임무에서 항상 성실하고 유능하였으며 죽을 때까지도 수학적 창조 능력을 가지고 있었다. 그는 79세의 일기로 1867년 파리에서 죽었다.

퐁슬레의 《도형의 사영적 성질에 관하여》는 기하학적 이정표이

퐁슬레
1788~1867

다. 그것은 사영기하학 연구에 커다란 자극을 주었고 이 분야 역사에 있어서 이른바 '위대한 시기'를 열었다. 많은 수학자들이 이 분야에 뛰어들었는데 그중에는 기하학, 특히 사영기하학의 역사에 빛나는 이름 제르곤, 브리앙송, 샤슬레, 플뤼커, 슈타이너, 슈타우트, 레이, 크레모나가 있다.

여기에서 퐁슬레가 사영기하학의 개발에 사용한 수학적 도구들 중 두 가지, 쌍대의 원리와 연속성의 원리만을 살펴볼 것이다.

평면 사영기하학에서는 무한원점에 있는 이상적인 원(元)들이 사용될 때 '점'과 '직선'에 관한 참인 명제에서 이 단어의 역할을 바꾸고 약간 말을 다듬는다면 '직선'과 '점'에 관한 또 다른 참인 명제를 얻을 수 있는 등, 점과 직선 사이에는 주목할 만한 대칭성이 있다. 간단한 예로서 이 방법과 관련한 다음 두 명제를 살펴보자.

> 임의의 서로 다른 두 점은 그들 모두를 지나는 직선을 유일하게 결정한다.
>
> 임의의 서로 다른 두 직선은 그들 모두가 지나는 점을 유일하게 결정한다.

평면 사영기하학의 두 명제에서 일어나는 대칭성은 **쌍대의 원리**(principle of duality)로 널리 알려진 원리이다. 일단 쌍대의 원리가 성립되면 쌍대인 명제 중의 하나를 증명하면 다른 것의 증명도 그것으로 된다. 파스칼의 정리의 쌍대를 취하여 보자. 먼저 파스칼의 정리를 보다 쉽게 쌍대를 만들 수 있는 형태로 다시 쓰면 다음과 같다.

> 6각형의 여섯 개의 꼭짓점이 한 원뿔곡선 위에 있기 위한 필요충분조건은 세 쌍의 대변의 교점이 한 직선 위에 있는 것이다.

이것의 쌍대를 취하면

> 6각형의 여섯 개의 변이 한 원뿔곡선에 접하기 위한 필요충분조건은 세 쌍의 마주 보는 꼭짓점을 이은 직선들이 한 점에서 만나는 것이다.

이 정리는 브리앙숑(C.J. Brianchon, 1783~1864)이 파리의 에콜 폴리테크니크의 학생이었던 1806년에 최초로 발표한 것으로 파스칼이 그의 정리를 만든 지 거의 200년이 지난 후였다.

쌍대의 원리를 입증하는 여러 방법이 있다. 그것들 자체가 쌍대인 쌍으로 정리된 사영기하학의 공준의 집합을 줄 수 있다. 그러면 그러한 공준의 집합으로부터 얻어진 임의의 정리의 쌍대는 처음 정리의 증명과정을 단순히 쌍대로 바꾸어서 확인될 수 있다. 그 원리는 또한 직선의 '좌표'와 점의 '방정식'의 개념이 일단 공식화되면 해석적으로 입증될 수도 있다(14장의 5번째 절 참조). 끝으로, 기본적인 원뿔곡선에 관련된 극과 극선의 기본 개념을 잘 아는 학생은 극과 극선의 대응관계하에서 직선과 점으로 이루어진 각 도형에 쌍대의 도형이 결합된다는 사실을 알 수 있을 것이다. 제르곤과 퐁슬레가 처음 만든 쌍대의 원리는 바로 마지막 방법에 의해서였다. 극(pole)이란 용어는 1810년에 프랑스 수학자 세르부아(F.J. Servois, 1767~1847)가 소개하였고 대응하는 용어 극선(polar)은 3년 후 제르곤이 소개하였다.

쌍대의 원리가 다른 여러 수학분야, 가령 입체 사영기하학, 부울대수, 삼각 항등식이론, 구면기하학, 반순서집합, 명제의 연산에서도 성립한다는 사실이 흥미롭다.

퐁슬레의 다른 수학적 도구인 연속성의 원리는 다음 예에서 설명될 수 있다. 두 실점(實點) A, B에서 만나는 두 원을 생각하자. 기초적인 기하지식을 가진 학생이면 두 원에 관하여 동등한 힘을 가지는 점 P의 자취는 직선 AB라는 사실을 쉽게 증명할 수 있다. 이 성질이 성립한다는 것은 해석기하학의 방법을 써야만 증명할 수 있다. 그러나 해석기하학의 방법은 두 원의 교점 A, B가 실점인지 허점(虛點)인지 따지지 않는다. 따라서 A, B가 실점인 경우에 그 명제를 증명하는 일련의 방정식은 동시에 A, B가 허점인 경우일 때도 그 명제를 증명한다. 그러므로 두 원이 만나지 않을 때 두 원에 똑같은 힘을 가지는 점 P의 자취도 여전히 직선이다. 실(實)인 경우에 대한 한 정리의 증명으로부터 허(虛)인 경우에 대한 그 정리를 얻는 이 추론법을 퐁슬레는 기하학의 **연속성의 원리**(principle of continuity)라고 불렀다. 사영 기하학에서 실사영의 경우에 성립할 수 있는 명제가 연속성의 원리에 의하여 허사영의 경우로 확장될 수 있는 예가 많이 있다.

퐁슬레의 연속성의 원리는 수많은 기하학자의 저항에 부딪혔고, 크렐레의 잡지에 실린 많은 퐁슬레의 논문은 그 원리를 옹호하고 예증하는 것이었다.

사영기하학에서의 퐁슬레의 착상은, 세계적으로 알려진 가장 위대한 종합기하학자 중의 한 사람인, 스위스 기하학자 슈타이너가 보다 높은 수준으로 발전시켰다. 슈타이너(Jacob steiner)는 1796년 우첸스도르프에서 태어났고, 14세가 되도록 교육을 받지 못해서 글자 하나 제대로 쓰지 못했다. 17세 때 그는 유명한 스위스 교육자 페스

탈로치(Johann Heinrich Pestalozzi, 1746~1827)의 제자가 되었는데, 이때부터 수학에 대한 흥미를 갖게 되었다. 그 후 1818년에 슈타이너는 하이델베르크 대학교에 입학하여 수학적 재능을 발휘하였다. 1821년 베를린으로 가서 가정교사를 시작하고 곧이어 공업학교의 교사가 되었다. 그의 이름은 새로 설립된 크렐레 저널에 투고한 논문을 통하여 잘 알려지게 되었으며 그와 아벨이 그 잡지의 선도적인 기고자였다. 1834년 야코비, 크렐레, 훔볼트의 추천으로 베를린 대학교의 교수가 되어 나머지 교직 생활을 그곳에서 하였다. 건강이 나빠서 말년을 스위스에서 보내고 1863년 베른에서 죽었다.

'아폴로니우스 시대 이래 가장 위대한 기하학자'로 묘사되는 슈타이너는 기하학의 종합적 논법에 엄청난 능력을 가지고 있었다. 그는 그 분야에 많은 기여를 하였고, 최고 수준의 수많은 논문을 썼다. 그는 기하학의 해석적 방법을 기하학적으로 의지가 약한 사람들의 목발로 여기며 매우 싫어했다고 한다. 종종 증명을 적을 시간도 없을 만큼 막대한 속도로 새로운 기하학을 창조하였는데, 그 결과 그의 많은 발견이 수년 동안 증명을 찾는 사람들에게 수수께끼로 남았다. 그의 《체계적 발전(Systematische Entwickelungen)》이 1832년에 발간되자 곧바로 명성을 떨쳤다. 이 책에는 왕복운동의 완벽한 논의, 쌍대의 원리, 상사변환의 치역과 속선형, 조화분할, 다른 꼭짓점을 가지는 두 호모그래프적 속선형에 대응하는 직선의 교점의 자취로서 원뿔곡선을 매우 효과적으로 정의한 것에 기초한 원뿔곡선의 사영기하학이 실려 있다. 그는 공간에서의 n각형의 연구, 곡선과 곡면론, 수족, 곡선, 윤전(輪轉)곡선, 3차곡면상의 27개의 직선에 공헌했다. 그는 다른 사람들이 연구하던 변분법의 여러가지 지식이 요구되는 극대·극소에 관한 문제를 종합기하학을 써서 공략했다. 그의 이름은 말파티 문제의 슈타이너 해와 일반화, 슈타이너 체인, 슈타이너의 계(系), 신비한 육선형 성단(星團)의 슈타이너 점 같은 기하

슈타이너
1796~1863

학의 많은 부분에서 마주친다.

퐁슬레와 슈타이너에 의한 사영기하학의 논법에서 많은 사영적 개념은 계량적인 성질에 기초하고 있다. 사영기하학에서 어떤 계량적인 기초도 완전히 배제한 것은 슈타우트(Karl Georg Christian von Staudt)가 1847년 발표한 《위치기하학(Die Geometrie der Lage)》에서였다. 슈타우트는 1798년 로텐부르크에서 태어나서 에를랑겐 대학교의 수학교수를 지냈으며 1867년 에를랑겐에서 죽었다.

사영 기하학의 해석학적 측면은 뫼비우스(Möbius), 샤슬레(Michel Chasles, 1793~1880) 그리고 특히 플뤼커의 연구에서 극적으로 얻어졌다.

플뤼커는 종합기하학의 슈타이너만큼 유명한 해석기하학의 1인자가 되었다. 이 연구는 14장의 5번째 절에서 보다 상세하게 다룰 것이다. 샤슬레도 뛰어난 종합기하학자였으며, 그의 《기하학의 발달사(Aperçu historique sur l'origine et le développement des méthodes en géométrie)》(1837)는 기하학사에서 여전히 표준적인 책이다. 샤슬레는 1841년 에콜 폴리테크니크의 기하학과 수학교수가 되었고, 1846년 파리 대학교의 과학부 기하학 교수가 되었다. 그는 1865년 파리에서 발간된 논문 〈원뿔곡선론(Traité des sections coniques)〉

으로 영국학술원의 코플레이(Copley) 상을 받았다.

후에 거리의 적당한 사영적인 정의를 채택하여 어떻게 사영기하학의 틀 속에서 거리기하학을 연구할 수 있는가와 평면에서 사영기하학에 불변인 원뿔곡선을 부속시켜 어떻게 고전적인 비유클리드 기하학을 얻을 수 있는가가 증명되었다. 19세기 말과 20세기 초에 사영 기하학은 수많은 공리적인 논법을 받아들였으며, 유한 사영기하학이 발견되었다. 점차로 공준을 첨가하고 수정함으로써 도중에 다른 중요한 기하들과 마주치면서 사영기하학으로부터 유클리드 기하학으로 옮겨갈 수 있음이 밝혀졌다.

해석기하학

직교나 사교좌표계 외에 평면좌표계가 있다. 사실, 누구나 쉽게 좌표계를 만들 수 있다. 필요한 것은 단지 좌표계에 관한 순서쌍을 써서 평면상의 점을 어떻게 배치하는가를 알려주는 약간의 법칙을 수반한 적절한 좌표계뿐이다. 그런데 직각 체계의 좌표계는 눈금이 있는 수직인 두 축으로 이루어져 있어서 두 축으로부터 그 점까지의 유향거리를 나타내는 실수의 순서쌍에 의하여 이 좌표계에 관한 점을 어떻게 위치시키는가 알려주는 법칙을 잘 알고 있다. 직교좌표계는 가장 보편적으로 사용되는 좌표계이고, 매우 크게 발달되어 왔다. 곡선을 1차, 2차, 3차 등으로 분류하는 것 같은 많은 용어가 이 좌표를 사용하는 데서부터 유래되고 있다. 그러나 나선과 같은 약간의 곡선은 직교좌표계로 나타낼 때 처리하기 힘든 방정식을 갖게 되는 반면에 다른 어떤 교묘하게 고안된 좌표계로 나타낼 때는 비교적 단순한 방정식이 된다. 나선인 경우에 특히 유용한 것은 극좌표계인데 이 좌표계는 반직선이고 한 점은 거리와 각을 나타내는 실수의 쌍에 의하여 결정됨을 상기할 수 있을 것이다. 극좌표의 착상은 야곱 베르누이가 1691년에 소개한 듯하다.[5] 더 이상의 좌표계는 기하학자들이 다른 대수적 도구를 보다 적절하게 나타낸 문제가 특별히 필요한 국면에 이르러 직교좌표계를 버린, 18세기 말까지 거의 고찰되지 않았다. 결국 좌표를 위한 기하학이 아니라 기하학을 위한 좌표계가 만들어졌다.

프로이센 기하학자 플뤼커가 우리의 기본 원소가 꼭 점이 될 필요가 없고 어떤 기하적인 요소라도 될 수 있다는 사실을 주목한 1829년, 그에 의하여 좌표계의 흥미로운 발전이 시작되었다. 따라서 우리가 기본 원소로 직선을 택한다면 주어진 직교좌표계의 원점을 지나지 않는 임의의 직선을, 가령 주어진 직선의 x, y절편 같은 것을 기록함으로써 위치를 정할 수도 있다. 플뤼커는 실제로 이 절편의 음의 반수(反數)를 직선의 위치를 나타내는 수로 잡았고, 소위 **직선 좌표**(line coordinates)라 불리는 이것에 관한 해석기하학을 상당히 개발하였다. 이제 한 점은 좌표를 갖는 대신에 1차 방정식, 즉 그 점을 지나는 모든 직선의 좌표에 의하여 만족되는 방정식을 갖는다(문제연구 14.6 참조). 점좌표나 직선좌표로서의 순서쌍과 직선의 방정식이나 점의 방정식으로서의 1차 방정식의 이중해석이 사영기하학의 쌍대의 원리에 대한 플뤼커의 해석적 증명의 기초를 제공한다. 한 곡선은 점들의 자취 또는 그것의 접선들의 포락선으로 간주될 수 있다(그림 95 참조). 만일 점 또는 직선 대신에 원을 기본원소로 택한다면 원소를 완전히 결정하기 위해서는 순서 세 쌍이 필요하다. 예를 들어 직교좌표계에서 원의 중심과 반지름으로 두 좌표를 취할 수도 있다. 이러한 착상들로 인해서 차원이론의 일반화와 발전이 상

5) 그러나 다음을 참조하라. C.B. Boyer, "Newton as an originator of polar coordinates," *American Mathematical Monthly*(February), 1949, pp. 73-78.

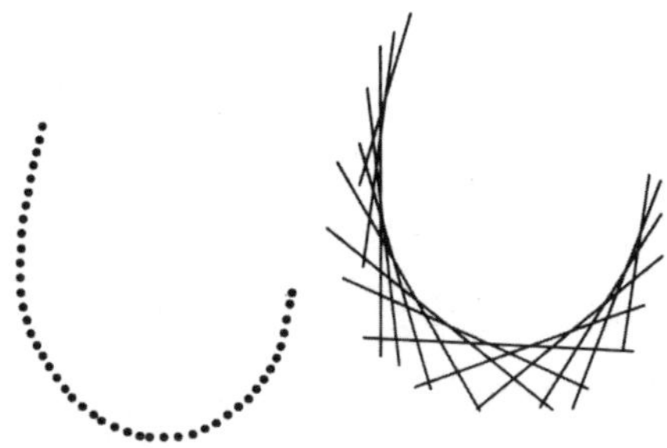

그림 95

당히 이루어졌다. 기본 원소의 다양체의 차원(dimensionality)은 각 기본 원소를 표시하는 데 필요한 독립인 좌표의 개수로 생각한다. 이 개념에 따르면 평면은 점을 기본으로 또한 직선을 기본으로 할 때 2차원이지만 원을 기본으로 할 때는 3차원이다. 평면은 평면의 모든 원뿔곡선들 전체를 기본 원소로 하는 다양체로 잡을 때 5차원임을 보일 수 있다. 물론 차원론은 이 기본 개념보다 훨씬 발달되었고, 오늘날 상당한 폭과 깊이가 있는 분야 중의 하나이다.

데카르트가 입체해석기하학을 언급한 적이 있으나 상세히 설명하지는 않았다. 소(少) 스호텐, 라 이르 그리고 요한 베르누이 등이 우리가 잘 알고 있는 입체 해석기하학을 제안했으나 1700년에 가서야 비로소 파랭(Antoine Parent, 1666~1716)이 프랑스 학술원에 제출한 논문에서 최초로 체계적인 발전을 시켰다. 1731년 클레로가 처음으로 공간 곡선에 관하여 해석학적으로 논문을 썼다. 후에 오일러가 그 분야의 기초 단계를 넘어 전반적으로 잘 발전시켰다. 이 초기 연구자들은 점을 기본 원소로 택했다. 공간은 점을 기본으로 할 때 3차원이지만 직선을 기본으로, 또한 구를 기본으로 할 때는 4차원임을 보일 수도 있다. 그러나 평면을 기본으로 할 때는 3차원이다(문제연구 14.7 참조).

종합기하학자들이 쉽고 굉장한 결과를 얻고 있을 때 해석기하학자들은 대수적 계산의 늪에서 허우적거렸다. 만일 해석기하학이 종합기하학과 성공적으로 경쟁할 수만 있었더라면 새롭고 개선된 방법으로 발달되었을 것이 틀림없다. 약간의 좌표 방법 주창자들은 커다란 열의로 해석기하학의 옹호에 앞장섰고, 그 분야는 황금기를 맞기 시작했다. 해석기하학의 방법을 발전시킨 공헌자 중 최고는 플뤼커로서 일련의 논문과 책에서 적절히 사용하면 우아함과 명료함에서 종합기하학에 뒤질 게 없는 방법을 고안했다.

플뤼커(Julius Plücker, 1801~1868)는 1801년 엘베르펠드에서 태어나 본, 베를린, 하이델베르크에서 공부하고 파리에서 몽주와 그의 문하생의 강의를 짧은 기간 동안 들었고 1826년과 1836년 사이에 본, 베를린, 할레의 교수를 역임하였다. 1836년 본 대학교의 수학 교수로 돌아와서 1847년 물리학 교수로 자리를 바꾸었다. 그는 1868년 본에서 죽었다.

플뤼커의 두 권짜리 《해석기하학의 발달(Analytisch-geometrische Enrwicklungen)》이 1828년과 1831년에 발간되었다. 이 책의 1권에서, 비록 라메(Gabriel Lamé)와 보빌리에(Etienne Bobillier)가 일찍이 사용하였지만, **단축표기법**(method of abridged notation)이 처음으로 광범위하게 다뤄졌다. 이 단축표기의 착상은 한 문자로 긴 식을 나타내는 것과 다음과 같은 기본 원리에 있다. "만약 $\alpha(x,\ y)=0$과 $\beta(x,\ y)=0$이 두 곡선이라면 u와 v가 임의의 상수이거나 $x,\ y$에 관한 함수일 때 $u\alpha+v\beta=0$은 두 곡선 $\alpha=0$과 $\beta=0$의 교점을 지나는 곡선이다." 데자르그의 두 개의 삼각형 정리와 파스칼의 신비한 육선형 정리같이 외견상 대수적으로 복잡한 정리는 단축표기법을 사용하여 대단히 깔끔하고 간결한 증명을 할 수 있다. 예를 들어 이 두 정리 중 후자를 살펴보자.

파스칼의 신비한 육선형 정리. "만일 6점 1, 2, 3, 4, 5, 6이 한 원뿔곡선 위에 있다면 세 쌍의 직선 56과 23, 16과 34, 12와 45의

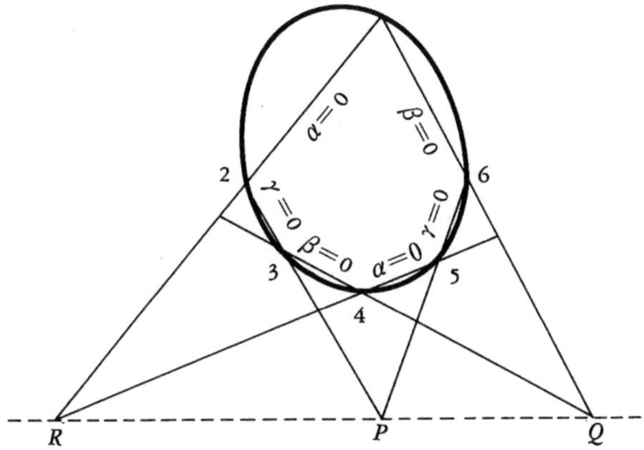

그림 96

교점 P, Q, R은 한 직선 위에 있다.”

$\alpha=0$, $\beta=0$, $\gamma=0$, $\alpha'=0$, $\beta'=0$, $\gamma'=0$이 직선 12, 34, 56, 45, 61, 23의 방정식이라 하자(그림 96 참조). 3차곡선

$$\alpha\beta\gamma+k\alpha'\beta'\gamma'=0$$

을 생각하자. k값에 관계없이 이 3차곡선은 9점 1, 2, 3, 4, 5, 6, P, Q, R을 지난다. 이 원뿔곡선 위에 다른 점 7을 잡고, 3차곡선이 점 7도 지나도록 k값을 정하라. 원뿔곡선이 3차곡선의 한 부분이 아닌 한 3차곡선과 원뿔곡선은 기껏해야 (3)(2)=6점에서 만날 수 있고 나머지 점은 직선 위에 있다. 그러면 이것이 바로 그 경우에 해당되어 나머지 세 점 P, Q, R은 한 직선 위에 있어야 한다.

《해석기하학의 발달》 제2권에는 평면에서 점의 동차좌표 표현이 나온다. 여기에서 직교좌표 $(X,\ Y)$를 가지는 점 P의 동차좌표는 $X=x/t$, $Y=y/t$인 임의의 순서 세 쌍 $(x,\ y,\ t)$로 정의된다. 따라서 $(x,\ y,\ t)$와 $(kx,\ ky,\ kt)$는 같은 점을 나타낸다. 동차라는 이름은 직교좌표에서의 대수곡선의 방정식 $f(X,\ Y)=0$을 $f(x/t,\ y/t)=0$의 형태로 바꿀 때, 신방정식의 모든 항이 신변수에 관하여 같은

차수가 되는 사실로부터 유래한다. 그러나 동차좌표에서 보다 중요한 것은 직교좌표계에서 대응점이 없는 $(x, y, 0)$은 '무한원점'을 나타내며 케플러, 데자르그, 퐁슬레의 이상점은 이제 좌표계에서 표현방법이 생겼다. 그러면 방정식 $t=0$은 이상직선(ideal line at infinity)의 방정식이다. 따라서 동차좌표는 평면의 유한과 무한점 모두를 필요로 하는 사영기하학의 해석학적 탐구를 위한 완벽한 도구를 제공한다.

1835년 발간된 플뤼커의 책 《해석기하학의 체계(System der analytischen Geometrie)》는 그것의 무한원점의 특징에 따른 3차곡선의 완전한 분류를 싣고 있고, 1839년 발표된 《대수 곡선론(Theorie der algebraischen Curven)》은 4차곡선을 일일이 열거하고 대수곡선의 특이점과 관련된 유명한 네 개의 방정식을 수록하고 있다. 이 방정식은

$$m=n(n-1)-2\delta-3k,\ n=m(m-1)-2\tau-3\iota$$
$$\iota=3n(n-2)-6\delta-8k,\ k=3m(m-2)-6\tau-8\iota$$

인데 여기에서 m은 곡선의 급(직선좌표로 표시할 때, 곡선의 방정식의 차수), n은 곡선의 차수(점좌표로 표시할 때, 곡선의 방정식의 차수), δ는 결절점의 개수, k는 첨점의 개수, ι는 변곡점의 개수, 그리고 τ는 이중접선의 개수이다.

플뤼커는 물리학 교수로 임명받은 이래 약 20년 동안 스펙트럼 분석, 자기학, 프레즈넬 파동곡면의 연구에 대부분 몰두하였다. 말년에 그는 좋아하던 수학으로 되돌아와서, 공간 직선의 '복체(complexes)'와 '합동(congruences)' 이론과 함께 공간 직선의 4차원 기하학을 발전시켰다.

19세기 해석기하학의 괄목할 만한 성장을 보다 상세하게 다루려면 제르곤(Joseph Diaz Gergonne, 1771~1859, 포병장교, 편집자,

수학교수), 뫼비우스(Augustus Ferdinand Möbius, 1790~1868, 라이프니치히 대학 교수), 라메(Gabriel Lamé, 1785~1870, 기사이며 수학 교수), 보빌리에(Etienne Bobillier, 1797~1932, 역학 교수), 헤세(Ludwig Otto Hesse, 1811~1874, 쾨니히스베르그 대학 교수), 클레브쉬(Rudolph Friedrich Alfred Clebsch, 1833~1872, 쾨니히스베르크와 후에 괴팅겐 대학 교수), 알팡(George-Henri Halphen, 1844~1889, 르앙 출신, 파리의 에콜 폴리테크니크의 시험관)과 그 밖의 여러 사람들에 관하여 꼼꼼하게 살펴보아야 한다.

점을 기준으로 해서 n차원($n > 3$)인 초공간에 대한 연구에서 해석기하학의 응용에 관한 논의는 다음 절에서 다룬다.

n차원 기하학

점을 기준으로 해서 n차원($n > 3$)인 초공간의 첫 번째 모호한 개념은 과거의 희미함에 묻혀서 추상적인 고찰로 인하여 혼동되었다. 고차원적 점기하학을 명백하게 다룬 첫 번째 논문은 케일리가 1843년에 썼는데, 그 후 세 명의 영국 수학자 케일리, 실베스터, 클리포드(W.K. Clifford, 1845~1879)가 그 분야에 관심을 가졌다. 한동안 아무 관심을 끌지 못했던 유럽대륙에서 그라스만과 쉴래플리(Ludyig Schlafli, 1814~1895)가 고차원 기하학에 관하여 동시에 선구자적인 논문을 썼다. 실제로 대부분의 쉴래플리의 논문은 그가 죽은 후 여러 해 지나서야 발간되었고, 그때쯤 독일의 쉴레겔(Victor Schlegel, 1843~1905)과 몇 사람이 그 분야를 잘 알렸다.

고차원 사영기하학의 연구를 1878년 처음 시작한 사람은 클리포드이지만 이탈리아 기하학파가 거의 전적으로 발전시켰다. 고차원

점기하학의 초창기에 관하여 위에서 언급한 연구와는 완전히 독립적으로, 해석적 논법이 2 또는 3 변수에서 임의의 많은 변수로 쉽게 확장될 수 있는 해석학의 응용으로부터 점차 나타나는 그 분야의 산술적 측면을 발견할 수 있다. 따라서 1883년에 그린(George Green, 1793~1841)이 두 타원체의 상호 인력에 관한 문제를 해석학으로 변형하여 "더 이상 3차원 공간으로 제한되지 않는다."라고 언급하면서 임의의 개수의 변수들에 대하여 그 문제를 풀었다. 다른 사람들도 임의의 많은 변수로 유사한 일반화를 하였으나 그것은 기하학의 용어를 대수학과 해석학의 많은 형태와 과정에 한 단계 더 깊이 적용한 것이었다. 이 절차는 1847년 코시가 해석적 자취에 관한 논문에서, "우리는 n변수 집합을 해석적 점, 방정식 또는 연립 방정식, 해석적 자취라 부를 것이다." 등을 말하여 명백하게 나타내었다. 아무 의심도 없이 고차원 기하학의 이 해석적 관점의 가장 중요한 초기 표현은, 1866년에야 발간된, 리만의 위대한 1854년의 수습 강의에서 발견된다. 리만이 n차원 다양체와 그것들의 측도 관계에 관한 생각을 세운 것은 이 강의에서였고, 논의를 통하여 결정하기 전에 기하학적 개념과 상(像)을 가지고 있었다.

고차원 기하학에 대한 논문과 책의 수는 1870년 이후 매우 증가했다. 1911년 서머빌(D.M.Y. Sommerville)이 평행이론, 기하학의 기초, n차원 공간을 포함하는 비유클리드 기하학의 도서 목록을 발간했다. 이 목록에 n차원 기하학의 참고 문헌이 1832개 나오는데 약 1/3은 이탈리아, 1/3은 독일 것이고 나머지는 주로 프랑스, 영국, 네덜란드 것이다.

여기서는 n차원 산술 공간에 적절한 개념을 집어넣어 n차원 기하학을 해석적으로 연구한다. n차원 산술공간이란 실수들의 모든 n중 순서수 $x=(x_1,\ x_2,\ \cdots,\ x_n)$의 집합이고, 이러한 n중 순서수를 공간에서의 점(point)이라 부른다. 이 점 사이의 관계는 2, 3차원의 직교 공간에서 점 사이의 대응하는 관계에 성립하는 공식과 유사한 공식으로 정의된다. 따라서 2차원 직교좌표계의 두 점 (x_1, x_2)와 (y_1, y_2) 사이의 거리가

$$[(x_1-y_1)^2+(x_2-y_2)^2]^{1/2}$$

로 주어지고 3차원 직교좌표계의 두 점 (x_1, x_2, x_3)와 (y_1, y_2, y_3) 사이의 거리가

$$[(x_1-y_1)^2+(x_2-y_2)^2+(x_3-y_3)^2]^{1/2}$$

로 주어지므로 산술 n차원 공간에서의 두 점 $x=(x_1, \cdots, x_n)$와 $y=(y_1, \cdots, y_n)$ 사이의 거리를

$$[(x_1-y_1)^2+\cdots+(x_n-y_n)^2]^{1/2}$$

로 정의한다. 마찬가지로 중심이 $(a_1, \cdots, a_n)$이고 반지름이 r인 n차원 구(n-dimensional sphere)를 다음 식을 만족하는 모든 점 $x=(x_1, \cdots, x_n)$들의 모임으로 정의한다.

$$(x_1-a_1)^2+\cdots+(x_n-a_n)^2=r^2$$

우리는 점들의 쌍을 선분(line segment)으로 정의하고, 임의의 다음 형태의 수들의 n중 순서수

$$(k(y_i-x_1), \cdots, k(y_n-x_n)), k\neq 0$$

을 두 점 x와 y에 의하여 결정된 선분 xy의 방향수(direction numbers)로 정의한다. 두 선분 xy와 uv 사이의 각 θ의 코사인(cosine of the angle θ)을 다음 식으로 정의한다.

$$\cos\theta=\frac{(y_1-x_1)(v_1-u_1)+\cdots+(y_n-x_n)(v_n-u_n)}{d(x, y)d(u, v)}$$

여기에서 $d(x, y)$는 두 점 x와 y 사이, $d(u, v)$는 두 점 u와 v 사이의 거리를 각각 나타낸다. 두 선분이 **수직**(perpendicular)이라고 할 필요충분조건은 그들 사이의 각의 코사인이 0인 것이다. 점 x에서 점 y 위로 사상하는

$$y_i = a_i + x_i, \quad i = 1, \cdots, n$$

형태의 변환을 **평행이동**(translation)이라 부른다. 그 공간에서 자신 위로의 다른 점변환은 비슷하게 정의될 수 있다. n차원 원뿔곡면의 정의를 만들고, 이것의 극, 극선 그 밖의 다른 성질을 연구하기는 쉽다. 이런 유의 n차원 기하학은 기하학적 용어를 사용한 순수 대수적 연구라 간주할 수 있다.

미분기하학

미분기하학은 곡선과 곡면의 성질과 그것의 일반화를 미적분학을 써서 연구하는 학문이다.

아르키메데스의 면적과 체적의 결정, 아폴로니우스의 원뿔곡선에 대한 법선의 취급 그리고 후에 카발리에리의 불가분량법과 호이겐스의 곡률과 축폐선에 관한 아름다운 논문 안의 아주 작은 형태를 연구하여 추론된 기하학적 정리를 발견할 수 있지만, 적어도 근대적 형태의 미분기하학은 18세기 초에 미적분학을 해석기하학에의 응용과 함께 시작되었다고 하는 것이 거의 옳을 것이다. 그러나 이 분야에 대한 평면 상태를 넘어서는 최초의 실제적 자극은, 공간의 곡선과 곡면에 대한 미분기하학의 창시자로 여겨질 수 있는 몽주에 의하여 주어졌다. 몽주는 뛰어난 선생이었으며, 파리의 에콜 폴리테크니

크에서의 강의에 영향을 받은 많은 젊은이들이 이 분야에 뛰어들었다. 이들 가운데는 메스니에(J.B. Meusnier, 1754~1793), 말루(E.L. Malus, 1775~1812), 듀팽, 로드리게(O. Rodrigues, 1794~1851)가 있었는데, 모두가 그들의 이름을 딴 미분기하학의 유명한 정리를 가지고 있다. 몽주와 그의 제자들이 위대한 프랑스 미분기하학파를 창설하였는데, 후에 코시, 베낭(B. de Saint Venant, 1796~1886), 프레네(F. Frenet, 1816~1888), 세레(J.A. Serret, 1819~1885), 퓌이쉬(V. Puiseux, 1820~1883), 베르트랑(J. Bertrand, 1822~1900) 등이 합류했다.

미분기하학에서 코시의 업적은 이 분야 역사에서 첫째 시기의 마감을 짓는다. 둘째 시기는 매개변수 표현을 써서 곡선과 곡면의 미분기하학을 연구하는 뛰어나게 효과적인 방법을 소개한 가우스에 의하여 개막되었다. 한편 공간에서의 곡선과 곡면의 고전적 이론에 기여한 마인나르디(G. Mainardi, 1800~1879), 플라토(J. Plateau, 1801~1883), 야코비, 본네(O. Bonnet, 1819~1892), 코다치(D. Codazzi, 1824~1875), 크리스토펠(E.B. Christoffel, 1829~1901), 벨트라미(E. Beltrami, 1835~1900), 다르뷔(J.G. Darboux, 1842~1917) 그리고 그 밖에 많은 사람들이 있다.

미분기하학의 역사상 위대한 셋째 시기는 리만에 의하여 시작되었다. 여기에서 가능한 한 최대한의 일반화를 추구하는 최근 수학의 경향에 대한 주장을 발견한다. 보통 익숙한 3차원 공간은 제쳐두고, n차원 공간 안의 미분가능한 m차원 미분가능한 다양체 같은 것에 연구가 집중되었다. 이 더 나아간 발전에 두 가지, 즉 개선된 표기법과 사용된 특별한 좌표계에 종속되지 않고, 다양체의 특성에 의존하는 과정이 필요한 것으로 밝혀졌다. 따라서 텐서계산이 고안되고, 이 일반적인 분야는 리치(G. Ricci-Curbastro, 1853~1925), 레비 치비타(T. Levi-Civita, 1873~1941), 아인슈타인(A. Einstein, 1879~

1955) 등에 의하여 발전되었다. 리만기하학으로 알려진 일반화된 미분기하학이 개발되었고, 차례로 비리만기하학과 다른 기하학에 이르게 되었다. 미분기하학에 대한 현재의 연구는 일반화와 추상화에 관련되어 있고, 구체물에 강하게 연관된 고전적인 연구와는 유사점이 거의 없다.

하나의 곡면은 한 입체의 경계 또는 분리된 2차원의 피막으로서의 두 가지 방식으로 고찰될 수 있다. 전자는 건축기사가 곡면을 간주하는 방식이고, 후자는 측량사가 간주하는 방식이다. 첫 번째 관점은 그것을 둘러싼 공간에 관련된 곡면의 성질을 찾아내게 해주고, 두 번째 관점은 그것을 둘러싼 공간과 독립인 곡면의 성질을 찾게 해 준다. 곡면의 미분기하학에 대한 초기의 두 위대한 공로자, 몽주와 가우스가 각각 곡면을 주로 한 입체의 경계와 분리된 2차원의 피막으로 보았다는 사실이 흥미롭다. 몽주는 여러 가지 중에서 군사적 축성의 건축기사로서의 업적으로 유명하고, 가우스는 무엇보다도 측지학과 측지선의 측량에서의 업적으로 유명하다.

클라인의 에를랑겐 프로그램

클라인은 1872년 에를랑겐 대학교의 철학교수와 평의원에 임명되자, 관례에 따라 전공분야에 관한 취임강연을 했다. 자신과 리의 군론에 관한 연구에 기초를 둔 이 강연에서, 당시 존재하던 모든 기하학을 본질적으로 성문화하는 데 기여하였고, 기하학 연구의 새롭고 효과적인 대도(大道)에 이르는 방법을 지적한 '기하학'의 유명한 정의를 발표하였다. 이 강연과 여기서 주장하는 기하학 연구 계획은 **에를랑겐 프로그램**(Erlangen Programm)으로 알려지게 되었으며, 그것은 군론이 거의 모든 수학 영역에 파고 들고 약간의 수학자들이 모든 수학은 군론의 어떤 국면에 지나지 않는다고 느끼기 시작하고 있었을 때 옳다고 여겨졌다.

클라인이 군을 기하학에 응용한 것은 집합 S의 각 원소가 S의 유일한 원소와 대응하는 집합 S에서 그 자신 위로의 변환(transformation of a set S onto itself)의 개념에 의존한다. 집합 S의 두 변환 T_1, T_2의 **곱**(product) T_2T_1은 T_1에 의하여 변환한 다음 T_2에 의하여 변환하는 것을 뜻한다. 만약 T가 S의 각 원소 a를 b로 옮기는 집합 S에서 그 자신 위로의 변환이라면 S의 각 원소 b를 원래의 a로 되돌리는 변환 T의 역을 T의 **역변환**(inverse transformation)이라 부르고, T^{-1}로 나타낸다. S의 각 원소를 자기 자신으로 옮기는 변환을 **항등변환**(identity transformation)이라 부르며 I로 나타낸다. 이제 다음을 쉽게 확립할 수 있다. 집합 S에서 그 자신 위로의 변환의 집합 Γ는, 만약 (1) 집합 Γ의 임의의 두 변환의 곱이 Γ에 있고 (2) 집합 Γ의 임의의 변환의 역이 Γ에 존재하면 변환의 곱셈하에서 군을 이룬다. 이러한 변환의 군을 간략하게 **변환군**(transformation group)이라고 한다.

이제, 기하학에 대한 클라인의 유명한 정의 "기하학은 어떤 변환군 Γ 아래서 불변인 집합 S의 성질을 연구하는 학문이다."를 말할 준비가 되었다. 이 기하학을 편리하게 $G[S, \Gamma]$로 나타내기도 한다. 기하학에 대한 클라인의 정의를 예증하기 위하여 S를 일상적인 평면의 모든 점의 집합이라 하고 직선의 평행이동, 회전, 반전이 혼합된 S의 모든 변환의 집합 Γ를 고찰하자. 임의의 두 변환의 곱과 역도 또한 변환이므로 Γ는 변환군이다. 그 결과 생기는 기하학은 일상적인 **평면 유클리드 거리기하학**(plane Euclidean metric geometry)이다. 길이, 면적, 합동, 평행, 수직, 도형의 닮음, 점들의 공선성(共線性), 직선들의 공점성(共點性) 같은 성질은 군 Γ 아래서 불변이기 때문에 평면유클리드 거리 기하학에서 연구된다. 그런데 만일에 Γ 평행이동, 회전, 반전, 닮음변환(여기에서는 각 점 P는 $AP = kAP'$를 만족하는 P'으로 옮겨진다. 단 A는 정해진 점이고, k는 정해진 양의 상수이며 A, P, P'는 공선적이다.)을 포함시켜 확장하면 **평면 닮음기하학**(plane similarity geometry)을 얻는다. 이 확장된 군 아래서 길이, 면적, 합동 같은 성질은 더 이상 불변이 아니므로 연구 주제가 아니나 평행, 수직, 도형의 닮음, 점의 공선성, 직선의 공점성은 여전히 불변이어서 이 기하학에 대한 연구 주제물을 구성하고 있다. 클라인의 관점에서 고찰하면, 평면 사영기하학은 점이 사영변환이라 불리는 군에 종속될 때 불변으로 남아 있는 사영면의 점의 성질을 연구하는 것이다. 앞서 언급한 성질 중에서 점의 공선성과 직선의 공점성만이 불변으로 남는다. 이 변환군 아래서 불변인 하나의 중요한 성질은 한 직선 위의 네 점에 대한 복비이고, 이 불변인 성질은 사영기하학의 연구에 중요한 역할을 하고 있다. 앞 장에서 고찰한 평면 비유클리드 거리 기하학은 평행이동, 회전, 반전이 혼합된 변환군 아래서 불변으로 남아 있는 비유클리드 평면 위의 점의 성질을 연구하는 것으로 생각할 수 있다.

위의 모든 기하학에서 어떤 변환군의 변환이 작용하게 되는 기본 요소는 점이므로 위의 기하학은 모두 이른바 **점 기하학**(point geometries)의 예이다. 14장의 5번째 절에서 지적한 바와 같이 점이 아닌 다른 것을 기본 요소로 하는 기하학이 존재한다. 따라서 기하학자는 직선 기하학, 원 기하학, 구 기하학 및 다양한 기하학을 연구해 왔다. 하나의 기하학을 건설함에 있어서, 먼저 기하학의 기본요소(점, 직선, 원 등), 다음으로 이 원소의 다양체 또는 공간(점의 평면, 점의 일상적인 공간, 점의 구면, 직선의 평면, 원의 속선형 등), 그리고 마지막으로 기본 요소가 종속되는 변환군을 자유롭게 선택해야 한다. 이 방법으로 새로운 기하학을 건설하는 것은 오히려 단순한 작업이다.

또 다른 흥미로운 특징은 기하학이 다른 것을 포함하는 방식이다. 따라서 평면 유클리드 거리기하학의 변환군이 평면 닮음기하학의 변환군의 부분군이므로 후자의 기하학에서 성립되는 정리는 전자에서도 반드시 성립하여야만 한다. 이 관점에서 보면 사영기하학은 전자의 각각에 존재한다는 것을 보일 수 있고, 일련의 짝지어진 기하학을 얻는다. 최근까지 사영기하학의 변환군은 연구되어 왔던 거의 모든 다른 기하학의 변환군을 부분군으로 포함하고 있다. 이것이 케일리가 "사영기하학은 모든 기하학을 포함한다."고 언급한 본래의 의미이다. 실제로 기하학의 정리에 관한 한 이것은 사영기하학의 정리가 각기 다른 기하학의 정리 가운데 포함된다는 것의 우회적인 표현이다.

거의 50년 동안이나 클라인이 기하학을 종합하고 성문화한 것이 본질적으로 유효했다. 그러나 세기의 변환기 직후에 수학자들이 기하학으로 불려야 한다고 느꼈던 수학적 명제의 집단이 명백해졌으며, 이 명제 집합은 성문화에 맞추어질 수 없었고, 그 문제에 관한 새로운 견해가 어떤 변환군에 의하여 정의될 수 있거나 또는 정의되지 않는 구조를 가지는 추상 공간의 개념에 기초하여 발달되었다. 이 새로운 견해에 대하여는 15장의 3번째 절에서 고찰할 것이며, 여기에서는 단지 새로운 기하학 중 일부가 아인슈타인의 일반 상대성 이론에 일부가 된 물리적 공간의 현대 이론에 응용된다는 사실만 언급한다. 클라인의 개념은 여전히 매우 유용하게 응용되고 있으며, 앞에서 언급한 클라인의 정의에 맞는 기하학을 **클라인 기하학**(Kleinian geometry)이라 부르기도 한다. 클라인의 본래 프로그램 밖에 존재하는 기하를 포함하도록 클라인의 정의를 확장하고 일반화하려는 노력이 베블렌(Oswald Veblen, 1880~1960)과 카르탕(Elie Cartan, 1869~1951) 등에 의하여 부분적인 성공을 거두었다.

클라인(Felix Klein)은 1849년 뒤 셀도르프에서 태어나서 본, 괴팅겐, 베를린 대학교에서 공부하였으며, 본에서 플뤼커의 조교 생활을 하였다. 그는 에를랑겐 대학교(1872~1875)에서 처음으로 교수생활을 시작했는데 여기에서, 위에서 설명한 기하학 프로그램을 발표하는 취임강연을 했다. 그 후 그는 뮌헨, 라이프치히 대학교(1880~1886)에서 가르쳤고, 괴팅겐 대학교(1886~1913)에서 학과장을 역임했다. 그는 〈Mathematische Annalen〉의 편집자였고 방대한 수학 백과사전 〈Encyklopädie〉의 발간 발기인이었으며 명석한 설명자이고 생기를 불어넣는 선생이자 타고난 강사였다. 그는 1925년 괴팅겐에서 죽었다.

클라인이 괴팅겐 대학교 수학과장으로 재직하고 있는 동안 그곳은 전 세계 수학도의 메카가 되었다. 놀랄 만한 많은 일류 수학자가 이 대학교에서 공부하거나 가우스, 디리클레, 리만의 훌륭한 계승자로서 재직하여 괴팅겐 수학학파를 현대의 가장 유명한 학파 중의 하나로 만들었다. 이 수학자 중에는 힐베르트(David Hilbert, 1862~1943, 현대의 가장 위대한 수학자), 란다우(Edmund Landau, 1877~1938, 유명한 정수론자), 민코우스키(Hermann Minkowski, 1864~1909, 러시아 태생의 기하학적 정수론의 창시자), 아케르만(Wilhelm

클라인
1849~1925

Ackermann, 1896~1962, 수리논리에 대한 힐베르트의 공동 연구자), 카라테오도리(Constantin Caratheodory, 1873~1950, 함수론에서 명성을 얻은 그리스 수학자), 제르멜로(Ernst Zermelo, 1871~1953, 제르멜로의 공준으로 유명함), 룬게(Carl Runge, 1856~1927, 미분방정식을 공부하는 학생에게 룬게-쿠타 방법으로 알려짐), 뇌터(Emmy Noether, 1882~1935, 유명한 여성 대수학자), 데데킨트(Richard Dedekind, 1831~1916, 데데킨트 절단으로 알려짐), 덴(Max Dehn, 1878~1952, 힐베르트가 파리에서 열린 국제수학자 대회에서 제시한 23개 수학문제 중의 하나를 최초로 푼 수학자), 바일(Hermann Weyl, 1885~1955, 수학의 기초와 철학에 관한 논문으로 특히 알려짐) 그리고 그 외 많은 사람이 있다.

해석학의 산술화

기하학의 해방과 대수학의 해방에 덧붙여 제3의 매우 중요한 수학적 사건이 19세기에 일어났다. 해석학 분야에서 일어난 이 제3의 사건은 천천히 실현되었고, 해석학의 산술화로 알려졌다.

수학적 연산 이론이 불충분하게 이해되었을 때 그 연산은 맹목적으로, 형식적이고 비논리적인 방식으로 응용될 수 있는 위험이 있고 그 연산을 사용할 수 있는 범위를 모르는 사람은 그것을 적용할 필요가 없는 경우에 연산을 사용하는 경향이 있다. 수학 강사들은 학생들이 저지르는 이런 유의 실수를 거의 매일 본다. 그래서 기초대수를 공부하는 어떤 학생은 모든 실수 a에 대하여 $a^0 = 1$이라 굳게 믿어 $0^\circ = 1$이라 놓을 것이고, 또 다른 학생은 주어진 실수값 a, b에 대하여 방정식 $ax = b$는 항상 꼭 하나의 실수해를 갖는다고 가정할 것이다. 또, 삼각함수를 공부하는 어떤 학생은 모든 실수 x에 대하여 다음 식이 성립한다고 생각하기도 한다.

$$\sqrt{1-\sin^2 x} = \cos x$$

이상적분을 모르고 미적분을 공부하는 어떤 학생은 일반적인 적분 공식을 분명히 맞게 적용하고서 틀린 결과를 얻을 수도 있고, 또는 절대수렴하는 무한급수에서만 성립하는 어떤 공식을 임의의 수렴하는 무한급수에 적용하여 모순된 결과에 도달할 수도 있다. 이것은 본질적으로 미적분학을 발명한 다음 세기 동안 해석학에서 일어났던 것이다. 그것의 강력한 응용성에 매료되어 그것이 성립하는 기초에 대해 잘 알지 못하면서 수학자들은 종종 반드시 성립되어야만 한다고 느껴지는 직관에만 이끌려 거의 맹목적인 방법으로 해석적 처리 과정을 수행하였다. 직관론과 형식론[6]이 엉망진창으로 사용되는 것에 대한 자연스런 반작용으로서 일부 양식 있는 수학자들이 이 주제의 엄격한 기초를 확립하는 어려운 작업을 시도하려고 느낄 때까지 불합리한 점들이 점진적으로 쌓여갔다.

달랑베르(Jean-le-Rond d'Alembert, 1717~1783)는 만족스럽지 못한 상태의 해석학 기초에 대한 실제적인 구제책을 처음으로 제시하였는데 이 이론은 1821년에 가서야 비로소 진정한 발달이 시작되었으나 그는 1754년 극한 이론이 필요하다는 것을 매우 정확하게 진술하였다. 미적분학을 엄격하게 하려는 실제적인 시도를 한 최초의 수학자는 이탈리아계 프랑스의 수학자인 라그랑주이다. 테일러의 급수전개에 의한 함수 표현에 기초한 그 시도는 실패하였다. 왜냐하면 수렴과 발산에 필요한 내용을 무시하였기 때문이다. 그것은 1797년

6) 이 절에 있는 용어 '형식론'과 '직관론'을 오늘날 수리철학에서 논의되는 특별한 의미를 지닌 이 용어와 혼동해서는 안 된다. 이것의 철학적인 내포는 마지막 장에서 볼 것이다.

라그랑주의 기념비적인 논문 〈함수 해석학론(Théorie des fonctions analytiques)〉 안에 발표되었다. 라그랑주는 18세기 최고의 수학자이고, 그의 논문은 그 후의 수학 연구에 깊은 영향을 끼쳤으며, 라그랑주의 논문으로 인해서 해석학으로부터 직관론과 형식론을 제거하는 지루하고 어려운 과업이 시작되었다.

19세기에 해석학의 상부구조가 계속해서 세워졌으나 이전의 기초를 다지는 일도 여전히 계속되었다. 이것의 일부는 의심할 바 없이 가우스의 업적이다. 왜냐하면 가우스는 그 시대의 다른 어느 수학자보다도 직관적인 발상에서 벗어났고, 수학적인 엄밀성의 새롭고 수준 높은 표준을 정하였기 때문이다. 또한 1812년 가우스가 만든 초기하급수의 논법에서 일반적으로 무한급수의 수렴을 최초로 적절하게 고찰한 것으로 여기는 것을 보게 된다.

1821년 프랑스 수학자 코시가 적절한 극한 이론을 발달시키고 연속, 미분가능, 정적분을 극한개념을 써서 정의함으로써 달랑베르의 제안을 실행하면서 커다란 발전을 가져왔다. 이 정의는 오늘날보다 세심하게 쓰여진 미적분학의 기초 교재에서 볼 수 있는 필수적인 것이다. 무한급수의 수렴과 발산도 이 개념에 달려 있기 때문에, 극한개념은 해석학의 발전에 필수불가결한 것이다. 코시의 엄격함에 영향을 받아 다른 수학자들도 해석학에서 형식론과 직관론을 제거하려는 노력에 동참했다.

그러나 해석학 기초의 보다 더 깊은 이해에 대한 요구가 1874년 독일의 수학자 바이어슈트라스에 의하여 도함수를 가지지 않는 연속함수, 즉 그 위의 어떤 점에서도 접선을 가지지 않는 연속인 곡선의 예가 발표되면서 나타났다. 리만은 모든 유리수값에 대하여 연속이지만 모든 무리수값에 대하여는 불연속인 함수를 만들었다. 이러한 예는 인간의 직관에 반하는 듯하고 코시가 해석학의 튼튼한 기초를 만드는 데 있어서 진정한 문제점까지 다루지는 않았다는 사실을 점차 명백하게 만들었다. 극한 이론은 실수계의 단순하고 직관적인 개념 위에 건설되어 왔다. 실제로 실수계는 대강 당연하다고 여겼으며, 오늘날 대부분의 기초 미적분 교과서에서도 여전히 그렇게 여긴다. 극한, 연속성, 미분가능성에 대한 이론은 가정되어 왔던 것보다 더 깊이 숨겨진 실수계의 성질에 의해 좌우된다는 사실이 분명해졌다. 따라서 바이어슈트라스는 그 속에서 먼저 실수계 자체가 엄밀하게 되어야 하고, 그런 다음 모든 해석학의 기초 개념이 이 수체계로부터 유도되어야 한다고 주장하는 프로그램을 주창했다. 해석학의 산술화(arithemetization of analysis)로 알려진 이 주목할 만한 프로그램은 어렵고 복잡한 것으로 밝혀졌으나, 바이어슈트라스와 그의 제자들이 마침내 실현시켜서 오늘날 모든 해석학의 이론은 실수계를 특징짓는 공준집합으로부터 논리적으로 이끌어 낼 수 있다.

수학자들은 실수계를 해석학의 기초로 확립하는 것 이상으로 상당히 나아갔다. 유클리드 기하학도 해석적 표현을 통하여 실수계에 기초를 둘 수 있으며, 수학자들은 유클리드 기하학이 모순이 없으면 대부분의 기하학 부류들은 모순이 없음을 보였다. 또한 실수계 또는 그것의 어떤 부분이 매우 많은 대수학의 분야를 표현하는 데 쓸 수 있으므로, 대수학의 상당 부분의 무모순성도 실수계의 그것에 달려 있을 수 있음이 분명하다. 사실상 오늘날 존재하는 모든 수학은 본질적으로 실수계가 무모순이면 무모순이라고 말할 수 있다. 여기에 수학의 기초에 대한 실수계의 중요성이 존재한다.

현존하는 수학의 대단히 많은 부분이 실수계 위에서 세워질 수 있으므로, 누구나 자연스럽게 그 기초가 보다 더 깊게 될 수 있나를 생각하게 된다. 19세기 말에 데데킨트, 칸토어, 페아노(Giuseppe Peano, 1858~1932)의 연구로 이 기초는 훨씬 단순하고 보다 기본적인 자연수 체계에서 확립되었다. 즉 이들은 실수계, 나아가 수학의 대단히 많은 부분이 어떻게 자연수계에 대한 공준집합으로부터 이끌어 낼 수 있는가를 보였다. 그러고 나서 20세기 초에 자연수가 집합론의 개념으로 정의될 수 있고, 따라서 수학의 대단히 많은 부분이 집합론 안의 계단 위에 세워질 수 있음을 밝혔다. 러셀과 화이트헤드가 이끄는 논리학자들은 논리의 명제의 연산에서의 기초로부터 집합론을 이끌어 냄으로써 기초를 보다 깊게 하려는 노력을 했으나 모든 수학자들이 이 과정이 성공적으로 수행되었다고 생각하지는 않았다.

바이어슈트라스와 리만

일반적으로 일류의 능력 있는 수학자가 자기 분야에서 성공하려면 어린 나이부터 중대한 수학적 연구을 시작해야 하고, 터무니없이 많은 기초 강의로 인해서 활기를 잃어서는 안 된다고 생각한다. 바로 1815년 오슈텐펠데에서 태어난 바이어슈트라스는 이 두 가지 일반적 규칙에 예외인 탁월한 인물이었다. 청년시절을 법학과 경제학의 공부로 보내 방향을 잘못 잡은 바이어슈트라스는 늦게 수학공부를 시작하였고, 40세가 되어서야 비로소 베를린 대학교의 강사직을 얻어 중·고등학교 수업에서 벗어났으며, 1864년 그 대학교의 전임교수가 되어 마침내 모든 시간을 고등수학에 전념할 수 있기까지는 또 8년이 걸렸다. 바이어슈트라스는 중등교육에 바쳤던 세월을 전혀 후회하지 않았고, 후에 대학교 재직 시 뛰어난 교수 능력을 발휘하여 이제까지 알려진 고등 수학의 가장 훌륭한 강의자가 되었다.

바이어슈트라스는 초타원적분, 아벨함수, 대수적 미분방정식에 관한 많은 초기 논문을 썼으나, 가장 널리 알려진 수학적 업적은 멱급수를 써서 복소수함수론에 기여한 것이다. 어떤 의미에서 보면,

바이어슈트라스
1815~1897

이것은 일찍이 라그랑주가 생각한 복소평면에 대한 확장이지만, 바이어슈트라스는 그것을 철저히 엄격하게 완성하였다. 바이어슈트라스는 전반적인 함수와 무한 곱으로 정의된 함수에 특히 흥미가 있었다. 그는 평등수렴을 발견하였고 앞에서 보아온 것처럼 소위 해석학의 산술화, 즉 해석학의 명제를 실수개념으로 변형시키는 일을 시작했다. 수많은 수학적 발견은 발표를 통해서가 아니라 그의 강의노트를 통하여 수학세계의 소유물이 되었다. 그는 매우 관대하게 제자들이나 그 밖의 사람들이 그가 발견한 많은 수학적 보물들을 고찰하도록 하고 그 고찰로 인해 명성을 얻도록 허락했다. 다소 적절한 예를 들면, 연속이면서 미분 불가능한 함수의 예를 처음 논의한 것은 1861년의 강의에서였으나, 최종적으로는 1874년 레이몽드(Paul du Bois-Reymond, 1831~1889)가 발표하였다.

대수학에서 바이어슈트라스는 행렬식을 소위 공준적으로 정의한 최초의 사람일 것이다. 그는 정사각행렬 A의 행렬식을, A의 각 행의 성분의 동차선형이고, A의 두 행을 교환하면 부호만 바뀌며, A가 단위행렬이면 1이 되는 A의 성분의 다항식으로 정의하였다. 그는 또한 쌍일차형식과 이차형식론에도 기여하였고, 실베스터, 스미스(H.J.S. Smith, 1826~1883)와 더불어 λ행렬의 기본 인자이론을 만들었다.

바이어슈트라스는 매우 감화를 주는 선생이었고, 매우 세심하게 준비된 강의는 많은 미래 수학자들에게 전형을 세워주었으며 '바이어슈트라스의 엄밀함'은 '극도로 주의깊은 추론'과 동의어가 되었다. 바이어슈트라스는 '탁월한 수학적 양심'이었고, '현대 해석학의 아버지'로 알려지게 되었다. 그는 라그랑주가 1797년에 미적분학을 엄밀하게 하려는 시도의 첫 번째 발표를 한 지 꼭 100년 후인 1897년 베를린에서 죽었다.

이 수학의 엄밀화와 더불어 오늘날의 수학에서 매우 뚜렷해진 추상적 일반화 경향이 나타났다. 아마 19세기의 다른 어떤 수학자보다 독일의 수학자 리만이 현대 수학의 이 특징에 더 많은 영향을 끼쳤을 것이다. 그는 확실히 수많은 수학분야, 특히 기하학과 함수론에 깊은 영향을 미쳤고, 후학들에게 보다 높은 수준의 발전에 대한 생각을 이보다 더 풍부하게 물려준 수학자는 거의 없을 것이다.

리만(Georg Friedrich Bernhard Riemann)은 1826년 하노버의 조그만 마을에서 루터교 목사의 아들로 태어났다. 그는 수줍음이 많고 허약했다. 그는 아버지의 검소한 환경에도 불구하고 베를린 대학교와 괴팅겐 대학교에서 좋은 교육을 받았다. 그는 괴팅겐 대학에서 복소함수론 분야의 뛰어난 논문으로 박사학위를 받았다. 이 논문에서 복소변수를 가지는 함수의 해석적인 성질과 해석학에 위상적인 고찰을 소개한 리만곡면의 매우 유용한 개념을 보증하는 소위 코시-리만 방정식(비록 리만시대 이전에 알려졌지만)이 나온다. 리만은 20세기에 더 일반적인 르베그 적분으로, 그 후 적분의 보다 더 깊은 일반화에 이른, 현재 우리가 리만적분으로 알고 있는 것의 정의에 의하여 적분가능성의 개념을 명백히 하였다.

리만은 1854년에 괴팅겐의 무급강사가 되었고 이 특전으로 해석기하학의 기초 위에 세워진 가설에 관한 유명한 수습강의가 나오게 되었다. 이것은 수학사에서 지금까지 나온 비슷한 크기의 가장 풍부한 논문으로 여겨지고 있는데, 이것에는 공간과 기하학의 폭넓은 일반화가 나온다. 리만의 출발점은 무한히 가까운 두 점 사이의 거리에 대한 공식이었다. 유클리드 공간에서 이 거리는 다음과 같이 주어진다.

$$ds^2 = dx^2 + dy^2 + dz^2$$

리만은 그러한 각 거리가 결과로 나타나는 공간과 기하학의 성질들을 결정하는 많은 다른 거리 공식이 사용될 수 있다는 사실을 지적했다. g가 상수이거나 x, y, z의 함수일 때 다음과 같은 공식의 거리를 가지는 공간은 현재 **리만 공간**(Riemannian space)으로 알려져 있고, 그러한 공간의 기하학을 **리만 기하학**(Riemannian geometry)이라 부른다.

$$\begin{aligned} ds^2 = g_{11}dx^2 &+ g_{12}dxdy + g_{13}dxdz \\ &+ g_{21}dydx + g_{22}dy^2 + g_{23}dydz \\ &+ g_{31}dzdx + g_{32}dzdy + g_{33}dz^2 \end{aligned}$$

유클리드 공간은 여기에서 $g_{11} = g_{22} = g_{33} = 1$이고 다른 모든 g는

리만
1826~1866

0인 매우 특별한 경우이다. 후에 아인슈타인과 그 밖의 사람들이 리만의 공간과 기하학의 폭넓은 개념이 일반 상대성이론에 필요한 수학적 토양임을 알게 되었다. 리만 자신도 이론 물리학의 다방면에 공헌하였는데, 예를 들어 그는 충격파의 수학적인 논법을 최초로 도입했다.

수학문헌에서 소위 **리만 제타함수**(Riemann zeta function)와 **리만 가설**(Riemann hypothesis)이 유명하다. 후자는 정수론에서의 페르마의 마지막 정리와 비교되는 고전적 해석학에서의 유명한 미해결 추측이다. 오일러가 소수 이론과 s가 정수일 때의 다음 급수 사이의 관계를 지적했던 적이 있었다.

$$1/1^S + 1/2^S + 1/3^S + \cdots + 1/n^S + \cdots$$

리만은 s가 복소수 $\sigma + i\tau$인 경우에 동일한 급수를 연구하였다. 그 급수의 합을 함수 $\zeta(s)$로 정의하는데, 그것은 리만의 제타함수로 알려졌다. 리만은 1859년경 제타함수의 모든 허수 제로는 실수부분으로 $\sigma = 1/2$을 갖는다고 추측했다. 1914년에 영국의 정수론자 하디가 $\zeta(s)$는 $\sigma = 1/2$인 제로를 무수히 많이 가진다는 사실을 보이는데 성공하였으나, 1세기 이상 지난 현재까지 원래의 리만 추측은 풀리지 않고 있다. 힐베르트는 리만 가설의 해결을 그의 유명한 파리 문제 23개 중의 하나로 택했다.

리만은 1857년에 괴팅겐 대학교의 조교수로 임명되고, 1859년 한때 가우스가 갖고 있던 디리클레의 교수직을 승계하여 정교수가 되었다. 리만은 40세의 젊은 나이에 건강을 회복하기 위하여 찾아간 북부 이탈리아에서 폐결핵으로 죽었다.

칸토어, 크로네커, 푸앵카레

이 절에서는 19세기와 20세기에 걸쳐서 살았고, 현재 수학의 많은 부분에 상당한 영향을 끼친 두 수학자, 칸토어와 푸앵카레에 대하여 간단히 살펴본다. 무한에 관한 칸토어의 수학에 호되고 사정없는 비평을 가했던 크로네커에 관하여 언급하는 것 또한 자연스럽다.

칸토어(Georg Ferdinand Ludwig Philip Cantor)는 1845년 러시아의 상트페테르부르크에서 덴마크인 부모 밑에서 태어나서 1856년에 부모와 함께 독일의 프랑크푸르트로 이주하였다. 아버지는 신교로 개종한 유태인이었고, 어머니는 태어날 때부터 가톨릭 신자였다. 그 아들은 중세신학, 연속성과 무한에 관한 복잡한 논쟁에 깊은 관심을 가졌다. 그 결과, 그는 공업 기술사가 되라는 아버지의 제안을 철학, 물리, 수학을 공부하기 위하여 포기하고 취리히, 괴팅겐, 베를린(이곳에서 바이어슈트라스의 영향을 받았고, 1867년 박사학위를 받았다) 대학교에서 공부하다가 1869년부터 1905년까지 할레 대학에서 오랫동안 강의하다가 1918년 할레에 있는 정신병원에서 죽었다.

칸토어
1845~1918

칸토어의 초기 관심사는 정수론, 부정 방정식, 삼각급수에 있었다. 그는 삼각급수의 미묘한 이론에서 영감을 얻어 해석학의 기초로 눈을 돌렸던 것 같다. 그는 수렴하는 유리수 수열을 활용하고, 데데킨트의 기하학적인 견해를 반영한 취급법과는 다른 무리수의 아름다운 취급법을 만들어 내고, 1874년에 집합론과 무한이론에 관한 혁명적인 연구를 시작하였다. 이 후자의 연구로, 칸토어는 수학 연구의 완전히 새로운 분야를 창조하였다. 그는 논문에서 실제적인 무한의 수학적 취급에 기초를 두어 초한수이론을 발전시키고, 유한수들의 계산법과 유사하게 초한수의 계산법을 만들었다. 이것의 일부는 15장의 4번째 절에서 상술할 것이다.

칸토어는 종교에 깊이 빠져 있었고 어떤 의미에서 제논의 역설과 관련된 논쟁의 연장인 그의 논문은 무한의 실체에 관한 중세 학자의 고찰에 대한 그의 동정적인 경의를 반영하고 있다. 그의 견해는 상당한 반대에 부딪혔는데, 주로 베를린 대학교의 크로네커로부터였고 베를린 대학교의 교수직을 얻으려는 칸토어의 노력을 확고부동하게 반대한 사람도 크로네커였다. 오늘날, 칸토어의 집합론은 거의 모든 수학 분야에 스며들었고, 위상과 실함수론의 기초에서 특히 중요하다는 것이 증명되었다. 논리적인 어려움도 있고 역설도 나타났다. 힐베르트가 이끄는 형식론자와 브로워가 이끄는 직관론자 사이의 20세기 논쟁은 근본적으로 칸토어와 크로네커 사이의 논쟁의 연속이다. 우리는 다음 장에서 이 문제를 보다 깊이 들여다 볼 것이다.

크로네커(Leopold Kronecker)는 1823년 브레슬라우 근교 리에그니츠에서 태어났고, 고향의 중학교에서 쿠머(Kummer)에게 배웠다. 그 후 베를린 대학교에서 야코비, 슈타이너, 디리클레 밑에서 공부한 다음, 본 대학교에서 다시 쿠머 밑에서 공부하였다. 공부를 마치고 1844년부터 1855년까지 11년 동안 사업에 종사하여 타고난 경영수완으로 상당한 재산을 모았다. 1855년에 그는 베를린으로 이

크로네커
1823~1891

사하여 1861년에 그곳 대학교에서 가르치기 시작했다. 쿠머 역시 베를린 대학교로 옮겨서 쿠머, 바이어슈트라스, 크로네커는 그곳에서 막강한 수학 삼총사를 구성하였다. 크로네커는 방정식론, 타원함수, 대수적 수론을 전공하였다. 유한론자로서 그는 칸토어의 논문은 수학이 아닌 신학으로 간주하여 비난하였다. 모든 수학은 수 전체에 대한 유한한 방법에 의존해야만 한다고 믿은 그는 19세기의 피타고라스였다. 그는 언젠가 축배를 할 때 "Die ganzen Zahlen hat Gott gemacht, alles andere ist Menschenwerk(신은 정수를 만드셨고, 나머지 수는 모두 사람이 만든 것이다)."라고 하였다. 그는 1891년 베를린에서 죽었다.

일반적으로 그의 시대에서 가장 뛰어난 수학자로 알려진 앙리 푸앵카레(Jules Henri Poincaré)는 1854년 프랑스의 낭시에서 태어났다. 그는 제1차 세계대전 동안 프랑스 공화정의 대통령을 지낸 유명한 정치가 레이몽 푸앵카레의 사촌이었다. 1875년 에콜 폴리테크니크를 졸업한 후 앙리는 1879년 광산학교에서 채광기사 자격을 취득하였으며, 같은 해에 파리 대학교에서 이학박사 학위를 받았다. 광산학교를 졸업하자마자 그는 카엥 대학교의 강사로 임명되었으나, 2년 후 파리 대학교로 옮겨 1912년 죽을 때까지 수학과 과학의 여

푸앵카레
1854~1912

러 교수직을 가졌다.

푸앵카레는 수학 분야에서 전반적으로 능통한 마지막 학자로 묘사되고 있다. 확실히 그는 이 분야의 놀랄 만한 영역에 능통했고 발전시켰다. 그는 매년 소르본에서 순수 또는 응용 수학의 다른 주제에 관하여 명쾌한 강의를 하였는데, 이 강의의 대부분은 곧 바로 발행되었다. 그는 30여 권의 책과 500편의 전문 논문을 쓴 다작의 학자였다. 그는 또한 수학과 과학을 대중에게 보급하는 데 가장 능력 있는 사람 중의 하나였다. 그의 비싸지 않은 보급판 해설서는 날개 돋친 듯 팔렸고, 모든 직업의 사람이 널리 읽었으며, 그것은 명쾌한 설명과 매력적인 스타일의 최고의 걸작이고, 많은 외국어로 번역되었다. 사실상 푸앵카레의 인기 있는 책은 문학적으로도 매우 뛰어나서 프랑스 작가의 최고의 영예인 프랑스 학술원의 문학부분 회원으로 뽑혔다.

푸앵카레는 한 분야에 결코 오래 머물려고 하지 않았고, 이 영역 저 영역으로 재빠르게 옮겨다니길 좋아했다. 그래서 그의 동시대인 중의 한 사람은 그를 '식민지 개척자가 아닌 정복자'로 묘사했다. 미분방정식에 관한 박사학위 논문은 그것의 존재 정리에 관한 것이었다. 이 논문으로 그는 자기동형함수, 특히 소위 제타-푸크스 함수의 이론을 발전시켰는데 푸앵카레는 이것이 대수적 계수를 가지는 2계 선형미분방정식을 푸는 데 이용될 수 있음을 보였다. 푸앵카레는 라플라스처럼 확률론 분야에 상당한 기여를 하였다. 그는 또한 20세기의 관심분야인 위상수학에 참여하여 오늘날 수열적 위상수학의 푸앵카레군에 그의 이름이 나타난다. 이미 13장의 6번째 절에서 비유클리드기하학에 대한 푸앵카레의 관심을 살펴본 적이 있다. 응용 수학에서 이 다재다능한 천재는 광학, 전기학, 전신, 모세관현상, 탄성, 열역학, 전위이론, 양자이론, 상대성이론, 우주진화론 같은 다양한 분야에 기여했다.

푸앵카레는 전 생애 동안 어눌하고 근시이며 맹추 같았지만, 무엇이고 한 번 읽은 것은 거의 완벽하게 기억하고 즉각 상기해 내는 사람이었다. 그는 안정하지 못하고 서성거릴 때 수학을 머릿속에서 연구하고, 생각이 완성되면 반드시 새로 쓰거나 삭제 없이 재빨리 논문으로 만들었다. 그의 성급함과 많은 저작에 대비하여, 우리는 신중하게 준비한 가우스의 저술과 가우스의 좌우명 '적지만 익은'을 회자하곤 한다.

푸앵카레의 손재주 없음에 관한 일화가 있다. 그는 어느 손으로도 똑같이 못 쓰기 때문에, 양손잡이라고 말하기도 했다. 그는 그리는 데는 재주가 없어서 이 분야의 학교 성적은 일률적으로 0점을 받았다. 졸업할 때 그의 급우들이 장난으로 그의 예술적 걸작을 일반에게 전시하기로 계획했다. 그들은 각 작품에 그리스어로 쓴 '이것은 집입니다', '이것은 말입니다' 등의 꼬리표를 조심스럽게 붙였다.

푸앵카레가, 모든 수학이 그의 학문범위였다고 주장할 수 있는 마지막 사람일 것이라는 말은 적절하다. 수학이 현대에 믿을 수 없을 만큼 빠른 속도로 커왔기 때문에 누군가 그런 영예를 다시 얻기는 거의 불가능한 것으로 여겨진다.

소냐 코발레프스키와 에미 뇌터

이 짧은 절을 뛰어난 두 여성 수학자에게 할애한다.

후에 소냐 코발레프스키(Sonja Kovalevsky)로 알려진 소피아 코르빈-크루코프스키(Sophia Korvin-Krukovsky)는 1850년 모스크바의 러시아 귀족 가문에서 태어났다. 그녀는 17세 때 상트페테르부르크에 가서 그곳 해운학교 선생과 미적분학을 공부했다. 여성이라는 이유로 러시아에서 대학교 진학이 금지되자, 부모의 해외유학 반대를 벗어나기 위하여 마음이 맞는 (후에 저명한 고생물학자가 된) 블라디미르 코발레프스키와 이름뿐인 결혼을 했다. 1868년 결혼하여 그 이듬해 봄에 부부는 하이델베르크로 갔다.

하이델베르크에서 코발레프스키는 쾨니히스베르거(Königsberger)와 레이몽드(du Bois-Reymond, 1831~1889)의 수학강좌와 키르히코프(Kirchhoff, 1824~1887)와 헬름홀츠(Helmholz, 1821~1894)의 물리학 강좌을 수강했다. 쾨니히스베르거는 베를린 대학교의 바이어슈트라스의 초기 제자였고, 그의 선생에 대한 상세한 설명으로 코발레프스키는 그 위대한 선생 밑에서 공부하고 싶은 욕망이 생겼다. 1870년 베를린에 도착했으나 여학생은 배제한다는 대학교의 반대에 부딪혔다. 그래서 그녀는 직접 바이어슈트라스와 접촉하였고, 그는 쾨니히스베르거의 강력한 추천 때문에 개인학생으로 받아들였다. 코발레프스키는 곧 바이어슈트라스가 총애하는 학생이 되었고, 그는 그의 대학교 강의를 그녀에게 반복하였다. 그녀는 바이어슈트라스의 칭찬을 받으며 4년 동안(1870~1874) 그의 밑에서 공부하여 대학교 과정의 수학공부를 다 했을 뿐만 아니라 3편의 귀중한 논문도 썼는데, 한 편은 편미분방정식의 이론에 관한 것이고, 다른 한 편은 제3종의 아벨적분의 축약에 관한 것이며 마지막 한 편은 새턴 환의 형

코발레프스키
1850~1891

태에 관한 라플라스의 연구를 보완하는 것이었다.

1874년에 소냐 코발레프스키는 괴팅겐 대학교에서 박사학위를 받았는데 편미분방정식에 관한 심사논문의 질이 매우 높아서 구두시험을 면제받았다. 1888년 38세의 나이로 〈고정점을 중심으로 한 고체의 회전문제에 관하여(On the Problem of the Rotation of a Solid Body about a Fixed Point)〉라는 논문으로 프랑스 학술원으로부터 유명한 보르딘 상을 수상하는 커다란 영광을 안았다. 제출된 15편의 논문 중에서 코발레프스키의 것이 단연 최고로 판정되었으며, 너무 뛰어난 논문이어서 상금이 3000프랑에서 5000프랑으로 올랐다.

1884년부터 1891년 죽을 때까지 코발레프스키는 스톡홀름 대학교의 고등 수학 교수로 재직했다. 그녀의 좌우명은 "아는 것을 말하라, 반드시 해야 하는 것을 행하라, 가능성 있는 것을 성취하라."였다.

일반적으로 여성 수학자 중에서 가장 위대하다고 여겨지는 뇌터(Amalie Emmy Noether)는 1882년 독일의 에를랑겐에서 태어났다. 아버지 막스 뇌터(Max Noether)는 에를랑겐 대학교의 뛰어난 수학자였다. 막스 뇌터는, 같은 대학교에 속해 있으며 뇌터 가족의 절친한 친구인 고르돈(Paul Gordon, 1837~1912)과 마찬가지로 대수학

뇌터
1882~1935

자였다. 그 대학교에서 공부한 에미 뇌터도 대수학자가 된 것은 당연하다. 그녀는 1907년 고르돈의 지도 아래 박사논문 〈삼항쌍 이차형식에 대한 완전한 불변계에 관하여(On Complete System of Invariants for Ternary Biquadratic Forms)〉를 썼다. 1910년 고르돈이 퇴임하자 소거이론과 불변량 이론에 특히 관심을 가진 다른 대수학자 피셔(Ernst Fischer, 1875~1959)가 1년 후 그 자리를 계승하였다. 그가 뇌터에 끼친 영향은 매우 컸고, 그의 지도 아래 그녀는 고르돈의 논문의 연산적 측면에서부터 힐베르트의 추상 공리적 접근까지 열심히 공부하였다.

에를랑겐을 떠난 후 뇌터는 괴팅겐에서 공부하였는데, 그녀는 여자 강사를 반대하는 몇몇 교수들의 반대를 극복하고, 1919년에 자격시험을 통과하였다. 1922년 괴팅겐의 특별교수가 되었고, 게르만 국가혁명의 월권 아래 많은 다른 사람들과 마찬가지로 학술활동이 금지된 1933년까지 그 자리에 있었다. 그 직후 독일을 떠나 펜실베이니아에 있는 브라이언 모어 대학교의 교수직을 얻고, 프린스턴의 고등 연구소의 연구원이 되었다. 그녀의 일생에 있어서 미국에 있는 기간이 아마 가장 행복하고 가장 풍요한 시기였을 것이다. 그녀는 창조력이 최고조에 달한 1935년에 53세의 나이로 죽었다.

뇌터는 가난한 강사였고 교수법도 부족했지만, 추상대수학 분야에 족적을 남긴 놀랄 만한 숫자의 학생에게 영감을 주었다. 추상적 환과 이데알 이론을 연구한 그녀의 제자들은 현대 대수학의 발전에 특히 중요한 역할을 해 왔다.

그녀의 장례식에서 아인슈타인은 그녀를 열렬하게 칭찬하였다. 어떤 사람이 그녀를 막스 뇌터의 딸로 표현했을 때 에드먼드 란도(Edmund Landau)는 '막스 뇌터는 에미 뇌터의 아버지'라고 응수했다. 에미 뇌터 탄생 100주년 기념 행사가 1982년 브라이언 모어 대학교에서 열렸다.

소수(素數)

소수는 고대 그리스 시대로부터 현재에 이르기까지 긴 역사를 지니고 있다. 소수에 관한 가장 중요한 발견이 19세기에 이루어졌기 때문에 여기가 이 흥미로운 수를 논의하기에 적절한 부분일 듯 싶다.

정수론의 기본 정리에 의하여 소수는 그것들로부터 모든 다른 정수를 곱하여 만들 수 있는 건축물의 벽돌과 같음을 알 수 있다. 따라서 자연수 중에 있는 소수의 분포상을 결정하려는 많은 연구에 상당한 노력이 계속되었다. 근대에 얻어진 중요한 결과로는 유클리드가 증명한 소수가 개수는 무한하다는 것과 주어진 n보다 작은 모든 소수를 찾아 내는 에라토스테네스의 체를 들 수 있다.

에라토스테네스의 체로부터 $\sqrt{n}$보다 작은 소수를 알 때 n보다 작은 소수의 개수를 결정하는 복잡한 공식을 얻을 수 있다. 이 공식은 10^8보다 작은 소수의 개수가 5,761,455개라는 것을 보인 마이젤이 1870년에 상당히 개량하였다. 덴마크 수학자 베르텔센이 이 계산을 계속하여 1893년에 10^9보다 작은 소수의 개수가 50,847,478개라고 발표하였다. 1959년 미국 수학자 레머는 후자의 결과는 틀렸고 50,847,534개가 되어야 한다는 것을 밝혔으며, 또한 10^{10}보다 작은 소수의 개수는 455,052,511개라는 것을 보였다.

큰 수에 대하여 소수인지 아닌지를 판별하는 특별한 방법은 현재까지 알려지지 않고 있으며, 특별한 수에 대하여 판정하는 방법에 대한 노력은 수없이 많이 이루어져 왔다. 1876년 프랑스 수학자 루카스가 75년 이상 걸려 실제로 소수임을 밝힌 가장 큰 수는 다음의 39자리 수이다.

$$2^{127}-1$$
$$=170,141,183,460,469,231,731,687,303,715,884,105,727$$

1952년 영국의 케임브리지에서 EDSAC계산기로 훨씬 더 큰 수(79자릿수)

$$180(2^{127}-1)^2+1$$

이 소수임을 밝혔으며, 다른 디지털 컴퓨터로 $n=521$, 607, 1279, 2203, 2281, 3217, 4253, 4423, 9689, 9941, 11213, 119937, 21701일 때 2^n-1이 소수임을 밝혔다.

정수론자들의 꿈은 자연수 n에 대하여 함수값이 반드시 소수가 되는 함수 $f(n)$을 찾아 무한히 많은 소수를 포함하는 소수 수열을 알아내는 것이다. 이러한 함수의 예로서 $f(n)=n^2-n+41$은 $n<41$이면 항상 함수값이 소수이지만 $f(41)=(41)^2$은 합성수이다. 또, 2차 다항식 $f(n)=n^2-79n+1601$은 $n<80$인 모두 자연수에 대하여 소수이다. 원하는 만큼의 소수를 연속적으로 찾아내는 다항함수는 얻을 수 있으나, 항상 소수를 얻는 그러한 함수는 발견되지 않고 있다. 1640년경 페르마가 모든 음 아닌 정수 n에 대하여 $f(n)$

$=2^{2^n}+1$이 소수라고 추측하였으나, 10장의 3번째 절에서 지적했듯이 이것은 옳지 않다. 이런 유의 한 흥미로운 최근 결과는 1947년 밀스(W.H. Mills)가 증명한 각 양의 정수 n에 대하여 A^{3^n}을 넘지 않는 가장 큰 정수에 소수인 실수 A가 존재한다는 것이다. 실수 A에 대하여는 실제적인 값이나 심지어 대략적인 범위조차도 알려진 게 없다.

소수의 무한함에 관한 유클리드의 정리는 디리클레가 a와 d가 서로소일 때 다음과 같은 모든 등차수열은 무수히 많은 소수를 포함한다는 사실을 보임으로써 일반화했다.

$$a,\ a+d,\ a+2d,\ a+3d,\ \cdots$$

이것의 증명은 결코 간단하지 않다.

소수의 분포에 관하여 지금까지 알려진 가장 굉장한 결과는 아마 **소수정리**(prime number theorem)라 불리는 정리일 것이다. A_n을 n보다 작은 소수의 개수라 가정하자. 그러면 소수정리는 n이 점점 커짐에 따라 $(A_n \log_e n)/n$이 1에 가까이 감을 뜻한다. 다시 말하면 처음 n개의 정수에서의 소수의 **밀도**(density) A_n/n은 n이 점점 증가함에 따라 $1/\log_e n$에 가까워진다. 이 정리는 가우스가 방대한 소수표를 고찰하다가 추측하였는데, 1896년 프랑스 수학자 아다마르(J. Hadamard)와 벨기에 수학자 푸생(C.J. de la Valleé Poussin)이 각각 독립적으로 증명했다.

방대한 약수표는 소수에 관한 연구에 유용하다. 24,000까지의 모든 수에 대한 약수표는 란(J.H. Rahn)이 1659년 대수학에 관한 책의 부록으로 발간했다. 1668년 영국의 펠은 이 표를 100,000까지 확장하였다. 독일의 수학자 람베르트의 간청으로 방대한 불운의 표가 안토니오 펠켈이란 빈의 교사에 의하여 계산되었다. 408,000개에 이르는 약수가 주어지는, 펠켈이 만든 첫 권은 오스트리아 황제의 기금으로 1776년에 발간되었는데 신청자가 거의 없어서 기금에서 거의 전 판을 회수하여 터키인을 죽이기 위해 전쟁에 사용하는 탄약통으로 바꾸었다. 19세기에 세르낙, 부르크하르트, 크렐레, 글레이셔 그리고 계산의 명수 데이즈의 공동 노력으로 10,000,000까지의 모든 수를 망라한 표를 만들어 열 권으로 발간하였다. 그러나 이런 유의 가장 커다란 성취는 프라하 대학교의 쿨릭(J P. Kulik, 1773~1863)이 계산한 표이다. 아직 발간되지 않은 그의 원고는 20년간 취미 삼아 만든 것으로 100,000,000까지의 모든 수를 망라한다. 가장 유용한 약수표는 미국의 수학자 레머(D.N. Lehmer, 1867~1938)[7]가 만든 것이다. 그것은 10,000,000까지의 수를 망라한 솜씨 있게 준비된 한 권짜리 표이다. 현대 전자계산기의 발전으로, 소수판정법과 특별한 소수의 표 만들기는 매우 향상되어 왔다. 예를 들어 〈Crux Mathematicorum〉 1980년 11월 판에는 93개의 모든 다섯 자리 회문(回文) 소수(palindromic prime)와 668개의 모든 일곱 자리 회문 소수(회문수는 회문 소수 3417143과 같이 양 방향 중 어느 쪽으로 읽어도 같은 수를 말한다)의 표가 나온다. 그 계산은 워털루 대학교에서 PDP-11/45를 가지고 했고, 컴퓨터가 계산하는 데 걸린 시간은 1분이 약간 넘었다. 특히 흥미를 끄는 아홉 자리 회문 소수는 345676543인데, 아홉 자리 회문 소수는 5172개 있다고 말한 위의 잡지의 편집인인 레오 소베(Leo Sauve)가 제시하였다.

소수에 관한 미해결 추측들이 많이 있다. 이들 중 하나는 **쌍둥이 소수**(twin primes), 즉 3과 5, 11과 13처럼 p와 $p+2$형태의 소수의 쌍이 무한히 많이 존재한다는 사실에 관한 것이다. 또 다른 하나는 1742년 골드바흐가 오일러에게 보낸 편지에 쓴 추측이다. 골드바흐는 2를 제외한 각 짝수는 두 소수의 합으로 나타낼 수 있다는 사실을 관찰하였다. 즉 $4=2+2$, $6=3+3$, $8=5+3$, $\cdots$, $16=13+3$,

7) D.H. Lehmer의 아버지 D.N. Lehmer는 쿨릭의 표에 오류가 있음을 지적했다.

$18 = 11 + 7$, $\cdots$, $48 = 29 + 19$, $\cdots$, $100 = 97 + 3$ 등이다. 이 문제에 관한 진전은 1931년에야 비로소 러시아의 수학자 쉬니렐만이 각 양의 정수는 300,000개보다 적은 소수의 합으로 표시될 수 있다는 것을 보임으로써 이루어졌다. 얼마 후 러시아 수학자 비노그라도프는 $n > N$인 임의의 정수 n이 네 개 이하의 소수들의 합으로 나타낼 수 있는 양의 정수 N이 존재함을 보였으나, 그 증명에서 N의 크기를 도저히 추정할 수가 없다.

소수에 관한 다음 문제는 결코 풀리지 않고 있다(단, n은 양의 정수를 나타낸다). $n^2 + 1$ 형태의 소수들이 무한히 많이 존재하는가. n^2과 $(n+1)^2$ 사이에 항상 소수가 존재하는가. 어떤 수 이상이 모두 제곱수이거나 소수와 제곱수의 합으로 되는 n이 존재하는가. 페르마의 소수(Fermat primes)($2^{2^n} + 1$ 형태의 소수)가 무한히 많이 존재하는가.

문제연구

14.1 포이에르바하의 원

9점 원은 삼각형의 현대 기초 기하학에서 유명하다. 외심이 0이고 수심이 H인 주어진 삼각형 A_1, A_2, A_3에서 O_1, O_2, O_3를 각 변의 중심, H_1, H_2, H_3를 세 수선의 발, C_1, C_2, C_3를 선분 HA_1, HA_2, HA_3의 중점이라고 하자. 그러면 9점 O_1, O_2, O_3, H_1, H_2, H_3, C_1, C_2, C_3가 한 원 위에 있게 되는데, 이 원을 주어진 삼각형의 9점 원(nine-point circle)이라고 한다. 이 원은 최초 발견에 대한 잘못된 인식으로 종종 오일러의 원이라 불리기도 한다. 독일에서는 포이에르바하(Karl Wilhelm Feuerbach, 1800~1834)가 9점 원을 언급했을 뿐만 아니라, 그것이 주어진 삼각형의 내접원과 세 방접원에 접한다는 사실도 증명한 소(小)논문을 발간하였기 때문에, 그것을 포이에르바하의 원이라고 부른다. 이 두 번째 사실은 포이에르바하의 정리로 알려져 있다. 9점 원의 내접원, 방접원과의 네 접점은 삼각형의 포이에르바하 점으로 알려져 있으며 이에 대한 상당한 연구가 있었다. 9점 원의 중심 F는 OH의 중점과 일치한다. 무게중심 G도 $HG=2(GO)$를 만족하는 OH 위의 점이다. 점 O, F, G, H를 지나는 직선은 주어진 삼각형의 오일러 직선으로 알려져 있다. H_2, H_3, H_3H_1, H_1H_2가 각각 변 A_2A_3, A_3A_1, A_1A_2와 P_1, P_2, P_3에서 만난다고 하자. 그러면 P_1, P_2, P_3는 삼각형 $A_1A_2A_3$의 극선(polar axis)이라 알려진 직선 위에 있고, 극선은 오일러 직선에 수직이다.

하나의 둔각삼각형을 크게 잘 그리고, 이것의 무게중심, 수심, 외심, 내심, 세 방심, 오일러 직선, 극선, 9점 원, 포이에르바하 점, 외접원을 작도하여라.

14.2 코만디노의 정리

코만디노(Federigo Commandino, 1509~1575)는 1565년에 그리스 시대 이후 사면체 기하학의 정리 중의 하나를 발표했다. 이 정리는 사면체의 중선에 관한 것인데, 여기서 중선(median)은 사면체의 한 꼭짓점과 밑면의 무게중심을 잇는 선분으로 정의한다. 코만디노의 정리는 다음과 같다. 사면체의 네 중선은 각 중선의 사분점에서 만난다.

(a) 코만디노의 정리를 증명하라.

(b) 사면체의 세 면의 무게중심에 의하여 결정된 평면은 사면체의 나머지 한 면과 평행함을 증명하여라.

14.3 사면체의 수선

삼각형의 세 수선은 한 점에서 만난다. 사면체의 네 수선은 한 점에서 만나는가.

14.4 등각원소

한 각의 꼭짓점을 지나고, 그 각의 이등분선에 대하여 대칭인 두 직선을 그 각의 **등각공액직선**(isogonal conjugate lines)이라고 부른다. 만일한 삼각형의 꼭짓점을 지나는 세 직선이 한 점에서 만나면 그 삼각형의 꼭짓점을 지나는 세 등각공액직선도 한 점에서 만난다는 삼각형에 관한 매혹적인 정리가 있다. 두 공점(共點)을 그 삼각형의 한 쌍의 등각공액점(isogonal conjugate points)이라고 부른다. 한 쌍의 등각공액점으로부터 삼각형의 변 위에 내린 여섯 개의 수선의 발은 그 등각공액점의 쌍을 잇는 선분의 중점을 중심으로 하는 원 위에 있다.

(a) 위의 사실을 예증하는 그림을 그려라.

(b) 한 삼각형의 수심과 외심은 한 쌍의 등각공액점임을 증명하라.

삼각형의 무게중심의 등각공액점을 삼각형의 **대칭수선 점**(symmedian point) 또는 르무안 점(Lemoine point)이라 부른다. 이 점은 **르무안**(Emile Lemoine, 1840~1912)이 1873년 한 논문에서 최초로 소개했다.

14.5 마쉐로니의 작도정리

중심이 C이고 점 A를 지나는 원을 기호 $C(A)$, 중심이 C이고 반지름이 선분 AB와 같은 원을 기호 $C(AB)$로 표기하자. 다음 일련의 작도법을 증명하고, 그것이 다음의 마쉐로니 작도 정리를 입증함을 보여라. "주어진 원소와 구하는 원소가 모두 점인 임의의 유클리드 작도는 유클리드 컴퍼스만으로 수행될 수도 있다." 작도는 아래 표로 나타낼 수 있는데 이 표에서 윗줄은 그려야 할 것을, 아랫줄은 그 결과 작도되는 새로운 점을 가리킨다.

(a) 유클리드 컴퍼스로 원 $C(AB)$를 작도하기

$C(A)$, $A(C)$	$M(B)$, $N(B)$	$C(X)$
M, N	X	

(b) 현대적 컴퍼스로 원 $C(D)$와 두 점 A, B를 지나는 직선의 교점을 작도하기

경우 1 C가 AB 위에 있지 않을 때

$A(C)$, $B(C)$	$C(D)$, $C_1(CD)$
C_1	X, Y

경우 2 C가 AB 위에 있을 때

$A(D)$, $C(D)$	$C(DD_1)$, $D(C)$	$C(DD_1)$, $D_1(C)$	$F(D_1)$, $F_1(D)$	$F(CM)$, $C(D)$
D_1	F, 평행사변형 CD, DF의 네 번째 꼭짓점	F_1, 평행사변형 CDD_1F_1의 네 번째 꼭짓점	M	X, Y

(c) 현대적 컴퍼스로 두 점 A, B와 C, D를 각각 지나는 직선의 교 점을 작도하기

$A(C)$, $B(C)$	$A(D)$, $B(D)$	$C(DD_1)$, $D_1(CD)$	$C_1(G)$, $G(D_1)$	$C_1(C)$, $G(CE)$	$C(F)$, $C_1(CF)$
C_1	D_1	G, C, C_1과 동일 직선 위에 있음	E, 교점 중의 하나	F, C_1, E와 동일 직선 위에 있음	X

14.6 직선 좌표

(a) 직교좌표계에서 한 직선의 기울기와 y절편 또는 원점에서 그 직선에 내린 수선의 길이와 그 수선이 x축과 이루는 각을 그것의 좌표로 이용할 수 있음을 보여라.

(b) 한 직선의 x, y절편의 반수(反數) u, v는 그 직선의 **플뤼커 좌표**로 알려지고 있다. 방정식이 $5x+3y-6=0$, $ax+by+1=0$

인 직선들의 플뤼커 좌표를 구하라. 또 플뤼커 좌표가 $(1,\ 3)$인 직선의 방정식을 구하라.

(c) 직교좌표가 $(2,\ 3)$인 점을 지나는 모든 직선들의 플뤼커 좌표 $u,\ v$는 직선의 방정식 $2u+3v+1=0$을 만족함을 보여라. 이 방정식을 점 $(2,\ 3)$의 플뤼커 방정식으로 한다. 그것의 플뤼커 방정식이 $5u+3v-6=0$, $au+bv+1=0$인 점의 좌표는 무엇인가? 또, 점 $(1,\ 3)$의 플뤼커 방정식을 구하라.

14.7 차원

(a) 유향선분을 기본 원소로 할 때 평면은 4차원임을 밝혀라.

(b) 주어진 길이의 유향선분을 기본 원소로 할 때 평면의 차원은 얼마인가.

(c) 직선을 기본 원소로 할 때 공간은 4차원임을 밝혀라.

(d) 평면을 기본 원소로 할 때 공간은 3차원임을 밝혀라.

(e) 구를 기본 원소로 할 때 공간은 4차원임을 밝혀라.

14.8 초기 미적분학의 비밀과 불합리

초기 미적분학의 잘못된 기초에 대한 신랄한 비평 중의 하나는 뉴턴이 전개시킨 미적분학이 '가정에서의 속임수'라는 논리적 오류를 범하고 있다고 주장한 유능한 형이상학자 버클리(Bishop George Berkely, 1685~1753)로부터 나왔다. x^3의 도함수를 결정하는 다음 뉴턴의 방법에서 가정에서의 속임수를 지적하라. 여기에서 1704년의 《곡선의 구적법》에서 뉴턴이 한 방법을 다음과 같이 쉽게 고쳤다.

x가 증가하여 $x+\varepsilon$될 때, x^3은 $(x+\varepsilon)^3$ 또는

$$x^3+3x^2\varepsilon+3x\varepsilon^2+\varepsilon^3$$

이 되고, 증분

$$\varepsilon\text{과 } 3x^2\varepsilon+3x\varepsilon^2+\varepsilon^3$$

은 각각 다음과 같이 된다.

$$1 : 3x^2 + 3x\varepsilon + \varepsilon^2$$

이제 증분을 0이 되게 하면 최종적인 비율은 $1 : 3x^2$이므로 x^3의 x에 관한 변화율은 $3x^2$이다.

15장

추상화와 20세기로의 전이

유클리드 《원론》의 논리적 결함

20세기 수학연구의 많은 부분은 주제의 논리적 기초와 구조를 검증하는 데 전념되어 왔다. 이것은 점차 **공리론**(axiomatics), 즉 공준집합과 그것들의 성질에 관한 연구를 탄생시켰다. 많은 수학의 기본 개념이 눈부시게 발전되고 일반화되었으며, 집합론, 추상대수, 위상수학 같은 순전히 기본적인 분야가 광범위하게 발달되었다. 일반 집합론은 까다로운 논증을 요구하는 약간 심오하고 혼란스런 역설에 부딪혔다. 그래서 주어진 가정으로부터 결론을 얻어내는 데 수학에서 사용하는 장치인 논리 자체를 면밀히 검토하게 되었으며, 마침내 수리논리가 등장하였다. 논리와 철학 사이의 유대는 현대의 다양한 수리철학의 주요 학파로 발전하였다. 그리고 20세기의 컴퓨터 혁명 또한 수학의 많은 분야에 깊은 영향을 끼쳤다. 전반적으로 말하면 '수학의 계통수'에 대한 예전의 관점은 이제 쓸모없게 되었다. 신기하게도 대부분의 이러한 현대적 고찰은 고대 그리스의 작업, 특히 유클리드의 《원론》으로 거슬러올라가 시작한다.

만일 그렇게 일찍 어마어마하게 공준적 방법을 시도했던 유클리드의 《원론》이 논리적인 결함을 갖고 있지 않았다면 정말 놀라운 일이 아닐 수 없었을 것이다. 그러나 그 이후의 많은 비평들이 그 책의 논리적인 구조에 있는 많은 결함을 밝혀냈다. 이 결함 중 아마 가장 심각한 것은 유클리드가 만든 수많은 묵인된 가정, 즉 그의 공준에 의하여 보장받지 못하는 가정들이다. 예를 들어 공준 P2는 직선이 한없이 연장될 수도 있다는 것을 보장하지만[1] 직선이 꼭 무한하다는 것을 뜻하지는 않고 단지 끝이 없음을 뜻한다. 한 구면 위의 두 점을 잇는 대원의 호는 그 대원을 따라 한없이 연장될 수도 있다. 이때 연장된 호는 끝이 없을 수는 있으나 분명히 무한은 아니다. 1854년의 시험강의 '기하학의 기초를 이루는 가설에 관하여(Über die Hypothesen welche der Geometrie zu Grunde liegen)'로 유명한 독일의 위대한 수학자 리만은 직선의 끝이 없음과 무한함을 구분하였다. 유클리드가 무심코 직선의 무한성을 가정한 예는 명제 Ⅰ16의 증명을 비롯하여 빈번하게 마주친다. 또한 유클리드는 명제 Ⅰ21의 증명에서, 직선이 삼각형의 한 꼭짓점을 지나면 반드시 그 대변과 만난다는 것을 묵시적으로 가정했다. 파쉬(Moritz Pasch, 1843~1930)는 이러한 경우를 보장해 주는 공리의 필요성을 깨달았다.

유클리드의 책은 수많은 묵시적 가정에 의하여 얼룩졌으며 그가 만든 몇몇의 기본 정의도 비평의 여지가 있다. 유클리드는 그의 논문의 모든 전문적인 용어를 정의하려고 하였다. 하지만 실제로 논문의 모든 전문용어를 명확히 정의한다는 것은 논문의 모든 명제를 증

1) 유클리드의 공리와 공준의 설명은 5장의 7번째 절을 참조하라.

명하는 것과 마찬가지로 불가능하다. 왜냐하면 하나의 전문용어는 다른 전문용어를 사용하여 정의되어야 하고, 다른 용어도 여전히 다른 것에 의하여 정의되어야 하기 때문이다. 정의의 순환논리를 피하기 위해서는 논문의 시작에서 논란의 여지가 없는 근원적인 전문용어의 집합을 규정하지 않으면 안 된다. 그 논문의 모든 부수적인 전문용어들은 궁극적으로 처음의 근원용어를 써서 정의되어야 한다. 그러면 궁극적인 분석에서의 논문의 공준은 근원용어에 관한 가정된 명제이다. 이러한 관점에서 보면, 근원용어들은 공준을 만족하는 어떤 것 또는 개념이라는 점에서 묵시적으로 정의된 것으로 간주되는데 이 묵시적 정의는 근원용어에게만 인정되는 정의이다.

어쨌든 점을 '어떤 부분도 갖지 않는 것'으로, 직선을 '면적은 갖지 않는 길이'로 정의한 유클리드의 정의는 순환논리에 빠지게 됨을 쉽게 알 수 있으며 따라서 논리적 관점에서 보면 매우 부적당한 것이다. 공리적 방법의 그리스 시대의 개념과 현대적 개념 사이의 차이점은 이 근원용어에 관한 문제이다. 즉 그리스 시대에는 근원용어를 정하지 않았다. 그리스인들에게 기하학은 추상적 연구가 아니라 실세계에 대한 논리적 분석일 따름이었다. 그리스인들에게 점과 직선은 매우 작은 부분과 매우 가는 실을 이상화(理想化)한 것이었다. 유클리드가 처음 몇몇 정의에서 표현하려고 시도했던 것이 바로 이상화이다. 공리적 방법에 관한 그리스와 현대적 관점 사이에는 그 밖에도 많은 차이점이 있다.

기하학의 기초가 엄밀하게 연구된 후인 19세기 말과 20세기 초에 이르러서야 비로소 유클리드 평면과 입체기하학의 공준집합이 만들어졌다. 그러한 집합 중 파쉬, 페아노, 피에리, 힐베르트, 베블렌, 헌팅턴, 버코프, 블루멘탈의 것이 유명하다. 힐베르트의 공리집합에는 21개의 공리가 있고 점, 직선, 평면, 위에 있다. 합동, 사이를 근원용어로 정하고 있으며, 피에리의 집합은 20개의 공리를 포함하고 점과 운동을 근원용어로 가지며, 베블렌의 집합은 16개의 공리를 포함하고 점과 순서를 근원용어로 가지며, 헌팅턴의 집합은 23개의 공리를 포함하고 구와 포함하다를 근원용어로 가진다.

공리론[2)]

공리론, 즉 공준집합과 그들의 성질에 대한 연구의 발전은 주로 유클리드 기하학에 있어서 논리적으로 받아들일 수 있는 공준집합이 무엇인가를 찾고 동등하게 모순 없는 비유클리드 기하학의 발견에 의하여 촉진되었다.

연역적 체계에 의한 연구의 함정 중의 하나는 이미 그 체계의 주제들과 너무나 친숙해져 있다는 것이다. 유클리드의 《원론》에 있는 결함의 대부분은 이 함정 때문이다. 이 함정을 피하기 위해서는 이론의 근원용어, 즉 무정의 용어를 x, y, z 등과 같은 기호로 바꾸는 것이 바람직하다. 그러면 그 공준은 이 기호에 관한 명제가 되고 따라서 실제적 의미가 없어지며, 결론은 직관적인 요인의 방해를 받지 않고 순전히 논리적 기저 위에서 얻게 된다. 공리론의 연구는 그러한 공준집합의 성질을 고찰한다.

분명히, 근원용어에 관한 어떤 명제도 공준으로 택할 수는 없다. 공준집합이 꼭 가져야만 하는 어떤 성질이 있다. 예를 들면 공준은 **무모순성**(consistent)을 지녀야 하는 것이 필수적이다. 즉 그 집합으로부터 모순이 연역될 수 없어야 한다. 공준집합의 무모순성을 확립

2) 보다 자세한 것은 다음을 참조하라. Howard Eves and C.V. Newsom, *An Introduction to the Foundations and Fundamental Concepts of Mathematics*, rev. ed., New York: Holt, Rinehart and Winston, 1965, Chapter 6.

하는 가장 효과적인 방법은 모형을 이용하는 것이다. 근원용어에 어떤 의미를 부여하여 그 대응된 개념 아래서 공준이 참인 명제로 바뀔 수 있으면 공준집합의 모형이 얻어진다. 모형에는 **실제적 모형**(concrete model)과 **이상적 모형**(ideal model)의 두 가지 유형이 있다. 근원용어에 부여한 의미가 실제 세계로부터 허용되는 사물이나 관계이면 실제적 모형이고 반면 다른 어떤 공리적 결과로부터 허용되는 사물이나 관계이면 이상적 모형이다.

한 실제적 모형이 나타날 때 우리는 공리체계의 완전한 무모순성이 확립되었다고 느낀다. 왜냐하면 모순명제들이 우리의 공준에 의해 만들어졌다면 그 명제들이 실세계에서도 성립했어야 하기 때문이다. 그러나 실세계에서의 모순은 불가능하다고 믿는다.

주어진 공준집합의 실제적 모형을 건설하는 것이 항상 가능하지는 않다. 이를테면 만일 공준집합이 무한히 많은 근원원소를 포함한다면 실제적 모형은 분명히 불가능하다. 왜냐하면 실세계는 무한히 많은 물체를 포함하지 않기 때문이다. 그러한 경우에 공준체계 A의 근원용어에 다른 어떤 공준체계 B의 개념을 대응시키는데, 이때 A의 공준의 해석이 B의 공준의 논리적인 결과가 되도록 함으로써 이상적 모형을 건설하려고 시도한다. 그러나 이제 공준집합 A의 무모순성에 대한 검증은 더 이상 절대적인 검증이 될 수 없고 다만 상대적 검증만이 가능하다. 우리가 말할 수 있는 것은 공준집합 B가 무모순이면 공준집합 A가 무모순이라는 사실뿐이다.

어떤 공준집합이 사실을 입증할 수 없어도 무모순인가 하는 질문은 공리론의 흥미로운 미해결 문제 중의 하나이다. 무모순성에 관한 연구들은 수학의 기초에 관련되어 있기 때문에 여러 가지 혼란스럽고 논란의 여지가 많은 결과를 낳았다. 모형을 이용한 무모순성의 증명은 간접적인 방법이다. 완전한 무모순성은 주어진 공리집합으로부터 서로 모순이 될 수 있는 어떠한 두 정리도 연역적 방법에 따라 추론될 수 없음을 밝히는 직접적인 방법에 의하여 증명될 수도 있다고 생각할 수 있다. 근년에 힐베르트가 그러한 직접적인 방법을 고찰하여 부분적인 성공을 거두었다.

공리론은 기호논리와 수리철학과 매우 밀접한 관계가 있다. 이 분야에 많은 공헌자가 있었으며 또 현재도 많이 있다. 그런 공헌자 중에 뛰어난 사람으로는 힐베르트, 페아노, 피에리, 베블렌, 헌팅턴, 러셀, 화이트헤드, 괴델 등이 있다.

기본개념의 발달

19세기 말로 접어들면서 칸토어에 의해 집합론이 창시됨에 따라 그 이론에 관한 관심은 모든 수학 분야에 영향을 끼쳤다. 예를 들어 공간의 개념과 공간기하학은 집합론에 의해서 완전히 개혁되었다. 또한 극한, 함수, 연속, 미분과 적분 같은 해석학의 기본 개념도 이제는 대부분 집합의 개념으로 적절히 표현되고 있다. 그러나 가장 중요한 것은 50년 전에는 꿈도 꾸지 못했던 새로운 수학적 발전의 터전이 마련되었다는 것이다. 그리하여 수학에서의 공리적 방법에 대한 새로운 평가와 더불어 추상공간이 탄생하였고, 차원과 측도에 관한 일반적인 이론이 창조되었으며 위상(topology)이라 불리는 수학의 분과가 극적인 성장을 하였다. 요약하면 집합론의 영향으로 전통수학이 상당히 단일화되었으며 새로운 수학이 폭발적인 속도로 창조되고 있다.

수학의 기본개념의 역사적인 발전을 예시하기 위하여 먼저 공간개념과 공간기하학을 살펴보자. 이 개념은 고대 그리스 시대 이래로 현저한 변화를 겪어 왔다. 그리스 시대에는 단지 하나의 공간과 하나의 기하학만 존재하여 절대적 개념으로 군림하였다. 공간을 점의 집합으로서가 아니라 그 안에서 물체들이 자유롭게 움직일 수 있고 상호 비교될 수 있는 영역 또는 장소로 생각하였다. 이 관점에서 보면 기하학의 기본적 관계는 합동 또는 포개어짐의 관계였다.

17세기에 해석기하학이 발달함에 따라 공간은 점들의 집합으로 간주되었고, 19세기에 고전적 비유클리드 기하학의 탄생으로 하나 이상의 기하학이 존재하는 상황을 받아들이게 되었다. 그러나 공간은 여전히 형태들이 서로 비교될 수 있는 장소로 간주되었다. 그 근본적 사고는 공간에서 그 자신으로의 합동변환군의 근본적 사고가 되었고, 기하학은 이 변환에 의하여 변하지 않는 도형의 성질을 연구하는 학문으로 간주하게 되었다. 14장의 8번째 절에서 이 관점이 1872년 에를랑겐 프로그램에서 클라인에 의하여 어떻게 확장되는가를 보았다. 에를랑겐 프로그램에서 기하학은 변환군의 불변정리로서 정의되었다. 이 개념은 이전의 모든 기하학의 개념을 종합하고 일반화하였고, 많은 중요한 기하학을 매우 산뜻하게 분류할 수 있게 해 주었다.

19세기 말에 수학의 각 분야를 공준집합으로부터 추론되는 정리들의 추상체로서 간주하려는 생각이 퍼지면서 각 기하학은 이 관점에서 수학의 한 분야가 되었다. 많은 종류의 기하학에 대한 공준집합이 연구되었으나 에를랑겐 프로그램은 결코 뒤집히지 않았다. 왜냐하면 기하학이 변환군의 불변이론이라는 수학의 한 분야로서 간주될 수 있었기 때문이다.

그러나 1906년에 프레제(Maurice Frechet, 1878~1973)가 추상공간론을 창시하였고(문제연구 15.4 참조), 더 이상 클라인의 분류에 맞출 필요가 없는 매우 일반적인 기하학들이 출현하였다. 공간은 단지 보통 점(point)이라 불리는 객체와 이들이 포함되는 관계의 집합이 되었고, 기하학은 단순히 그러한 공간의 이론이 되었다. 점에 관한 관계의 집합을 공간의 구조(structure)라 부르며, 이 구조는 변환군의 불변이론에 의하여 설명되거나 아니거나 상관없다. 따라서 집합론을 통하여 기하학은 보다 더 일반화되었다. 비록 추상공간론이 1906년에 최초로 소개되었지만, 기하학을 약간의 구조가 첨가된 점의 집합으로 생각하는 발상은 실제로는 이미 1854년 리만이 그의 유명한 강좌에서 언급한 바 있다. 이 새로운 기하학의 일부가 아인슈타인의 상대성이론과 현대물리학의 다른 발전에 귀중한 응용이 된 것은 흥미로운 일이다.

초한수

집합에 관한 현대 수학적 이론은 인간 지성의 가장 뛰어난 창작품 중의 하나이다. 그것을 연구하는 과정에서 발견된 몇몇 착상의 웅대함과 또 그것을 이용한 독특한 증명법 때문에 집합론은 표현할 수 없을 정도로 매혹적이다. 이외에도 이 이론은 수학의 거의 전 분야에서 굉장히 중요하게 여겨지고 있다. 그것은 수학의 많은 영역을 엄청나게 보강하고, 분명하게 하고, 확장시키고, 일반화해 왔으며 수학의 기초를 연구하는 데 있어서 그것의 역할은 필수적인 것이다. 한편으로는 수학과 다른 한편으로는 철학과 논리 사이의 연결고리를 형성해 주고 있다.

두 집합은 일대일 대응이 존재할 수 있으면 **상등**(equivalent)이라 하며 상등인 두 집합은 같은 **기수**(cardinal number)를 가진다고 한다. 유한집합의 기수는 자연수로 생각할 수 있다. 무한집합의 기수는 **초한수**(transfinite number)로 알려졌으며, 그 이론은 칸토어가 1874년에 시작하여 대부분 독일 수학잡지 〈Mathematische Annalen〉과 〈Journal für Mathematik〉에 발표한 유명한 일련의 논문을 통해서 최초로 개발하였다. 칸토어의 연구 이전에 수학자들은 기호 ∞로 표기하는 유일한 무한대를 받아들였으며, 이 기호는 모든 자연수의 집합이나 실수 전체의 집합 같은 집합의 원소의 수를 나타내는 데 사용되었다. 칸토어의 논문으로 인해서 전반적인 새로운 견해가 소개되고 무한대의 척도와 산술이 완성되었다.

상등인 집합은 같은 기수를 가져야 한다는 근본원리로 인해, 고찰하는 집합이 무한집합일 때에는 많은 흥미로운 국면에 부딪힌다. 갈릴레이는 일찍이 16세기 후반에 대응 $n \leftrightarrow 2n$에 의하여 모든 양의 정수의 집합은 모든 짝수의 집합과 일대일 대응 관계가 있다는 사실을 관찰했다. 따라서 동일한 기수가 이 집합에 부여되어야만 하고, 이 관점으로부터 짝수의 개수는 양의 정수 전체의 개수와 같다고 하지 않을 수 없다. 즉 무한집합의 기수를 고찰할 때에는 전체는 부분보다 크다고 한 유클리드의 공리도 통하지 않는다. 실제로 데데킨트는 1888년경에 무한집합을 자신의 어떤 진부분집합과 상등인 집합으로 정의하였다.

우리는 모든 자연수의 집합의 기수를 d로 표시하고 이 기수를 가지는 집합을 가산(可算, denumerable)이라고 할 것이다. 따라서 어떤 집합 S가 가산이기 위한 필요충분조건은 그것의 원소를 끝없는 수열로 나타낼 수 있는 것이다. 임의의 무한집합은 가산부분집합을 포함함을 쉽게 보일 수 있으므로 d는 '최소(smallest)'의 초한수이다.

위상수학

위상수학은 기하학의 한 부분으로 시작되었으나, 20세기 두 번째 사반세기 동안 대단히 일반화되고, 많은 수학의 분야와 관련되어 이제는 기하학, 대수학, 해석학과 더불어 수학의 기본 분과로서 보다 고유하게 다루어지게 되었다. 위상수학은 오늘날 간략하게 연속성의 수학적 연구로 정의되기도 한다. 이 절에서는 그것의 기하학적인 기원을 반영하는 측면으로만 제한할 것이다. 이 관점에서 보면, 위상수학은 소위 **위상변환**(topological transformations), 즉 일가(一價)의 연속인 역함수를 가지는 일가 연속사상(射象)하에서 불변인 기하학적 도형의 성질의 연구로 간주되기도 한다. 기하학적 도형은 3차원(혹은 보다 고차원) 공간에서 점의 집합을 뜻하며, 일가 연속사상은 그 공간 안의 주어진 직교좌표계에 대한 좌표의 일가 연속함수로 나타낼 수 있다.

기하학적 도형의 모든 위상변환의 집합은 변환군을 형성하므로 우리의 관점에서 위상수학은 클라인 기하학으로 간주되고, 그러므로 클라인의 에를랑겐 프로그램 안에서 성문화될 수 있다. 도형의 위상변환하에서 불변인 성질을 도형의 **위상적 성질**(topological properties)이라 부르며, 서로가 위상적으로 변환될 수 있는 두 도형을 **위상적으로 동치**(homeomorphic or topological equivalent)라고 한다.

위상변환이라는 함수는 기하학적 도형이 품긴 공간 전체에서 정의될 필요는 없고, 단지 기하학적 도형을 구성하는 점의 집합 위에서만 정의되면 된다. 그러면 도형의 **본질적인**(intrinsic) 위상적 성질을 도형의 모든 위상변환하에서 불변인 성질로, 도형의 **비본질적인**(extrinsic) 위상적 성질을 도형을 포함하는 전체 공간의 위상변환하에서만 불변인 성질로 간주할 수 있다. 도형의 본질적인 위상적 성질은 도형이 품기는 공간과 독립인 반면, 비본질적인 위상적 성질은 품기는 공간에 종속이고 3차원 곡면의 미분기하학과 관련하여 14장의 7번째 절에서 이와 비슷한 상황이 있었다.

체계가 잡힌 학문으로서 위상수학은 17세기 중반 이전에는 거의 정립되지 않았으나, 보다 앞선 약간의 독자적인 위상적 고찰을 발견할 수 있다. 17세기 말에 접어들면서 라이프니츠는 오늘날의 위상과 같이 생각되는 어떤 유의 질적인 수학을 설명하기 위하여 **위치기하학**(geometria situs)이라는 용어를 사용하고, 이 분야 연구의 중요성을 예견하였으나 느리게 실현되었다. 일찍이 발견된 볼록다면체에 관한 위상적 성질은 v, e, f가 각각 다면체의 꼭짓점, 모서리, 면의 수를 나타낼 때, $v-e+f=2$라는 관계식이다. 이 관계식은 1640년 데카르트가 예시(豫示)하였고 1752년에 오일러가 처음으로 증명하였다. 오일러는 그보다 이전인 1736년에 쾨니히스베르크 다리 문제(문제연구 12.3 참조)를 다루면서 선형그래프의 위상을 고찰했다. 가우스는 위상수학에 여러 가지 공헌을 하였다. 그가 만든 대수학의 기본 정리의 여러 증명 가운데 두 개는 분명히 위상적인 것이다. 이 정리의 첫 번째 증명은 위상적인 기교를 사용하고 있는데, 22세 때인 1799년에 박사학위 논문에서 발표되었다. 후에 가우스는 오늘날 위상수학에서 하나의 중요한 주제인 매듭이론을 간략하게 고찰하였다. 위상(topology)이라는 용어는 가우스의 제자 중 한 사람인 리스팅(J.B. Listing, 1808~1882)이 1847년 이 주제에 관한 최초의 책인 《위상입문(Vorstudien zur Topologie)》의 제목에서 소개하였다. 독일어 'Topologie'는 프린스턴 대학교의 레프셰츠(Solomon Lefschetz) 교수에 의하여 'topology'로 영어화되었다. 가우스의 다른 제자인 키르히호프(G.R. Kirchhoff, 1824~1887)는 1847년 전기통신망 연구에 선형그래프의 위상을 사용하였다. 그러나 가우스의 학생 중 뛰어나게 위상수학에 가장 많은 공헌을 한 사람은 1851년 박사학위 논문에서 복소함수론 연구에 위상적 개념을 소개한 리만이었다. 리만이 위상에 제공한 가장 큰 충격은 다가(多價) 복소함수를 일가 함수가 되게 하는 위상적 도구인 **리만곡면**(Riemann surface) 개념이었다. 기하학의 기초에 담겨 있는 가설에 관한 1854년의 리만의 취임강의 또한 위상수학에 있어서 매우 중요하다. 이 강의는 보다 높은 차원으로의 약진을 제공하였으며, 여기에서 다양체(manifold)라는 용어와 개념을 처음으로 소개하였다. 1865년경 뫼비우스는 다면체를 단순히 연결된 다각형의 모임으로 관찰한 논문을 썼다. 이것은 2-복체의 개념을 위상수학에 소개하였다. 그는 2-복체를 체계적으로 발전시키면서 오늘날 '뫼비우스의 띠'라고 알려진 한 면과 한 모서리의 곡면을 얻었다. 1873년에 맥스웰(J.C. Maxwell, 1831~1879)은 전자기장 연구에 연결성에 관한 위상 이론을 이용하였다. 그 밖에 헬름홀츠나 켈빈 경(William Thomson, 1824~1907) 같은 사람도 위상적 사고를 성공적으로 응용한 물리학자의 명단에 낄 수 있다. 푸앵카레는 위상수학에 대한 초기 공헌자 중 가장 높게 자리한다. 1895년에 쓰여진 〈위치 해석(Analysis situs)〉이라는 제목의 논문은 완전히 위상수학에 몰두한 최초의 의미 있는 논문이다. 중요한 n차원 호몰로지 이론이 소개된 것도 이 논문에서였다. 베티(Betti)군을 위상수학에 소개한 사람 역시 푸앵카레였다. 푸앵카레의 연구로 인해서 위상수학은 잘 진행되었고, 이 분야에 들어오는 수학자의 수가 증가하였다. 푸앵카레 이래 위상수학에서 특히 중요한 수학자로는 베블렌(O. Veblen, 1880~1960), 알렉산더(J.W. Alexander, 1888~1971), 레프셰츠(S. Lefschetz, 1884~1972), 브로워(O.E.J. Brouwer, 1882~1966), 프레제(M. Fréchet, 1878~1973)를 들 수 있다.

뫼비우스, 리만, 푸앵카레에 의하여 강조된, 기하학적 도형은 연결된 기본 조각의 유한집합으로 만들어질 수 있다는 개념은 점차로 임의의 점집합의 칸토어의 개념으로 대체되었고, 어떤 것들의 임의의 모임, 가령 수, 대수적 실체, 함수 혹은 비수학적 객체의 집합은 이런저런 의미 때문에 위상공간을 구성할 수 있다는 사실이 인식되었다. 매우 일반적인 이 후자의 위상 개념은 **집합위상**(set topology)으로 알려지고 있고, 반면 이전의 관점과 보다 친밀하게 연관되어 있는 연구들은 **조합론적**(combinatorial) 또는 **대수적 위상**(algebraic topology)으로 알려지고 있다. 집합위상의 정통적인 정의는 하우스도르프(Felix Hausdorff, 1868~1942)가 1914년 《집합론의 기초(Gründzuge der Mengenlehre)》에서 서술하였다. 여기에서 기본 원소의 성질은 전혀 문제되지 않는 그 주제의 체계적인 설명을 발견할 수 있다. 그 논문의 후반부에서 '하우스도르프 공간'(문제연구 15.5 참조)으로 알려진 위상공간의 발전된 한 형태가 나타난다.

수리논리

수학적 이론은 공준과 논리라는 두 인자의 상호 작용에 의하여 세워진다. 공준집합은 이론이 시작되는 기초를 구성하고, 논리는 그러한 기초로부터 정리를 만들어 규칙을 구성한다. 분명히 두 인자는 중요하고, 따라서 각 인자는 주의 깊게 고찰되고 연구되어 왔다. 첫 번째 인자의 연구는 공리론이라는 주제를 형성하는데, 이것은 15장의 2번째 절에서 이미 고찰한 바 있으므로 이 절에서는 두 번째 인자를 살펴본다.

고대 그리스인들이 형식논리을 상당히 발달시키고 아리스토텔레스가 자료를 체계화하였으나, 이 초기의 연구는 모두 일상적인 언어를 사용하여 수행하였다. 오늘날의 수학자들은 논리의 현대적인 고찰을 고대에서와 같은 방법으로 수행하는 것은 거의 절망적이라는 사실을 알게 되었다. 그 주제를 정확히 과학적으로 다루기 위해서는 기호언어가 필요하게 되었다. 그러한 기호학이 존재함으로 해서 이 논법은 **기호논리**(symbolic logic) 또는 **수리논리**(mathematical logic)로 알려졌다.

라이프니츠가 처음으로 기호논리의 필요성을 심각하게 고려하였다. 그의 초기 논문 중 1666년 출간된 〈De arte combinatoria〉라는 소론에서 추론과정의 길잡이가 되는 경제적인 기호학으로 표현된 과학언어의 가능성에 관한 믿음을 보여 주었다. 라이프니츠는 1679년에서 1690년 사이에 다시 이 착상에 몰두하여 기호논리를 창조하는데 상당한 진척을 이루었으며, 현대의 연구에서 매우 중요한 많은 개념을 만들어 냈다.

기호논리학에 대한 관심은 1847년 부울이 《연역적 추론법에 관한 소론인 논리의 수학적 해석(The Mathematical Analysis of Logic, Being an Essay towards a Calculus of Deductive Reasonig)》이란 제목의 소책자를 발간하면서 다시 새롭게 일어났다. 부울은 1854년에 이 작업에 관한 생각을 설명한 유명한 논문 〈논리와 확률의 수학적 이론의 기초가 되는 사고법칙에 관한 연구(An Investigation into the Laws of Thought, on Which Are Founded the Mathematical Theories of Logic and Probability)〉를 발표하였다.

드모르간은 부울과 동시대인이며 1847년에 발간된 형식논리에 관한 논문 〈추론법, 필연과 개연(Caculus of Inference, Necessary and Probable)〉은 어느 면에서는 부울을 상당히 능가했다. 후에 드모르간 역시 지금까지 소홀히 취급된 관계들의 논리에 관한 폭넓은 연구를 하였다.

부울의 개념은 1890~1895년 동안에 발표된 슈뢰더(Ernst Schröder, 1841~1902)의 방대한 논문 〈논리 대수에 관한 강의(Vorlesungen über die Algebra der Logic)〉에서 완성되었다. 사실, 현대의 논리학자들은 부울식의 기호논리를 **부울–슈뢰더 대수**(Boole-Schröder algebra)라는 용어로 특성화하는 경향이 있다. 부울대수에 관한 중요한 논문이 여전히 이용되고 있으며, 그에 관한 많은 논문이 오늘날의 연구잡지에 실리고 있다.

기호논리의 한층 더 현대적인 접근은 독일의 논리학자 프레게

(Gottlob Frege, 1848~1925)가 1879~1903년까지 발표한 논문과 페아노(Giuseppe Peano, 1858~1932)의 연구로 시작되었다. 페아노의 연구는 모든 수학을 논리적 연산으로 표현하려는 욕망에서 비롯되었고, 프레게의 연구는 수학의 보다 튼튼한 기초에 대한 요구로부터 비롯되었다. 프레게의 《개념서(概念書, Begriffsschrift)》는 1879년에, 또 역사적으로 중요한 《산술의 기본 법칙(Grundgesetze der Arithmetik)》은 1893~1903년에 발표되었으며, 페아노와 공동연구자들의 《수학공식집(Formulaire de mathematiques)》은 1894년에 발표되었다. 프레게와 페아노에 의하여 시작된 연구는 이 분야의 연구에서 기념비적인 화이트헤드와 러셀의 《수학의 원리》(1910~1913)에 이르렀다. 이 책의 기본적인 착상은 논리 자체에 대한 가정이나 공리의 집합으로부터 자연수체계를 연역해냄으로써 수학의 많은 부분을 논리와 동일시하는 것이다. 1934~1939년 사이에 힐베르트와 베르나이스(Paul Bernays, 1888~?)의 종합적인 책 《수학의 기초(Grundlagen der Mathematik)》가 발간되었다. 일련의 논문과 힐베르트의 대학강의를 토대로 한 이 책은 수학의 무모순성의 입증을 가능하게 하는 기호논리를 이용하여 수학을 건설하려고 시도한다.

주로 《수학의 원리》의 발간에 의하여 촉발된 자극의 결과로서 오늘날 많은 수학자들이 기호논리 분야의 연구에 몰두하고 있다. 이 그룹의 논문을 싣기 위한 정기간행 잡지 〈Journal of Symbolic Logic〉이 1935년에 창간되었다.

힘의 평행사변형법과 공리적 방법 사이에는 흥미로운 유사점이 존재한다. 평행사변형법에 의하여 두 분력이 합해져 하나의 합력이 된다. 서로 다른 초기 분력의 쌍을 취해서 같은 합력을 얻을 수 있는 가능성이 있다 하더라도, 하나 또는 두 개의 분력을 바꿈으로써 서로 다른 합력을 얻는다. 그런데 합력이 초기 두 분력에 의하여 결정되는 것과 똑같이 수학적 이론도 공준집합과 논리에 의하여 결정

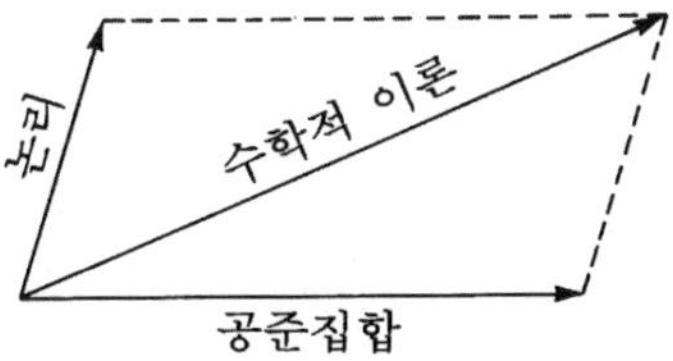

그림 97

된다(그림 97 참조). 즉 수학적 이론을 구성하는 명제의 집합은 공준이라 불리는 명제의 초기 집합과 논리 또는 추론법칙이라 불리는 명제의 또 다른 초기 집합의 상호 작용으로부터 나온 결과이다. 오랫동안 수학자들은 공준은 변화할 수도 있음을 알고 있었으나 매우 최근까지도 논리는 절대적으로 불변이어야 한다고 보편적으로 생각하고 있었다. 참으로, 이것은 그 분야를 공부하는 극소수를 제외한 대부분의 사람들에게 여전히 유력한 관점이다. 왜냐하면 기원전 4세기에 아리스토텔레스가 정한 논리의 법칙 이외의 다른 방도가 존재할 수 있다는 것은 거의 상상할 수도 없는 듯했기 때문이다.

아무튼 발견과 발전에 대한 원리, 즉 전통적인 믿음에 대한 건설적인 의심이 출현하였다. 아인슈타인은 어떻게 상대성 이론을 발견하였는가라는 질문을 받았을 때 "공리에 이의를 제기하여서"라고 대답하였다. 로바체프스키와 보여이는 유클리드 평행공리에 이의를 제기했다. 유사하게, 과학분야에서도 코페르니쿠스는 지구가 태양계의 중심이라는 공리에 이의를 제기했고, 갈릴레이는 무거운 물체가 빨리 떨어진다는 공리에 이의를 제기했으며, 아인슈타인은 서로 다른 두 순간 중의 하나는 반드시 다른 하나보다 앞선다는 공리에 이의를 제기했다. 공리에 대한 이 건설적인 이의 제기는 이제 수학을 발전시키는 보다 보편적인 방법 중의 하나가 되었으며, 그것은 의심할 바 없이 다음과 같은 칸토어의 유명한 격언의 본질이다. "수학의 본질은 그것의 자유로움 안에 존재한다."

집합론의 모순

고대 그리스로부터 현재에 이르기까지 수학사를 통하여 수학의 기초는 세 번의 커다란 위기를 겪었다는 사실을 알 수 있다.

첫 번째 위기는 기원전 5세기에 일어났는데, 실제로 그러한 위기는 더 일찍 발생할 수는 없었다. 왜냐하면 우리가 알고 있듯이 수학을 연역적 방법으로 공부한 것은 탈레스, 피타고라스 그리고 그들의 제자에 의하여 기원전 6세기 이후에 시작되었기 때문이다. 그 위기는 같은 종류의 모든 기하학적 양들이 서로 비례하지는 않는다는 사실, 가령 정사각형의 변과 대각선은 공통의 측정단위가 없다는 예기하지 못한 발견에 의하여 갑자기 닥쳐왔다. 피타고라스 학파는 모든 비슷한 양들은 비례한다는 강력한 직관적 믿음 위에서 양(量)을 개발했기 때문에 비슷한 양들이 비례하지 않을 수도 있다는 발견은 매우 견디기 어려운 시련이었다. 그리하여 비례에 관한 피타고라스의 정리와 그것의 모든 결과는 불확실한 것으로서 없어져야만 했다. 수학의 기초에 대한 이 첫 번째 위기의 해결은 쉽고 빠르게 이루어지지 않았다. 그러나 이 위기는 마침내 기원전 370년경 에우독소스에 의하여 해결되었는데, 양과 비례에 관한 개정된 이론은 전 역사를 통하여 가장 위대한 수학적 걸작 중의 하나이다. 에우독소스의 비교불가능한 양들에 대한 뛰어난 처리법은 유클리드의 원론 제5권에 나오는데 본질적으로 1872년에 데데킨트에 의한 무리수의 현대적인 해설과 일치한다. 수학의 기초에 대한 첫 번째 위기를 3장의 5번째 절에서, 또 에우독소스에 의한 해결은 5장의 5번째 절에서 살펴본 바 있다. 수학에서 그 이후의 공식화와 공리적 방법의 채택은 거의 이 위기 때문에 이루어졌다고 볼 수 있다.

수학의 기초에 관한 두 번째 위기는 17세기 후반에 뉴턴과 라이프니츠가 미적분을 발견한 후 나타났다.[3] 이 두 사람의 계승자들이 이 새로운 도구의 응용 가능성과 위력에 도취된 나머지 그것이 세워진 기초가 튼튼한가를 충분히 숙고하지 않았고, 그래서 결과를 정당화하는 논증 대신에 논증을 정당화하는 데 그 결과를 이용했음을 알아본 바 있다. 시간이 흐름에 따라 모순과 역설이 점점 더 많이 나타났고, 수학의 기초에 대한 심각한 위기가 명백해졌다. 해석학의 구조가 모래 위에 세워져 있다는 사실이 점점 더 확실해졌고, 마침내 19세기 초에 코시가 모호한 무한소법을 정확한 극한법으로 바꿈으로써 위기를 해결하는 첫 발을 내디뎠다. 뒤이은 바이어슈트라스와 그의 제자들에 의한, 소위 해석학의 산술화로 수학의 기초에 관한 두 번째 위기는 극복되고 수학의 전체 구조가 회복되어 더할 나위 없이 튼튼한 기초 위에 놓이게 되었다는 사실이 느껴졌다. 이 두 번째 위기의 발생과 해결은 14장의 9번째 절에서 다루었다.

수학의 기초에 관한 세 번째 위기는 1897년에 충격적일 만큼 갑자기 출현하였는데, 3/4세기가 훨씬 지난 지금까지도 거기에 관한 모든 것들이 만족스럽게 해결되지 않았다. 이 위기는 칸토어의 일반적인 집합론의 기초에 관한 역설 또는 모순이 발견되면서 발생하였다. 수학의 많은 부분을 집합론이 지배하고 있기 때문에 집합론에서 역설이 출현한다는 것은 자연스럽게 수학의 전반적인 기본 구조의 타당성에 대하여 의문을 제기하는 것이다.

1897년에 이탈리아 수학자 부르알리 포르티(Burali-Forti)는 최초로 집합론의 역설을 발표하였다. 부르알리 포르티가 독창적으로 고안하고 기술한 그 역설에는 전문적인 용어와 착상이 포함되어 있는데, 한정된 지면관계상 여기서 설명할 수 없다. 그러나 그 역설의 핵심은 2년 후 칸토어에 의하여 발견된 매우 흡사한 역설의 비전문적인 표현으로 알아볼 수 있다. 그의 집합론에서, 칸토어는 주어진

3) 이 위기의 예고는 기원전 400년경의 제논의 역설로 거슬러 올라갈 수 있다.

임의의 초한수에 대하여 항상 더 큰 초한수가 존재하고, 따라서 최대자연수가 존재하지 않듯이 최대초한수는 존재하지 않음을 증명한 적이 있다. 이제 모든 가능한 집합을 원소로 가지는 집합을 생각해 보자. 어떠한 집합도 분명히 이 집합보다 더 많은 원소를 가질 수는 없다. 그러면 이 경우에 이 집합의 초한수보다 더 큰 초한수가 어떻게 존재할 수 있는가.

부르알리 포르티와 칸토어의 역설이 집합론의 결과와 관련된 것인 반면에, 러셀은 1902년에 단지 집합 그 자체의 개념에만 관계되는 역설을 발견하였다. 러셀의 역설을 기술하기 전에 집합은 그 자신의 원소이든지 원소가 아니든지 하다는 사실을 주목하자. 가령 모든 추상적 사고의 집합은 그 자체가 하나의 추상적 사고이지만 모든 사람들의 집합은 사람이 아니다. 또 모든 집합의 집합은 그 자체가 하나의 집합이지만 모든 별의 집합은 별이 아니다. 자기 자신의 원소가 되는 모든 집합의 집합을 M, 자기 자신의 원소가 되지 않는 모든 집합의 집합은 N이라고 나타내자. 이제 집합 N이 자기 자신의 원소인지 아닌지 따져보자. 만일 N이 자기 자신의 원소라면 N은 N이 아닌 M의 원소가 되므로 N은 자기 자신의 원소가 아니다. 반면에 만일 N이 자기 자신의 원소가 아니라면 N은 M이 아닌 N의 원소가 되므로 N은 자기 자신의 원소이다. 이 역설은 두 가지 중 어떤 경우에도 모순에 이른다.

러셀의 역설을 보다 간단하게 나타내면 다음과 같다. X를 임의의 집합이라 하면 N의 정의에 의하여

$$[X \in N] \longleftrightarrow [X \notin X]$$

이제 X가 N이라고 하면 다음과 같은 모순을 얻는다.

$$[N \in N] \longleftrightarrow [N \notin N]$$

이 역설은 러셀이 산술의 기초에 관한 그의 위대한 두 권짜리 논

문의 마지막 권을 완성한 직후에 프레게에게 편지로 알린 것이다. 프레게는 논문의 끝에 다음과 같은 애처로운 문장으로 그 편지에 사의를 표명했다. "과학자가 논문을 완성하자마자 기초가 무너지는 것보다 더 슬픈 일은 없을 것이다. 나는 논문이 거의 인쇄될 때쯤 러셀이 보낸 한 통의 편지에 의하여 이러한 처지에 빠졌다." 그래서 12여 년의 노력이 수포로 돌아가고 말았다.

러셀의 역설은 여러 가지 형태로 알려졌다. 이 형태 중 가장 널리 알려진 것 중의 하나는 1919년 러셀 자신이 만든 것으로 자기 스스로 면도하지 않는 사람들만 면도해 준다고 말한 어떤 이발사에 관한 것이다. 이 이야기의 역설적 특성은 "이발사는 스스로 면도하는가?"라는 물음에 답을 하려고 할 때 나타난다. 만일 그가 스스로 면도를 한다면 자신의 주장과 일치하지 않으며, 그가 스스로 면도하지 않는다면 그는 자신의 주장에 따라야 한다.

칸토어의 집합론에 관한 위의 모순이 발견된 이래 많은 역설이 추가로 발생하였다. 집합론의 이러한 현대 역설은 논리의 여러 고대 역설과 관련되어 있다. 예를 들면 기원전 4세기의 에우불리데스(Eubulides)가 "내가 지금 말하는 명제는 거짓이다."라고 말한 것이다. 만일 에우불리데스의 명제가 참이라면 그것의 의미에 의하여 그 명제는 거짓이 되어야만 한다. 한편 에우불리데스의 명제가 거짓이라면 그의 명제는 참이 되어야만 한다. 따라서 에우불리데스의 명제는 모순을 발생시키지 않고는 참도 거짓도 될 수 없다. 에우불리데스 역설보다 훨씬 오래된 것으로 확실히 단정할 수는 없는 에피메니데스(Epimenides) 역설을 들 수 있다. 에피메니데스는 기원전 6세기 크레타의 철학자로서 "크레타 섬의 사람들은 항상 거짓말만 한다." 라는 말을 한 것으로 추정되고 있다. 이 말을 간단히 분석해보면 이것 역시 자기모순이라는 사실이 쉽게 밝혀진다.

앞에서 설명한 것과 같은 집합론의 역설이 존재한다는 것은 분명히 뭔가 잘못되었다는 사실을 말해준다. 그것을 발견한 이래로 그 분야에 관한 많은 양의 저작물이 나왔고 그것을 해결하려는 수많은 시도가 제안되었다.

집합론의 역설을 해결하기 위한 한 시도는 논리에서의 문제점을 찾아내는 것이며, 아무튼 일반적인 집합론에서의 역설의 발견이 논리의 기초를 철저하게 고찰하도록 만들었다. 매우 흥미를 자아내는 것은 역설을 극복하는 방법으로 삼가(三價)논리를 이용할 수도 있다는 제안이다. 예를 들어 앞의 러셀의 역설에서 "N이 그 자신의 원소이다."라는 명제가 참도 거짓도 모두 될 수 없음을 보았다. 여기에서 제3의 가능성이 편리할 수도 있다. 명제의 진리값이 참이면 T, 거짓이면 F, 제3의 값 즉 T도 F도 아닐 때를 ?(아마도, '결정할 수 없는'이란 뜻)로 나타낼 때, 그 명제를 단순히 ?로 분류할 수 있다면 그 역설을 피할 수도 있다.

수학의 기초와 관련하여 주요한 세 사조(소위 논리주의, 직관주의, 형식주의)가 탄생하였다. 물론 수학의 기초에 관한 어느 현대 사조도 어떻게 해서든지 수학의 기초에 관한 현재의 위기를 극복해야만 한다. 다음 절에서 이 세 사조를 매우 간략하게 살펴볼 것이며, 각각 일반적 집합론의 모순을 어떻게 다루려고 하였는가를 추적할 것이다.

수리철학

철학은 경험의 자연적 혼돈으로부터 어떤 인식을 만들려는 시도로 간주되기도 한다. 이러한 관점에서 보면 모든 것에 대한 철학이 가능하다. 이를테면 예술철학, 인생철학, 종교철학, 교육철학, 사회철학, 역사철학, 과학철학, 수리철학, 철학 그 자체의 철학 등이 있을 수 있다. 철학은 경험과 가치를 정제하고 정돈하는 과정이나 마찬가지이며, 그것은 보통 본질적으로 다르다고 느끼는 것들 사이의 관계를 찾고, 보통 같은 것으로 여기는 것들 사이의 중요한 차이점을 발견하며, 어떤 것의 본질에 관련된 이론을 서술하는 것이다. 특히 수리 철학은 본질적으로 오랫동안 축적되어 온 수학적 지식의 혼돈 상태에서 의미나 규칙을 찾는 시도와 같다. 여기에서 현대의 수리철학에 대하여 살펴볼 것인데, 다만 수학의 최근 발전과 현재의 위기를 설명하고 있는 철학만을 취급한다.

현대의 주요한 수리철학은 세 가지가 존재하는데, 그 각각은 상당한 지지자를 확보해 왔고 방대한 양의 관련 저술을 발간해 왔다. 러셀과 화이트헤드가 주요한 개척자인 논리주의, 브로워가 이끄는 직관주의, 힐베르트가 주로 발전시킨 형식주의로 불리는 논리학파가 존재한다. 물론 이 세 가지 외의 수리철학도 존재하는데, 그중에는 독립적인 철학도 있고, 위의 세 철학을 다양하게 혼합하여 구성한 철학도 있으나 이 다른 것들의 관점은 널리 신장되지 못했거나 또는 비슷한 정도의 수학의 재건을 이룩하지는 못했다.

1. 논리주의

논리주의적 명제는 수학이 논리학의 한 분야라는 것이다. 논리는 단지 수학의 한 도구라기보다는 수학의 선조가 된다. 모든 수학적 개념은 논리적인 개념에 의하여 정형화되어야 하고, 모든 수학의 정리는 논리의 정리로서 발전되어야 하며, 수학과 논리의 차이는 단순히 실제적인 편의에 의한 것이 된다.

모든 다른 과학들의 기초가 되는 원리와 사고를 가지고 있는 과학으로서 논리의 개념은 적어도 라이프니츠(1666) 시대까지 거슬러 올라간다. 수학적 개념을 논리적 개념으로 실제로 변환한 사람은 데데킨트(1888)와 프레게(1884~1903)이고 논리적인 기호를 사용하여 수학적 정리를 진술한 사람은 페아노(1889~1908)였다. 그래서 이 사람들은 화이트헤드와 러셀(1910~1913)의 기념비적인 《수학의 원리》에서 표현된 논리주의를 받아들인 선두주자들이다. 이 위대하고 종합적인 책은 수학의 전체를 논리로 상세하게 옮겨놓기 위해 시도된 것이다. 뒤이어 비트겐슈타인(Wittgenstein, 1922), 취스텍(Chwistek, 1924~1925), 램시(Ramsey, 1926), 랑포드(Langford, 1927), 카납(Carnap, 1931), 퀴네(Quine, 1940) 등이 이 계획을 수정하고 다듬어 왔다.

논리주의적 주제는 수학의 기초를 가능한 한 가장 심오한 수준까지 밀어붙이려는 노력으로부터 자연스럽게 나타난 것인데, 그것은 공리적 방법의 응용의 역사 안의 중요한 추세에 의하여 제기된 종합화의 한 시도이다.

《수학의 원리》는 전형적인 추상적 전개의 '무정의 용어'와 '공준'에 대응하는 '근원사고'와 '근원명제'로 시작한다. 이 근원사고와 근원명제들은 해석하지 않아도 되지만 논리의 직관적인 개념으로 제한하며, 그것들은 실세계와 관련된 그럴듯한 묘사나 가설로 간주되거나 최소한 용인되어야 한다. 간단히 말해서 추상적인 관점보다 실제적인 관점이 우세하고, 그 결과로서 근원명제의 무모성을 증명하려는 어떠한 시도도 만들지 않는다. 《수학의 원리》의 목표는 이 근원사고와 근원명제로부터 수학적 개념과 정리를 명제연산에서 시작하여 모임과 관계 이론을 통하여 자연수계에서 확립시키고, 나아가 자연수계로부터 유도될 수 있는 모든 수학에 진행시켜 나아가면서 전개하는 것이다. 이 전개에서 자연수는 추상적 공준의 어떤 집합을 만족하는 임의의 것들로서 유일하지 않게 정의되지 않고 우리가 통상적으로 부여하는 유일한 의미를 지닌다.

집합론의 모순을 피하기 위하여 《수학의 원리》에서는 '유형 이론(theory of types)'을 사용하였다. 간단히 표현하면 그러한 이론은 원소의 계급체계를 세우는 것이 근원원소들이 유형 0의 원소를 이루고, 유형 0의 원소의 모임은 유형 1의 원소를, 유형 1의 원소의 모임은 유형 2의 원소를 이루고, 그 등등이 된다. 유형이론을 응용함에 있어서 임의의 모임의 모든 원소는 반드시 같은 유형이어야 한다는 규칙에 따라야 한다. 이 규칙을 고수하면 집합론의 역설을 피한다.

논리주의적 주제가 확립되었느냐 아니냐는 것은 견해상의 문제인 듯하다. 일부는 그 계획을 만족스러운 것으로 받아들이는 반면에 다른 사람들은 그것에 대한 많은 결함을 발견해 냈다. 한 예로, 논리주의적 주제는 논리의 체계적인 전개가 그것을 조직화하는데 유형이론이나 주어진 전제로부터 연역하는 사고 등을 표현하는 데 있어서 사용될 수밖에 없는 반복법의 근본 착상과 같은 수학적 사고를 미리 가정한다는 이유에서 문제가 제기될 수 있다.

화이트헤드(Alfred North Whitehead)는 1861년 영국의 램스게이트에서 태어나서 셰르본느 스쿨과 케임브리지 대학교의 트리니티 칼리지에서 수학하였다. 1885년부터 1911년까지 트리니티 칼리지에서 수학을 강의하였고, 그 후 런던 대학교의 유니버시티 칼리지에서 응용수학과 역학을 강의하였다. 1914년부터 1924년까지 런던 대학교 과학기술대학의 수학교수를 지냈고, 미국으로 가서 하버드 대학교의 철학교수가 되어 1936년 정년할 때까지 그 직에 있었다. 그는 1947년 매사추세츠 주의 케임브리지에서 죽었다. 가장 뛰어난 제자인 러셀의 입장과 마찬가지로 화이트헤드는 수학의 입장에서 철학을 고찰하였으며, 두 사람이 함께 1910~1913년에 획기적인《수학의 원리》를 저술하였다.

귀족 집안의 자손인 러셀(Bertrand Russell)은 1872년 웨일즈의 트렐렉 근교에서 태어났다. 케임브리지 대학교 트리니티 칼리지에서

러셀
1872~1970

공모 장학금을 받은 그는 수학과 철학에서 명성을 크게 떨쳤으며 화이트헤드 밑에서 공부하였다. 그는 주로 미국의 대학교에서 강의하였고 수학, 논리, 철학, 사회학, 교육학에 관한 책을 40권 이상 저술하였다. 그는 실베스터, 드모르간과 공동 수상한 영국학술원상(1934), 메릿 훈장(1940), 노벨 문학상(1950)과 같은 많은 상을 수상하였다. 그는 거리낌 없이 의견을 말하여 종종 논쟁에 휘말렸다. 제1차 세계대전 중에 평화주의자적인 견해를 피력하고 징병제도를 반대하여 케임브리지 대학교에서 쫓겨나고 4개월 동안 옥살이를 하였다. 1960년대 초에 핵무기에 반대하는 평화주의 운동을 이끌어 다시 잠깐 동안 투옥되었다. 뛰어난 지성과 능력의 소유자였던 그는 1970년 98세의 고령에도 끝까지 정신이 흐려지지 않은 채 세상을 떠났다.

2. 직관주의

직관주의의 주제는 수학은 직관적으로 주어진 자연수의 수열에 관한 유한한 조립 방법에 의하여 건설되어야 한다는 것이다. 이 관점에 따르면, 한 객체를 이해하고 나서 하나 더, 그러고 나서 하나 더 하는 식으로 끝없이 이해하게 하는 원시직관이 수학의 기초에 존재한다. 이 경우에 끝없는 수열을 얻게 되는데 그중 가장 잘 알려진 것은 자연수의 수열이다. 이 자연수 수열의 직관적 기저로부터 임의의 다른 수학적 대상은 유한 번의 단계나 조작을 사용한, 순전히 건설적인 방법으로 세워져야 한다. 직관주의자의 주제에서 수학의 발생적 전개를 극단까지 밀어붙일 수 있다.

직관주의 학파는, 일찍이 크로네커(1880년대)와 푸앵카레(1902~1906) 같은 사람들이 약간의 직관주의적인 생각을 발표한 바 있지만, 1908년경 네덜란드 수학자 브로워(LE.J. Brouwer)와 더불어 시작되었다. 이 학파는 시간이 감에 따라 점차적으로 세력이 불어나고, 몇몇 뛰어난 현대 수학자들을 끌어들였으며, 수학의 기초에 관련한 모든 사고에 엄청난 영향을 미치고 있다.

직관주의자의 주제의 일부 결과는 거의 혁명적이다. 따라서 건설 방법만을 강요하면 모든 수학자가 공유할 수 없는 수학적 존재의 개념에 이른다. 직관주의자에게는, 그것의 존재성이 증명되어야 하는 실체는 유한 번으로 건설될 수 있음을 보여야 한다. 그 실체가 존재하지 않는다고 가정한 후 모순을 이끄는 것으로는 충분하지 않다. 이것은 현재의 수학에서 밝힌 많은 존재성의 증명이 직관주의자에게는 받아들여질 수 없음을 의미한다.

직관주의자가 건설 과정을 주장한 하나의 중요한 예가 집합론에 있다. 직관주의자에게는 집합이 이미 만들어진 모임으로 생각될 수 없고, 집합의 원소가 하나씩 하나씩 만들어질 수 있는 방법에 의한 규칙으로 간주되어야만 한다. 이 집합의 개념에서는 '모든 집합들의 집합' 같은 모순된 집합의 가능성이 배제된다.

유한 건설가능성을 주장한 직관주의자의 또 다른 유명한 결과가 있는데, 그것은 보편적으로 받아들이는 배중률(排中律)을 부정한 것이다. 예를 들어 k가 π의 소수 표시에서 연속된 한 자리 숫자 123456789의 수열이 나타나는 첫째 소수자리의 수일 때 $(-1)^k$로 정의되는 수 x를 고찰하라. 이러한 k가 존재하지 않으면 $x=0$으로 한다. 그런데 x라는 수가 잘 정의되었지만 지금 직관주의자의 제한 아래에서 명제 '$x = 0$'이 참인지 거짓인지를 말할 수 없다. 이 명제는 증명이 유한 번의 과정으로 만들어질 때에만 참이라고 말할 수 있고, 틀렸다는 증명이 유한 번의 과정으로 만들어질 때에만 거짓이라고 말할 수 있다. 이 증명 중의 어느 하나가 만들어질 때까지 그 명제는 참도 거짓도 아니고, 배중률도 적용될 수 없다. 그러나 k를 10억보다 작은 수로 제한한다면 그 명제가 참 또는 거짓이라고 말하는 것은 완전히 옳다. 왜냐하면 10억보다 작은 k에 대하여 참 또는 거짓이 유한 번의 과정으로 입증될 수 있기 때문이다.

따라서 직관주의자에게 배중률은 유한집합에 대하여는 성립하지만 무한집합을 다룰 때에는 사용하여서는 안 된다. 브로워는 이 사태를 논리의 사회학적 발달의 탓으로 돌렸다. 논리의 법칙은 인간의 진화에 있어서 현상의 유한집합을 다루기에 적당한 언어를 가졌을 때 한꺼번에 출현하였으며, 그 후 인간은 이 법칙을 수학의 무한집합에 적용하여 모순을 낳는 실수를 저질렀다.

《수학의 원리》에서는 배중률과 모순의 법칙이 같은 뜻이다. 직관주의자에게 이 국면은 더 이상 설득력이 없고, 가능하다면 직관주의자의 생각이 우리를 이끌고 갈 논리적 장치를 만들려고 시도하는 것은 흥미로운 문제이다. 이것은 1930년 직관주의적 기호 논리를 발전시키는 데 성공한 헤이팅에 의하여 이루어졌다. 따라서 직관주의자의 수학은 그 자체의 논리를 만들고, 그 결과 수리논리가 수학의 한 분야가 되었다.

최종적으로 중요한 문제가 있다. 현존하는 수학 중 얼마나 많은 부분이 직관주의적 제한 안에서 만들어질 수 있을까 하는 것이다. 수학의 전체가 너무 크게 힘들이지 않고 그렇게 재건설될 수 있다면 오늘날의 수학 기초에 관한 문제는 해결될 것이다. 그런데 직관주의자들은 연속체이론과 집합론을 포함한 현재의 수학의 많은 부분을 재건설하는 데 성공하고 있으나 여전히 많은 부분이 남아 있다. 지금까지는 직관주의 수학이 고전적 수학보다 덜 유력하다는 것이 판명되었고, 여러 가지 면에서 발전시키기 훨씬 더 복잡했다. 이것이 직관주의자의 접근방식에서 발견되는 결점이다. 대부분의 수학자에게 소중한 것이 너무 많이 희생된다. 이 상황은 영원히 존재하지 않을 수도 있다. 왜냐하면 작관주의자들이 고전적 수학을 보다 성공적인 방법으로 재건설할 가능성도 남아 있기 때문이다. 그리고 그동안 직관주의적 명제에 대한 결함이 나타났음에도 불구하고 이 방법이 모순에 이르지는 않는다는 사실이 일반적으로 인정되고 있다.

수학의 직관주의적 견해의 지도자이며 불굴의 옹호자였던 브로워는 수학의 다른 분야에서도 명성을 남겼다. 그는 현대 위상수학의 창시자 중의 한 사람으로 여겨지며, 특히 **불변정리**(invariance theorem)와 **부동점정리**(fixed-point theorem)로 잘 알려져 있다.

브로워는 1882년에 태어나서 암스테르담 대학교에서 대부분의 교수생활을 하였으며 1966년에 죽었다. 그는 믿음에 대해서는 냉정한 투쟁가였다. 투고된 논문의 허용과 기각을 담당한 〈Mathematische Annalen〉의 편집자로서 그것의 참 또는 거짓이 유한 번의 과정으로 결정될 수 없는 명제에 배중률을 적용한 모든 논문들을 기각함으로써 귀류법을 자유롭게 사용하는 것에 대한 포문을 열었다. 그리하여 그 저널의 편집위원회가 모두 사임하는 위기를 맞았으나 브로워만 빼고 모두 재선되었다. 네덜란드 정부는 그들의 지도자적 수학자를 이렇게 냉대한 것에 매우 분개하여 이것과 경쟁하는 수학잡지를 만들어 브로워에게 책임을 맡겼다.

직관주의자들의 위세는 바일이 참여함으로써 매우 강화되었다. 바일은 1885년 함부르크 근교에서 태어났다. 18세 때 괴팅겐대학교에 입학하여 힐베르트의 가장 촉망받는 제자가 되었고, 1913년 아인슈타인을 만나 취리히로 초청되기 전까지(뮌헨에 머문 1년을 제외하고) 그곳에 머물렀다. 그는 1930년에 힐베르트의 후임자로서 괴팅겐에 초대되었다. 그는 괴팅겐에서 단 3년만 있다가 매우 많은 동료들이 나치에 의하여 면직되었기 때문에 사임하였다. 그는 1933년 프린스턴에 설립된 고등연구소의 평생 연구원의 제의를 수락하였다. 나머지 생애는 매년 반은 프린스턴에서 나머지 반은 취리히에서 보내다가 1955년 갑자기 죽었다.

3. 형식주의

형식주의자의 주제는 수학은 형식적인 기호 체계와 관련 있다는 것이다. 이 관점에서 보면 수학의 용어는 기호에 지나지 않고 명제는 이 기호를 포함하는 식이며, 수학의 궁극적인 기저는 논리에 있지 않고 논리 이전의 표시나 기호의 모임과 이 표시의 연산의 집합에 있는 추상적 현상의 모임으로 간주된다. 따라서 수학은 구체적인 내용이 전혀 없고 단지 이상적인 기호로 된 원소만을 포함하고 있기 때문에 다양한 수학의 분야의 무모순성을 입증하는 것이 형식주의자의 계획의 중요하고 필요한 부분이 되었다. 그러한 무모순성의 증명을 동반하지 않으면 전체 학문이 근본적으로 의미가 없다. 형식주의자의 주제에서 극단까지 확장된 수학의 공리적 발전을 얻는다.

형식주의 학파는 힐베르트가 기하학의 공준적 연구를 마무리 한 후 창시하였다. 힐베르트는《기하학 기초론(Grundlagen der Geometrie)》(1899)에서 유클리드의 내용적인 공리적 방법으로부터 현재의 형식적인 공리적 방법으로 수학적 방법을 강화하였다. 형식주의적 견해는 집합론의 역설에 의해 야기된 위기와 직관주의적 비평에 의해 야기된 고전수학에의 도전을 만난 후에 힐베르트에 의하여 발전되었다. 힐베르트가 일찍이 1904년에 형식주의적 용어를 사용하긴 했지만 1920년 이후에야 비로소 공동 연구자들, 베르나이스, 아케르만, 폰 노이만 등이 현재 형식주의자의 계획으로 알려진 것에 관한 연구

힐베르트
1862~1943

를 진지하게 시작하였다.

고전적 수학을 구하려는 힐베르트의 계획의 성패는 무모순성 문제의 해결에 달려 있다. 모순으로부터의 자유는 오로지 무모순성 증명에 의해서만 보장되며, 해석과 모형에 기초한 보다 이전의 무모순성 증명은 대개 무모순성의 물음을 수학의 한 영역에서 다른 영역으로 단순히 변경한 것이다. 바꾸어 말하면, 모형의 방법에 의한 무모순성의 증명은 상대적일 뿐이다. 그러므로 힐베르트는 무모순성 문제에 대한 새롭고 직접적인 접근을 고안하였다. 흔히 게임의 규칙으로부터 어떤 상황이 게임에서 일어날 수 없다는 것을 보이는 것과 매우 흡사하게 힐베르트는 기본적인 기호로부터 식을 얻어내는 과정에 대한 적당한 규칙으로부터 모순된 식이 결코 나타날 수 없음을 보이고 싶어했다. 논리적 표기에서 모순된 식은 F가 그 체계의 어떤 적당한 식일 때 'F 그리고 F가 아니다' 유형의 임의의 식이다. 누군가 그러한 모순된 식이 존재할 수 없음을 밝힐 수 있다면 그는 그 체계의 무모순성을 확립하는 것이다.

수학에서 무모순성에 대하여 직접적으로 조사하는 위와 같은 착상의 개발을 힐베르트는 **증명 이론**(proof theory)이라고 불렀다. 힐베르트와 베르나이스는 형식주의 학파의 '수학의 원리(Pincipia mathematica)'로 여겨지는 위대한 저서인 《수학 기초론(Grundlagen der Mathematik)》에서 증명이론의 상세한 설명(과 모든 고전적 수학에의 응용)을 실으려고 계획했다. 《기하학 기초론》은 두 권으로, 제1권은 1934년에 제2권은 1939년에 발간되었으나 집필 도중에 생각지 않은 어려움이 생겨서 증명이론을 완성할 수 없었다. 어떤 기본적 체계에 대해서는 힐베르트가 모든 고전적 수학에 대하여 하고자 했던 무모순성의 증명이 성취되었으나, 수많은 체계에 대해서 무모순성의 문제는 해결하기 어려운 문제로 남아 있다.

힐베르트는 1862년 쾨니히스베르크에서 태어나 그곳의 대학교에서 1885년에 박사학위를 받았고 쾨니히스베르크 대학교에서 처음에는 무급강사(1886~1892)로 나중에는 교수(1893~1894)로 강의하였다. 1895년에 괴팅겐 대학교의 교수가 되어 1930년 퇴임할 때까지 그 직에 있었다. 그는 1943년 괴팅겐에서 죽었다.

힐베르트는 폭넓은 수학자였으며, 많은 분야에서 매우 중요한 공헌을 하였는데 대개 다음 분야로 넘어가기 전에 각 분야를 우아하게 완성하였다. 이 분야에는, 대수적 불변량정리(1885~1892), 대수적 수론(1893~1899), 공리론으로 연구를 시작했던 기하학의 기초(1898~1899), 디리클레 문제와 변분법(1900~1905), 스펙트럼 정리와 힐베르트 공간개념을 포함한 적분방정식(1912년까지), 수리 물리학의 공헌에 뒤이은 기체의 운동이론과 상대성이론, 끝으로 수학의 기초와 수리논리에 대한 비판적 연구가 포함되어 있다. 그의 자극적인 강의는 세계 곳곳에서 학생을 끌어들였다. 그는 괴팅겐 대학교의 원동력이었으며 기라성 같은 위대한 동료들과 함께 괴팅겐 대학교를 1930년대의 파멸적인 정치적 사건이 있기 전까지 수학자들의 메카로 만들었다. 힐베르트는 많은 상을 받았고, 1902년 〈Mathematische Annalen〉의 편집자가 되었다. 1900년 파리에서 열린 국제수학 회의에서 그는 23개의 중요한 미해결 수학문제를 제시하였는데, 그로 인하여 수학에 대한 연구가 더욱 풍요로워졌다.

수학의 계통수(系統樹)

몇 년 전에 수학을 커다란 오크 나무 모양으로 그리는 것이 유행하였다. 나무의 뿌리는 대수, 평면기하, 삼각함수, 해석기하, 무리수와 같은 제목의 딱지가 붙었다. 이 뿌리 위에 해석학이라고 쓰여진 튼튼한 줄기가 세워졌다. 그러고 나서 줄기의 꼭대기로부터 수많은 가지가 나오고 작은 가지로 세분되었다. 이 가지들은 다양한 고등수학의 '가지들'을 통하여 복소변수, 실변수, 변분법, 확률 등과 같은 제목을 지녔다.

수학의 계통수의 목적은 학생들에게 수학이 역사적으로 어떻게 발전해 왔는가에 대해서뿐만 아니라 공부할 때 따라야 할 경로도 가르쳐 주는 것이었다. 대학교 1학년의 학생들은 나무의 뿌리를 형성하는 기초 분야의 공부를 하여야 한다. 그러고 나서 대학교의 저학년에서는 특별히 힘든 과정을 통하여 미적분에 완전히 숙달하여야 한다. 이것이 끝난 후에 자신들이 수행하고 싶어할 수도 있는 고등 가지에 오를 수 있다.

수학의 계통수에 의하여 주장된 교수법의 원리는 철저한 것이다. 왜냐하면 그것은 생물학자가 다음과 같이 간결하게 표현한 유명한 법칙에서 비롯한 것이기 때문이다. "개체발생은 계통발생의 발달단계를 되풀이한다." 이것은 단순히 일반적으로 "개체는 집단의 발전을 되풀이한다."를 뜻한다. 즉 최소한 개략적으로 대개 오랜 세월에 걸쳐 그 과목이 발전해 온 순서로 과목을 배운다는 것이다. 특별한 예로서 기하학을 살펴보자. 최초의 기하학은 물리적인 형태를 인지

하고 모양과 크기를 비교할 수 있는 인간능력으로부터 생기는 단순한 관찰에서 기원된 **잠재의식의 기하학**(subconscious geometry)이라 할 수 있다. 그 후 기하학은 **과학적**(scientific) 또는 **실험적 기하학**(experimental geometry)이 되었고 이 단계는 인간의 지능이 실제적인 기하학적 관계의 집합으로부터 이것을 특별한 경우로서 포함하고 있는 일반적인 추상적 관계(기하학적 법칙)를 끄집어낼 수 있었을 때 나타났다. 이 책의 처음에서 그리스 이전의 대부분의 기하학이 어떻게 실험적인 것이 되었는가 언급한 바 있다. 후에 정확히 그리스 시대에 기하학은 보다 높은 수준으로 발전하여 **논증기하학**(demonstrative geometry)이 되었다. 수학의 계통수에 의하여 주장된 교수법의 원리에 따르면 기하학은 처음에는 어린아이에게 단순한 미술작품이나 자연관찰을 통한 잠재의식의 형태로 소개되어야 한다는 것이다. 그러면 얼마 후에 이 잠재의식적 기초는 컴퍼스, 자, 각도기, 가위, 풀 등을 가지고 실험을 하여 기하학적 사실을 상당히 이끌어 내는 과학적 기하학으로 발전된다. 이후에 학생들이 충분히 지성적으로 되었을 때 기하학은 논증적 또는 연역적 형태로 나타낼 수 있으며 앞선 소개 과정의 이득과 손실이 판명될 수 있다.

그래서 우리는 수학의 계통수에 의해 주장되는 교수법의 원리에 대하여 아무런 불평이 없다. 그러나 계통수 자체는 어떤가. 그렇지 않다고 생각한다. 수학의 계통수는 명백히 시간의 함수이다. 예를 들어 앞에서 설명한 오크 나무는 분명히 알렉산더 대왕 시대의 수학의 계통수가 될 수 없다. 그 오크 나무는 18세기와 19세기의 꽤 많은 부분의 수학의 상황을 비교적 잘 나타내고 있다. 왜냐하면 그 기간에서는 주요한 수학적 노력이 미적분의 발전, 확장, 응용이었기 때문이다. 그러나 20세기에 수학이 거대하게 성장해서 오크나무로 주어지는 것과 같은 수학의 일반적인 그림은 더 이상 존재하지 않는다. 오늘날 대부분의 수학은 미적분과 그것의 확장과는 거의 관계없다고 해도 틀리지 않을 것이다. 예를 들어 추상대수학, 유한 수학, 집합론, 조합론, 수리논리학, 공리론, 비해석적 정수론, 기하학의 공준적 연구, 유한 기하학 등을 망라한 방대한 영역을 생각해 보라.

그것이 오늘날의 수학을 나타낼 수 있다면 수학의 계통수를 다시 그려야 한다. 다행히도 이 새로운 표현에 이상적인 나무인 보리수(banyan tree)가 존재한다. 보리수는 새로운 줄기가 계속해서 자라는 많은 줄기를 가지는 나무이다. 그래서 보리수의 가지로부터 실 같은 생장물이 땅에 닿을 때까지 아래로 뻗어간다. 거기에서 뿌리를 내리고 몇 년이 지나면 그 실 같은 것이 보다 두껍고 강해져서 언젠가는 각각 실 같은 생장물을 땅 쪽으로 떨어뜨리는 많은 가지를 가지는 줄기가 된다.

현존하는 보리수 중에는 줄기가 합쳐져서 도시의 담장을 덮을 정도로 많은 줄기를 가지는 것도 있다. 거대한 오크 나무처럼 이 나무도 아름답고 수명이 길기 때문에 인도에서는 부처가 명상할 때 기대고 앉았던 보리수가 아직도 살아 자라고 있다고까지 주장한다. 그래서 오늘날의 수학을 나타내기에 적절하고 보다 정확한 나무로 보리수를 택한다. 미래에 또 새로운 줄기가 뻗어 나올 것이고 몇몇 오래된 줄기들은 성장이 멈춰 죽어 없어질 수도 있다. 학생들은 각자 자기가 오르고 싶은 줄기를 선택할 수 있으며, 각 학생은 우선 그가 선택한 줄기의 뿌리에 의하여 덮인 기초를 공부하여야 한다. 물론 모든 줄기는 나무의 복잡한 가지 체계에 의하여 위에서 연결되어 있다. 미적분학 가지는 여전히 살아 번창하고 있지만 가령 선형대수학 줄기, 수리논리학 줄기 등도 또한 존재한다.

수학이 너무 방대해져서 이제는 미적분학과 그 확장에 대한 지식이 거의 없어도 매우 많은 결과를 내고 창조적인 수학자가 될 수 있다. 오늘날 대학교에서 모든 학생들에게 수학의 계통수의 미적분학 줄기를 먼저 올라야 한다고 고집하는 것은 수학을 전공하는 일부 학생에게는 해를 끼치는 일일 것이다. 미적분학이 매우 매력적이고 아름답기는 하지만 수학을 공부하는 모든 학생이 그것을 자신의 '찻잔'으로 여기지는 않는다. 모든 학생에게 미적분학 줄기에 오르도록 강요함으로써 미적분학이 아닌 분야에 잠재력이 있는 어떤 수학자를 죽여 없애는 일을 할 수도 있다. 그렇기에 지금이 우리의 수학교육을 수학의 최근의 역사적 발전을 보다 잘 반영한 수학의 계통수에 맞도록 조정하여야 할 시간인 것 같다.

문제연구

15.1 세 가지 기하학적 역설

추론의 전개에서 암암리에 만들어진 가정이 잘못된 생각을 포함한다면 그것을 받아들이는 것은 연역체계의 공준으로부터 나올 수 없는 명제를 초래할 뿐만 아니라 그 체계에서 이미 입증된 어떤 명제와 실제적으로 모순될 수도 있다. 이러한 관점에서 다음 기하학적 역설 셋을 비평하라.

(a) 임의의 삼각형은 이등변 삼각형이다.

임의의 삼각형 ABC가 있다(그림 98 참조). $\measuredangle C$의 이등분선과 변 AB의 수직이등분선을 그려라. 그들의 교점 E로부터 AC, BC에 각각 수선 EF, EG를 내리고 EA와 EB를 긋자. 직각

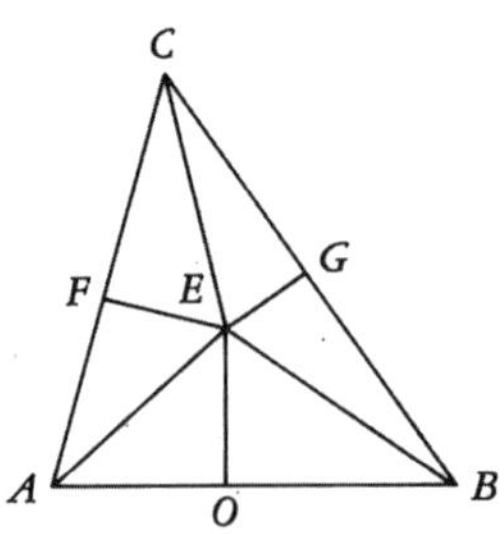

그림 98

삼각형 CFE와 CGE에서 빗변 CE는 공통이고 $\measuredangle FCE = \measuredangle GCE$이므로 직각 삼각형 CFE와 CGE는 합동이다. 따라서 $CF = CG$이다. 또 직각 삼각형 EFA와 EGB에서 $EF = EG$(각 C의 이등분선 위의 점 E에서 각의 양변까지의 거리는 같다)이고, $EA = EB$(선분 AB의 수직이등분선 위의 점 E에서 선분의 양 끝점까지의 거리는 같다)이므로 직각 삼각형 EFA와 EGB는 합동이다. 따라서 $FA = GB$이다. 이상에서 $CF + FA = CG + GB$, 즉 $CA = CB$를 얻으므로 이 삼각형은 이등변 삼각형이다.

(b) 직각은 둔각과 같다.

사각형 $ABCD$를 직사각형이라 하자(그림 99 참조). 직사각형의 외부에 BC와 길이가 같은 선분 BE를 그리자. DE와 AB의 수직이등분선을 각각 그리면 그들은 평행이 아닌 직선에 수직이므로 반드시 한 점 P에서 만난다. AP, BP, DP, EP를 그려라. 그러면 $PA = PB$, $PD = PE$(선분의 수직이등분선 위의 임의의 점에서 선분의 양 끝점까지의 거리는 같다)이다. 또한 $AD = BE$이다. 그러므로 삼각형 APD와 BPE는 세 대응변이 각각 합동이므로 합동이다. 따라서 $\measuredangle DAP = \measuredangle EPB$이다. 그런데 $\measuredangle BAP$와 $\measuredangle ABP$는 이등변 삼각형 APB의 밑각이므로 $\measuredangle BAP = \measuredangle ABP$이다. 그러므로 변끼리 빼면 직각 DAG=둔각 EBA를 얻는다.

(c) 한 점에서 직선에 두 개의 수선을 그을 수 있다.

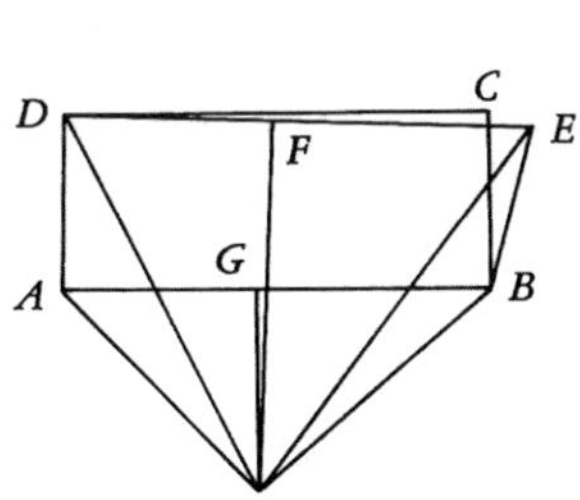

그림 99

임의의 두 원이 A, B에서 만난다고 하자(그림 100 참조). 지름 AC와 AD를 긋고, C와 D를 잇는 선분이 두 원과 각각 M, N에서 만난다고 하자. 그러면 삼각형 AMC와 AND는 각각 반원에 내접하므로 직각 삼각형이다. 따라서 AM과 AN은 CD의 두 수선이다.

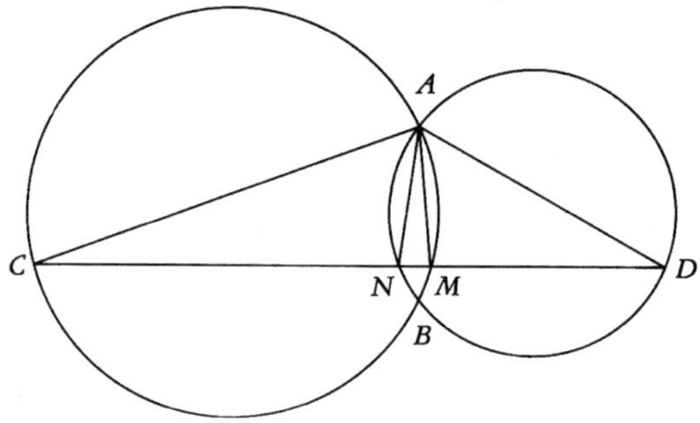

그림 100

15.2 유클리드 공준의 좌표적 해석

편의상 유클리드의 처음 세 공준을 다음과 같이 고쳐 쓰자.

1. 임의의 서로 다른 두 점은 한 직선을 결정한다.
2. 직선은 끝이 없다.
3. 주어진 한 점을 중심으로 하고 주어진 다른 한 점을 지나는 원이 존재한다.

평면의 점을 그것의 어떤 고정된 좌표계에 대한 직교좌표가 유리수인 것으로 제한하면 위의 부분적으로 다시 쓴 유클리드 공준이 성립함을 보여라. 그러나 이 제한하에서 한 원과 그것의 중심을 지나는 한 직선은 서로 만나지 않아도 됨을 보여라.

15.3 수학적 체계의 한 모형

다음 공준집 합을 고찰하라.

P1 각 $abba$에 $dabba$들의 모임이다.

P2 적어도 두 $dabba$가 존재한다.

P3 p와 q가 두 $dabba$이면 p, q를 모두 포함하는 $abba$가 유일하게 존재한다.

P4 L이 한 $abba$이면 L에 속하지 않는 $dabba$가 하나 존재한다.

P5 L이 한 $abba$이고 P가 L에 속하지 않는 $dabba$이면 P를 포함하고 L에 있는 어떤 $dabba$도 포함하지 않는 $abba$가 유일하게 존재한다.

(a) 이 공준집합의 무정의 용어는 무엇인가.

(b) 이 공준집합은 완전하게 무모순임을 보여라.

(c) 공준 P3과 P5는 서로 독립임을 입증하라.

(d) 이 공준집합으로부터 다음 정리를 추론하라.

(1) 각 $dabba$는 적어도 두 $abba$에 포함된다. (2) 각 $abba$는 적어도 두 $dabba$를 포함한다. (3) 적어도 네 개의 서로 다른 $dabba$가 존재한다. (4) 적어도 여섯 개의 서로 다른 $abba$가 존재한다.

15.4 거리공간

1906년 프레제는 거리공간의 개념을 소개하였다. **거리공간**(metric space)은 다음 네 공준을 만족하는 M의 점 x, y의 순서쌍과 연관된 공간의 **거리함수** 또는 **거리**(metric)라고 불리는 실수 $d(x,\ y)$가 정의된 점들의 집합 M이다.

M1 $d(x,\ y) \geq 0$

M2 $d(x,\ y) = 0 \Leftrightarrow x = y$

M3 $d(x,\ y) = d(y,\ x)$

M4 x, y, z가 M의 임의의 세 점일 때

$d(x,\ y) \leq d(x,\ z) + d(z,\ y)$

(이것은 **삼각부등식**(triangle inequality)이라 불린다.)

(a) $d(x_1,\ x_2) = |x_1 - x_2|$로 정의된 실수 x 전체의 집합 M은 거리공간임을 보여라.

(b) $p_1 = (x_1,\ y_1)$, $p_2 = (x_2,\ y_2)$일 때

$$d(p_1,\ p_2) = [(x_1 - x_2)^2 + (y_1 - y_2)^2]^{1/2}$$

로 정의된 실수의 순서쌍 $p = (x,\ y)$ 전체의 집합 M은 거리공간임을 보여라.

(c) $p_1 = (x_1,\ y_1),\ p_2 = (x_2,\ y_2)$일 때

$$d(p_1,\ p_2) = |x_2 - x_1| + |y_2 - y_1|$$

로 정의된 실수의 순서쌍 $p = (x,\ y)$ 전체의 집합 M은 거리공간임을 보여라.

(d) $p_1 = (x_1,\ y_1),\ p_2 = (x_2,\ y_2)$일 때

$$d(p_1,\ p_2) = \max\{|x_2 - x_1|,\ |y_2 - y_1|\}$$

로 정의된 실수의 순서쌍 $p = (x,\ y)$ 전체의 집합 M은 거리공간임을 보여라.

(e) 거리공간의 공준 M_1, M_3, M_4는 다음과 같은 공준 M_1': $d(x,\ y) < d(y,\ z) + d(z,\ x)$로 대치될 수도 있음을 보여라.

(f) 임의의 집합 M은, $x \neq y$이면 $d(x,\ y) = 1$이고 $x = y$이면 $d(x,\ y) = 0$으로 함으로써 거리공간으로 될 수 있음을 보여라.

(g) $d(x,\ y)$가 집합 M의 거리라 하면 다음도 M에 대한 거리로 사용할 수 있음을 보여라.

1. k가 양의 실수일 때, $k\,d(x,\ y)$
2. $[d(x,\ y)]^{1/2}$
3. $d(x,\ y)/[1 + d(x,\ y)]$ 여기에서 모든 거리는 1보다 작음을 보여라.

15.5 하우스도르프 공간

1914년 하우스도르프는 하우스도르프 공간(Hausdorff space)으로 알려진 추상적 위상 공간을 개발하였다. 그 공간은 근방(neighborhood)이라 불리는 다음 네 가지 공준을 만족하는 H의 부분집합을 가지는 점의 집합 H이다.

H1 H의 각 점 x에 대하여 x를 포함하는 근방 N_x가 적어도 하나

존재한다.

H2 x의 임의의 두 근방 N_x와 N_x'에 대하여 N_x와 N_x' 모두에 포함되는 제3의 근방 N_y가 존재한다.

H3 y가 N_x의 점이면 N_y가 N_x에 포함되는 y의 근방 N_y가 존재한다.

H4 x, y가 H의 서로 다른 점이면 공유점을 가지지 않는 N_x, N_y가 존재한다.

(a) 직선 위의 점 전체의 집합은 x의 근방으로 x를 중점으로 하는 양끝을 포함하지 않는 선분을 택하여 하우스도르프 공간으로 만들 수 있음을 보여라.

(b) 평면 안의 점 전체의 집합은 점 P의 근방으로 P를 중심으로 하는 원의 내부를 택하여 하우스도르프 공간으로 만들 수 있음을 보여라.

(c) 점들의 임의의 집합은 점의 근방으로 그 자신을 택하면 하우스도르프 공간으로 만들 수 있음을 보여라.

15.6 러셀의 역설

널리 알려진 러셀의 다음 역설을 논평하라.

(a) 어느 국가의 각 자치구는 반드시 시장(市長)이 있어야 하고, 어느 두 자치구도 동일한 시장을 가질 수 없다. 일부 시장은 자신이 다스리는 자치구에 살지 않는다. 비거주 시장들 스스로 어떤 특별구역 A에 살도록 하는 법이 통과되었다. 비거주 시장이 매우 많아서 A는 자치구로 되었다. A의 시장은 어디에 거주해야 하는가.

(b) 어느 사서가 도서관이 소장하고 있는, 목록에 올라 있지 않은 모든 문헌목록을 편찬한다고 가정하라.

참고문헌

ARCHIBALD. R. C., "*Outline of the History of Mathematics*." Herbert Ellsworth Slaught Memorial Paper No. 2, Buffalo, N.Y.: The Mathematical Association of America, 1949.

BALL, W.W.R., *A Primer of the History of Mathematics*. 4th ed. New York: Macmillan, 1895.

______, *A Short Account of the History of Mathematics*. 5th ed. New York: Macmillan, 1912.

BELL, E. T., *The Development of Mathematics*. 2d ed New York. McGraw-Hill, 1945.

______, *Mathematics, Queen and Servant of Science*. New York: McGraw-Hill, 1951.

BOCHNER, SALOMON, *The Role of Mathematics in the Rise of Science*. Princeton, N.J.: Princeton University Press, 1966.

BOYER, C. B., *A History of Mathematics*. New York: John Wiley, 1968.

CAJORI, FLORIAN, *A History of Elementary Mathematics*. Rev. ed. New York: Macmillan, 1924.

______, *A History of Mathematics*. 2d ed. New York: Macmillan, 1919.

CARRUCCIO, ETTORE, *Mathematics and Logic in History and in*

Contemporary Thought. Translated by Isabel Quigly, Chicago: Adline, 1964.

EVES, HOWARD, *Great Moments in Mathematics(Before 1650).* Washington, D.C.: The Mathematical Association of America, 1981.

______, *Great Moments in Mathematics(After 1650)*. Washington, D.C.: The Mathematical Association of America, 1982.

FINK, KARL, *A Brief History of Mathematics*. Translated by W.W. Beman and D.E.Smith, Chicago: Open Court, 1900.

FREEBURY, H.A., *A History of Mathematics*. New York: Macmillan, 1961.

GITTLEMAN, ARTHUR, *History of Mathematics*. Columbus. Ohio: Charles E. Merrill, 1975.

HOFMANN, J. E., *The History of Mathematics*. New York: Philosophical Library, 1957.

______, *Classical Mathematics, A Concise History of the Classical Era in Mathematics.* New York: Philosophical Library, 1959.

HOGBEN, LT., *Mathematics for the Million*. New York: W.W.Norton, 1937.

HOOPER, ALFRED, *Makers of Mathematics*. New York: Random House, 1948.

KLINE, Morris. *Mathematics in Western Culture.* New York: Oxford University Press, 1953.

______, *Mathematics and the Physical World*. New York: Thomas Y. Crowell, 1959.

______, *Mathematics, a Cultural Approach Reading,* Mass.: Addison-Wesley, 1962.

______, *Mathematical Thought from Ancient to Modern Times*. New York: Oxford University Press. 1972.

KRAMER, E.E., *The Main Stream of Mathematics*. Greenwich, Conn.:

Fawcett Publications. 1964.

______, *The Nature and Growth of Modern Mathematics*. New York: Hawthorn Books, 1970.

KUZAWA, SISTER MARY GRACE, *Modern Mathematics, The Genesis of a School in Poland*. New Haven, Conn.: College & University Press, 1968.

LARRETT, DENHAM, *The Story of Mathematics*. New York: Greenberg Publishers, 1926.

MAY, K.O., *Bibliography and Research Manual of the History of Mathematics*. Toronto: University of Toronto Press, 1973.

MIDONICK, H. O., *The Treasury of Mathematics*. New York: Philosophical Library. 1965.

MORITZ, R.E., *On Mathematics and Mathematicians*. New York: Dover Publications, 1958.

NEWMAN, JAMES, ed., *The World of Mathematics*. 4 vols. New York: Simon and Schuster, 1956.

OSEN, L. M., *Women in Mathematics. Cambridge,* Mass.: MIT Press, 1974.

SANFORD, VERA. *A Short History of Mathematics*. Boston: Houghton Mifflin, 1930.

SARTON, GEORGE. *The Study of the History of Mathematics.* New York: Dover Publications, 1954.

SOCTT, J.F., *A History of Mathematics from Antiquity to the Beginning of the Nineteenth Century*. London: Taylor & Francis, 1958.

SMITH, D.E., *History of Mathematics*. 2 vols. Boston: Ginn & Company, 1923-25.

______, and JECKUTHIEL GINSBURG, *A History of Mathematics in America Before 1900*(Carus Mathematical Monograph No. 5). Chicago: Open Court, 1934.

______, *A Source Book in Mathematics,* New York: McGraw-Hill, 1929.

STRUIK, D.j., *A Concise History of Mathematics*. Rev. ed. New York: Dover Publications, 1967.

______, *A Source Book in Mathematics*, 1200-1800. Cambridge, Mass.: Harvard University Press, 1969.

TARWATER. D., Editor, *The Bicentennial Tribute to American Mathematics, 1776-1976*. Washington, D.C.: The Mathematical Association of America, 1977.

WILLERDING, MARGARET, *Mathematical Concepts, A Historical Approach.* Boston, Prindle, Weber & Schmidt, 1967.

Journal literature on the history of mathematics is vast. For an excellent beginning one may consult:

READ, G.B., "The History of Mathematics — A Bibliography of Articles in English Appearing in Six Periodicals." *School Science and Mathematics* (Feb 1966): 147-59. This is a bibliography of over 1000 articles devoted to the history of mathematics and appearing prior to Sept. 15, 1965 in the six journals: *The American Mathematical Monthly, The Mathematical Gazette*(New Series), *The Mathematics Teacher, National Mathematics Magazine*(vols. 1-8 were published as *Mathematics News Letter*; starting with vol. 21 the title became *Mathematics Magazine), Scripta Mathematica,* and *School Science and Mathematics*. The articles. The articles are classified into some thirty convenient categories.

Of particular value to the research and the serious worker in the history of mathematics is the hinternational journal(vol. 1 appeared in May, 1974) *Historica Mathematica*, printed at the University of Toronto, Toronto, Canada M5S 1A1.

Highly useful for any teacher of mathematics is: *Historical Topics for the Mathematics Classroom*(thirty-first yearbook). National Council of

Teachers of Mathematics, Washington. D.C.

For stories and anecdotes about mathematics and mathematicians see:

EVES, HOWARD, *In Mathematical Circles*. 2 vols. Boston: Prindle, Weber & Schmidt, 1969.

______, *Mathematical Circles Revisited.* Boston: Prindle, Weber & Schmidt, 1971.

______, *Mathematical Circles Squared,* Boston: Prindle, Weber & Schmidt, 1972.

______, *Mathematical Circles Adieu*. Boston: Prindle, Weber & Schmidt, 1977.

There are some films and videotapes involving the history of mathematics. Many of these may be found in:

SCHNEIDER, D. I., *An Annotated Bibliography of Films and Videotapes for College Mathematics*. Washington, D.C.: The Mathematical Association of America. 1980.

문제연구에 대한 힌트 및 해답

1.2 (a) 27, 3, 2

(a) $5780 = \epsilon'\phi\pi$, $72.803 = \zeta \mathrm{M}\beta'\omega\gamma$, $450{,}082 = \mu \mathrm{M}\epsilon \mathrm{M}\pi\beta$,
$3{,}257{,}888 = \tau \mathrm{M}_{\mathrm{K}} \mathrm{M}_{\epsilon} \mathrm{M}\zeta'\omega\pi\eta$

1.3 (d) $360 = 2(5^3) + 4(5^2) + 2(5) =$ (())))**

$252 = 2(5^3) + 2(1) =$ ((//

$78 = 3(5^2) + 3(1) =$)))///

$33 = 1(5^2) + 1(5) + 3(1) =$)*///

(e) 360 =*(*#, 252 =*##*, 78 =)#), 33 = //)

1.4 (a) W를 2진법으로 표현하라.

2.2 (c) 31 ; 15

(d) 주어진 방정식의 우변을 각각 a, b로 표시하면 $x^8 + a^2x^4 = b^2$을 얻는다.

2.3 (c) 차례로 $p = 1, 3, 9$를 취하라.

(e) $n = 3a$이면 또 다른 단위분수는 $1/2a$이다.

(f) $n = 5a$이면 또 다른 단위분수는 $1/3a$이다.

(h) (d)에 주어진 관계식을 응용하라.

2.4 (a) 256/81, 또는 근사적으로 3.16

(c) 빗변이 아닌 두 변이 a, b인 직각 삼각형 T_1과 두 변이 a, b인 또 다른 삼각형 T_2를 생각해 보자. T_2를 T_1 위에 그중 한 변이 일치하도록 갖다 놓아보라. 혹은 공식 $K=(1/2)ab\sin C$를 이용하라.

(d) 대각선 DB를 그리고 (c)를 이용하라.

(e) $(a+c)(b+d)/4=((ad+bc)/2+(ab+cd)/2)/2$. 그리고 (d)를 이용하라.

(f) 따름정리는 틀린다.

2.5 (b) $\sqrt{m}-\sqrt{n}\geq 0$을 가지고 시작하라.

(c) 절두체가 그의 한 부분이 되는 피라미드를 완성한 다음 완성된 피라미드와 첨가된 피라미드의 부피의 차로서 절두체의 부피를 표현하라.

2.6 빗변이 아닌 두 변의 길이가 3, 4인 네 직각 삼각형과 작은 단위 정사각형은 그의 면적이 25인 정사각형을 이룬다. 한 삼각형이 그의 세 변에 의해서 결정되므로 3, 4, 5 삼각형은 직각 삼각형이 된다.

3.3 (b) 우선 대각선 BD를 두 점 E, F로 삼등분하라. 그러면 부러진 선분 AEC와 AFC는 그 도형을 3등분으로 나눈다. 그런 다음 E, F를 지나서 AC와 평행인 직선을 그려서 조건이 만족되도록 이 부분들을 변환하라.

(d) B를 지나서 MN과 평행인 직선 BD를 그려서 그것이 AC와 D에서 만난다고 하자. 만일 요구된 삼각형이 $AB'C'$이면 AC'이 AC와 CD 사이의 비례 중항이 된다.

(e) ABC가 주어진 삼각형이라고 하자. AC와 더불어 주어진 꼭지각이 만들어지도록 AB'을 그리고 그것이 B를 지나서 AC와 평행인 직선과 B'에서 만난다고 하자. 그런 다음 (d)를 이용하라.

3.4 (a) 볼록다면각은 적어도 3면을 포함해야만 하고 그의 면각의 합들은 360°보다 작아야 한다.

(b) $V = e^3\sqrt{2}/3$, $A = 2e^d\sqrt{3}$

3.5 (a) 긴 변을 y로 짧은 변을 x로 표시하면 $x+y : y = y : x$, 즉 $x^2 + xy - y^2 = 0$. 그래서 $(x/y)^2 + x/y - 1 = 0$, 즉 $x/y = (\sqrt{5}-1)/2$.

(b) 그림 101에서 이등변 삼각형 DAC와 DGC는 닮음이다. 그러므로 $AD : DG = DC : GC$, 그래서
$DB : DG = DG : GB$

(c) $AG : AH = AG : GB = AB : AG = AB - AG :$
$AG - AH = CB : HG = AH : HG$

(d) 그림 101에서 HG가 주어진 변이라고 하자. 빗변이 아닌 두 변 PR, QR이 각각 HG, $HG/2$와 같은 직각 삼각형 PQR을 그리자. PQ의 연장선 위에 $QT = QR$인 점 T를 표시하면 $PT = GB = GC = HC$ 등이 된다.

(e) 그림 101에서 DB가 주어진 대각선이라고 하자. 빗변이 아닌 두 변 PR, QR이 각각 $DB/2$, DB와 같은 직각 삼각형 PQR을 그리자. PQ의 연장선 위에 $PT = PR$인 점 T를 표시하면 $TQ = DG = DC$ 등이 된다.

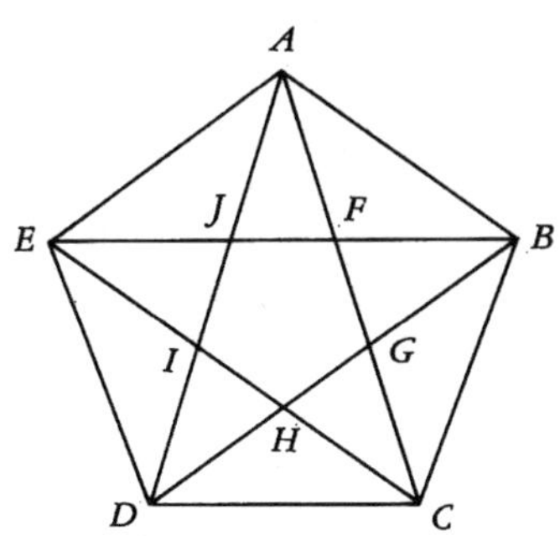

그림 101

3.6 다음을 참조하라. *The Mathematical Gardner*(Prindle, Weber & Schmidt, 1980), pp. 276, 277.

4.1 (b) A가 주어진 점이고 BC가 주어진 직선이라고 하자. 명제 1에 의해서 정삼각형 ABD를 작도하라. 원 $B(C)$를 그리고 DB의 연장선이 이 원과 G에서 만난다고 하자. 또 원 $D(G)$가 DA의 연장선과 L에서 만난다고 하자 AL이 구하고자 하는 선분이다.

(c) 제 I 권 명제 2를 이용하라.

4.2 (a) 다음을 참조하라. T.L. Heath, *A Manual of Greek Mathematics*, pp. 155-57.

(b) (1) 포물선의 방정식들이 $x^2 = sy$, $y^2 = 2sx$로 취해질 수 있다.

(2) 포물선과 쌍곡선의 방정식이 $x^2 = sy$, $xy = 2s^2$으로 취해질 수 있다.

4.3 (a) $r = P_1P_2 = AP_1 \tan\theta = 2a \sin \tan\theta$. 그래서

$r = 2a(y/r)(y/x)$, 즉 $r^2x = 2ay^2$.

(b) P의 좌표를 (x, y)로 표시하면 $(AQ)^3/(OA)^3 = y^3/x^3 = y/(2a-x) = RP/RA = OD/OA = n$, 여기서 R은 P에서 OA에 내린 수선의 발이다.

(c) S가 R에서 MN에 내린 수선의 발이라 하고 T가 RS의 중점이라고 하자. 원 $S(T)$가 TP와 U에서 만난다고 하자. 그러면 $SCPU$는 평행사변형이 된다. TP가 MN과 V에서 만나고 점 Q에서 $S(T)$의 접선이 W에 관해서 T와 대각선상의 반대쪽에 놓인다고 하자. 그러면 두 삼각형 SUV와 APV는 합동이다. 이제 $TP = UW$인 것은 쉽게 보인다. 따라서 P는 극 T에 대한 $S(T)$와 QW의 시소이드 위에 있다.

4.4 (a) Q와 N을 P와 M에서 OA에 내린 수선의 발들이라 하고 QP와 OM과 S에서 만난다고 하자. P, R이 쌍곡선 위에 있으므로

$(OQ)(QP) = (ON)(NR)$, 즉 $NR = (OQ)(NM)/ON$. 따라서 $SP = RM$. 그러나 닮은 삼각형 OQS, ONM으로부터 $QS = (OQ)(NM)/ON$. 그러므로 $SRMP$는 직사각형이다. 만일 T가 이 직사각형의 중심이면 $OP = PT = TM$.

(b) 반경을 $OA = 1$로 취하고 각 AOB를 3θ로 표시하자. 그리고 호 AB 위에 각 $AOP = 1/3$(각 AOB)가 되도록 P를 취하고 Q를 P에서 OC에 내린 수선의 발이라고 하자. 그러면 $AP = 2\sin\theta/2 = 2PQ$.

4.5 (a) 3.1414

(b) 3.14153

(c) $GB/BA = EF/FA = (DE)^2/(DA)^2 = (DE)^2/[(BA)^2 + (BC)^2]$. 그러므로 $GB = 4^2/(7^2 + 8^2) = 16/113 = 0.1415929\cdots$ 이것이 π의 근삿값으로서 355/113을 준다.

5.3 (c) ABC가 주어진 삼각형이라 하고 BC와 평행인 XY가 AB와 X에서 만나고 AC와 Y에서 만난다고 하자. 이제 BY와 CX를 그리고 $\triangle BXY : \triangle AXY = \triangle CXY : \triangle AXY$임을 보여라. 그러나 Ⅵ1에 의해서 $\triangle BXY : \triangle AXY = BY : XA$이고 $\triangle CXY : \triangle AXY = CY : YA$.

5.6 (c) $h_c = b\sin A$

(f) $h_a = t_a\cos[(B-C)/2]$

(g) $4h_a^2 + (b_a - c_a)^2 = 4m_a^2$

(h) $b_a - c_a = 2R\sin(B-C)$

(i) $4R(r_a - r) = (r_a - r)^2 + a^2$. 만일 M, N이 변 BC와 호 BC의 중점이면 $MN = (r_a - r)/2$; 명백히 R, a, MN 중 두 개는 나머지 한 개를 결정한다.

(j) $h_a = 2rr_a/(r_a - r)$.

5.7 (b) 다음을 참조하라. Problem 3336, *The American Mathematical Monthly*, August 1929.

(c) 다음을 참조하라. Problem E 1447, *The American Mathematical Monthly*, September 1961.

5.8 (b) M이 BC의 중점이라고 하면 부러진 선분 EMA는 면적을 이등분한다. M을 지나서 AE와 평행인 직선 MN을 그리는데 그것이 삼각형 ABC의 한 변과 N에서 만나도록 하자. 그러면 EN이 구하고자 하는 직선이다.

(c) a, b, h가 주어진 사다리꼴의 윗변, 아랫변, 높이라고 하고, c가 구하고자 하는 평행선이라 하고 P가 두 변이 a, c인 사다리꼴의 높이이고 q가 두 변이 c, b인 사다리꼴의 높이라고 하자. 그러면 $(a+c)p=(c+b)q$, $p+q=h$, $(a+c)2p=(a+b)h$. 이를 c에 관해서 풀면 $c=[(a^2+b^2)/2]^{1/2}$.

6.1 (a) $\sec[(29/30)90°]=\sec 87°=19.11$

6.2 (a) $(GC)^2=(TW)^2=4r_1r_2$

6.3 (a) $ABCD$가 순회사변형이라고 하자. 대각선 AC 위에 $\measuredangle ABE=\measuredangle DBC$인 점 E를 찾아라. 닮은 삼각형 ABE와 DBC로부터 $(AB)(DC)=(AE)(BD)$. 닮은 삼각형 ABD와 EBC로부터 $(AD)(BC)=(EC)(BD)$.

(b－1) (a)에서 AC를 직경으로, $BC=a$, $CD=b$로 취하라.

(b－2) (a)에서 AB를 직경으로, $BD=a$, $BC=b$로 취하라.

(b－3) (a)에서 AC를 직경으로, $BD=t$로 취하고 AC에 수선을 그려라.

6.5 (a) 84세

(c) $CD=3x$, $AC=4x$, $AD=5x$, $CB=3y$로 놓자. 그러면 $AB/DB=AC/CD$이므로 $AB=4(y-x)$. 피타고라스 정리

에 의하여 $7y = 32x$, 결국 $AB = 100$, $AD = 35$, $AC = 28$, $BD = 75$, $DC = 21$

6.7 (a) 닮은 삼각형 DFB와 DBO로부터, $FD/DB = DB/OD$. 따라서 $FD = (DB)^2/OD = 2(AB)(BC)/(AB + BC)$.

(b) 닮은 직각 삼각형으로부터, $OA/OB = AF/BD = AF/BE = AC/CB = (OC - OA)/(OB - OC)$. 이를 OC에 관하여 풀어라.

7.2 (a) $x = hd(2h + d)$

(b) 8큐빗, 10큐빗

7.3 (a) 8일

(b) 18개의 망고

(c) 레몬 80원, 사과 50원

7.4 (a) 외접원의 직경이 세 번째 변의 높이가 지나는 꼭짓점을 지나도록 그린 다음 닮은 삼각형을 이용하라.

(b) 삼각형 DAB, DCB에 (a)를 응용하라.

(c) (b)의 결과를 프톨레마이오스의 관계식 $mn = ac + bd$를 따라서 이용하라.

(d) 여기서 $\theta = 0°$, $\cos\theta = 1$. 그리고 (b), (c)를 이용하라.

7.5 (b) 사변형이 내접원을 가지므로 $a + c = b + d = s$. 그러므로 $s - a = c$, $s - b = d$, $s - c = a$, $s - d = b$.

(c) 그림 102에서

$$a^2 + c^2 = r^2 + s^2 + m^2 + n^2 - 2(rn + sm)\cos\theta,$$
$$b^2 + d^2 = r^2 + s^2 + m^2 + n^2 + 2(sn + rm)\cos\theta.$$

그러므로 $a^2 + c^2 = b^2 + d^2 \Leftrightarrow \cos\theta = 0$, $\theta = 90°$.

(d) (c)를 이용하라.

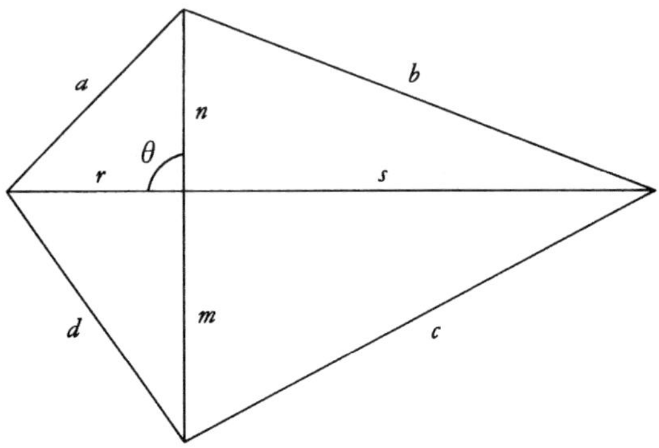

그림 102

7.6 (c) 다음을 참조하라. T.L. Heath, *A Manual of Greek Mathematics*, pp. 340-42.

7.7 (b) $x = 2.3696$

7.8 (a) $b/a = a/z$인 z를 구한 다음 $n/z = a/m$을 구하라.

8.1 (a) x, y, z가 남자, 여자, 어린아이를 나타낸다고 하면

$$6x + 4y + z = 200,\ x + y + z = 100,$$

즉 $5x + 3y = 100$. 따라서 y는 5의 배수이다. 즉 $y = 5n$. 그래서 $x = 20 - 3n$, $z = 80 - 2n$. 여기서 n의 가능한 값은 1, 2, 3, 4, 5, 6이다. 알쿠인이 준 해는 $n = 3$에 대응하는 값이었다.

(d) 두 가지 답이 있다.

(f) 삼각형의 빗변이 아닌 두 변, 빗변, 면적을 a, b, c, K, $a \geq b$라 하면

$$a^2 + b^2 = c^2,\ ab = 2K.$$

이를 a, b에 대해서 풀면,

$$a = \frac{\sqrt{c^2 + 4k} + \sqrt{c^2 - 4k}}{2},\ b = \frac{\sqrt{c^2 + 4k} - \sqrt{c^2 - 4k}}{2}$$

8.2 (b−1) 수학적 귀납법을 이용하라. $n=k$일 때 그 식이 성립한다고 하면

$$\begin{aligned} U_{k+2}U_k &= (U_{k+1}+U_k)U_k \\ &= U_{k+1}+U_k+U_k^2 \\ &= U_{k+1}U_k+U_{k+1}U_{k-1}-(-1)^k \\ &= U_{k+1}(U_k+U_{k-1})+(-1)^{k+1} \\ &= {U_{kH}}^2+(-1)^{k+1} \end{aligned}$$

(b−2) $V_n=[(1+\sqrt{5})^n-(1-\sqrt{5})^n]/2^n\sqrt{5}$로 놓고 $V_n+V_{n+1}=V_{n+2}$, $V_1=V_2=1$임을 보여라. 그래서 $V_n=U_{n.}$

(b−3) (b−2)에서 주어진 u_n에 대한 식을 이용하라.

(b−4) (b−1)에서 주어진 관계식을 이용하라.

8.3 (a) A는 121/17, B는 167/17

(b) 33일

8.4 (a) 주어진 각을 y로, 각 AOF를 x로 나타내자. OF가 DE와 평행이고 길이가 같으므로 $OFED$는 평행사변형이다. 따라서 $FE=OD=FO$이고 삼각형 OFE는 이등변 삼각형이다. 이제 각 $OFE=$각 $ODE=$각 $OAE=x$. 그러므로 삼각형 OFE의 세 각을 합하면 $2(90-y+x)+x=180$, 즉 $x=2y/3$.

(b) 두 부분을 x, y라 하면 $x+y=10$, $x^2+y^2=58$. 그러므로 $x=7$, $y=3$.

8.6 (a) 29,000원

(b) 180/11일

(c) $a/c<b/d$라고 하면 $ad<bc$, $ac+ad<ac+bc$, $a(c+d)<c(a+b)$, $a/c<(a+b)/(c+d)$ 등.

8.7 (b) $H=(3ac-b^2)/9a^2$, $G=(2b^3-9abc+27a^2d)/27a^3$

(d) $x=4$. 나머지 두 근은 허수이다.

8.8 (a) $(3\pm\sqrt{5})/2$, $(-5\pm\sqrt{21})/2)$

9.1 (a) 대학수학 교과서를 참조하라.

(b) 1. $y=\log_b N$, $z=\log_a N$, $w=\log_a b$로 놓으면 $b^y=N$, $a^z=N$, $a^w=b$이므로 $a=b^{1/w}$, 즉 $a^z=b^{z/w}=b^y$ 따라서, $y=z/w$이다.

2. $y=\log_b N$, $z=\log_N b$로 놓으면 $b^y=N$, $N^z=b$이므로 $N=b^{1/z}=b^y$. 따라서, $y=1/z$이다.

3. $y=\log_N b$, $z=\log_{1/N}(1/b)$로 놓으면 $N^y=b$, $(1/N)^z=1/b$이므로 $N=b^{1/z}=b^{1/y}$ 따라서, $y=z$

(c) $\log 4.26=1/2+1/8+1/258+\cdots=1.6294\cdots$

9.2 (b) $\cos c=\cos a\cos b$

(c) 1. $A=122°39'$, $C=83°5'$, $b=109°22'$

2. $A=105°36'$, $b=44°0'$, $c=78°46'$

9.4 (a) 주어진 선분 AA'이 컴퍼스의 두 팔의 100눈금 사이에 맞도록 컴퍼스를 벌려라(그림 103 참조). 그러면 20눈금 사이의 거리가 주어진 선분의 1/5이다.

(b) AA'/OA가 바꾸려는 눈금의 비율이 되도록 컴퍼스를 벌려

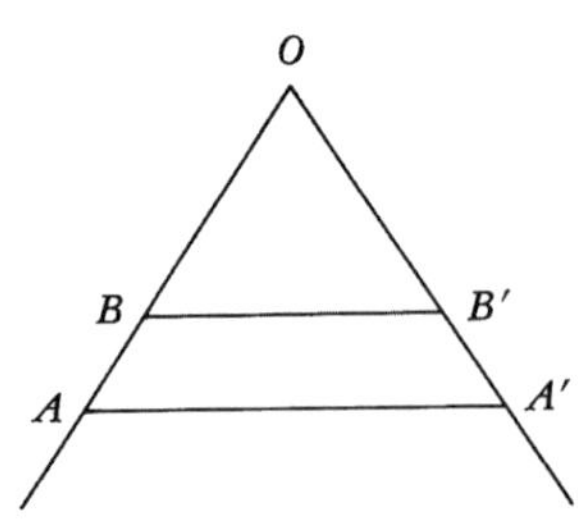

그림 103

라. 그러면 BB는 헌 길이 OB에 대한 새 길이다.

(c) 한 팔의 a를 다른 팔의 b와 연결하라. 첫째 팔의 c를 지나서 지금 그린 직선에 평행한 직선이 다른 팔과 만나는 점이 구하는 x이다.

(d) 106눈금 사이의 거리가 150이 되도록 컴퍼스를 벌려라. 그러면 100눈금 사이의 거리가 1년 전 예금한 액수를 나타낸다. 이 과정을 다섯 번 되풀이하면 구하려는 예금액을 구할 수 있다.

9.5 (b) $(HG)^2 = (HB)^2 = (BF)^2 - (HF)^2 = (HE)^2 - (HF)^2$ 등을 보여라.

9.6 (a) 이것은 9장의 9번째 절에서 주어진 수 삼각형의 정의로부터 나온다.

(b) 수학적 귀납법과 (a)를 이용하라.

(c) (b)에 의하여 성립한다.

(d) (a)에 의하여 성립한다.

(e) (d)에 의하여 성립한다.

(f) (b)에 의하여 성립한다.

10.1 (a) 그림 104를 참조하라.

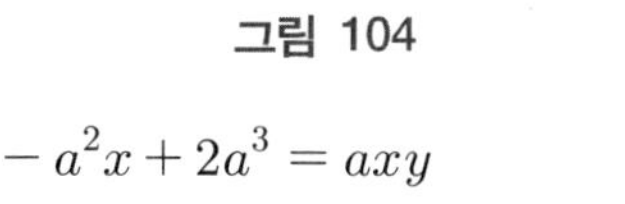

그림 104

10.2 (a) $x^3 - 2ax^2 - a^2x + 2a^3 = axy$

(c) 직교하는 형태의 L_1, L_2, L_3, L_4의 방정식을 생각하라. 그러면 자취의 방정식이 2차임을 쉽게 알 수 있다.

10.4 (a) $n=2$, $\cdots$, 12에 대한 $\phi(n)$은 각각 1, 2, 2, 4, 2, 6, 4, 6, 4, 10, 4이다.

(b) p^a를 넘지 않고, p^a와 서로소가 아닌 양의 정수는 p^{a-1}개의 p의 배수 p, $2p$, $\cdots$, $p^{a-1}p$뿐이다.

(e) $n=ab$라 하자. 만일 $x^n+y^n=z^n$이라면 $(x^a)^b+(y^a)^b=(z^a)^b$를 얻는다.

(f) 세 변이 다음과 같이 주어진 직각 삼각형을 생각하라.

$$a=2mn,\ b=m^2-n^2,\ c=m^2+n^2$$

이 삼각형의 면적은

$$A=(1/2)ab=mn(m^2-n^2)$$

이다. $m=x^2$, $n=y^2$으로 잡고 $x^4-y^2=z^2$으로 놓으면

$$A=x^2y^2(x^4-y^4)=x^2y^2z^2$$

이 된다. 따라서 $x^4-y^4=z^2$이 양의 정수해를 갖는다면, 그것은 면적이 제곱수이고 정수인 변의 길이를 갖는 직각 삼각형이 존재한다. 마지막으로, $x^4+y^4=z^4$이라면 $z^4-y^4=(x^2)^2$이다.

11.1 (a) M은 주어진 양을 나타낸다고 하고 같은 유의 임의의 양을 나타내는 M보다 작은 m을 잡자. 아르키메데스의 공리에 의하여 $nm>M$인 정수 $n\geq 2$이 존재한다. $n\geq 2$이므로 $n/2\leq n-1$이다. M_1을 M에서 그것의 반 이상을 뺀 나머지라 하자. 그러면 다음이 성립한다.

$$M_1\leq\frac{M}{2}<\frac{nm}{2}\leq(n-1)m$$

이 과정을 되풀이하면 $M_{n-1}<M$을 얻는다.

(b) 그림 105에서 $HA=HB<HD$이고, 따라서 $\triangle HBD>\triangle HBA$ 또는 $\triangle HKD>(1/2)(ABCD)$이다.

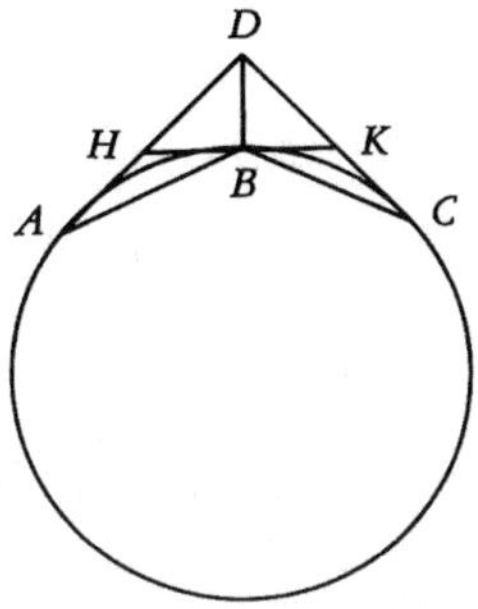

그림 105

11.2 (a) $(OM)(AO) = (OP)(AC)$이고, 합하면 다음을 얻는다.

$$(\text{부분의 면적})(HK) = (\triangle AFC)KC/3$$

11.3 (b) 수학적 귀납법을 이용하라.

11.5 (a) 그림 106에 예시된 네 가지 경우를 생각하라.

(b) 2.0945514

(c) 4.4934

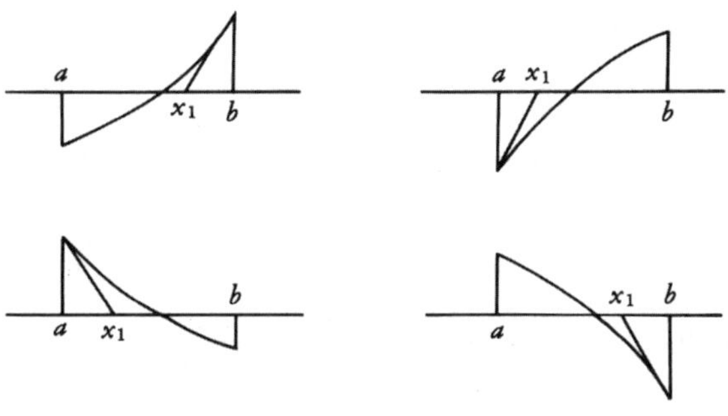

그림 106

12.1 (a) $B_1 = 1/6,\ B_2 = 1/30,\ B_3 = 1/42,\ B_4 = 1/30,$

$B_5 = 5/66$

(b) 7709321041217=37(208360028141)

(c) $B_4 = \ -1 + 1/2 + 1/3 + 1/5;$

$$B_8 = 6 + 1/2 + 1/3 + 1/5 + 1/17$$

12.3 다음을 참조하라. Ball, *Mathematical Recreations and Essays* (11th edition), pp. 242-54.

13.1 (a) 두 직선 $x \pm y = 0$과 쌍곡선 $xy = 2$을 얻는다.

(b) 두 쌍곡선 $x^2 - y^2 - 2y = 0$, $xy + x - y + 1 = 0$을 얻는다.

13.2 다음을 참조하라. D.M. Burton, *Elementary Number Theory* (revised edition), chapter 4.

14.2 (a) 다음을 참조하라. Altshiller-Court, *Modern Pure Solid Geometry*, 2nd edition, Section 170, p. 57.

14.3 사면체의 각 모서리가 그것의 대(對) 모서리에 수직일 때만 가능하다.

14.5 다음을 참조하라. Howard Eves, *A Survey of Geometry*, vol. 1, section 4-4.

15.2 처음 네 공준들을 입증하는 것은 어렵지 않다. 다섯 번째 공준을 입증하려면 한 쌍의 제한된 점들에 의하여 결정되는 서로 만나는 두 직선이 제한된 한 점에서 만남을 보이면 된다. 이것은 유리수 좌표를 가지는 두 점에 의하여 결정되는 직선의 방정식이 유리계수를 갖는다는 것과 이러한 두 직선이 만난다면 반드시 유리수 좌표를 가지는 점에서 만난다는 것을 보임으로써 입증될 수 있다. 이 문제 마지막 부분은 원점을 중심으로 하는 단위 원과 원점을 지나고 기울기가 1인 직선을 생각하면 된다.

15.4 (e) $M1'$에 의하여 $d(x, y) \le d(y, z) + d(z, x)$를 얻고 x, y를 바꾸면 $d(y, x) \le d(x, z) + d(z, y)$를 얻는다. 첫째 부등식에서 $z = x$라 놓고 둘째 부등식에서 $z = y$라 놓으면 $d(x, y) \le d(y, x) \le d(x, y)$임을 알 수 있다. 따라서 $d(x, y) =$

$d(y, z)$이다.

$d(x, z) \le d(z, y) + d(y, x)$에서 $z = x$라 놓으면

$0 = d(x, x)$이므로 $M2$에 의하여 $0 \le d(x, y) +$

$d(y, x) 2d(x, y)$이다. 그러므로 $d(x, y) \ge 0$이다.

(g−3) $d(y, z)$, $d(z, x)$, $d(x, y)$를 각각 a, b, c로 놓자. 그러면 다음이 성립한다.

$$\frac{b}{1+b} = \frac{1}{\frac{1}{b}+1} \le \frac{1}{\frac{1}{c+a}+1} = \frac{c+a}{1+c+a}$$

$$= \frac{c}{1+c+a} + \frac{a}{1+c+a} \le \frac{c}{1+c} + \frac{a}{1+a}$$

찾아보기(사항)

| ㅇ |

|ㅈ|

| ㅎ |

|기타|

찾아보기(인명)

|ㄹ|

|ㅁ|

|ㅂ|

|ㅈ|

|ㅊ|

|ㅋ|